高等学校“十二五”规划教材
市政与环境工程系列教材

基础环境工程学

主　编　　林海龙　李永峰　王　兵　王德欣
主　审　　刘雪梅

哈爾濱工業大學出版社

内容简介

《基础环境工程学》共分七篇：第一篇简明扼要地介绍了环境问题及环境工程学的发展；第二至五篇对大气污染、水污染、物理性污染和固体废弃物的各种处理流程、处理方法技术等从理论基础到实践应用做了较为全面的、系统的阐述；第六篇介绍了环境工程设计基础及其应用，涉及环境工程设计的对象、范围、内容和特点等方面；第七篇为环境工程试验，从实验教学的角度加强学生对理论知识的灵活运用。

本书适合高等院校的环境科学和环境工程专业的本科学生，也可供相关专业本科教学参考。

图书在版编目(CIP)数据

基础环境工程学/林海龙主编. —哈尔滨：哈尔滨工业大学出版社，2013.8

ISBN 978－7－5603－4212－2

Ⅰ.①基… Ⅱ.①林… Ⅲ.①环境工程学－高等学校－教材 Ⅳ.①X5

中国版本图书馆CIP数据核字(2013)第191404号

策划编辑 贾学斌 王桂芝
责任编辑 刘 瑶 何波玲
封面设计 卞秉利
出版发行 哈尔滨工业大学出版社
社 址 哈尔滨市南岗区复华四道街10号 邮编150006
传 真 0451－86414749
网 址 http://hitpress.hit.edu.cn
印 刷 哈尔滨市石桥印务有限公司
开 本 787mm×1092mm 1/16 印张34.5 字数802千字
版 次 2014年1月第1版 2014年1月第1次印刷
书 号 ISBN 978－7－5603－4212－2
定 价 78.00元

《市政与环境工程系列教材》编审委员会

《基础环境工程学》编写人员名单与分工

主　　编:林海龙　李永峰　王　兵　王德欣

副 主 编:岳莉然　张改红

主　　审:刘雪梅

编写人员:李永峰:第 1 章 ~ 第 11 章、第 27 章;
陈兆波、李永峰:第 12 章;
林海龙:第 13 章 ~ 第 17 章;
王　兵:第 18 章 ~ 第 22 章;
王　岩、李永峰:第 23 章和第 24 章;
张改红:第 25 章和第 26 章;
王德欣、李永峰:第 28 章 ~ 第 32 章;
岳莉然、李永峰:第七篇

文字整理和图表制作:张新惠、曹逸坤、胡佳晨、刘方婧、郭东璞

前　言

自 20 世纪以来，随着社会经济与生产力的飞速发展及城市人口的急剧增加，我国自然环境受到的冲击和破坏愈演愈烈，污染造成的环境问题已对人们的健康和生活构成很大的影响，因此“环境保护”是维持社会经济可持续发展的必要组成部分，也是我国的基本国策。各级政府加大了对环境保护的投资力度，众多的学者和工程技术人员都开始运用自己掌握的知识、技术来研究和解决与环境保护有关的问题，推动了我国环境保护事业的迅速发展，对全面掌握环境污染防治技术具有十分重要的意义。

“基础环境工程学”从环境污染的危害和可持续发展战略出发，全面、系统地介绍了大气污染、水污染、固体废弃物及物理性污染现有防治技术和未来防治技术的发展，并通过环境工程试验力求理论与实践相结合。另外，本书吸收了环境工程设计应用的相关内容，就设计原则、技术工艺选择等进行阐述，进而力求理论与设计相结合。编者在编写过程中力求叙述简洁、突出重点，内容由浅入深，让初学者获得较为系统的理论知识和实用技能。

本书根据全国高等学校环境专业指导委员会关于教材编写要求和“环境工程课程教学”基本要求，以及环境工程技术的新发展和积累的教学经验，在总结分析大量国内外文献资料、研究报告和出国考察的基础上，结合实际工程和科研工作中所积累的经验，经过不断修改和完善编写而成。

本书的出版得到了国家自然科学青年基金（51108146）、教育部高等学校博士点基金（20120232912000２）和黑龙江省自然科学基金（E201354）等项目的支持，在此特别致谢！

本书由中国长江三峡集团公司、东北林业大学、哈尔滨工程大学、哈尔滨工业大学、陕西铁路工程职业技术学院、大连民族学院和上海工程技术大学的专家们编写。采用本教材的学校和老师可免费向李永峰教授索取电子课件，作者邮箱：dr_lyf@ 163. com。

因编写仓促，加之参加编写的人员较多，编写人员的水平有限，难免有疏漏或不妥之处，热忱希望读者批评指正。

编者

2013 年 5 月

目　录

第一篇　环境工程概论

第二篇　空气质量与大气污染控制工程

第三篇　水质工程与水污染控制工程

第四篇 固体废物处置与资源化工程

第五篇 物理性污染控制工程

第六篇 环境工程设计及其应用

第七篇 环境工程实验

第一篇　环境工程概述

第1章　绪　论

1.1　环境与环境问题

1.1.1　环境

环境是指与体系有关的周围客观事物的总和。体系是指被研究的对象,即中心事物。环境总是相对于某项中心事物而言,它因中心事物的不同而不同,随中心事物的变化而变化。中心事物与环境既相互对立,又相互依存、相互制约、相互作用、相互转化,它们之间存在对立统一的相互关系。对于环境学来说,中心事物是人类,环境是以人类为主体,与人类密切相关的外部世界,即是人类生存、繁衍所必需的,与人类生存、繁衍相适应的环境。人类的生存环境是庞大而复杂的多级大系统,它包括自然环境和社会环境两大部分。

(1)自然环境

自然环境是人类目前赖以生存、生活和生产所必需的自然条件和自然资源的总称,即阳光、温度、气候、地磁、空气、水、岩石、土壤、动植物、微生物以及地壳的稳定性等自然因素的总和,用一句话概括地说就是"直接或间接影响到人类的一切自然形成的物质、能量和自然现象的总体",有时简称为环境。

(2)社会环境

社会环境是指人类的社会制度等上层建筑条件,包括社会的经济基础、城乡结构以及同社会制度相适应的政治、经济、法律、宗教、艺术、哲学的观念与机构等。它是人类在长期生存发展的社会劳动中形成的,是在自然环境的基础上,人类通过长期有意识的社会劳动,加工和改造了的自然物质,创造的物质生产体系,以及积累的物质文化等构成的总和。社会环境是人类活动的必然产物,它一方面可以对人类社会进一步发展起促进作用,另一方面又可能成为束缚因素。社会环境是人类精神文明和物质文明的一种标志,并随着人类社会发展不断地发展和演变,社会环境的发展与变化直接影响到自然环境的发展与变化。人类的社会意识形态、社会政治制度,如对环境的认识程度、环境保护的措施,都会对自然环境质量的变化产生重大影响。近代环境污染的加剧正是由于工业迅猛发展而造成的,因而在研究中不可把自然环境和社会环境截然分开。

《中华人民共和国环境保护法》把环境定义为:"影响人类生存和发展的各种天然和经过人工改造的自然因素的总体,包括大气、水、海洋、土地、矿藏、森林、草原、野生生物、自然保护区、风景名胜、城市和乡村等。"

1.1.2　环境问题

环境问题是指由于人类活动作用于周围环境所引起的环境质量变化,以及这种变化对人类的生产、生活和健康造成的影响。人类在改造自然环境和创建社会环境的过程中,自然环境仍以其固有的自然规律变化着。社会环境一方面受自然环境的制约,也以其固有的规律运动着。人类与环境不断地相互影响和作用,产生环境问题。

环境问题多种多样,归纳起来有两大类:一类是自然演变和自然灾害引起的原生环境问题,也称为第一环境问题,如地震、洪涝、干旱、台风、崩塌、滑坡、泥石流等;另一类是人类活动引起的次生环境问题,也称为第二环境问题和"公害"。次生环境问题一般又分为环境污染和环境破坏两大类。如乱砍滥伐引起的森林植被的破坏,过度放牧引起的草原退化,大面积开垦草原引起的沙漠化和土地沙化,工业生产造成大气、水环境恶化等。

到目前为止已经威胁人类生存并已被人类认识到的环境问题主要有:全球变暖、臭氧层破坏、酸雨、淡水资源危机、能源短缺、森林资源锐减、土地荒漠化、物种加速灭绝、垃圾成灾、有毒化学品污染等。

(1)全球变暖

全球变暖是指全球气温升高。近100多年来,全球平均气温经历了冷→暖→冷→暖两次波动,总体上看为上升趋势。进入20世纪80年代后,全球气温明显上升。1981~1990年,全球平均气温比100年前上升了0.48 ℃。导致全球变暖的主要原因是人类在近一个世纪以来大量使用矿物燃料(如煤、石油等),排放出大量的CO_2等多种温室气体。由于这些温室气体对来自太阳辐射的短波具有高度的透过性,而对地球反射出来的长波辐射具有高度的吸收性,也就是常说的"温室效应",导致全球气候变暖。全球变暖的后果会使全球降水量重新分配,冰川和冻土消融,海平面上升等,既危害自然生态系统的平衡,更威胁人类的食物供应和居住环境。

(2)臭氧层破坏

在地球大气层近地面20~30 km的平流层里存在一个臭氧层,其中臭氧含量占这一高度气体总量的十万分之一。臭氧含量虽然极微,却具有强烈的吸收紫外线的功能,因此,它能挡住太阳紫外辐射对地球生物的伤害,保护地球上的一切生命。然而人类生产和生活所排放出的一些污染物,如冰箱、空调等设备制冷剂的氟氯烃类化合物以及其他用途的氟溴烃类等化合物,它们受到紫外线的照射后可被激化,形成活性很强的原子与臭氧层的臭氧(O_3)作用,使其变成氧分子(O_2),这种作用连锁般地发生,臭氧迅速耗减,使臭氧层遭到破坏。南极的臭氧层空洞,就是臭氧层破坏的一个最显著的标志。至2010年,南极上空的臭氧层破坏面积已达2 500万km^2。南极上空的臭氧层是在20亿年里形成的,可是在一个世纪里就被破坏了60%。北半球上空的臭氧层也比以往任何时候都薄,欧洲和北美上空的臭氧层平均减少了10%~15%,西伯利亚上空甚至减少了35%。因此科学家警告说,地球上空臭氧层破坏的程度远比人们想象的要严重得多。

(3)酸雨

酸雨是由于空气中二氧化硫(SO_2)和氮氧化物(NO_x)等酸性污染物引起的pH值小于5.6的酸性降水。受酸雨危害的地区出现了土壤和湖泊酸化,植被和生态系统遭受破坏,建筑材料、金属结构和文物被腐蚀等一系列严重的环境问题。酸雨在20世纪五六十年代出现于北欧及中欧,当时北欧的酸雨是欧洲中部工业酸性废气迁移所至。自20世纪70年代以来,许多工业化国家采取各种措施防治城市和工业的大气污染,其中一个重要的措施是增加烟囱的高度,这一措施虽然有效地改变了排放地区的大气环境质量,但大气污染物远距离迁移的问题却更加严重,污染物越过国界进入邻国,甚至飘浮很远的距离,形成了更广泛的跨国酸雨。此外,全世界使用矿物燃料的量有增无减,也使得受酸雨危害的地区进一步扩大。全球受酸雨危害严重的有欧洲、北美及东亚地区。我国在20世纪80年代,酸雨主要发生在西南地区,到20世纪90年代中期,已发展到长江以南、青藏高原以东及四川盆地的广大地区。

(4)淡水资源危机

地球表面虽然2/3被水覆盖,但是97.5%为无法饮用的海水,只有2.5%是淡水,其中又有2%封存于极地冰川之中。在仅有的1%淡水中,25%为工业用水,70%为农业用水,只有很少的一部分可供饮用和其他生活用途。然而,在这样一个缺水的世界里,水却被大量滥用、浪费和污染。而且,区域分布不均匀,致使世界上缺水现象十分普遍,全球淡水危机日趋严重。目前世界上100多个国家和地区缺水,其中28个国家被列为严重缺水的国家和地区。预测再过20~30年,严重缺水的国家和地区将达46~52个,缺水人口将达28~33亿人。我国广大的北方和沿海地区水资源严重不足,据统计,我国北方缺水区总面积达58万km^2。全国500多座城市中,有300多座城市缺水,每年缺水量达58亿m^3,这些缺水城市主要集中在华北、沿海和省会城市、工业型城市。世界上任何一种生物都离不开水,人们贴切地把水比喻为“生命的源泉”。然而,随着地球上人口的激增,生产快速发展,水已经变得比以往任何时候都要珍贵。一些河流和湖泊的枯竭,地下水的耗尽和湿地的消失,不仅给人类生存带来了严重威胁,而且许多生物也正随着人类生产和生活造成的河流改道、湿地干化和生态环境恶化而灭绝。不少大河如美国的科罗拉多河、中国的黄河都已雄风不再,昔日“流到大海不复回”的壮丽景象已成为历史的记忆了。

(5)能源短缺

当前,世界上资源和能源短缺问题已经在大多数国家甚至全球范围内出现。这种现象的出现,主要是人类无计划、不合理地大规模开采所至。20世纪90年代初全世界消耗能源总数约100亿t标准煤,预测到2020年能源消耗量将翻两番。从目前石油、煤、水利和核能发展的情况来看,要满足这种需求量是十分困难的。因此,在新能源(如太阳能、快中子反应堆电站、核聚变电站等)开发利用尚未取得较大突破之前,世界能源供应将日趋紧张。此外,其他不可再生性矿产资源的存储量也在日益减少,这些资源终究会被消耗殆尽。

(6)森林资源锐减

森林是人类赖以生存的生态系统中的一个重要的组成部分。地球上曾经有76亿hm^2的森林,到1976年已经减少到28亿hm^2。由于世界人口的增长,对耕地、牧场、木材的需求量日益增加,导致对森林的过度采伐和开垦,使森林受到前所未有的破坏。据统计,全世界每年约有1 200万hm^2的森林消失,其中绝大多数是对全球生态平衡至关重要的热带雨林。对热带雨林的破坏主要发生在热带地区的发展中国家,尤以巴西的亚马逊情况最为严重。亚马逊森林居世界热带雨林之首,但是到了20世纪90年代初期,这一地区的森林覆盖率比原来减少了11%,相当于70万km^2,平均每5 s就差不多有一个足球场大小的森林消失。此外,在亚太地区、非洲的热带雨林也在遭到破坏。

(7)土地荒漠化

简单地说,土地荒漠化就是指土地退化。1992年,联合国环境与发展大会对荒漠化的概念做了这样的定义:“荒漠化是由于气候变化和人类不合理的经济活动等因素,使干旱、半干旱和具有干旱灾害的半湿润地区的土地发生了退化。”1996年6月17日第二个世界防治荒漠化和干旱日，联合国防治荒漠化公约秘书处发表公报指出：当前世界荒漠化现象仍在加剧。全球现有12亿多人受到荒漠化的直接威胁，其中有1.35亿人在短期内有失去土地的危险。荒漠化已经不再是一个单纯的生态环境问题，而逐渐演变为经济问题和社会问题，它给人类带来贫困和社会不稳定。截至1996年，全球荒漠化的土地已达到3 600万km^2，占整个地球陆地面积的1/4，相当于俄罗斯、加拿大、中国和美国国土面积的总和。全世界受荒漠化影响的国家有100多个，尽管各国人民都在进行着同荒漠化的抗争，但荒漠化却以每年5~7万km^2（相当于爱尔兰的国土面积）的速度扩大。到21世纪末，全球将损失约1/3的耕地。在人类当今诸多的环境问题中，荒漠化是最为严重的灾难之一。对于受荒漠化威胁的人们来说，荒漠化意味着他们将失去最基本的生存基础——有生产能力的土地的消失。

（8）物种加速灭绝

物种就是指生物种类，现今地球上生存着500~1 000万种生物。一般来说，物种灭绝速度与物种生成的速度应是平衡的。但是，由于人类活动破坏了这种平衡，使物种灭绝速度加快。据《世界自然资源保护大纲》统计，每年有数千种动植物灭绝，到2020年地球上10%~20%的动植物即50~100万种动植物消失，而且灭绝速度越来越快。世界野生生物基金会发出警告：本世纪鸟类每年灭绝一种，在热带雨林，每天至少灭绝一个物种。物种灭绝将对整个地球的食物供给带来威胁，对人类社会发展带来的损失和影响是难以预料和挽回的。

（9）垃圾成灾

全球每年产生垃圾近100亿t，而且处理垃圾的能力远远赶不上垃圾增加的速度，特别是一些发达国家，已处于垃圾危机之中。美国素有垃圾大国之称，其生活垃圾主要靠表土掩埋。过去几十年内，美国已经使用了一半以上可填埋垃圾的土地，30年后，剩余的这种土地也将全部用完。我国的垃圾排放量也相当可观，在许多城市周围排满了一座座垃圾山，除了占用大量土地外，还污染了环境。危险垃圾，特别是有毒、有害垃圾的处理问题（包括运送、存放），因其造成的危害更为严重、产生的危害更为深远，因而成为当今世界各国面临的一个十分棘手的环境问题。

（10）有毒化学品污染

市场上有7~8万种化学品。对人体健康和生态环境有危害的约有3.5万种。其中有致癌、致畸、致突变作用的约有500余种。随着工农业生产的发展，如今每年又有1 000~2 000种新的化学品投入市场。由于化学品的广泛使用，全球的大气、水体、土壤乃至生物都受到了不同程度的污染、毒害，连南极的企鹅也未能幸免。自20世纪50年代以来，涉及有毒有害化学品的污染事件日益增多，如果不采取有效防治措施，将对人类和动植物造成严重的危害。

1.2　可持续发展与环境

1.2.1　环境承载力

环境承载力是指在某一时期，某种环境状态下，某一区域对人类社会、经济活动的支持能力的阈值，指示一个地区在维持经济不断增长的前提下保持一种可接受生活质量的能力。协调发展的前提是在环境承载力内。

人类赖以生存和发展的环境是一个大系统,它既为人类活动提供空间和载体,又为人类活动提供资源并容纳废弃物。对于人类活动来说,环境系统的价值体现在它能对人类社会生存发展活动的需要提供支持。由于环境系统的组成物质在数量上有一定的比例关系,在空间上具有一定的分布规律,所以它对人类活动的支持能力有一定的限度。当今存在的各种环境问题,大多是人类活动与环境承载力之间出现冲突的表现。当人类社会经济活动对环境的影响超过了环境所能支持的极限,即外界的"刺激"超过了环境系统维护其动态平衡与抗干扰的能力,也就是人类社会行为对环境的作用力超过了环境承载力。因此,人们用环境承载力作为衡量人类社会经济与环境协调程度的标尺。

环境承载力是联系人类活动与自然环境的纽带和中介,反映了人类活动与环境功能间的协调程度,它将环境与人类活动联系在一起,力求达到经济活动与环境保护的协调。因此,环境承载力本质上是环境系统组成与结构特征的综合反映,具有客观性、变动性、可控性3大特点,强调环境价值与人类活动之间的联系性。

当环境承载力作为经济发展的综合性约束时,承载力的变化应符合自然系统发展的客观规律。用来衡量环境承载力变化的指标体系应该从环境系统与社会经济系统的物质、能量和信息的交换上入手,一般包括自然资源供给类、社会条件支持类和污染承受能力类3类指标。

浙江大学一位学者提出了用环境承载力的变化来表示经济环境协调发展的4种模式:

①环境承载力呈阶梯形变化的"增长－顶点－下降"协调模式。

②环境承载力不变,生态系统量以S形渐近环境承载力的环境经济饱和型协调模式。

③环境承载力呈倒S形下降趋势的倒V形协调模式。

④环境承载力呈正弦波动型的正弦型波动模式。

1.2.2 可持续发展观的形成

传统的发展模式给我们人类造成了各种困境和危机,它们已开始危及人类的生存。

(1)资源危机

工业文明依赖的主要是非再生资源,如金属矿、煤、石油、天然气等。据估计,地球上(已探明的)矿物资源储量,长则还可使用一二百年,少则几十年。水资源匮乏也已十分严重。地球上97.5%的水是咸水,只有2.5%的水是可直接利用的淡水,而且这些水的分布极不均匀。发展中国家大多是缺水国家,我国70%以上城市日缺水1 000多万t,约有3亿亩耕地遭受干旱威胁。由于常年使用地下水,造成地下水位每年下降约2 m。

(2)土地沙化日益严重

"沙"字结构即"少水"之意。水是生命存在的条件,人体70%由水构成,沙漠即意味着死亡。现在,由于森林被大量砍伐,草场遭到严重破坏,世界沙漠和沙漠化面积已达4 700多万 km^2,占陆地面积的30%,而且还在以每年600万 hm^2 的速度扩大。

(3)环境污染日益严重

环境污染包括大气污染、水污染、噪声污染、固体污染、农药污染、核污染等。由于工业化大量燃烧煤、石油,而且森林大量减少,二氧化碳大量增加,因而造成了温室效应。其后果就是气候反常,影响工农业生产和人类生活。由于氟利昂作为制冷剂的大量使用,使南极臭氧空洞不断扩大。据估计,南极春天臭氧层比15年前薄50%。

(4)物种灭绝和森林面积大量减少

由于热带雨林被大量砍伐和焚烧,每年减少4 200 hm^2,按这个速度,到2030年将消失殆尽。据估计,地球表面最初有67亿hm^2森林,陆地60%的面积由森林覆盖。到20世纪80年代已下降到26.4亿hm^2。由于丛林减少,使得地球上每天有50~100种生物灭绝,其中大多数我们连名字都不知道。

对环境问题产生根源和解决途径的不断思考和反省,是现代可持续发展思想产生的重要根源。对环境问题的深刻反思,在20世纪50年代有《寂静的春天》,60年代有以《增长的极限》为代表的多本著作,70年代则有以《人类环境宣言》为代表的一系列国际条约、政府文件和学术著作。这些反思的结果,使人类认识到环境问题的实质和根源在于环境与发展的关系。

20世纪80年代初,联合国向全世界发出呼吁:"必须研究自然的、社会的、生态的、经济的以及利用自然资源过程中的基本关系,确保全球持续发展。"1980年3月,联合国大会首次使用了"可持续发展"的概念。1987年,"世界环境与发展委员会"公布了题为《我们共同的未来》的报告,报告提出了可持续发展的战略,标志着一种新发展观的诞生。报告把可持续发展定义为:"持续发展是在满足当代人需要的同时,不损害人类后代满足其自身需要的能力。"它明确提出了可持续发展战略,提出了保护环境的根本目的在于为了确保人类的持续存在和持续发展。1992年6月,在巴西的里约热内卢召开了"联合国环境与发展大会",183个国家和70多个国际组织的代表出席了大会,其中有102位国家元首或政府首脑。大会通过了《21世纪议程》,阐述了可持续发展的40个领域的问题,提出了120个实施项目。这是可持续发展理论走向实践的一个转折点。1993年,中国政府为落实联合国大会决议制定了《中国21世纪议程》,指出"走可持续发展之路,是中国在未来和下世纪发展的自身需要和必然选择"。1996年3月,我国八届人大四次会议通过的《中华人民共和国国民经济和社会发展"九五"计划和2010年远景目标纲要》,明确把"实施可持续发展,推进社会主义事业全面发展"作为我国的战略目标。

1.2.3 可持续发展的概念

可持续发展的定义是在1987年由世界环境及发展委员会所发表的"布特兰报告书"所载的定义,即:可持续发展是既满足当代人的需求,又不对后代人满足其需求的能力构成危害的发展。可持续发展包含发展与可持续两个方面。

传统意义上的发展,指的是物质财富的增加,其特征是以经济总量的积累为唯一标志,以工业化为基本内容。而现代意义上的发展,是指人们社会福利和生活质量的提高,既包括经济繁荣和物质财富的增加,也包括社会进步,不仅有量的增长,还有质的提高。因此,单纯的经济增长不等于发展,而只是发展的重要内容。很显然,可持续发展概念中的"发展"与传统意义上的"发展"有本质的区别,可持续发展指的是现代意义上的"发展"。

一个可持续的过程是指该过程在一个无限长的时期内可以永远地保持下去。在生态和资源领域,应理解为保持延长资源的生产使用性和资源基础的完整性,使自然资源能永远为人类所利用,不至于因其耗竭而影响后代人的生产与生活。持续性是可持续发展的根本原则,其核心是指人类的经济行为和社会发展不能超越资源与环境的承载能力。这一条比我们通常理解的保持良好的环境质量更深刻、更广泛。保持生态系统的持续稳定和持续保持提供资源能力的潜力，它包括保持地球物理系统的稳定性和生物多样性的稳定性，使发展以不超过生态环境承载力，不破坏生态环境系统的结构为基本前提。

由于可持续发展涉及自然、环境、社会、经济、科技、政治等诸多方面，所以，由于研究者所站的角度不同，对可持续发展所做的定义也就不同。

(1)侧重于自然方面的定义

“持续性”一词首先是由生态学家提出来的，即所谓“生态持续性”(Ecological Sustainability)，意在说明自然资源及其开发利用程序间的平衡。1991 年 11 月，国际生态学联合会(INTECOL)和国际生物科学联合会(TUBS)联合举行了关于可持续发展问题的专题研讨会。该研讨会的成果发展并深化了可持续发展概念的自然属性，将可持续发展定义为：“保护和加强环境系统的生产和更新能力”，其含义为可持续发展是不超越环境、系统更新能力的发展。

(2)侧重于社会方面的定义

1991 年，由世界自然保护同盟(INCN)、联合国环境规划署(UN－EP)和世界野生生物基金会(WWF)共同发表《保护地球——可持续生存战略》(Caring for the Earth：A Strategy for Sustainable Living)，将可持续发展定义为：“在生存于不超出维持生态系统涵容能力情况下，改善人类的生活品质”，并提出了人类可持续生存的 9 条基本原则。

(3)侧重于经济方面的定义

爱德华·巴比尔在其著作《经济、自然资源：不足和发展》中，把可持续发展定义为：“在保持自然资源的质量及其所提供服务的前提下，使经济发展的净利益增加到最大限度。”皮尔斯认为：“可持续发展是今天的使用不应减少未来的实际收入”“当发展能够保持当代人的福利增加时，也不会使后代的福利减少”。

(4)侧重于科技方面的定义

斯帕思认为：“可持续发展就是转向更清洁、更有效的技术，尽可能接近‘零排放’或‘密封式’，工艺方法应尽可能减少能源和其他自然资源的消耗”。

(5)综合性定义

《我们共同的未来》中对“可持续发展”定义为：“既满足当代人的需求，又不对后代人满足其自身需求的能力构成危害的发展。”与此定义相近的还有中国前国家主席江泽民对可持续发展的定义为：“所谓可持续发展，就是既要考虑当前发展的需要，又要考虑未来发展的需要，不要以牺牲后代人的利益为代价来满足当代人的利益。”

1989 年，“联合国环境发展会议”(UNEP)专门为“可持续发展”的定义和战略通过了《关于可持续发展的声明》，认为可持续发展的定义和战略主要包括 4 个方面的含义：

①走向国家和国际平等。

②要有一种支援性的国际经济环境。

③维护、合理使用并提高自然资源基础。

④在发展计划和政策中纳入对环境的关注和考虑。

总之，可持续发展就是建立在社会、经济、人口、资源、环境相互协调和共同发展的基础上的一种发展，其宗旨是既能相对满足当代人的需求，又不能对后代人的发展构成危害。

可持续发展注重社会、经济、文化、资源、环境、生活等各方面协调“发展”，要求这些方面的各项指标组成的向量的变化呈现单调增态势(强可持续发展),至少其总的变化趋势不是单调减态势(弱可持续发展)。

1.2.4　可持续发展的内涵

可持续发展的概念不是对传统发展观念的简单继承与完善,而是对传统发展观的变革与创新,是一种从环境与自然资源角度提出的关于人类长期发展的战略和模式。因此,可持续发展具有深刻而广泛的内涵,对可持续发展内涵的理解比对概念本身的理解更重要,更能认识可持续发展的实质。

(1)可持续发展鼓励经济增长

可持续发展强调经济增长的必要性,并通过经济增长提高当代人福利水平,增强国家实力和社会财富。但可持续发展不仅要重视经济增长的数量,更要追求经济增长的质量。也就是说,经济发展包括数量增长和质量提高两部分。数量的增长是有限的,而依靠科学技术进步,提高经济活动中的效益和质量,采取科学的经济增长方式才是可持续的。因此,可持续发展要求重新审视如何实现经济增长。要达到具有可持续意义的经济增长,必须审计使用能源和原料的方式,改变传统的以“高投入、高消耗、高污染”为特征的生产模式和消费模式,实施清洁生产和文明消费,从而减少每单位经济活动对环境造成的压力。

(2)可持续发展的标志是资源的永续利用和良好的生态环境

经济和社会发展不能超越资源和环境的承载能力。可持续发展以自然资源为基础,同生态环境相协调。它要求在严格控制人口增长、提高人口素质和保护环境、资源永续利用的条件下进行经济建设,保证以可持续的方式使用自然资源和环境成本,使人类的发展控制在地球的承载力之内。可持续发展强调发展是有限制条件的,要实现可持续发展,必须使自然资源的耗竭速率低于资源的再生速率,通过转变发展模式,从根本上解决环境问题。如果经济决策中能够将环境影响全面、系统地考虑进去,这一目的是能够达到的。但如果处理不当,环境退化和资源破坏的成本就非常巨大,甚至会抵消经济增长的成果。

(3)可持续发展的目标是谋求社会的全面进步

发展不仅仅是经济问题,单纯追求产值的经济增长不能体现发展的内涵。可持续发展的观念认为,世界各国的发展阶段和发展目标可以不同,但发展的本质应当包括改善人类生活质量,提高人类健康水平,创造一个保障人们平等、自由、教育和免受暴力侵害的社会环境。这就是说,对于人类社会的可持续发展,经济发展是基础,自然生态保护是条件,社会进步才是目的。而这三者又是一个相互影响的综合体,只要社会在每一个时间段内都能保持与经济、资源和环境的协调,这个社会就符合可持续发展的要求。显然,在新的世纪,人类共同追求的目标,是以人为本的自然－经济－社会复合系统的持续、稳定、健康的发展。

1.2.5　可持续发展的原则

可持续发展具有十分丰富的内涵。可持续发展不仅鼓励经济增长,倡导资源永续利用和保护生态环境,还谋求人类社会的全面进步。一般而言,可持续发展的基本原则有3个方面:

(1)持续性原则

资源和环境是可持续发展的主要限制性因素,是人类社会生存和发展的基础。因此,资源的永续利用和生态环境的可持续性是人类实现可持续发展的基本保证。人类的发展活动必须以不损害地球生命保障系统的大气、水、土壤、生物等自然条件为前提，即人类活动的强度和规模不能超过资源与环境的承载能力。

（2）公平性原则

公平性原则是指机会选择的平等性，它具有 3 方面的含义。

①代内公平是指世界各国按其本国的环境与发展政策开发利用自然资源的活动，不应损害其他国家和地区的环境；给世界各国以公平的发展权和资源使用权，在可持续发展的进程中消除贫困、消除人类社会存在的贫富悬殊、两极分化状况。

②代际公平是指在人类赖以生存的自然资源存量有限的前提下，要给后代人以公平利用自然资源的权利，当代人不能因为自己的发展和需求而损害后代人发展所必需的资源和环境条件。

③指人与自然、与其他生物之间的公平性，这是与传统发展的根本区别。

（3）共同性原则

可持续发展是全人类的发展，必须全球共同联合行动，这是由于地球的整体性和人类社会的相互依存性所决定的。尽管不同国家和地区的历史、经济、政治、文化、社会和发展水平各不相同，其可持续发展的具体目标、政策和实施步骤也各有差异，但发展的持续性和公平性是一致的。实现可持续发展需要地球上全人类的共同努力，追求人与人之间、人与自然之间的和谐是人类共同的道义和责任。

1.2.6　中国 21 世纪可持续发展行动纲要

1. 指导思想

我国实施可持续发展战略的指导思想是：坚持以人为本，以人与自然和谐为主线，以经济发展为核心，以提高人民群众生活质量为根本出发点，以科技和体制创新为突破口，坚持不懈地全面推进经济社会与人口、资源和生态环境的协调，不断提高我国的综合国力和竞争力，为实现第三步战略目标奠定坚实的基础。

2. 发展目标

我国 21 世纪初可持续发展的总体目标是：可持续发展能力不断增强，经济结构调整取得显著成效，人口总量得到有效控制，生态环境明显改善，资源利用率显著提高，促进人与自然的和谐，推动整个社会走上生产发展、生活富裕、生态良好的文明发展道路。

①通过国民经济结构战略性调整，完成从“高消耗、高污染、低效益”向“低消耗、低污染、高效益”转变。促进产业结构优化升级，减轻资源环境压力，改变区域发展不平衡，缩小城乡差别。

②继续大力推进扶贫开发，进一步改善贫困地区的基本生产、生活条件，加强基础设施建设，改善生态环境，逐步改变贫困地区经济、社会、文化的落后状况，提高贫困人口的生活质量和综合素质，巩固扶贫成果，尽快使尚未脱贫的农村人口解决温饱问题，并逐步过上小康生活。

③严格控制人口增长，全面提高人口素质，建立完善的优生优育体系和社会保障体系，基本实现人人享有社会保障的目标；社会就业比较充分；公共服务水平大幅度提高；防灾减

灾能力全面提高,灾害损失明显降低。加强职业技能培训,提高劳动者素质,建立健全国家职业资格证书制度。到2010年,全国人口数量控制在14亿以内,年平均自然增长率控制在9‰以内。全国普及九年义务教育的人口覆盖率进一步提高,初中阶段毛入学率超过95%,高等教育毛入学率达到20%左右,青壮年非文盲率保持在95%以上。

④合理开发和集约高效利用资源,不断提高资源承载能力,建成资源可持续利用的保障体系和重要资源战略储备安全体系。

⑤全国大部分地区环境质量明显改善,基本遏制生态恶化的趋势,重点地区的生态功能和生物多样性得到基本恢复,农田污染状况得到根本改善。到2010年,森林覆盖率达到20.3%,治理"三化"(退化、沙化、碱化)草地3 300万hm^2,新增治理水土流失面积5 000万hm^2,二氧化硫、工业固体废物等主要污染物排放总量比前5年下降10%,设置城市污水处理率达到60%以上。

⑥形成健全的可持续发展法律、法规体系;完善可持续发展的信息共享和决策咨询服务体系;全面提高政府的科学决策和综合协调能力;大幅度提高社会公众参与可持续发展的程度;参与国际社会可持续发展领域合作的能力明显提高。

3. 基本原则

①持续发展,重视协调的原则。以经济建设为中心。在推进经济发展的过程中,促进人与自然的和谐,重视解决人口、资源和环境问题,坚持经济、社会与生态环境的持续协调发展。

②科教兴国,不断创新的原则。充分发挥科技作为第一生产力和教育的先导性、全局性和基础性作用,加快科技创新步伐,大力发展各类教育,促进可持续发展战略与科教兴国战略的紧密结合。

③政府调控,市场调节的原则。充分发挥政府、企业、社会组织和公众四方面的积极性,政府要加大投入,强化监管,发挥主导作用,提供良好的政策环境和公共服务,充分运用市场机制,调动企业、社会组织和公众参与可持续发展。

④积极参与,广泛合作的原则。加强对外开放与国际合作,参与经济全球化,利用国际、国内两个市场和两种资源,在更大空间范围内推进可持续发展。

⑤重点突破,全面推进的原则。统筹规划,突出重点,分步实施;集中人力、物力和财力,选择重点领域和重点区域进行突破,在此基础上,全面推进可持续发展战略的实施。

1.3 环境工程学

1854年,对发生在英国伦敦宽街的霍乱疫情进行周密调查后,推断成疫的原因是一个水井受到了患者粪便的污染(当时细菌学和传染病学还未建立,霍乱弧菌在1884年才被发现)。从此,推行了饮用水的过滤和消毒,对降低霍乱、伤寒等水媒病的发生率取得了显著效果。于是卫生工程和公共卫生工程就从土木工程中逐步发展为新的学科,它包括给水和排水工程、垃圾处理、环境卫生、水分析等内容。

人类的活动一开始就污染了环境。自然环境在受到污染之后有一定的自净能力,只要污染物的量不超过某一数量,环境仍能维持正常状态,自然生态系统也能维持平衡,这个污染物量称环境容量。环境容量决定于要求的环境质量和环境本身的条件。产业革命以后,尤其是20世纪50年代以来,随着科学技术和生产的迅速发展,城市人口的急速增加,自然环境受到的冲击和破坏愈演愈烈,环境污染对人体健康和生活的影响已超越卫生一词的含义,才改称卫生工程为环境工程(Environmental Engineering)。保护环境最理想的途径是尽量减少污染物的排放。工业造成的污染是当前最主要的污染,而它的废水、废气和废渣中的污染物一般是未能利用的原材料或副产品、产品。工业上加强生产管理和革新生产工艺,政府运用立法和经济措施促进工业革新技术,是防止环境污染最基本、最有效的途径。然而,生活和生产对环境的不利影响是难于从根本上予以防治的,因而控制对环境的污染是环境工程的基本任务。

1.3.1 环境工程学的发展

环境工程学是在人类同环境污染作斗争、保护和改善生存环境的过程中形成的。从开发和保护水源来说,我国早在公元前2300年前后就创造了凿井技术,促进了村落和集市的形成。后来为了保护水源,又建立了持刀守卫水井的制度。

从给排水工程来说,我国在2000多年前就用陶土管修建了地下排水道。古代罗马大约在公元6世纪开始修建地下排水道。中国在明朝以前就开始采用明矾净水。英国在19世纪初开始用沙滤法净化自来水,在19世纪末采用漂白粉消毒。在污水处理方面,英国在19世纪中叶开始建立污水处理厂;20世纪初开始采用活性污泥法处理污水。此后,卫生工程、给水排水工程等逐渐发展起来,形成一门技术学科。

在大气污染控制方面,为消除工业生产造成的粉尘污染,美国在1885年发明了离心除尘器。进入20世纪以后,除尘、空气调节、燃烧装置改造、工业气体净化等工程技术逐渐得到推广应用。

在固体废物处理方面,历史更悠久。在公元前3000~1000年,古希腊即开始对城市垃圾采用填埋的处置方法。自20世纪,固体废物处理和利用的研究工作不断取得成就,出现了利用工业废渣制造建筑材料等工程技术。

在噪声控制方面,中国和欧洲一些国家的古建筑中,墙壁和门窗位置的安排都考虑到了隔声的问题。在20世纪,人们对控制噪声问题进行了广泛的研究。从50年代起,建立了噪声控制的基础理论,形成了环境声学。

20世纪以来,根据化学、物理学、生物学、地学、医学等基础理论,运用卫生工程、给排水工程、化学工程、机械工程等技术原理和手段,解决废气、废水、固体废物、噪声污染等问题,使单项治理技术有了较大的发展,逐渐形成了治理技术的单元操作、单元过程以及某些水体和大气污染治理工艺系统。

20世纪50年代末,我国提出了资源综合利用的观点。20世纪60年代中期,美国开始了技术评价活动,并在1969年的《国家环境政策法》中规定了环境影响评价的制度。至此,人们认识到控制环境污染不仅要采用单项治理技术,而且还要采取综合防治措施和对控制环境污染的措施进行综合的技术经济分析,以防止在采取局部措施时与整体发生矛盾而影响清除污染的效果。在这种情况下,环境系统工程和环境污染综合防治的研究工作迅速发展起来。随后,陆续出现了环境工程学的专门著作,形成了一门新的学科。

1.3.2 环境工程学的主要内容

人们对环境工程学这门学科还存在着不同的认识。有人认为,环境工程学是研究环境污染防治技术的原理和方法的学科,主要是研究对废气、废水、固体废物、噪声,以及对造成污染的放射性物质、热、电磁波等的防治技术。有人则认为环境工程学除研究污染防治技术外,还应包括环境系统工程、环境影响评价、环境工程经济和环境监测技术等方面的研究。尽管人们对环境工程学的研究内容有不同的看法,但是从环境工程学发展的现状来看,其基本内容主要有大气污染防治工程、水污染防治工程、固体废物的处理和利用、环境污染综合防治、环境系统工程等几个方面。

1.水污染控制工程

水体的污染并没有严格的定义和固定不变的标准。可以要求水体水质:

①维持自然状态。

②符合饮用水原水要求。

③适于鱼类的生存和繁殖。

④适于农业灌溉。

⑤适于游泳和其他水上文体活动。

⑥符合各种工业用水原水的要求。

⑦不呈现不洁状态等。

对于这些水体的水质,许多国家都规定有具体的要求。我国颁布有《地面水环境质量标准》作为控制水体污染的依据。水体污染源主要来自生活污水、工业废水、农业废水和降水引起的地面径流;滨海地区的地下水体,还有海水入侵。

水体污染物主要有:

①病原体,如病菌、病毒和寄生虫卵等。

②来源于动植物的有机物,如动植物排泄物、动植物残体、机体的组分等,它们在水体中的细菌作用下消耗溶解氧。

③植物养料,主要有氮、磷化合物,将使潺湲的水体出现富营养化。

④有毒有害的化学品,如含氯农药(DDT、六六六等)、表面活性剂、重金属盐类、放射性物质等。

⑤其他,如油脂、酸、碱、温水、悬浮物等。进入水体的污染物,有些在微生物的作用下能够降解,如生活污水中有机物,在细菌的作用下大多转化为重碳酸盐、硝酸盐、硫酸盐等无机物;有些不能降解,如大多数无机污染物。水体的降解作用、稀释作用和周围环境的换质作用(如从水面上的空气中吸收氧),使得受污染的水体水质趋于复原的能力,称为自净能力。当污染物量不超过自净能力时,水体基本上维持正常状态;当超过自净能力时,水体就会呈现不洁状态。

水体污染的控制措施,除加强污染源的管理,以降低废水量和污染量外,政府应制定和颁布法规以控制废水的排放,如我国政府制定和颁布了《中华人民共和国水污染防治法》、《工业“三废”排放试行标准》等法规。城镇应建设完善的排水管系和废水处理厂,并制定和实施管理制度。工业布局和工艺要考虑环境要求。生产废水必须处理后出厂(见工业废水治理),废水再用,特别是建立废水灌溉系统,是防止废水污染水体的有效途径。

2. 大气污染控制

对不同范围内的大气质量要求是不同的。空旷地区应当保持空气的自然质量。城区的空气应当有较高的质量。污染源的局部空间特别是车间内部空气质量的要求可以低些，但不应危害工作人员或居民的健康。我国颁布了《大气环境质量标准》《工业企业设计卫生标准》等规章以便控制大气污染。大气污染有局部性的，如室内污染、个别烟囱的污染；有地区性的，如城市交通污染。由于空气是流动的，局部性的污染可以成为地区性的，地区性的污染范围扩展后，甚至成为全球性的。

大气污染会造成降尘量增加，能见度降低，树木生长不良，甚至枯萎。但是，最主要的危害是影响人类健康，轻则致病，重则死亡。由大气的硫污染引起的1952年伦敦烟雾事件，造成约4 000人死亡。大气污染引起的酸雨，伤害植物，腐蚀建筑物，受害面积较广，正引起极度关注。大气污染源主要是矿物燃料（煤、石油、燃气）的燃烧。某些工业生产过程排放的污染物也污染大气，但一般只影响附近地区。大风和车辆行驶造成尘土飞扬，有时也污染大气（见交通工程）。火山爆发是另一个污染源。

大气污染物主要有：

①烟尘。烟尘是一切非气态污染物的统称，也称颗粒物，主要是粉尘和烟。粉尘一般来自表土。烟是不完全燃烧的产物，主体是碳粒，吸附有其他杂质。烟尘的危害是降低大气的一般质量和能见度。但是，加铅汽油燃烧时形成的铅粒和工业生产中的粉尘和烟雾，可以直接致病。

②一氧化碳。燃料燃烧不完全的产物，是无色、无臭、有毒的气体，略轻于空气，扩散较快。在交通繁忙的城市，地面空气中的一氧化碳来自汽车，浓度有时高达$10^{-2}\sim10^{-1}$ g/m^3，而在浓度为10^{-2} g/m^{3}的空气中生活8 h，就可能影响人们的精神活动。

③二氧化硫。含硫矿物燃料燃烧的产物，在我国主要来自烧煤的锅炉和炉灶，它可腐蚀器物，刺激呼吸道。用烟囱向高空扩散时，常氧化为三氧化硫，形成硫酸或硫酸盐，溶入雨滴，会出现pH值低于5的酸雨。

④氮氧化物。一氧化氮、二氧化氮等氮氧化物是燃料在高温下燃烧的产物，大气中的氮在高温下能氧化成一氧化氮，进而转化为二氧化氮。氮氧化物在大气光化学反应中是反应物，浓度高时直接影响健康。

⑤碳氢化合物。一般是汽油燃烧不完全的产物，浓度较低，不直接危害健康，但在大气光化学反应中是反应物。

⑥光化学反应氧化剂。在阳光照射下氮氧化物和碳氢化合物的反应产物，臭氧、一氧化氮、二氧化氮、过氧乙酰硝酸酯（PAN）、甲醛、丙烯醛、硝酸等的混合体，是二次污染物。它们的污染参数是总氧化剂。含光化学反应氧化剂的烟雾称光化学烟雾，曾造成严重危害，对健康的综合影响还在研究中。光化学反应氧化剂质量浓度约为10^{-4} g/m^{3}就有刺激眼膜和呼吸道的症状。此外，硝酸可能是造成酸雨的另一个因素。

⑦二氧化碳。在通常情况下大气中的二氧化碳，由于植物的光合作用和生物的呼吸作用，浓度一般处于平衡状态。然而日益增加的矿物燃料燃烧量使大气中的二氧化碳浓度呈上升趋势。由于二氧化碳有温室效应，有人认为有可能引起地球大气平均温度增加、极冰融化，造成严重的环境问题。

大气污染的控制措施，造林和城市绿化有助于大气质量的改善，营造防风林带可以防止尘土扩散。但大气污染的防治主要在于：

①能源革新。有可能时，用无污染能源（太阳能、风能、地热水能、电能和蒸汽），或低污染能源（燃气和油类）替代煤。煤的分配也要顾及污染控制，低硫煤应分配给炉灶和小型燃烧设备，较易采用防止污染措施的大型燃烧设备应分配含硫较高的煤。含硫高的燃料可用脱硫技术降低硫含量。

②设备和操作的革新。革新除尘设备有助于烟尘量的降低，提高燃烧设备的效率可以降低一氧化碳和碳氢化合物的污染量。火焰温度的控制，可以减少氮的氧化和二氧化碳的分解。汽车废气污染的防治主要依靠革新汽车的燃烧系统，现已进行了大量的研究，仍在不断革新中。汽车废气中的铅粒只有不用加铅汽油才能消除。

③废气处理。烟气中的粉尘可以用过滤、洗涤、离心分离、静电沉降、声波沉降等方法与气流分离，是大气污染防治的最后手段。去除烟气中的二氧化硫有多种方法：将石灰石粉末吹入燃烧室，与二氧化硫化合成灰分；用碱性物质吸收或吸附二氧化硫，然后再利用；在催化剂作用下燃烧烟气，使二氧化硫转化为三氧化硫，烟气冷却时与冷凝水结合为硫酸。烟气中的氮氧化物也可用化学方法去除。

3. 固体废物处置

固体废物的处置方法有掩埋、焚烧或加工利用。焚化也可以看作是一种处理方法，因为灰烬仍要处置。固体废物特别是垃圾的收集和储放，既要花钱少，又不要影响环境卫生。农业固体废物（秸秆、畜粪）一般都是有机物，我国农村历来用作饲料、燃料和肥料。近10年来，用沼气发酵法处理农业固体废物。沼气是清洁方便的燃料，残渣是良好的肥料。工业固体废物量少时，常作为垃圾处理。量多时，先考虑利用；无法利用时才掩埋或焚化。有毒有害的废物掩埋前要经过无害化处理，无法处理的密封后掩埋。城市垃圾是城市中固体废物的混合体。在我国，厨房剩余物质习惯上和垃圾分别收集，用于喂猪和肥田。处置垃圾的方法主要是掩埋，少数焚化，也用于堆肥。掩埋包括填地、填坑、改沼泽地为场地和弃之于海。弃海即使近期未见不良后果，远期堪虑。以往掩埋垃圾和简单的倾弃相近，继续污染环境并造成鼠患。现在要求每日倾弃的垃圾当天用泥土掩盖并压实，称卫生掩埋。垃圾掩埋场绿化后，经过10年或更长的时间可在上面建房。掩埋场上可用卫生掩埋法造假山，可增加垃圾掩埋量，美化环境。采取废旧物资回收措施，可以减少垃圾的数量。

4. 噪声污染控制

干扰人们休息、学习、生活和工作，甚至影响健康的声音，统称为噪声。噪声由许多纯音组成。纯音（单频率的声音）的声压（p）可用与基准声压（p_0 接近一般人的听阈，通常采用 $p_0 = 2 \times 10^{-5}$ Pa）相比的声压级（L_p）表示，单位为分贝（dB），它的数学表达式为 $L_p = 20\lg(p/p_0)$。噪声强弱的测定较复杂，不但要结合各纯音的频率，还要结合人的主观感受。有多种方法量度，一般采用声级，单位也用分贝。声级可用声级计直接测得。声级增加40 dB，声压约增百倍，干扰大大增加。一般认为低于85 dB时不致影响听力。喷气飞机起飞时的噪声达150 dB，使耳鼓发痛。160 dB的噪声使人致聋。噪声还影响人的中枢神经系统和心血管系统，会导致神经衰弱和心血管病。噪声还影响讲话和电话的使用，可使人致聋的噪声还影响某些仪表的使用。

噪声主要来自机器（工业噪声）和交通工具（交通运输噪声）。控制噪声首先是不用喧器的设备或者改革工艺,如改铆接为焊接;或者改换机械,如用压桩机替代打桩机。其次是革新机械的构造和材料,如提高部件精度减少碰撞,用非金属材料替代金属材料,传动部件用弹性构件,整机采用隔振机座或隔声罩,排气口设消声器,交通工具外形采用流线型等。再次是正确操作,如正确使用润滑剂,正确使用喇叭等音响设备。建立隔声屏障(如墙、土丘)或建筑表面多用吸声、隔声材料以及城市合理规划等,也是有效的措施(如飞机场环境保护)。

环境工程学是一个庞大而复杂的技术体系。它不仅研究防治环境污染和公害的措施,而且研究自然资源的保护和合理利用,探讨废物资源化技术、改革生产工艺、发展少害或无害的闭路生产系统,以及按区域环境进行运筹学管理,以获得较大的环境效果和经济效益,这些都成为环境工程学的重要发展方向。

自然资源的有限和对自然资源需求的不断增长,特别是环境污染的控制目标和对能源需求之间的矛盾,促使环境工程学对现有技术和未来技术发展进行技术发展的环境影响评价,为保护自然资源和社会资源提供依据。

有人认为预测科学技术进步所产生的副作用,实质上就是预测未来的环境问题。美国从20世纪60年代中期开始探讨一些科学技术革命带来的二次影响。如建设原子能电站,虽然与传统的能源工业相比,二氧化碳和二氧化硫的污染大约减少了50%,但是增加了放射性污染。因此,资源、生态、经济三者发展的动态平衡决定环境工程未来的发展趋势。

第二篇　空气质量与大气污染控制工程

第2章 概 述

2.1 大气及大气污染

2.1.1 大气分布

包围地球的空气称为大气,我们人类生活在地球大气的底部,并且一刻也离不开大气,大气为地球生命的繁衍及人类的发展,提供了理想的环境,它的状态和变化时时刻刻影响着人类的活动与生存。大气科学是研究大气圈层的一门科学,它研究大气的具体情况,包括组成大气的成分、这些成分的分布和变化、大气的结构、大气的基本性质和主导状态的运动规律。

干燥清洁的空气(主要成分是氮、氧、氩、二氧化碳气体,占干燥清洁空气体积的99.996%;次要成分是氖、氦、氪、甲烷,占0.004%左右)、水汽和悬浮微粒。干洁空气的组成在90～100 km的高度基本保持不变,平均相对分子量为28.966,标态下的密度为1.293 kg/m^3。表2.1为干燥清洁空气成分表。

表2.1 干洁空气成分表

气 体	体积分数/%	质量分数/%	相对分子质量
氮	78.084	75.52	28.013 4
氧	20.948	23.15	31.998 8
氩	0.934	1.28	39.948
二氧化碳	0.033	0.05	44.009 9

大气层的下界是地面,越往高空大气越稀薄,并逐渐过渡到宇宙空间,所以很难划定大气圈的上界。人们根据极光现象确定的大气上限为1 200 km。还有人根据人造地球卫星的探测资料推算,大气的上界应为2 000～3 000 km高度,但这种说法一直未被公认。所以大气圈的上界至今也没有定论。实际上,大气圈的外层是逐渐过渡到宇宙空间的,并没有明显的上界边缘。图2.1是大气圈的垂直结构示意图。

根据大气圈中大气组成状况及大气在垂直高度上的温度变化,大气圈层的结构划分为对流层、平流层、中间层、暖层及散逸层。

(1)对流层

对流层是大气的最下层,它的高度因纬度和季节而异。就纬度而言,低纬度平均为17～18 km;中纬度平均为10～12 km;高纬度仅为8～9 km。就季节而言,对流层上界的高度,夏季大于冬季。对流层的主要特征:

①气温随高度的增加而递减,平均每升高100 m,气温降低0.65 ℃。其原因是太阳辐

射首先主要加热地面，再由地面把热量传给大气，因此越近地面的空气受热越多，气温越高，远离地面则气温逐渐降低。

②空气有强烈的对流运动。地面性质不同，因而受热不均。暖的地方空气受热膨胀而上升，冷的地方空气冷缩而下降，从而产生空气对流运动。对流运动使高层和低层空气得以交换，促进热量和水分传输，对成云致雨有重要作用。

③天气的复杂多变。对流层集中了75%大气质量和90%的水汽，因此伴随强烈的对流运动，产生水相变化，形成云、雨、雪等复杂的天气现象。

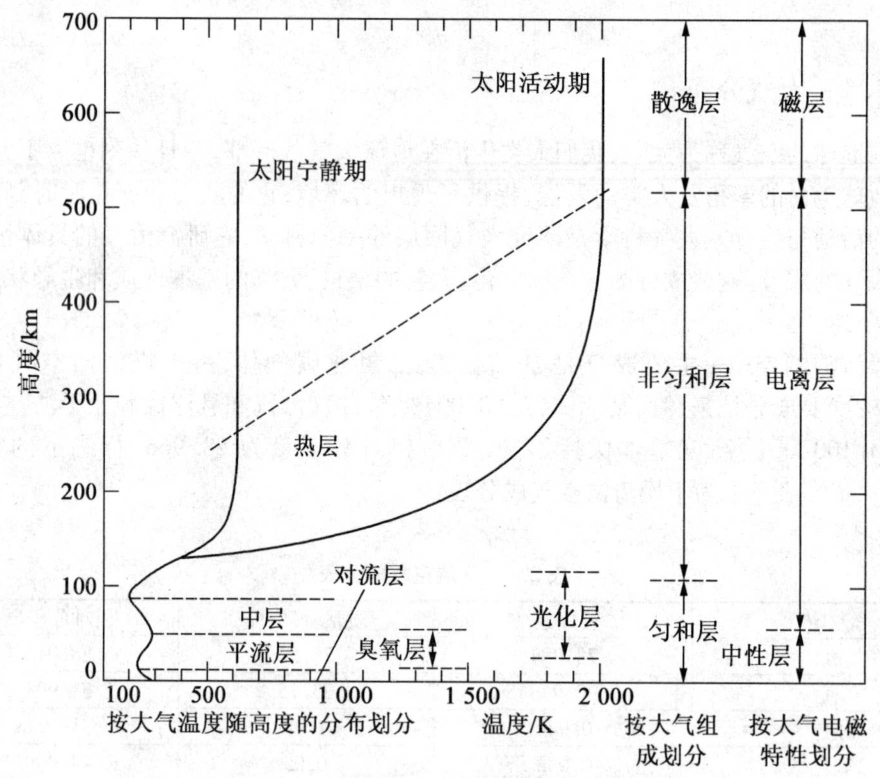

图2.1　大气圈的垂直结构示意图

(2)平流层

自对流层顶向上55 km高度，为平流层。其主要特征：

①温度随高度增加，由等温分布变逆温分布。平流层的下层随高度增加气温变化很小。大约在20 km以上，气温又随高度增加而显著升高，出现逆温层。这是因为20～25 km高度处，臭氧含量最多。臭氧能吸收大量太阳紫外线，从而使气温升高。

②垂直气流显著减弱。平流层中空气以水平运动为主，空气垂直混合明显减弱，整个平流层比较平稳。

③水汽、尘埃含量极少。由于水汽、尘埃含量少，对流层中的天气现象在这一层很少见。平流层天气晴朗，大气透明度好。

(3)中间层

从平流层顶到85 km高度为中间层。其主要特征：

①气温随高度增高而迅速降低，中间层的顶界气温降至－83～－113 ℃。因为该层臭

氧含量极少,不能大量吸收太阳紫外线,而氮、氧能吸收的短波辐射大部分又被上层大气所吸收,故气温随高度增加而递减。

②出现强烈的对流运动。这是由于该层大气上部冷、下部暖,致使空气产生对流运动。但由于该层空气稀薄,空气的对流运动不能与对流层相比。

(4)暖层

从中间层顶到800 km高度为暖层。暖层的特征:

①随高度的增高,气温迅速升高。据探测,在300 km高度上,气温可达1 000 ℃以上。这是由于所有波长小于0.175 μm的太阳紫外辐射都被该层的大气物质所吸收,从而使其增温。

②空气处于高度电离状态。这一层的空气密度很小,在270 km高度处,空气密度约为地面空气密度的百亿分之一。由于空气密度小,在太阳紫外线和宇宙射线的作用下,氧分子和部分氮分子被分解,并处于高度电离状态,故暖层又称电离层。电离层具有反射无线电波的能力,对无线电通信有重要意义。

(5)散逸层

暖层顶以上,称为散逸层。它是大气的最外一层,也是大气层和星际空间的过渡层,但无明显的边界线。这一层,空气极其稀薄,大气质点碰撞机会很小,气温也随高度增加而升高。由于气温很高,空气粒子运动速度很快,又因距地球表面远,受地球引力作用小,故一些高速运动的空气质点不断散逸到星际空间,散逸层由此而得名。据宇宙火箭资料证明,在地球大气层外的空间,还围绕由电离气体组成极稀薄的大气层,称为“地冕”。它一直伸展到22 000 km高度。由此可见,大气层与星际空间是逐渐过渡的,并没有截然的界限。

另外,按照大气的化学成分来划分可分为均质层和非均质层,这种划分是以距海平面90 km的高度为界限的。在90 km高度以下,大气是均匀混合的,组成大气的各种成分相对比例不随高度而变化,这一层称为均质层。在90 km高度以上,组成大气的各种成分的相对比例随高度的升高而发生变化,比较轻的气体如氧原子、氦原子、氢原子等越来越多,大气就不再是均匀混合了,因此,把这一层称为非均质层。

按大气被电离的状态来划分,可分为非电离层和电离层。在海平面以上60 km以内的大气,基本上没有被电离处于中性状态,所以这一层称为非电离层。在60 km以上至1 000 km的高度,这一层大气在太阳紫外线的作用下,大气成分开始电离,形成大量的正、负离子和自由电子,所以这一层称为电离层,这一层对于无线电波的传播有着重要的作用。

2.1.2 大气污染

按照国际标准化组织(ISO)的定义,“大气污染通常是指由于人类活动或自然过程引起某些物质进入大气中,呈现出足够的浓度,达到足够的时间,并因此危害了人体的舒适、健康和福利或环境污染的现象”。所谓人类活动不仅包括生产活动,也包括生活活动,如做饭、取暖、交通等。所谓自然过程,包括火山活动、山林火灾、海啸、土壤和岩石的风化及大气圈中空气运动等。一般说来,由于自然环境的自净作用,会使自然过程造成的大气污染,经过一定时间后自动消除。所以说,大气污染主要是人类活动造成的。

1. 大气污染物的种类

大气污染物的种类很多,主要分为室外污染物和室内污染物。

(1)室外污染物

根据污染物的物理性质不同,可以分为以下几种:

①颗粒和液体气溶胶。一般指粒径为0.1~200 μm固体或液体颗粒。固体颗粒物根据其粒径大小可分为降尘和飘尘两类。粒径大于10 μm的称为降尘,它可在重力作用下很快在污染源附近沉降下来;粒径小于10 μm的细小颗粒,可以长时间飘浮于大气中,称为飘尘,具有很大的危害性。

②硫氧化物。硫氧化物包括二氧化硫和三氧化硫。二氧化硫主要是来自于燃烧含硫煤和石油产品,以及石油炼制、有色金属冶炼、硫酸化工等生产过程。生物活动产生的硫化氢氧化后也能产生部分二氧化硫。据统计,全世界每年排放到大气中的二氧化硫有1.46亿t,其中70%来源于煤的燃烧,16%来源于重油燃烧,其余部分来自矿石冶炼和硫酸制备等。特别是火电厂的排放量最大,约占总排放量的一半。二氧化硫在干洁空气中比较稳定,在潮湿的空气中易被氧化成三氧化硫,再与雨、雪、雾、露等水汽结合生成毒性更大的硫酸烟雾,形成酸雨或其他形式的酸沉降,从而对环境造成更大的危害。

③氮氧化物。大气中的氮氧化物包括NO、NO_2、N_2O、N_2O_3、N_2O_5等,人为活动排放到大气中的主要是NO和NO_2。它们的主要来源包括:

a.含氮有机化合物燃烧产生氮氧化物。

b.高温燃烧(1 100 ℃以上)时,空气中的氮被氧化成一氧化氮,燃烧温度越高,氧气越充足,生成的一氧化氮越多。

c.各种交通运输工具排放的尾气中含有氮氧化物。

d.火力发电、硝酸、氮肥、炸药等工业生产过程都有大量氮氧化物排出。

e.土壤中氮素营养的反消化作用产生一定的氮氧化物。氮氧化物进入大气后被水汽吸收,可形成气溶胶态硝酸、亚硝酸雾,或硝酸、亚硝酸盐类,是形成酸雨的原因之一。此外,氮氧化物又是形成光化学氧化剂次生污染的重要原因。

④碳氧化物。大气中的碳氧化合物主要包括一氧化碳和二氧化碳两种。二氧化碳是大气的正常组分,虽然没有直接危害,但目前全球大气二氧化碳浓度上升,形成温室效应,导致全球气候变暖,可能产生非常严重的后果。一氧化碳就是通常所说的“煤气”,产生于含碳物质的不完全燃烧,主要来源于燃料的燃烧和加工以及交通工具的排气。据估算,全世界每年排放到大气中的一氧化碳为2.2亿t左右,其中80 %是由汽车排出的。空气中一氧化碳浓度达0.001%时就会使人中毒,达1%时在2 min内即可致人死亡。

⑤碳氢化合物。碳氢化合物包括烷烃、烯烃和芳香烃等复杂多样的有机化合物。大气中的碳氢化合物主要来自汽车尾气、有机化合物的蒸发、石油裂解炼制、燃料缺氧燃烧及化工生产。其次是自然界有机物质的厌氧分解等生物活动产生的。碳氢化合物对人体健康尚未产生直接影响,但它是形成光化学烟雾的主要成分。碳氢化合物中的多环芳烃具有明显的致癌作用,已引起人们的极大关注。

⑥光化学氧化剂。光化学氧化剂又称为光化学烟雾,是氮氧化物和碳氢化合物等一次污染物在紫外线的照射下发生各种光化学反应而生成的以臭氧为主,醛、酮、酸、过氧乙酰硝酸酯等一系列二次污染物与一次污染物的特殊混合物。它是一种浅蓝色烟雾,具有特殊气味,能刺激人的眼睛和喉咙,使人流泪、头痛、呕吐等。光化学烟雾多出现在汽车密集地区,在夏秋季副热带高压控制下,当太阳辐射强、温度高的中午前后,容易发生光化学反应。

光化学烟雾毒性大,氧化性强,对人体健康、动植物生长及物品的危害较大。

⑦其他污染物。除了上述主要大气污染物外,较为常见的污染物有还硫化氢、氯化氢、氨气、氯气等。其次,还有一些有机化合物气体如苯、酚、酮、醛、苯并(a)芘、过氧硝基酰、芳香胺、氯化烃等。这些污染物一般具有恶臭气味,对人体感官有刺激作用,有些有致癌、致畸和致突变的作用。

(2)室内污染物

①建筑材料。某些水泥、砖、石灰等建筑材料的原材料中,本身就含有放射性镭。待建筑物落成后,镭的衰变物氡(222 Rn)及其子体就会释放到室内空气中,进入人体呼吸道,是肺癌的病因之一。室外空气中氡含量约为10 Bq/m^3 以下,室内严重污染时可超过数十倍。美国由氡及其子体引起的肺癌超额死亡人数为1~2万。

②家具、装饰用品和装潢摆设。常用的有地板革、地板砖、化纤地毯、塑料壁纸、绝热材料、脲-甲醛树脂黏合剂以及用该黏合剂黏制成的纤维板、胶合板等做成的家具等都能释放多种挥发性有机化合物,主要是甲醛。沈阳市某新建高级宾馆内,甲醛浓度最高达1.11 mg/m^3,普通居室内新装饰后可达0.17 mg/m^3 左右,以后渐减。此外,有些产品还能释放出苯、甲苯、二甲苯、CS_2、三氯甲烷、三氯乙烯、氯苯等百余种挥发性有机物,其中有的能损伤肝脏、肾脏、骨髓、血液、呼吸系统、神经系统、免疫系统等,有的甚至能致敏、致癌。

③日常生活和办公用品。化妆品、洗涤剂、清洁剂、消毒剂、杀虫剂、纺织品、油墨、油漆、染料、涂料等都会散发出甲醛和其他种类的挥发性有机化合物、表面活性剂等,这些都能通过呼吸道和皮肤影响人体。

2. 大气污染物的来源

大气污染源可分为自然的和人为的两大类。自然污染源是由于自然原因(如火山爆发、森林火灾等)而形成,人为污染源是由于人们从事生产和生活活动而形成。在人为污染源中,又可分为固定的(如烟囱、工业排气筒)和移动的(如汽车、火车、飞机、轮船)两种。由于人为污染源普遍和经常地存在,所以比起自然污染源来更为人们所密切关注。地球上自然过程和人类活动的排放源和排放量见表2.2。

表2.2　地球上自然过程及人类活动的排放源及排放量

污染物名称	自然排放		人类活动排放		大气中背景浓度/$(mg\cdot m^{-3})$
	排放源	排放量/$(t\cdot 年^{-1})$	排放源	排放量/$(t\cdot 年^{-1})$	
SO_2	火山活动	未估计	煤和油的燃烧	146×10^6	0.2×10^{-9}
H_2S	火山活动、沼泽中生物的作用	100×10^6	化学过程污水处理	3×10^6	0.2×10^{-9}
CO	森林火灾、海洋、萜烯反应	33×10^6	机动车和其他燃烧过程排气	304×10^6	0.1×10^{-9}
$NO-NO_2$	土壤中的细菌作用	NO: 430×10^6 NO_2: 658×10^6	燃烧过程	53×10^6	NO: $(0.2\sim4)\times10^{-9}$ NO_2: $(0.5\sim4)\times10^{-9}$
NH_3	生物腐烂	$1\,160\times10^6$	废物处理	4×10^6	$(6\sim20)\times10^{-9}$

续表 2.2

污染物名称	自然排放		人类活动排放		大气中背景浓度 /(mg·m^{-3})
	排放源	排放量/(t·年$^{-1}$)	排放源	排放量/(t·年$^{-1}$)	
N_2O	土壤中的生物作用	590×10^6	无	无	0.25×10^{-9}
C_mH_n	生物作用	CH_4：1.6×10^9 萜烯：200×10^6	燃烧和化学过程	88×10^6	CH_4：1.5×10^{-9} 非 CH_4：$<1\times10^{-9}$
CO_2	生物腐烂 海洋释放	10^{12}	燃烧过程	1.4×10^{10}	320×10^{-9}

(1)工业企业

工业企业是大气污染的主要来源,也是大气卫生防护工作的重点之一。随着工业的迅速发展,大气污染物的种类和数量日益增多。由于工业企业的性质、规模、工艺过程、原料和产品种类等不同,其对大气污染的程度也不同。

(2)生活炉灶与采暖锅炉

在居住区里,随着人口的集中,大量的民用生活炉灶和采暖锅炉也需要耗用大量的煤炭,特别在冬季采暖时间,往往使受污染地区烟雾弥漫,这也是一种不容忽视的大气污染源。

(3)交通运输

近几十年来,由于交通运输事业的发展,城市行驶的汽车日益增多,火车、轮船、飞机等客货运输频繁,这些又给城市增加了新的大气污染源,其中主要大气污染源是汽车排出的废气。汽车污染大气的特点是排出的污染物距人们的呼吸带很近,能直接被人吸入。汽车内燃机排出的废气中主要含有一氧化碳、氮氧化物、烃类(碳氢化合物)、铅化合物等。

3. 大气污染的危害

世界卫生组织和联合国环境组织发表的一份报告说:“空气污染已成为全世界城市居民生活中一个无法逃避的现实。”如果人类生活在污染十分严重的空气里,那就将在几分钟内全部死亡。工业文明和城市发展,在为人类创造巨大财富的同时,也把数十亿吨计的废气和废物排入大气之中,人类赖以生存的大气圈却成了空中垃圾库和毒气库。因此,大气中的有害气体和污染物达到一定浓度时,就会对人类和环境带来巨大灾难。

(1)大气污染对人体和健康的伤害

大气污染物主要通过3条途径危害人体:一是人体表面接触后受到伤害;二是食用含有大气污染物的食物和水中毒;三是吸入污染的空气后患了各种严重的疾病。表2.3是几种大气污染物对人体的危害。从表2.3可以看到:各种大气污染物是通过多种途径进入人体的,对人体的影响又是多方面的,而且,其危害也是极为严重的。

(2)大气污染危害生物的生存和发育

大气污染主要是通过3条途径危害生物的生存和发育的:一是使生物中毒或枯竭死亡;二是减缓生物的正常发育;三是降低生物对病虫害的抗御能力。植物在生长期中长期接触大气的污染,损伤了叶面,减弱了光合作用,伤害了内部结构,使植物枯萎,直至死亡。各种有害气体中,二氧化硫、氯气和氟化氢等对植物的危害最大。大气污染对动物的损害主要是呼吸道感染,其中以砷、氟、铅、钼等的危害最大。大气污染使动物体质变弱,以至死亡。

大气污染还通过酸雨形式杀死土壤微生物，使土壤酸化，降低土壤肥力，危害农作物和森林。

表2.3　几种大气污染物对人体的危害

名称	对人体的影响
二氧化硫	视程减少，流泪，眼睛有炎症。闻到有异味，胸闷，呼吸道有炎症，呼吸困难，肺水肿，迅速窒息死亡
硫化氢	恶臭难闻，恶心、呕吐，影响人体呼吸、血液循环、内分泌、消化和神经系统，昏迷，中毒死亡
氮氧化物	闻到有异味，支气管炎、气管炎，肺水肿、肺气肿，呼吸困难，直至死亡
粉尘	伤害眼睛，视程减少，慢性气管炎、幼儿气喘病和尘肺，死亡率增加，能见度降低，交通事故增多
光化学烟雾	眼睛红痛，视力减弱，头疼、胸痛、全身疼痛，麻痹，肺水肿，严重的在1 h内死亡
碳氢化合物	皮肤和肝脏损害，致癌死亡
一氧化碳	头晕、头疼、贫血、心肌损伤、中枢神经麻痹、呼吸困难，严重的在1 h内死亡
氟和氟化氢	强烈刺激眼睛、鼻腔和呼吸道，引起气管炎，肺水肿、氟骨症和斑釉齿
氯气和氯化氢	刺激眼睛、上呼吸道，严重时引起中毒性肺水肿
铅	神经衰弱，腹部不适，便秘、贫血，记忆力下降

(3)大气污染对物体的腐蚀

大气污染物对仪器、设备和建筑物等，都有腐蚀作用，如金属建筑物出现的锈斑、古代文物的严重风化等。

(4)大气污染对全球大气环境的影响

大气污染发展至今已超越国界，其危害遍及全球。对全球大气的影响明显表现为3个方面：一是臭氧层破坏；二是酸雨腐蚀；三是全球气候变暖。

2.2　大气污染综合防治

所谓大气污染综合防治即在一个特定区域内，把大气环境看做一个整体，统一规划能源结构、工业发展、城市建设布局等，综合运用各种防治污染的技术措施，充分利用环境的自净能力，以改善大气质量。地区性污染和广域性污染是多种污染源造成的，并受该地区的地形、气象、绿化面积、能源结构、工业结构、交通管理、人口密度等多种自然因素和社会因素的影响。大气污染物又不可能集中起来进行统一处理，因此只靠单项治理措施解决不了区域性的大气污染问题。实践证明，只有从整个区域大气污染状况出发，统一规划并综合运用各种防治措施，才可能有效地控制大气污染。

污染源是防治大气污染危害的根本措施，而治理途径是多方面的，主要措施包括：

①工业合理布局，以方便污染物的扩散和工厂之间相互利用废气，减少废气排放量。

②实行区域集中供热，以高效率的锅炉代替分散的低矮烟囱群，这是城市大气污染防治的有力措施。

③改变燃料构成。如城市工业和民用煤气、液化石油气的发展，低硫燃料和新能源(如

太阳能、风能、地热等)的采用。推行采煤,以除去煤中大部分硫(主要是硫铁矿硫)。

④减少汽车废气排放。主要是改造发动机的燃烧设计和提高油的燃烧质量,加强交通管理。

⑤工业装置排放的有毒气体,要从工艺改革和回收利用方面予以控制。

⑥烟囱除尘。烟气中二氧化硫控制技术分为干法(以固体粉末或颗粒为吸收剂)和湿法(以液体为吸收剂)两大类。

其他的综合防治方法主要有:

(1)减少或防止污染物的排放

①改革能源结构,采用新能源(如太阳能、风力、水力)和低污染能源(如天然气、酒精)。

②对燃料进行预处理(如煤的液化和汽化),以减少燃烧时产生污染大气的物质。

③改进燃烧装置和燃烧技术(如改革炉灶、采用沸腾炉燃烧等)以提高燃烧效率,降低有害气体排放量。另外,在污染物未进入大气之前,使用除尘消烟技术、冷凝技术、液体吸收技术、回收处理技术等消除废气中的部分污染物,可减少进入大气的污染物量。

④采用无污染或低污染的工业生产工艺(如不用和少用易引起污染的原料,采用闭路循环工艺等)。

⑤节约能源和开展资源综合利用。

⑥加强企业管理,减少事故性排放和逸散。

⑦及时清理和妥善处置工业、生活和建筑废渣,减少地面扬尘。

(2)治理排放的主要污染物

燃烧过程和工业生产过程在采取上述措施后,仍有一些污染物排入大气,应控制其排放浓度和排放总量使之不超过该地区的环境容量,主要方法有:

①利用各种方法去除烟尘和各种工业粉尘。

②采用气体吸收塔处理有害气体,如用氨水、氢氧化钠、碳酸钠等碱性溶液吸收废气中二氧化硫;用碱液吸收处理排烟中的氮氧化物。

③应用其他物理的(如冷凝)、化学的(如催化转化)、物理化学的(分子筛、活性炭吸附、膜分离)方法回收利用废气中的有用物质,或使有害气体无害化。

(3)发展植物净化

植物具有美化环境、调节气候、截留粉尘、吸收大气中有害气体等功能,可以在大面积的范围内,长时间、连续地净化大气。尤其是大气中污染物影响范围广、浓度比较低的情况下,植物净化是行之有效的方法。在城市和工业区有计划、有选择地扩大绿地面积是大气污染综合防治具有长效能和多功能的措施。

(4)利用环境的自净能力

大气环境的自净有物理、化学作用(如扩散、稀释、氧化、还原、降水、洗涤等)和生物作用。在排出的污染物总量恒定的情况下,污染物浓度在时间上和空间上的分布同气象条件有关,认识和掌握气象变化规律,充分利用大气自净能力,可以降低大气中污染物浓度,避免或减少大气污染危害。气象条件不同,大气对污染物的容量便不同,排入同样数量的污染物,造成的污染物浓度便不同。对于风力大、通风好、湍流盛、对流强的地区和时段,大气扩散稀释能力强,可接受较多厂矿企业活动。逆温的地区和时段,大气扩散稀释能力弱,便不能接受较多的污染物,否则会造成严重大气污染。因此应对不同地区、不同时段进行排量有效控制。例如,以不同地区、不同高度的大气层的空气动力学和热力学的变化规律为依据,可以合理地确定不同地区的厂址选择、烟囱设计、城区与工业区规划等,不要将排放大户过度集中,更不要造成重复叠加污染,避免局部严重污染发生。

2.3 大气污染的控制方法

随着时代的发展,科技和经济也在飞快的发展中,但其付出的代价就是对生态环境的破坏,其中大气污染就是一个很严重的方面,由于人们不注重保护大气,随意制造大气污染物,使得大气的污染更严重,所以现阶段必须采取措施对其实施控制防御。面对环境日益恶化的趋势,我们应该采取控制措施。

1. 合理安排工业布局和城镇功能分区

合理的工业布局既可以充分利用大气的自净能力,也可以减轻对大气的污染,因此,合理规划工业布局是解决大气污染问题的重要途径。合理规划工业布局既包括对新建工业进行合理布置,也包括调整现有的不合理的工业布局,有计划地迁移严重污染大气的工业企业。重工业/污染工业区应该远离居民区,同时位于主导风向的下方向,也要考虑地表径流与地下水的流向,尽量避免污染物向居民区汇集。大气污染还跟地形条件有关,应该根据地形区别合理安排好居住区和工业区,做好生活环境和工业环境规划。

2. 加强绿化

大部分的植树造林,禁止对树木、森林的滥砍滥伐,植物有过滤各种有毒有害大气污染物和净化空气的功能,树林尤为显著。植物通过光合作用吸收二氧化碳,释放氧气,通过呼吸作用吸收氧气,释放二氧化碳;从组成上看,植物改造了空气中的成分,使二氧化碳含量下降,氧气含量上升;从全球物质循环的角度,植物通过改变生态系统中碳、氧元素的组成形式,影响大气的成分;从全球气候的角度,植物使空气的内能下降。所以在居住区种植大量植物是及其必要的,有关的政府部门可以积极开展植树造林的活动,通过媒体的媒介进行宣传,呼吁参与到活动中,所以绿化造林是防治大气污染比较经济有效的措施。

3. 加强对居住区内部污染源的管理

①实行区域集中供热,以高效率的锅炉代替分散的低矮烟囱群。区域集中供暖供热,设立大的电热厂和供热站。尤其是将热电厂、供热站设在郊外,对于矮烟囱密集、冬天供暖的北方城市来说,是消除烟尘的十分有效的措施,这是城市大气污染防治的有力措施。

②对居民所制造的生活垃圾进行比较科学环保的解决,其中多数是对废弃物进行燃烧销毁,而在销毁过程中,应该选取正确的销毁地点,采取正确的燃烧销毁方式,并对有害的其他气体进行先过滤再排放。

③氟利昂类是使臭氧层破坏的元凶,氟利昂广泛用于家用电器、泡沫塑料、日用化学品、汽车、消防器材等领域,对大气的影响很大。应该应用科学技术开发新型的电器,采用新型制冷剂,鼓励更多使用不含氟利昂的电器,以此减少对大气的污染。

4. 控制燃煤污染

①改变燃料构成,开发新能源要逐步推广使用天然气、煤气和石油液化气,选用低硫燃料,对重油和煤炭进行脱硫处理,开发和利用太阳能、氢燃料、地热等新能源。

②对一些燃料燃烧后对大气有污染的燃煤进行限制性使用,从而使有害气体的排放量减少,如城市工业和民用煤气、液化石油气的发展,低硫燃料和新能源(如太阳能、风能、地热等)的采用。

③对居民日常燃煤燃烧要进行限制性管理,减少二氧化碳的排放,抑制温室效应的加剧。

5. 交通运输工具废气的治理

①减少汽车废弃排放,一般常采用安装汽车催化转化器,使燃料充分燃烧,运用脱硫技术和脱硝技术减少有害物质的排放。

②加大机动车尾气上路抽检、停放地检测以及燃料油气污染物监督、控制管理力度,全面评价机动车的污染状况。

③逐步推行城市机动车环保标志、无“黄绿标”禁止上路和城市公交车使用环保清洁能源、老旧机动车更新报废政策,进一步使氮氧化物等大气环境污染物重要指标减小,达到减排的目的。

④积极与电视台、报纸等媒体联手,宣传机动车尾气危害和防治知识,报道机动车排气污染监管工作的动态,宣传加强机动车污染管理工作的意义,并发动市民举报、媒体曝光冒黑烟车辆,促进机动车污染治理工作的开展。

⑤建立长效机制,机动车污染管理要可持续发展。机动车污染管理长效机制建设要着力于创新,又要实用,不能为创新而创新。

6. 除尘控制

(1)颗粒污染物控制

颗粒污染物控制的方法和设备主要有4类:

①通过质量力的作用达到除尘目的的机械力除尘器,其中包括重力沉降室、惯性除尘器、旋风除尘器及声波除尘器。

②用多孔过滤介质来分离捕集气体中的尘粒的过滤式除尘器,其中包括袋式过滤器和颗粒层过滤器。

③利用高压电场产生的静电力(库仑力)的作用分离含尘气体中的固体粒子或液体粒子的静电除尘器,其中包括干式静电除尘器和湿式静电除尘器。

④利用液体所形成的液膜、液滴或气泡来洗涤含尘气体,使尘粒随液体排出,气体得到净化的湿式除尘器。

(2)气态污染物控制

气态污染物控制的方法和设备主要有两大类:

①分离法。分离法指利用污染物与废气中其他组分的物理性质的差异使污染物从废气中分离出来。例如,利用气体混合物中不同组分在吸收剂中的溶解度不同,或者与吸收剂发生选择性化学反应,从而将有害组分从气流中分离出来;使气体混合物与适当的多孔性固体接触,利用固体表面存在的未平衡的分子引力或化学键力,把混合物中某一组分或某些组分吸留在固体表面上,达到气体混合物分离的目的的吸附净化;利用气态污染物在不同温度及压力下具有不同的饱和蒸汽压,在降低温度和加大压力下,某些污染物凝结出来,以达到净化或回收的目的的冷凝净化;使气体混合物在压力梯度作用下,透过特定薄膜,因不同气体具有不同的透

过速度,从而使气体混合物中不同组分达到分离的效果的膜分离法。

②转化法。转化法是使废气中污染物发生某些化学反应,把污染物转化成无害物质或易于分离的物质。利用氧化燃烧或高温分解的原理把有害气体转化为无害物质的方法。该方法是可回收燃烧后产物或燃烧过程中的热量的燃烧法,利用微生物以废气中有机组分作为其生命活动的能源或养分的特性,经代谢降解,转化为简单的无机物(H_2O 和 CO_2)或细胞组成物质生物处理法。

(3)污染物的稀释法控制

烟囱排放本身并不减少排入大气污染物的量,但它能使污染物从局部地区转移到大得多的范围内扩散,利用大气的自净能力使地面污染物浓度控制在人们可以接受的范围内。

7. 提高环保意识

提高当代人的环境保护意识,加强环境保护责任感,只有从根本上消除大气污染的来源,才能真正意义上控制好大气污染的问题。国家政府必须制订一些综合的经济政策、产业政策以及城市建设发展规划,并要考虑如何保护大气环境,不能以牺牲环境为代价换取经济的快速发展,要投入足够的大气污染防治资金,加大监管力度,依法做好防治大气污染的工作,积极学习开发使用的治理技术。

8. 提高环境质量标准

2012 年 2 月,国务院同意发布新修订的《环境空气质量标准》增加了 PM2.5 监测指标。2012 年 9 月 9 日,北京市环保局监测中心表示,新版空气质量发布平台 2012 年 1 月 1 日发布网上。2012 年 10 月 6 日,北京 35 个 PM2.5 监测站点试运行数据全部上线发布。

PM2.5 是指大气中直径小于或等于 2.5 μm 的颗粒物,也称为可入肺颗粒物。虽然 PM2.5 只是地球大气成分中含量很少的组分,但它对空气质量和能见度等有重要的影响。PM2.5 粒径小,富含大量的有毒、有害物质,且在大气中的停留时间长、输送距离远,因而对人体健康和大气环境质量的影响更大。

PM2.5 产生的主要来源,是日常发电、工业生产、汽车尾气排放等过程中经过燃烧而排放的残留物,大多含有重金属等有毒物质。一般而言,粒径为 2.5~10 μm 的粗颗粒物主要来自道路扬尘等;2.5 μm 以下的细颗粒物(PM2.5)则主要来自化石燃料的燃烧(如机动车尾气、燃煤)、挥发性有机物等。

第3章 颗粒污染物控制

3.1 除尘技术基础

3.1.1 粉尘粒径

表征粉尘颗粒大小的代表性尺寸称为粉尘的粒径。对于球形尘粒来说，是指它的直径。实际的尘粒大多数是不规则的，一般也用“粒径”来衡量其大小，然而此时的尘粒只能根据赋予的定义用某一具有代表性的尺寸作为它的粒径。同一粉尘按不同定义所得的粒径，不但数值不同，应用场合也不同。因此，在使用粉尘粒径时，必须了解所采用的粒径含义。在选取粒径测定方法时，除需考虑方法本身的精度、操作难易及费用等因素外，还应特别注意测定的目的和应用场合。不同的粒径测定方法，得出不同概念的粒径。因此，在给出或应用粒径分析结果时，还必须说明或了解所用的测定方法。

1. 投影粒径

用显微镜法直接观测时测得的粒径称为投影粒径。根据定义不同，分为定向粒径、定向面积等分粒径和投影圆等值粒径。图3.1为显微镜法观测粒径的方法。

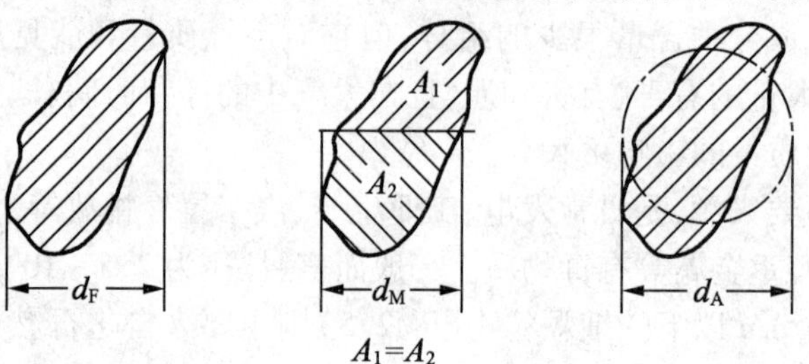

(a)定向直径　(b)定向面积等分直径　(c)投影面积直径

图3.1　显微镜法观测粒径的方法

2. 空气动力径 d_s

空气动力径指与被测尘粒在空气中的沉降速度相同，密度为1 g/cm³（1 000 kg/m³）的球形粒子直径，单位用微米（气），并记为μm。

3. 斯托克斯径 d_{st}

斯托克斯径指与被测尘粒密度相同、沉降速度相同的球形粒子直径。当尘粒沉降的雷诺数 $Re \leqslant 1$ 时，按斯托克斯定律，可得到斯托克斯径定义式为

$$d_{st} = \left[\frac{18\mu u_t}{(\rho_p - \rho)g} \right]^{1/2} \tag{3.1}$$

式中，u_t 为颗粒在流体中的终端沉降速度，m/s；μ 为流体黏度，Pa·s；ρ_p 为颗粒密度，

kg/m^3;ρ 为流体密度,kg/m^3;g 为重力加速度,m/s^2。

4. 分割粒径 d_{50}

分割粒径指除尘器能捕集该粒子群一般的直径,即分级效率为 50% 的颗粒的直径。这是一种表示除尘器性能的很有代表性的粒径。

3.1.2　粒径分布

粒径分布是指某一粒子群中不同粒径的粒子所占的比例,也称为粒子的发散度。以粒子的个数所占的比例表示时,称为个数分布;以粒子表面积表示时,称为表面积分布;以粒子质量表示时,称为质量分布。

1. 粒径分布的表示方法

(1)频数分布 ΔR

频数分布指粒径 d_p 到$(d_p+\Delta d_p)$之间的粒子质量占粒子群总质量的百分数(%)。

(2)频数分布 f

粒径组距为 1 μm 时的频数分布(%/μm)可表示为

$$f=\frac{\Delta R}{\Delta d_p} \tag{3.2}$$

微分式为
$$f=-\mathrm{d}R/\mathrm{d}(d_p)$$

最大频度的粒径称为众径 d_{om}。

(3)筛选上积累分布 $R(\%)$

筛选上积累分布指大于某一粒径 d_p 的所有粒子质量占粒子群总质量的百分数,可表示为

$$D=1-R=\int_{d_{min}}^{d_p}\mathrm{d}R=\int_{d_{min}}^{d_p}+\mathrm{d}(d_p) \tag{3.3}$$

2. 粒径分布函数

(1)正态分布

粒径分布符合正态分布规律是很少的,在冷凝等物理过程中产生的粒子有此情况。

(2)对数正态分布

横坐标改为对数坐标后,粒子的粒径分布符合正态分布。

(3)罗辛-拉姆勒(Rosin-Rammler)分布

$$R(d_p)=\exp(-\beta d_p^n) \tag{3.4}$$

$$\lg[\lg\frac{1}{R(d_p)}]=\lg\beta'+n\lg d_p$$

在 $R-R$ 坐标纸上标绘的粒径筛选上积累分布曲线为直径,可以很方便地求出 n、β'和 d_{50}。由此可求得一常用的 $R-R$ 分布函数表达式,即

$$R(d_p)=\exp\left[-0.693(\frac{d_p}{d_{50}})^n\right] \tag{3.5}$$

3. 除尘装置的捕集效率

除尘装置的捕集效率是反映装置捕集粉尘效果的重要技术指标,有以下几种表示方法:

①总捕集效率。总捕集效率指同一时间内除尘器捕集的污染物质的量与进入除尘器的污染物质的量的百分比。总捕集效率实际上是反映装置净化程度的平均值，也称为平均捕集效率，通常用 η_T 表示，它是评定净化装置性能的重要性能指标。

净化装置入口处的气体流量为 Q_0（m^3/s），污染物流量为 G_0（g/s），污染物浓度为 ρ_0（g/m^3），净化装置出口处的相应量为 Q_e（m^3/s）、G_e（g/s）、ρ_e（g/m^3）。若净化装置捕集的污染物流量为 G_c（g/s），根据除尘装置效率的定义，平均捕集效率可表示为

$$\eta_T = (1 - \frac{C_e Q_e}{C_0 Q_0}) \times 100\% \tag{3.6}$$

换算成标准状态（0 ℃，101 325 Pa）下的干气体流量（或体积），则有

$$\eta_T = \left(1 - \frac{C_{eN} Q_{eN}}{C_{0N} Q_{0N}}\right) \times 100\% \tag{3.7}$$

如果设备不漏风，则 $Q_{eN} = Q_{0N}$，即

$$\eta_T = \left(1 - \frac{C_{eN}}{C_{0N}}\right) \times 100\% \tag{3.8}$$

②串联运行除尘器。串联运行除尘器的总效率为

$$\eta_T = 1 - (1 - \eta_1)(1 - \eta_2)\cdots(1 - \eta_N) \tag{3.9}$$

③分级效率。分级效率指除尘器对某一粒径 d_p 的尘粒或某一粒径范围 Δd_p 内的尘粒的除尘效率，可表示为

$$\eta_d = \frac{\Delta G_c}{\Delta G_0} \tag{3.10}$$

式中，ΔG_0 为进入除尘器粒径 Δd_p 范围内的尘粒流量。

3.2　机械式除尘器

机械式除尘器是依靠机械力（如重力、惯性力、离心力等）将尘粒从气流中去除的装置。其特点是：结构简单，设备费和运行费均较低，但除尘效率不高。按出尘粒的不同可设计为重力尘降室、惯性除尘器和旋风除尘器。它适用于含尘浓度高和颗粒力度较大的气流，广泛用于除尘要求不高的场合或用作高效除尘装置的前置预除尘器。

3.2.1　重力沉降

重力沉降指使悬浮在流体中的固体颗粒下沉而与流体分离的过程。它是依靠地球引力场的作用，利用颗粒与流体的密度差异，使之发生相对运动而沉降，即重力沉降（图 3.2）。重力沉降是从气流中分离出尘粒的最简单方法，只有颗粒较大、气速较小时，重力沉降的作用才较明显。

悬浮在介质中的分散体系质点要受到重力和浮力的作用，其所受的净力为

$$F = V(\rho - \rho_0)g$$

式中，V 为单个质点的体积；ρ 和 ρ_0 分别为质点与介质的密度；g 为重力加速度。

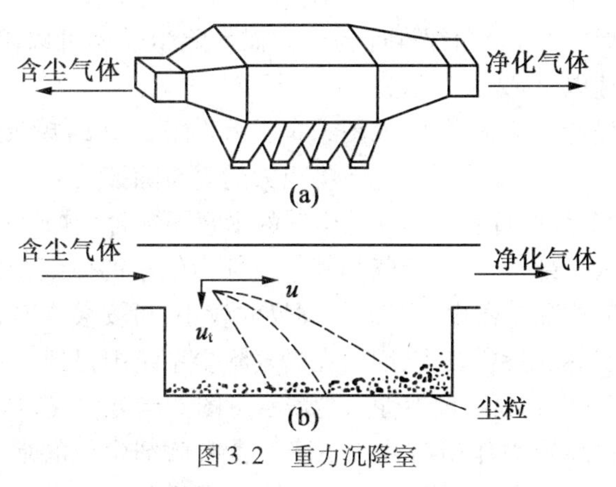

图3.2　重力沉降室

若$\rho>\rho_0$，则质点下沉；反之，则上浮。因此，只要质点与介质的密度不等，质点在重力场作用下就会朝一个方向浓集，或沉于容器的底部或浮于介质的上层。但另一方面，由于质点的浓集，体系出现浓差，因而产生扩散作用。扩散与沉降是两个相对抗的过程。沉降使质点沿着沉降方向浓集；扩散则相反，使质点在介质中均匀分布。质点小时，扩散起主要作用，因而分散体系在动力学上是稳定的。质点大时，沉降起主要作用，质点在重力场中沉降，体系不稳定，粗分散体系即属于这种情况。在中间状态，沉降与扩散呈平衡状态，质点在介质中的浓度随着高度不同而平衡分布。

实际上，沉降室内包含有湍流、某程度的混合和柱塞式流动的某些波动。为缩短尘粒必须降落的距离以提高除尘效率，可在沉降室内平行放置隔板，构成多层沉降室。多层沉降室排灰较困难，难以使各层隔板间气流均匀分布，处理高温气体时金属隔板容易翘曲。沉降室内的气流速度一般为0.3～0.5 m/s，压力损失为50～130 Pa，可除去粒径40 μm以上的尘粒。除尘效率通常可采用以下公式计算

$$\eta=uLW(n+1)/Q$$

式中，L和W分别指沉降室的长和宽；n是水平隔板数量。

重力沉降室具有结构简单、投资少、压力损失小的特点，维修管理较容易，而且可以处理高温气体；但是体积大，效率相对低，一般只作为高效除尘装置的预除尘装置，来除去较大和较重的粒子。

3.2.2　惯性除尘器

惯性除尘器也称惰性除尘器，是使含尘气体与挡板撞击或者急剧改变气流方向，利用惯性力分离并捕集粉尘的除尘设备。

惯性除尘器分为碰撞式和回转式两种。前者是沿气流方向装设一道或多道挡板，含尘气体碰撞到挡板上使尘粒从气体中分离出来。显然，气体在撞到挡板之前速度越高，碰撞后越低，则携带的粉尘越少，除尘效率越高。后者是使含尘气体多次改变方向，在转向过程中把粉尘分离出来。气体转向的曲率半径越小，转向速度越多，则除尘效率越高。

惯性除尘器的性能因结构不同而异。当气体在设备内的流速为10 m/s以下时，压力损失为200～1 000 Pa，除尘效率为50%～70%。在实际应用中，惯性除尘器一般放在多级除尘系统的第一级，用来分离颗粒较粗的粉尘。它特别适用于捕集粒径大于20 μm的干燥粉

尘,而不适宜于清除黏结性粉尘和纤维性粉尘。惯性除尘器还可以用来分离雾滴,此时要求气体在设备内的流速以 1 ~2 m/s 为宜。

惯性除尘器可以设计成多种形式,如图 3.3 所示。图 3.3(a)单级型惯性除尘器适用于烟道的转折处,可在烟气阻力不大的情况下将粗大的尘粒除掉。

图 3.3(b)为一种多级型百叶式惯性除尘器的示意图。含尘烟气进入除尘器后,尘粒靠惯性力的作用径直进入下部灰斗,而烟气和其中惯性力较小的微细尘粒则穿过百叶板间的缝隙经出口排出。百叶式除尘器由于它的轮廓尺寸较小,可安装在其他形式除尘器不便安装的地方。于其所需材料和投资较少,因而在烟气除尘系统中得到了实际应用。

图 3.3(c)为多列冲击式喷嘴型惯性除尘器示意图。当含尘气体冲击在多列挡板上时,尘粒受阻失去惯性力而靠重力作用沿挡板下降。含有微细尘粒的烟气绕过挡板继续向前流动时,遇到各列挡板的多次拦截,得到进一步净化,最后从出口排出。

根据惯性除尘器的工作特点,设碰撞(或冲击)前的烟气流速为 V_1,气流的转折角为 θ,则惯性除尘器的性能可归纳如下:

①碰撞前后的烟气流速应适合尘粒特性。一般碰撞前的烟气流速 V_1 越大,细小尘粒越难分离出来。

②气流转折角越小,转折次数越多,则其压力损失越大,而除尘效率越高。

由此可见,与重力沉降不同,惯性分离要求较高的烟气流速,设计中一般选取 12 ~15 m/s,基本都处于在紊流状态下工作。

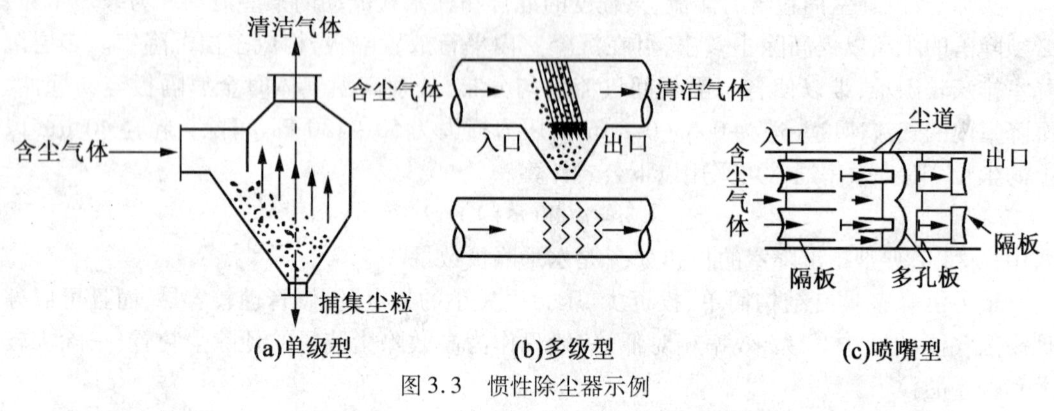

图 3.3　惯性除尘器示例

3.2.3　旋风除尘器

旋风除尘器(图 3.4)是除尘装置的一类。除沉机理是:含尘气流由进口沿切线方向进入除尘器后,沿器壁由上而下做旋转运动,这股旋转向下的气流称为外涡旋(外涡流)。外涡旋到达锥体底部转而沿轴心向上旋转,最后经排出管排出,这股向上旋转的气流称为内涡旋(内涡流)。外涡旋和内涡旋的旋转方向相同,含尘气流做旋转运动时,尘粒在惯性离心力推动下移向外壁,到达外壁的尘粒在气流和重力共同作用下沿壁面落入灰斗。气流从除尘器顶部向下高速旋转时,顶部压力下降,一部分气流会带着细尘粒沿外壁面旋转向上,到达顶部后,再沿排出管旋转向下,从排出管排出。旋风分离器内气流运动很复杂,除切向和轴向运动外,还有径向运动。上涡旋不利于除尘,如何减少上涡旋,降低底部的二次夹带及出口室气流旋转所消耗的动力,成为当前改进旋风器的主要问题。

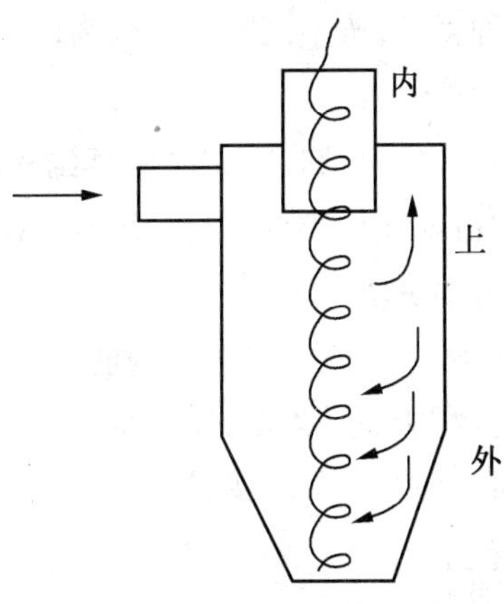

图3.4　旋风除尘器

对同样流量的气流而言，旋风分离器比重力沉降室小得多，但动力消耗多。旋风除尘器的效率显著高于重力沉降室。东莞天明环保公司在这个原理的基础上成功研究出一款除尘效率为90%以上的旋风除尘装置。在机械式除尘器中，旋风式除尘器是效率最高的一种。它适用于非黏性及非纤维性粉尘的去除，大多用来去除粒径为5 μm以上的粒子，并联的多管旋风除尘器装置对粒径为3 μm的粒子也具有80%～85%的除尘效率。选用耐高温、耐磨蚀和腐蚀的特种金属或陶瓷材料构造的旋风除尘器，可在温度高达1 000 ℃，压力达500×10^5 Pa的条件下操作。从技术、经济方面考虑旋风除尘器压力损失控制范围一般为500～2 000 Pa。因此，它属于中效除尘器，且可用于高温烟气的净化，是应用广泛的一种除尘器，多应用于锅炉烟气除尘、多级除尘及预除尘。它的主要缺点是对细小尘粒(粒径小于5 μm的粒子)的去除效率较低。

3.3　袋式除尘器

袋式除尘器(图3.5)是将棉、毛或人造纤维等织物作为滤料制成滤袋对含尘气体进行过滤的除尘装置。含尘气流从下部进入圆筒形滤袋，在通过滤料的孔隙时，粉尘被捕集于滤料上，沉积在滤料上的粉尘，可在机械振动的作用下从滤料表面脱落，落入灰斗中，粉尘因拦截、惯性碰撞、静电和扩散等作用，在滤袋表面形成粉尘层，常称为粉尘初层。

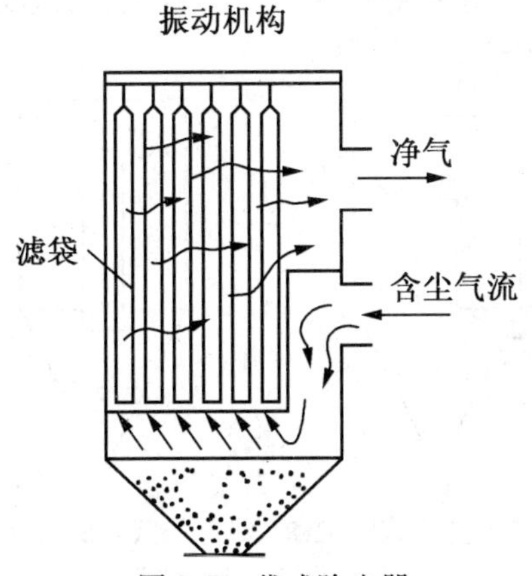

图3.5　袋式除尘器

袋式除尘器的结构形式多种多样，按不同特点可分为以下几类。

1. 按滤袋形状分类

除尘器的滤袋主要有圆袋和扁袋两种。圆袋除尘器结构简单，便于清灰，应用最广；扁袋除尘器单位体积过滤面积大，占地面积小，但清灰、维修较困难，应用较少。

2. 按含尘气流进入滤袋的方向分类

袋式除尘器按含尘气流进入滤袋的方向，可分为内滤式和外滤式两种。内滤式除尘器含尘气体首先进入滤袋内部，故粉尘积于滤袋内部，便于从滤袋外侧检查和换袋；外滤式除尘器含尘气体由滤袋外部到滤袋内部，适合于用脉冲喷吹等清灰。典型清灰示意图如图 3.6 所示。

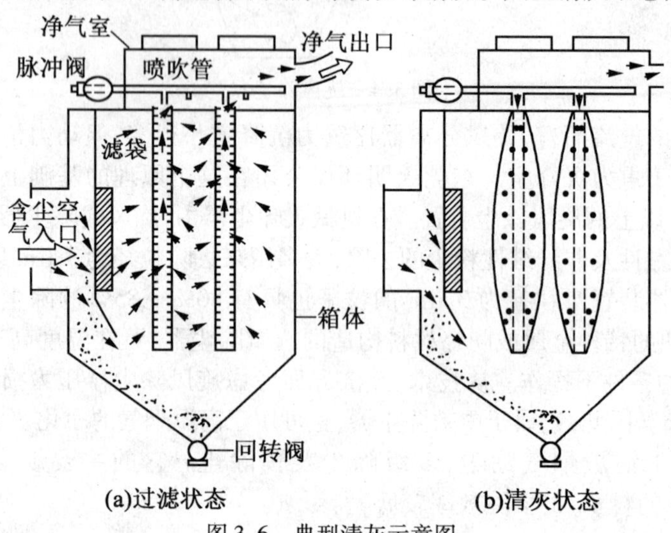

图 3.6　典型清灰示意图

3. 按进气方式的不同分类

根据进气方式的不同，袋式除尘器可分为下进气和上进气两种。下进气方式是含尘气流由除尘器下部进入除尘器内，除尘器结构较简单，但由于气流方向与粉尘沉降的方向相反，清灰后会使细粉尘重新附积在滤袋表面，使清灰效果受影响（图 3.7（a）、（b））。上进气方式是含尘气流由除尘器上部进入除尘器内，粉尘沉降方向与气流方向一致，粉尘在袋内迁移距离较下进气方式远，能在滤袋上形成均匀的粉尘层，过滤性能比较好，但除尘器结构较复杂（图 3.7（c）、（d））。

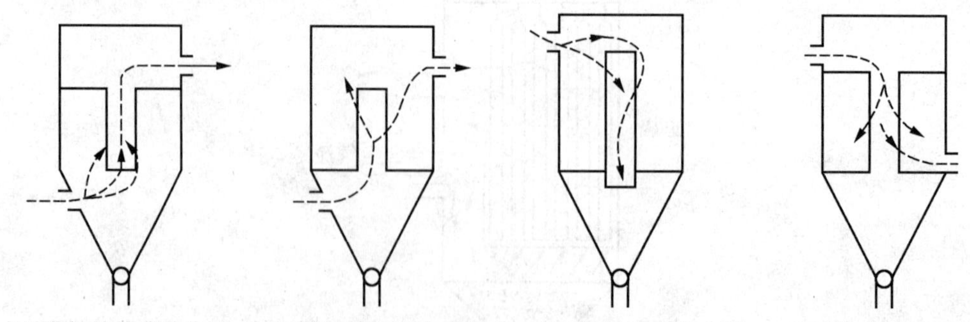

图 3.7　不同进气方式除尘器示意图

4. 按清灰方式分类

常用的清灰方式有机械振动清灰和脉冲清灰。图 3.8 为机械清灰结构示意图，它利用马达带动振打机构产生垂直振动或水平振动。

图 3.9 为脉冲清灰结构示意图。清灰时，由袋的上部输入压缩空气，通过文氏喉管进入袋内，这股气流速度较快，清灰效果很好。目前国内外多采用这种清灰方式。

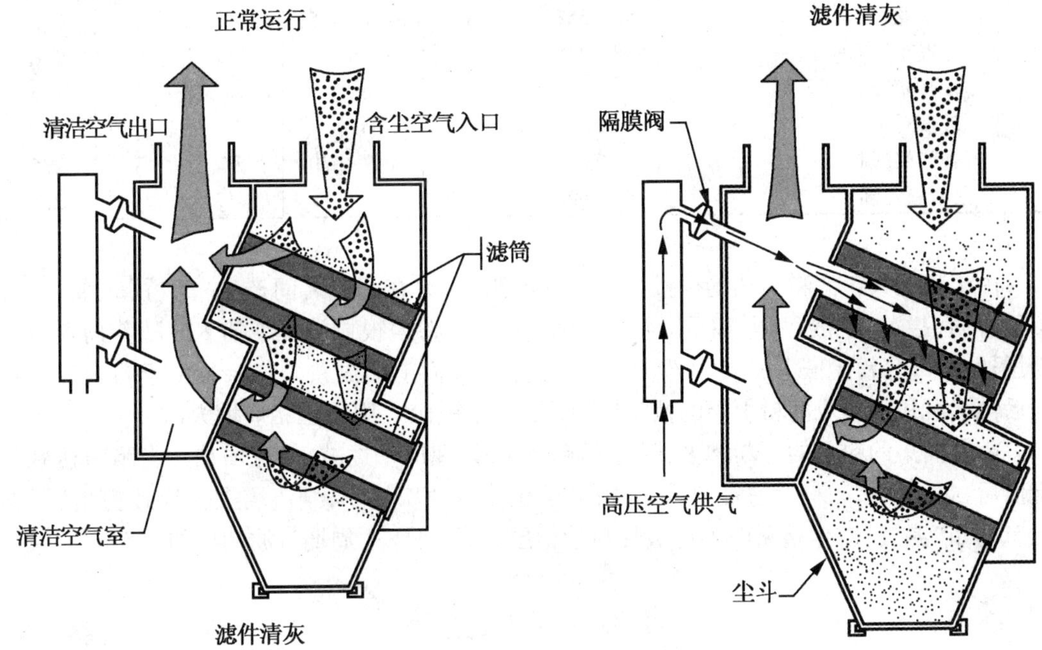

图 3.8　机械清灰结构示意图

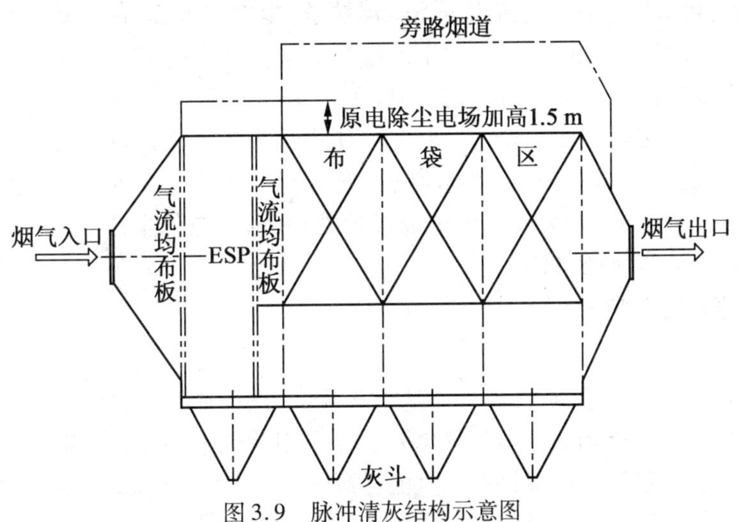

图 3.9　脉冲清灰结构示意图

袋式除尘器之所以效率高，主要是靠粉尘层的过滤作用，滤布只起形成粉尘层和支承它的骨架作用。滤料纤维本身的网孔一般为 20 ~ 50 μm，表面起绒滤料的网孔也有 5 ~ 10 μm，因而新鲜滤料开始使用时，滤尘效率很低。表 3.1 为常见滤料的物化性能。

表 3.1　常见滤料的物化性能

滤料名称	直径/μm	耐温性能/K		吸水率/%	耐酸性	耐碱性	强度
		长期	最高				
棉织物(植物短纤维)	10 ~ 20	348 ~ 358	368	8	很差	稍好	1
蚕丝(动物长纤维)	18	353 ~ 363	373	16 ~ 22			
羊毛(动物短纤维)	5 ~ 15	353 ~ 363	373	10 ~ 15	稍好	很差	0.4
尼龙		348 ~ 358	368	4.0 ~ 4.5	稍好	好	2.5
奥纶		398 ~ 408	423	6	好	差	1.6
涤纶(聚酯)		413	433	6.5	好	差	1.6
玻璃纤维	5 ~ 8	523		4.0	好	差	1
芳香族聚酰胺		493	533	4.5 ~ 5.0	差	好	2.5
聚四氟乙烯		493 ~ 523		0	很好	很好	2.5

由于粒径大于滤料网孔的少量尘粒被筛滤阻留,并在网孔之间产生"架桥"现象,同时由于碰撞、拦截、扩散、静电和重力沉降等作用,部分粉尘很快被纤维捕集。随着捕尘量不断增加,一部分粉尘嵌入滤料内部,一部分覆盖在表面上形成粉尘初层。由于粉尘初层及随后继续沉积所形成的粉尘层的捕集作用,过滤效率剧增,阻力也相应增大。

随着捕集的粉尘的不断增多,阻力不断增加,处理风量逐减,能耗增加。当阻力达到一定值后,必须清除滤料上的集尘,否则粉尘堆积使空隙率变小,气流增大会导致粉尘层"穿孔",滤布"漏气"。但清灰时不应破坏粉尘初层,以保证下一周期过滤初期的效率。

3.4　电除尘器

静电除尘是利用静电力从气流中分离悬浮粒子(尘粒或液滴)的一种方法。其优点是:除尘效率高达99.99%,能捕集1 μm以下的细微粉尘,从经济上考虑,一般控制除尘效率在95% ~99%,处理气量大;可在高温(高达500 ℃)、高压和高湿(相对湿度可达100%)的条件下连续运转,并能完全实现自动化;能耗少,压力损失小。其缺点是:设备庞大,耗能多;需高压变电和整流设备,故投资高;要求制造、安装和管理的技术水平高;除尘效率受粉尘比电阻影响较大;对高浓度的含尘气体需设置预处理装置,电除尘器(图3.10)一般适于处理含尘浓度30 g/m^3 以下的气体。

1. 电除尘器的工作原理

(1)电晕放电

要利用静电使粉尘分离须具备两个基本条件:一是存在使粉尘荷电的电场;二是存在使荷电粉尘颗粒分离的电场。一般的静电除尘器采用荷电电场和分离电场合一的方法,如图3.11所示的高压电场,放电极接高压直流电源的负极,集尘极接地为正极,集尘极可以采用平板,也可以采用圆管。

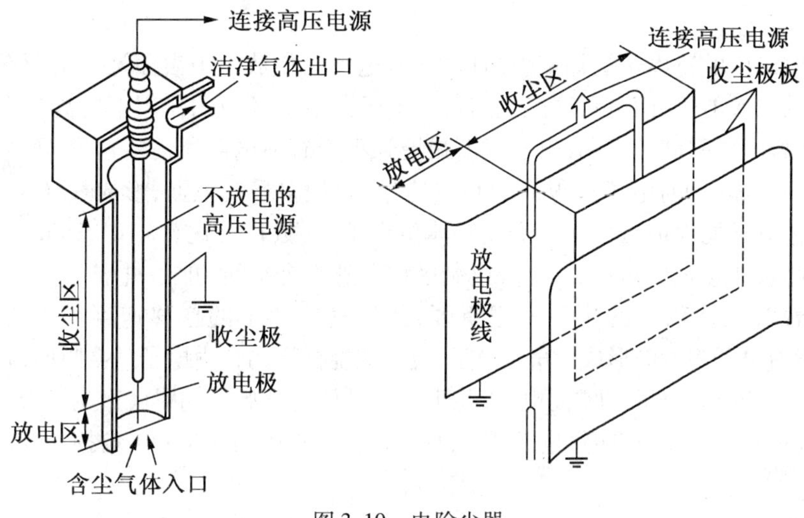

图3.10　电除尘器

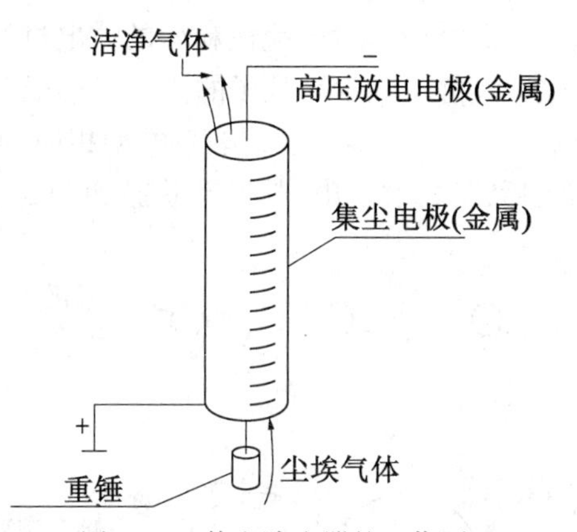

图3.11　静电除尘器的工作原理

在电场作用下,空气中的自由离子向两极移动,电压越高,电场强度越高,离子的运动速度越快。由于离子的运动,极间形成了电流。开始时,空气中的自由离子少,电流较小。电压升高到一定数值后,放电极附近的离子获得了较高的能量和速度,它们撞击空气中的中性原子时,中性原子会分解成正、负离子,这种现象称为空气电离。空气电离后,由于连锁反应,在极间运动的离子数大大增加,表现为极间的电流(称为电晕电流)急剧增加,空气成为导体。放电极周围的空气全部电离后,在放电极周围可以看见一圈淡蓝色的光环,这个光环称为电晕。因此,这个放电的导线被称为电晕极。

在离电晕极较远的地方,电场强度小,离子的运动速度也较小,空气还没有被电离。如果进一步提高电压,空气电离(电晕)的范围逐渐扩大,最后极间空气全部电离,这种现象称为电场击穿。电场击穿时,发生火花放电,电线短路,电除尘器停止工作。为了保证电除尘器的正常工作,电晕的范围不宜过大,一般应局限于电晕极附近。

如果电场内各点的电场强度是不相等的,这个电场称为不均匀电场。电场内各点的电场强度都是相等的电场称为均匀电场,如用两块平板组成的电场就是均匀电场。在均匀电场内,只要某一点的空气被电离,极间空气便会全部被电离,电除尘器发生击穿。因此,电除尘器内必须设置非均匀电场。

(2)粉尘荷电

电晕放电产生的正离子被加速引向负极(放电极),使放电极表面被撞击而释放出维持放电所必需的二次电子,而电量区产生的自由电子则在电场力的作用下向集尘极迁移。在电量区外,随着电场强度的减弱,电子逐渐减慢到小于碰撞电离所需的速度,而绝大多数电子遇到电负性气体(即对电子有很高亲和力的分子)便附着在上面,形成气体负离子,大量的电负性气体分子能保证自由电子形成气体负离子,其数目可达 5×10^{7} 个/m^{3}。这些气体负离子向集尘极或接地极运动,并构成电晕区域以外整个空间的唯一电流。

电子附着对保持稳定的负电晕很重要,因为气体离子的迁移速度均为自由电子的1/1 000,若没有电子附着而形成大量负离子,迁移速度极高的自由电子就会瞬间流至接地极,便不能在两极之间形成稳定的空间电荷,几乎在电晕放电开始的同时就产生了火花放电。气体负离子在电场力的作用下,向集尘极迁移,在此迁移过程中与粉尘颗粒碰撞而使粉尘粒子荷电。

(3)粉尘沉积荷

电粉尘到达集尘极,电荷中和,恢复中性,完成粉尘的放电过程。实践证明,粒子的比电阻为 $10^{4}\sim5\times10^{10}\ \Omega\cdot cm$,最适宜静电除尘。粒子的比电阻小于 $10^{4}\ \Omega\cdot cm$ 时,因为导电性太好,当它们在集尘极放电后,又立即获得与集尘电极电型相同的电荷,从而被集尘电极排斥反跳回气流中,再次被捕集后,又再次跳出,其运动状态如图3.12所示,造成二次飞扬使除尘效率降低。

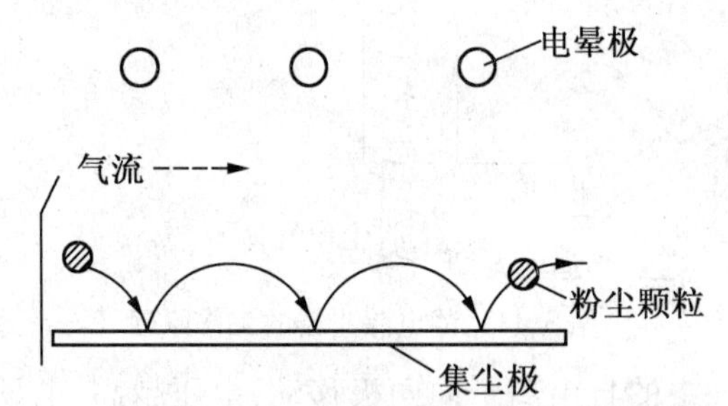

图3.12 低比电阻粉尘颗粒在电场中跳跃运动的状态

2.静电除尘器的主要性能参数计算

(1)驱进速度

假定含尘气体在除尘器中做层流运动,在此条件下,荷电颗粒在电场中所受的静电力为

$$F_{e}=q_{p}\cdot E \tag{3.11}$$

式中,q_{p} 为颗粒荷电数,c;E 为集尘电场强度,V/m。

颗粒向集尘极移动时所受阻力为

$$F_{D}=3\pi\mu d_{p}w/C \tag{3.12}$$

式中,w 为驱进速度;C 为康宁汉修正系数,$C=1+(0.17/d_{p})\times10^{-6}\ d_{p}$ (3.13)

当 $F_{e}=F_{D}$ 时,荷电颗粒在电场方向等速运动,此时的驱进速度称为驱动速度 W_{D},即

$$W_{D}=q_{p}EC/3\pi\mu d_{p} \tag{3.14}$$

(2)除尘效率方程

严格从理论上推导除尘效率的方程式是困难的,必须进行一定的假设:①电除尘器中

的气流为紊流状态，通过除尘器任一横断面的粒子浓度和气流分布是均匀的；②进入电除尘器的粒子立刻达到饱和荷电；③集尘极上的粉尘不再发生二次飞扬。

多依奇方程的推导：设气体的流向为 x 方向，气体与粉尘的流速均为 v m/s，气体流量为 Q m^3/s，粉尘浓度为 c g/m^3，气体方向的横截面积为 A m^2，流动方向上每单位长度的集尘板面积为 a m^2/m，总集尘板面积为 A cm^2，集尘板长度为 L m，粒子驱进速度 w m/s，如图 3.13 所示。

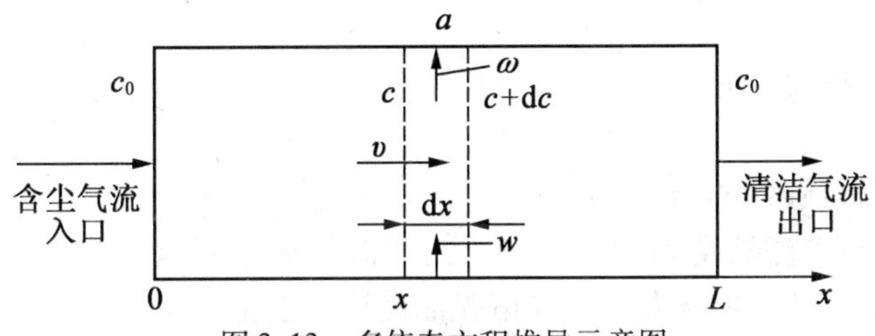

图 3.13　多依奇方程推导示意图

则在 dt 时间内于 dx 空间捕集的粒子质量为

$$\mathrm{d}m = c \cdot a\mathrm{d}x \cdot w\mathrm{d}t \tag{3.15}$$

集尘板的集尘量为

$$-\mathrm{d}c \cdot A\mathrm{d}x$$

除尘器内粉尘减少量为

$$awc\mathrm{d}t = -A\mathrm{d}c \tag{3.16}$$

又

$$v\mathrm{d}t = \mathrm{d}x$$

所以

$$\frac{aw}{Av}\mathrm{d}x = -\frac{\mathrm{d}c}{c} \tag{3.17}$$

由边界条件：$x=0, c=c_0$；$x=L, c=c_e$ 进行积分，可得（且 $Av=Q, aL=Ac$）：

$$c_e = c_0 \exp\left(-\frac{Ac}{Q}w\right) \tag{3.18}$$

又

$$\eta = 1 - \frac{c_e}{c_0}$$

所以

$$\eta = 1 - \exp\left(-\frac{Ac}{Q}w\right) \tag{3.19}$$

多依奇方程描述了除尘效率与集尘板面积、气体流量和粒子的驱进速度之间的关系，指明了提高除尘效率的途径。

3. 电除尘器的结构

电除尘器的基本结构包括放电极、集尘极、清灰装置、气流分布装置、壳体、输灰装置和供电装置等。

(1)放电极

良好的放电性能，气晕电压低，电晕电流大，机械强度高。

(2)集尘极

易于粉尘沉积,避免二次扬尘,便于清灰,足够的强度和刚度,节约材料,便于制造。

(3)清灰装置

清灰的方式主要有机械振打、电磁振打,刮板清灰、水膜清灰等。

(4)气流分布装置

便于气流分布均匀,气压损失小。

(5)壳体

尽量减少漏风,密封性好。

(6)供电装置

足够高的电压,足够强的功率。

整流后不加电容器滤波得到的脉冲电压比滤波的平稳直流电压更有利于高压电除尘器的运行,波谷则有利于抑制火花放电和电弧的连续发生。

3.5　湿式除尘器

湿式除尘器俗称“水除尘器”,它是使含尘气体与液体(一般为水)密切接触,利用水滴和颗粒的惯性碰撞及其他作用捕集颗粒或使颗粒增大的装置。湿式除尘器(图 3.13)可以有效地将直径为 0.1 ~20 μm 的液态或固态粒子从气流中除去,同时也能脱除部分气态污染物。它具有结构简单、占地面积小、操作及维修方便和净化效率高等优点,能够处理高温、高湿的气流,将着火、爆炸的可能性减至最低。但采用湿式除尘器时,要特别注意设备和管道腐蚀及污水和污泥的处理等问题;湿式除尘过程不利于副产品的回收;如果设备安装在室内,还必须考虑设备在冬天可能冻结的问题;如果去除微细颗粒的效率也较高,则需使液相更好地分散,但能耗增大。

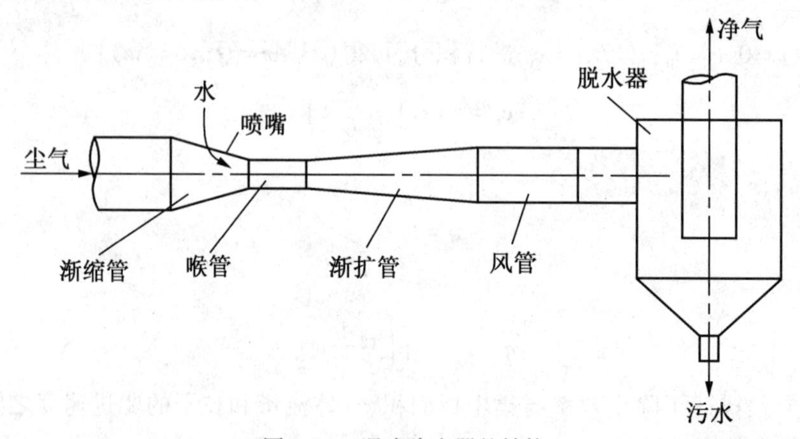

图 3.14　湿式除尘器的结构

在工程上使用的湿式除尘器形式很多,总体上可分为低能和高能两类。低能湿式除尘器的压力损失为 0.2 ~1.5 kPa,包括喷雾塔和旋风洗涤器等,在一般运行条件下的耗水量(液气比)为 0.5 ~3.0 L/m^3,对 10 μm 以上颗粒的净化效率可达到 90% ~95%。高能湿式除尘器的压力损失为 2.5 ~9.0 kPa,净化效率可达 99.5% 以上,如文丘里洗涤器等。湿式除尘器的性能见表 3.2。

表3.2 湿式除尘器的性能

装置名称	气体流速	液气比/(L·m^{-3})	压力损失/Pa	分割直径/μm
喷淋塔	0.1~2 m/s	2~3	100~500	3.0
填料塔	0.5~1 m/s	2~3	1 000~2 500	1.0
旋风洗涤器	15~45 m/s	0.5~1.5	1 200~1 500	1.0
转筒洗涤器	300~750 r/min	0.7~2	500~1 500	0.2
冲击式洗涤器	10~20 m/s	10~50	0~150	0.2
文丘里洗涤器	60~90 m/s	0.3~1.5	3 000~8 000	0.1

湿式除尘器按照其构造形式及除尘机理可分为:①重力喷雾除尘器,如喷淋塔等;②旋风式除尘器,如旋风水膜除尘器等;③自激式洗涤器,如自激喷雾除尘器等;④板式塔除尘器,如泡沫洗涤塔等;⑤填料塔除尘器,如填料塔、湍球塔等;⑥文丘里除尘器;⑦械动力洗涤除尘器。

湿式除尘器按其结构类型可分为压力式洗涤除尘器、填料塔洗涤除尘器、蓄水式冲击水浴除尘器和机械回转式洗涤除尘器。下面介绍几种常见的典型除尘器。

(1)洗涤除尘器

洗涤除尘器是一种新型的气体净化处理设备,由塔体、塔板、再沸器和冷凝器组成,如图3.14所示。它是在可浮动填料层气体净化器的基础上改进而产生的,广泛应用于工业废气净化、除尘等方面的前处理,净化效果很好。在使用过程中,再沸器一般用蒸汽加热,冷凝器用循环水导热。

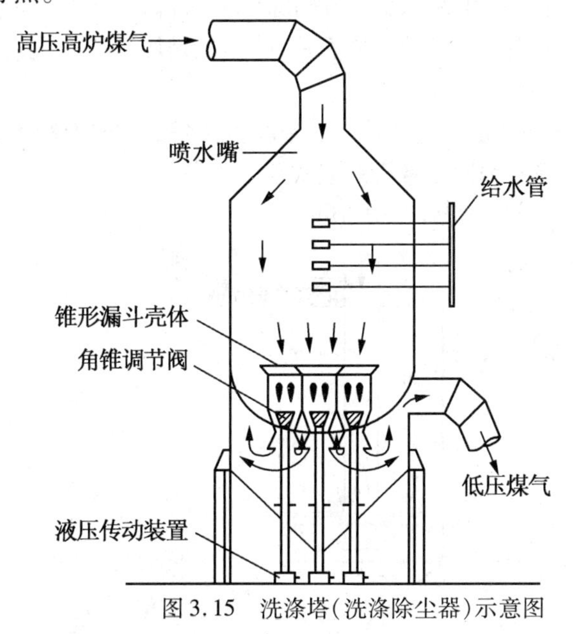

图3.15 洗涤塔(洗涤除尘器)示意图

(2)水膜除尘器

水膜除尘器是一种利用含尘气体冲击除尘器内壁或其他特殊构件上用某种方法造成的水膜,使粉尘被水膜捕获,气体得到净化的净化设备。它包括冲击水膜、惰性(百叶)水膜和离心水膜除尘器等。立式施风水膜除尘器如图3.15所示。

水膜除尘器的工作原理是:含尘气体由筒体下部顺切向引入,旋转上升,尘粒受离心力作用而被分离,抛向筒体内壁,被筒体内壁流动的水膜层所吸附,随水流到底部锥体,经排尘口卸出。水膜层的形成是由布置在筒体的上部几个喷嘴将水顺切向喷至器壁。这样,在筒体内壁始终覆盖一层旋转向下流动的很薄的水膜,达到提高除尘效果的目的。这种湿式除尘器结构简单,金属消耗量小,耗水量小。其缺点是:高度较大,布置困难,并且在实际运行中发现有带水现象。

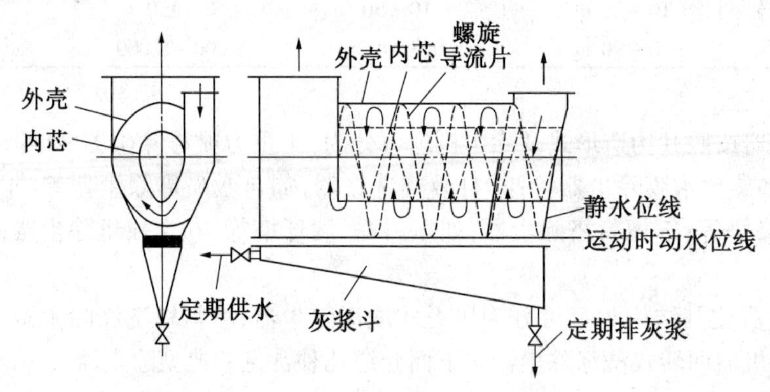

图3.16　立式旋风水膜除尘器

(3)麻石立式旋风水膜除尘器

麻石立式旋风水膜除尘器是锅炉烟气除尘常用的一种,它的原理是:烟气从麻石除尘桶体下部切向进入,绕桶壁旋转上升,除尘水从桶上部溢流槽均匀的沿桶壁往下形成水膜,烟气中的尘粒在离心力作用下,黏附在水膜上落到除尘器底部,经搅拌溢流排出至冲灰沟到沉淀池。麻石是除尘桶体采用的一种花岗岩石块,除尘器是用这种石块砌筑而成的。

(4)冲击水浴式除尘器

冲击水浴式除尘器(图3.16)是一种高效率实施除尘设备。它没有喷嘴,也没有很窄的裂隙,因此不容易发生堵塞,是一种比较常用的湿式除尘设备。

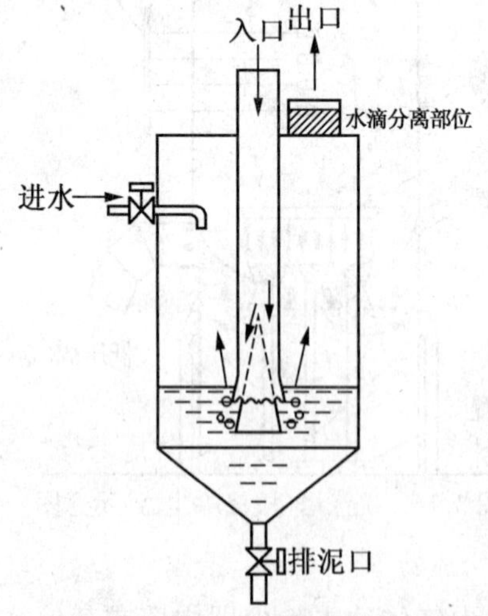

图3.17　冲击式水浴除尘器示意图

湿式除尘器的设计步骤一般为:

①收集需处理的废气的有关资料,包括废气流量、废气温度、废气密度、废气中粉尘的浓度、粉尘的密度、粒尘的粒径分布等;当地政府对该污染源下达的粉尘排放标准。

②确定要达到的处理效率。

③根据废气和粉尘的特点、性质及需要达到的处理效率,选取恰当的湿式除尘设备。

④根据工程经验,选取设备的有关参数。

⑤计算各种粒径的粉尘的分级效率,由此得到总去除率,并与要求的除尘效率比较,如果达到要求,则继续向下计算;如果达不到要求,则重新选择设备参数,再计算分级效率和总除尘效率,直至达到要求为止。

⑥计算设备的其他结构参数。

⑦计算设备的阻力降。

其维护和检修的项目如下:

①对其设备内部的淤积物和黏附物进行清除。

②检查文丘里管、冲击式除尘器的喉部以及洗涤器内部的磨损、腐蚀情况,对磨损和腐蚀严重的部位进行修补,如果维修有困难,应及时更换设备。

③对喷嘴进行检查和清洗,磨损严重的喷嘴应进行更换。

第4章　气态污染物控制

4.1　吸　收

吸收是利用气体混合物中不同组分在吸收剂中溶解度的不同,或者与吸收剂发生选择性化学反应,从而将有害组分从气流中分理处出来的过程。

吸收可分为物理吸收和化学吸收。若吸附只是溶质溶解于液体中,并不伴随着化学反应,称为物理吸收;气相组分不仅在液相中溶解,同时与液相中的活性组分发生化学反应,生成一种或几种新物质的过程,称为化学吸收。在实际的空气污染控制过程中,由于废气需要吸收的有害气体浓度一般很低,为使其达到排放标准,需要较高的吸收效率和吸收速度,常用化学吸收法。

吸收净化法具有捕集效率高、设备简单、一次性投资(基建费用)低等优点,但是也存在运行费用较高、运行维护较复杂、吸收剂的富液高后续处理等缺点。

4.1.1　化学吸收气液平衡

物理吸收时,常采用亨利定律来描述气液相间的平衡,即

$$p_i^* = (H_i)^{-1}C_i \text{或} C_i = H_i p_i^* \tag{4.1}$$

式中,p_i^*、C_i 为 i 组分在气相中的平衡分相,在液相中的浓度;H_i 为 i 组分在溶液中的溶解度系数。

亨利定律适用于常压或低压下的稀溶液,且溶质在气相和液相中的分子状态相同(即物理溶解)。

对于化学吸收而言,溶解于溶剂中的溶质由两部分组成:①与气相浓度物理平衡对应的部分;②因化学反应消耗的部分,即

$$C_A = [A]_{\text{物理平衡}} + [A]_{\text{化学消耗}}$$

下面具体介绍几种气液平衡关系。

(1)被吸收组分 A 与溶剂相互作用

$$A_{\text{液}} + B_{\text{溶剂}} \xleftrightarrow{K'} M_{\text{液}} \quad A_{\text{液}} \Leftrightarrow A_{\text{气}} \quad (\text{设吸收前}[M]=0)$$

被吸收组分 A 在溶液中的总浓度 C_A 为溶剂化产物 M 和未溶剂化 A 的浓度之和,即

$$C_A = [A] + [M] \quad K' = \frac{[M]}{[A][B]} = \frac{C_A - [A]}{[A][B]}$$

所以

$$[A] = \frac{C_A}{1 + K'[B]} \tag{4.2}$$

在常压或低压下的稀溶液,由亨利定律有

$$P_A^* = \frac{C_A}{H_A(1 + K'[B])} \tag{4.3}$$

在稀溶液中,溶剂 B 的浓度很大,[B]可视为常数,即 $H_A(1+K'[B])=H'$ 也可近似为常数。化学反应的存在增大了溶解度系数,促进了被吸收组分的吸收。

(2)被吸收组分在溶液中离解

$$A_{液} \xleftrightarrow{K'} M^+ + N^- \qquad A_{液} \Leftrightarrow A_{气} \qquad C_A = [A] + [M^+] \qquad K' = \frac{[M^+][N^-]}{[A]}$$

又设$[M^+]=[N^-]$,所以

$$[M^+] = \sqrt{K'[A]}$$

所以

$$C_A = [A] + [M^+] = [A] + \sqrt{K'[A]} \tag{4.4}$$

又因为

$$[A] = H_A P_A^*$$

所以

$$C_A = H_A P_A^* + \sqrt{K' H_A P_A^*} \tag{4.5}$$

(3)被吸收组分与溶剂中的活性组分相互作用

$$A_{液} + B_{液} \xleftrightarrow{K'} M_{液} \qquad A_{液} \Longleftrightarrow A_{气}$$

设活性组分 B 的初始浓度为 C_{B0},若其平衡转化率为 x,则溶液中组分 B 的浓度为 $[B]=C_{B0}(1-x)$,组分 M 的浓度$[M]=C_{B0}x$,由化学平衡可得

$$K' = \frac{[M]}{[A][B]} = \frac{x}{[A](1-x)}$$

由亨利定律

$$[A] = H_A \cdot P_A^*$$

可得

$$P_A^* = \frac{x}{K' H_A (1-x)} \tag{4.6}$$

若忽略物理溶解量,则

$$C_A^* = x C_{B0} = C_{B0} \frac{K'_1 H_A P_A^*}{1 + K'_1 H_A P_A^*} = C_{B0} \frac{K_1 P_A^*}{1 + K_1 P_A^*} \tag{4.7}$$

对纯粹化学吸收而言,A 组分的溶解度 C_A^* 只能接近于但不能超过 C_{B0}的值。

4.1.2 双膜理论

双膜理论是描述稳定状态下的物质传递的理论,它假设:

①在平静的气液相界面两边各有一层很薄的静止层——气膜与液膜,被吸收物质只能以分子扩散的方式通过这层薄膜,膜的厚度随两侧流体流速而改变,气流速度越大,气膜越薄;液流速度越大,液膜越薄。

②在两侧以外的气相、液相主体中,由于流体的湍动,浓度均匀一致,不存在浓度梯度,因此其传质阻力小,可忽略。可认为组分 A 从气相主体传递至液相主体,全部阻力集中在两膜之中。

在气液相界面处,气液两相总处于平衡态,符合亨利定律($H_A P_{Ai} = C_{Ai}$),双膜理论将复杂的气液相际传质过程简化称为两层稳定边界膜的分子扩散。传质阻力集中于两层边界膜中,相际传质的阻力简化成为气膜和液膜阻力的叠加。

若在液膜内任取单位截面积微层 dz,对被吸收组分 A 做物料衡算,则

$$-D_{AL}\frac{dC_A}{dz} + D_{AL}\frac{d}{dz}\left(C_A + \frac{dC_A}{dz}\right) = -r_a dz$$

式中，$-D_{AL}\frac{dc_A}{dz}$为扩散进入量；$D_{AL}\frac{d}{dz}\left(C_A+\frac{dC_A}{dz}\right)$为扩散出去量；$-r_a dz$ 为反应量。

整理可得

$$D_{AL}\frac{d^2C_A}{dz^2}=-r_A \tag{4.8}$$

式中，D_{AL}为组分 A 的液相扩散系数；$-r_A$ 为以 A 组分分子数减少表示的化学反应速度。

对于物理吸收过程，有 $-r_A=0$，所以

$$D_{AL}\frac{d^2C_A}{dz^2}=0$$

由边界条件有

$$z=0, C_A=C_{Ai}$$

$$z=z_L, C_A=C_{AL}$$

可得

$$C_A=C_{Ai}-\frac{z(C_{Ai}-C_{AL})}{z_L} \tag{4.9}$$

又组分 A 在液膜中的吸收速率 N_A，则

$$N_A=-D_{AL}\left(\frac{dC_A}{dz}\right)_{z=0}=D_{AL}\frac{C_{Ai}-C_{AL}}{z_L} \tag{4.10}$$

令 $D_{AL}/z_L=k_{AL}$，k_{AL}为液相传质系数，所以

$$N_A=k_{AL}(C_{Ai}-C_{AL}) \tag{4.11}$$

类似地可写出气膜中 A 的分压表示的速率式，即

$$N_A=\frac{D_{AG}}{Z_G}(P_{AG}-P_{Ai})=k_{AG}(P_{AG}-P_{Ai}) \tag{4.12}$$

式中，D_{AG}、k_{AG}分别为 A 组分气相扩散系数、气相传质系数。

由式(4.11)、(4.12)和亨利定律推导，得

$$N_A=K_{AG}(P_{AG}-P_A^*)=K_{AL}(C_A^*-C_{AL}) \tag{4.13}$$

其中，K_{AG}为气相总传质系数，$\frac{1}{K_{AG}}=\frac{1}{k_{AG}}+\frac{1}{k_{AL}H_A}$；$K_{AL}$为液相总体质系数，$\frac{1}{K_{AL}}=\frac{1}{k_{AL}}+\frac{H_A}{k_{AG}}$，其中，$P_A^*$、$C_A^*$ 分别为气相、液相的平衡分压与浓度。

4.1.3　吸收设备

1. 吸收设备的类型及特点

吸收设备要求气液有效接触面积大，处理能力大，分离效果好，设备压力损失小，结构简单，操作稳定，投资和运营费用低。

吸收常用设备有填料塔、板式塔、鼓泡塔、文丘里洗涤器、旋转喷雾塔等。对于化学反应速度较快，但气液相传质较慢——为扩散控制的吸收过程，适宜采用可强化物质扩散(增加相际接触面，增加过程推动力，降低吸收温度)的设备，如喷雾塔、文丘里洗涤器、板式塔等。

对于化学反应速度较慢，但气液相传质较快——为动力学控制的过程，适宜采用气液比小，可保证足够液相体积和反应空间的设备，如鼓泡塔、板式塔等。

2. 填料吸收塔的设计计算

典型的填料塔结构如图 4.1 所示，其设计包括填料塔直径、高度及压力降的计算。

(1)塔径的计算

填料吸收塔塔径 D_T 取决于处理的气量 $Q(m^3/s)$ 和适宜的空塔气速 $v_0(m/s)$，计算式为

$$D_T=\sqrt{\frac{4Q}{\pi v_0}} \tag{4.14}$$

处理气量 Q 根据实际的工业过程而定；空塔气速 v_0 一般由填料的液泛速率确定，通常取 $v_0=(0.60\sim0.70)v_t$。填料塔的液泛速率是指使塔内发生液泛的最低操作液速，可从有关手册中查取。

(2)填料层高度的计算

填料层高度由过程吸收速率 N_A 和吸收效率的要求来确定。

对于按如下化学计量方程式进行的化学吸收过程

$$A_{气}+bB_{液}\to rR_{液}$$

式中，b 为气体作液体的吸收　　；r 为吸收液气平衡状态下的

每吸收 1 mol 组分 A 要消耗 b mol 的组分 B，下面对图 4.2 所示的填料塔做物料衡算。

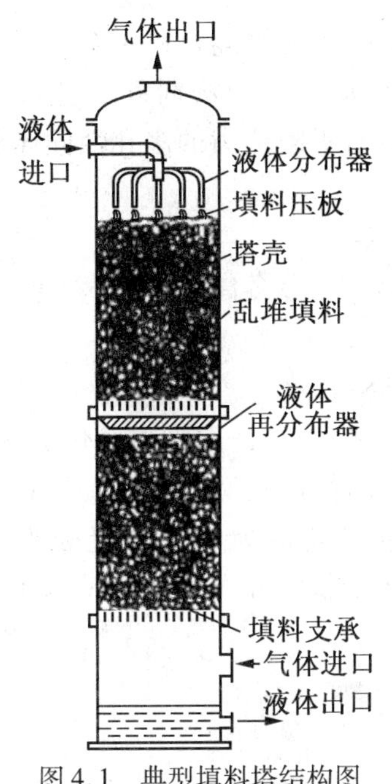

图 4.1　典型填料塔结构图

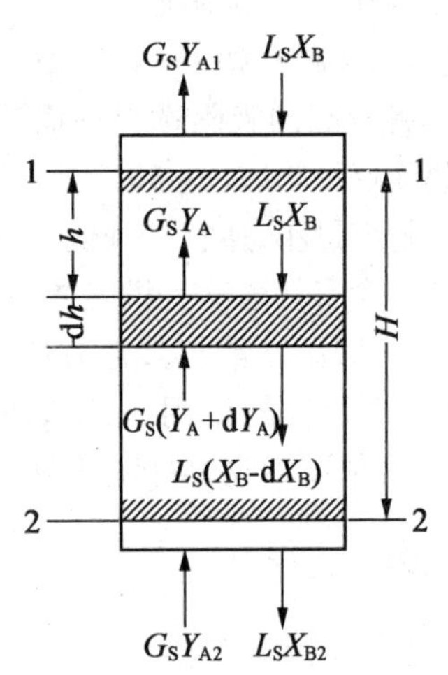

图 4.2　填料塔物料衡算图

设 L_s、G_s 分别是除吸收组分 B 以外的液相惰性组分流量和除被吸收组分 A 以外的气相惰性组分流量，$mol/(m^2\cdot s)$；Y_{A1}、Y_{A2} 分别是塔顶和塔底组分 A 的气相浓度，mol(组分 A)/mol(气相惰性组分)；X_{B1}、X_{B2} 分别是塔顶和塔底组分 B 的液相浓度 mol(组分 B)/mol(液相惰性组分)；L_S、G_S 分别是液相和气相的总流量，$mol/(m^2\cdot s)$；c_1、c_T 分别是液相中惰性组分浓度和液相总浓度，mol/m^3；p_1、p 分别是气相中惰性组分分压和气相总压，Pa。则有

$$G_S dY_A=-\frac{1}{b}L_S dX_B=N_A abh \tag{4.15a}$$

式中，a 为单位填充层内填料的表面积。

对式(4.15a)积分，得任一截面处 Y_A 与 X_B 的关系，即

$$G_S(Y_A - Y_{A2}) = -\frac{L_S}{b}(X_B - X_{B2}) \tag{4.15b}$$

填料层高度 H 为

$$H = -G_S\int_{Y_{A2}}^{Y_{A1}}\frac{dY_A}{N_A a} = \frac{-G_S}{p_1}\int_{p_{AG2}}^{p_{AG1}}\frac{dp_{AG}}{N_A a} \tag{4.15c}$$

$$H = -\frac{L_S}{b}\int_{X_{B1}}^{X_{B2}}\frac{dX_B}{N_A a} = \frac{L_S}{bc_1}\int_{c_{BL1}}^{c_{BL2}}\frac{dc_{BL}}{N_A a} \tag{4.15d}$$

通常情况下,气态污染物的浓度很低,化学吸收剂的浓度也不高,即 $p_1 = p_2, c_1 = c_2$,故将其代入式(4.15d)得

$$H = G_S\int_{p_{AG2}}^{p_{AG1}}\frac{dp_{AG}}{N_A a} = \frac{L}{bG}\int_{c_{BL1}}^{c_{BL2}}\frac{dc_{BL}}{N_A a} \tag{4.16}$$

4.2　吸　附

有害气体的吸附净化操作是利用某些多孔性固体具有从流体混合物中有选择地吸着某些组分的能力(有时还兼有催化作用),来脱除废气中的水分、有机溶剂蒸气、恶臭和其他有害气相杂质,从而达到净化气体的目的的一种方法。具有吸附能力的多孔性固体称为吸附剂。被吸附的物质称为吸附质。

吸附净化法的优缺点如下。

①优点:具有较高的吸附选择性而获得较好的分离效果,设备简单,操作方便,易于实现自动化,能脱除痕量物质(达 10^{-6} 级)。

②缺点:吸附容量小,适宜处理低浓度、高要求的气体混合物。

例如,空气中含有低浓度有机气体(如酚、甲醛等)恶臭时,常选用吸附净化法,可达到较好的去除效果。吸附法常与其他方法联合使用,这时吸附过程起浓缩作用,而其他过程则起回收或者最终处理的作用。又如,SO_2 经吸附、催化转化成为 SO_3,再经吸收过程以 H_2SO_4(稀)的形式加以回收;NO 氧化成为 NO_2 后,可采用冷凝的方式回收液态 N_2O_4。

4.2.1　吸附过程

1. 物理吸附

吸附剂和吸附质之间通过分子间作用力(范德华力)产生的吸附称为物理吸附。物理吸附是一种常见现象,由于吸附是分子间作用力引起的,所以吸附热较小,一般小于41.9 kJ/mol。物理吸附因不发生化学作用,所以在低温下就能进行。被吸附的分子由于热运动还会离开吸附剂表面,这种现象称为解吸,它是吸附的逆过程。物理吸附可形成单分子吸附层或者多分子吸附层。由于分子间作用力是普遍存在的,所以一种吸附剂可吸附多种吸附质,但由于吸附剂和吸附质的极性强弱不同,某一种吸附剂对各种吸附质的吸附量是不同的。

2. 化学吸附

化学吸附是吸附剂和吸附质之间发生化学作用而产生的吸附,是由于化学键力引起的。化学吸附一般在较高温度下进行的,吸附热较大,相当于化学反应热,一般为 83.6 ~ 418.7 kJ/mol。一种吸附剂只能对某种或几种吸附质发生化学吸附,因此化学吸附具有选

择性。由于化学吸附是靠吸附剂与吸附质之间的化学键范德华力进行的,所以只能形成单分子吸附层。当化学键力较大时,化学吸附是不可逆的。

物理吸附和化学吸附不是孤立的,往往相伴发生。在水处理中,大部分的吸附往往是两种吸附综合作用的结果,只是由于吸附质、吸附剂及其他因素的影响,可能某种吸附是主要的。例如,有的吸附在低温阶段主要是物理吸附,在高温阶段主要是化学吸附。

依靠分子间作用力和化学键力的物理吸附和化学吸附都是吸附剂与吸附质分子之间的吸附,故统称为分子吸附。如果吸附质的离子因静电引力或者化学键力而聚集到吸附剂表面的带电点上,这种现象则称为离子吸附。

4.2.2 吸附剂及其再生

(1)吸附剂

广义而言,一切固体表面都有吸附作用,但实际上,只有多孔物质或磨得很细的物质具有巨大的表面积,才有明显的吸附能力。与水处理中所用的吸附剂要求相仿,用于气体净化的吸附剂应满足以下要求:①比表面积大;②选择性好,有利于混合气体的分离;③具有一定的粒度,较高的机械强度、化学稳定性和热稳定性;④大的吸附容量;⑤来源广泛,价格低廉。

工业上广泛应用的吸附剂主要有活性炭、活性氧化铝、硅胶和沸石分子筛等。这里主要介绍在水处理中应用较广的活性炭。

活性炭是含碳为主的物质,如煤、木材、骨头、硬果壳等作原料,经高温碳化和活化制成。碳化温度为300~400 ℃,将原料热解成为碳渣。活化的目的是使碳晶格间形成形状和大小不一的发达细孔。吸附作用主要发生在细孔的表面上。每克吸附剂所具有的表面积称为比表面积。活性炭的比表面积可达500~1 700 g/m^3。活性炭的吸附量不仅与比表面积有关,而且还取决于系统的构造和分布情况。

活性炭的细孔构造主要和火花方法及活化条件有关。常用的气体活化法是在920~960 ℃的高温下通过水蒸气、二氧化碳和空气实现的。活性炭的细孔的有效半径为1~10 000 nm,小孔半径小于2 nm,过渡孔半径为2~100 nm,大孔半径为100~10 000 nm。活性炭的小孔容积一般为0.05~0.50 mL/g,其表面积占比表面积的95%以上;过渡孔容积一般为0.02~0.10 mL/g,其表面积占比表面积5%以下。用特殊的方法,如延长活化时间、减慢加温速度或用药剂活化,可得到过渡孔特别发达的活性炭,大孔容积一般为0.2~0.5 mL/g,表面积只有0.5~2 m^2/g。细孔大小不同,在吸附过程中所引起的主要作用也不同。对液相吸附来说,吸附质虽可被吸附在大孔表面,但由于活性炭大孔表面积所占比例较小,故对吸附量影响不大。大孔主要为吸附质的扩散提供通道,使吸附质通过此通道扩散到过渡孔和小孔中去,因此吸附质的扩散速度受大孔影响。过渡孔也可为吸附质的扩散提供通道,促进吸附质通过它扩散到小孔中去。当吸附质的分子直径较大时,小孔几乎不起作用,活性炭对吸附质的吸附主要靠过渡孔来完成。因为活性炭小孔的表面积占比表面积的95%以上,所以吸附量主要受小孔支配。由于活性炭的原料和制造方法不同,系统的分布情况相差很大,应根据吸附质的分子直径和活性炭的细孔分布情况选择合适的活性炭。

活性炭的吸附特性不仅与细孔构造和分布情况有关,而且还与活性炭表面的化学性质有关。活性炭由形状扁平的石墨形微晶体构成,本身是非极性的,但处于微晶体边缘的碳原子,由于共价键不饱和而易与其他元素(如氧、氢等)结合形成各种含氧官能团,使活性炭具有一定的极性。目前,对活性炭含有官能团(又称表面氧化物)的研究还不够充分,但证实的有—OH、—COOH等。

活性炭可制成不同的形状,常用的有粉末装和粒状两种,近年来也有活性炭纤维商品出售。

(2)吸附剂再生

在吸附过程中,当吸附剂达到饱和吸附后,为了重复使用或者回收有效成分,需要进行再生。

常用的再生方法有:

①加热解吸再生。利用吸附剂的吸附容量在等压下随温度升高而降低的特点,在低温下吸附,然后再提高温度,在加热下再吹扫脱附,这样的循环方法又称为变温吸附。

②降压或真空解吸。利用吸附容量在恒温下随压力降低而降低的特点,在加压下吸附,在降压或真空下解吸,或采用无吸附特性的吹洗气可达到解吸的目的,这种循环操作称为变压操作。

③置换再生法。对某些热敏性物质,如饱和烃,在较高温度下容易聚合,可以采用亲和力较强的试剂进行置换再生,即用解吸剂置换,使吸附质脱附,此法又称为变浓吸附。

4.2.3 吸附装置

1. 固定床

在空气污染控制中最常用的是由两个以上的固定床组成的半连续式吸附流程。气体连续通过床层,达到饱和时,气体就切换到另一个吸附器进行吸附,而达到饱和的吸附床则进行再生。在这种流程中,气体是连续的,而每个吸附床则是间歇运行的。解吸是通过导入水蒸气来实现的。

2. 移动床

饱和的吸附剂不断地从吸附床层中移出,同时再生后的吸附剂不断地被加入到床层中,从而保持整个吸附床层高度不变。

图4.3为一回转吸附器的示意图。在该装置中,床层以角速度 ω 绕轴旋转,框架和隔板则固定不动。图4.3中所示的3个区分别为吸附段、再生段和干燥冷却段。3种流体从装置段部的入口进入床外侧的相应环形区。流体通过床层到床内侧环形区,然后由装置的另一端流出。当床层移动通过径向隔板时,床层的一个单元从吸附段转到再生段,另一个单元从再生段转到干燥冷却段,第三单元则转到吸附段。这样,床层不断饱和、再生、干燥冷却,再转入另一吸附循环。

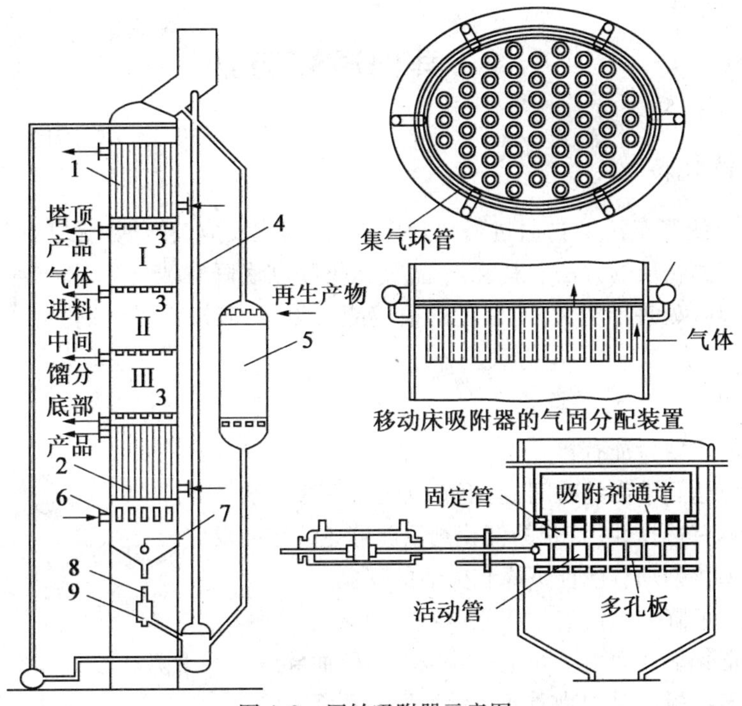

图4.3　回转吸附器示意图

1—冷却器;2—脱附塔;3—分配板;4—提升管;5—再生器;6—吸附剂控制机械;7—固粒料控制器;8—封闭装置;9—出斜阀门

3. 流化床

图4.4为流动式流化床示意图,它由吸附段和再生段两部分组成。废气从吸附段的下部进入,使得每块塔板上的吸附剂成为流化床,经充分吸附净化后从上部排出。吸附剂从吸收段上部加入,经每层流化床的溢流堰留下,最后进入再生段解吸,再生段一般采用移动床。再生后的吸附剂用气流输送到吸附段上部,重复使用。吸附剂在整个床层中处于流化状态。

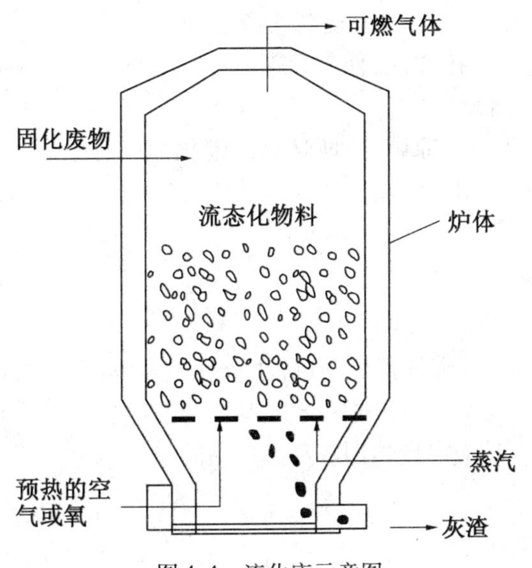

图4.4　流化床示意图

4.3 其他净化方法

4.3.1 催化转化

催化转化是使气态污染物通过催化剂床层,经催化反应,转化为无害的物质或者易于处理和回收利用的物质的方法。其优点是:使污染物彻底降解或处理,不产生二次污染;流程简单,转化率高(处理能力大,对浓度的适应能力强)。其缺点是:催化剂成本高,废气预热耗能。

1. 催化作用

催化作用的主要特征有:

①缩短反应达到平衡的时间,但不能改变反应的化学平衡。

②催化剂具有选择性(特定的催化剂只能催化特定的反应)。

③每一种催化剂均有活性下降和失活的现象。

催化剂活性下降和失活的主要原因:

①玷污。催化剂表面由于粉尘覆盖或沉积碳而导致活性下降。

②中毒。某些极微量的物质导致活性迅速下降。

③熔结。催化剂在高温下长期使用会导致其晶粒长大,比表面积减小,从而使其活性下降。

2. 催化剂

除少数贵金属催化剂外,一般常用的催化剂都为多组元催化剂,其组成可分为3部分:活性组分、助催化剂及载体。

①活性组分是催化剂的主体,必须具备的组分。

②助催化剂单独存在时不具备催化活性,但与活性组分共存时可提高活性组分的活性(可能提高活性组分的催化选择性或者提高其稳定性)。

③载体对活性组分起支撑作用,使催化剂具有适宜的形状和粒度,提高活性组分的分散度,使之具有较高的表面积。

催化转化法选用催化剂的原则是:所选择的催化剂应有很好的活性和选择性,足够的机械强度,良好的热稳定性、化学稳定性以及经济性;还可以传热和稀释,避免催化剂局部过热。

3. 催化净化工艺

(1)一般工艺过程

催化净化一般工艺过程:废气预处理(除去催化剂毒物及同体颗粒物)→废气预热(使废气达到催化剂的活性温度以上,使催化反应具有一定速度,NO_x 选择性催化还原应预热至200 ~220 ℃以上)→催化反应→废热回收和副产品的回收利用。

(2)具体催化工艺

具体催化工艺流程见表4.1。

表 4.1　具体催化工艺流程

用　途	主活性物质	载　体
有色冶炼烟气制酸，硫酸厂尾气回收制酸等 $SO_2 \rightarrow SO_3$	N_2O_5 含量为 6% ~12%	SiO_2（助催化剂 K_2O 或 Na_2O）
硝酸生产以及化工等工业尾气 $NO_x \rightarrow N_2$	Pt、Pd 含量为 5%	$Al_2O_3-SiO_2$ Al_2O_3-MgO
碳氢化合物的净化 $CO+C_mH_n \longrightarrow CO_2+H_2O$	Pt、Pd、Rb、Cu、Cr_2O_3、Mn_2O_3 及稀土金属氧化物	Ni、NiO、Al_2O_3、Al_2N_2
汽车尾气净化	Pt（0.1%）碱土、稀土和过渡金属氧化物	硅铝小球，蜂窝陶瓷 $\alpha-Al_2O_3$，$\beta-Al_2O_3$

4.3.2　燃烧转化

燃烧法是通过热氧化作用将废气中的可燃有害成分转化成无害或易于进一步处理和回收物质的方法。其主要的化学反应是燃烧氧化，少数是热分解。石油炼制、化工厂生产的大量碳氢化合物废气和其他危险有害气体；溶剂工业、漆包线、油漆烘烤等生产生产过程产生大量溶剂蒸气；咖啡烘烤；由食烟熏、搪瓷焙烤等过程产生的有机气溶胶和烟道中未烧尽的碳质微粒以及几乎所有的恶臭物质，如硫醇、氰化物气体、硫化氢等都可用燃烧法处理。

燃烧法工艺简单，操作方便，并可以回收部分热能，但不能回收其中的污染物质（废物资源化），且燃烧可能产生新的有害物。

1. 燃烧爆炸极限浓度范围

当可燃混合物被点燃后，发生快速氧化，产生火焰并伴有光和热发生，就是燃烧（火焰燃烧）；如果过程在一个有限的空间内迅猛展开，就形成了爆炸。

当混合气体中的可燃组分和氧在一定浓度范围内，某一点着火后产生的热量，可以继续引燃周围的可燃混合气体，此浓度范围就是燃烧极限浓度范围；如果上述过程在一有限的空间内无控制地迅速发展，则形成气体爆炸。因此，燃烧极限浓度范围就是爆炸极限浓度范围。

一般将废气中可燃物质的浓度控制在 20% ~25% LEL（爆炸下限浓度的百分数），以防止爆炸。

2. 燃烧类型及设备

（1）直接燃烧（直接火焰燃烧，1 100 ℃以上）

直接燃烧是可燃有害废气当做燃料来燃烧的方法。仅适于有害废气中可燃组分浓度较高（达到或超过燃烧下限），或者燃烧氧化后产生的热量较高的情况，燃烧时温度通常在 1 100 ℃以上。

火炬是一种敞开式直接燃烧器，同时也是排放废气的烟筒，俗称火炬烟囱。用火炬直接燃烧废气的优点是装置简单、成本低、安全（最主要的优点）；最大的缺点是不能回收热能，同时又有大量污染气体排入大气。

（2）热力燃烧（760 ~820 ℃）

热力燃烧是依靠热力，用提高温度的方法，把废气中可燃的有害组分氧化销毁。热力燃烧净化时并不产生火焰,只有辅助燃料燃烧时才产生火焰,这是一个产生高温燃气的供热过程,并不是有害组分氧化销毁的过程。

热力燃烧的过程是:如果废气中含有充足的氧,就是一部分废气作助燃气体(否则加空气),与辅助燃料混合燃烧,产生高温燃气(1 370 ℃左右),再与剩余废气混合达到有害物质氧化分解的销毁温度,并在燃烧室中停留足够时间,净化后的气体经热回收设备回收热能后从烟囱排空。

热力燃烧的"三 T 条件":反应温度(Temperature)、停留时间(Time)、湍流混合(Turbulence)。热力燃烧炉主体结构分为燃烧器(燃烧辅助燃料以产生高温燃气)和燃烧室(高温燃气与冷废气湍流混合以达到反应温度,并提供足够的停留时间)两部分。

(3)催化燃烧(300 ~450 ℃)

催化燃烧是利用催化剂使有害气体在较低温度下进行氧化分解的方法。其优点是:操作温度低,燃料耗量少,提高反应速率,减小反应器容积,无火灾危险。其缺点是:催化剂价格昂贵,其基建费用高,须预处理。

3. 热能回收

热能回收指直接燃烧法所释放的热能应予回收利用。热力燃烧和催化燃烧要消耗较多的辅助燃料,因而热能的回收利用往往成为燃烧法是否经济合理的关键。热能的回收途径主要如下:

(1)回收废热用以预热进口的冷废气

回收废热的装置有列管热交换器和蓄热再生装置,这样可以节约部分辅助燃烧。

(2)热净化气再循环

将排出的高温气先用于预热入口冷废气,随后全部或部分再循环到烘烤炉或干燥炉作为热介质使用,经济效果显著。

(3)废热利用

将高温气体用于废热锅炉产生蒸汽或热水。

第5章　温室效应

5.1　温室效应的概念及影响

5.1.1　温室效应的概念

温室效应又称“花房效应”,是大气保温效应的俗称。大气能使太阳短波辐射到达地面,但地表向外放出的长波热辐射线却被大气吸收,这样就使地表与低层大气温度增高,因其作用类似于栽培农作物的温室,故称为温室效应(图5.1)。自工业革命以来,人类向大气中排入的二氧化碳等吸热性强的温室气体逐年增加,大气的温室效应也随之增强,已引起全球气候变暖等一系列严重问题,引起了全世界各国的关注。

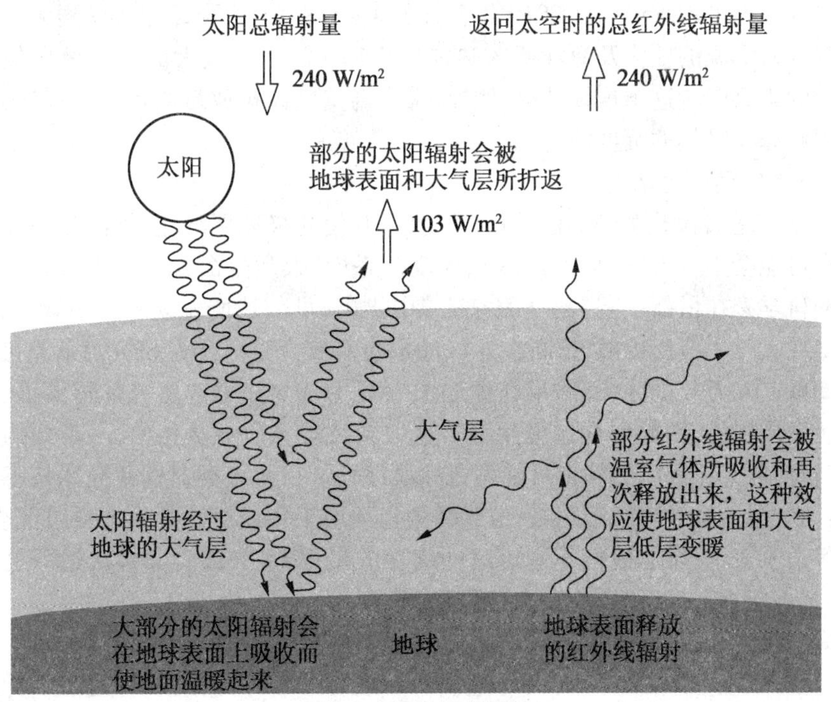

图5.1　温室效应简图

温室效应主要是由于现代化工业过多燃烧煤炭、石油和天然气,大量排放尾气,这些燃料燃烧后放出大量的二氧化碳气体进入大气造成的。二氧化碳气体具有吸热和隔热的功能。它在大气中增多而形成一种无形的玻璃罩,使太阳辐射到地球上的热量无法向外层空间发散,其结果是地球表面变热,因此,二氧化碳也被称为温室气体。

温室气体二氧化碳增加的原因如下:

①矿物燃料的燃烧。目前,全世界矿物能源的消耗大约占全部能源消耗的90%,排放

到大气中二氧化碳主要是燃烧矿物燃料产生的,据估算,矿物燃料燃烧所排放的二氧化碳占排放总量的70%。由于人们对能源利用量逐年增加,因而使大气中的二氧化碳的浓度逐年增加。

②森林的毁坏。有人将森林比作“地球的肺”,森林中植物繁多,生物量最高,绿色植物的光合作用大量吸收二氧化碳。由于人类大量砍伐森林,毁坏草原,使地球表面的植被日趋减少,以致降低了植物对二氧化碳的吸收作用,这是导致全球性气温升高的又一个重要原因。

5.1.2 温室效应对地球的影响

(1)气候转变

温室气体浓度的增加会减少红外线辐射放射到太空外,地球的气候因此需要转变来使吸收和释放辐射量达到新的平衡。这转变可包括全球性的地球表面及大气低层变暖,因为这样可以将过剩的辐射排放出外。地球表面温度的少许上升可能会引发其他的变动,例如,大气层云量及环流的转变,当中某些转变可使地面变暖加剧(正反馈),某些则可令变暖过程减慢(负反馈)。利用复杂的气候模式,“政府间气候变化专门委员会”在第三份评估报告预计全球的地面平均气温会在2010年上升1.4~5.8 ℃。这预计已考虑到大气层中悬浮粒子对地球气候降温的效应及海洋吸收热能的作用(海洋有较大的热容量),但是还有很多未确定的因素会影响这个推算结果,例如,未来温室气体排放量的预计、对气候转变的各种反馈过程和海洋吸热的幅度等。

(2)地球上的病虫害增加

美国科学家近日发出警告,由于全球气温上升使北极冰层溶化,被冰封十几万年的史前致命病毒可能会重见天日,导致全球陷入疫症恐慌,人类生命受到严重威胁。纽约锡拉丘兹大学的科学家在最新一期《科学家杂志》中指出,早前他们发现一种植物病毒TOMV,由于该病毒在大气中广泛扩散,推断在北极冰层也有其踪迹。于是研究员从格陵兰抽取4块年龄由500~14万年的冰块,结果在冰层中发现TOMV病毒。研究员指出,该病毒表层被坚固的蛋白质包围,因此可在逆境生存。这项新发现令研究员相信,一系列的流行性感冒、小儿麻痹症和天花等疫症病毒可能藏在冰块深处。目前人类对这些原始病毒没有抵抗能力,当全球气温上升令冰层溶化时,这些埋藏在冰层千年或更长的病毒便可能会复活,形成疫症。科学家表示,虽然他们不知道这些病毒的生存希望,或者其再次适应地面环境的机会,但肯定不能否定病毒“卷土重来”的可能性。

(3)海平面上升

假若“全球变暖”正在发生,有两种过程会导致海平面升高,第一种是海水受热膨胀使水平面上升;第二种是冰川和格陵兰及南极洲上的冰块溶解使海洋水增加。预期由1900~2100年地球的平均海平面上升幅度为0.09~0.88 m。全球暖化使南北极的冰层迅速融化,海平面不断上升,世界银行的一份报告显示,即使海平面只小幅上升1 m,也足以导致5 600万发展中国家人民沦为难民。

(4)气候反常,海洋风暴增多

沿岸沼泽地区消失肯定会使鱼类,尤其是贝壳类的数量减少。河口水质变咸可能会减少淡水鱼的品种数目,相反,该地区海洋鱼类的品种也可能相对增多。至于整体海洋生态所受的影响仍未能清楚知道。全球降雨量可能会增加,但是地区性降雨量的改变则仍未知。某些地区可能有更多雨量,但有些地区的雨量可能会减少。此外 ,温度的提高会增加水分的蒸发,这对地面上水源的运用带来压力。

(5)土地干旱,沙漠化面积增大

土地沙漠化是一个全球性的环境问题。有历史记载以来,中国已有 1 200 万 hm^2 的土地变成了沙漠,特别是近 50 年来形成的"现代沙漠化土地"就有 500 万 hm^2。据联合国环境规划署(UNEP)调查,在撒哈拉沙漠的南部,沙漠每年大约向外扩展 150 万 hm^2。全世界每年有 600 万 hm^2 的土地发生沙漠化,每年给农业生产造成的损失达 260 亿美元。从 1968 ~ 1984 年,非洲撒哈拉沙漠的南缘地区发生了震惊世界的持续 17 年的大旱,给这些国家造成了巨大经济损失和灾难,死亡人数达 200 多万。沙漠化使生物界的生存空间不断缩小,已引起科学界和各国政府的高度重视。5 年前我们提出,气候变冷和构造活动变弱是沙漠化的主要原因,人类活动加速了沙漠化的进程。近期中国科学家对罗布泊的科学考察提供了不可辩驳的证据。

人类活动造成的大气中温室气体浓度的急剧增加以及由此引起的全球气候明显的变化,已成为全球变化中最主要和最直接的变化,而且已经对人类社会的各个方面产生重要的影响。随着科学技术的不断发展,人们对温室气体浓度变化的相互关系会有更加清晰的认识,只要我们人类共同关心地球,积极研究控制温室效应的新措施,全球气温变暖问题可以得到解决。

5.2　温室效应控制

温室效应是行星大气自身的一种特性,并非由大气污染所导致,但由于人类活动增强了大气中温室气体的含量,可能加剧了大气的保温能力,引发全球气候变化。因此可采取以下措施来减弱温室效应。

1. 减少温室气体的排放

二氧化碳作为主要的温室气体,是由自然和人为的排放源产生的,它在大气中的停留周期可以超过 100 年,其分布非常均匀,而且潜在的危害作用也是全球性的。因此,控制、减少二氧化碳气体的排放是一件功在当代、利在千秋的大事。发展中国家一方面要发展国民经济,提高国家经济实力,务必会加大对温室气体的排放;另一方面由于科学技术落后,对温室气体的处理能力较差,使得近年来温室气体含量呈快速增长趋势。因此,发达国家既出于帮助他国,也为了自己利益,应毫无保留地尽快向发展中国家转让其先进的减排技术。

2. 提高能效,减少使用化石燃料,采用替代能

提高能效可显著减少二氧化碳的排放。现在人类使用的化石燃料约占能源使用总量的 90% ,开采化石燃料,扰动了地层中原有元素的埋藏方式,通过燃烧使之成为可活动因子,是温室气体排放的重要来源。世界能源消费结构是:石油约占能源的 40% ,煤约占 30% ,天然气约占 20% ,核能约占 6.5% 。寻找替代能源,开发利用生物能、太阳能、水能、地热能、潮汐能、风能和安全使用核能等,可显著减少温室气体排放量。目前,人类所需要的石化能源仅占地球每年从太阳获得能量的两万分之一;世界已开发的水电仅占可开发量的

1%，具有很大潜力。全球约一半人使用薪柴，热带雨林存在大面积的刀耕火种农业，开发农村沼气，改进耕作制，可减少秸秆、薪柴等物质的直接燃烧，沼肥施于农田可大大减少氮肥的使用量，减少二氧化碳、一氧化二氮的排放。将来的能源战略应该转向可再生能源，可再生能源满足可持续性条件，且有很丰富的资源，成本低，随着科学技术的不断发展，使用会越来越多。

3. 提高生物圈生产力与海洋吸收量

限制森林砍伐和提高森林生产力可增加固碳量。据统计，全球由于人类活动已损失约 2.0×10^{9} hm^2 森林，以平均公顷森林含碳量 100 t 计，则损失储碳能力达 200 Gt。如果恢复已损失森林面积的 20% ~30%，就完全可以解决全球大气二氧化碳浓度增长的问题。海洋通过生物、化学、流动和沉积等过程不间断地吸收大气中的二氧化碳，年吸收速率为 1.2 ~ 2.8 Gt，并运输、储存于海底或转换成其他含碳物质。加速浅层海水与深层海水间的交换，有利于提高海洋的二氧化碳吸收量。

4. 保护森林，减少气候变化的危害

就减少气候变化的危害来说，森林起双重作用，森林的燃烧和砍伐，使更多的二氧化碳排入大气。要保护好森林，因为它能够吸收空气中的二氧化碳。1985 年制盐行业一些组织提出一项保护森林的计划，要求在 5 年内投资 80 亿美元用于植林和禁止伐林，这一计划将对保护森林有很大意义。

5. 使用新的能源

有效使用人类目前尚未使用过的能源，也是防止地球变暖的一个有效的方法。例如，人们开始利用风、海涛、地下热量、太阳光、垃圾焚烧等产生的能量发电，利用细菌将废水分解，产生甲烷，通过燃烧这种气体发电；利用太阳光从甘蔗、红薯等制作酒精，将其用于汽车燃料，这种方法在巴西等地已有应用。目前，人们开始尝试将地下水、河流中地热能用于楼房取暖及降温。人们更多地使用垃圾燃烧热能取暖、降温，同时利用太阳能的热水器也在增多。

6. 研究开发二氧化碳的新应用技术，变废为宝

采用吸收法、吸附法、膜分离法以及吸收 - 膜分离联合法等可以分离回收燃烧排气中的二氧化碳。随着科学技术的发展和新兴学科的兴起，人类在积极研究开发二氧化碳在工业、农业、生物合成、能源等方面的用途，从而达到变废为宝的目的。

7. 加强政府行为与国际合作

加强政府部门或国际组织的调控作用，是减缓温室效应的重要措施。1997 年 12 月，150 多个联合国气候变化公约签字国又在日本京都召开了气候会议，最后签署了《京都议定书》，目标是在 2008 年至 2012 年间，将发达国家二氧化碳等 6 种温室气体的排放量在 1990 年的基础上平均削减 5.2%。在国际合作中，发达国家应控制或降低温室气体的排放；而发展中国家，应改善能源结构和采取生物调节等对策来解决。全球环境问题的解决是一项长期而严峻的任务，需要全世界每一个国家每一个地区乃至每一个人的参与，离开政府行为和国际合作的支持，不可能实现全球范围内温室效应的有序减缓。

第6章　酸雨污染防治

6.1　酸雨危害

1952年"伦敦雾事件"为人类敲响了警钟！处于逆温地区的泰晤士运河周围被浓雾覆盖，连续4天烟尘不断，黑云压城。据统计，当时二氧化碳的浓度是平时的6倍，烟尘的浓度是平时的10倍，4天之内有4 000余人死亡！

众所周知，酸雨指的是pH值小于5.6的雨水（如冻雨、雹、雪、露等大气降雨），其主要由60%的硫酸、32%的硝酸、6%的盐酸及少量的碳酸、有机酸组成。硫酸主要来自燃烧的石油、煤等石化燃料及汽车排放出的尾气——二氧化碳、二氧化氮，在大气中经复杂的反应演变而来。具体地说，排放到空气中的二氧化硫，在尘埃的作用下与氧气反应生成三氧化硫，而三氧化硫与空气中的水分反应形成硫酸，或者二氧化硫直接与水分反应，生成亚硫酸，亚硫酸再与氧气反应最终生成硫酸，而生成的硫酸再被云、雨、雪、雾等吸收降至大地形成酸雨。

酸雨被科学家称为"空中的死神""看不见的杀手"，给地球的生态系统、生态环境、人类社会的生产和生活都带来了严重的破坏和影响，并造成了不可估量的经济损失。主要表现在以下几个方面。

①使土壤酸化，导致生物的生产量下降。酸雨降落在地表以后，最直接的是污染土壤，使原有的土壤变成了强酸土。虽然人们用各种办法去降低土壤酸性有了一定的收效，但是效果并不十分的明显。而强酸土最直接的危害是，抵抗消化细菌和固氮菌的正常活动，从而使有机物分解速度变得缓慢，营养物质循环过程变弱；引起土壤肥力降低，土壤的生产力下降；同时有毒物质更加毒害农作物的根系，使植物根中的根毛衰竭，以致死亡；导致农作物发育不良或死亡，生态系统生物的产量明显下降。特别是小麦，在酸雨的影响下减产13%～34%，大豆、蔬菜也容易受酸雨的危害，导致蛋白质含量和产量下降。例如，重庆奉节县的降水pH值小于4.3的地段，20年生马尾松林的年平均高生长量降低50%。

②使河湖水酸化。酸雨抑制水生生物的生长和繁殖，它可以直接杀死水中的浮游生物，减少鱼类的食物来源，使水生生态系统破坏，水生生态平衡失调，使水中的生物比例和种类失衡，因而严重影响了水生动植物的正常的生长、发育和种族的繁衍。

③对森林的影响。酸雨对植物表面的茎叶淋浴和冲洗，它可直接或间接伤害植物，并诱发各种病虫灾害频繁发生，从而造成森林大片死亡。酸雨对我国森林的危害主要是在长江以南的省份。根据初步的调查资料显示，四川盆地受酸雨危害的森林面积最大，约为28万hm^2，占有林地面积的32%。贵州受害森林面积约为14万hm^2。根据某些研究结果，仅西南地区由于酸雨造成森林生产力下降，共损失木材630万m^3，直接经济损失达30亿元（按1988年市场价计算）。对南方11个省的估计，酸雨造成的直接经济损失可达44亿元。

④腐蚀建筑物和文物古迹。酸雨容易腐蚀水泥、大理石等建筑材料，并且容易使铁金

属表面生锈，建筑物受损，到目前，世界各国已有许多古建筑和石雕艺术品遭到酸雨的腐蚀破坏。酸雨还直接危害电线、铁轨、桥梁和房屋等，如我国的乐山大佛、加拿大的议会大厦等。最近发现，北京卢沟桥的石狮及其附近的石碑、五塔寺的金刚宝塔等均遭酸雨侵蚀而严重损坏。

⑤危害人体健康。酸雨中的二氧化硫对呼吸道有刺激作用，轻者会引起咳嗽，声音嘶哑，重者使人感到呼吸急促、胸痛等；若长期吸入二氧化硫，可发生肺气肿和肺心病。调查发现，与清洁区相比较，酸雨污染区儿童的血压有下降趋势，红细胞及血红蛋白偏低，而白血细胞数则较高。

酸雨除了危害人体的呼吸系统外，对人体的免疫系统也有危害。研究证明：酸雨对呼吸道中起主要防御功能的肺巨噬细胞有破坏作用，其后果将会使呼吸道出现感染，肺肿瘤等发生机会大大增加。德国报刊报道：酸雨可导致结肠癌、肾病、眼疾和先天性缺陷患者大量增加。由于酸雨可使土壤中镉的含量增加，因此，人类吃了含镉土壤生长出的粮食，自身的健康也会受到影响。

酸雨还可以导致老年性痴呆症的发生。研究发现，在老年性痴呆患者的大脑组织中，铝元素含量很高；而在土壤、水和食物中，铝元素含量较高的地区，老年性痴呆的发病率也较高。在自然状态下难溶于水的铝元素在酸性水质中可被激活，从而呈现出可溶性，并能被人体吸收，从而导致老年性痴呆。

6.2　酸雨污染防治

酸雨的危害已引起各国政府和科学家的重视。联合国多次召开国际会议讨论酸雨问题，许多国家把控制酸雨列为重大科研项目。就目前而言，防治酸雨的主要措施有以下几个方面。

①完善环境法规，加强监督管理。制定严格的大气环境质量标准，健全排污许可证制度，实施二氧化硫排放总量控制、经济刺激措施。其措施有征收二氧化硫排污费、排污税费、产品税（包括燃料税）等，充分运用经济手段促进大气污染的治理、建立酸雨监测网络和二氧化硫排放监测网络，以便及时了解酸雨和二氧化硫污染动态，从而采取措施，控制污染，推行清洁生产，强化全程环境管理，走可持续发展道路。

②提高能源利用率，减少污染气体的排放。如原煤脱硫技术，可以除去燃煤中40%～60%的无机硫，优先使用低硫燃料，如含硫较低的低硫煤和天然气等；改进燃煤技术，减少燃煤过程中二氧化硫和氮氧化物的排放量，对煤燃烧后形成的烟气在排放到大气中之前进行烟气脱硫。美国煤气研究所筛选出一种新的微生物菌株，它能从煤中分离有机硫而又不降低煤的质量。捷克则筛选出一种酸热硫化杆菌，可脱除黄铁矿中75%的硫，生物技术脱硫符合“源头治理”和“清洁生产”的原则，备受世界各国的重视。

③加强植树栽花，扩大绿化面积。植物具有调节气候，保持水土，吸收有毒气体等作用。因此，根据城市环境规划，选择种植一些较强吸收二氧化硫和粉尘的花草树木（如石榴、菊花、桑树、银杉、桃树等），可以净化空气，美化城市环境，这也是防止酸雨的有效途径。

④改善交通环境，控制汽车尾气，推广清洁能源。制订各类汽车的废气排放标准，限制汽车行驶速度，尽快实施机动车定期淘汰制度，城市要大力发展公共交通，适当限制私人汽

车数量,保证交通畅顺,才能减少汽车尾气的污染,大力推广使用无铅汽油,改进汽车发动机技术,安装尾气净化器及节能装置,呼吁使用“绿色汽车”，实验证明,用天然气、氢气、酒精、甲醇、电能、太阳能、核能等清洁燃料作为汽车动力的汽车,可大大降低 NO_x 的排放量,减少环境污染。

⑤增强防“酸”意识。“防酸治酸”是我们每个公民的神圣职责,人人都应该爱护环境,珍惜资源,保护好我们的地球家园。环保需要正确的公众舆论,青少年参加环保宣传，出于童心稚语，情真意切，感染力强,形式也较为生动活泼，容易为听众接受;可以办画展，讲故事，发宣传品，建立环保标志，向社会提出环保倡议，清理市容，种树养树等，都有良好的社会效益。

此外,在饮食和营养上,日常生活中应注意饮用洁净的水,吃无污染的食品。经常食用绿豆、猪血、海带、鲜果等,这些物质能加速体内有害物质的排泄,把酸雨给人们带来的危害降低到最低限度。

第7章　汽车尾气污染与防治

7.1　概　述

汽车尾气污染是由汽车排放的废气造成的环境污染，主要污染物为碳氢化合物、氮氧化物、一氧化碳、二氧化硫、含铅化合物、苯丙芘及固体颗粒物等，能引起光化学烟雾等。

汽车排放源主要来自3个方面：尾气排放、燃油蒸发排放和油箱通风。后两方面所造成的排放物相对第一方面来说要小得多，通常后两方面一氧化碳、氮氧化物为总排放量的1%～2%，碳氢化合物为20%左右。因此，汽车排放主要来自发动机燃烧产生的尾气。尾气中含有一氧化碳、氮氧化物、苯、硫化物、芳烃和烯烃等有害气体，严重威胁着人类的身体健康。其中一氧化碳与人体血红蛋白的结合能力是氧的250倍，能阻止血红蛋白向人体组织输送呼吸到的氧气。当空气中一氧化碳的浓度在50 μL/L以上时，冠心病患者就会感到胸痛，还可以引起头痛、头晕、恶心、动脉硬化、脑溢血和末梢神经炎等症状，对胎儿和幼儿的生长发育影响更大。氮氧化物能导致人的呼吸困难、呼吸道感染和哮喘等症状，同时使肺功能下降，尤其是儿童，即使短时间接触氮氧化物，也可以造成咳嗽、喉痛等。

有证据表明，汽车排气中许多烃类化合物有致癌作用，但这种作用是化合物本身的直接效应，还有许多物质的协同作用至今尚不清楚。据美国环保机构统计，美国每年的癌症病例中，约有58%是由汽车排气引起空气污染造成的。

尾气排放的有害物质不但增加了大气污染，破坏了环境生态平衡，更重要的是，这些污染物在一定条件下会生成二次污染——光化学烟雾，对人体造成更大的危害。光化学烟雾是机动车排出尾气中的碳氢化合物、氮氧化物在特定的气温条件下，即静风、湿度低、温度高、并在阳光长时间照射时会产生一种复杂的烟雾，这种烟雾称为“光化学烟雾”。

20世纪40年代，在美国洛杉矶首先发现了光化学烟雾。每到秋冬季节，许多人的眼睛轻度红肿，嗓子疼痛，甚至还有人皮肤出现程度不等的潮红、丘斑疹等；人们还常会产生呼吸困难和疲乏的感觉。1955年9月，严重的汽车尾气加上气温偏高，洛杉矶再次出现了光化学烟雾，而且浓度非常高，光化学烟雾影响人们的呼吸道功能，特别是损伤儿童的肺功能；引发胸痛、恶心、疲乏等症状，导致几千人受害，两天之内就有400多名65岁的老人死亡；生长在郊区的蔬菜全部由绿变褐，无人敢吃；水果和农作物减产，大批树木落叶发黄，大量森林干枯而死。继1943年洛杉矶发生世界上最早的光化学烟雾事件后，在北美、日本、澳大利亚和欧洲部分地区也先后出现了这种烟雾。我国虽然只在少数城市发现过光化学烟雾，但随着城市汽车数量的急剧增加，我国很多城市也都存在着潜在的威胁。据有关部门初步测算，去年深圳机动车共排放碳氢化合物约2.3万t，一氧化碳17万t，氮氧化物4.5万t，而排放总量以10%左右的速度增加。由于深圳北部受山脉阻隔，遇到夏秋静风、光照强烈的天气，如果不采取有效的措施加以控制，很有可能出现“光化学烟雾”污染事件。

目前，汽车尾气控制和治理已成为世界重要课题，发达国家由于汽车总体技术较为先进,汽车尾气控制技术也较为先进,已经取得了重要进展,现在正向超低污染排放和零排放迈进。而我国在这方面起步较晚,许多控制技术处于探索和试用阶段,但我们正努力与国际接轨。控制汽车尾气污染措施有很多方面:可以使用清洁能源,如使用甲醇或改为电驱动;还可以改进操作条件,如改进气－燃料油的比例,改进内燃机设计,改进燃料油和其他添加剂的性质,如使用无铅汽油等,这些措施目前已取得一定的成效。在世界共同努力和关心下一定能在现有成果的基础上,研制出更有效、更完善的尾气净化技术,为地球大气环境净化发挥更大的作用。

7.2　汽车尾气污染与防治措施

汽车作为人类重要的伐步工具,在人类生活中占据着重要的作用。随着人们生活水平的提高,汽车数量迅速增加,汽车尾气产生的危害也越来越严重,对生态环境平衡及人类身体健康都造成一定的损害,我们应该重视汽车尾气的污染,并加强汽车尾气控制和治理。

1. 使用 CNG 燃料汽车

汽车使用天然气与使用汽油作燃料相比较,噪声降低 40%;其尾气排放的污染物质明显减少:HC 减少 72%、CO 减少 97%、NO_x 减少 39%、CO_2 减少 24%、SO_2 减少 90%,且没有苯和铅等致癌和有毒物质;CNG 的生产和使用在密闭状态下进行,对水资源和大地不会产生二次污染。CNG 燃料的优点如下:

(1)热效率高

由于天然气能同空气均匀混合,燃烧完全,所以发动机的热效率高。天然气辛烷值高达 107 以上,抗爆性能好,对提高发动机的热效率有明显优势,使发动机运转更平稳。CNG 汽车的改装是在不改变原车结构的情况下加装减压、储气系统,实现油、气两用,驾驶、维修极为简便。天然气燃烧过程中不产生焦油,无积碳,且燃烧产物呈气态,润滑油不会被稀释。

(2)使用安全

①天然气的压缩、储存、减压、燃烧的全过程都是在严格密闭的状态下进行的,不易发生泄漏,且天然气的比重是空气的 0.58~0.62,若有泄漏,高压下很快会在空气中扩散,而且天然气的燃点比汽油高出 50 ℃左右,没汽油易着火燃烧。

②天然气的爆炸极限为 4.17%~15%,比汽油高出 2.15~4.7 倍,不易发生爆炸。

天然气、液化石油气作为汽车燃料,能源利用率高,环境污染小。虽然天然气汽车动力性能下降 10%左右,但将天然气作为车用燃料还是较为经济、环保,并且可行的。近年国内外已开发了既可用汽油又可用 CNG 作燃料的汽车,技术也不断成熟。从国内外的发展动向来看,汽车"以气代油"是一种发展趋势。

2. 发动机内治理技术

汽车发动机污染物排放源除了尾气外,还有汽油蒸发污染和汽车发动机曲轴箱污染,这 3 处污染对汽车发动机污染的控制都至关重要。机内治理技术是指通过改进发动机的设计,防止或减少有害污染物在机内生成,是汽车排放控制技术的主要方法之一。

汽车发动机内治理技术之一是采用曲轴箱强制通风(PCV)系统。该系统是将机油加注口和摇臂室用软管与化油器前端的空气滤清器相连，把曲轴箱内的汽缸漏气、曲轴箱烟雾等导入发动机燃烧室。有资料显示，曲轴箱强制通风系统能减少 1/3 左右的污染。为有效减少油箱和供油系统汽油蒸发污染，采用一种称为蒸发排放控制系统的装置。这种装置主要采用一种活性炭罐，用来吸附引擎关掉时，由油箱及化油器所逸出的汽油蒸气，发动机启动时，再把其中吸附的汽油吹出燃烧。活性炭罐是点火系统和排放系统中一个比较关键的部件。发动机点火时，吸入活性炭罐中的气体通过碳罐控制阀导入发动机进气管，这个控制阀体是通过电喷系统的控制单元决定其开合、吸收程度，活性炭罐能在很大程度上减少废气排放造成的大气污染。

发动机内治理技术主要是改进发动机的燃烧方法，即在接近理想燃烧方式的条件下使混合气体燃烧，减少污染物的生成量。现在普遍采取的措施：一是改进燃烧室结构，如采用复合涡流控制燃烧；二是改进点火系统，如在化油器上设置断油装置和稀混合气供给装置，采用延时点火装置和晶体管点火装置等。

3. 发动机外净化技术

发动机外部尾气净化是把尾气这种有毒气体变为无毒气体，再排放到大气中，从而减少对大气环境的污染。目前，比较有效的措施是在汽车尾气排放口安装催化净化器来净化尾气。催化净化器有氧化净化器和三元催化净化器，应根据污染物组分来加以选择。如果污染组分主要为 CO，则加装氧化净化器就非常有效，同时可减少 CH 的排放。如果有可能产生光化学烟雾，那就要安装三元催化净化器来控制 CH、NO_x、CO。

4. 研发新型汽车

开发并采用多种燃料的新型汽车，是今后汽车工业的发展方向。以氢为燃料的电池电动车、太阳能汽车、电动汽车、复式汽车、液化气汽车、甲醇汽车等，是低公害、前途最佳的新型汽车。

5. 严格执行国家燃油标准

按国家规定，不合质量的燃油不能使用，市场上不准出售低劣燃油。然而汽车不准使用含铅汽油这一禁令难以实施，其主要原因是广大市民对这一政策了解不足，有效措施和宣传力度不够，含铅汽油和无铅汽油差价大，个别城市周边地区未执行含铅汽油禁令。因此，应加大禁令的宣传力度和推行力度，确保禁令的有效实施。

6. 优先发展公共交通

发展公共交通，减少市区、特别是城市中心区的车流量，是减少汽车污染物排放，改善城区大气环境质量的有效措施之一。尽管全国各主要城市道路建设有很大发展，道路系统逐步完善，但仍满足不了车辆迅猛发展的需要，交通阻塞问题仍十分严重，城区汽车经常处在怠速、低速、加速、减速等情况下工作，加重了城区空气污染，同时造成能源浪费。

第8章　室内空气污染控制

8.1　概　述

美国专家检测发现，在室内空气中存在500多种挥发性有机物，其中致癌物质就有20多种，致病病毒200多种。室内空气污染已成为危害人类健康的“隐形杀手”，也成为全世界共同关注的问题，世界卫生组织也将室内空气污染列为人类健康的十大威胁之一。

8.1.1　室内环境主要污染物来源及危害

(1)甲醛

甲醛是一种挥发性有机化合物、原生性毒物，无色、易溶，具有强烈的刺激性气味，主要来源于室内装修和各类家具采用的各种夹板、贴面板、木屑板、强化和合成地板。一般新装修的房子其甲醛的含量可达到0.40 mg/m^3，个别则有可能达到1.50 mg/m^3。

甲醛中毒主要表现为神经系统及呼吸系统症状，如头疼、头晕、咽干、咳嗽等。挥发期甚至长达数十年，可以引起慢性呼吸道疾病，还有致畸、致癌作用。高浓度的甲醛对神经系统、免疫系统、肝脏等都有毒害。

(2)苯及苯系物

无色、有芳香气味、易挥发、易燃、燃点低的液体，其主要污染源是驱虫剂，厕所消毒液、除臭剂、油漆、涂料中的稀释剂和黏合剂、汽油、塑料、橡胶合成纤维等材料和某些家庭用品中。

苯是有毒的致癌物质，对人的中枢神经系统及血液系统具有毒害作用，可以引起白血病和再生障碍性贫血，会使人昏迷，甚至死亡。

(3)挥发性有机物(TVOC)

TVOC有嗅味，表现出毒性、刺激性，组成成分极其复杂，是多种有毒有害气体的综合。TVOC主要来源于各种涂料、黏合剂及各种人造材料等。

TVOC能引起机体免疫水平失调，刺激皮肤、黏膜及神经系统，影响中枢神经系统功能，产生一系列过敏症状及神经行为异常。TVOC还可能影响消化系统，出现食欲不振、恶心等，严重时甚至可损伤肝脏和造血系统，出现变态反应等。

(4)氨

氨为无色却具有强烈的刺激性气味。氨气污染主要来自建筑施工中使用的混凝土外加剂和室内装饰材料。

氨气可以吸收组织中的水分，常附着在皮肤黏膜和眼结膜上，使组织蛋白变性，对接触的组织有腐蚀和刺激作用，改变细胞膜结构，减弱人体对疾病的抵抗力。它可通过肺泡进入血液，与血红蛋白结合，破坏运氧功能，导致肺水肿等症，甚至可引起心脏骤停、昏迷和休克。

(5)氯乙烯

氯乙烯来源于干洗衣服的干洗剂。轻度中毒时，病人出现眩晕、头痛、恶心、胸闷、嗜睡、步态蹒跚等;严重中毒者,神志不清,或呈昏睡状甚至昏迷、抽搐,更严重者会造成死亡。

(6)氯

氯是一种具有强刺激性的黄绿色气体,处理水源时常用,其主要污染源是沐浴、洗衣或煮沸水时。急性和慢性中毒可致肝血管肉瘤。氯蒸发时会形成三氯甲烷,高浓度下可诱发癌症。

(7)一氧化碳

一氧化碳主要来源于化石燃料的不完全燃烧、汽车尾气、工厂排放和人群吸烟等,吸入后可使人体血液丧失携氧功能,甚至死亡。

(8)大气颗粒物

大气颗粒物主要是粒径小的飘尘,其吸附性很强,容易成为空气中各种有毒物质的载体,特别是容易吸附多环芳烃、多环苯类和重金属及微量元素等,使致畸、致变的发病率明显升高。

(9)放射性污染物及其危害

室内放射性污染物主要是氡,氡是一种惰性气体,主要来源于房基、混凝土室内地面及其周围土壤、建筑材料、矿渣和装饰石材、供水、用于取暖和厨房设备的天然气。氡是人一生所接触的最主要的辐射来源,人所受天然辐射的年有效剂量的40%来自于氡及其子体。统计资料表明,氡已成为人们患肺癌的主要原因,我国每年约有50 000人因氡及其子体致肺癌而死亡。另外,氡还影响人的神经系统,使人精神不振,昏昏欲睡。

8.1.2 防治方法

①污染源的控制。优化设计方案和施工工艺,设计是整个工程的策划,尽量选用无毒、少毒、无污染、少污染的施工工艺。在室内通风设计时应保证风量要求;在施工过程中,应严格控制污染。在新建住宅时应避开含氡量高的地段,并尽可能选择含氡量低的建材。在装饰和装修的设计上特别要注意室内环境因素,合理搭配装饰材料,充分考虑室内空间的承载量。

②要严格按照国家标准选用合格的室内装饰装修材料。按照国家标准选择正规厂家无污染或者少污染有助于人体健康的绿色产品,并索取材料检验合格证明。少使用大芯板,一般100 m^2 的居室不要超过20~30张。在装修时用板材型甲醛去除剂对人造板进行处理,装修后,进行表面处理,半年进行一次净化处理。

③选择环保家具。家具是室内装饰的重要组成部分,可以从家具的用材来考虑,设计者和消费者宜选择符合环保材质的国家认定的家具。一般知名品牌、有实力的大厂家生产的家具,污染问题比较少。

④开展室内空气检测。购买新房、家具和装饰新居后,不要急于入住,一定要进行室内空气的测试。按照国家发布的《民用建筑室内环境污染控制规范》要求,新建和新装修的房子必须请室内环境检测部门进行室内空气质量检测合格以后才能入住。若室内环境中甲醛已超标应及时治理,可选用甲醛治理产品如甲醛清除剂、装修除味剂、家具除味剂等。

⑤加强室内通风换气是最方便、最有效降低污染的措施。新房装修完成后,至少要连续通风3个月后,才能基本减弱有害气体的危害。讲究厨房里的空气卫生。每次烹饪完毕必开窗换气;在煎、炸食物时,更应加强通风,如果能安装厨房排油烟机更好。在居室内放

一些抗污染的花草,也能起到空气“净化器”的作用。例如,常青藤能吸收 90% 的苯,铁树可以吸收苯,吊兰吸收 96% 的一氧化碳、86% 的甲醛和过氧化氮,天南星的苞叶能吸收 80% 的苯、50% 的三氯乙烯,万年青雏菊可以吸收三氯乙烯,仙人球、芦荟都有净化空气的功能等。保持室内环境一定的湿度和温度。在一般情况下,温度越高,湿度越大,通风条件越好,越有利于甲醛的释放,越有利于室内环境的清洁。

8.2　室内空气污染净化方法

随着人们对室内污染的逐步重视,使室内污染治理技术应用逐步推广,室内污染治理产品也越来越多,目前国内主要有以下几种方法。

①光触媒。该方法是从国外引入,对重度污染具有治理见效快的显著特点,光触媒此类清除剂对甲醛去除效果为 70% 左右,对苯、TVOC 的去除效果 80% 以上。它能分解在空气中的有害气体和部分无机化合物,并抑制细菌生长和病毒的活性,达到空气净化、杀菌、除臭、防霉。但价格也较高,可能产生轻微的二次污染,对壁纸、木制家具的油漆表面会有影响。

②臭氧治理。臭氧属强氧化性,是公认的常用、安全的物理治理方法,适用于中度、轻度污染。采用时,人要暂时离开房间,以免中毒。其对甲醛的去除效果为 40% 左右,对苯的去除效果在 90% 以上,对 TVOC 的去除效果在 50% 左右。其特点是不产生任何残留物及二次污染。

③负离子治理。用一种产生高压电的仪器电离分解有害气体,使苯、甲醛等有害气体快速氧化成负离子,与空气结合后,还原成氧气、水和二氧化碳,见效快、无污染、不留死角,去除效果可达 70% 左右,可定期采用。

④炭治理。竹碳、活性炭等都是利用碳吸收异味、吸附有害气体的原理,来治理室内空气污染,其对甲醛和 TVOC 的去除效果为 50% 左右,对苯的去除效果在 90% 以上。活性炭吸附一般用于污染较轻,持续一段时间后会饱和失去活性,不能保证吸附所有的有害气体。它具有成本低、无毒副作用的特点,但见效较慢,可作为室内空气污染轻微超标的长期治理方法。

⑤选用空气净化装置。选用适用有效的室内空气净化设施,可根据居室、厨房、卫生不同污染,选用具有不同功能的空气净化装置,如空气净化器、排油烟机等。

⑥从植物中提取出来的纯植物性清除剂,为天然产品,对环境不会产生二次污染,是理想的空气污染清新剂,其对甲醛、苯 TVOC 的去除效果在 50% 左右。

第三篇　水质工程与水污染控制工程

第9章 概 述

9.1 水体污染

水体是指地面水(河流、湖泊、沼泽、水库)、地下水和海洋的总称。在环境领域,水体不仅仅是水,它还包括水中的溶解物、悬浮物、水生生物和底泥,被当做一个完整的系统。所谓水体污染,是指由于人为的或自然的因素造成外来物质过度侵入水体,使水体的水质或自然生态平衡遭到破坏的结果。造成水体污染的物质称为水体污染物。排出水体污染物的场所称为水体污染源。

水体污染源按污染物的来源可分为天然污染源和人为污染源两大类。天然污染源是指自然界自行向水体释放有害物质或造成有害影响的场所,例如,岩石和矿物的风化和水解、火山喷发、大气飘尘的降水淋洗、生物在地球化学循环中释放的物质等都属于天然污染物的来源。人为污染源是指由人类活动形成的污染源。人为污染源包括工业污染源、农业污染源、交通运输污染源、生活污染源等,它们是环境保护工作所研究和控制的主要对象。人为的水体污染源主要包括以下几个方面。

(1)工业废水

工业废水是指工业生产过程中产生的废水和废液,其中含有随水流失的工业生产用料、中间产物、副产品以及生产过程中产生的污染物。它主要有以下特点:

①水质和水量因生产工艺和生产方式的不同而差别很大。

②物质在废水中的存在形态往往各不相同。

③污染物种类繁多,排放后迁移变化规律差异大。

(2)生活污水

生活污水是指城市机关、学校和居民在日常生活中产生的废水,包括厕所粪尿、洗衣洗澡水、厨房等家庭排水以及商业、医院和游乐场所的排水等。人类生活过程中产生的污水,是水体的主要污染源之一。生活污水中含有大量有机物,如纤维素、淀粉、糖类和脂肪蛋白质等;也常含有病原菌、病毒和寄生虫卵;无机盐类的氯化物、硫酸盐、磷酸盐、碳酸氢盐和钠、钾、钙、镁等。其总的特点是含氮、含硫和含磷高,在厌氧细菌作用下,易生恶臭物质。

(3)农业生产排水

农业生产污水主要是灌溉水。农业污水中的氮、磷等营养元素进入河流、湖泊、内海等水域,可引起富营养化;农业污水中的农药、病原体和其他有毒物质能污染饮用水源,危害人体健康;农业污水还可造成大范围的土壤污染,破坏自然生态系统,使生态系统内的物种失去平衡。

9.2 水质指标

水质是指水与其中所含杂质共同表现出来的物理的、化学的和生物学的综合特征。在环境中，常用水质指标来衡量水质的好坏。对应于水中的各类污染物，有许多用来表示水质状况或水体污染状况的指标，水质指标项目繁多，有上百种，按其性质可分为物理的、化学的和生物学的3大类。

物理学指标又称感官性指标，它包括水的温度、浊度、色度、臭味等。化学指标通常用来衡量水中化学物质的种类和浓度，评价水体受到化学物质污染的程度。生物学指标通常用来衡量水中有害微生物的种类和数量，评价水体受到有害生物污染的程度。

①物理性水质指标：温度(T)、浑浊度、色度、臭味、电导率、总固体、溶解性固体等。

②化学性水质指标：pH值、碱度、硬度、各种阴离子、各种阳离子、总含盐量、溶解氧(DO)、化学需氧量(COD)、生化需氧量(BOD)。

③生物性水质指标：细菌总数、大肠杆菌数、各种病原细菌、病毒等。

④最常用的水质指标：浑浊度、色度、固体、碱度、硬度、BOD、COD、TOC、TOD、pH值、大肠杆菌数。

9.3 水质标准

水是地球上一切生物赖以生存也是人类生产生活不可缺少的最基本物质。不同用途的水质要求有不同的质量标准。有国务院各主管部委、局颁布的国家标准，省、市一级颁布的地方标准，有不同行业统一颁布的行业标准和各大型全国性企业统一颁布的企业标准。

9.3.1 《污水综合排放标准》

《污水综合排放标准》共分为5个部分。

①第一类污染物最高允许排放浓度见表9.1，包含13种污染物。

②第二类污染物最高允许排放浓度见表9.2(适用于1997年12月31日之前建设的单位)，包含26种污染物。

③部分行业最高允许排放水量(适用于1998年1月1日之后建设的单位)，包含18种污染物。

④第二类污染物最高允许排放浓度(适用于1998年1月1日之后建设的单位)，包含56种污染物。

⑤部分行业最高允许排水量(适用于1998年1月1日之后建设的单位)，包含22种污染物。

表9.1　第一类污染物最高允许排放浓度

序号	污染物	最高允许排放浓度	序号	污染物	最高允许排放浓度
1	总汞	0.05	8	总镍	1.0
2	烷基汞	不得检出	9	苯并(a)芘	0.000 03
3	总镉	0.1	10	总铍	0.005
4	总铬	1.5	11	总银	0.5
5	六价铬	0.5	12	总α放射性	1 bq/L
6	总砷	0.5	13	总β放射性	10 bq/L
7	总铅	1.0			

表9.2　第二类污染物最高允许排放浓度

序号	污染物	适用范围	一级标准	二级标准	三级标准
1	pH	一切排污单位	6~9	6~9	6~9
2	色度	一切排污单位	50	80	—
3	悬浮物	采矿、选矿、选煤工业	70	300	—
		脉金选矿	70	400	—
		边疆沙金矿厂	70	800	—
4	化学需氧量(COD)	甜菜制糖、焦化、合成脂肪酸、湿法纤维板、染料、洗毛、有机磷农药工业	100	200	1 000
		味精、酒精、医药原料药、生物制药、苎麻脱胶、皮革、化纤浆粕工业	100	300	1 000
		石油化工工业(包括石油炼制)	100	150	500
		城镇二级污水处理厂	60	120	—
5	石油类	其他排污单位	100	150	500
6	动植物油	一切排污单位	10	10	30
7	挥发酚	一切排污单位	20	20	100
8	总氰化合物	一切排污单位	0.5	0.5	2.0
		电影洗片(铁氰化合物)	0.5	5.0	5.0
9	硫化物	其他排污单位	0.5	0.5	1.0
10	氨氮	一切排污单位	1.0	1.0	2.0
		医药原料药、染料、石油化工工业	15	50	—
		其他排污单位	15	25	—
11	氟化物	黄磷工业	10	20	20
		低氟地区(水体含氟量小于0.5mg/L)	10	10	20
12	磷酸盐(以P计)	其他排污单位	0.5	1.0	—
13	甲醛	一切排污单位	—	—	—
14	苯胺类	一切排污单位	1.0	2.0	5.0
15	硝基苯类	一切排污单位	2.0	3.0	5.0
16	阴离子表面活性剂(LAS)	合成洗涤剂工业	5.0	15	20
		其他排污单位	5.0	10	20
17	总铜	一切排污单位	5.0	1.0	2.0
18	总锌	一切排污单位	2.0	5.0	5.0
19	总锰	合成脂肪酸工业	2.0	5.0	5.0
		其他排污单位	2.0	2.0	5.0
20	彩色显影剂	电影洗片	2.0	3.0	5.0
22	显影剂及氧化物总量	电影洗片	3.0	6.0	6.0
23	元素磷	一切排污单位	0.1	0.3	0.3
24	有机磷农药(以P计)	一切排污单位	不得检出	0.5	0.5
25	粪大肠菌群数	医院*、兽医院及医疗机构含病原体污水	500个/L	1 000个/L	5 000个/L

续表 9.2

序号	污染物	适用范围	一级标准	二级标准	三级标准
26	总余氯（采用氯化消毒的医院污水）	医院*、兽医院及医疗机构含病原体污水	<0.5**	>3（接触时间≥1 h）	>2（接触时间≥1 h）
		传染病、结核病医院污水	<0.5**	>6.5（接触时间≥1.5 h）	>5（接触时间≥1.5 h）

注：*指50个床位以上的医院；**指加氯消毒后须进行脱氯处理，达到本标准

9.3.2 地表水环境质量标准

依据地表水水域环境功能和保护目标，按功能高低依次划分为5类：

Ⅰ类：主要适用于源头水、国家自然保护区。

Ⅱ类：主要适用于集中式生活饮用水、地表水源地一级保护区、珍稀水生生物栖息地、鱼虾类产场、仔稚幼鱼的索饵场等。

Ⅲ类：主要适用于集中式生活饮用水地表水源地二级保护区、鱼虾类越冬栖息场、洄游通道、水产养殖区等渔业水域及游泳区。

Ⅳ类：主要适用于一般工业用水区及人体非直接接触的娱乐用水区。

Ⅴ类：主要适用于农业用水区及一般景观要求水域。

对应地表水上述5类水域功能，将地表水环境质量标准基本项目标准值分为5类，不同功能类别分别执行相应类别的标准值，见表9.3、9.4、9.5。水域功能类别高的标准值严于水域功能类别低的标准值。同一水域兼有多类使用功能的，执行最高功能类别对应的标准值。实现水域功能与达到功能类别标准为同一含义。

表9.3 地表水环境质量标准基本项目标准限值 mg/L

序号	分类标准值项目	Ⅰ类	Ⅱ类	Ⅲ类	Ⅳ类	Ⅴ类
1	水温/℃	人为造成的环境水温变化应限制在：周平均最大温升≤1，周平均最大温降≤2				
2	pH值（无量纲）	6~9				
3	溶解氧	≥饱和率90%	6	5	3	2
4	高锰酸盐指数	≤2	4	6	10	15
5	化学需氧量（COD）	≤15	15	20	30	40
6	五日生化需氧量（BOD_5）	≤3	3	4	6	10
7	氨氮（NH_3-N）	≤0.15	0.5	1.0	1.5	2.0
8	总磷（以P计）	≤0.02（湖、库0.01）	0.1（湖、库0.025）	0.2（湖、库0.05）	0.3（湖、库0.1）	0.4（湖、库0.2）
9	总氮（湖、库，以N计）	≤0.2	0.5	1.0	1.5	2.0
10	铜	≤0.01	1.0	1.0	1.0	1.0
11	锌	≤0.05	1.0	1.0	2.0	2.0

续表 9.3

序号	分类标准值项目	Ⅰ类	Ⅱ类	Ⅲ类	Ⅳ类	Ⅴ类
12	氟化物(以F计)	≤1.0	1.0	1.0	1.5	1.5
13	硒	≤0.01	0.01	0.01	0.02	0.02
14	砷	≤0.05	0.05	0.05	0.1	0.1
15	汞	≤0.000 05	0.000 05	0.000 1	0.001	0.001
16	镉	≤0.001	0.005	0.005	0.005	0.01
17	铬(六价)	≤0.01	0.05	0.05	0.05	0.1
18	铅	≤0.01	0.01	0.05	0.05	0.1
19	氰化物	≤0.005	0.05	0.2	0.2	0.2
20	挥发酚	≤0.002	0.002	0.005	0.01	0.1
21	石油类	≤0.05	0.05	0.05	0.5	1.0
22	阴离子表面活性剂	≤0.2	0.2	0.2	0.3	0.3
23	硫化物	≤0.05	0.1	0.2	0.5	1.0
24	粪大肠菌群/(个·L^{-1})	≤200	2 000	10 000	20 000	40 000

表 9.4　集中式生活饮用水地表水源地补充项目标准限值　　mg/L

序　号	项　目	标准值
1	硫酸盐(以SO_4计)	250
2	氯化物(以Cl计)	250
3	硝酸盐(以N计)	10
4	铁	0.3
5	锰	0.1

表 9.5　集中式生活饮用水地表水源地特定项目标准限值　　mg/L

序　号	项　目	标准值	序　号	项　目	标准值
1	三氯甲烷	0.06	41	丙烯酰胺	0.000 5
2	四氯化碳	0.002	42	丙烯腈	0.1
3	三溴甲烷	0.1	43	邻苯二甲酸二丁酯	0.003
4	二氯甲烷	0.02	44	邻苯二甲酸二(2－乙基己基)酯	0.008
5	1,2－二氯乙烷	0.03	45	水合肼	0.01
6	环氧氯丙烷	0.02	46	四乙基铅	0.000 1
7	氯乙烯	0.005	47	吡啶	0.2
8	1,1－二氯乙烯	0.03	48	松节油	0.2
9	1,2－二氯乙烯	0.05	49	苦味酸	0.5
10	三氯乙烯	0.07	50	丁基黄原酸	0.005
11	四氯乙烯	0.04	51	活性氯	0.01
12	氯丁二烯	0.002	52	DDT	0.001
13	六氯丁二烯	0.000 6	53	林丹	0.002
14	苯乙烯	0.02	54	环氧七氯	0.000 2
15	甲醛	0.9	55	对硫磷	0.003
16	乙醛	0.05	56	甲基对硫磷	0.002
17	丙烯醛	0.1	57	马拉硫磷	0.05

续表 9.5

序 号	项 目	标准值	序 号	项 目	标准值
18	三氯乙醛	0.01	58	乐果	0.08
19	苯	0.01	59	敌敌畏	0.05
20	甲苯	0.7	60	敌百虫	0.05
21	乙苯	0.3	61	内吸磷	0.03
22	二甲苯	0.5	62	百菌清	0.01
23	异丙苯	0.25	63	甲萘威	0.05
24	氯苯	0.3	64	溴氰菊酯	0.02
25	1,2-二氯苯	1.0	65	阿特拉津	0.003
26	1,4-二氯苯	0.3	66	苯并(a)芘	2.8×10
27	三氯苯	0.02	67	甲基汞	1.0×10
28	四氯苯	0.02	68	多氯联苯	2.0×10
29	六氯苯	0.05	69	微囊藻毒素-LR	0.001
30	硝基苯	0.017	70	黄磷	0.003
31	二硝基苯	0.5	71	钼	0.07
32	2,4-二硝基甲苯	0.000 3	72	钴	1.0
33	2,4,6-三硝基甲苯	0.5	73	铍	0.002
34	硝基氯苯	0.05	74	硼	0.5
35	2,4-二硝基氯苯	0.5	75	锑	0.005
36	2,4-二氯苯酚	0.093	76	镍	0.02
37	2,4,6-三氯苯酚	0.2	77	钡	0.7
38	五氯酚	0.009	78	钒	0.05
39	苯胺	0.1	79	钛	0.1
40	联苯胺	0.000 2	80	铊	0.000 1

9.4　水污染控制方法和基本原则

污水处理的目的，就是用各种方法将污水中所含的污染物质分离出来，或将其转化为无害的物质，从而使污水得到净化。

针对不同污染物质的特性，发展了各种不同的污水处理方法，特别是对工业废水的处理。这些处理方法可按其作用原理划分为 3 大类。

1. 物理控制法

利用物理作用分离废水中呈悬浮状态的污染物质，在处理过程中不改变污染物的化学性质的方法称为物理控制法。常用的方法如下：

(1)拦截法

拦截法又称过滤法，其去除对象为颗粒性的污染物，如水中的漂浮物、悬浮物等。

(2)重力法

重力法又称沉淀法或上浮法，其去除对象为密度比水大或小的颗粒性污染物，如泥沙、油类等。

(3)吸附法

吸附法指依靠活性炭等具有吸附能力的材料将水中污染物吸附去除方法,其去除对象为色度、臭味等。

2.化学控制法

化学控制法指利用化学反应的作用,去除污染物质(包括悬浮的、溶解的、胶体的等)或改变污染物的性质。常用的方法如下:

(1)中和法

中和法指利用酸碱中和的原理去除水中酸类或碱类污染物的方法。

(2)氧化还原法

氧化还原法指利用氧化还原的原理去除水中氧化性或还原性污染物的方法。

(3)化学沉淀法

化学沉淀法指利用溶度积理论,通过改变污染物在水中溶解度而将其去除的方法。

(4)电化学法

电化学法指利用电化学原理去除水中污染物的方法。

3.生物法

利用微生物的生化作用处理废水中的有机物的方法称为生物法。例如,生物过滤法和活性污泥法用来处理生活污水或有机生产废水,使有机物转化降解成无机盐而得到净化。

根据对污水的不同净化要求,废水处理的步骤可划分为一级处理、二级处理和三级处理。

(1)一级处理

一级处理可由筛滤、重力沉淀和浮选等方法串联组成,除去废水中大部分粒径在100 μm以上的大颗粒物质。筛滤法可除去较大物质;重力沉淀法可除去无机粗粒和相对体积质量略大于1的有凝集性的有机颗粒;浮选法可除去相对体积质量小于1的颗粒物(如油类等)。废水经过一级处理后,一般不能达到排放标准。

(2)二级处理

二级处理常用生物法和絮凝法。生物法主要除去一级处理后废水中的有机物;絮凝法主要是除去一级处理后废水中无机的悬浮物和胶体颗粒物或低浓度的有机物。

图9.1是典型的城市污水处理流程。污水进厂后,首先通过格栅,以去除较大悬浮固体,防止损坏泵或阻塞管道,有时也可用破碎机将杂物打碎,然后送入沉沙池中停留约1 min,使粗沙、硬渣等沉淀出来,可作填方材料加以处置。初次沉淀池的作用是使污水流速减小,使绝大多数悬浮固体借助重力沉积于池底,然后用连续刮泥机收集并清除出去。污水流经初沉池的时间为90~150 min,可去除50%~60%的悬浮固体和25%~40%的BOD_5。池上部浮集的油垢脂也利用刮泥板同时清除出去,如果是一级处理厂,污水经上述处理后即可送去氯化池消毒,最后排出。

曝气池是二级处理的主要设备。污水在这里利用活性污泥或生物膜,在充分搅拌和不断鼓入空气的条件下使部分有机废物被细菌氧化分解为硝酸盐、硫酸盐和二氧化碳等。

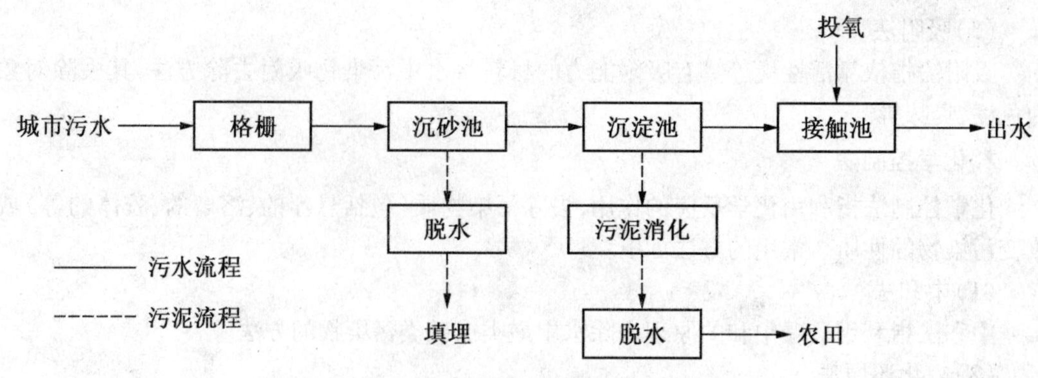

图9.1　城市污水处理典型流程

(3)三级处理

三级处理在一级、二级处理后,进一步处理难降解的有机物、磷和氮等能够导致水体富营养化的可溶性无机物等,主要方法有生物脱氮除磷法、混凝沉淀法、沉沙法、活性炭吸附法和离子交换法等。

第 10 章　水的物理处理

10.1　格栅与筛网

格栅与筛网是处理厂的第一个处理单元。

10.1.1　格栅

格栅是用一组平行的刚性栅条制成的框架，可以用来拦截水中的大块悬浮物。格栅通常倾斜设在其他处理栅筑物之前或泵站集水池进口处的渠道中，以防止漂浮物阻塞构筑物的孔道、闸门和管道或损坏水泵等机械设备。

格栅的种类很多，分类方法也不同。按格栅形状，可分为平面格栅和曲面格栅两种，曲面格栅又可分为固定曲面格栅（图 10.1）与旋转鼓筒式曲面格栅两种。按格栅条的间隙，可分为粗格栅（50 ~ 100 mm）、中格栅（10 ~ 40 mm）、细格栅（3 ~ 10 mm）3 种。

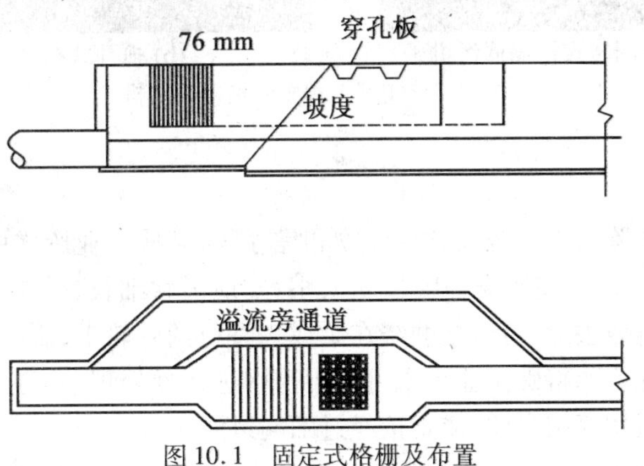

图 10.1　固定式格栅及布置

格栅栅条的断面形状有正方形、圆形、矩形和带半圆的矩形等，其中圆形断面栅条的水力条件好，水流阻力小，但刚度较差。其他形状断面的栅条则刚好相反，虽然强度大，不易弯曲变形，但水力损失较大。实际应用中多采用矩形断面的栅条。

截留在格栅上的污物，可用人工清除和机械清除。在大型水处理厂中采用的大型格栅（每日截留污物量大于 0.2 m^3 的格栅），一般采用机械自动清渣，以减少工人的劳动强度。小型水处理厂采用人工清渣时，格栅的面积应留有较大的富余量，以免操作过于频繁。BLQ 型移动式格栅清污机结构图如图 10.2 所示。

机械格栅主要适用于栅渣量大的大中型污水处理厂，常用的机械清除格栅的清渣设备可分为链条式格栅除渣机、移动伸缩臂格栅除渣机、钢丝绳牵引式格栅除渣机等，如图 10.3 所示。

回转式固液分离机、圆条行回转细格栅、曲面格栅等新型格栅在分离效率、运行稳定性及自动化程度方面均较普通格栅有明显提高。近年来,在新建的大型污水处理厂中得到了普遍的应用。

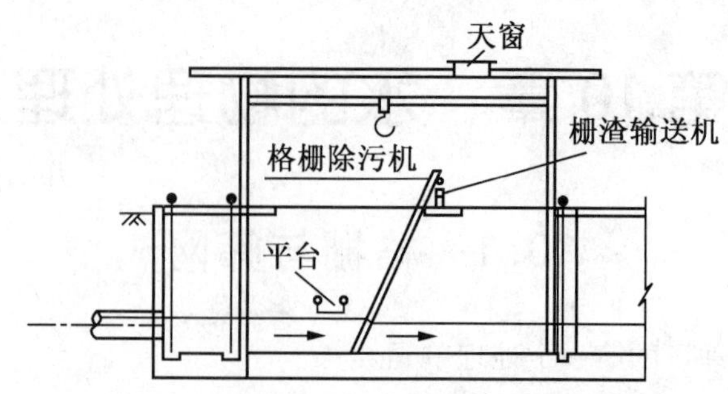

图 10.2　BLQ 型移动式格栅清污机结构图

(a) ZHG型回转式格栅清污机

(b) 抓斗式格栅清污机

图 10.3　实际工程中的格栅清污机

10.1.2　筛网

通常格栅只能去除污水中较大的悬浮物和漂浮物,某些工业废水中经常含有纤维状的长、软性悬浮或漂浮物,这些污染物因尺寸太小、质地柔软细长,故能钻过格栅的空隙。这些悬浮物如果不能有效去除,可能会缠绕在泵或表曝机的叶轮上,影响泵或表曝机的效率。对一些含有这样漂浮物的特殊工业废水可利用筛网进行预处理,其方法是使污水先经过格栅截留大尺寸杂物后用筛网过滤,或直接经过筛网过滤。

筛网孔眼通常小于 4 mm,一般为 0.15 ~ 1.0 mm。由于孔眼细小,当用于城市污水处理时,其去除 BOD_5 的效果相当于初沉池。

从结构上看,筛网是穿孔金属板或金属格网,要根据被去除漂浮物的性质和尺寸确定筛网孔眼的大小。根据其孔眼的大小,可分为粗滤机和微滤机;根据安装形式的不同,可分为固定式、转动式和电动回转式。

(1)固定式筛网

固定式筛网的形式为防堵楔形格网,大小为 0.25 ~ 1.5 mm,可以根据处理废水的水质特点,在筛网的栅条上再覆以 16 ~ 100 目的不锈钢丝网或尼龙网。常用固定式筛网根据构造形式分为固定平面式和固定曲面式,其示意图分别如图 10.4 和图 10.5 所示。

(2)转动式筛网

转动式筛网(图 10.6)有水力旋转筛网和转筒筛两种。水力旋转网呈圆台形,污水以一定的流速从小端进入,水的冲击力和重力作用使筛体旋转,水流在从小端向大端的流动过程中得到过滤,杂质从大端落入渣槽。

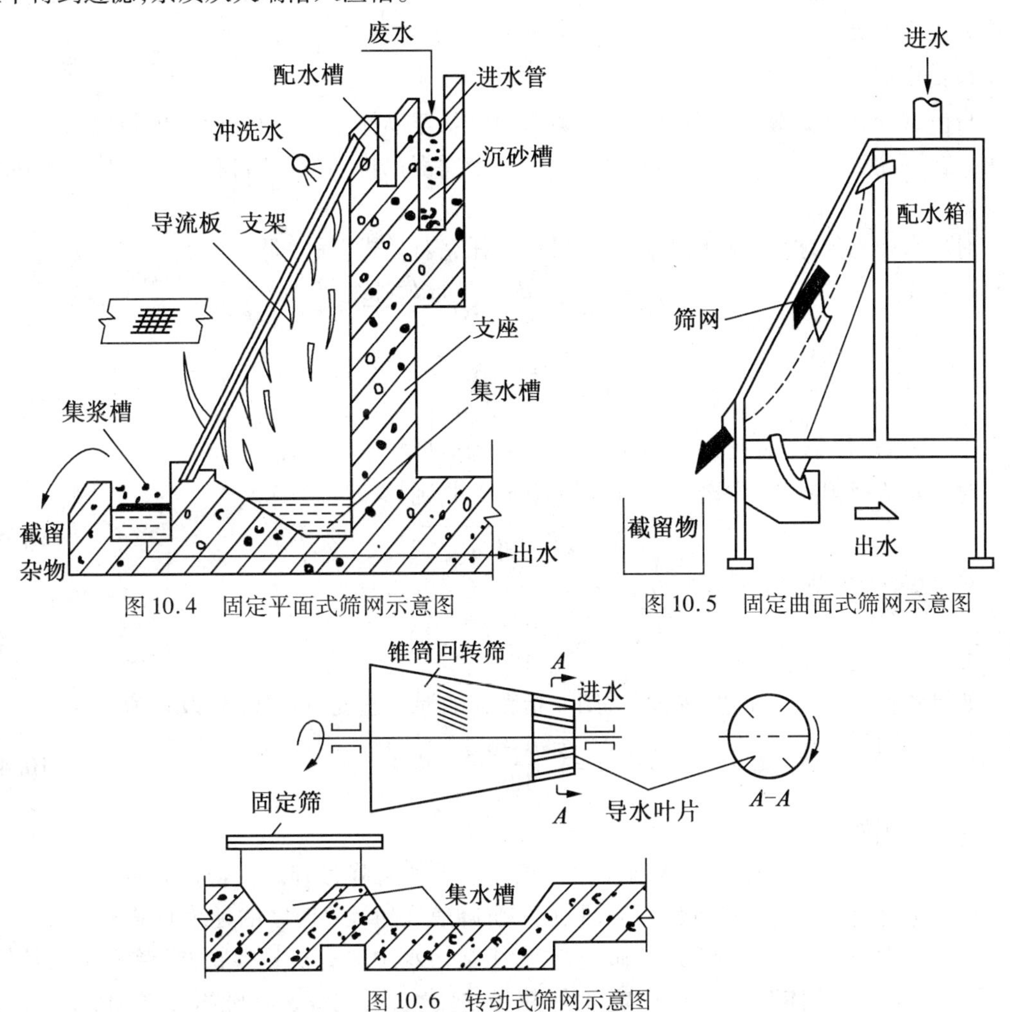

图 10.4　固定平面式筛网示意图

图 10.5　固定曲面式筛网示意图

图 10.6　转动式筛网示意图

(3)电动回转式筛网

电动回转式筛网一般安装在压力管道上,筛孔直径为 5 μm ~ 5 mm,孔眼小,截留悬浮物多,清洗次数也会增加。

10.2　沉淀处理

沉淀是指水中悬浮颗粒物依靠重力作用从水中分离出来的过程。沉淀法一般只适于去除 20 ~ 100 μm 以上的颗粒物。沉淀工艺简单易行,处理效果好,在各类型的水处理系统中,几乎是一种不可缺少的处理过程。

10.2.1　沉淀原理

水中悬浮颗粒的去除,可通过颗粒和水的密度差,在重力作用下进行分离。密度大于水的颗粒将下沉,小于水的则上浮。胶体不能用沉淀法去除,需经混凝处理后,使颗粒尺寸变大,才具有下沉速度。根据水中可沉淀物质的性质、凝聚性能的强弱及其浓度的高低,沉淀可分为4种类型。

1. 自由沉淀

自由沉淀又称离散沉淀,其特点是:废水中的悬浮固体浓度不高,而且颗粒之间不发生聚集。在沉淀过程中,固体颗粒的形状、粒径和密度都保持不变,各自独立地完成匀速沉降过程。

对静水中均匀球形颗粒的沉降速度可用斯托克斯公式表示,即

$$(\rho_3-\rho)g\frac{\pi d^3}{6}=\eta\rho\frac{\pi d^2}{4}\cdot\frac{u^2}{2}$$

$$u=\sqrt{\frac{4gd(\rho_3-\rho)}{3\eta\rho}} \tag{10.1}$$

式中,ρ_3 为球形粒子的密度;ρ 为介质的速度;d 为球形粒子的半径。

对于紊流,$500<Re$(雷诺数)$<10^4$,η 趋于0.4,则

$$u=\sqrt{3.3gd(\rho_3-\rho)} \tag{10.2}$$

对于层流,在 $Re<1$ 时,则

$$u=\frac{g(\rho_3-\rho)}{18\mu}\cdot d^2 \tag{10.3}$$

如果颗粒的密度小于水,如油粒,则 u 指颗粒的浮升速度,式(10.3)改写为

$$u=\frac{g(\rho-\rho_3)}{18\mu}\cdot d^2 \tag{10.4}$$

2. 絮凝沉淀

絮凝沉淀是一种絮凝性固体颗粒在稀悬浮液中的沉降过程。其特点是颗粒在沉降过程中相互结合成较大的絮体,因而颗粒粒径和沉降速度随沉降时间的延续而增大。

地面水中加入混凝剂后形成的矾花,或者生活污水中的有机悬浮物,或者活性污泥等,在沉降过程中,絮状体互相碰撞凝聚,使颗粒尺寸变大,因此沉速将随深度增加而增加,如图10.7所示。因此,悬浮物的去除率不仅取决于沉淀速度,而且与深度有关。

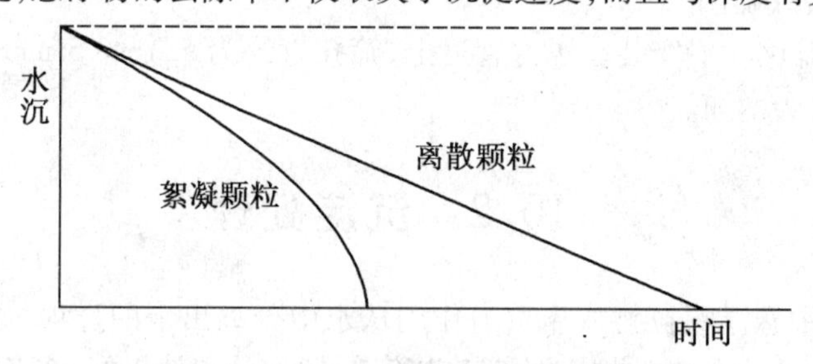

图10.7 自由沉淀与絮凝沉淀的轨迹

3. 成层沉淀

当废水中悬浮颗粒的浓度提高到一定程度后,每个颗粒的沉淀将受到其周围颗粒的干扰,沉速有所降低,如果浓度进一步提高,颗粒间的干涉影响加剧,沉速大的颗粒也不能超过沉速小的颗粒,在聚合力的作用下,颗粒群结合成为一个整体,各自保持相对不变的位置,共同下沉。液体与颗粒群之间形成清晰的界面,沉淀的过程实际就是这个界面下降的

过程(图 10.8)。

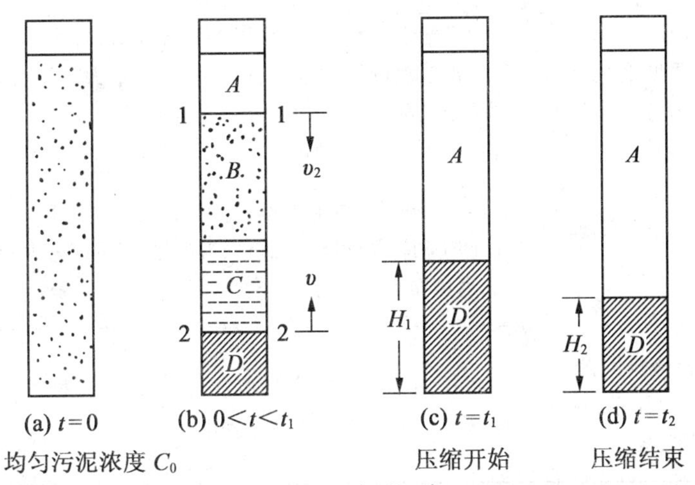

图 10.8　成层沉淀

A—清水区;B—等速沉淀区;C—过渡区;D—压缩区;t_1—压缩开始时间;t_2—压缩结束时间

4. 压缩沉淀

当悬浮液中的悬浮固体浓度很高时,颗粒之间相互接触,彼此上下支承。在上层颗粒的重力作用下,下层颗粒间隙中的水被挤出,颗粒相对位置不断靠近,颗粒群体被压缩,这个过程就是压缩沉淀。

10.2.2　沉淀池的分类

在污水处理工程中,沉淀法最常采用的设备是沉淀池。根据水在沉淀池内的流动方向,沉淀池可分为平流式、竖流式和辐流式 3 种形式。在沉淀池中,在一定时间内沉淀下来的颗粒可以被去除。尽管沉淀池的形式不同,但其设计上分为 4 个区域:进水区、沉淀区、出水区与污泥储存区。图 10.9 为沉淀池 4 个区域的示意图。表 10.1 是各种沉淀池比较。

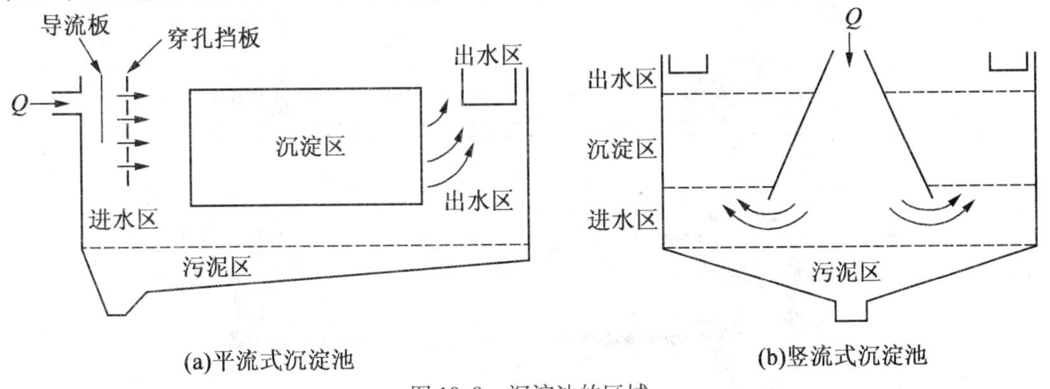

图 10.9　沉淀池的区域

表 10.1 各种沉淀池的比较

池型	优 点	缺 点	适用条件
平流式	沉淀效果好;对冲击负荷和温度变化的适应能力较强;施工简易,造价较低	池子配水不宜均匀;采用多斗排泥时,每个泥斗需单独设排泥管各自排泥,操作量大;采用链条式刮泥机排泥时,链条的支承件和驱动件都浸于水中,易锈蚀	适用于地下水位高及地质较差的地区及大、中、小型污水处理厂
竖流式	排泥方便,管理简单;占地面积小	池子深度大,施工困难;对冲击负荷和温度变化的适应能力较差;造价较高;池径不宜过大,否则布水不均匀	适用于处理水量不大的小型污水处理厂
辐流式	多为机械排泥,运行较好,管理简单;排泥设备已趋定型	池内水的流速不稳定,沉淀效果较差;机械排泥设备复杂,对施工质量要求高	适用于地下水位较高地区及大、中型污水处理厂

1. 平流式沉淀池

平流式沉淀池呈长方形,图 10.10 所示是设有链带式刮泥机的平流式沉淀池。污水从池的一端进入进水区,在此使水流均匀地分布在整个横断面上,并尽可能减少扰动。在沉淀区水流缓慢,水中的悬浮颗粒逐渐沉向池底。在沉淀池末端设有溢流堰和集水槽,澄清水溢过堰口,经集水槽排出。在溢流堰前设有挡板,用以阻隔浮渣,浮渣通过可转动的排渣管收集和排除。平流式沉淀池入口的整流措施如图 10.11 所示。平流式沉淀池的集水槽形式如图 10.12 所示。平流式沉淀池的出水堰的形式如图 10.13 所示。

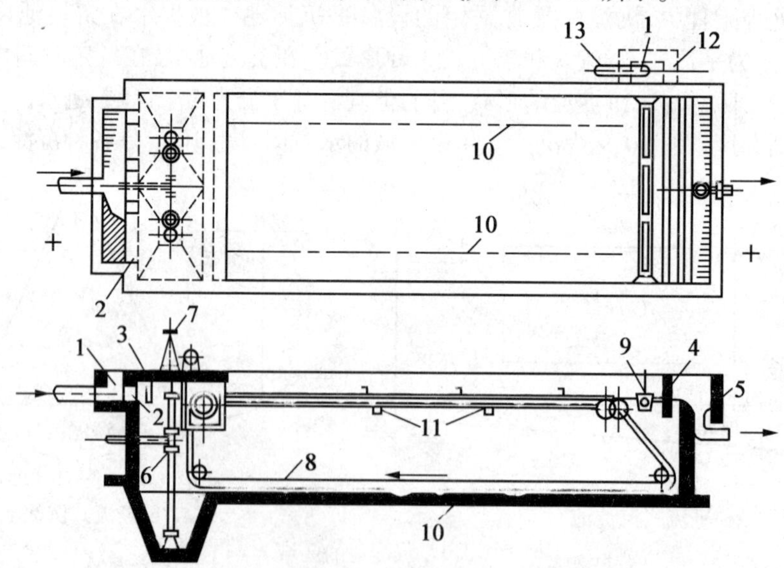

图 10.10 设有链带式刮泥机的平流式沉淀池

1—进水槽;2—进水孔;3—进水挡板;4—出水挡板;5—出水槽;6—排泥管;7—排泥闸门;8—链带;9—排渣管槽;10—导轨;11—支承物;12—浮渣室;13—浮渣管

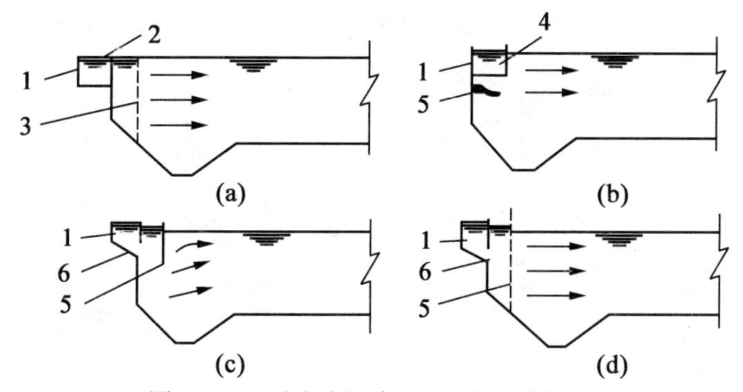

图 10.11　平流式沉淀池入口的整流措施

1—进水槽;2—溢流堰;3—有孔整流墙;4—底孔;5—挡流板;6—潜孔

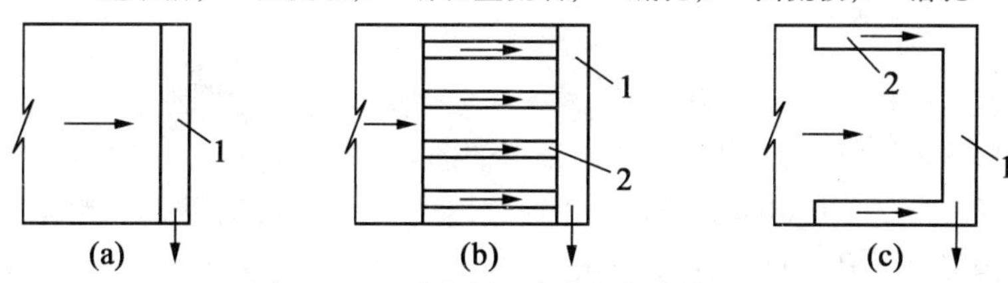

图 10.12　平流式沉淀池的集水槽形式

1—集水槽;2—集水支渠

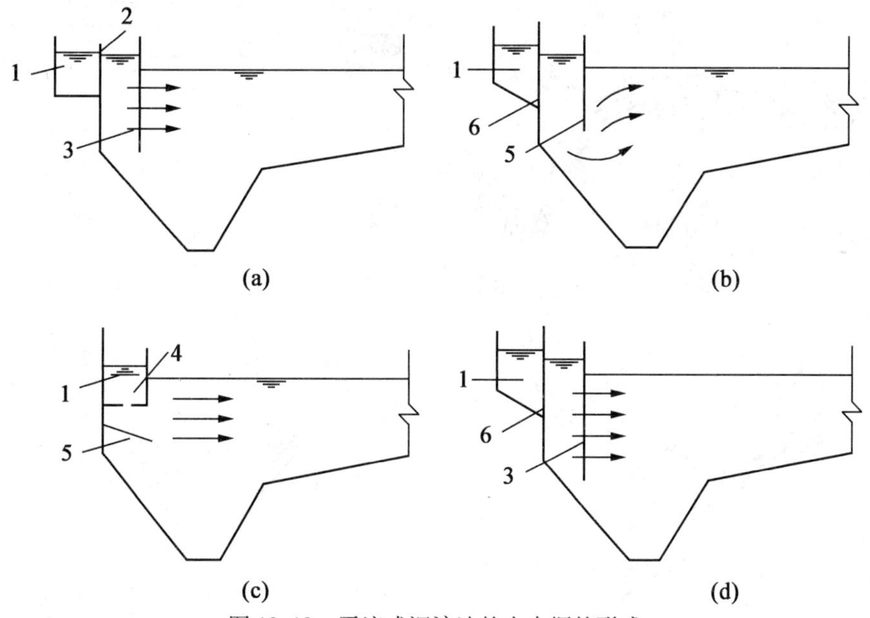

图 10.13　平流式沉淀池的出水堰的形式

1—集水槽;2—自由堰;3—锯齿三角堰;4—淹没孔门;5—挡流板;6—潜孔

沉淀池池体部靠近进水端有泥斗,斗壁倾角为 50°~60°,坡度为 0.01~0.02。当刮泥机的链带由电机驱动缓慢转动时,嵌在链带上的刮泥机就将池底的沉泥向前推向泥斗,而位于水面下的刮板则将浮渣推向池尾的排渣管。泥斗内设有排泥管,开启排泥阀时,泥渣便在静水压力下由排泥管排出池外。

对于较小的平流式沉淀池,也可以不设刮泥设备,而在沿池的方向设置多个泥斗(图

10.14)，每个泥斗各自单独排泥，既不相互干扰，也有利于保证污泥浓度。

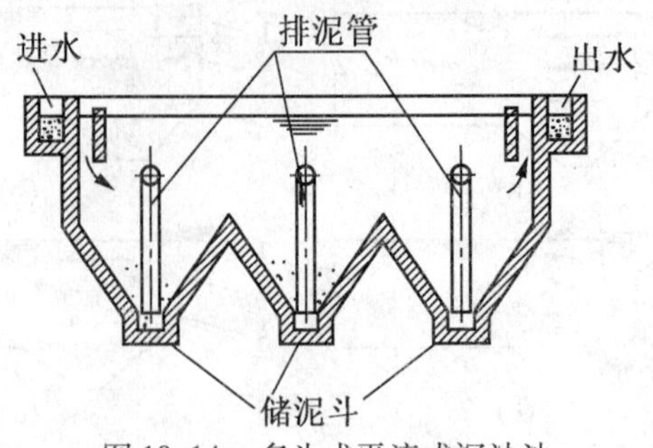

图 10.14　多斗式平流式沉沙池

1—进水槽;2—出水槽;3—排泥管;4—污泥斗

2. 竖流式沉淀池

竖流式沉淀池的横截面多呈圆形或正多边形。10.15 所示为圆形竖流式沉淀池，池中上部呈圆柱形的部分为沉淀区，下部呈截头圆锥形的部分为污泥斗，二者之间留有缓冲层。沉淀池运行时，废水经进水管进入中心导流筒，由筒口出流后，借助反射板的阻挡向四周分布，并沿沉降区断面缓慢竖直上升。澄清后的水经设在池上部四周的溢流堰流出池外。为防止漂浮物外溢，在溢流堰前要设置挡流板。沉淀的污泥由污泥斗下的排泥管靠静水压力排出。

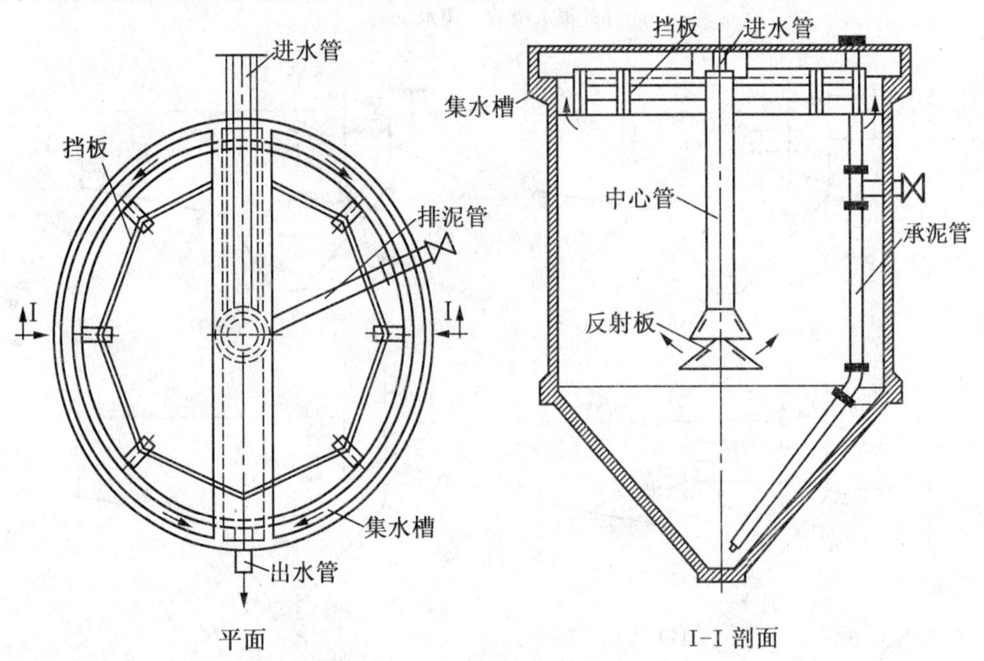

图 10.15　圆形竖流式沉淀池

图 10.16 所示是设有辐射式集水支渠的竖流式沉淀池。竖流式沉淀池的直径一般为 4 ~ 8 m，最大不超过 10 m，以 1.5 ~ 2.0 m 的静水压力排泥。为保证水流的竖向运动，池径与沉降区深度之比不宜大于 3。如果池径大于 8 m，应增设径向集水槽。

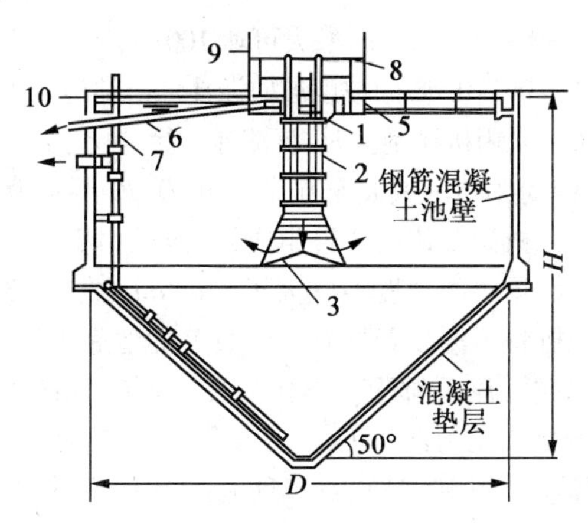

图 10.16　设有辐射式集水支渠的竖流式沉淀池

1—进水槽;2—中心管;3—反射板;4—集水槽;5—集水支渠;

6—浮渣室;7—排泥管;8—木盖板;9—栏杆;10—闸板

竖流式沉淀池的污水上升速度一般为0.5～1.0 mm/s,沉淀时间小于2 h,多采用1～1.5 h。污水在中心管内的流速对悬浮物质的去除有一定影响,当在中心管底部有反射板时,其流速一般大于100 mm/s;当不设反射板时,其流速不大于30 mm/s。

3. 辐流式沉淀池

辐流式沉淀池是一种直径较大的圆形池,其结构如图 10.17 所示。废水经进水管进入中心布水筒后,通过筒壁上的孔口和外围的环形穿孔整流挡板,沿径向呈辐射状流向池的周围,经溢流堰或淹没孔口汇入集水槽排出。沉于池底的泥渣由安装于桁架底部的刮板以螺线形轨迹刮入泥斗,再借静压或污泥泵排出。

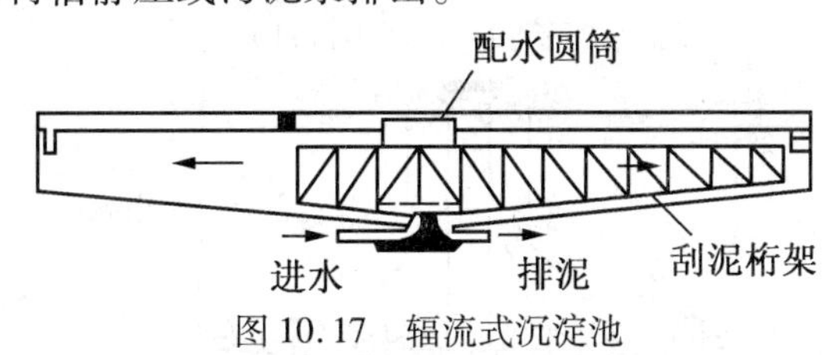

图 10.17　辐流式沉淀池

池子的直径较大,一般为 20～30 m,适用于大水厂。水由中心管上的孔口流入,在穿孔挡板的作用下,均匀地沿池子半径向池子四周辐射流动。由于过水断面不断增大,因此流速逐渐变小,颗粒的沉降轨迹是向下弯的曲线(图 10.18)。

澄清后的水从设在池壁顶端的锯齿形堰口溢出,通过出水槽流出池外。当控制出水堰的出水量小于 100～300 m^3/(d·m)时,出水槽布置如图 10.19 所示。

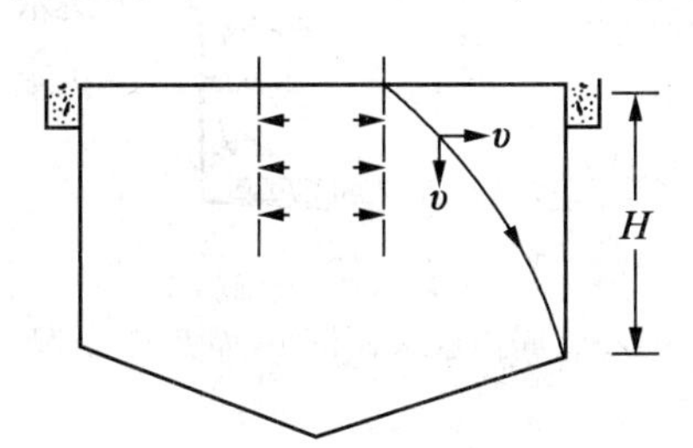

图 10.18　辐流式沉淀池中颗粒下沉轨迹

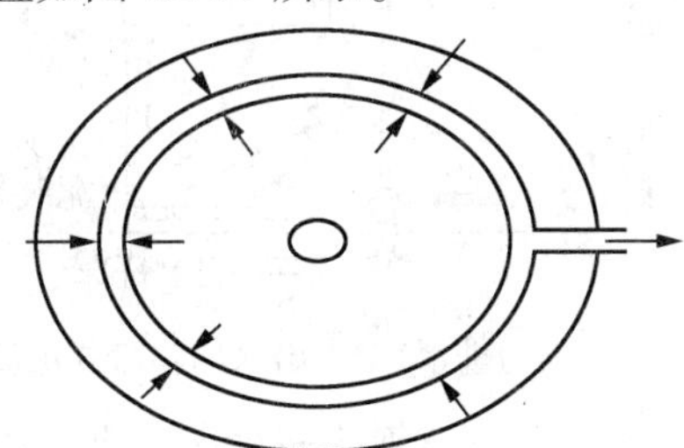

图 10.19　辐流式沉淀池堰口加长的布置方式

辐流式沉淀池的直径一般为 20 ~ 40 m，最大可达 100 m，池中心深度为 2.5 ~ 5.0 m，周边深度为 1.5 ~ 3.0 m，池底以 0.06 ~ 0.08 的坡度坡向泥斗。沉淀池的平均有效水深一般不大于 4 m，直径与水深比不小于 6。采用机械刮泥时，沉淀池的缓冲层上缘应高出刮泥板 0.3 m。

辐流沉淀池多采用机械刮泥和机械吸泥方式。图 10.20 所示为带有中央驱动装置的吸泥型辐流式沉淀池，刮泥机由桁架及传动装置组成，当池径小于 20 m 时，用中心传动；当池径大于 20 m 时，用周边传动，周边线速度不宜大于 3 m/min 或 1 ~ 3 r/h。桁架一般以缓慢的速度绕池中心旋转，刮泥机将污泥顺着具有一定坡度的池底把沉淀污泥推入池中心处的污泥斗中，然后用静水压力或污泥泵排除。当作为二沉池时，由于沉淀的活性污泥含水率极高（99% 以上），故一般用静水压力法排泥。

中央进水的辐流式沉淀池（图 10.21），进口处流速很大，污水的紊流状态会影响沉淀效果，尤其是当进水悬浮物浓度较高时，这种现象更为明显。可改为采用周边进水、中央出水的辐流式沉淀池（图 10.22）或周边进水、出水的辐流式沉淀池（图 10.23）。

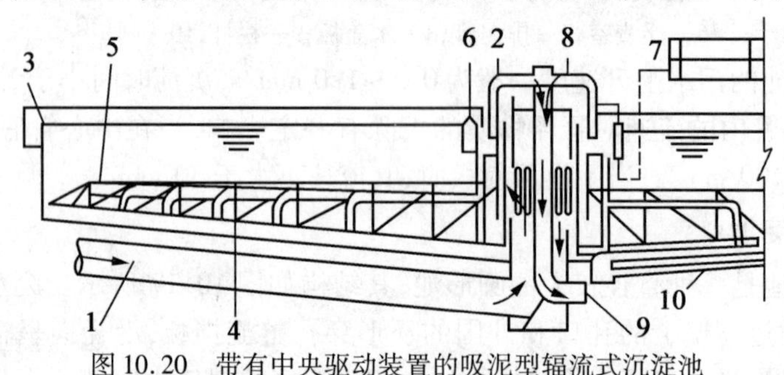

图 10.20　带有中央驱动装置的吸泥型辐流式沉淀池

1—进口；2—挡板；3—出水堰；4—刮板；5—吸泥管；6—冲洗管；7—压缩空气入口；8—排泥虹吸管；9—污泥出口；10—放空管

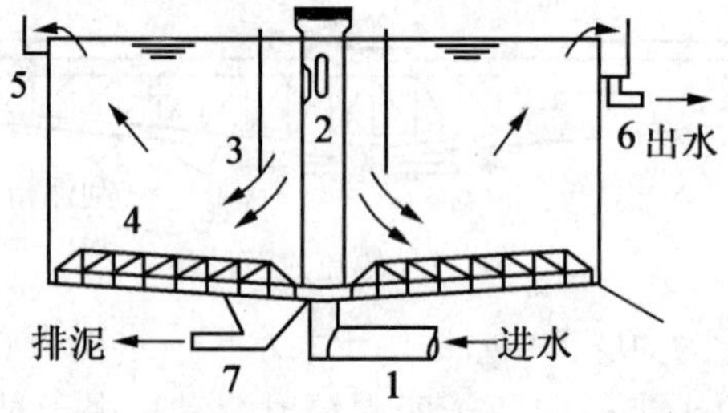

图 10.21　中央进水的辐流式沉淀池

1—进水管；2—中心管；3—穿孔挡板；4—刮泥机；5—出水槽；6—出水管；7—排泥管

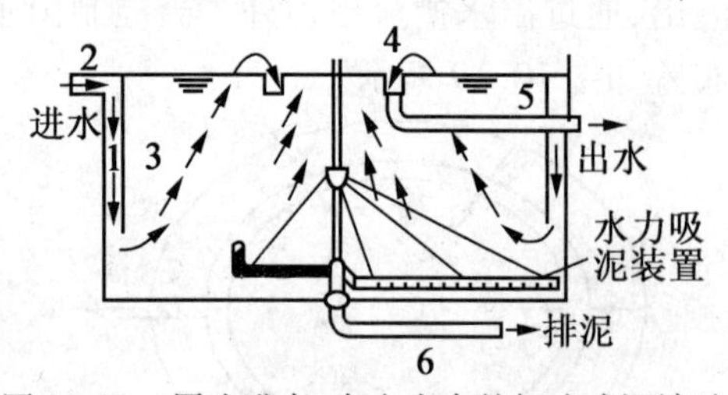

图 10.22　周边进水、中央出水的辐流式沉淀池

1—进水槽；2—进水管；3—挡板；4—出水槽；5—出水管；6—排泥管

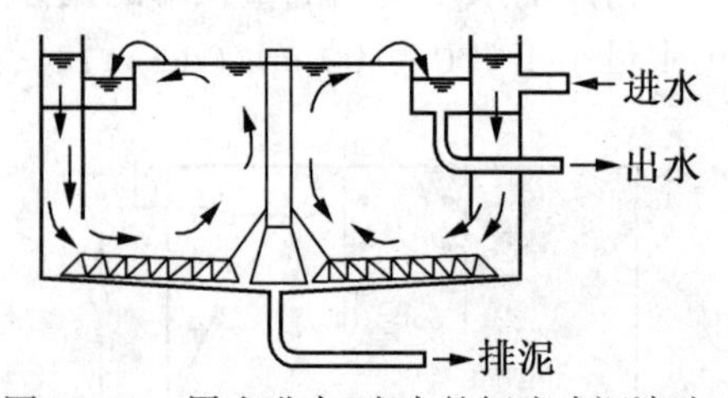

图 10.23　周边进水、出水的辐流式沉淀池

10.3　气　浮

气浮法是一种固－液分离或液－液分离技术。它是通过某种方法产生大量的微细气泡，使其与污水中密度接近于水的固体或液体污染物微粒黏附，形成密度小于水的气浮体，在浮力的作用下，上浮至水面形成浮渣而实现固－液或液－液分离。气浮法使用的设备，包括完成分离过程的气浮池和产生气泡的附属设备。在水处理中，气浮法可用于沉淀法不适用的场合，以分离比重接近于水和难以沉淀的悬浮物，如油脂、纤维、藻类等，也可用以浓缩活性污泥。

10.3.1　气浮的原理及分类

悬浮物表面有亲水和憎水之分。憎水性颗粒表面容易附着气泡，因而可用气浮法。亲水性颗粒用适当的化学药品处理后可以转为憎水性。水处理中的气浮法，常用混凝剂使胶体颗粒结成为絮体，絮体具有网络结构，容易截留气泡，从而提高气浮效率。而且，水中如有表面活性剂（如洗涤剂）可形成泡沫，也有附着悬浮颗粒一起上升的作用。气浮法按类型分为充气气浮和溶气气浮。

1. 充气气浮

充气气浮采用机械的方法将空气分割成微气泡，分为扩散板（管）气浮、射流气浮、叶轮气浮，国内应用较多的为后两种。

（1）射流气浮

射流气浮是采用以水带气射流器向水中冲入空气，射流器的构造如图10.24所示。高压水经过喷嘴喷射产生负压而从吸气管吸入空气，气水混合物通过喉管时将气泡撕裂、粉碎，剪切成微气泡－气浮载体。

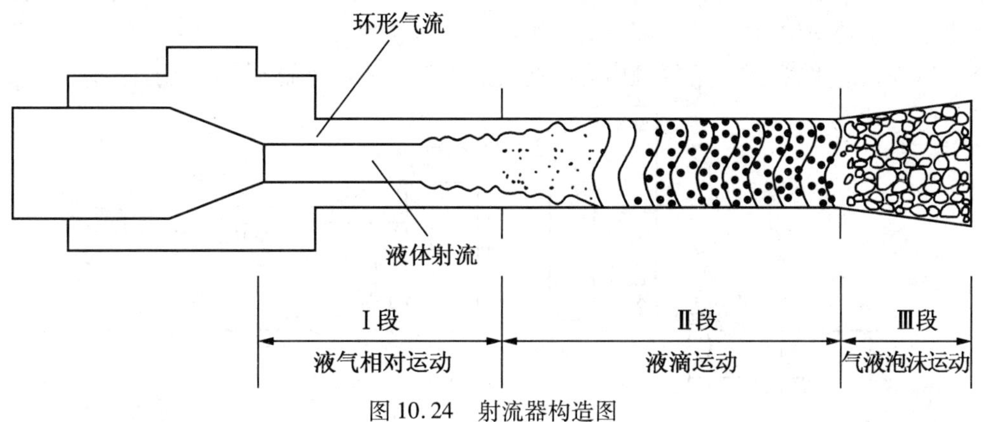

图10.24　射流器构造图

（2）叶轮气浮

叶轮气浮设备构造示意图如图10.25所示。叶轮做高速旋转后，盖板下方形成负压空气从进水管进入，废水由盖板上的圆孔进入，在叶轮的搅动下，空气被粉碎成细小的气泡，并与水充分混合后一起被导向叶片甩出，再经过整流板稳流后，在池体内垂直上升，进入气浮，形成的泡沫不断被缓慢转动的刮沫板刮出池外。这种气浮设备适用于处理水量不大，但污染物浓度较高的废水，其除油效率一般在80%左右。

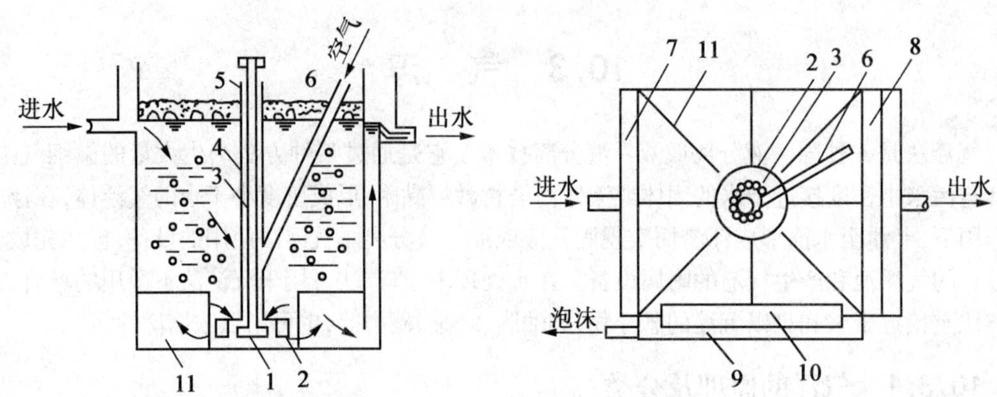

图 10.25　叶轮气浮设备构造示意图

1—叶轮;2—固定盖板;3—转轴;4—轴套;5—轴承(3 和 4 组成);6—进气管;7—进水槽;8—出水槽;9—泡沫槽;10—刮沫板;11—整流板

2. 溶气气浮

溶气气浮是使空气在一定压力下溶于水中并成饱和状态,然后使废水压力骤然降低,这时空气便以微小的气泡从水中析出并进行气浮。这种方法形成的气泡直径只有 80 μm 左右,净化效果比充气气浮好。

加压溶气气浮依靠无数微气泡去黏附絮粒,因此,对凝聚的要求可适当降低,能节约混凝剂量和减少反应时间。由于气浮是依靠气泡来托起絮粒的,絮粒越多、越重,所需气泡量越多,故气浮不宜用于高浊度废水,而较适用于低浊度废水。

加压溶气气浮工艺流程如图 10.26 所示。原水经投加混凝剂后,进入混合、反应室。经絮凝后的水自底部进入气浮池接触室与溶气释放器释放的微气泡相遇,絮粒与气泡黏附,即在气浮分离室进行渣、水分离。浮渣浮于水面,定期由刮渣机刮入浮渣槽,清水由集水管引出进入后续处理构筑物,其中部分清水则经回流水泵加压,进入压力溶气罐;同时射流器将空气吸进泵进水管,进入溶气罐内完成溶气过程而输往释放器,供气浮用。

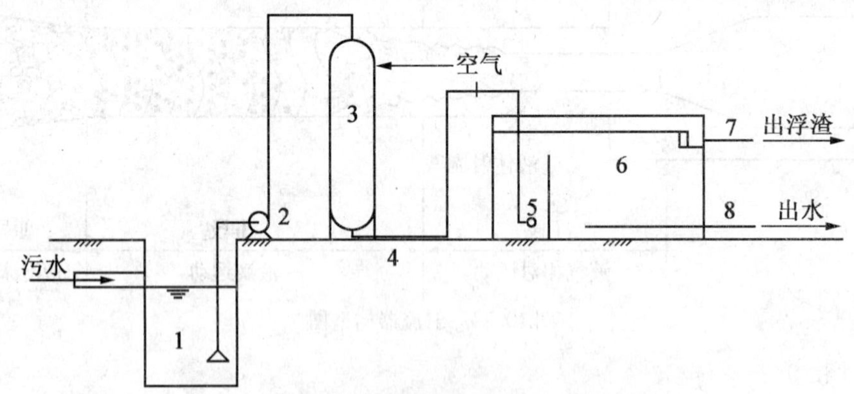

图 10.26　加压溶气气浮工艺流程图

1—污水调节池;2—加压泵;3—溶气罐;4—减压阀;5—释放器;6—气浮池;7—浮渣管;8—出水管

10.3.2　气浮分离系统(气浮池构件)

气浮分离系统的功能是确保一定容积来完成微气泡群与水中杂质的充分混合、接触、黏附以及带气絮粒与清水的分离。常用的气浮分离方法有微气泡曝气法(图 10.27)和切割曝气法(图 10.28)两种。

为了提高气浮的处理效果,往往向废水中加入混凝剂或气浮剂,投加量因水质不同而异,一般由试验确定。对于铝类絮凝剂,通过提高搅拌强度均可使出水浊度进一步降低。为保证浮选(混凝)剂的混凝作用,浮选池进水端宜设静态管道混合器和反应室,反应室有效容积约按废水(进水量与回流量的和)停留时间计算,一般分为 3 间,这 3 间是迷宫式布置,且每间设搅拌机提高混凝效果,每间中的速度梯度常常是相同的。絮凝池(即反应室)设计最好提供活塞流状态(紊流推动状态),可以确保较好的气浮效果,如膜片式微孔曝气器(图10.29)可以保证絮凝池内较好的气浮效果。

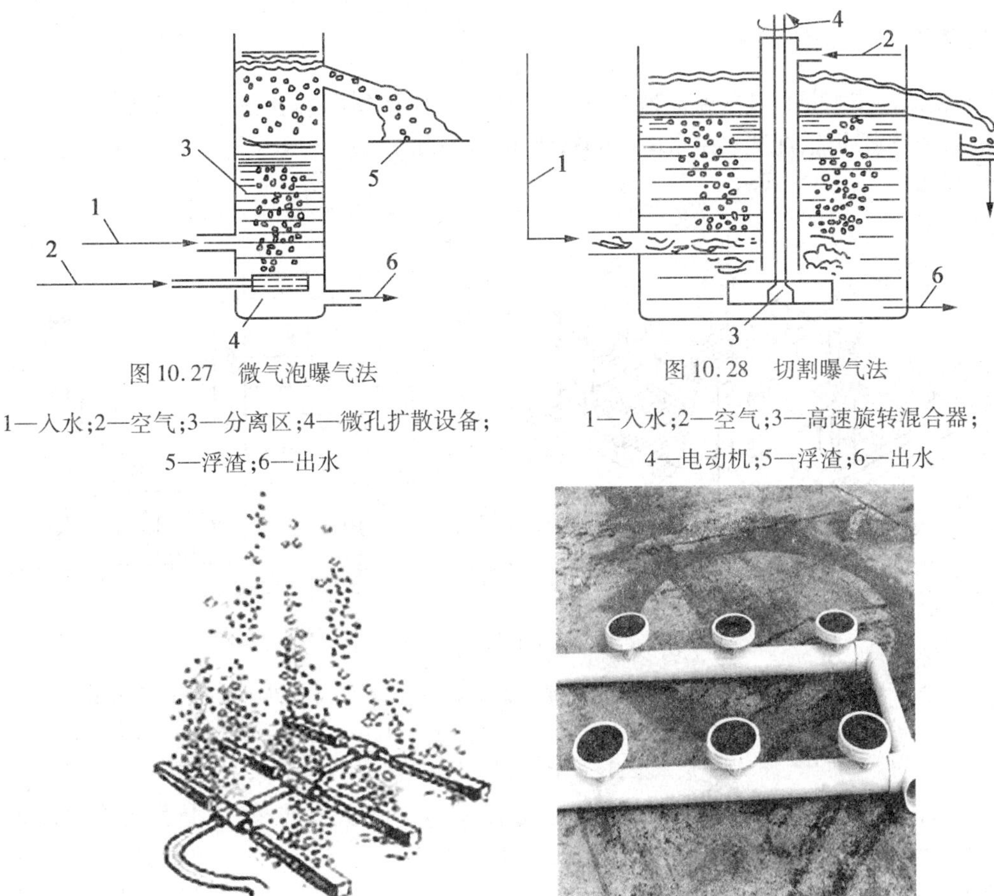

图 10.27　微气泡曝气法

1—入水;2—空气;3—分离区;4—微孔扩散设备;5—浮渣;6—出水

图 10.28　切割曝气法

1—入水;2—空气;3—高速旋转混合器;4—电动机;5—浮渣;6—出水

图 10.29　膜片式微孔曝气器

溶气气浮池的最大建议尺寸可达 145 m^2,相应的产水能力为 2 900 ~ 4 350 m^3/ h,单位面积的产水能力至少提高了一倍。溶气气浮池的深度从 1.5 m 增加到 5.0 m,且池型由长方形向正方形发展,长宽比为(1.2 ~ 2):1。目前,运行良好的溶气气浮池的长度最大可达 12 m,但宽度被限制为 8.5 m,这主要是因为机械刮渣机的最大跨度为 8.5 m。

污水在气浮池内的停留时间一般取 30 ~ 40 min,工作水深为 15 ~ 25 m,长宽比不小于 4,表面负荷为 5 ~ 10 $m^3/(m^2 \cdot h)$。

若停留时间太短,水流的冲击力大,浮选罐中的污水呈较强的紊流状态,这样不但不利于气泡与絮体的黏附,反而会将部分已黏附在气泡上的絮体打碎;另外,由于紊流和较短的反应时间,而使投加的部分混凝剂未反应完全时就随出水流出,使出水中悬浮固体的去除率降低,甚至出现负增长的趋势。

10.4 滤　池

滤池是用来过滤掉水中某些杂质的装置。有的滤池用来去除水中的悬浮物,以获得浊度更低的水;有的用来去掉污泥中的水,以获得含水量较低的污泥。滤池按进出水及反冲洗水的供给和排除方式,可分为普通快滤池、虹吸滤池、无阀滤池等。

10.4.1 普通快滤池

普通快滤池指的是传统的快滤池布置形式,滤料一般为单层细沙级配滤料或煤、沙双层滤料,冲洗采用单水冲洗,冲洗水由水塔(箱)或水泵供给,如图 10.30 所示。

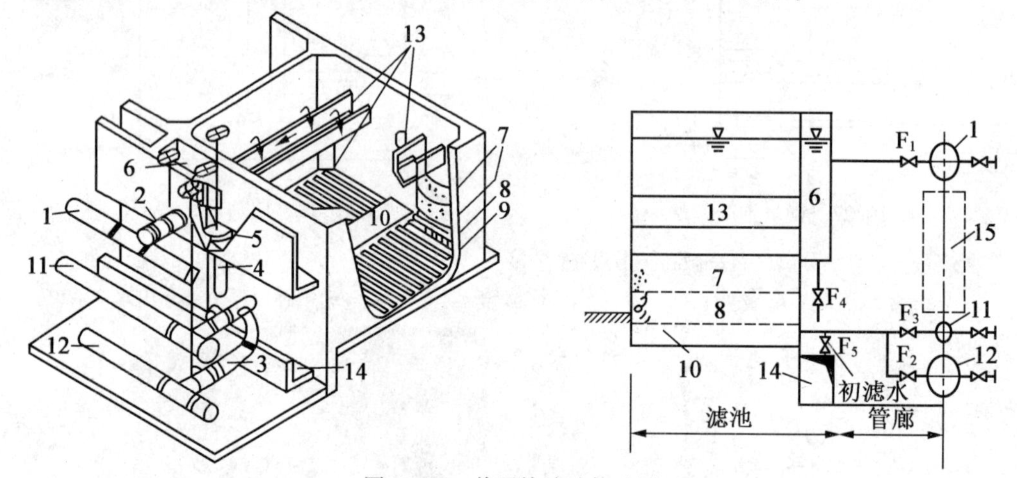

图 10.30　普通快滤池构造图

1—进水干管;2—进水支管;3—清水支管;4—排水管;5—排水阀;6—集水管;7—滤料层;8—承托层;9—配水支管;10—配水总管;11—冲洗支管;12—清水总管;13—排水槽;14—废水渠;15—走道空间;$F_1 \sim F_5$—阀门

普通快滤池一般建成矩形的钢筋混凝土池子,当池子个数比较少时(特别是个数成单的小池子),可以采用单行排列,一般情况下宜双行排列。两行滤池中间布置管道、闸门及量测的仪表部分,称为管廊,管廊的上面为操作室,设有控制台。普通快滤池可以采用单个的或集中控制的方式,单个控制时,每个池子设有一个控制台,台上装有流量及水头损失二次仪表、控制滤池闸门开关和取水样的设备。普通快滤池常与全厂的化验室、消毒间、值班室等建在一起成为全厂的控制中心。

在过滤时,由于沙粒表面不断吸附矾花,使沙粒间的孔隙不断减小,水流的阻力不断增长。如果在滤池的出水管上装一个测压管,就可以看出水流过滤池所产生的总水头损失在不断增长,它可以允许达到 2.5 ~3 m(主要根据池子深度而定),这时候说明沙粒间孔隙已经减小到能够过滤的最小值了,如果还要继续下去,那么这些孔隙就会迅速地接近于“堵死”,以致滤池不能出水,在这段时间里,水质还可能变坏。所以当水头损失达到允许的最大值时,滤池就要停止生产，进行反冲洗工作。冲洗就是把沙粒上的那些吸附的矾花冲洗下来，从过滤开始到过滤停止之间的过滤时间称为滤池的工作周期，一般滤池的工作周期应该为8～12 h，实际上最长的工作周期可以达48 h以上。滤池工作时水头损失示意图如图10.31所示。

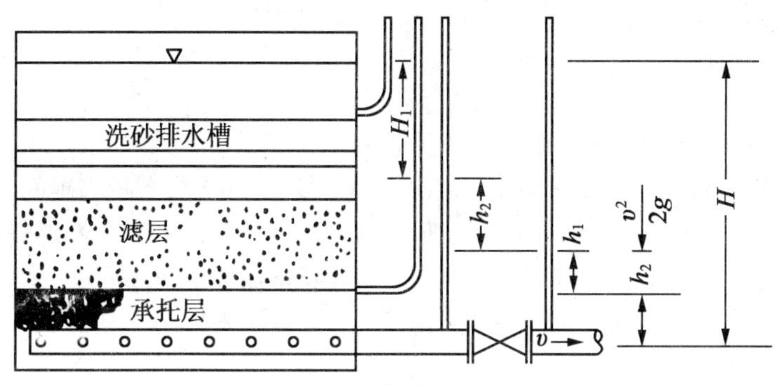

图10.31　滤池工作时水头损失示意图

10.4.2　虹吸滤池

虹吸滤池是普通快滤池的一种形式，它的特点是利用虹吸原理进水和排走洗沙水，因此节省了两个闸门。此外，它利用小阻力配水系统和池子本身的水位来进行反冲洗，不需另设冲洗水箱或水泵，而且较易利用水力，自动控制池子的运行，所以已较多地得到应用。

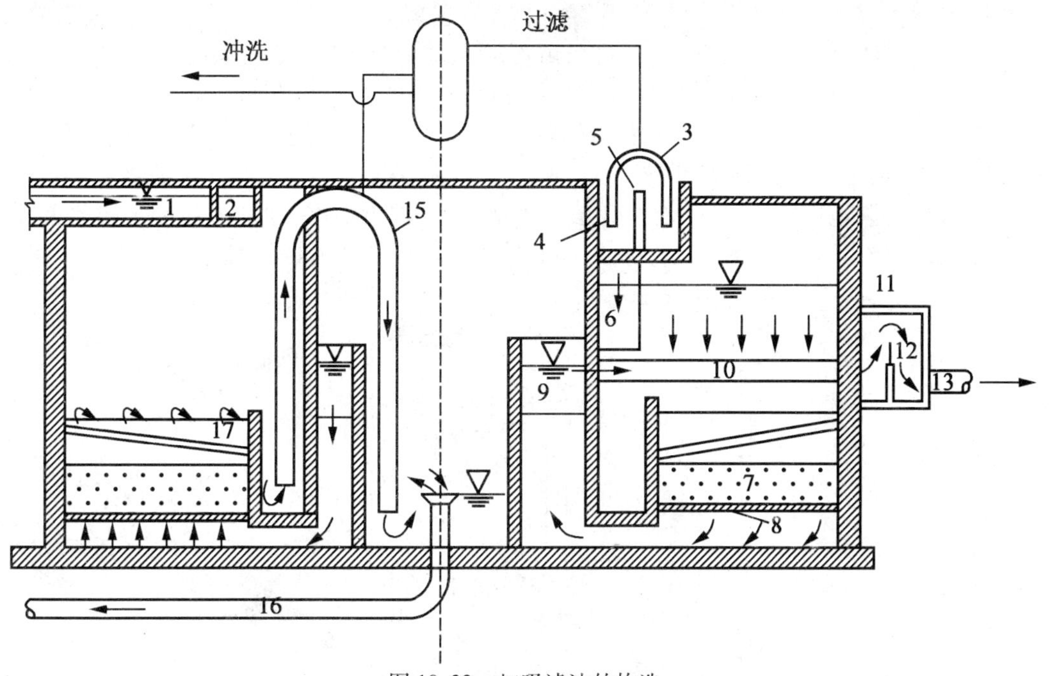

图10.32　虹吸滤池的构造

1—进水槽；2—配水管；3—进水虹吸管；4—单格滤池进水槽；5—进水堰；6—布水管；7—滤层；8—配水系统；9—集水槽；10—出水管；11—控制堰；12—出水堰；13—清水管；14—真空系统；15—冲洗虹吸管；16—冲洗排水管；17—冲洗排水槽

虹吸滤池的构造如图10.32所示。虹吸滤池是由6～8个单元滤池组成一个整体。滤池的形状主要是矩形，水量少时也可建成圆形。滤池的中心部分相当于普通快滤池的管廊,滤池的进水和冲洗水的排除由虹吸管完成。经过澄清的水由进水槽1流入滤池上部的配水槽2,经虹吸管3流入单元滤池的进水槽4,再经过进水堰5(调节单元滤池的进水量)和布水管6流入滤池。水经过滤层7和配水系统8而流入清水槽9,再经出水管10流入出水井,通过控制堰11流出滤池。滤池在过滤过程中滤层的含污量不断增加,水头损失不断增长,要保持出水堰12上的水位,即维持一定的滤速,则滤池内的水位应该不断上升,才能克服滤层增长的水头损失。当滤池内水位上升到预定的高度时,水头损失达到了最大允许值(一般采用1.5~2.0 m),滤层就需要进行冲洗。

虹吸滤池适用于中小型给水处理(一般在4 000~5 000 t/d),有较突出的优点。如果水量小于4 000 t/d,则采用重力式无阀滤池。虹吸滤池进水浑浊度的要求与普通滤池一样,一般希望在10 mg/L以下,这种滤池可以采用沙滤料,也可以采用双层滤料。虹吸滤池冲洗水头不高,所以滤料颗粒不可太粗,否则将引起冲洗水头不足、膨胀率很小、冲洗不净的后患。

10.4.3 无阀滤池

无阀滤池在运行过程中,出水水位保持恒定,进水水位则随滤层的水头损失增加而不断在吸管内上升,当水位上升到虹吸管管顶,并形成虹吸时,即自动开始滤层反冲洗,冲洗废水沿虹吸管排出池外。

图10.33为重力式无阀滤池示意图。过滤时,原水自进水管进入滤池后,自上而下穿过滤床,滤后水经连通管进入顶部储水箱,待水箱充满后,过滤水由出水管排入清水池。随着过滤进行,水头损失逐渐增大,虹吸上升管内的水位逐渐上升,当这个水位达到虹吸辅助管的管口处时,废水就从辅助管下落,并抽吸虹吸管顶部的空气,在很短的时间内,虹吸管因出现负压而投入工作,滤池进入反冲洗阶段。储水箱中的清水自下而上流过滤床,反冲洗结束,滤池又恢复过滤状态。无阀滤池的优点是:运行全部自动进行,操作方便,工作稳定可靠;在运转中,中滤层不会出现负压头;结简单,材料节省,造价比普通快滤池低30%~50%。其缺点是:池体结构复杂,滤料处于封闭结构中,进出困难;冲洗水箱位于滤池上部,使滤池总高度较大,从而给水厂处理构筑物的总高成布置带来困难。

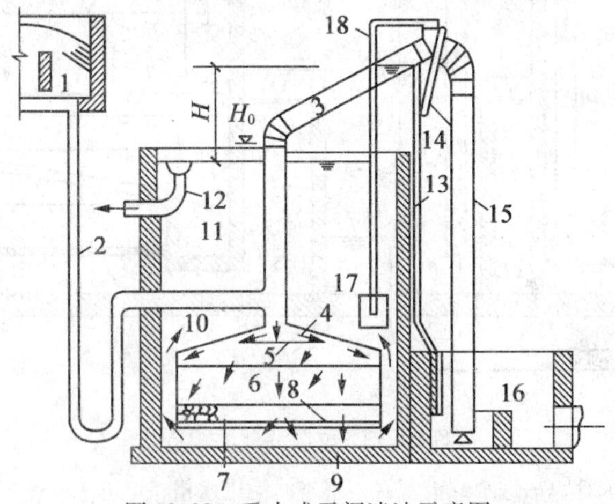

图10.33　重力式无阀滤池示意图

1—进水分配槽;2—进水管;3—虹吸上升管;4—顶盖;5—挡板;6—滤料层;7—承托层;8—配水系统;9—底部空间;10—连通间;11—冲洗水箱;12—出水管;13—虹吸辅助管;14—抽气管;15—虹吸下降管;16—水封井;17—虹吸漏斗;18—反冲洗管

第 11 章　水的化学和物理化学处理

11.1　化学中和

中和法就是使废水进行酸碱的中和反应，调节废水的酸碱度（pH 值），使其呈中性或接近中性或适宜于下步处理的 pH 值范围。对生物处理而言，需将处理系统中废水的 pH 值维持在 6.5～8.5，以便确保最佳的生物活力。

酸碱废水的来源很广，化工厂、化学纤维厂、金属酸洗与电镀厂等及制酸或用酸过程中，都排出大量的酸性废水，有的含无机酸，如硫酸、盐酸等；有的含有机酸，如醋酸等；也有的是几种酸并存的情况。酸具有强腐蚀性，碱危害程度较小，但在排至水体或进入其他处理设施前，均须对酸碱废液先进行必要的回收，再对低浓度的酸碱废水进行适当的中和处理。通常废水中除含有酸或碱以外，往往还含有悬浮物、金属盐类、有机物等杂质，影响酸、碱废水的回收与处理。

11.1.1　中和方法及常用药剂

选择中和方法时应考虑以下因素：

①含酸或含碱废水所含酸类或碱类的性质、浓度、水量及其变化规律。

②首先应寻求能就地取材的酸性或碱性废料，并尽可能加以利用。

③本地区中和药剂或材料（如石灰、石灰石等）的供应情况。

④接纳废水的水体性质和城市下水管道能容纳废水的条件。

酸性污水处理方法比较见表 11.1；碱性污水处理方法比较见表 11.2；酸碱废水中和处理常用药剂见表 11.3。

表 11.1　酸性污水处理方法比较

处理方法	适用条件	主要优点	主要缺点	附　注
利用碱性污水相互中和	（1）适应于各种酸性污水； （2）酸碱污水中酸碱当量最好基本平衡	（1）节省中和药剂； （2）当酸碱基本平衡，且污水缓冲作用大时，设备即可简化，管理简单	（1）污水流量、浓度波动大时，应均化； （2）酸碱当量不平衡时，须设酸碱中和剂补充处理	应注意二次污染，如碱性污水中含硫化物时，易产生 H_2S 等有害气体
投药中和	（1）各种酸性污水； （2）酸性污水中重金属与杂质较多时	（1）适应性强，兼可去除杂质及重金属离子； （2）出水 pH 值可保证达到要求值	（1）设备及管理复杂； （2）投石灰或电石渣时污泥量大； （3）费用高	（1）除重金属时，pH 值应为 8～9； （2）投 NaOH、Na_2CO_3，但这些中和剂为副产品时才利于采用

续表 11.1

处理方法	适用条件	主要优点	主要缺点	附　注
普通过滤中和	适用于盐酸、硝酸污水、水质须清洁，不含大量悬浮物及油脂、重金属盐等	(1)设备简单；(2)平时维护量不大；(3)产渣量少	(1)污水含大量悬浮物及油脂时，应预处理；(2)不宜用于硫酸污水使用浓度有限制；(3)出水 pH 值低、金属离子难沉淀	
升流式膨胀过滤中和	同上，但也可用于质量浓度在 2 g/L 以下的硫酸污水	优点同上。由于滤速大，故设备较小；用于硫酸污水时，当质量浓度大于 2 g/L 时，及易发生堵塞，须倒床	同上，且对滤料粒径要求较高	有变滤速的改进型

表 11.2　碱性污水处理方法比较

处理方法	适用条件	主要优点	主要缺点	附　注
利用酸性污水相互中和	(1)适用于各种碱性污水；(2)酸碱污水中酸碱当量最好基本平衡	(1)节省中和药剂；(2)当酸碱基本平衡，且污水缓冲作用大时，设备即可简化，管理简单	(1)污水流量、浓度波动大时，应均化；(2)酸碱当量不平衡时，应设酸碱中和剂补充处理	应注意二次污染，产生有害气体
加酸中和	用工业酸或废酸	用副产品中和剂时较经济	用工业酸时成本较高	
烟道气中和	(1)要求有大量能满足处理水量的烟气，且能连续供给；(2)当碱性污水间断而烟气不间断时，应有备用除尘水源	(1)污水为烟气除尘，烟气使污水 pH 值降低至 6～7；(2)节省除尘用水及中和剂	污水经烟气中和后，水温、色度、耗氧量、硫化物均由上升	(1)出水有待于进一步处理，使之达到排放标准；(2)水量小时，在待定情况下可用压缩 CO_2 处理，操作简单，出水水质也不致变坏

表 11.3　酸碱废水中和处理常用药剂

酸和碱	化学式	溶解度	附　注
氢氧化钠 碳酸钠	$NaOH$ Na_2CO_3	42(20 ℃) 7.1(0 ℃)， 21.60(30 ℃)	溶解度和反应速度都大，供给容易，处理方便，但价格较高
生石灰 消石灰 电石残渣	CaO $Ca(OH)_2$ $Ca(OH)_2$	0.185(0 ℃)	因溶解度小，以浆状加入，反应速度小，多数情况下反应生成物溶解度极小，但脱水性好，价格便宜

续表 11.3

酸和碱	化学式	溶解度	附　注
石灰石 水泥灰尘 白云石	$CaCO_3$ CaO $CaCO_3 \cdot MgCO_3$	0.014(25 ℃) 0.032(18 ℃)	主要用于处理强酸性废水,但为了使处理水达到或接近中性,还需要添加消石灰
硫酸 盐酸	H_2SO_4 HCl		溶解度大,反应速度大,虽容易控制,但处理不完全
烟道气	SO_2		易于吸收,但处理后含较多量的硫化物

11.1.2　酸性废水中和处理

酸性废水中和处理常用的方法有酸、碱废水相互中和法、投药中和法和过滤中和法等。

1. 酸、碱废水(或废渣)中和法

酸碱废水的相互中和可根据当量定律计算,即

$$N_a V_a = N_b V_b \tag{11.1}$$

式中,N_a,N_b 分别为酸碱的浓度;V_a,V_b 分别为酸碱溶液的体积。

中和过程中酸碱双方的当量数恰好相等时,称为中和反应的等当点。强酸、强碱的中和反应达到等当点时,由于所生成的强酸、强碱盐不发生水解,因此等当点即中性点,溶液的 pH 值为 7.0。但中和的一方若为弱碱或弱酸,由于中和过程中所生成的盐在水中进行水解,因此,尽管达到等当点,但溶液并非中性,而根据生成盐的水解可能呈现酸性或碱性,pH 值的大小由所生成盐的水解度决定。

当水质水量变化不大,污水也有一定的缓冲能力时,为使出水 pH 值更有保证,可单设连续流的中和池(图 11.1),中和池有效容积计算公式为

$$V = (Q_1 + Q_2)t \tag{11.2}$$

式中,t 为中和反应时间,h,根据水质水量变化情况及污水缓冲能力而定,一般采用 2 h 以内。

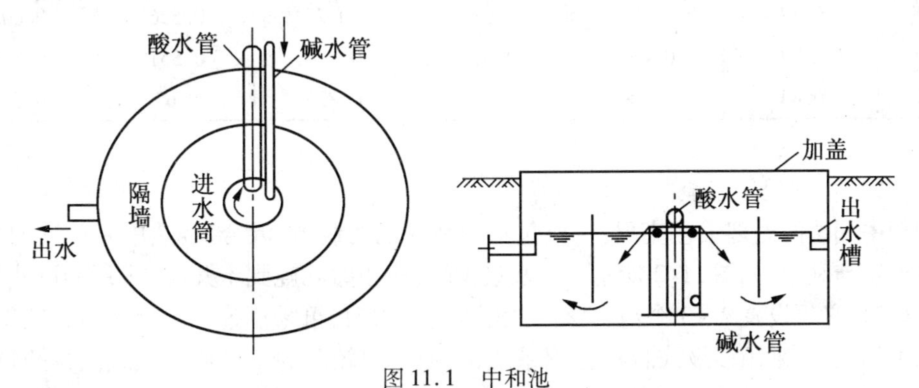

图 11.1　中和池

2. 投药中和法

投药中和法是应用广泛的一种中和方法,最常用的碱性药剂是石灰,有时也可选用苛性钠、碳酸钠、石灰石或白云石等。选择碱性药剂时,不仅要考虑它本身的溶解性、反应速

度、成本、二次污染、使用方法等因素，而且还要考虑中和产物的形状、数量及处理费用等因素。

(1) 中和药剂用量

酸性废水中和处理经常采用的中和药剂有石灰（CaO）、石灰石、白云石（$MgCO_3 \cdot CaCO_3$）、苛性钠（NaOH）、苏打（Na_2CO_3）等。

碱性药剂理论比耗量见表 10.4。碱性药剂用量 G_a 的计算公式为

$$G_a = (k/a)(QC_1a_1 + QC_2a_2) \tag{11.3}$$

式中，Q 为废水流量，m^3/d；C_1 为废水含酸量，kg/m^3；C_2 为废水中需中和的酸性盐量，kg/m^3；a_1 为中和剂比耗量，即中和 1 kg 酸所需减量，kg；a_2 为中和 1 kg 酸性盐类所需碱性药剂量，kg；k 为反应不均匀系数，一般取 1.1 ~ 1.2，但以石灰法中和硫酸时，可取1.05 ~ 1.10（湿投）或 1.4 ~ 1.5（干投），中和盐酸和硝酸，可取 1.05；a 为中和剂纯度，%。如无资料，可参照下列数据：生石灰：含 60% ~ 80% 的有效 CaO；熟石灰：含 65% ~ 75% 的 $Ca(OH)_2$；电石渣：含 60% ~ 70% 的有效 CaO；石灰石：含 90% ~ 95% 的 $CaCO_3$；白云石：含 45% ~ 50% 的 $CaCO_3$。

表 11.4　碱性药剂比耗量（理论）

酸或盐	碱性药剂					
	CaO	$Ca(OH)_2$	$CaCO_3$	$NaCO_3$	NaOH	$CaMg(CO_3)_2$
H_2SO_4	0.57	0.755	1.02	1.08	0.816	0.94
H_2SO_3	0.68	0.9	1.22	1.292	0.975	1.122
HNO_3	0.445	0.59	0.795	0.84	0.635	0.732
HCl	0.77	1.01	1.37	1.45	1.1	1.29
CO_2	1.22	1.68	2.27	2.41	1.82	2.09
H_3PO_4	0.86	1.13	1.53	1.62	1.22	1.41
CH_3COOH	0.466	0.616	0.83	0.88	0.666	1.53
H_2SiF_6	0.38	0.51	0.69	0.73	0.556	0.63
$FeSO_4$	0.37	0.487	0.658	0.7	0.526	0.605
$CuSO_4$	0.376	0.463	0.626	0.664	0.551	0.576
$FeCl_2$	0.44	0.58	0.79	0.835	0.63	0.725

(2) 投药中和处理流程

药剂中和法的处理工艺流程，主要包括中和药剂的制备、混合反应、中和产物的分离、泥渣的处理与利用，如图 11.2 所示。当水量少时（每小时几吨到十几吨）采用间歇式处理。间歇处理时，必须设置 2 ~ 3 个池，交替工作；水量较大时，可采用连续式处理。为获得稳定可靠的中和效果，采用多级式自动控制系统，目前采用较多的二级或三级式。投药量由设在池子出口处的 pH 值监测仪控制，一般粗调时可将 pH 值调至 4 ~ 5。二级自动控制中和池如图 11.3 所示。

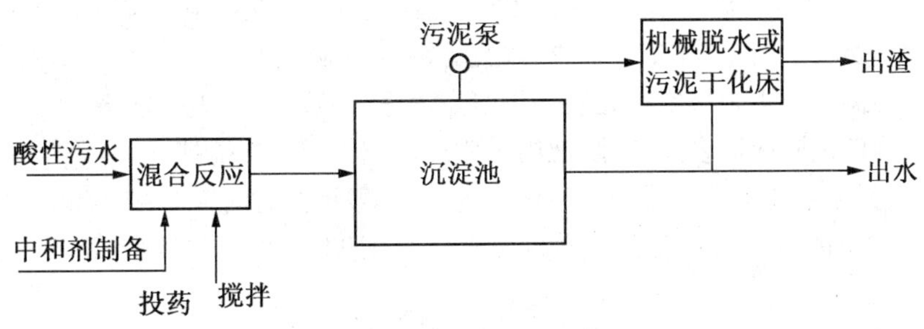

图 11.2　投药中和处理流程

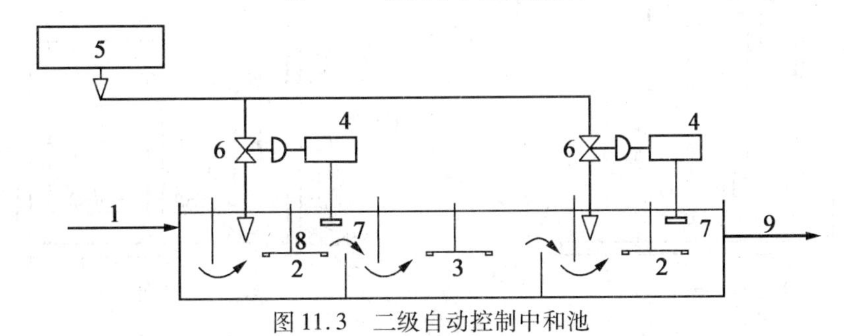

图 11.3　二级自动控制中和池

1—进水管;2—中和池;3—均和池;4—pH 值控制器;5—中和剂试槽;6—电磁阀;7—电极;8—搅拌器;9—出水管

(3)处理设施

中和剂制备设施投药有干投、湿投。以石灰石为例,一般均采用湿投。消化后的石灰乳排入溶液槽,配成 5% ~10% 的石灰乳。溶液槽至少设两个,交替使用。槽中应有搅拌装置,搅拌机转速一般为 20 ~40 r/min,也可用水泵循环搅拌。用投配器控制石灰乳投加量。石灰乳投配装置如图 11.4 所示。石灰仓库应单独设立,储量应根据供应和运输情况确定,一般按 10 d 左右考虑。

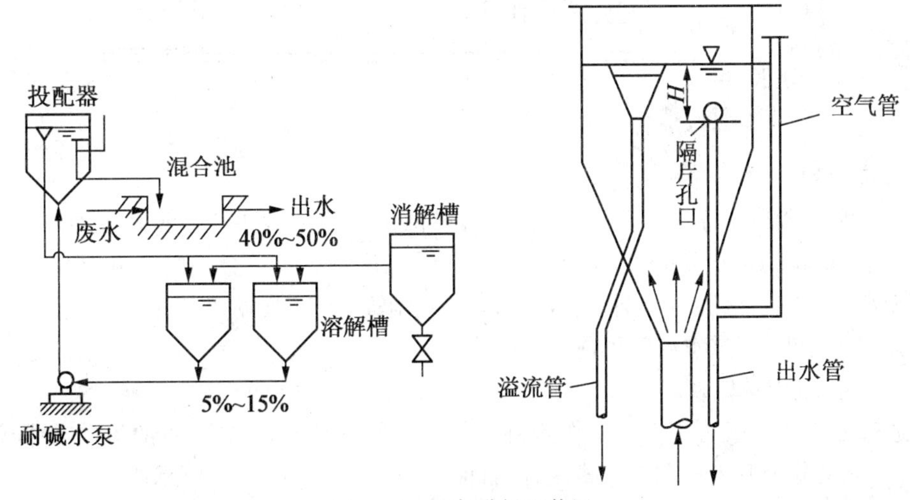

图 11.4　石灰乳投配装置

用石灰中和酸性污水时,混合反应时间一般取 1 ~2 min,但污水含重金属盐或其他毒物时,还应考虑除重金属及除毒物的要求。采用其他中和药剂时,反应池的容积通常按

5 ~20 min的停留时间设计。混合反应可在同一池内进行,石灰乳应在池前投入。当采用池底进水、池顶出水方式时,要求连续搅拌,以充分混合反应,并防止沉渣。

pH 值的控制应按重金属氢氧化物的等当点考虑,一般为7 ~9。

图 11.5 为四室隔板混合反应池,池内采用压缩空气或机械搅拌。

以石灰中和主要含硫酸的混合酸性污水为例,一般沉淀时间为1 ~2 min,污泥体积为处理污水体积的10% ~15%,污泥含水率约为95%。图 11.6 为合并混合、反应、沉淀的池型示例。

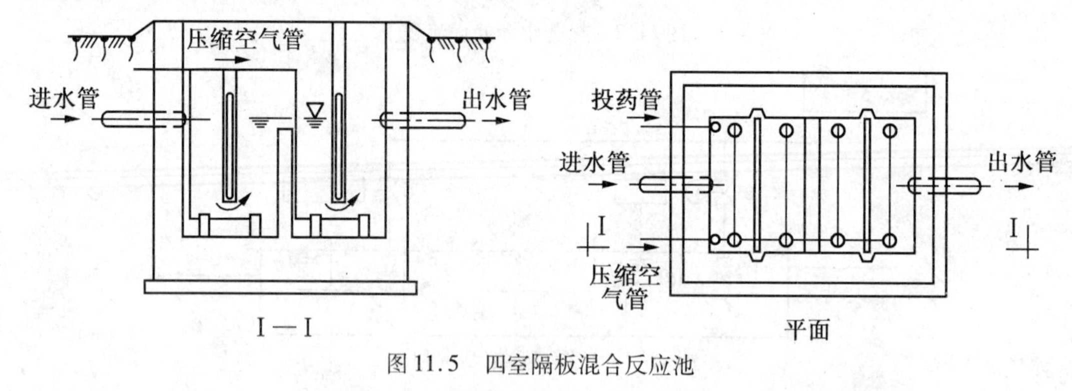

图 11.5 四室隔板混合反应池

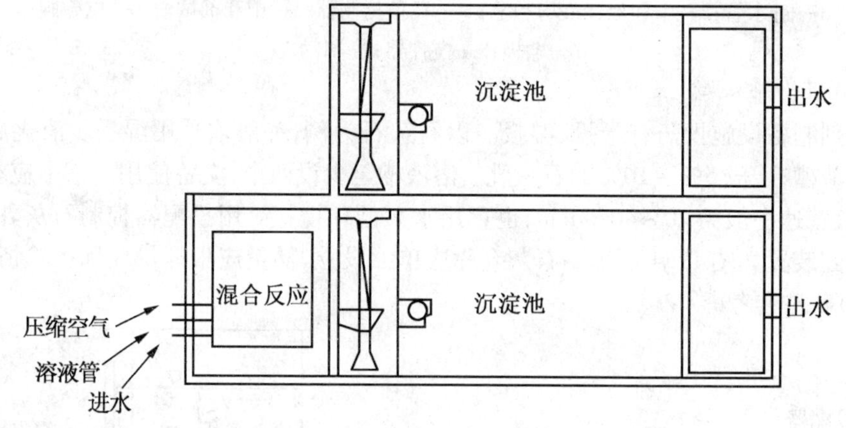

图 11.6 混合反应沉淀池

3. 过滤中和

过滤中和一般适用于处理含酸浓度较低(硫酸的质量浓度小于 2 g/L,盐酸、硝酸的质量浓度小于 20 g/L)的少量酸性废水,对含有大量悬浮物、油、重金属盐类和其他有毒物质的酸性废水不适宜。该法与药剂中和相比,具有操作简单、不影响环境卫生、运行费用低及劳动条件好等优点,但进水浓度不能太高。

(1)普通过滤中和

普通过滤中和一般采用石灰石作滤料。普通中和滤池为固定床,水的流向有平流和竖流两种,竖流又分为升流式和降流式两种,目前多用竖流,如图 11.7 所示。

由于滤速低(小于 5 m/h),滤料粒径大(3 ~5 cm),当进水硫酸浓度较大时,极易在滤料表面结垢且不易冲掉,从而阻碍中和反应进程。实践表明,这种滤池的中和效果较差,当废水中含有可能堵塞滤料的杂质时,应进行预处理。

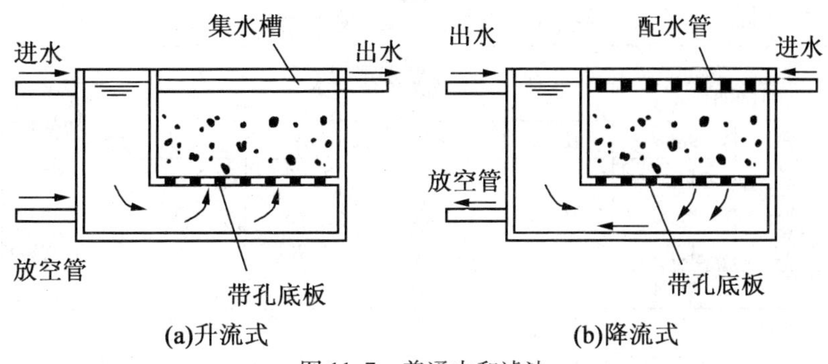

图 11.7　普通中和滤池

(2)升流膨胀式过滤中和

升流式膨胀床的过滤中和可采用小粒径(0.5 ~3 cm)的滤料,当滤柱横截面固定不变,滤速为恒速时,滤速提高到 60 ~70 m/h,可使滤料相互摩擦不宜结垢,垢屑和 CO_2 易于排走,不致造成滤床堵塞,故常采用滤速为 50 ~70 m/h。图 11.8 为升流式石灰石膨胀滤池。

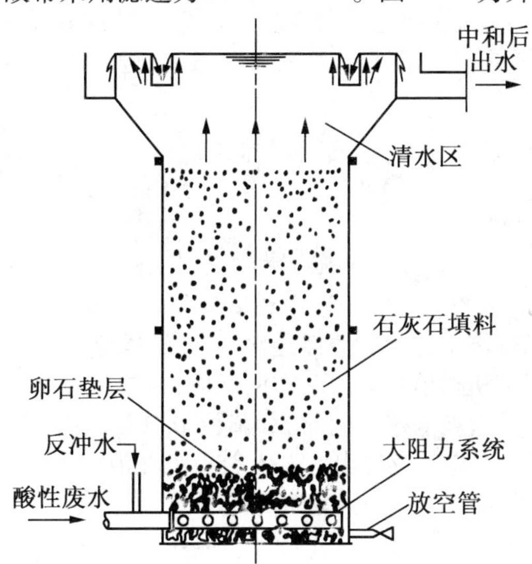

图 11.8　升流式石灰石膨胀滤池

根据恒滤速升流膨胀中和滤池的运行经验,我国发展了变滤速的改进型中和滤池。改进后的滤柱下部截面小,上部截面大,使下部滤速达 130 ~150 m/h,上部为 40 ~60 m/h,因而全部滤料都膨胀,但上部出水可不带料,改变了下部膨胀不起来,上部却带走小颗粒滤料的缺点。

11.1.3　碱性废水的中和处理

碱性废水用酸性物质进行中和,通常有酸碱废水相互中和、加酸中和及利用烟道气中和 3 种方法。

1. 加酸中和

各种碱中和所需不同浓度的酸量见表 11.5。

表 11.5　酸性中和剂比耗量

碱	酸性中和剂							
	H_2SO_4		HCl		HNO_3		CO_2	SO_3
	100%	98%	100%	36%	100%	65%		
NaOH	1.22	1.24	0.91	2.53	1.57	2.42	0.55	0.80
KOH	0.88	0.90	0.65	1.80	1.13	1.74	0.39	0.57
$Ca(OH)_2$	1.32	1.35	0.99	2.74	1.70	2.62	0.59	0.86
NH3	2.58	2.94	2.14	5.95	3.71	5.71	1.29	1.88

加酸中和处理的设计、计算及设施，均参见前述含酸废水加药中和部分。

2. 利用烟道气中和

使碱性废水与任何含酸性氧化物的气体喷淋接触，都能使废水中和，例如用 CO_2 气处理碱性废水。但由于压缩气体价格高，在实际应用中多利用烟道废气。烟道气如有湿法除尘设施（如水膜除尘器），可用碱性废水代替除尘水喷淋，根据国内某厂经验，出水 pH 值可由 10 ~ 12 下降至近于中性。此外，还可回收烟灰及煤，节约喷淋的净水，但带来的问题是，出水的硫化物、色度、耗氧量、水温等指标都有升高，还需进一步处理。

3. 中和处理法应用举例

化工厂染料分厂排出酸性废液，电石分厂排出碱性废液，酸碱废水量为 48 000 m^3/d，COD 为 800 mg/L，pH 值为 2.4，Ca^{2+} 的质量浓度为 160 mg/L。

(1)处理流程

化工酸碱废水处理流程如图 11.9 所示。酸性废水用泵提升送入第一均化池、第二均化池，以稳定混合反应池前废水的 pH 值，保证中和反应较好地运行。第二均化池末端设有混合槽。用泵送来的电石厂碱性废水在此与酸性废水混合，共同进入混合反应池。混合反应池由曲径混合槽和 4 个分别设有机械搅拌器的反应槽组成，在曲径混合槽终端和反应槽的第三格分别设有电石渣调节阀。前者按来水不同的 pH 值调节电石渣加量，后者按反应后废水的 pH 值补加电石渣调节 pH 值。混合反应池出水排入斜板沉淀池沉淀，沉淀池出水用管道输送至污水处理厂作进一步处理。

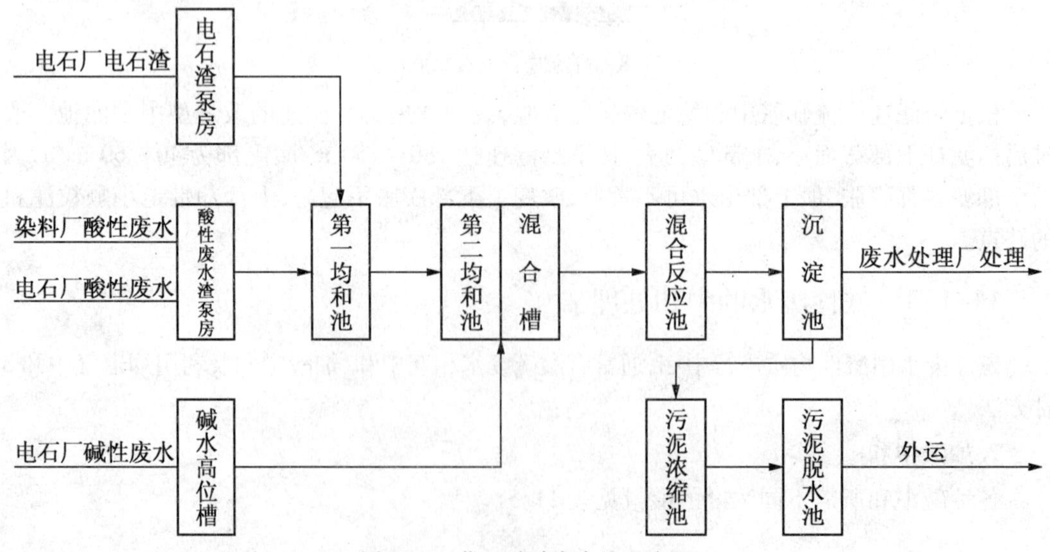

图 11.9　化工酸碱废水处理流程

沉淀泥渣进入辐流式浓缩池浓缩后，污泥由刮泥机收集，排入离心脱水机房脱水后外运。

处理效果：COD 为 710 mg/L，pH 值为 6.5 ~ 8.5，Ca^{2+} 的质量浓度为 800 mg/L。

(2)设计特点及经验教训

该流程为综合污水处理厂酸碱废水预处理，处理后废水为中性或微碱性，这样大大简化了输水管道工程。

工程所用水泵为自制玻璃钢耐腐蚀污水泵，处理构筑物为花岗岩砌筑，环氧酚醛胶泥勾缝，环氧玻璃钢做面层。

工程小试实验时酸性污水在均化池中无沉淀物，设计未考虑均化池排泥设施，实际生产时第一均化池内大量积泥。

11.2　混　凝

混凝的目的是将小颗粒、细菌等转变成沉降物或悬浮颗粒等较大的絮体。对这些絮体再加以调理，即可在随后的絮凝过程中将其轻易地去除。从技术上看，混凝适用于胶体颗粒的去除。混凝这个术语有时也用于溶解性离子的去除（实际上是沉淀作用）。

11.2.1　胶体稳定性

胶体既具有巨大的表面自由能，有较大的吸附能力，又具有布朗运动的特性，颗粒间有互相碰撞的机会，似乎可以黏附聚合成大颗粒，然后受重力作用而下沉。但是，由于同类的胶体微粒带着同号的电荷，它们之间的静电斥力阻止微粒间彼此接近而聚合成较大颗粒；其次，带电荷的胶粒和反离子都能与周围的水分子发生水化作用，形成一层水化壳，也阻碍各胶粒的聚合。胶体以随机运动的方式进行布朗运动。胶体所带的电荷，可通过在胶体分散液中放入直流电电极来测量。胶体颗粒向带相反电荷端的迁移速率与电位梯度成正比。一般来说，胶体表面电荷越大，胶体悬浮液越稳定。

11.2.2　胶体脱稳

由于胶体颗粒表面带有电荷，才会维持稳定的状态。为了使胶体颗粒失去稳定性，必须中和这些表面电荷，添加与胶体电荷相反的离子可以实现这种中和作用。胶体结构如图 11.10 所示，胶体的中心称为胶核，由数百乃至数千个分散相固体物质分子组成。胶核表面选择性地吸附了一层带有同号电荷的离子，该层离子称为电位离子层。为维持胶体离子的电中性，在电位离子层外吸附了电量与电位离子层总电量相同而电性相反的离子，称为反离子层。

电位离子层构成了双电层的内层，其所带电荷称为胶体粒子的表面电荷。反离子层又分为吸附层和扩散层，前者紧靠电位离子，并随胶核一起运动，扩散层是指固定层以外的那部分反粒子，受电位离子的引力较小，不随胶核一起运动。

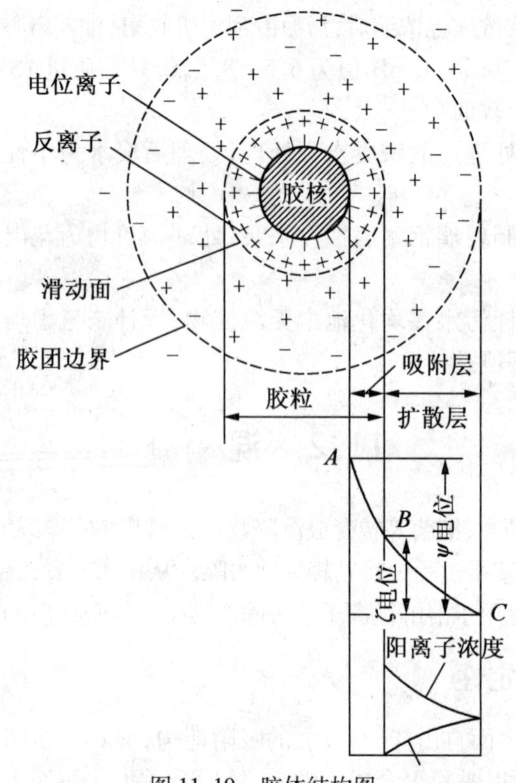

图 11.10　胶体结构图

1. 压缩双电层机理

由胶体粒子的双电层结构可知,反离子的浓度在胶粒表面最大,并沿着胶粒表面向外扩散,与距离呈递减分布,最终与溶液中离子浓度相等。当向溶液中投加电解质,使溶液中离子浓度增高,则扩散层的厚度将减小。该过程的实质是:加入的反离子与扩散层原有反离子之间的静电斥力把原有部分反离子挤压到吸附层,从而使扩散层厚度减小。

2. 吸附电中和

吸附电中和作用指胶粒表面对异号离子、异号胶粒或链状粒子带异号电荷的部位有强烈的吸附作用,由于这种吸附作用中和了它的部分电荷,减少了静电斥力,因而容易与其他颗粒接近而互相吸附。此时静电引力常是这些作用的主要方面,但在不少的情况下,其他的作用会超过静电引力的作用。铝盐、铁盐投加量高时,也发生再稳现象以及带来电荷变号。

3. 吸附架桥

高分子絮凝剂具有线性结构,它们具有能与胶粒表面某些部位起作用的化学基团,当高聚合物与胶粒接触时,基团能与胶粒表面产生特殊的反应而相互吸附,而高聚物分子的其余部分则伸展在溶液中可以与另一个表面有空位的胶粒吸附,这样聚合物就起了架桥连接的作用,如图 11.11 所示。假如胶粒少,上述聚合物伸展部分粘连不着第二个胶粒,则这个伸展部分迟早还会被原先的胶粒吸附在其他部位上,这个聚合物就不能起架桥作用,而胶粒又处于稳定状态。高分子絮凝剂投加量过大时,会使胶粒表面饱和产生再稳现象。已经架桥絮凝的胶粒,如果受到剧烈的长时间的搅拌,架桥聚合物可能从另一胶粒表面脱开,重新粘连原所在胶粒表面，造成再稳定状态。

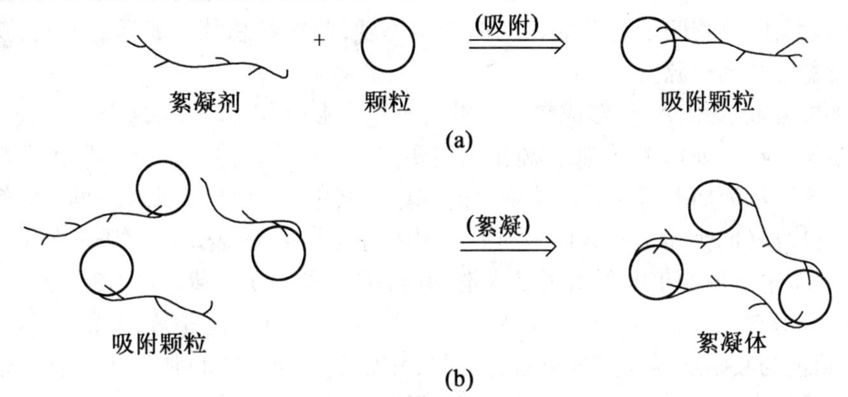

图 11.11　高分子絮凝剂对微粒的吸附桥联模式

4. 沉淀物网捕

当金属盐（如硫酸铝或氯化铁）或金属氧化物和氢氧化物（如石灰）作凝聚剂时，当投加量足以迅速沉淀金属氢氧化物（如 $Al(OH)_3$、$Fe(OH)_3$、$Mg(OH)_2$）或金属碳酸盐（如 $CaCO_3$）时，水中的胶粒可被这些沉淀物在形成时所网捕。当沉淀物是带正电荷（$Al(OH)_3$ 及 $Fe(OH)_3$ 在中性和酸性 pH 值范围内）时，沉淀速度可因溶液中存在阴离子而加快，凝聚剂最佳投加量与被除去物质的浓度成反比，即胶粒越多，金属凝聚剂投加量越少。

胶体的稳定性可从两个颗粒相碰时互相间的作用力来分析。按照库仑定律，两个带同样电荷的颗粒之间有静电斥力，它与颗粒间距离的平方成反比，相互越接近，斥力越大。两个颗粒表面分子间还存在范德华力的吸引力，其大小与分子间距离的六次方成反比。这两种力的合力决定胶体微粒是否稳定。

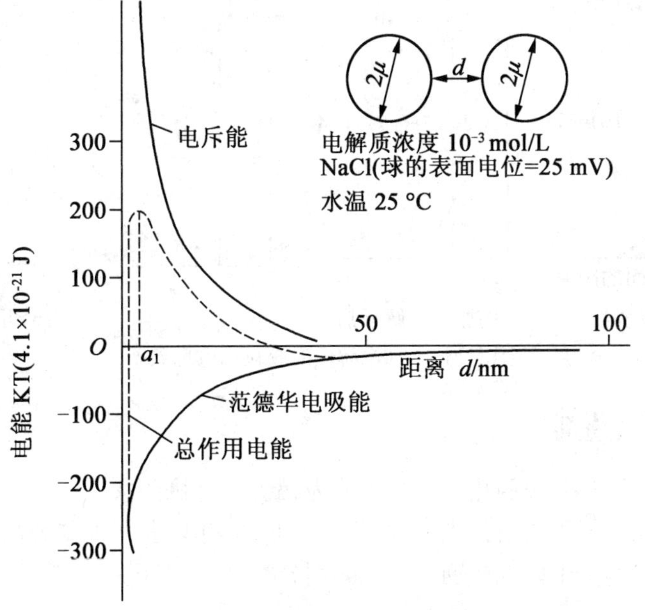

图 11.12　颗粒间的作用能量与距离的关系

图 11.12 所示为合力与颗粒间距离的关系。从图 11.12 可以看出，当两个胶体颗粒表

面的距离 d 约大于3 毫微米时,两个颗粒总是处于相斥状态。对憎水胶体颗粒来说,相碰时它们的胶体表面间隔着两个滑动面内的离子层厚度,使颗粒总处于相斥的状态,这就是憎水胶体保持稳定性的根源。

胶体颗粒互相吸附聚合,形成较大颗粒直至重力起作用后下沉,这个形成较大颗粒的过程称为凝聚。在水处理中,使胶体凝聚的主要方法是向胶体体系中投加电解质。

图 11.13 所示为加电解质后放粒带电的现象。其中 11.13(a)所示为投入电解质前胶团的情况。11.13(b)所示为投入电解质后胶团的情况,其中⊕表示电解质离子中的正电号离子,由于一些电解质的正电号离子挤入滑动面,扩散层厚度变薄。11.13(c)所示为增加电解质浓度至滑动面内正电单位恰好与胶核表面所带负电单位相等,此时扩散层厚度最小,滑动面可能与吸附层界面完全重合,胶团尺寸最小。11.13(d)所示为如在出现等电状态后再进一步提高电解质浓度,使过多的正离子进入滑动面,出现再带电现象,此时电泳的方向将改变,胶粒向阳极移动。

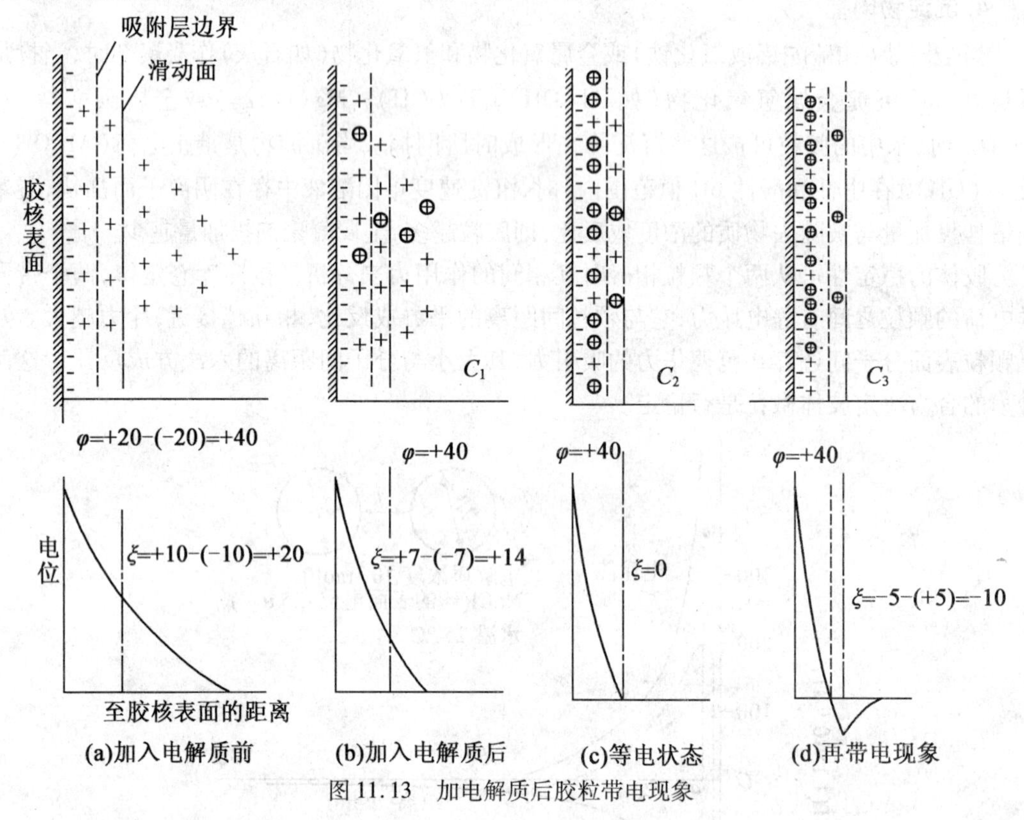

图 11.13 加电解质后胶粒带电现象

11.2.3 混凝药剂

混凝药剂的种类很多,按照化学成分可分为无机和有机两大类。根据它们相对分子质量的高低、官能团及官能团离解后所带电荷的性质,又将其进一步分为高分子、低分子、阳离子型、阴离子型和非离子型混凝剂等。混凝剂分类见表 11.6。

表 11.6　混凝剂的分类

分类			混凝剂
无机类	低分子	无机盐类	硫酸铝、硫酸铁、硫酸亚铁
		碱类	碳酸钠、氢氧化钠、氧化钙
		金属电解产物	氢氧化铝、氢氧化铁
	高分子	阳离子型	聚合氯化铝、聚合硫酸铝
		阴离子型	活性硅酸
有机类	表面活性剂	阴离子型	月桂酸钠、硬脂酸钠、油酸钠
		阳离子型	十二烷胺醋酸、松香胺醋酸
	低聚合度高分子	阴离子型	羧甲基纤维素钠盐
		阳离子型	聚乙烯亚胺、水溶性苯胺树脂盐酸
		非离子型	淀粉、水溶性脲醛树脂
		两性型	动物胶、蛋白质
	高聚合度高分子	阴离子型	聚丙酸钠、水解聚丙酰胺
		阳离子型	聚乙烯吡啶盐、乙烯吡啶共聚物
		非离子型	聚丙烯酰胺、氯化聚乙烯

近年来,高分子混凝剂有很大发展,一般聚合物相对分子质量都很高,絮凝能力很强。如聚丙烯胺等,具有投量小、絮凝体沉淀速度大等优点,目前应用较普遍。

当单用某种絮凝剂不能取得良好效果时,还需投加助凝剂。助凝剂是指与混凝剂一起使用,以促进水的混凝过程的辅助药剂。助凝剂可用于调节或改善混凝条件,也用于改善絮凝体的结构。某些天然的高分子物质,如淀粉、纤维素、蛋白质以及胶合藻类等,本身就具有絮凝或助凝的作用。助凝剂按功能可分为以下 3 种。

(1)pH 值调整剂

在污水 pH 值不符合工艺要求,或在加混凝剂后 pH 值有较大变化时,需投加 pH 调整剂。常用的 pH 值调整剂有 H_2SO_4、CO_2 和 $Ca(OH)_2$、$NaOH$、Na_2CO_3 等。

(2)絮凝结构改良剂

絮凝结构改良剂的作用是增大絮体的粒径、密度和机械强度,这类物质有水玻璃、活性硅酸和粉煤灰、黏土等。前两者主要作为骨架物质来强化低温和低碱度下的絮凝作用;后两者则作为絮体形成核心来增大絮体密度,改善其沉降性能和污泥的脱水性能。

(3)氧化剂

当原水中的有机物含量较高时,容易形成泡沫,不仅能使感官性状恶化,还能使絮凝体不易沉降。

11.2.4　混凝处理流程

1. 混凝剂的配制与投配

在混凝剂配制过程中,由于劳动强度较大,工作条件较差,因此在设计中必须考虑工人运转操作的方便,并保持一个良好的工作环境。混凝剂的投配分为干投法与湿投法,我国大都用湿投法。如果混凝剂是块状或粒状,则需先溶解,配成一定浓度后再投入水中,因此需要一套溶药、配药及投药设备。药剂的溶解、配液、投加过程如图 11.14 所示。

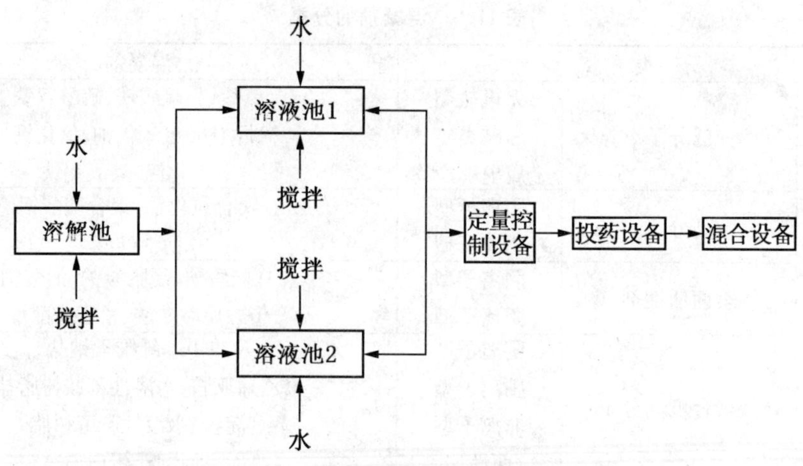

图 11.14　药剂的溶解、配液、投加过程

药剂的溶解应视用药量大小、药剂的性质,可采用水力、机械或压缩空气等搅拌方式。一般药量小时采用水力搅拌,药量大时采用机械搅拌。溶液池应采用两个,交替使用,池子的出液管宜高出池底 100 mm,保证药剂中的杂质不被带出。溶药池、溶液池、搅拌设备、泵及管道都应考虑防腐。

2. 混合设备

混合的作用在于迅速、均匀地将药剂扩散到水中。药液进一步溶解和它所产生的胶体与水中的胶体、悬浮物等接触后,就形成了微小的矾花。这一过程要求水流产生激烈的湍流,当使用多种药剂时,可根据试验结果先后加入水中。当专设混合池时,其混合时间一般不得超过 2 min。

混合的动力有水力和机械搅拌两类,因此混合设备也分为两类。采用机械搅拌的混合设备有机械搅拌混合槽(图 11.15)、水泵混合槽等;利用水力混合的混合设备有管道式混合槽、穿孔板式混合槽(图 11.16)、涡流式混合槽(图 11.17)等。

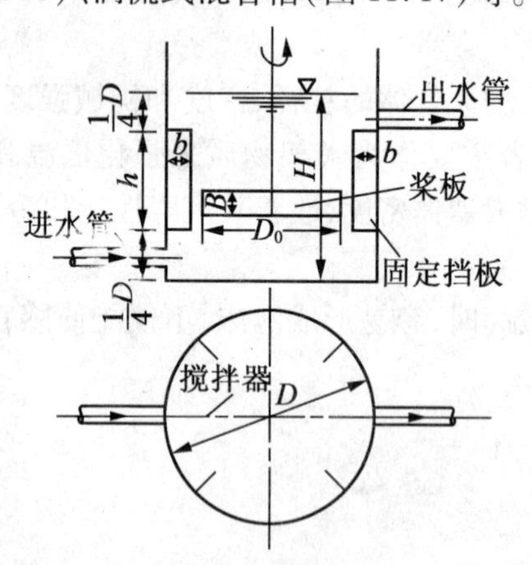

图 11.15　机械搅拌混合槽

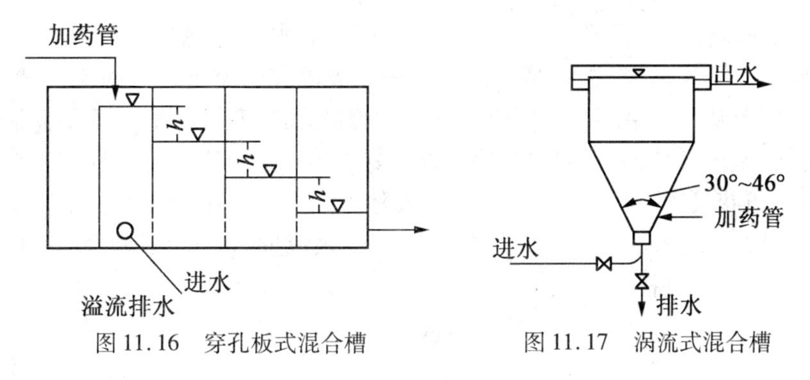

图 11.16　穿孔板式混合槽　　图 11.17　涡流式混合槽

3. 絮凝反应设备

在混合作用完成后，水中胶体等微小颗粒已经有初步凝聚现象，产生了细小的矾花，其尺寸可达 5 μm 以上，虽比水分子大得多，不再产生布朗运动，但还没有达到完全靠重力能下沉的尺寸（如 0.6～1.0 mm）。絮凝反应设备的任务就是使细小矾花逐渐絮凝成较大颗粒而便于沉淀。图 11.18 为局部矾花结构示意图，图中以短线（有的接近小点）表示混凝剂所产生的胶体。从图 11.18 中可看出各种颗粒大小的相对关系，但不包括高分子助凝剂所产生的胶体。

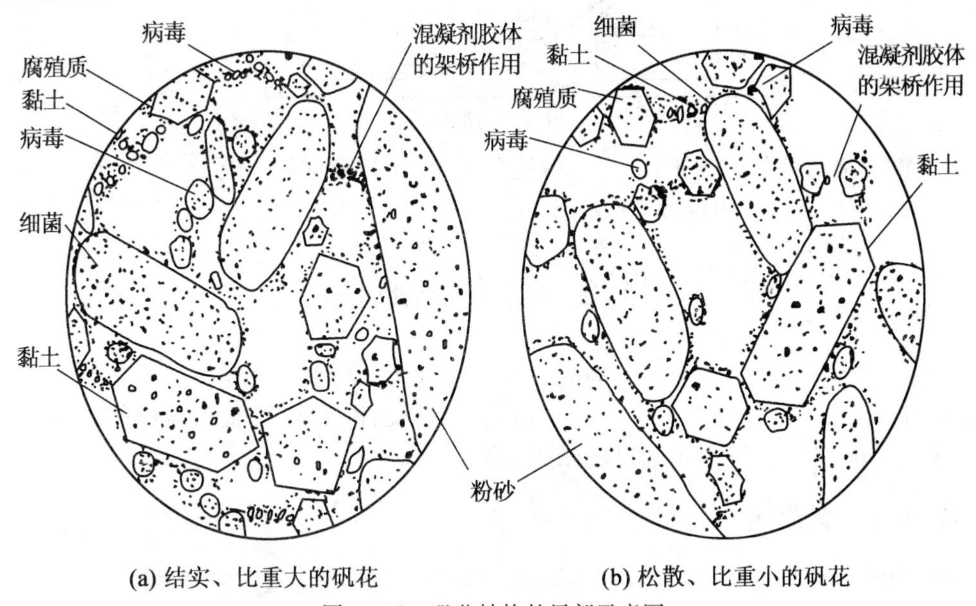

(a) 结实、比重大的矾花　　(b) 松散、比重小的矾花

图 11.18　矾花结构的局部示意图

当原水通过时，利用接触凝聚的原理，通过澄清池吸附进水中的矾花。这是澄清池去除悬浮物的操作特点，常用于给水处理。为保持悬浮层稳定，必须控制悬浮层内矾花的总容积不变。由于原水不断进入，不断往池中投入新的悬浮物，如果悬浮层内超过一定浓度，悬浮层将逐渐膨胀，最后使出水水质恶化。因此，在生产运行中要通过控制接触凝聚区的浓度来维持正常操作，为使沉泥搅动起来，形成均匀混合状态的悬浮层，可以利用机械搅拌提升，也可利用水力搅拌提升。澄清池的类型有很多种，在这介绍水力循环澄清池。

图 11.19 为水力循环澄清池的断面图。原水加混凝剂混合后，由池子底部中心进入池内，经喷嘴喷出山来。喷嘴的上面为混合室、喉管和第一反应室。喷嘴和混合室组成一个

射流器，喷嘴高速水流把池子锥形底部含有大量矾花的水吸进混合室内和进水掺和后，经第一反应室喇叭口溢流出来，进入第二反应室中。吸进去的流量称为回流，一般为进口流量的2～4倍，因此从混合室到第二反应室的实际流量为进口流量的3～5倍。混凝药剂可以直接加在混合室内，但效果不如加在池子外面好。第一反应室和第二反应室构成了一个悬浮层区，其中矾花发挥了接触凝聚的作用，去除进水中的细小悬浮物。第二反应室出水进入分离室，相当于进水量的清水向上流向出口，剩余流量则向下流动，经喷嘴吸入与进水混合，再重复上述水流过程。

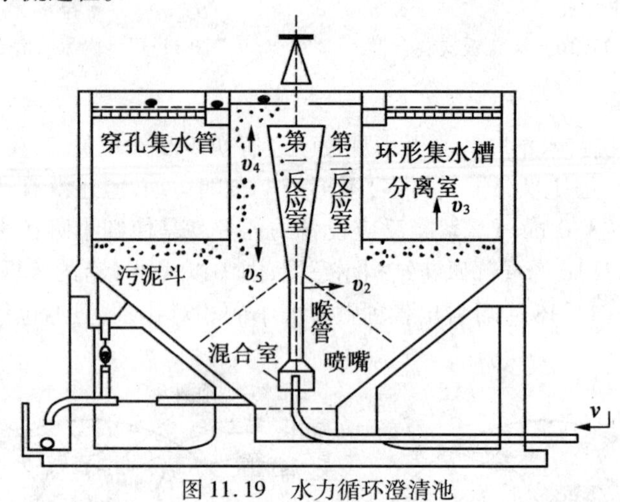

图 11.19　水力循环澄清池

水力循环澄清池的优点是：无需机械搅拌设备，运行管理较方便；锥底角度大，排泥效果好。其缺点是：反应时间较短，造成运行上不够稳定，不能适用于大水量等。

11.3　氧化还原法

氧化还原法是去除污水中污染物的一种有效方法。污水中的有机污染物以及还原性无机离子（如CN^-、S^{2-}、Fe^{2+}、Mn^{2+}）都可以通过氧化法得到去除，而污水中的许多金属离子（如汞、铜、镉、银、金等）则可通过还原法去除。

11.3.1　氧化法

水中溶解性物质（包括无机物和有机物），可以通过化学反应过程将其氧化或还原转化成无害的新物质，或者转化成容易从水中分离排除的形态（气体或固体），从而达到处理的目的。

1. 氧化剂的选择

(1)氧化剂的选取

在水处理实践中，按下列因素来选择适宜的氧化剂。

①对水中特定的杂质有良好的氧化作用

②反应后的生成物应无害，不需二次处理。

③廉价、货广。

④常温下反应迅速、不需加热。

⑤反应时所需 pH 值不太高。

(2)水处理中常用的氧化剂

水处理中常用的氧化剂如下：

①在接受电子后还原成带负电荷离子的中性原子，如气态的 O_2、Cl_2、O_3 等。

②带正电荷的离子，接受离子后还原成负电荷离子，例如漂白粉，在碱性介质中，漂白粉的 OCl^- 中的 Cl 原子接受电子后还原成 Cl^-。

③带正电荷的离子，接受电子后还原成带低正电荷的离子，如 MnO_4^- 中的 Mn^{7+}，接受电子后还原成 Mn^{2+}。

2.化学氧化法

(1)空气氧化法

空气氧化法是利用空气中的氧作氧化剂来分解废水中有毒有害物质的一种方法。

在高温、高压、催化剂、γ 射线辐射下可断开氧分子中的 O—O 键，使氧化反应速度大大加快。"湿式氧化法"处理含大量有机物的污泥和高质量分数有机废水，就是利用高温、高压强化空气氧化过程的。

空气氧化法主要用于含硫废水的处理，其空气氧化脱硫工艺可在各种密封塔中进行。图 11.20 为某炼油厂废水的空气氧化法脱硫处理流程。含硫废水和蒸汽及空气通过射流混合器后，进入氧化塔脱硫。塔分为 4 段，段高 3 m。每段进口处有喷嘴，使废水、汽、气和段内废水充分混合一次，促进塔内反应加速进行。

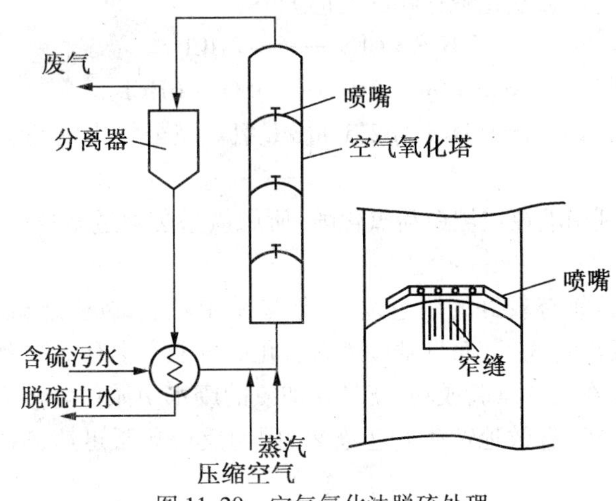

图 11.20　空气氧化法脱硫处理

向废水中注入空气和蒸汽(加热)，硫化物转化为无毒的硫代硫酸盐或硫酸盐，反应式如下：

$$2S^{2-} + 2O_2 + H_2O \longrightarrow S_2O_3^{2-} + 2OH^-$$

$$2HS^- + 2O_2 \longrightarrow S_2O_3^{2-} + H_2O$$

$$S_2O_3^{2-} + 2O_2 + 2OH^- \longrightarrow 2SO_4^{2-} + H_2O$$

(2)氯氧化法

①氯化药剂。氯氧化法广泛应用于废水处理，如医院污水处理、无机物与有机物氧化、废水脱色除臭杀藻等。在氧化过程中，pH 值的影响与在消毒过程中有所不同。氯氧化法处理常用的药剂有液氯、漂白粉、次氯酸钠、二氧化氯等。

表 11.7 为常用几种氯化药剂有效氯百分含量的比较。

表 11.7　纯的含氯化合物的有效氯

化学式	相对分子质量	氯当量/($molCl^2 \cdot mol^{-1}$)	含氯量/%(质量分数)	有效氯的质量分数%	化学式	相对分子质量	氯当量/($molCl^2 \cdot mol^{-1}$)	含氯量/%(质量分数)	有效氯的质量分数/%
Cl_2	71		100	100	$Ca(OCL)_2$	143	2	49.6	99.2
Cl_2O	87	2	81.7	163.4	NH_2Cl	51.5	1	69	138
ClO_2	67.5	2.5	52.5	262.5	$NHCl_2$	86	2	82.5	165
NaOCl	74.5	1	47.7	95.4	NCl_3	120.5	3	88.5	177
CaCl(OCl)	127	1	56	56	$NaClO_2$	90.5	2	39.2	156.8

②氯氧化法在废水处理中的应用。

a. 含氰废水氯化处理。氯化法处理含氰废水分两段进行。第一阶段的反应,必须在碱性条件(pH 值≥10)中进行,因此称为碱性氯化法。当采用 Cl_2 作氧化剂时,要不断加碱,以维持必要的碱度。第二阶段的氧化降解反应,通常将 pH 值控制在 7.5 ~9 为宜。采用过量氧化剂,将第二阶段的氧化降解反应进行到底,称为完全氧化法。当 pH 值在 8 ~8.5 时,则氰酸盐的氧化可在 1 h 内完成。

b. 硫化物的氯氧化。氯氧化硫化物的反应如下:

$$H_2S + Cl_2 \longrightarrow S + 2HCl$$

$$H_2S + 3Cl_2 + H_2O \longrightarrow SO_2 + 6HCl$$

部分氧化成硫时,每 1 mg/L H_2S 需 2.1 mg/L 氯。完全氧化成 SO_2 时,每 1 mg/L H_2S 需 6.3 mg/L 氯。

c. 酚的氯氧化。利用液氯或漂白粉氧化酚,所用氯量必须过量数倍,否则将生成氯粉,产生不良气味。

d. 印染废水脱色。氯有较好的脱色效果,如果采用液氯,沉渣还很少,但氯的用量大,余氯多,一般温度时反应时间长,而且某些燃料氯化后可能产生有毒的物质。

近年来,光氧化法在国外试验成功,就是在加氯的废水中照射紫外光,次氯酸分子吸收光时,从分子中放出电子,有效地产生初生态氧,因而反应非常迅速,氯的氧化作用可增强 10 倍以上。

(3)臭氧化法

用臭氧化法处理废水所使用的氧化剂是含低浓度臭氧的空气或氧气。臭氧是一种极不稳定、易分解的强氧化剂,需现场制造,工艺设施主要由臭氧发生器和气水接触设备组成。这种方法主要用于:水的消毒,去除水中酚、氰等污染物质;水的脱色;水中铁、锰等金属离子的去除;异味和臭味的去除等。其主要优点是反应迅速、流程简单、无二次污染,在环境保护和化工等方面广泛应用。

常见的臭氧化法在水处理中的应用有微污染源水深度处理,印染染料废水、含酚废水、农药生产废水、造纸废水、表面活性剂废水、石油化工废水等的处理。

①微污染源水深度处理。经净水厂处理的微污染源水,水中有机物经氯化后会形成氯仿($CHCl_3$)等含氧有机物。常规水处理工艺不能去除有机磷农药和含氮有机物,采用生物

活性炭(BAC)工艺就可达到深度处理的目的。

②印染染料废水处理。印染染料废水含有高浓度的人工合成有机高分子染料,采用一般的物理化学或生物方法很难满足处理要求,而采用臭氧化法可取得良好的处理效果。一般来说,臭氧对直接染料、酸性染料、碱性染料、活性染料等亲水性染料的脱色速度较快,效果较好。

③含酚废水处理。炼焦制气工厂、煤气发生站、石油化工工厂等均排放含酚废水。由于废水中杂质很多,采用萃取结晶酚钠盐的方法通常很不经济,而生物方法仅适用于低浓度的含酚废水。张晖等曾用臭氧/紫外光(O_3/UV)法降解水中硝基苯酚,去除 TOC 效果超过臭氧单独处理。

④农药生产废水处理。臭氧可以有效去除废水中多种有机农药,如有机氯农药、有机磷农药、有机氮农药、苯氯酸衍生物等。臭氧化与活性污泥法联合使用处理含 4 种农药的有机废水,可将其中的阿特拉津、氨基吡啶和米吐尔分别去除 96%、99%、98%。Legrini 采用 O_3/UV 处理废水,经60 min后,COD 去除 99% 以上,比单独使用臭氧更能有效去除废水中的有机农药污染物。

例如,某化工厂进行重油裂解废水臭氧化处理,其流程如图 11.21 所示。这种废水的 pH 值为 10.5,含酚类4 ~5 mg/L,氰化物 4 ~6 mg/L,硫化物 4 ~5 mg/L,油分 15 ~30 mg/L,COD 400 ~500 mg/L。废水的 pH 值保持 11 左右,温度保持 45 ℃左右,接触时间在 12 min 以上,臭氧投加量280 t/tH_2O。

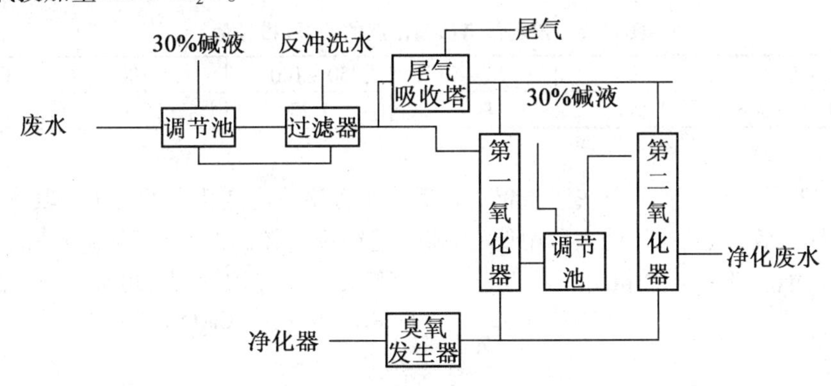

图 11.21　重油裂解废水的臭氧化处理流程

处理结果是:废水含酚量可降至 0.005 mg/L,氰化物 0.1 ~0.2 mg/L,油类 2 ~3 mg/L,硫化物 0.3 ~0.4 mg/L,COD 90 ~120 mg/L。此法对降低 COD 的能力较差,很不经济,应结合采用其他方法(如过滤、生化等方法)联合处理。

11.3.2　还原法

还原法可用于处理一些特殊的废水,如含重金属离子铬、汞、铜等的废水,也用于一些特殊的纯化,例如,可用硫代硫酸钠将游离氯还原成氯化物,用初生态氢或铁屑还原硝基化合物。

1. 常用还原剂

水处理常用的还原剂有:

①某些电极电势较低的金属,如铁屑、锌粉等,用铁屑从废水中还原铜或汞。

②某些带负电荷的离子,如硼氢化钠中的 B^{5+} 等。例如,用硼氢化钠从含汞废水中回收

金属汞。

③某些金属正离子，如硫酸亚铁、氯化亚铁中的 Fe^{2+} 等，Fe^{2+} 可失去电子变成 Fe^{3+}。硫酸亚铁实际上已用于含铬废水的处理。

④电解时的阴极可使某些阳离子得到电子而被还原。

2. 药剂还原法

在废水处理中采用化学还原法处理的主要污染物有 Cr^{6+}、Hg^{2+} 等重金属。

(1)还原法除铬

向含铬废水中投加硫酸亚铁还原剂，使 Cr^{6+} 还原成 Cr^{3+}。然后再用碱中和，把 pH 值调至7.5～8.5，生成氢氧化铬和氢氧化铁沉淀，其反应式如下：

$$6FeSO_4 + H_2Cr_2O_7 + 6H_2SO_4 = Fe_2(SO_4)_3 + Cr_2(SO_4)_3 + 7H_2O$$

$$Fe_2(SO_4)_3 + Cr_2(SO_4)_3 + 12NaOH = 2Cr(OH)_3\downarrow + 2Fe(OH)_3\downarrow + 6Na_2SO_4$$

含铬废水排入集水池，用泵提升到还原槽与硫酸亚铁溶液反应之后，再溢流到中和槽，投加碱液调节 pH 值至7.5～8.5。为加快凝聚速度，加入适量的0.01%聚丙烯酰胺溶液，生成大颗粒沉淀物进入斜管沉淀池进行沉淀分离，沉淀出的杂质由排泥口流到离心式污泥脱水机集中处理。

投药量与浓度的关系见表11.8。

表11.8　投药量与质量浓度的关系(推荐值)

$Cr^{6+}/(mg \cdot L^{-1})$	<20	20～50	50～100	>100	理论值
$Cr^{6+}:FeSO_4 \cdot 7H_2O$	1:50	1:30	1:25	1:16	1:16

图11.22为硫酸亚铁－石灰法流程。它适用于含铬浓度变化大的废水。其优点是药剂来源容易，处理效果比较好，处理费用低，当硫酸亚铁投量较高时，可不加硫酸，因硫酸亚铁水解呈酸性，能降低溶液的 pH 值；缺点是占地面积大，产生污泥量大，出水色度较高。

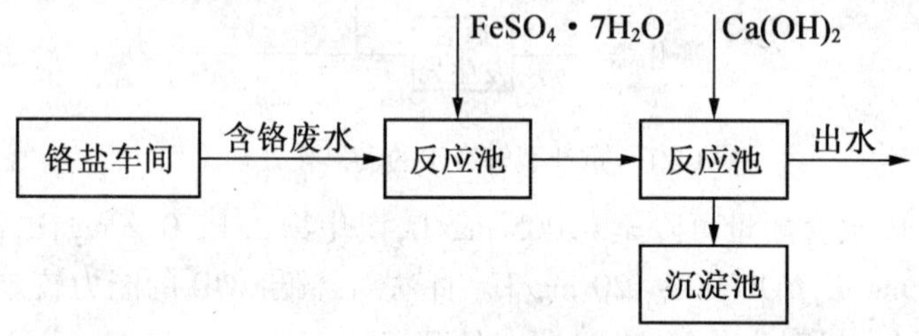

图11.22　硫酸亚铁－石灰法流程

当采用药剂还原法去除 Cr^{6+} 时，还原剂和碱性药剂的选择要因地制宜。一般多采用硫酸亚铁和石灰，因其来源较广。水量小时也有采用亚硫酸氢钠和氢氧化钠。如果厂区有二氧化硫及硫化氢废气时，也可采用尾气还原法。这种方法的优点是费用低、设备简单、沉渣量少(无氢氧化铁沉淀)，沉渣中主要含氢氧化铬，煅烧后可回收三氧化二铬。其缺点是腐蚀性强，硫化氢泄漏时污染环境。

(2)还原法除汞

氯碱、炸药、制药、仪表等工业废水中常含有剧毒的 Hg^{2+}，处理方法是将 Hg^{2+} 还原为 Hg 加以分离和回收。常用的还原剂为比汞活泼的金属(如铁屑、锌粒、铝粉、铜屑等)、硼氢化钠、醛类、联氨胺等。废水中的有机汞通常先用氧化剂(如氯等)将其破坏,使之转化为无机汞后,再用金属置换。

金属还原除汞时,将含汞废水通过金属滤床,或与金属粉混合反应,置换出金属汞。金属置换反应速度与接触面积、温度、pH 值等因素有关。通常将金属碎成 2~4 mm 的碎屑,并去除表面的污物。油污可用汽油浸泡除去,锈蚀层可用酸洗。反应温度提高,能加速反应的进行,但温度太高,会有汞蒸气逸出。

①采用铁屑过滤时,pH 值一般介于 6~9,耗铁量最省;当 pH<6 时,则铁因溶解而耗量增大;pH 值低于 5 时,有氢析出,吸附于铁屑表面,减小了金属的有效表面积,并且汞离子和氢离子竞争也变得严重,阻碍除汞反应的进行。

②采用锌粒还原时,pH 值最好介于 9~11。虽然锌容易从较弱的碱性溶液中游离出汞,但在较低的 pH 值下,损失量显著增大。反应时金属锌的表面游离出汞而产生锌汞齐,汞的回收是将锌汞齐干馏。

③用铜屑还原时,pH 值为 1~10。此方法用于含酸浓度较大的工艺过程中。采用铜屑过滤法除汞,接触时间不低于 40 min,含汞量可降至 10 mg/L 以下,除汞率达98.5%。

④硼氢化钠还原法。硼氢化钠是一种强还原剂,可在比较低的温度下和在不太严格的 pH 值下,使汞离子还原为金属汞。图 11.23 是美国文特隆公司采用的硼氢化钠法还原汞流程示意图。

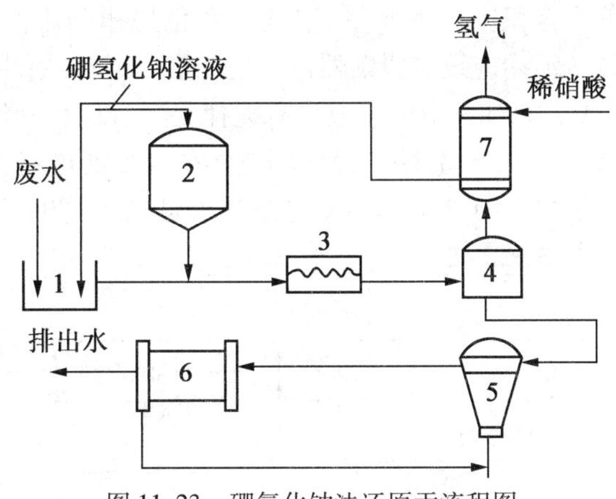

图 11.23　硼氢化钠法还原汞流程图

1—废水池;2—计量槽;3—混合器;4—气水分离器;5—旋液分离器;6—净化过滤器;7—洗涤器

即在含汞废水中加入质量浓度为 12% 的非金属还原剂硼酸钠,再投入碱(污水 pH 值为 9~11)混合,生成汞粒(直径约为 10 μm),用水力旋流器分离回收。残留在溢流中的汞,经水气分离后用孔径 5 μm 的滤器截留。排气中的汞蒸气用稀硝酸洗涤,返回原废水池后再次回收处理。据报道,每千克硼氢化钠可回收废水中残汞量低于 0.01 mg/L。

3. 电解还原法

(1)基本原理

电解是利用直流电进行溶液氧化还原反应的过程。废水中的污染物在阳极被氧化,在阴极被还原,或者与电极反应产物作用,转化为无害成分被分离除去。电解时析出的物质量与通过的电量成正比,可按法拉第电解定律计算,即

$$G=\frac{E}{F}It \tag{11.4}$$

式中，G 为析出物质的质量，g；E 为析出物质的摩尔质量，g/mol；F 为法拉第常数，96 485 $C\cdot mol^{-1}$；I 为电流强度，A；t 为电解时间，s。

利用电解可以处理各种离子状态的污染物，如 CN^-、AsO^{2-}、Cr^{6+}、Cd^{2+}、Pb^{2+}、Hg^{2+} 等；各种无机和有机的耗氧物质，如硫化物、氨、酚、油和有色物质等；致病微生物。

(2)电解还原法处理含铬废水

铬通常以 $Cr_2O_7^{2-}$ 和 CrO_4^{2-} 的形态存在于水中，电解还原法处理含铬废水时，以铁为阴极及阳极。在直流电作用下，它们向阳极迁移，被铁阳极溶蚀产物 Fe^{2+} 离子所还原。另外，阴极还直接还原一部分 Cr^{6+}。

为了保护阳极的正常工作，应尽量减少阳极的钝化，一般可采用电解槽的阴、阳极定期倒换，以保持阳极常在活化状态下工作；也可投加适量的食盐(1 ~1.5 g/L)，以增加溶液的导电性；同时，氯离子能减弱阳极的钝化，降低其超电极，促进铁阳极的溶蚀。废水的 pH 值较低，有利于铁阳极的溶蚀，若碱性较大，将促使铁阳极钝化，发生 OH^- 放电而析出氧气的副反应。实践证明：当废水中 Cr^{6+} 的质量浓度为 25 ~150 mg/L 时，如果进水 pH 值为 3.5 ~6.5，则不需调节 pH 值，电解除铬效果好，耗电省。

电解除铬的工艺有间歇式和连续式两种。一般多采用连续式，其处理工艺如图 11.24 所示。此流程中调节池的容积应根据水量、浓度的变化规律确定。无资料时可按 1.5 ~2.0 h平均流量设计。调节池内应设有投配器以恒定流量，一般采用浮子式定量投配器。沉淀池中沉淀时间可用 1.5 ~2.0 h。电解槽应设有搅拌装置，目前一般采用通入压缩空气进行搅拌，因空气中的氧要消耗一部分 Fe^{2+}，所以，空气注入量要严格控制。搅拌 1 m^3 废水所需的压缩空气量一般为 0.2 ~0.3 m^3/min。空气压力可采用 100 ~200 kPa。

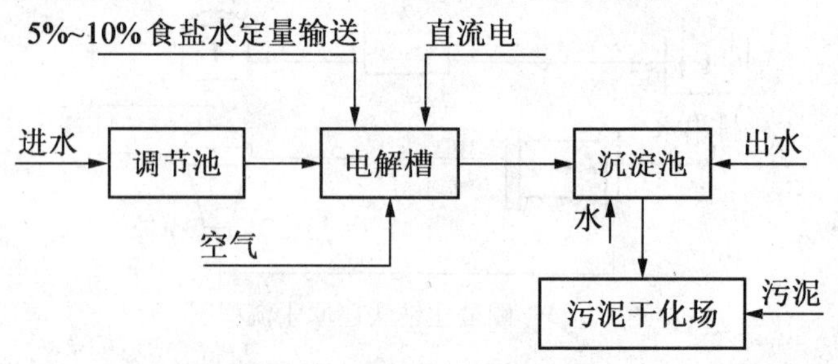

图 11.24　电解法除铬工艺流程

(3)电沉积法去除金属离子

①含银废水。对于含银废水，如果以不锈钢为阴极，石墨为阳极，则在阴极可获得纯度较高的银。此操作简单，银的损失少，得到的银纯度高。

②含铜废水。电解槽铜的质量浓度可低于 1 mg/L。根据试验资料，电流密度采用 0.4 ~1.6 A/m^2，每回收 1 kg 铜的电能消耗约为 4.5 kW · h。又根据试验，铜的质量浓度为 3 360 mg/L 的废水，电流密度采用 3 A/m^2，槽电压 10 V，经 10 min 电解，水中铜的质量浓度可降至 10 mg/L 以下。

废水中的许多其他金属重离子，如 Au^{3+}、Ni^{4+}、Cd^{2+}、Hg^{2+}、Sn^{2+} 等，都可用电沉积法去除与回收。

11.4 消　毒

11.4.1 概述

城市污水经一级或二级处理(包括活性污泥法和生物膜法)后,水质得到改善,细菌含量也大幅度减小,但细菌的绝对量仍很大,有病源菌存在的可能。因此,污水排入水体前应进行消毒,即通过消毒剂或其他消毒手段杀灭水中致病微生物。

人体内病原菌主要有 3 类:细菌、病毒和阿米巴包囊,有目的的消毒必须能够杀灭以上 3 类病原菌。水中致病微生物大多黏附于悬浮颗粒上,因此,在进行混凝、沉淀、过滤等处理时,同时也去除了相当部分(可达 90%)的致病微生物。另外,其他处理过程中所加入的化学药剂,如苛性碱、酸、氯、臭氧等,也同时对致病微生物有杀灭作用。因此,对废水消毒,必须结合整个处理过程,确定其必要性、适应性和处理程度。

在实际应用中,水的消毒剂必须具有以下特征:

①必须能够消灭一定温度范围下、在水中存在相当时间的所有种类和数目的病原微生物。

②必须能够适应待处理水或废水的成分、浓度和其他情况的可能波动。

③必须对人和动物无害,在所需浓度范围内无其他(如味觉上)不好的感觉。

④必须成本低廉,安全,容易储存、运送、处理和适应。

⑤消毒剂在处理水中的强度或浓度必须能容易地、迅速地和(最好能)自动地测量。

⑥能在水中保持一定的浓度,以提供足够强的杀菌力,防止水在使用前被再次污染。残余杀菌力消失表示水可能受到二次污染。

水的消毒方法很多,水处理中常用的方法有氯消毒、臭氧消毒和紫外线消毒。表 11.9 是消毒剂的分类及使用条件。

表 11.9　消毒剂的分类及使用条件

消毒剂	优　点	缺　点	适用条件
液氯	效果可靠,投配设备简单,投量准确,价格便宜	氯化形成的余氯及某些含氯化合物低浓度时对水生生物有毒害,当工业污水的比例大时,氯化物可能生成致癌化合物	适用于大、中规模的污水处理厂
漂白粉	投配设备简单,价格便宜	除同液氯缺点外,还有投量不准确,溶解调制不便,劳动强度大等	适用于消毒要求不高或间断投加的小型污水处理厂
臭氧	消毒效率高,并能有效地降解污水中的残留有机物、色、味等,污水的 pH 值、温度对消毒效果影响很小,不产生难处理的或生物积累性残余物	投资大,成本高,设备管理复杂	适用于出水水质较好,排入水体卫生条件要求高的污水处理厂

续表 11.9

消毒剂	优 点	缺 点	适用条件
次氯酸钠	用海水或一定浓度的盐水，由处理厂就地电解产生消毒剂	需要有专用次氯酸钠电解设备和投加设备	适用于边远地区，购液氯等消毒剂困难的小型污水处理厂
氯片	设备简单，管理方便，只需要定时清理消毒器内残渣及补充氯片，基建费用低	要用特制氯片及专用消毒器，消毒水量小	适用于医院、生物制品厂等小型污水处理厂
紫外线	紫外线照射与氯化共同作用的物理化学方法，消毒效率高，运行安全	投资较大，运行费用相对较高	适用于小、中、大规模污水处理厂
氯胺	消毒效率高，不易生成有害化合物	需要有专用氯胺投配设备	适用于中、小型污水处理厂

由于液氯具有价格低廉、消毒效果良好和使用较方便等优点，所以它是当前水厂中普遍采用的消毒药剂。

11.4.2 消毒动力学原理

投加化学药剂（消毒剂）对水进行消毒的过程包括：①消毒剂到达微生物表面；②渗入细胞壁；③与特定的酶发生反应，中断细胞的代谢过程。

在理想的条件下，当具有单一敏感位点的微生物暴露于单一的消毒剂中时，其死亡速率遵循 Chick 定律，即在单位时间内被消灭的微生物数目与其残余的数目成正比，即

$$-\frac{dN}{dt}=kN \tag{11.5}$$

式中，N 为经时间 t 后存活的微生物量；t 为消毒时间；k 为杀灭速率常数，它与温度、pH 值、消毒剂种类及浓度、微生物种类等因素有关，在水温为 0 ~6 ℃时，用氯作消毒剂，k 值为 0.24 ~6.3。

在实际情况中，杀菌率可能偏离 Chick 定律。由于消毒剂进入生物细胞中心引起时间延迟，而可能使杀菌率增加。

消毒过程十分复杂，可能是一系列的连续发生的物理、化学、生物反应，其反应机理还不十分清楚，因此很难根据某种反应机理建立消毒的动力学公式。为了研究方便，可在理想条件下，根据实验数据归纳出个别因素与消毒效率的函数关系。所谓理想条件是指：

①单一种属的微生物对一定的消毒剂具有同样的敏感性。

②菌体细胞和消毒剂均匀地分散于水中。

③水中不存在干扰物质。

④影响消毒速率的其他因素在过程中保持不变。

11.4.3 氯消毒

氯消毒涉及一系列复杂反应，并且受到与氯反应物质（包括氮）的种类、反应程度、温度、pH 值、试验生物活性以及各种其他因素的影响。这些因素使氯对细菌及其他微生物的

作用变得复杂化。多年来,消毒的理论已取得一定进展。早期的一种理论认为,氯直接与水反应产生初生氧;另一种理论认为,氯可以将微生物完全氧化分解。

一般情况下,假设消毒剂的杀菌作用遵循 *CT* 理论,即溶液中的消毒剂浓度(*C*)与杀菌时间(*T*)的乘积为一常数。在 SWTR 中,*CT* 理论广泛用于胞囊与病毒消毒的标准。*CT* 是一种定义生物失活性能的经验公式,即

$$CT=0.9847C^{0.1758}\mathrm{pH}^{2.7519}t^{-0.1467} \tag{11.6}$$

式中,*C* 为消毒剂浓度;*T* 为微生物与消毒剂的接触时间;$\mathrm{pH}=-\lg[\mathrm{H}^+]$;*t* 为温度,℃。

上式表示当游离氯浓度、pH 值、水温已知时,游离氯使梨形虫胞囊减少 99.9% 时,所需要的浓度和时间的组合(*CT*)。

1. 水中加氯反应

加氯消毒可使用液氯,也可使用漂白粉。在不含氨的水中加入氯气后,即产生下列反应:

$$Cl_2+H_2O=\!=\!=ClO^-+H^++Cl^-$$

上述反应的程度取决于 pH 值,且在几毫秒内即可以基本完成。在稀溶液和 pH 值大于 1.0 的情况下,反应向右移动,溶液中只存在少量的 Cl_2。次氯酸是一种弱酸,在 pH 值小于 6.0 时,难于离解,然而,当 pH 值为 6.00 ~ 8.5 时, HClO 很快地完全离解,其反应式如下:

$$HClO=\!=\!=ClO^-+H^+ \tag{11.7}$$

HClO 为次氯酸,ClO^- 为次氯酸根,两者在水里所占的比例主要取决于水的 pH 值。根据次氯酸的电离常数式,$K_a=[H^+][ClO^-]/[HClO]$,可得 pH 值与 ClO^-、HClO 两者相对含量的关系式,即

$$\lg\frac{[ClO^-]}{[HClO]}=\lg K_a+\mathrm{pH} \tag{11.8}$$

图 11.25 是在 20 ℃和 0 ℃时,HClO、ClO^- 所占的质量分数与 pH 值和水温的关系。

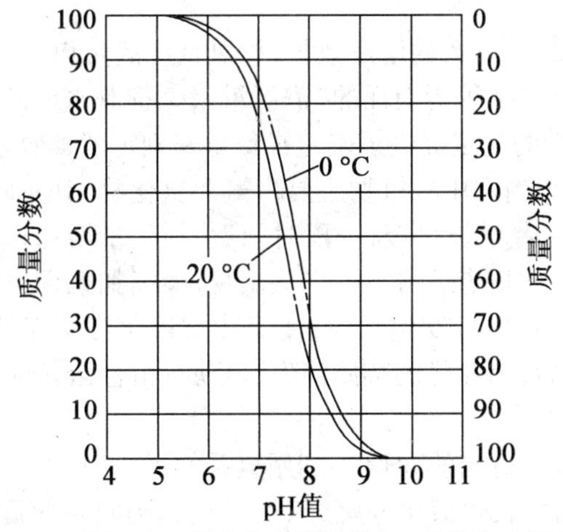

图 11.25　HClO、ClO^- 所占的质量分数与 pH 值和水温的关系

在 pH 值介于 4.0 ~ 6.0 时,氯消毒剂主要以 HClO 形式存在。当 pH 值低于 10 时,HClO 的含量会降低,转变成 Cl_2。在 20 ℃、pH 值大于 7.5 时或在 0 ℃、pH 值大于 7.8 时,次氯酸根离子(OCl^-)占优势。pH 值大于 9 时,几乎只存在次氯酸根离子。以 HClO 和

(或)ClO^-形式存在的氯称为游离有效氯。

同样,次氯酸盐溶于水中产生次氯酸根离子,其反应式为

$$NaClO \longrightarrow Na^+ + ClO^-$$

$$Ca(ClO)_2 \longrightarrow Ca^{2+} + 2ClO^-$$

次氯酸根离子与氢离子之间的平衡浓度关系同样取决于 pH 值。因此,不管是使用氯气还是次氯酸,在水中都会形成相同的活性氯,但最终 pH 值、HClO 和 ClO^- 的相对比例不同。氯气倾向于降低 pH 值,1 mg/ L 的氯可降低 $CaCO_3$ 碱度 1.4 mg/ L。为维持次氯酸盐的稳定性,其中加有多余的碱,因此会提高 pH 值。为获得最佳消毒效果,pH 值 维持在 6.5 ~7.5。

当水中有氨时,氨会与 HClO 反应,形成氯胺化合物。与 HClO 一样,氯胺化合物也保留了氯的氧化力。氯与氨的反应可表示为

$$NH_3 + HClO \longrightarrow NH_2Cl + H_2O$$

$$NH_2Cl + HClO \longrightarrow NHCl_2 + H_2O$$

$$NHCl_2 + HClO \longrightarrow NCl_3 + H_2O$$

NH_2Cl、$NHCl_2$ 和 NCl_3 分别称为一氯胺、二氯胺和三氯胺(三氯化氮)。

3 种反应产物之间的比例由一氯胺和二氯胺的生成速率决定。该速率与 pH 值、温度、时间以及初始的 Cl_2 与 NH_3 浓度比值等有关。一般在高的 Cl_2 与 NH_3 浓度比、低温、低 pH 值下容易形成二氯胺。

氯也会与有机氮(如蛋白质、氨基酸等)反应形成有机氯胺化合物。氯与氨或有机氮化合物在水中结合形成的氯化合物称为结合有效氯。

各种氯化合物的氧化能力可用有效氯来表示,其含义为氯化物所含氯中可起氯化作用的比例,不过都是以 Cl_2 作为 100% 来进行比较的。漂白粉所含的有效氯为 25% ~35%。漂白粉加入水中后会产生 HClO,其消毒原理与氯气相同。

2. 氯的用量

氯消毒时,为获得可靠而持久的消毒效果,投氯量应满足以下条件:①杀灭细菌以达到设定的消毒指标及氧化有机物等所消耗的“需氯量”;②抑制水中残存致病菌的再度繁殖所需要的“余氯量”。余氯量的规定提供了确定投氯量和判定消毒效果的简易方法。

由图 11.26 可以看出,当水中有机物主要为氨和氮化物,其实际需氯量满足后,加氯量增加,余氯量增加,但是后者增长缓慢,一段时间后,加氯量增加,余氯量反而下降,此后加氯量增加,余氯量又上升,此折点后自由性余氯出现,继续加氯消毒效果最好,即折点加氯。其原因是:当余氯为化合性氯时,发生反应,使氯胺被氧化为不起消毒作用的化合物,余氯会逐渐减小,但一段时间后,消耗氯的杂质消失,出现自由性余氯时,随加氯量增加,余氯又会上升。

废水中的 NH_3-N 可在适当的pH 值,利用氯系的氧化剂(如 Cl_2、NaOCl)使之氧化成氯胺(NH_2Cl、$NHCl_2$、NCl_3)之后,再氧化分解成 N_2,从而达到脱除的目的。此处理方法一般通称为折点加氯法。

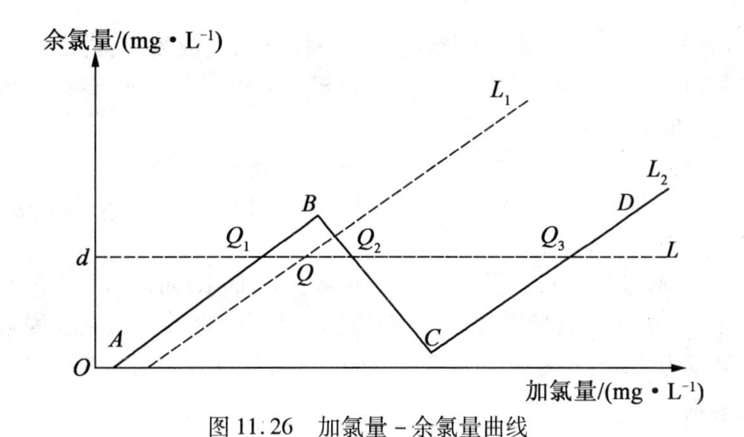

图 11.26　加氯量－余氯量曲线

在含氨水中投入氯的研究中发现,当投氯量达到氯与氨的摩尔比值为1:1 时,化合余氯即增加,当摩尔比达到1.5:1 时,(质量比为7.6:1),余氯下降到最低点,此即“折点”。在折点处,基本上全部氧化性的氯都被还原,全部氨都被氧化,进一步加氯就都产生自由余氯。

实践生产表明:当水中氨含量在0.3 mg/L 以下时,加氯量通常控制在折点后,水中氨含量高于0.5 mg/L,峰点 B 点以前的化合性余氯量已够消毒,加氯量可控制在峰点以前以节约氯量。水中氨量在0.3 ~0.5 mg/L 时,加氯量难以掌握,如果控制在峰点以前,往往由于化合性余氯较少,有时达不到要求,控制在折点后则浪费加氯量。

近年来,由于水质的污染日益严重,原水中总是或多或少含有一定的胺氮,因此在对自来水加氯消毒时,总是自觉或不自觉地使用了折点加氯法,因为多数情况下由于胺氮的含量太小,为达到余氯量的控制值,只能采用游离加氯,加氯点在加氯量－余氯量曲线 CD 段。此时采用目视法检测余氯量,游离氯快速的显色反应掩盖了化合氯较慢的显色反应,以至于检测者没有注意到化合氯存在。

当突降暴雨或进入冬季枯水季节时,水中的胺氮急剧增加,此时若继续加游离氯,加氯量会迅速增加,增加的幅度可能达到平时的一倍以上,这样在加氯量的激增的情况下,可能导致两种结果:①出厂水的游离氯达标,但总余氯量大大超标,管网末梢的余氯过高,用户会闻到刺鼻的氯气味;②已有的加氯机即使满负荷运行,也无法使水质达到预定的余氯指标。此时唯一的办法是改变加氯点,采用化合余氯消毒法,将加氯点控制在加氯量－余氯量曲线的 AB 段。在实际工作中,一般当源水胺氮的含量大于0.35 mg/L 或加氯量增加到平常的一倍或以上时,就可以考虑改变加氯点,采用化合余氯消毒法。

11.4.4　其他消毒法

1. 二氧化氯消毒

二氧化氯是一种很强的氧化剂, 通常用于初期消毒,杀灭细菌和胞囊,然后利用氯胺在配水管网系统消毒。二氧化氯不能在配水系统中维持长时间的余氯量,但二氧化氯不会与水中的前体物质形成三卤甲烷。

当二氧化氯与水反应时,会形成两种副产物,即亚氯酸盐和氯酸盐。这些副产物会影响人体健康,使用二氧化氯还会产生味与嗅的问题,而且相对成本高,基于这些因素而限制了二氧化氯的使用。然而,很多水处理设施中应用二氧化氯作为初期消毒剂已得到满意结果。

2. 臭氧消毒

臭氧是一种具有刺激味、不稳定的气体,由 3 个氧原子结合成 O_3 分子。由于其不稳定性,通常在使用地生产臭氧。臭氧发生器通常是一种放电电极装置,内部有两个电极板,电压高达 15 000 ~ 20 000 V。空气中的氧与放电电极上的电子撞击而解离,然后,原子氧再与空气中的氧结合形成臭氧,其反应式为

$$O + O_2 \longrightarrow O_3$$

从臭氧发生器出来的空气中含有 0.5% ~ 1.0% (体积分数)的臭氧, 这样的臭氧 - 空气混合物被注入水中进行消毒。

当臭氧用于消毒过滤水时,其投加量一般不大于 1 mg/L;如果用于去色和除臭味,则可增加至 4 ~ 5 mg/L。剩余臭氧量和接触时间是决定臭氧处理效果的主要因素。一般说来,如维持剩余臭氧量为 4 mg/L,接触时间为 15 min,可得到良好的消毒效果,包括灭活病毒。

3. 紫外线消毒

紫外(UV)线是波长在 0.2 ~ 0.39 μm 的电磁波,它可使皮肤被晒黑。利用紫外线进行消毒的方法是:将薄层的水暴露于汞蒸气弧光灯中, 该弧光灯产生波长为 0.2 ~ 0.29 μm 的紫外光线。紫外线在水中的穿透深度为 50 ~ 80 mm。为了覆盖更大的水域范围,需要使用更多的灯管。若要光线穿过水体到达水中的目标物从而影响杀菌的效果,就必须保证灯管不被黏膜或沉淀物所覆盖,且需要处理的水没有浊度。

紫外线有明显的杀菌作用;紫外设备占地小,基本是全电子远程控制的,无需值守,操作维护均很简单;安全性高,无二次污染;杀菌范围广范,几乎对所有病毒、细菌有效;效率高,停留时间约在 5 s 以内;无后续消毒作用。

4. 高级氧化工艺

高级氧化工艺采用几种消毒剂相结合,以产生羟基自由基(OH·)。羟基自由基是无选择性的强氧化剂,可以分解很多有机物质。最有用的高级氧化技术工艺采用的氧化剂是臭氧加双氧水。

11.4.5 工程实例

1. 工程概况

某电子五金厂是一家专门加工五金制品的公司,需新建污水处理设施,对生产排出的电镀废水进行治理,实现达标排放。该工程废水总量为 1 000 m^3/d(根据厂方要求,每天通行 20 h, 即 50 m^3/h),来源包括含氰废水(150 m^3/d)、含铬废水(150 m^3/d)、除油废水(250 m^3/d)、酸碱综合废水(450 m^3/d)。

该工程采用的化学处理工艺涉及前述的化学中和、化学混凝、氧化还原等。

2. 设计进出水水质

根据要求,生产废水经处理后需达到《广东省地方排放标准》(DB 4426—2001)中的一级排放标准。根据废水的监测资料,确定该工程设计进出水水质见表 11.10。

表 11.10　设计进出水水质

项　目	pH 值	COD	SS	Cu^{2+}	Ni^{2+}	Cr^{6+}	CN^-
综合水质范围	3 ~ 5	80 ~ 500	150 ~ 450	80 ~ 100	10 ~ 50	50 ~ 80	50 ~ 150
选取进水水质	3	40	400	100	30	80	100
设计出水水质	6 ~ 9	≤90	≤60	≤0.5	≤1.0	≤0.5	≤0.3

注:除 pH 值外,其余单位均为 mg/L

3. 工艺流程及设计参数

根据废水组成和水质特点，废水分为含氰废水、含铬废水、除油废水、酸碱废水 4 类，工艺设计时考虑各自的特点进行组合工艺设计。废水处理工艺流程如图 11.27 所示。

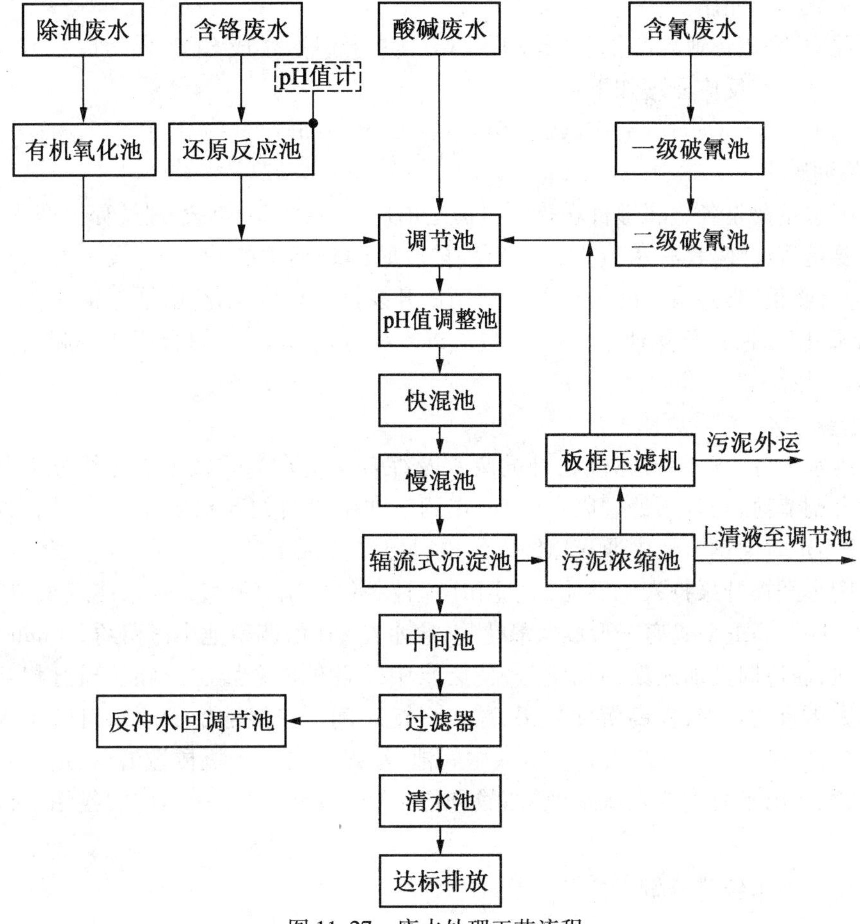

图 11.27　废水处理工艺流程

(1) 含氰废水

含氰废水采用二级碱性氯氧化法处理，处理过程中应避免 Fe^{2+}、Ni^{2+} 等离子混入该系统。含氰废水一级氧化阶段 pH 值控制在 11 以上，然后投入适量次氯酸钠溶液，产生以下两个主要反应。

①不完全氧化反应：

$$CN^- + ClO^- + H_2O = CNCl + 2OH^-$$

$$CNCl + 2OH^- = CNO^- + Cl^- + H_2O$$

目前有关资料都认为，CNO^- 的毒性仅为 CN^- 毒性的千分之一，但与其他废水混合后，若 pH 值降低，则 CNO^- 会水解产生氨，造成氨的污染，并影响其他金属离子的处理，因此必须进行完全氧化。

②完全氧化反应：

$$2CNO^- + 3ClO^- + H_2O = 2CO_2\uparrow + N_2\uparrow + 3Cl^- + 2OH^-$$

(2)含铬废水

化学法处理电镀含铬废水是国内使用较为广泛的方法之一,一般常用的有铁氧化处理法、亚硫酸盐还原法、槽内处理法等,另外还有钡盐法、铅盐法、铁粉(屑)处理法等,但这些方法只在少数厂家使用。

该工程中,采用焦亚硫酸钠还原法来对 Cr^{6+} 进行还原,生成 Cr^{3+},然后废水流入调节池进行统一处理。其反应原理如下:

$$Cr_2O_7^{2-} + 3HSO_3^- + 5H^+ = 2Cr^{3+} + 3SO_4^{2-} + 4H_2O$$

(3)除油废水

除油废水主要是各金属镀件在进行电镀之前所进行的表面前处理过程中产生的,这部分废水主要是清洗液,具有水量大、浓度高、排放时间较集中的特点,特设一有机废水集水池,将其进行收集,其停留时间为 1 d,然后用提升泵打入有机氧化池,通过加入 NaClO 对其 COD 进行氧化处理,在氧化池中 4 h 后,自流进入综合调节池,与综合废水一起进行综合处理,达标后排放。

(4)酸碱废水(综合废水)

酸碱废水为各工序除含氰及铬外的废水及综合漂洗水。酸碱废水先经过管网收集后汇集至综合调节池,与各预处理废水混合,在调节池中停留约 6 h,调节池中设有微孔曝气管道,通过不定时向调节池中通入压缩空气进行搅拌,达到调节水质水量的目的。

综合废水经提升泵打入调整池,通过 pH 值控制仪控制其在 8 ~ 9,来使废水中的 Cr^{3+}、Ni^{2+}、Cu^{2+}、Fe^{2+} 等重金属离子形成氢氧化物,废水在 pH 值调整池中停留约 30 min 后,自流进入快混池,通过向其加入聚丙烯酰胺,使废水中的各种重金属悬浮颗粒通过相互架桥作用形成更大更重的悬浮,提高沉淀效果,减少沉淀时间。慢混池中的废水自流进入辐流式沉淀池,进行固液分离。上清液自流进入中间池,经提升泵泵入机械过滤器,进一步去除细小悬浮颗粒后,出水自流进入清水池,加酸进行 pH 值调整,出水达标排放或用于机械过滤器反冲。

4. 投资与技术经济分析

该项目投资估计为 289.15 万元,具体如下。

工艺设备:66 万元。

电气设备:4 万元。

防腐工程:12 万元。

土建工程费用:185 万元。

其他费用:22.15 万元。

废水处理站设一路供电电源,380/220 V,50 Hz,配电系统采用三相五线制、单相二相制。废水处理站内总安装负荷 39.52 kW,使用负荷 25.525 kW,每天电耗为 284.94 kW · h。

目前运行费用主要是电费、人工费用及药剂费用,运行成本费用见表 11.11。不计人工费用则单位水处理费用 3.31 元/m^3,包括人工费为 3.48 元/m^3。

表11.11 运行成本费用表

序号	费用项目	指标	费用/(元·m^{-3})	备注
1	人工	30元/人	0.17	人均1 500元/月
2	电费	309.74 kW·h/d	0.40	0.8元/kW
3	NaClO	1.51 L/m^3	1.5	1.0元/kg
4	NaOH	500 g/m^3	1.0	2.0元/kg
5	H_2SO_4	300 g/m^3	0.18	0.6元/kg
6	$NaHSO_3$	200 g/m^3	0.10	0.5元/kg
7	PAM	2 g/m^3	0.03	15元/kg
8	维护管理费及其他		0.1	
	合计		3.48	

5.存在的建议与问题

(1)每隔2 h对污水处理站各设备仪表、处理构筑物、水质进行巡查一次。

(2)每周全面清扫,每季度所有设备维护一次,每年所有设备大修一次。

(3)保存所有污水系统设备运行记录和所有试验报告,留档3年以备查阅。

(4)上述设计规模50 m^3/h,按每天运行20 h设计,实际生产过程中可考虑24 h运行。

第 12 章　废水的生物处理法

12.1　活性污泥法

12.1.1　概述

活性污泥法是以活性污泥为主体的废水生物处理的主要方法。活性污泥法是指向废水中连续通入空气,经一定时间后,因好氧性微生物繁殖而形成的污泥絮状物。其上栖息着以菌胶团为主的微生物群,具有很强的吸附与氧化有机物能力。

活性污泥法是在人工充氧的条件下,对污水和各种微生物群体进行连续混合培养,形成活性污泥。利用活性污泥的生物凝聚、吸附和氧化作用,以分解去除污水中的有机污染物。然后使污泥与水分离,大部分污泥再回流到曝气池,多余部分则排出活性污泥系统。

影响活性污泥过程工作效率(处理效率和经济效益)的主要因素是:处理方法的选择与曝气池和沉淀池的设计及运行。

图 12.1 为活性污泥法处理系统的基本流程。典型的活性污泥法是由曝气池、沉淀池、污泥回流系统和剩余污泥排除系统组成。污水和回流的活性污泥一起进入曝气池形成混合液。从空气压缩机站送来的压缩空气,通过铺设在曝气池底部的空气扩散装置,以细小气泡的形式进入污水中,目的是增加污水中的溶解氧量,还使混合液处于剧烈搅动的状态,形成悬浮状态。溶解氧、活性污泥与污水互相混合、充分接触,使活性污泥反应得以正常进行。

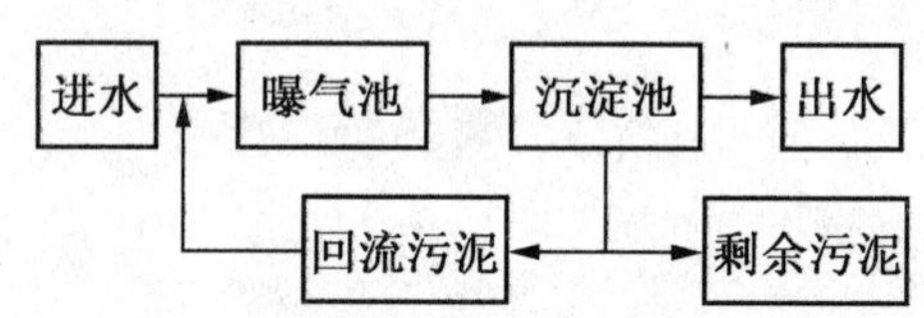

图 12.1　活性污泥法处理系统的基本流程

第一阶段,污水中的有机污染物被活性污泥颗粒吸附在菌胶团的表面上,这是由于其巨大的比表面积和多糖黏性物质,同时一些大分子有机物在细菌胞外酶作用下分解为小分子有机物。第二阶段,微生物在充氧充足的条件下,吸收这些有机物,并氧化分解,形成二氧化碳和水,一部分供给自身的繁衍增殖。活性污泥反应进行的结果是:污水中有机污染物得到降解而去除,活性污泥本身得以繁衍增长,污水得以净化处理。

经过活性污泥净化作用后的混合液进入二次沉淀池,混合液中悬浮的活性污泥和其他固体物质在沉淀地沉淀下来与水分离,澄清后的污水作为处理水排出系统。经过沉淀浓缩的污泥从沉淀池底部排出,其中大部分作为接种污泥回流至曝气池,以保证曝气池内的悬浮固体浓度和微生物浓度;增殖的微生物从系统中排出,称为剩余污泥。事实上,污染物在很大程度上从污水中转移了这些剩余污泥。

活性污泥法的原理形象说法:微生物“吃掉”了污水中的有机物,这样污水变成了干净的水。它本质上与自然界水体自净过程相似,只是经过人工强化,污水净化的效果更好。

12.1.2 活性污泥的特性

1912年英国的克拉克(Clark)和盖奇(Gage)发现,对污水长时间曝气会产生污泥,同时水质会得到明显的改善。然后,阿尔敦(Arden)和洛开脱(Lockgtt)对这一现象进行了研究。曝气试验在瓶中进行,每天试验结束时把瓶子倒空,第二天重新开始,他们偶然发现,由于瓶子清洗不干净,瓶壁附着污泥时,处理效果反而好。由于认识了瓶壁留下污泥的重要性,他们把它称为活性污泥。随后,他们在每天结束试验前,把曝气后的污水静止沉淀,只倒去上层净化清水,留下瓶底的污泥,供第二天使用,这样大大缩短了污水处理的时间。这个试验的实际应用便是于1916年建成的第一个活性污泥法污水处理厂。在显微镜下观察这些褐色的絮状污泥,可以见到大量的细菌,还有真菌、原生动物和后生动物,它们组成了一个特有的生态系统。正是这些微生物(主要是细菌)以污水中的有机物为食料,进行代谢和繁殖,才降低了污水中有机物的含量。

活性污泥可分为好氧活性污泥和厌氧颗粒活性污泥。活性污泥中复杂的微生物与废水中的有机营养物形成了复杂的食物链。最先担当净化任务的是异氧菌和腐生性真菌,细菌特别是球状细菌起着最关键的作用。优良运转的活性污泥,是以丝状菌为骨架由球状菌组成的菌胶团。图12.2为活性污泥中有关微生物的形态。

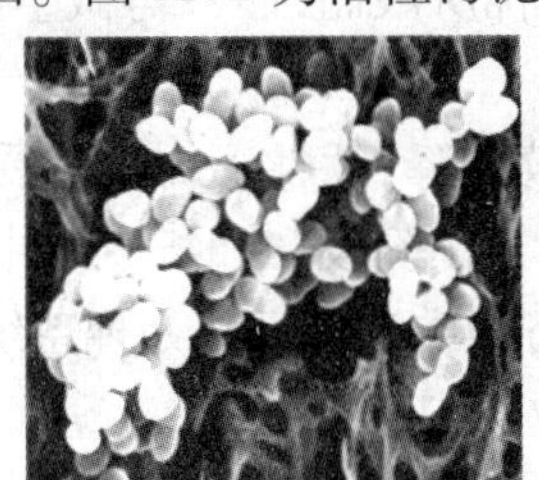
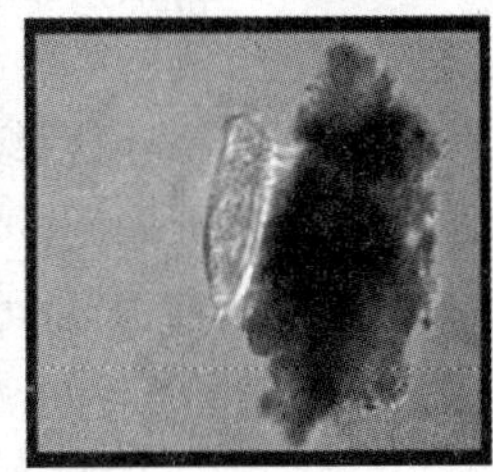
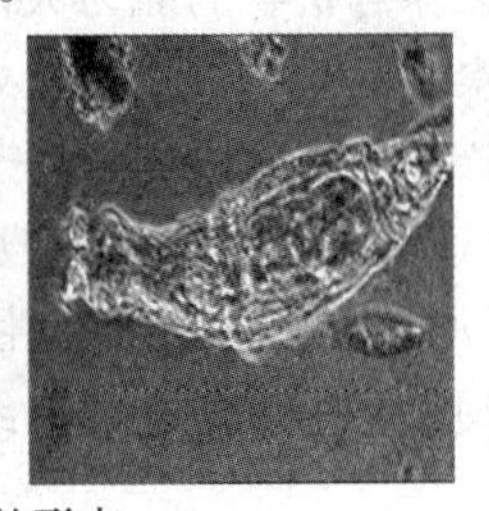

图12.2 活性污泥中有关微生物的形态

随着活性污泥的正常运行,细菌大量繁殖,开始生长原生动物,是细菌一次捕食者。活性污泥常见的原生动物有鞭毛虫、肉毛虫、纤毛虫和吸管虫。活性污泥成熟时,固着型的纤毛虫、种虫占优势;后生动物是细菌的二次捕食者,如轮虫、线虫等只能在溶解氧充足时才出现,所以当出现后生动物时是处理水质好转的标志。

12.1.3 活性污泥增长规律

活性污泥的主体是多种属群的微生物,各自的生长规律比较复杂,但活性污泥增殖的总趋势的规律可以用增长曲线来描述。把少量活性污泥加入污水中,在温度适宜、溶解氧充足的条件下进行曝气培养时,活性污泥的增长曲线如图12.3所示。

由图12.3可以看出,在温度适宜、溶解氧含量充足,而且不存在抑制性物质的条件下,控制活性污泥增长的决定因素是食料(污水中的有机物,又称底物)量F和微生物(活性污泥)量M之间的比值F/M,同时受有机底物降解速率、氧利用速率和活性污泥的凝聚、吸附性能等因素的影响。活性污泥的增长过程可分为适应阶段、对数增长阶段、减速增长阶段和内源代谢阶段4个阶段。

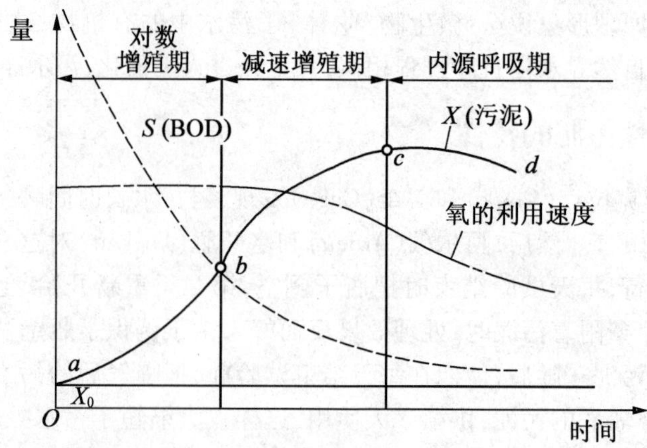

图 12.3　活性污泥增长曲线以及和有机污染物(BOD)降解、氧利用速度的关系

①适应阶段也称调整阶段,这是活性污泥培养的最初阶段,微生物不增殖但在质的方面却开始出现变化。这一阶段和图 12.3 中增长曲线开始的水平部分相对应,一般持续时间较短。在适应阶段后期,微生物酶系统已经逐渐适应新的环境,个体发育也达到了一定程度,细胞开始分裂,微生物开始增殖。

②在活性污泥生长率上升阶段(对数增长阶段),F/M 比值较大,有机底物充足、活性污泥活性强,微生物以最高速率摄取有机底物的同时,也以最高速率合成细胞,实现增殖。此时活性污泥去除有机物的能力大,污泥增长不受营养条件所限制,而只与微生物浓度有关。此时污泥凝聚性能差,不易沉淀,处理效果差。

③在生长率下降阶段(减速增长阶段),F/M 值持续下降,活性污泥增长受到有机营养的限制,增长速度下降。这是一般活性污泥法所采用的工作阶段,此时,废水中的有机物能基本去除,污泥的凝聚性和沉降性都较好。表 12.1 是可能在活性污泥处理系统中出现或在生物膜法处理设备中出现的某些细菌的增值世代时间。

表 12.1　某些细菌的增殖世代时间

微生物种属名	培养基	温度/℃	世代时间/min
大肠杆菌	肉汤	37	17
枯草杆菌	葡萄糖、肉汤	25	30
极毛杆菌	肉汤	37	34
巨大芽孢杆菌	肉汤	30	31
雾状芽孢杆菌	肉汤	37	28

④内源代谢阶段,营养物质基本耗尽,活性污泥由于得不到充足的营养物质,开始利用体内存储的物质,即处于自身氧化阶段。此时,污泥无机化程度高,沉降性良好,但凝聚性较差,污泥逐渐减少。但由于内源呼吸的残留物多是难于降解的细胞壁和细胞质等物质,因此活性污泥不可能完全消失。

在活性污泥法转入正常运行后,曝气池连续运转,池中的活性污泥也不是自行成长的,而是从二次沉淀池中回流过来,它的量是可以控制的。前面讲到,控制活性污泥增长的决定因素是污水中的有机物和活性污泥量之间的比值(污泥负荷),所以可以通过控制来水中有机物浓度和回流污泥的数量，来决定曝气池起始端活性污泥生长所处的状态。而曝气池末端活性污泥生长所处的状态，则决定于曝气时间。因此，曝气池的工作情况，如果用污泥增长曲线来表示，将是其中的一段线段，如图 12.3 中(a)～(b)所示。它在曲线上所处的位置决定于池中有机物与微生物之间的相对数量。因此，在一定范围内，通过控制回流污泥量和曝气时间可以获得不同程度的处理效果。

12.1.4　活性污泥的评价指标

活性污泥是活性污泥处理系统的核心，在混合液内保持一定数量的活性污泥微生物是保证活性污泥处理系统运行正常的必要条件。活性污泥微生物高度集中在活性污泥上，活性污泥是以活性污泥微生物为主体形成的，因此可以用活性污泥在混合液中的浓度表示活性污泥微生物量。

在混合液中保持一定浓度的活性污泥，是通过活性污泥适量地从二次沉淀池回流和排放以及在曝气池内增长 3 方面来实现的。就此可以用以下指标来评价活性污泥的性质。

1. 混合液悬浮物浓度(MLSS)

混合液悬浮物浓度是指 1 L 曝气池混合液中所含悬浮固体干重，它是衡量反应器中活性污泥数量多少的指标，即

$$MLSS = M_a + M_e + M_i + M_{ii}$$

式中，M_a 为具有代谢功能活性的微生物群体；M_e 为微生物(主要是细菌)内源代谢、自身氧化的残留物；M_i 为由原污水挟入的难被细菌降解的惰性有机物质；M_{ii} 为由污水挟入的无机物质。

由于 MLSS 在测定上比较方便，所以工程上往往以它作为估量活性污泥中微生物数量的指标。在进行工程设计时，希望维持较高的 MLSS，以缩小曝气池容积，节省占地和投资，但 MLSS 浓度也不能过高，否则会导致氧气供应不足，一般反应器中污泥浓度控制在 2 000～6 000 mg/L。

2. 混合液挥发性悬浮固体浓度(MLVSS)

混合液挥发性悬浮固体浓度表示混合液活性污泥中有机性固体物质部分的浓度，即 $MLVSS = M_a + M_e + M_i$。它只包括微生物菌体(M_a)、微生物自生氧化产物(M_e)、吸附在污泥絮体上不能被微生物所降解的有机物(M_i)，不包括无机物(M_{ii})，所以 MLVSS 能比较确切地反映反应器中微生物的数量。

MLVSS 与 MLSS 的比值以 f 表示，即 $f = MLVSS/MLSS$

一般情况下，处理生活污水的活性污泥的 MLVSS/MLSS 比值在 0.75 左右，对于工业污水，则因水质不同而异，MLVSS/MLSS 比值差异较大。以上两项指标都不能精确地表示活性污泥微生物量，而表示的是活性污泥的相对值，但因为其测定简便易行，广泛应用于活性污泥处理系统的设计、运行。

3. 污泥沉降比(SV)

污泥沉降比指曝气池混合液在量筒中静止 30 min 后，污泥所占体积与原混合液体积的比值。正常的活性污泥沉降 30 min 后，可接近其最大的密度，故在正常运行时，SV 大致反映了反应器中的污泥量，可用于控制污泥排放，一般曝气池中 SV 正常值为 20%～30%。SV 的变化还可以及时反映污泥膨胀等异常情况。所以 SV 是控制活性污泥法运行的重要指标。

4. 污泥体积指数(SVI)

污泥体积指数指曝气池混合液经 30 min 静止沉降后，1 g 干污泥所占的体积，单位为 mL/g。在实际工程中，BOD 负荷与温度对 SVI 值有重要的影响，如图 12.4 所示为 BOD 负荷与温度对 SVI 值的影响，在一定温度下，工程应避免 SVI 值突出最高的 BOD 负荷区段。

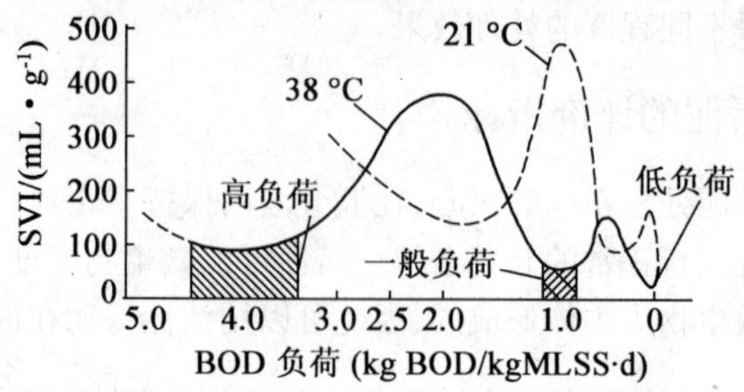

图 12.4　BOD 负荷及水温对 SVI 值的影响

一般来说，SVI < 100，污泥沉降性能较好；100 < SVI < 200，污泥沉降性能一般；200 < SVI，污泥沉降性能差。

城市生活污水水质较稳定，其 SVI 控制在 50 ~ 150。而工业污水水质相差较大，如某些工业污水中 COD 主要为溶解性有机物，极易合成污泥，且污泥灰分少，微生物数量多，所以虽然其 SVI 偏高，但却不是真正的污泥膨胀。反之，如果污水中含无机悬浮物多，污泥的密度大，SVI 值低，但其活性和吸附能力不一定差。

5. 污泥密度指数(SDI)

污泥密度指数指 100 mL 混合液静置 30 min 后，所含活性污泥的克数，单位为 g/mL。

6. 污泥负荷

污泥负荷是反应器设计和运行的一个重要参数，它指单位活性污泥所能去除的五日生化需氧量，单位是 $kgBOD_5/kgMLSS$。进行工程设计时，对于污泥负荷的选择需要考虑预期运行的处理效率和出水效果、曝气量、泥龄等参数。图 12.5 所示为不同底物下污泥负荷与 BOD 去除之间的关系。根据污泥负荷的大小可分为 3 种情况：低污泥负荷为 0.1 ~ 0.25 $kgBOD_5/kgMLSS$，BOD 去除率为 90% ~ 95%；常污泥负荷为 0.3 ~ 0.6 $kgBOD_5/kgMLSS$，BOD 去除率为 85% ~ 98%；高污泥负荷为 1 ~ 5 $kgBOD_5/kgMLSS$，BOD 去除率为 50% ~ 60%。

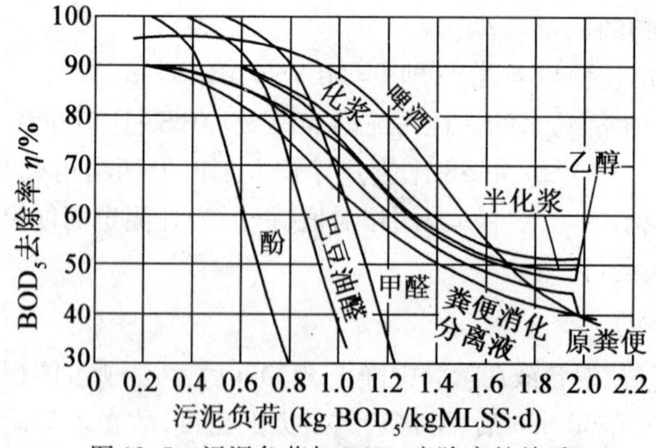

图 12.5　污泥负荷与 BOD_5 去除率的关系

对于城市生活污水生物处理，低污泥负荷法和常污泥负荷法之间无明显的分界，而常污泥负荷法和高污泥负荷法之间则分界明确，根据污水处理厂的一些运行资料，污泥负荷为0.6~1.0 $kgBOD_5/kgMLSS$ 时，丝状菌有相对的生长优势，而丝状菌的生长使污泥结构松散，最终导致污泥发生膨胀。但是当污泥负荷高于1.5 $kgBOD_5/kgMLSS$ 时，反应器中食料充足，非丝状菌也能获得足够的营养而生长，所以污泥又不易膨胀。

7. 污泥龄

污泥龄是指污泥在反应器中的平均停留时间，单位是d。其计算公式为

污泥龄 = 反应器中污泥总量/每天排放的剩余污泥量

污泥龄与污泥负荷有关，当有机负荷低时，有机物大部分被完全氧化成 CO_2 和水，只有少部分用于合成微生物菌体，所以剩余污泥量小，污泥龄较长。当有机负荷高时，污泥合成较快，剩余污泥量大，污泥龄就较短。

12.1.5　活性污泥法的动力学基础

活性污泥法动力学研究的目的是：定量地研究微生物在一定条件下对有机污染物的降解速率，使污水处理在比较理想的条件下，达到处理效率，并且使得工艺设计和运行管理更加合理。此外，通过动力学研究，明确有机物代谢和降解的内在规律，以便人们能够主动地对污水生物处理的生化反应速度进行控制，以达到处理的要求。

1. 莫诺方程

莫诺方程用来描述当化合物作为唯一碳源时，化合物的降解速率的方程。当培养基中不存在抑制细胞生长的物质时，细胞的生长速率与基质浓度关系(Monod 方程式)为

$$\mu = \mu_{max} \frac{C_s}{K_S + C_s}$$

式中，C_s 为限制性基质浓度；K_s 为半饱和常数；μ_{max} 为最大比生长速度。

该方程是莫诺在1942年用纯种微生物在单一无毒性的有机底物的培养基上进行的微生物增殖速率和底物浓度之间的关系研究试验中得到的，并提出了与描述酶促反应速度与有机底物关系式类似的微生物增殖速率和底物浓度关系(图12.6)。此后，其他人进行的混合微生物群体组成的活性污泥对多种有机底物的微生物增殖试验，也取得了与莫诺提出关系相似的结果，这说明莫诺方程是适合活性污泥过程的。

2. 劳伦斯－麦卡蒂方程

劳伦斯和麦卡蒂根据莫诺方程提出了曝气池中基质去除速率和微生物浓度的关系方程，即

$$q = q_{max} \frac{C_x}{K_s + C_x}$$

式中，q 为菌体生长比率；C_x 为限制性基质长度；K_s 为半饱和常数；q_{max} 为细菌最大生长比率。

劳伦斯－麦卡蒂基本方程是根据莫诺德方程(图12.7)建立的动力学关系式，仍是基于微生物的增殖和有机物的降解过程。该方程强调污泥龄(即细胞停留时间)的重要性，由于污泥龄可以通过控制污泥的排放量进行调节，因此，劳伦斯－麦卡蒂基本方程在实际应用中的可操作性强。另外，由劳伦斯－麦卡蒂基本方程衍生的其他关系式可以确定曝气池出水有机物浓度、曝气池微生物与污泥龄的关系浓度，确定污泥龄与污泥回流比的关系，确定有机物在高浓度与低浓度时的降解关系，确定活性污泥表观产率与污泥产率的关系等。

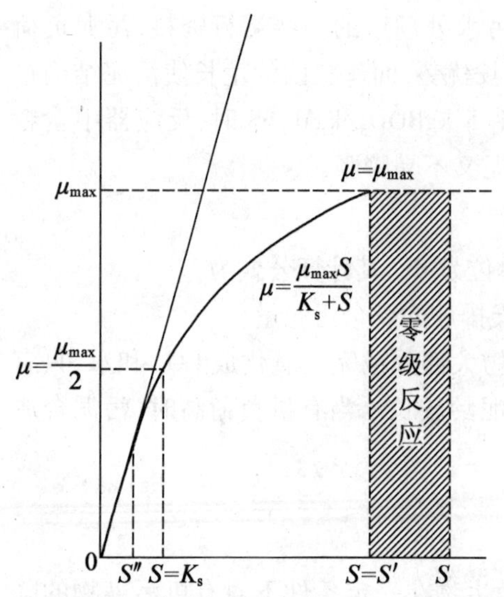

图 12.6　莫诺方程式与其$\mu=f(S)$关系图

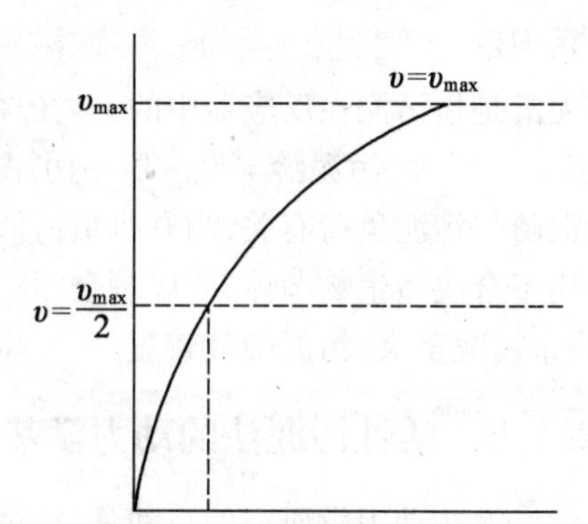

图 12.7　劳伦斯－麦卡蒂方程式$v=f(S)$关系曲线

12.1.6　活性污泥法的运行方式

1. 传统的活性污泥法(推流式)

传统的活性污泥法又称普通活性污泥法或推流式活性污泥法,是最早成功应用的运行方式,其他活性污泥法都是在其基础上发展而来的。曝气池呈长方形,混合液流态为推流式,污水和回流污泥一起从曝气池的首端进入,在曝气和水力条件的推动下,混合液均衡地向后流动,最后从尾端排出,前段液流和后段液流不发生混合。废水浓度自池首至池尾呈逐渐下降的趋势,因此有机物降解反应的推动力较大,效率较高。曝气池需氧率沿池长逐渐降低,尾端溶解氧一般处于过剩状态,在保证末端溶解氧正常的情况下,前段混合液中溶解氧含量可能不足。推流式曝气池一般呈廊道型,为避免短路,廊道的长宽比一般不小于5:1,根据需要,有单廊道、双廊道或多廊道等形式。曝气方式可以是机械曝气,也可以采用鼓风曝气。传统活性污泥法的基本流程如图 12.8 所示。

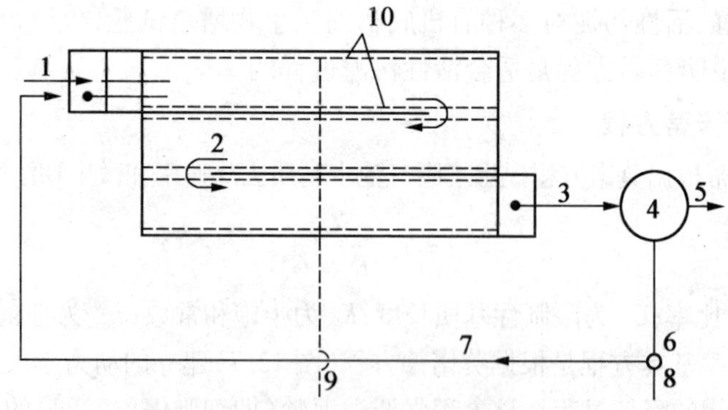

图 12.8　传统活性污泥法的基本流程

1—经预处理后的污水;2—活性污泥反应器(曝气池);3—从曝气池流出的混合液;4—二次沉淀池;5—处理后污水;6—污泥泵站;7—回流污泥系统;8—剩余污泥;9—来自空压机站的空气;10—曝气系统与空气扩散装置

传统的活性污泥法的优点如下：

①处理效果好，适用于处理净化程度和稳定程度较高的污水。

②根据具体情况，可以灵活调整污水处理程度的高低。

③进水负荷升高时，可通过提高污泥回流比的方法予以解决。

同时，传统活性污泥法处理系统也存在以下问题：

①曝气池容积大，占地面积多，基建投资多。

②为避免曝气池首端混合液处于缺氧或厌氧状态，进水有机负荷不能过高，因此曝气池容积负荷一般较低。

③曝气池末端有可能出现供氧速率大于需氧速率的现象，动力消耗较大。

④对冲击负荷适应能力较差。

2. 阶段曝气活性污泥法

阶段曝气活性污泥法又称分段进水活性污泥法或多段进水活性污泥法，它针对传统活性污泥法存在的弊端进行了一些改革的运行方式，其工艺流程如图 12.9 所示。污水沿池长分段注入曝气池，使有机负荷在池内分布比较均衡，缓解了传统活性污泥法曝气池内供氧速率与需氧速率存在的矛盾，沿池长 F/M 分布均匀，既有利于降低能耗，又能充分发挥活性污泥微生物的降解功能。曝气方式一般采用鼓风曝气。

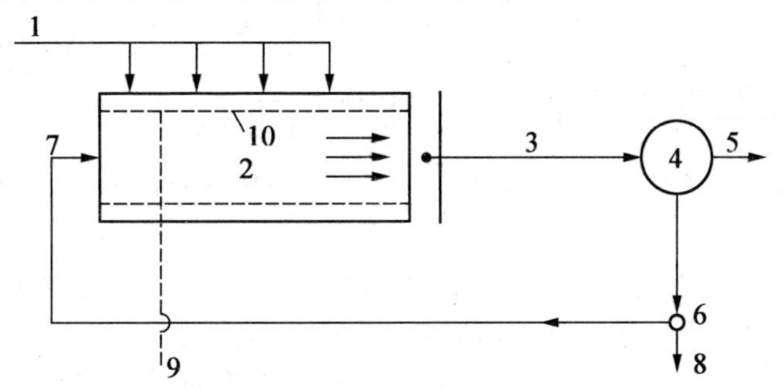

图 12.9　阶段曝气活性污泥法的工艺流程

1—经预处理后的污水；2—活性污泥反应器（曝气池）；3—从曝气池流出的混合液；
4—二次沉淀池；5—处理后污水；6—污泥泵站；7—回流污泥系统；8—剩余污泥；
9—来自空压机站的空气；10—曝气系统与空气扩散装置

阶段曝气活性污泥法系统曝气池内需氧量变化工况如图 12.10 所示。本工艺与传统活性污泥处理系统相比，主要的不同点是污水沿曝气池的长度分散且均匀地进入。这种运行方式具有以下优势：

①池体容积比传统法小 1/3 以上，适于处理水质相对稳定的各类污水。

②与传统活性污泥法相比，提高了空气的利用率，即能耗较低。

③污水沿池长分段注入，提高了曝气池抗冲击负荷的能力。

④曝气池出口混合液中活性污泥不易处于过氧化状态，在二沉池内固液分离效果较好。

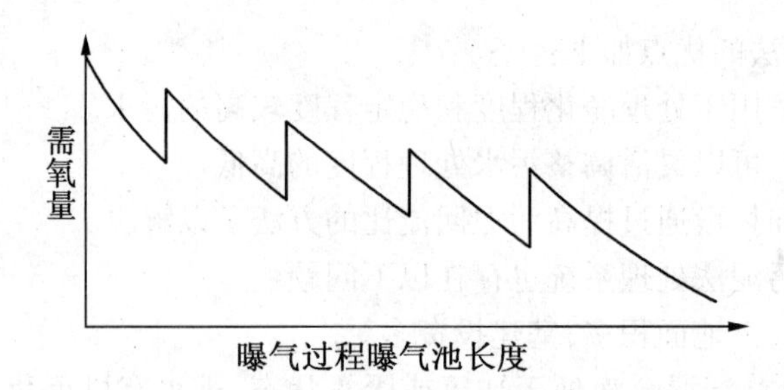

图 12.10　阶段曝气活性污泥法系统曝气池内需氧量变化工况

3. 吸附-再生活性污泥法

普通活性污泥法把活性污泥对有机物的吸附凝聚和氧化分解混在同一曝气池内进行，适于处理溶解的有机物。对含有大量悬浮和胶体颗粒的废水，可充分利用活性污泥对其初期吸附量大的特点，将吸附凝聚和氧化分解分别在两个曝气池中进行，从而出现了吸附-再生活性污泥法，如图 12.11 所示。其主要特点是将活性污泥法对有机污染物降解的两个过程——吸附、代谢稳定，分别在各自的反应器内进行。

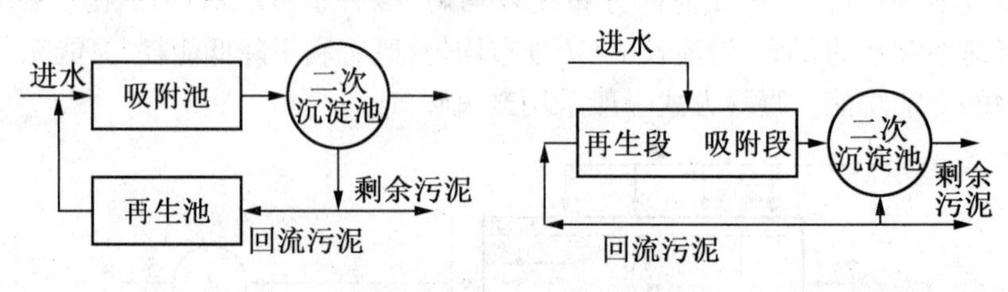

(a)分建式-再生活性污泥处理系统　(b)合建式吸附-再生活性污泥处理系统

图 12.11　吸附-再生活性污泥法

曝气池被一分为二，废水先在吸附池内停留数十分钟，待有机物被充分吸附后，再进入二沉池进行泥水分离。分离出的活性污泥一部分作为剩余污泥排掉，另一部分回流入再生池继续曝气。再生池中只曝气不进废水，使活性污泥中吸附的有机物进一步氧化分解，然后再返回吸附池。由于再生池仅对回流污泥进行曝气（剩余污泥不必再生），故节约空气量，且可缩小池容。

吸附-再生活性污泥法的主要优点：废水与活性污泥在吸附池的接触时间较短，吸附池容积较小，再生池接纳的仅是浓度较高的回流污泥，因此，再生池的容积也小。吸附池与再生池容积之和仍低于传统法曝气池的容积，建筑费用较低，具有一定的承受冲击负荷的能力，当吸附池的活性污泥遭到破坏时，可由再生池的污泥予以补充。但该工艺对废水的处理效果低于传统法，对溶解性有机物含量较高的废水，处理效果更差，尤其是对溶解性有机物较多的工业废水，处理效果不理想。

4. 完全混合曝气法

完全混合曝气法指污水进入曝气池后，立即与回流污泥及池内原有混合液充分混合，起到对污水进行稀释的作用的一种方法。曝气方式多采用机械曝气，也有采用鼓风曝气的。完全混合活性污泥法的曝气池与二沉池可以合建，也可以分建，比较常见的是合建式圆形池。完全混合曝气法的主要特征是应用完全混合式曝气，其基本流程如图 12.12 所示。

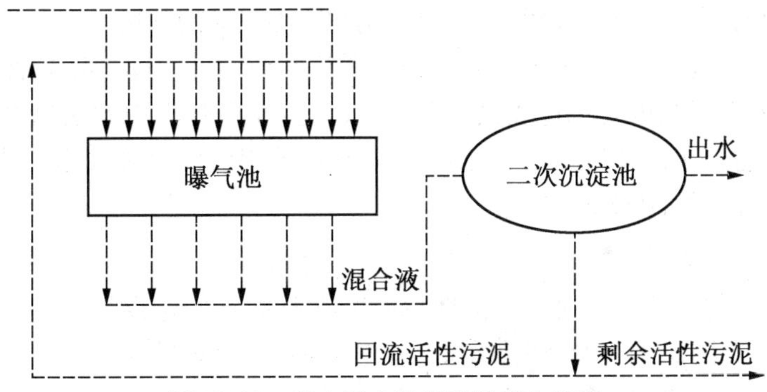

图12.12　完全混合曝气法的基本流程

典型的完全混合活性污泥法为圆形表面曝气池，也称加速曝气池，其构造和机械澄清池类似(图12.13)。合建式圆形完全混合曝气池可分为曝气区、沉淀区、污泥区和导流区4个功能区，加上回流窗、回流缝、曝气叶轮、减速机及电机等，组成曝气、沉淀于一池内的生物处理装置。

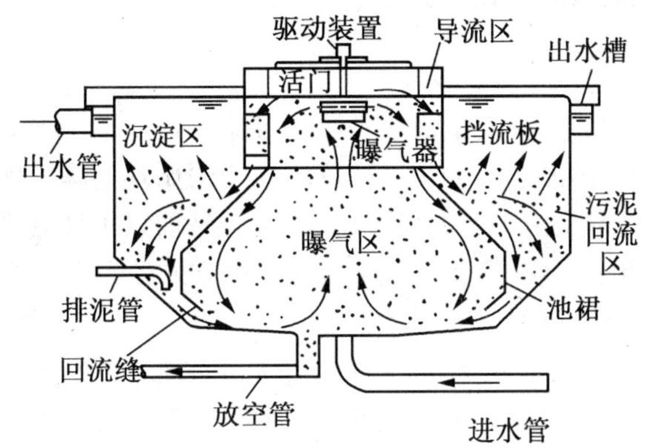

图12.13　圆形曝气沉淀池剖面示意图

本工艺具有如下特点：污泥回流比大，对冲击负荷的缓冲作用也较大，因而对冲击负荷适应能力较强，适于处理高浓度的有机污水；曝气池内各个部位的需氧量相同，能最大限度地节约动力消耗，表面曝气机动力效率较高；可使曝气池与沉淀池合建，不用单独设置污泥回流系统，易于管理。

该法主要存在的问题有：连续进出水的条件下，容易产生短流，影响出水水质；与传统活性污泥相比，出水水质较差，且不稳定；合建池构造复杂，运行方式复杂。

5. 延时曝气活性污泥法

延时曝气活性污泥法又称完全氧化活性污泥法，实际上是污水好氧处理与污泥好氧处理的综合方法，适用于对处理水质要求较高、不宜建设污泥处理设施的小型生活污水或工业废水处理场。曝气方式可以是机械曝气，也可以采用鼓风曝气。

本工艺的主要特点是：

①处理水质较好，稳定性较高，适于处理水量较小、处理要求较高的生活污水或工业废水。

②由于池容较大，对进水水量和水质的变化适应能力较强。

③污水在曝气池内停留时间较长，因此抗冲击负荷能力较强。

④可以减少初沉池等预处理环节,实现消化和去除氨氮的作用。

主要缺点是:池容较大,占地面积多,基建投资多;曝气时间长,动力消耗大,运行成本高;进入二沉池的混合液因处于过氧化状态,出水中会含有不易沉降的活性污泥碎片。

延时曝气只适合于处理对水质要求高且又不宜采用污泥处理技术的小城镇污水和工业废水,水量不宜超过 1 000 m^3/L。

6. 高负荷活性污泥法

高负荷活性污泥法又称短时曝气活性污泥法或不完全处理活性污泥法。

本工艺的特点是:BOD 污泥 SS 负荷高,曝气时间短,处理效果低,一般 BOD_5 的去除率不超过 75%,因此,称为不完全处理活性污泥法。与此同时,BOD_5 去除率在 90% 以上,处理水的 BOD_5 值在 20 mg/L 以下的工艺则称为完全处理活性污泥法。

本工艺在系统和曝气池的构造方面,与传统活性污泥法及再生曝气活性污泥法相同。这样也就是说传统法和再生曝气法都可以按高负荷活性污泥法系统运行。

12.1.7　活性污泥处理系统新工艺

1. 氧化沟

氧化沟是活性污泥法的一种变型,其曝气池呈封闭的沟渠型(图 12.14),所以它在水力流态上不同于传统的活性污泥法。它是一种首尾相连的循环流曝气沟渠,污水渗入其中得到净化,最早的氧化沟渠不是由钢筋混凝土建成的,而是加以护坡处理的土沟渠,是间歇进水间歇曝气的,从这一点上来说,氧化沟最早是以序批方式处理污水的技术。

氧化沟污水处理的整个过程(图 12.15)(如进水、曝气、沉淀、污泥稳定和出水等)全部集中在氧化沟内完成,最早的氧化沟不需另设初次沉淀池、二次沉淀池和污泥回流设备。后来,处理规模和范围逐渐扩大,它通常采用延时曝气,连续进出水,所产生的微生物污泥在污水曝气净化的同时得到稳定,不需设置初沉池和污泥消化池,处理设施大大简化。在我国,氧化沟技术的研究和工程实践始于上 20 世纪 70 年代,氧化沟工艺以其经济简便的突出优势已成为中小型城市污水处理厂的首选工艺。氧化沟由于其中沉淀区结构形式及运行方式不同,有多种形式,例如,带沟内分离器的一体化氧化沟、船形一体化氧化沟、侧沟或中心岛式一体化氧化沟和交替曝气式氧化沟等。常见的氧化沟构造形式如图 12.16 所示。

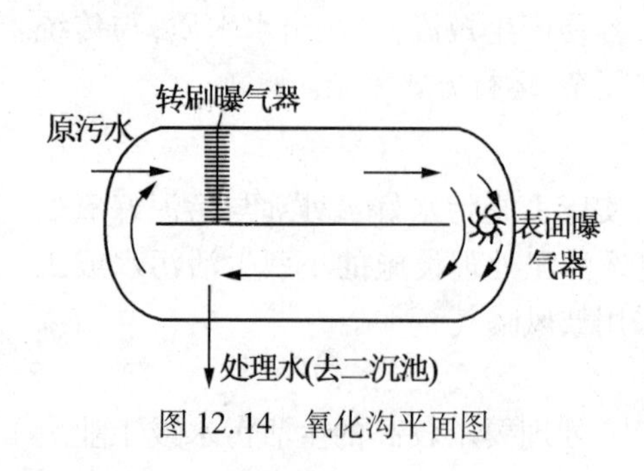

图 12.14　氧化沟平面图

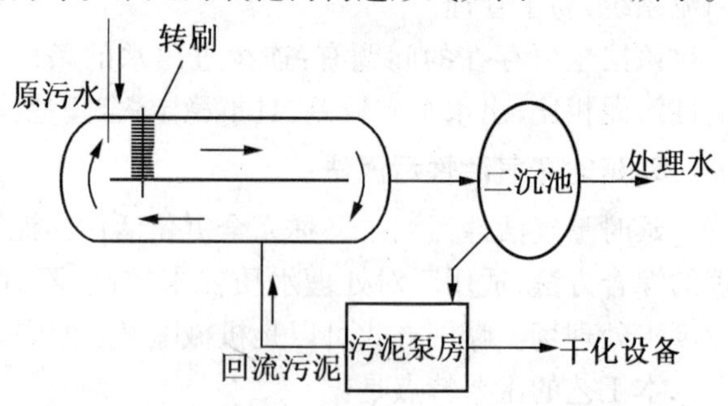

图 12.15　以氧化沟为生物处理单元的污水处理流程

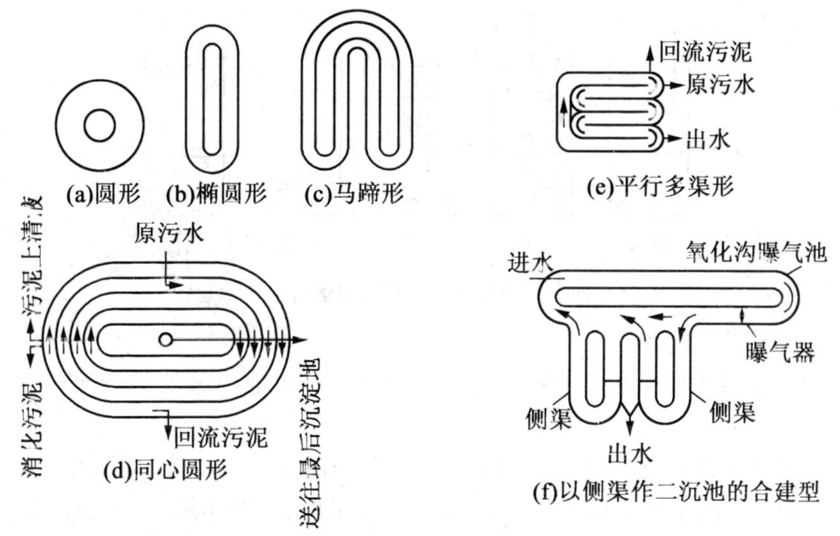

图 12.16　常见的氧化沟构造形式

氧化沟利用连续环式反应池作生物反应池,混合液在该反应池中一条闭合曝气渠道进行连续循环,氧化沟通常在延时曝气条件下使用。氧化沟使用一种带方向控制的曝气和搅动装置,向反应池中的物质传递水平速度,从而使被搅动的液体在闭合式渠道中循环。

氧化沟法由于具有较长的水力停留时间,故有较低的有机负荷和较长的污泥龄。因此,相比传统活性污泥法,可以省略调节池、初沉池、污泥消化池,有的还可以省略二沉池。另外,据国内外统计资料显示,与其他污水生物处理方法相比,氧化沟具有处理流程简单,操作管理方便;出水水质好,工艺可靠性强;基建投资省,运行费用低等特点。但是,在实际的运行过程中,仍存在一系列的问题,如污泥膨胀问题、泡沫问题、污泥上浮问题和流速不均及污泥沉积问题等。

2. 间歇式活性污泥法(SBR 法)

间歇式活性污泥法是一种按间歇曝气方式来运行的活性污泥污水处理技术。与传统污水处理工艺不同,SBR 技术采用时间分割的操作方式替代空间分割的操作方式,非稳定生化反应替代稳态生化反应,静置理想沉淀替代传统的动态沉淀。SBR 技术的核心是 SBR 反应池,该池集均化、初沉、生物降解、二沉等功能于一池,无污泥回流系统。间歇式活性污泥处理系统的工艺流程如图 12.17 所示。间歇式活性污泥法曝气池运行操作 5 个工序示意图,如图 12.18 所示。

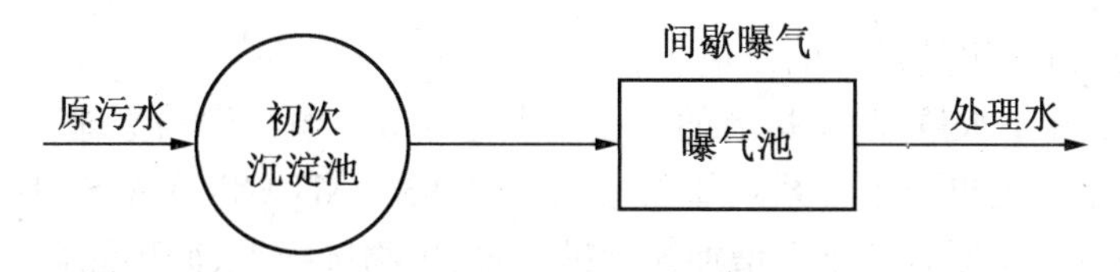

图 12.17　间歇式活性污泥处理系统工艺流程图

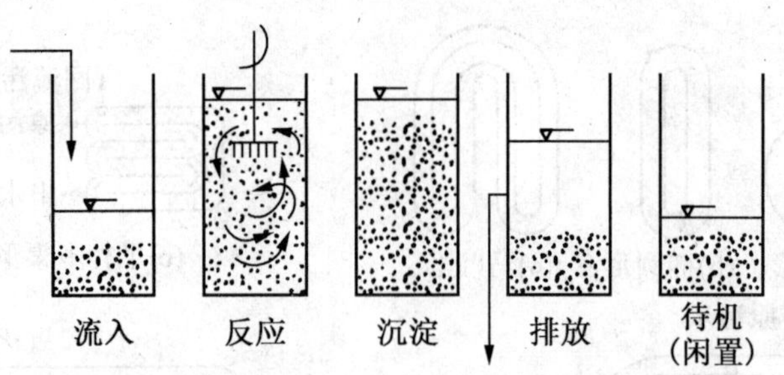

图 12.18　间歇式活性污泥法曝气池运行操作示意图

SBR 工艺具有以下优点：

①理想的推流过程使生化反应推动力增大，效率提高，池内厌氧、好氧处于胶体状态，净化效果高。

②运行效果稳定，污水在理想的静止状态下沉淀，需要时间短、效率高，出水水质好。

③耐冲击负荷，池内有滞留的处理水，对污水有稀释、缓冲作用，有效抵抗水量和有机污物的冲击。

④工艺过程中的各工序可根据水质、水量进行调整，运行灵活。

⑤处理设备少，构造简单，便于操作和维护管理。

⑥反应池内存在 DO、BOD_5 浓度梯度，有效控制活性污泥膨胀。

⑦SBR 系统本身也适合于组合式构造方法，利于废水处理厂的扩建和改造。

⑧脱氮除磷，适当控制运行方式，实现好氧、缺氧、厌氧状态交替，具有良好的脱氮除磷效果。

⑨工艺流程简单、造价低。主体设备只有一个序批式间歇反应器，无二沉池、污泥回流系统，调节池、初沉池也可省略，布置紧凑，占地面积省。

由于上述技术特点，SBR 系统进一步拓宽了活性污泥法的使用范围，就近期的技术条件，SBR 系统更适合以下情况：

①中小城镇生活污水和厂矿企业的工业废水，尤其是间歇排放和流量变化较大的地方。

②需要较高出水水质的地方，如风景游览区、湖泊和港湾等，不但要去除有机物，还要求出水中除磷脱氮，防止河湖富营养化。

③水资源紧缺的地方。SBR 系统可在生物处理后进行物化处理，不需要增加设施，便于水的回收利用。

④用地紧张的地方。

⑤对已建连续流污水处理厂的改造等。

⑥非常适合处理小水量，间歇排放的工业废水与分散点源污染的治理。

在 SBR 系统基础上出现了一系列新工艺，如 ICEAS、UNITANK、CASS、DAT－IAT、MSBR，如图 12.19 所示，在原有基础上增加连续进出水、生物选择器、循环混合等功能。

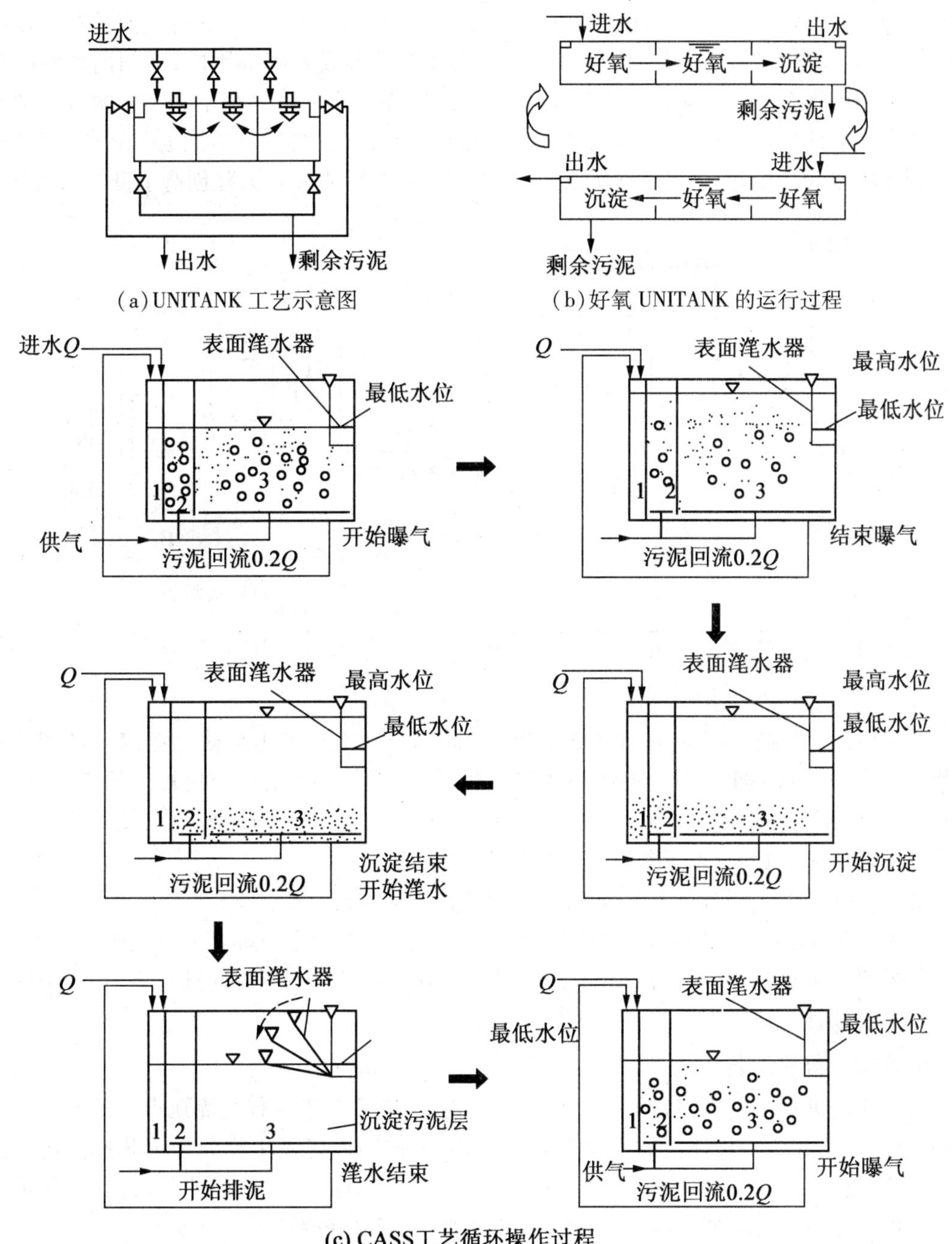

图 12.19　UNIANK 工艺和 CASSI 工艺

1—生物选择器;2—兼氧区;3—主反应区

3. AB 法废水处理工艺

AB 法废水处理工艺流程如图 12.20 所示。AB 法处理污水过程分两个阶段,即 A 段和 B 段,A 段细菌数量多,主要是通过吸附、吸收、氧化等方式去除有机物,吸附作用始于市政管网,污水在市政管沟内流动时部分有机物被管沟内滋生的细菌吸附,原污水到达 A 段后,由于 A 段存在大量的细菌,这种吸附去除作用得到加强,有机物进一步被去除。B 段去除有机污染物的方式与普通活性污泥法基本相似,主要以氧化为主。难溶性大分子物质在胞外酶作用下水解为可溶的小分子,可溶小分子物质被细菌吸收到细胞内,由细菌细胞的新陈代谢作用而将有机物质氧化为 CO_2、H_2O 等无机物而产生能量储存于细胞。两段的细菌密度和生理活性都各不相同,A 段的细菌密度几乎是 B 段的两倍,总活性也明显高于 B 段。因此,A 段对有机物的去除起关键作用,并为 B 段有机物的进一步去除创造了良好的条件。

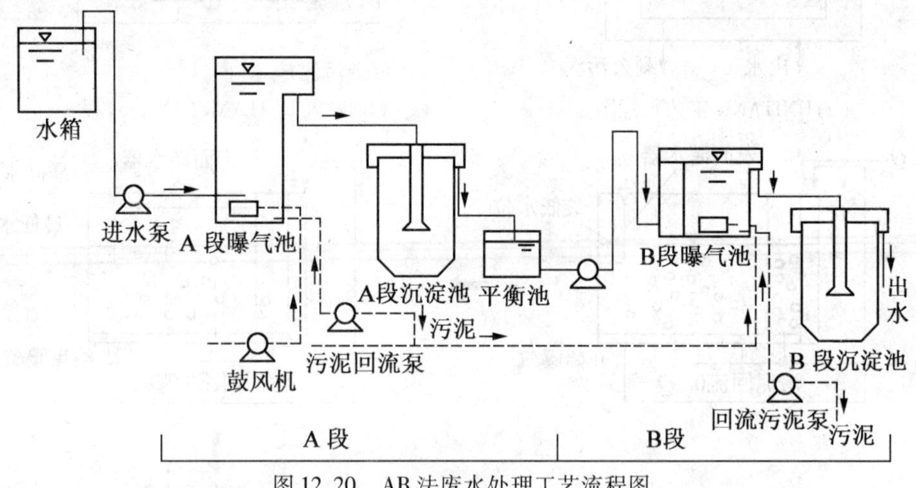

图 12.20　AB 法废水处理工艺流程图

此工艺主要特点如下:

①A 段污泥负荷率高,一般大于 2 $kgBOD_5/kgMLSS\cdot d$,抗冲击负荷力强,对 pH 值和有毒物质具有很大的缓冲能力。特别适合于处理浓度较高、水质水量变化较大的各类废水。B 段污泥负荷率较低,只有 0.32 $kgBOD_5/kgMLSS\cdot d$,原污水经 A 段处理后,其中的有毒有害物质不再影响 B 段,保证了整个系统的稳定性。

②A 段既可以完全好氧方式运行,也可以兼性方式运行。

③A 段和 B 段的污泥回流系统严格分开,两段的污泥互不相干,形成各自独立的生物种群。

④不设初沉池,这使得 A 段能充分利用原污水中的微生物,不断地进行更新,使微生物保持较高的活性。

4. 水解－好氧工艺

污水生物处理工艺分为好氧工艺和厌氧工艺,这两类工艺各有其优缺点。随着生物处理技术的发展,作为生物处理的主角仍是微生物,如何能使好氧生物处理工艺提高污泥浓度以减少氧的消耗,如何使厌氧生物处理工艺缩短处理时间和提高处理负荷,是值得进一步研究的课题。各种类型有机污染物的厌氧(缺氧)、好氧降解反应过程如下。

①好氧(微需氧)过程:　　$COD \longrightarrow H_2O + CO_2$

②厌氧(缺氧)过程:　　$COD \longrightarrow CH_4 + CO_2$

③传统好氧工艺:　　$NH^{4+} \longrightarrow NO^{3-}$

④传统厌氧工艺:　　$NO^{3-} \longrightarrow N_2$

⑤消化工艺:　　$H_2S \longrightarrow SO_2$

⑥反消化或缺氧工艺:　　$SO_4^{2-} \longrightarrow H_2S$

⑦微需氧或好氧工艺:　　$R-Cl \longrightarrow CO_2 + Cl^-$

⑧厌氧工艺：　　$R_3CCl \longrightarrow CH_4 + CO_2 + Cl^-$

从过程①～⑧来看，除过程①、②为传统的好氧和厌氧工艺外，其他均为兼性菌的反应。人们过去对于好氧微生物和专性厌氧微生物研究十分充分，而对兼氧性微生物的研究不够。

事实上，利用兼性细菌的工艺人们已开始有所涉及，如对去除 N、P 的 A^2O 或 AO 工艺（过程③、④），是利用了兼性菌在好氧条件下进行好氧代谢，而在厌氧条件下进行不同代谢反应的工艺。在含硫酸盐的有机废水中，厌氧反应将有机物和硫酸盐分别转化为有机酸和硫化氢（过程⑥），产生的硫化氢被微需氧细菌直接氧化为硫元素，这可以用来去除硫化物并回收硫元素（过程⑤）。最新研究表明，一些在好氧状态下难降解芳香族和卤代烃，在厌氧条件下容易分解（过程⑦、⑧）。

图 12.21 所示为水解－好氧工艺流程。

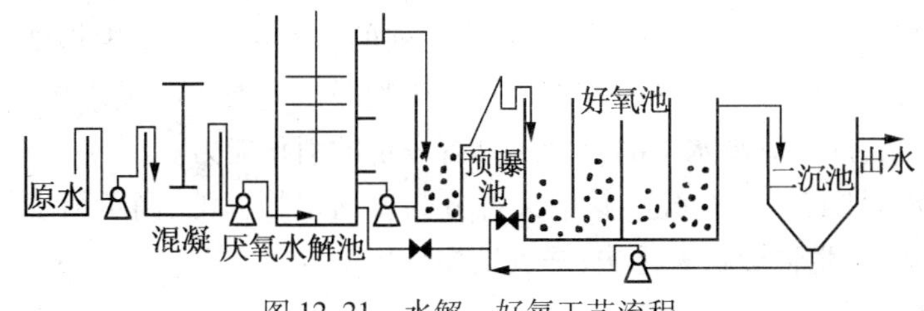

图 12.21　水解－好氧工艺流程

表 12.2 所示为水解－好氧工艺与厌氧消化工艺的比较。与厌氧消化工艺相比，该工艺具有以下特点：

表 12.2　水解－好氧工艺中水解（酸化）与厌氧消化的比较

项目＼工艺	水解（酸化）－好氧中的水解（酸化）	两相厌氧消化中产酸相	厌氧消化
氧化还原电性	0	－100～－300	＜－300
pH 值	6.5～7.5	6.0～6.5	6.8～7.2
温度	不控制	控制	控制
优势微生物	兼性菌	兼性菌＋厌氧菌	厌氧菌
产气中甲烷含量	极少	少量	大量
最终产物	低浓度的有机酸	高浓度的有机酸，如醋酸、少量 CH_4/CO_2	CH_4/CO_2

①水解池可以取代初沉池。从表 12.3 给出的水解池与初沉池运行结果可知，在停留时间相当的情况下，水解池对悬浮物去除率显著高于初沉池，平均出水 SS 只有 50 mg/L，其 COD、BOD_5、蛔虫卵的去除率也显著地高于初沉池。

表 12.3　水解池与初沉池处理效果

项　目	水解反应器			平流多斗沉淀池		
停留时间/h	2.5	3.0	3.5	1.67	2.22	3.33
COD 去除率/%	43.0	41.3	40.6			
BOD 去除率/%	29.8	33.1	28.1	18	12	17
SS 去除率/%	82.6	74.8	79	42	40	47

②较好的抗有机负荷冲击能力。

③水解过程可改变污水中有机物形态及性质，有利于后续好氧处理。

④在低温条件下仍有较好的去除效果。

⑤有利于好氧后处理。

⑥可以同时达到对剩余污泥的稳定。

12.2　生物膜法

12.2.1　生物膜法的基本原理

生物膜法又称固定膜法，是与活性污泥法并列的一类废水好氧生物处理技术，是土壤自净过程的人工化和强化。与活性污泥法一样，生物膜法主要去除废水中具有溶解性和胶体状的有机污染物，同时对废水中的氨氮还具有一定的消化能力。

主要的生物膜法有：生物滤池，其中又可分为普通生物滤池、高负荷生物滤池、塔式生物滤池等；生物转盘；生物接触氧化法；好氧生物流化床等。

1. 生物膜的结构

(1)生物膜的形成

生物膜的形成必须具有以下几个前提条件：

①起支撑作用，供微生物附着生长的载体物质：在生物滤池中称为滤料；在接触氧化工艺中称为填料；在好氧生物硫化床中称为载体。

②供微生物生长所需的营养物质，即废水中的有机物、N、P 以及其他营养物质。

③作为接种的微生物。

生物膜的形成标志：含有营养物质和接种微生物的污水在填料的表面流动，一定时间后，微生物会附着在填料表面而增殖和生长，形成一层薄的生物膜。

生物膜的成熟标志：在生物膜上由细菌及其他各种微生物组成的生态系统以及生物膜对有机物的降解功能都达到了平衡和稳定。生物膜从开始形成到成熟，一般需要 30 d 左右(城市污水，20 ℃)。

2. 生物膜的结构

生物膜的基本结构如图 12.22 所示。生物膜中的微生物主要有细菌(包括好氧、厌氧及兼性厌氧细菌)、真菌、放线菌、原生动物(主要是纤毛虫)和较高等的生物，其中藻类、较高等生物比活性污泥法多见。微生物沿水流方向在种属和数目上具有一定的分布规律，在填料上层以异氧菌和营养水平较低的鞭毛虫或肉足虫为主，在填料下层则可能出现世代时间长的消化细菌和营养水平较高的固着型纤毛虫。真菌在生物膜中普遍存在，在条件合适时，可能成为优势种。当气温较高和负荷较低时，还容易滋生灰蝇。

(1)厌氧膜的出现

生物膜厚度不断增加，氧气不能透入的内部深处将转变为厌氧状态。成熟的生物膜一般都由厌氧膜和好氧膜组成。好氧膜是有机物降解的主要场所，一般厚度为 2 mm。

(2)厌氧膜的加厚

厌氧的代谢产物增多,导致厌氧膜与好氧膜之间的平衡被破坏。气态产物的不断逸出,减弱了生物膜在填料上的附着能力,成为老化生物膜,其净化功能较差,且易于脱落。

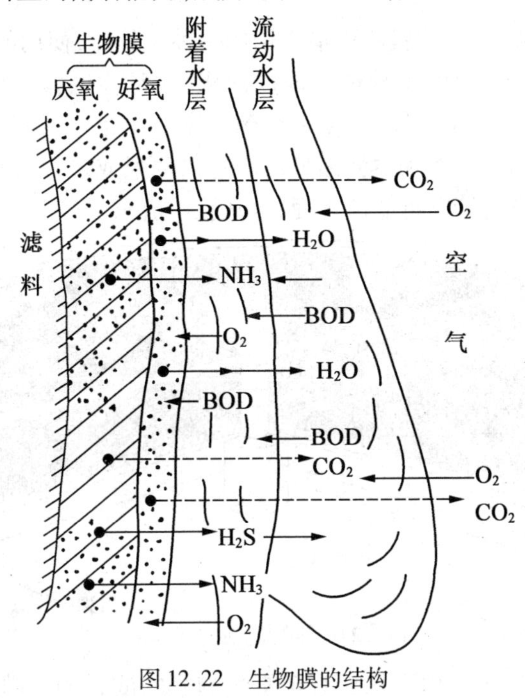

图12.22　生物膜的结构

(3)生物膜的更新

老化膜脱落,新生生物膜又会生长起来。新生生物膜的净化功能较强。

(4)生物膜法的运行原则

生物膜法的运行原则是减缓生物膜的老化进程;控制厌氧膜的厚度;加快好氧膜的更新;尽量控制使生物膜不集中脱落。

生物膜法的典型流程如图12.23所示,流程中的生物器可以是生物滤池、生物转盘、曝气生物滤池或厌氧生物滤池。前三种用于需氧生物处理过程,后一种用于厌氧过程。最早出现的生物膜法生物器是间歇沙滤池和接触滤池(满盛碎块的水池)。它们的运行都是间歇的,过滤-休闲或充水→接触→放水→休闲,构成一个工作周期。它们是污水灌溉的发展,是以土壤自净现象为基础的。接着就出现了连续运行的生物滤池。

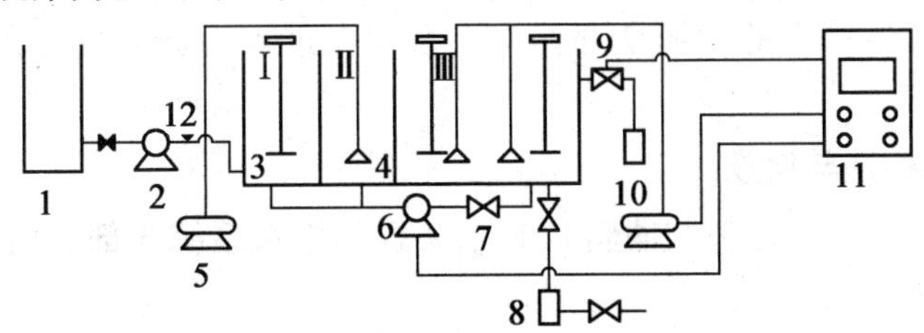

图12.23　生物膜的工艺流程

Ⅰ-缺氧池;Ⅱ-DAT池;Ⅲ-IAT池

1—进水箱;2—进水泵;3—搅拌器;4—曝气器;5—空压机;6—污泥回流泵;7—污泥回流阀;8—污泥池;9—排水电磁阀;10—排水阀;11—PIC控制阀;12—进水阀

12.2.2　生物滤池工艺

1. 基本原理

生物滤池(图 12.24)是生物膜法中最常用的一种生物器,使用的生物载体是小块料(如碎石块、塑料填料)或塑料型块,堆放或叠放成滤床,故常称滤料。与水处理中的一般滤池不同,生物滤池的滤床暴露在空气中,废水洒到滤床上。布水器有多种形式,包括固定式、移动式和回转式,其中回转式布水器使用最广。它以两根或多根对称布置的水平穿孔管为主体,能绕池心旋转。穿孔管贴近滤床表面,水从孔中流出。

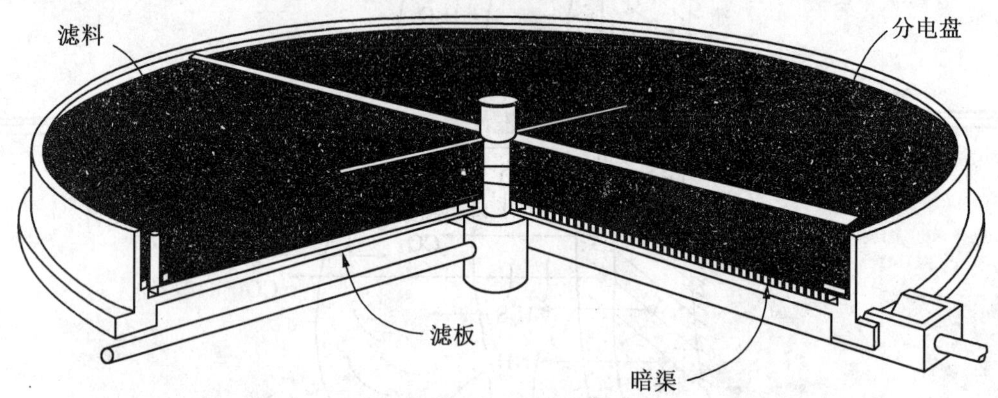

图 12.24　生物滤池的基本结构

含有污染物的废水,从上而下从长有丰富生物膜的滤料的空隙间流过,与生物膜中的微生物充分接触,其中的有机污染物被微生物吸附并进一步降解,使得废水得以净化。其主要的净化功能是依靠滤料表面的生物膜对废水中有机物的吸附氧化作用。

生物滤池工艺流程如图 12.25 所示。

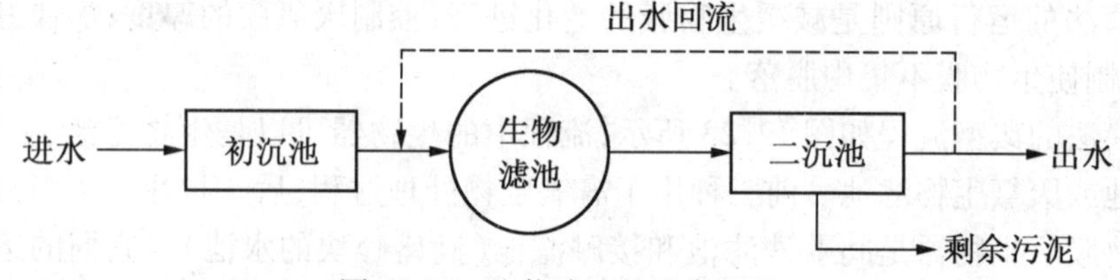

图 12.25　生物滤池的基本流程

与活性污泥工艺的流程不同的是,在生物滤池中常采用出水回流,而基本不会采用污泥回流,因此从二沉池排出的污泥全部作为剩余污泥进入污泥处理流程进行进一步的处理。

2. 生物滤池的构造与组成

生物滤池一般由滤床(池体与滤料)、布水装置和排水系统 3 部分组成,下面将分别予以介绍。

(1)滤料

早期主要以拳状碎石为滤料,此外,碎钢渣、焦炭等也可作为滤料,其粒径为 3 ~ 8 cm,空隙率为 45% ~50%,比表面积(可附着面积)为 65 ~ 100 m^2/m^3。从理论上讲,这类滤料粒径越小,滤床的可附着面积越大,则生物膜的面积将越大,滤床的工作能力也就越大。但粒径越小，孔隙就越小，滤床越易被生物膜堵塞，滤床的通风也越差，可见，滤料的粒径不宜太小。经验表明，在常用粒径范围内，粒径略大或略小些，对滤池的工作没有明显的影响。

生物滤料池中的滤料主要特性有：

①大的表面积，有利于微生物的附着。

②能使废水以液膜状均匀分布于其表面。

③有足够大的孔隙率，使脱落的生物膜能随水流到池底，同时保证良好的通风。

④适合于生物膜的形成与黏附，且应该既不被微生物分解，又不抑制微生物的生长。

⑤有较好的机械强度，不易变形和破碎。

滤料主要分为普通生物滤池的滤料、塔式生物滤池的滤料、高负荷生物滤池的滤料 3 种。

(2)布水装置

布水设备作用是使污水能均匀地分布在整个滤床表面上。生物滤池的布水设备分为两类：移动式（常用回转式）布水器和固定式喷嘴布水系统。普通生物滤池多采用固定式布水装（图 12.26）；高负荷生物滤池和塔式生物滤池则常用旋转布水装置（图 12.27）。

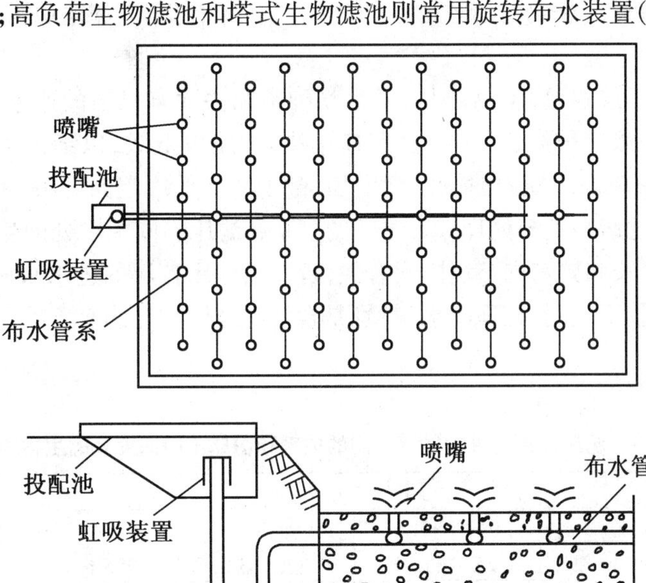

图 12.26　固定式布水装置

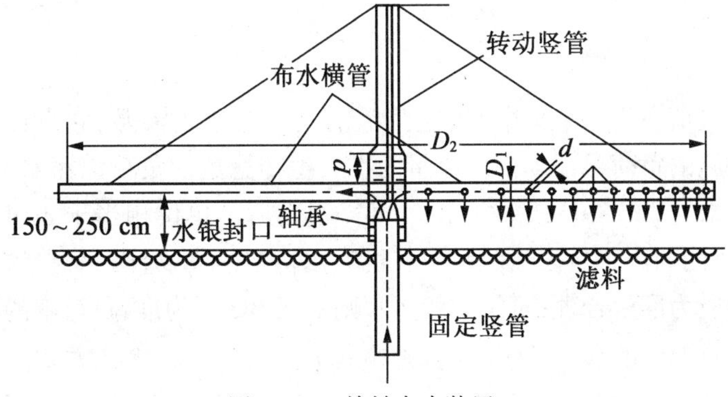

图 12.27　旋转布水装置

(3)排水系统

池底排水系统由池底、排水假底和集水沟组成。排水假底是用特制砌块或栅板铺成滤料堆在假底上面。早期都是采用混凝土栅板作为排水假底,自从塑料填料出现以后,滤料质量减轻,国外多用金属栅板作为排水假底。假底的空隙所占面积不宜小于滤池平面的5% ~8% ,与池底的距离不应小于0.4 ~0.6 m。

池底除支承滤料外,还要排泄滤床上的来水,池底中心轴线上设有集水沟,两侧底面向集水沟倾斜,池底和集水沟的坡度为1% ~2% 。集水沟要有充分的高度,并在任何时候不会满流,确保空气能在水面上畅通无阻,使滤池中空隙充满空气。

3. 影响生物滤池功能的主要因素

生物滤池中有机物的降解过程复杂,同时发生有机物在污水和生物膜中的传质过程;有机物的好氧和厌氧代谢;氧在污水和生物膜中的传质过程和生物膜的生长和脱落等过程。这些过程的发生和发展决定了生物滤池净化污水的性能,下面介绍影响滤池功能的因素。

(1)滤池高度

滤床的上层和下层相比,生物膜量、微生物种类和去除有机物的速率均不相同。滤床上层,污水中有机物浓度较高,微生物繁殖速率高,种属较低级,以细菌为主,生物膜量较多,有机物去除速率较高。随着滤床深度增加,微生物从低级趋向高级,种类逐渐增多,生物膜量从多到少。滤床高度与处理效率之间的关系和滤床不同深度处的生物膜量见表12.4。因为微生物的生长和繁殖同环境因素有关,所以当滤床各层的进水水质互不相同时,各层生物膜的微生物就不相同,处理污水(特别是含多种性质相异的有害物质的工业废水)的功能也不同。

表12.4　滤床高度与处理效率之间的关系和滤床不同深度处的生物膜量

离滤床表面的深度/m	污染物去除率/%				生物膜量/(kg · m^{-3})
	丙烯腈(156 mg/L)	异丙醇(35.4 mg/L)	SCN^-(18.0 mg/L)	COD(955 mg/L)	
2	82.6	31	6	60	3.0
5	99.2	60	10	66	1.1
8.5	99.3	70	24	73	0.8
12	99.4	91	46	79	0.7

(2)负荷率

生物滤池的负荷率是一个集中反映生物滤池工作性能的参数,它直接影响生物滤池的工作。水处理设施的负荷习惯上都以流量为准。生物滤池的负荷以污水流量表示时,负荷率的单位是m^3(水)/(m^3 · d)或m^3(水)/(m^2 · d),后一单位相当于m/d,又称平均滤率。但是,由于生物滤池的作用是去除污水中有机物或特定污染物,因此,它的负荷率应以有机物或特定污染物质为准较合理,对于一般污水则常以BOD_5为准,负荷率的单位以kg(BOD_5或特定物质)/(m^3 · d)表示。因此,生物滤池的负荷率有3种表达方式。以流量为准的负荷率常称水力负荷率。水力负荷率采用滤率为单位时,又称为表面水力负荷率。以BOD_5

为准的负荷率常称为有机负荷率。

滤率对处理效率有影响,但对不同的污染物质影响不同,如对氰的影响较小,对挥发酚和COD的影响较为明显。城市污水中低负荷滤池出水消化程度较高,而高负荷滤池,仅在负荷较低时才可能出现消化。

(3)回流

利用污水处理厂的出水或生物滤池出水稀释进水的做法称为回流,回流水量与进水量之比称为回流比。

回流对生物滤池性能影响有:

①可提高生物滤池的滤率,使生物滤池由低负荷率演变为高负荷率(增大滤床高度也可提高负荷率)。

②提高滤率,有利于防止产生灰蝇和减少恶臭。

③当进水缺氧、腐化、缺少营养元素或含有害物质时,回流可改善进水的腐化状况,提供营养元素和降低毒物浓度。

④进水的质和量有波动时,回流有调节和稳定进水的作用。

(4)供氧

生物滤池中,微生物所需的氧一般直接来自大气,靠自然通风供给。影响生物滤池通风的主要因素是滤床自然拔风和风速。自然拔风的推动力是池内温度与气温之差,以及滤池的高度。温度差越大,通风条件越好。当水温较低,滤池内温度低于气温时(夏季),池内气流向下流动;当水温较高,池内温度高于气温时(冬季),气流向上流动;若池内外无温差时,则停止通风。正常运行的生物滤池,自然通风可以提供生物降解所需的氧量。

4.生物滤池与活性污泥法的比较

生物滤池早于活性污泥法。活性污泥法的发明最初是以生物滤池的替代工艺出现的,但生物滤池至今仍有大量应用。生物膜法与活性污泥法的比较见表1.5。

表12.5　生物膜法与活性污泥法的比较

项　目	生物膜法	活性污泥法
基建费	低	较低
运行费	低	较高
气候的影响	较大	较小
技术控制	较易控制	要求较高
灰蝇和臭味	蝇多、味大	无
最后出水	负荷低时,消化程度较高,但悬浮物较多	悬浮物较少,但消化程度不高
剩余污泥量	少	大
泡沫问题	很少	较多

12.2.3　生物转盘

1.净化机理

生物转盘的净化机理与生物滤池基本相同,转盘在旋转过程中,当盘面某部分浸没在污水中时，盘上的生物膜便对污水中的有机物进行吸附；当盘片离开液面暴露在空气中时，盘上的生物膜从空气中吸收氧气对有机物进行氧化，如图 12.28 所示。通过上述过程，氧化槽内污水中的有机物减少，污水得到净化。转盘上的生物膜也同样经历挂膜、生长、增厚和老化脱落的过程，脱落的生物膜可在二次沉淀池中去除。生物转盘系统除有效地去除有机污染物外，如果运行得当可具有消化、脱氮与除磷的功能。

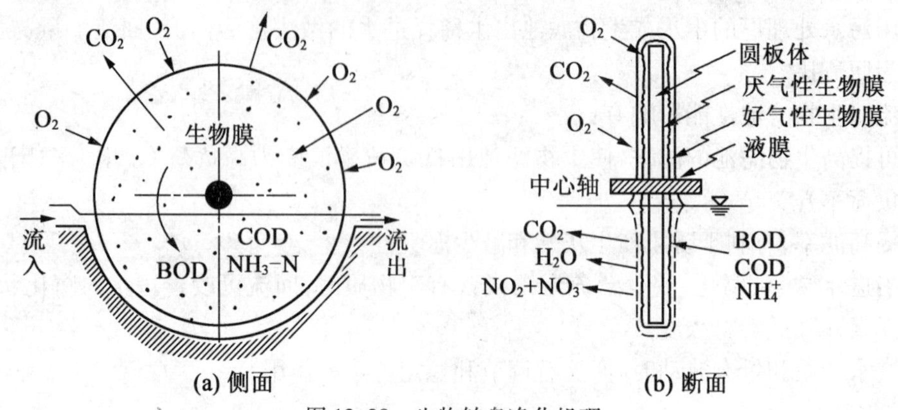

图 12.28　生物转盘净化机理

2. 生物转盘的构造

生物转盘的工作情况与生物滤池相似，生物转盘的构造形式与生物滤池不相同。生物转盘简图如图 12.29 所示。

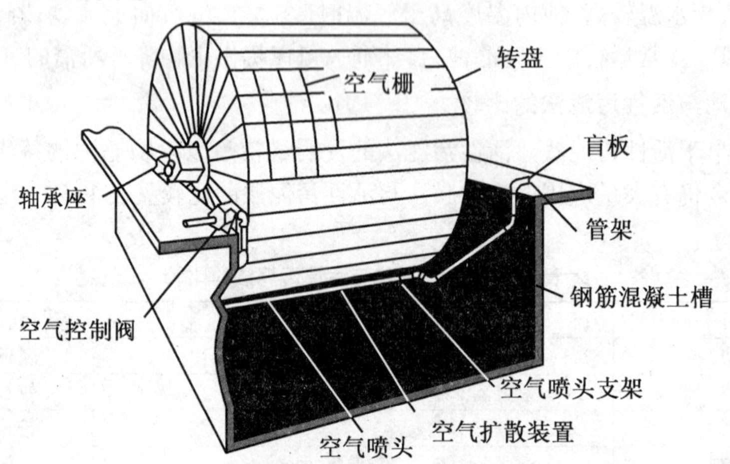

图 12.29　生物转盘简图

生物转盘的主要组成部分有转动轴、转盘、废水处理槽和驱动装置等。生物转盘的转速一般为 18 m/min；有一轴一段、一轴多段以及多轴多段等形式；废水的流动方式，有轴直角流与轴平行流。

生物转盘的主体是垂直固定在水平轴上的一组圆形盘片和一个同它配合的半圆形水槽。微生物生长并形成一层生物膜附着在盘片表面，40% ~45% 的盘面（转轴以下的部分）浸没在废水中，上半部敞露在大气中。工作时，废水流过水槽，电动机转动转盘，生物膜和大气与废水轮替接触，浸没时吸附废水中的有机物，敞露时吸收大气中的氧气。转盘的转动，带进空气，并引起水槽内废水紊动，使槽内废水的溶解氧均匀分布。生物膜的厚度为

0.5～2.0 nm,随着膜的增厚,内层的微生物呈厌氧状态,当其失去活性时,则使生物膜自盘面脱落,并随同出水流至二次沉淀池。

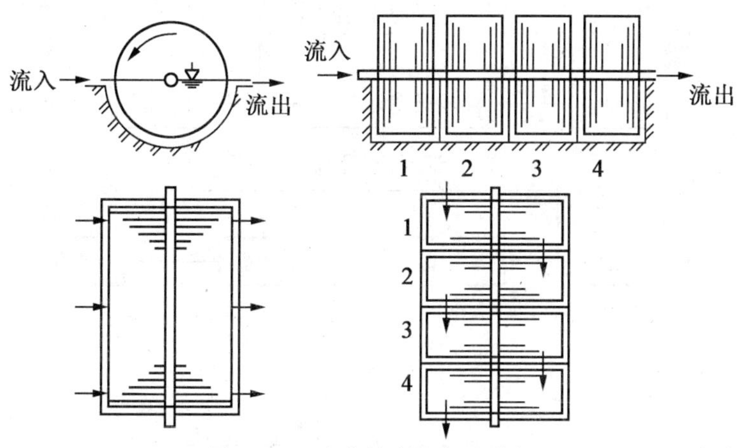

图 12.30　生物转盘的主要形式

3. 生物转盘的主要特征

生物转盘采用了纸质叠层波纹体材料作盘片,样机的工艺流程合理,具有结构紧凑、抗冲击负荷能力强、能耗低、处理效率高、管理方便、操作容易等优点,处理污水量达 1.25 m/h,功耗为 0.246 kW。其主要特征为:

①微生物浓度高,特别是最初几级生物转盘,这是生物转盘效率高的主要原因。

②反应槽不需要曝气,污泥无需回流,因此动力消耗低,这是该法最突出的特征,耗电量为 0.7 kW · h/kg BOD_5,运行费用低。

③生物膜上微生物的食物链长,产生污泥量少,在水温为 5～20 ℃,BOD 的去除率为 90% 时,去除 1 kg BOD 的污泥产量为 0.25 kg。其缺点是:占地面积大,散发臭气,在寒冷的地区需作保温处理。

4. 生物转盘的工艺流程与组合

以生物转盘为主体的工艺流程有以下几种。

①以去除 BOD 为主要目的的工艺流程如图 12.31 所示。

图 12.31　以去除 BOD 为主要目的的工艺流程

②以深度处理(去除 BOD、消化、除磷、脱氮)为目的的工艺流程如图 12.32 所示。

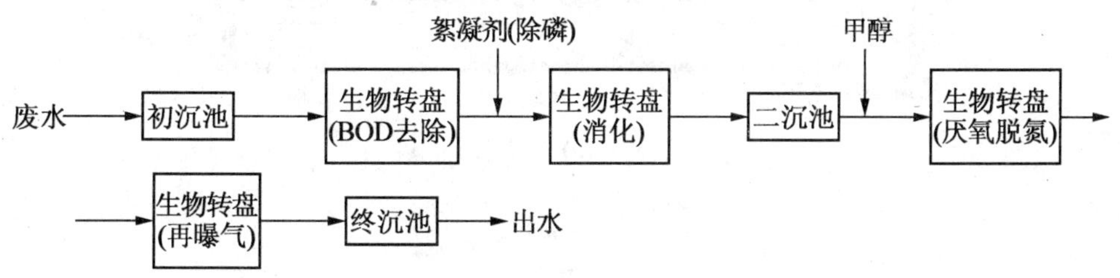

图 12.32　以深度处理(去除 BOD、消化、除磷、脱氮)为目的的工艺流程

③生物转盘与其他工艺的组合流程如图 12.33 所示。

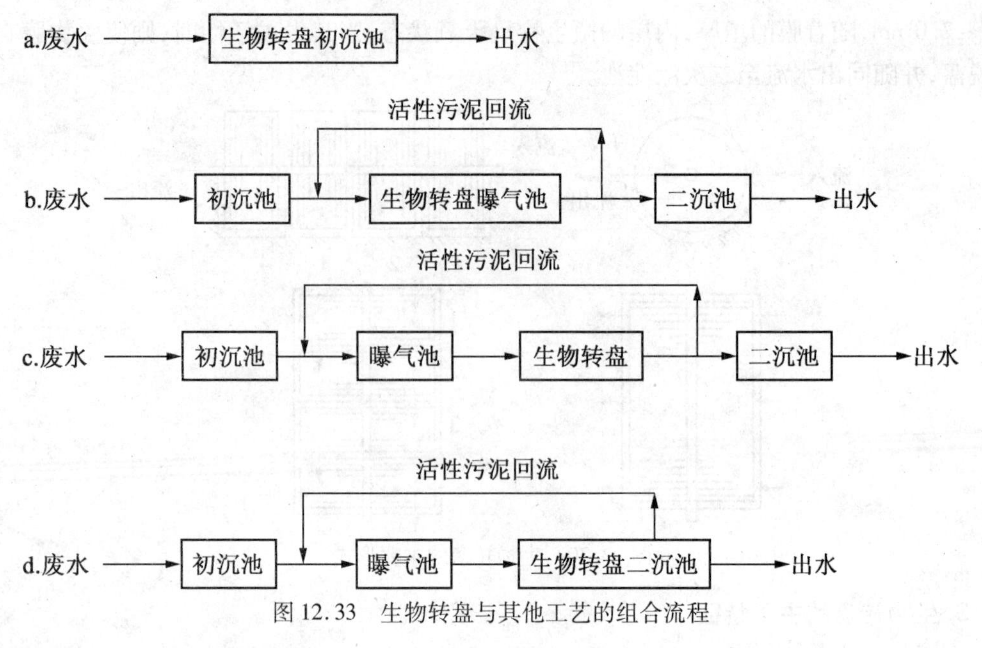

图 12.33　生物转盘与其他工艺的组合流程

5. 生物转盘的新进展

为降低生物转盘法的动力消耗，节省工程投资和提高处理设施的效率，近年来生物转盘有一些新发展，主要有空气驱动的生物转盘、与沉淀池合建的生物转盘、与曝气池组合的生物转盘和藻类转盘等。空气驱动的生物转盘在盘片外缘周围设空气罩，在转盘下侧设曝气管，管上装有扩散器，空气从扩散器吹向空气罩，产生浮力，使转盘转动，如图 12.34 所示。它主要应用于城市污水的二级处理和消化处理。

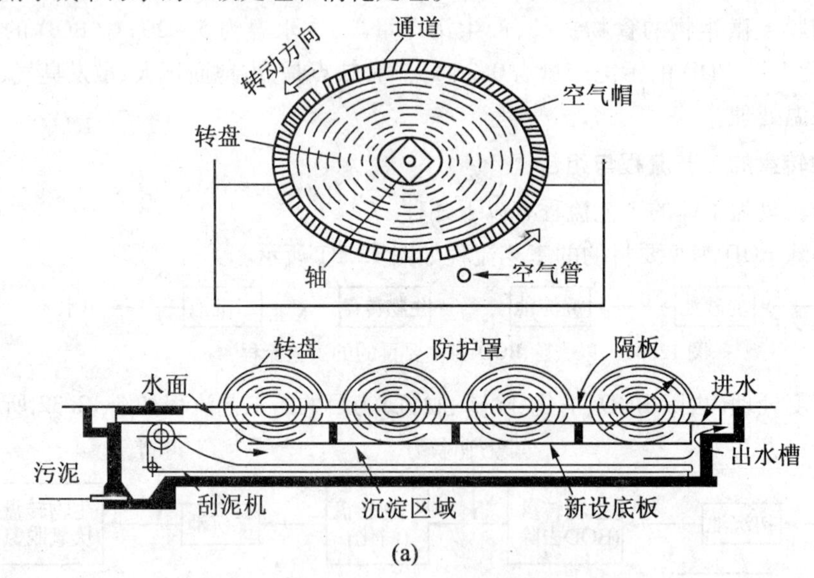

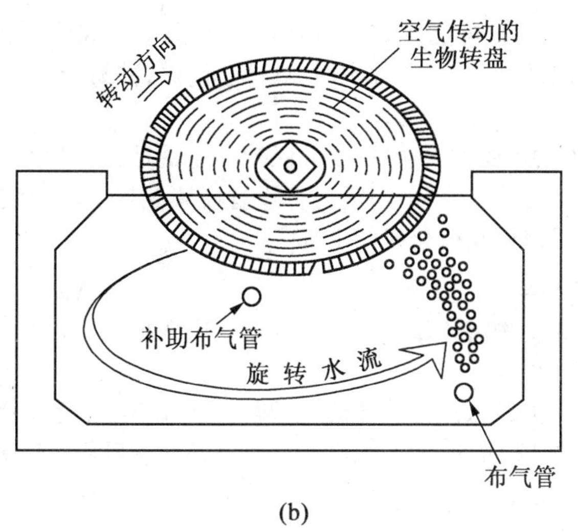

(b)

图12.34　与曝气池组合的空气生物转盘

12.2.4　生物流化床

生物流化床是指为提高生物膜法的处理效率，以沙（或无烟煤、活性炭等）作填料并作为生物膜载体，废水自下向上流过沙床使载体层呈流动状态，从而在单位时间加大生物膜同废水的接触面积和充分供氧，并利用填料沸腾状态强化废水生物处理过程的构筑物。

1. 生物流化床的构造

生物流化床由床体、载体、布水装置、充氧装置和脱膜装置等部分组成，如图12.35所示。

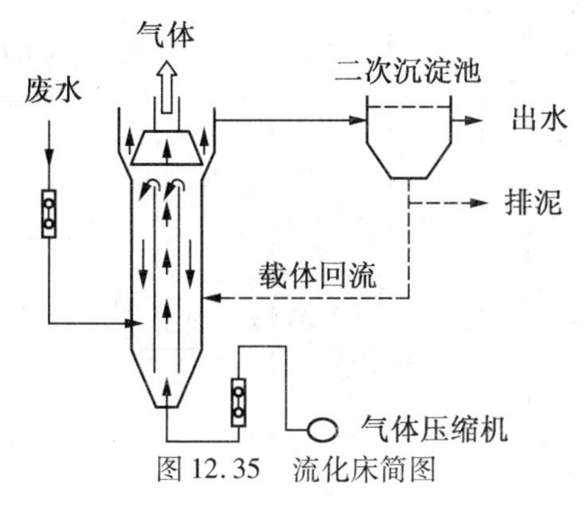

图12.35　流化床简图

（1）床体

床体平面多呈圆形，多由钢板焊制，需要时也可以由钢筋混凝土浇灌砌制。

（2）载体

载体是生物流化床的核心部件，当载体为生物膜所包覆时，生物膜的生长情况对其各项物理参数，特别是膨胀率产生明显的影响，这时的各项数据应根据具体情况实地测定确定。

（3）布水装置

均匀布水对流化床能够发挥正常的净化功能起重要作用，特别是对液动流化床（二相流化床)更重要。布水不均,可能导致部分载体沉积而不形成流化,使流化床工作受到破坏。布水装置又是填料的承托层,在停水时,载体不流失,并易于再次启动。

(4)脱膜装置

及时脱除老化的生物膜,使生物膜经常保持一定的活性,是生物流化床维持正常净化功能的重要环节。气动流化床,一般不需另行设置脱膜装置。脱膜装置主要用于液动流化床,可单独另设立,也可以设在流化床的上部。

2. 生物流化床的类型

生物流化床有两相生物流化床和三相生物流化床两种。

(1)两相生物流化床

两相生物流化床靠上升水流使载体流化,两相生物流化床设有专门的充氧设备和脱膜装置。其工艺流程如图 12.36 所示。污水经充氧设备充氧后从底部进入流化床。载体上的生物膜吸收降解污水中的污染物,使水质得到净化。净化水从流化床上部流出,经二次沉淀后排放。

流化床的生物量大,需氧量也大。原污水流量一般较小,溶解的氧量不能满足生物膜的需要,应采用回流的办法加大充氧水量。此外,原污水流量较小,不能使载体流化,也应采用回流的办法加大进水流量。因此,两相生物流化床需要回流。纯氧或压缩空气的饱和溶解氧浓度较高。以纯氧为氧源时,充氧设备出水溶解氧的质量浓度可达 30 ~ 40 mg/L;以压缩空气为氧源时,充氧设备出水溶解氧的质量浓度约为 9 mg/L。

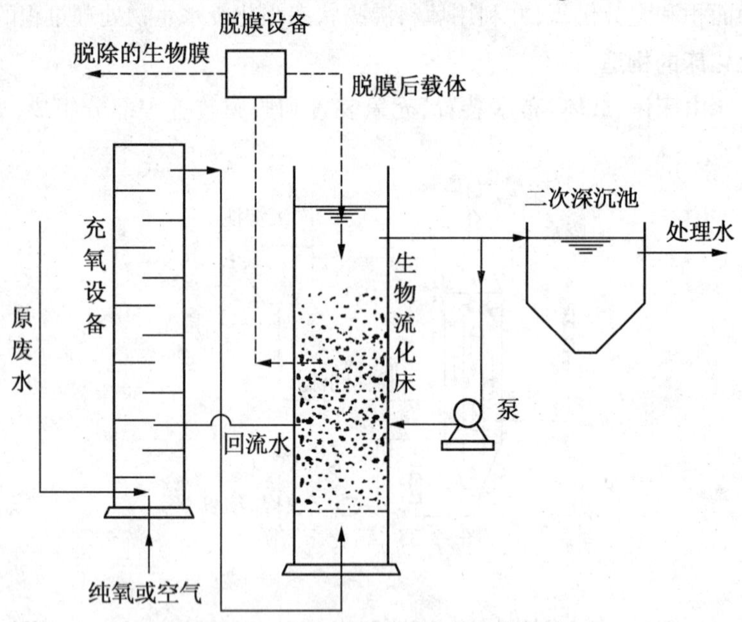

图 12.36　两相生物流化床的工艺流程

有机物的降解使生物膜增厚,悬浮颗粒(附着生物膜的载体)密度变小,随出水流失。需用脱膜装置脱掉生物膜,使载体恢复原有特性,重新附着生物膜。

(2)三相生物流化床

三相生物流化床靠上升气泡的提升力使载体流化,床层内存在气、固、液三相,如图 12.37。三相生物流化床不设置专门的充氧和脱膜设备,空气通过射流曝气器或扩散装置直接进入流化床充氧。载体表面的生物膜依靠气体和液体的搅动、冲刷和相互摩擦而脱落。

随出水流出的少量载体进入二沉池沉淀后再回流到流化床。

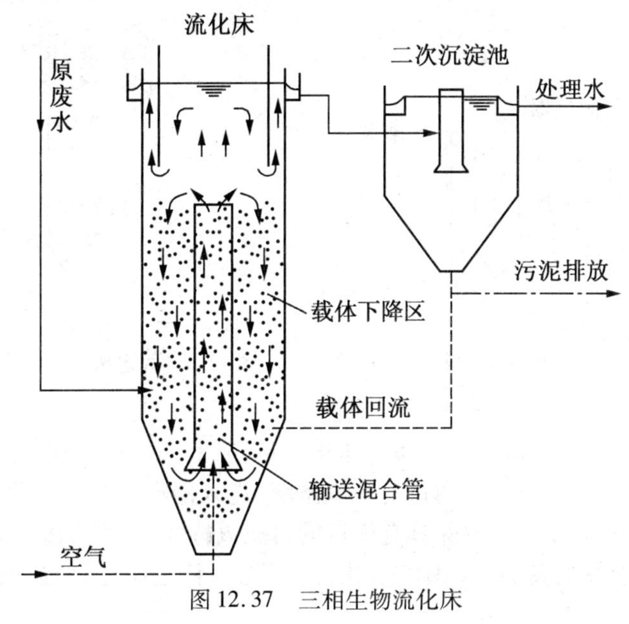

图 12.37　三相生物流化床

三相流化床操作简单，能耗、投资和运行费用比两相流化床低，但充氧能力比两相流化床差。

3. 其他新型生物流化床

(1) 磁场生物流化床

磁场生物流化床的反应器装置比较复杂，需在床体外加磁场，并且固定化细胞的载体内需含一定的磁介质，床层内存在 3 种状态，即散流床、链流床、磁聚床。施加磁场带来两个优点：①固相粒子可在更大的流速下才能从磁场生物流化床冲出；②单位反应器体积所降解的污染物量明显提高。

将厌氧磁场生物流化床用于处理人工模拟印染废水，以紫色非硫光和细菌为脱色菌，并做成固定化细胞，在床体内加入磁粉，在温度为 25 ~ 40 ℃下对活性艳红 X－3B 及弱酸性深蓝 GR 废水进行处理，也取得了良好效果(脱色率大于 90%，CODcr 去除率为 50% 左右)。试验结果表明，使床体在磁场作用下能缩短启动时间，而且处理效率有较大提高。

(2) 厌氧－好氧复合式生物流化床

厌氧－好氧生物流化床是由英国水研究中心开发的，用于有机物的去除、氨氮的消化和脱氮，均收到良好的效果。其流程如图 12.8 所示。该方法的特点是：第一段厌氧床内的兼性菌利用硝酸盐中的氧作为氧源，使废水中部分有机碳化合物氧化，因而不需要补充碳源，同时也减少了第二段好氧床的有机负荷，降低能耗；最终使排水中硝酸盐的质量浓度降至5 ~ 10 mg/L。

(3) 固定床－流化床生物反应器

北京化工研究院开发了一种全混型和置换叠加的复合式生物流化床，在一个床中实现了流化床和固定床的串联操作，既有利于防止流态化生物相及生物载体的溢出，又具有良好的循环特性。其反应器结构如图 12.36 所示。研究结果表明，用其处理淀粉废水，停留时间小于 4 h，最大 COD_{cr}负荷为 4.2 kg/(m^3 · d)，具有处理能力大、效率高的优点。

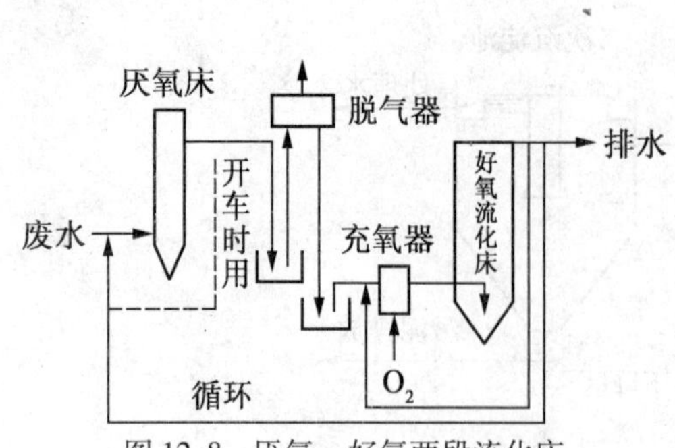

图 12.8　厌氧－好氧两段流化床

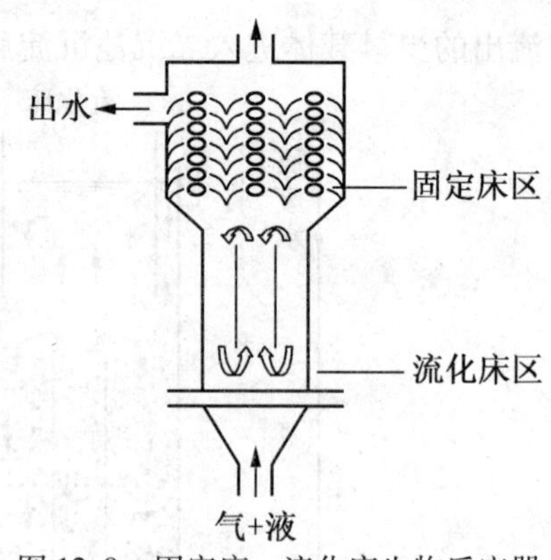

图 12.9　固定床－流化床生物反应器

(4)好氧流化床－接触氧化床复合反应器

好氧流化床－接触氧化床反应器属一体化设备，以上部带有活动式过滤安全网的内循环流化床为主体，流化床上部出水通过自充氧系统，进入侵没式接触氧化床，进一步反应后出水，如图 12.37 所示。该反应器除具有优良的自充氧特性外，兼有流化床处理效率高和接触氧化滤床出水性能好的特点，又因气水比低、能耗小和适应性好等，故有良好的应用前景。

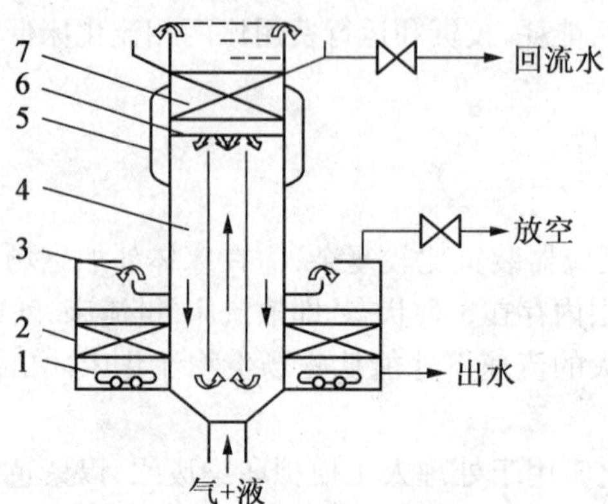

图 12.40　好氧流化床－接触氧化床复合反应器

1—曝气装置；2—接触氧化床；3—流封装置；4—内循环式好氧流化床；
5—自充氧装置；6—过滤安全网；7—填料

(5)三重环流生物流化床

三重环流生物流化床由华南理工大学设计，将内循环管(气升管)分为 3 段，使三相流体按一定分布进行三层次的循环流动。其设计目的主要是增强传质效果，提高混合程度及降低启动压力。其结构及循环示意如图 12.38 所示。经流体力学实验研究表明，该反应器的气相含率较单重环流反应器在相同实验条件下高 10%～15%，气流量增大，缩短了循环时间，使液体循环速度加快。

用该流化床处理废水，在有毒有机物高负荷条件下运行良好，平均容积负荷(以 COD_{cr} 计)为 7.16 kg/(m^3·d)时，COD_{cr} 平均去除率可达 79.5%，芳烃类化合物去除率为91.9%，对酚类去除率达 94.8%。

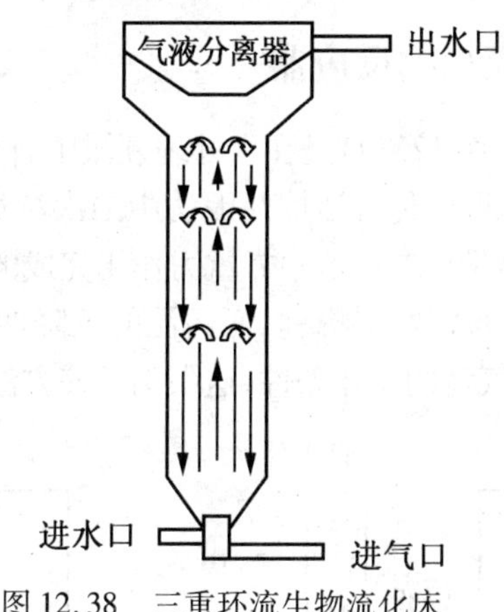

图 12.38　三重环流生物流化床

12.3　几种典型的生物膜反应器

膜生物反应器是将膜分离技术与生物反应器组合使用的污水处理新工艺。根据使用的膜种类和膜在系统中所起作用的不同,它一般可分为 3 大类:固液分离膜生物反应器、曝气膜生物反应器和萃取膜生物反应器。表 12.6 为这 3 种膜生物反应器的优缺点比较。

表 12.6　膜生物反应器的优缺点

反应器	优　点	缺　点
固液分离膜生物反应器	占地面积小 彻底去除出水中的固体物质 出水无需消毒 COD、固体和营养物可以在一个单元内被去除 高负荷率 低/零污泥产率 流程启动快 系统不受污泥膨胀的影响 模块化/升级改造容易	曝气受到限制 膜污染 膜价格高
曝气膜生物反应器	氧利用率高 能量利用效率高 占地面积小 氧需要量可以在供氧时控制 模块化/升级改造容易	膜易于污染 基建投资大 无实际工程实例 工艺复杂
萃取膜生物反应器	可处理有毒工业废水 出水流量小 模块化/升级改造容易 细菌与废水隔离	基建投资大 无实际工程实例 工艺复杂

12.3.1 固液分离膜生物反应器

固液分离膜生物反应器(图12.39)是在水处理领域中研究得最为广泛深入的一类膜生物反应器,是一种用膜分离过程取代传统活性污泥法中二次沉淀池的水处理技术。在传统的废水生物处理技术中,泥水分离是在二沉池中靠重力作用完成的,其分离效率依赖于活性污泥的沉降性能,沉降性越好,泥水分离效率越高。而污泥的沉降性取决于曝气池的运行状况,改善污泥沉降性必须严格控制曝气池的操作条件,这限制了该方法的适用范围。

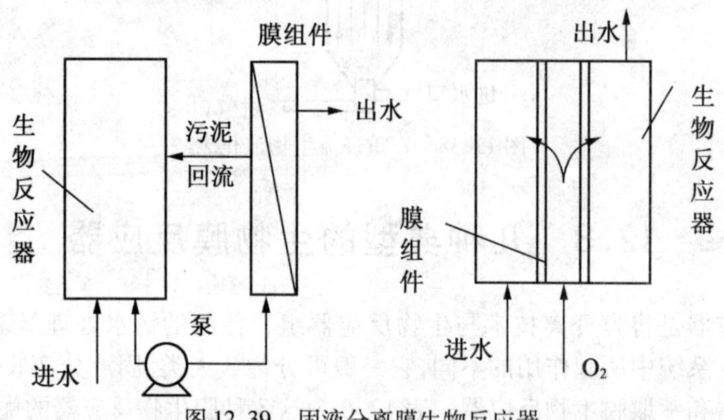

图12.39　固液分离膜生物反应器

由于二沉池固液分离的要求,曝气池的污泥不能维持较高的质量浓度,一般为1.5~3.5 g/L,从而限制了生化反应速率。水力停留时间(HRT)与污泥龄(SRT)相互依赖,提高容积负荷与降低污泥负荷往往形成矛盾。系统在运行过程中还产生了大量的剩余污泥,其处置费用占污水处理厂运行费用的25%~40%。传统活性污泥处理系统还容易出现污泥膨胀现象,出水中含有悬浮固体,出水水质恶化。针对上述问题,MBR将分离工程中的膜分离技术与传统废水生物处理技术有机结合,大大提高了固液分离效率,并且由于曝气池中活性污泥浓度的增大和污泥中特效菌(特别是优势菌群)的出现,提高了生化反应速率。同时,通过降低 F/M 比减少剩余污泥产生量(甚至为零),从而基本解决了传统活性污泥法存在的许多突出问题。

12.3.2 曝气膜生物反应器

一体式曝气膜生物反应器如图12.40所示。它采用透气性致密膜(如硅橡胶膜)或微孔膜(如疏水性聚合膜),以板式或中空纤维式组件,在保持气体分压低于泡点(Bubble Point)的情况下,可实现向生物反应器的无泡曝气。

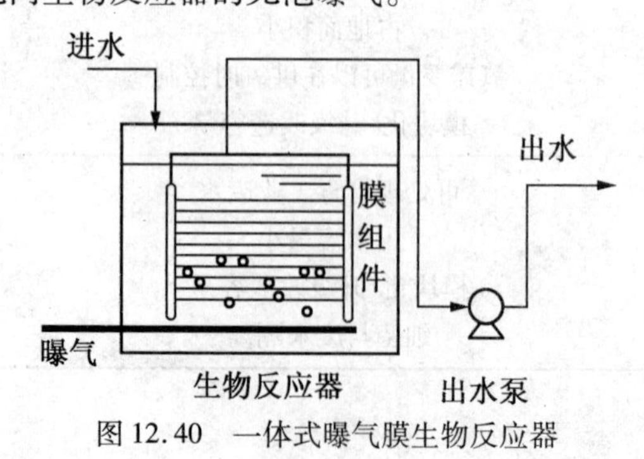

图12.40　一体式曝气膜生物反应器

由于传递的气体含在膜系统中,因此提高了接触时间,极大地提高了传氧效率。由于气液两相被膜分开,有利于曝气工艺的更好控制,有效地将曝气和混合功能分开。因为供氧面积一定,所以该工艺不受传统曝气系统由气泡大小及其停留时间等因素的影响。此后,英国的 Keith Brndle 等对此进行了更多的研究,如在序批式生物膜法中采用螺旋硅橡胶管进行无泡曝气,取得了高效曝气效果。

12.3.3　萃取膜生物反应器

萃取膜生物反应器(MBR)是结合膜萃取和生物降解,利用膜将有毒工业废水中有毒的、溶解性差的污染物优先从废水中萃取出来,然后用专性菌对其进行单独的生化降解,从而使专性菌不受废水中离子强度和 pH 值的影响,生物反应器的功能得到优化。其工艺流程如图 12.41所示。萃取膜生物反应器还处在实验室阶段,还无实际的工程应用。

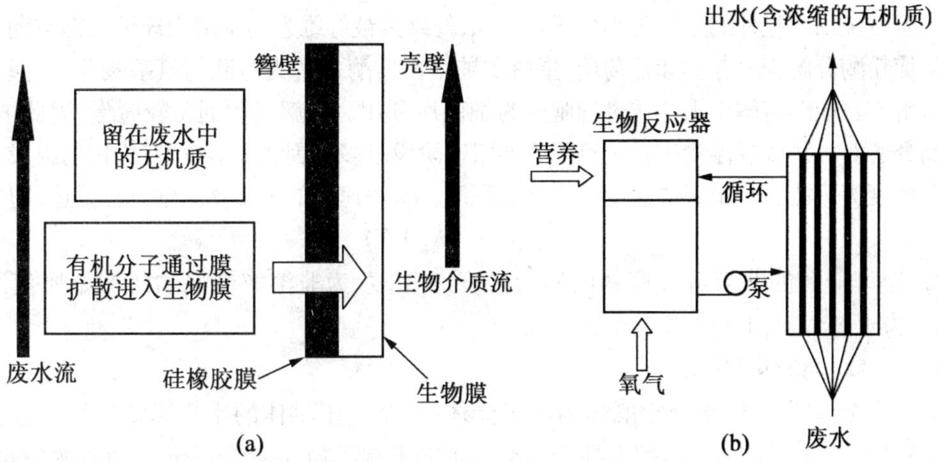

出水(含浓缩的无机质)
簪壁
壳壁
留在废水中的无机质
有机分子通过膜扩散进入生物膜
生物介质流
废水流
硅橡胶膜
生物膜
(a)
生物反应器
营养
循环
泵
氧气
(b)
废水

图 12.41　萃取膜生物反应器

12.3.4　膜生物反应器的工程应用

膜生物反应器是一种高效膜分离技术与活性污泥法相结合的新型水处理技术。中空纤维膜的应用取代活性污泥法中的二沉池,进行固液分离,达到泥水分离的目的。充分利用膜的高效截留作用,能够有效地截留消化菌,完全保留在生物反应器内,使消化反应保证顺利进行,有效去除氨氮,避免污泥的流失,并且可以截留一时难于降解的大分子有机物,延长其在反应器的停留时间,使之得到最大限度的分解。应用 MBR 技术后,主要污染物的去除率可达 COD≥93%、SS = 100%。产水悬浮物和浊度几乎接近于零,处理后的水质良好且稳定,可以直接回用,实现污水资源化。

膜生物反应器主要应用于城市污水的回收净化,污水经 MBR 处理后,出水水质已达到建设部《生活杂用水水质标准》,可直接用于绿化、冲洗、消防、观赏水体等非饮用水的目的,MBR 具有实现自动控制和操作管理方便等优点,因此在城市污水和工业废水处理与回用等方面已得到应用。

12.4 厌氧生物处理

12.4.1 厌氧处理机理

厌氧生物处理是在厌氧条件下，形成了厌氧微生物所需要的营养条件和环境条件，利用这类微生物分解废水中的有机物并产生甲烷和二氧化碳的过程。高分子有机物的厌氧降解过程可以分为4个阶段：水解阶段、发酵（或酸化）阶段、产乙酸阶段和产甲烷阶段。

（1）水解阶段

水解可定义为复杂的非溶解性的聚合物被转化为简单的溶解性单体或二聚体的过程。

高分子有机物因相对分子质量巨大，不能透过细胞膜，因此不可能为细菌直接利用。它们在第一阶段被细菌胞外酶分解为小分子。例如，纤维素被纤维素酶水解为纤维二糖与葡萄糖，淀粉被淀粉酶分解为麦芽糖和葡萄糖，蛋白质被蛋白质酶水解为短肽与氨基酸等。这些小分子的水解产物能够溶解于水并透过细胞膜为细菌所利用。水解过程通常较缓慢，因此被认为是含高分子有机物或悬浮物废水厌氧降解的限速阶段。多种因素如温度、有机物的组成、水解产物的浓度等可能影响水解的速度与水解的程度。水解速度的可由动力学方程描述，即

$$\rho = \rho_o / (1 + K_h \cdot T)$$

式中，ρ 为可降解的非溶解性底物的质量浓度，g/L；ρ_o 为非溶解性底物的初始质量浓度，g/L；K_h 为水解常数，d^{-1}；T 为停留时间，d。

（2）发酵（或酸化）阶段

发酵可定义为有机化合物既作为电子受体，也是电子供体的生物降解过程，在此过程中，溶解性有机物被转化为以挥发性脂肪酸为主的末端产物，因此这一过程也称为酸化。

在发酵阶段，上述小分子的化合物发酵细菌（即酸化菌）的细胞内转化为更为简单的化合物并分泌到细胞外。发酵细菌绝大多数是严格厌氧菌，但通常有约1%的兼性厌氧菌存在于厌氧环境中，这些兼性厌氧菌能够起到保护像甲烷菌这样的严格厌氧菌免受氧的损害与抑制。这一阶段的主要产物有挥发性脂肪酸、醇类、乳酸、二氧化碳、氢气、氨、硫化氢等，产物的组成取决于厌氧降解的条件、底物种类和参与酸化的微生物种群。与此同时，酸化菌也利用部分物质合成新的细胞物质，因此，未酸化废水厌氧处理时产生更多的剩余污泥。

在厌氧降解过程中，酸化细菌对酸的耐受力必须加以考虑。酸化过程pH值下降到4时可以进行。但是产甲烷过程pH值在6.5~7.5，因此pH值的下降将会减少甲烷的生成和氢的消耗，并进一步引起酸化末端产物组成的改变。

（3）产乙酸阶段

在产氢产乙酸菌的作用下，发酵阶段的产物被进一步转化为乙酸、氢气、碳酸以及新的细胞物质。其某些反应式如下：

$$CH_3CHOHCOO^- + 2H_2O \longrightarrow CH_3COO^- + HCO_3^- + H^+ + 2H_2, \Delta G_0' = -4.2\ kJ/mol$$

$$CH_3CH_2OH + H_2O \longrightarrow CH_3COO^- + H^+ + 2H_2O, \Delta G_0' = 9.6\ kJ/mol$$

$$CH_3CH_2CH_2COO^- + 2H_2O \longrightarrow 2CH_3COO^- + H^+ + 2H_2, \Delta G_0' = 48.1\ kJ/mol$$

$$CH_3CH_2COO^- + 3H_2O \longrightarrow CH_3COO^- + HCO_3^- + H^+ + 3H_2, \Delta G'_0 = 76.1\ kJ/mol$$

$4CH_3OH + 2CO_2 \longrightarrow 3CH_3COO^- + 3H^+ + 2H_2O, \Delta G_0' = -2.9$ kJ/mol

$2HCO_3^- + 4H_2 + H^+ \longrightarrow CH_3COO^- + 4H_2O, \Delta G_0' = -70.3$ kJ/mol

(4)产甲烷阶段

甲烷阶段,乙酸、氢气、碳酸、甲酸和甲醇被转化为甲烷、二氧化碳和新的细胞物质。甲烷细菌将乙酸、乙酸盐、二氧化碳和氢气等转化为甲烷的过程由两种生理上不同的产甲烷菌完成,一组把氢和二氧化碳转化成甲烷,另一组从乙酸或乙酸盐脱羧产生甲烷,前者约占总量的 1/3,后者约占 2/3。

主要的产生甲烷过程反应有:

$CH_3COO^- + H_2O \longrightarrow CH_4 + HCO^{3-}, \Delta G_0' = -31.0$ kJ/mol

$HCO^{3-} + H^+ + 4H_2 \longrightarrow CH_4 + 3H_2O, \Delta G_0' = -135.6$ kJ/mol

$4CH_3OH \longrightarrow 3CH_4 + CO_2 + 2H_2O, \Delta G_0' = -312$ kJ/mol

$4HCOO^- + 2H^+ \longrightarrow CH_4 + CO_2 + 2HCO_3^-, \Delta G_0' = -32.9$ kJ/mol

在甲烷的形成过程中,主要的中间产物是甲基辅酶 $M(CH_3-S-CH_2-SO_3)$。

与废水的好氧生物处理工艺相比,废水的厌氧生物处理工艺具有以下主要优点:

①能耗大大降低,而且还可以回收生物能(沼气)。因为厌氧生物处理工艺无需为微生物提供氧气,所以不需要鼓风曝气,减少了能耗。而且厌氧生物处理工艺在大量降低废水中有机物的同时,还会产生大量的沼气,其中主要的有效成分是甲烷,是一种可以燃烧的气体,具有很高的利用价值,可以直接用于锅炉燃烧或发电。

②污泥产量很低。这是由于在厌氧生物处理过程中,废水中的大部分有机污染物都被用来产生沼气——甲烷和二氧化碳,用于细胞合成的有机物相对来说要少得多;同时,厌氧微生物的增殖速率比好氧微生物低得多,产酸菌的产率为 0.15 ~0.34 kg VSS/kg COD,产甲烷菌的产率为 0.03 kg VSS/kg COD 左右,而好氧微生物的产率为 0.25 ~0.6 kg VSS/kg COD。

③厌氧微生物有可能对好氧微生物不能降解的一些有机物进行降解或部分降解。对于某些含有难降解有机物的废水,利用厌氧工艺进行处理可以获得更好的处理效果,或者可以利用厌氧工艺作为预处理工艺,可以提高废水的可生化性,提高后续好氧处理工艺的处理效果。

但是厌氧处理法也存在以下缺点:

①厌氧生物处理过程中所涉及的生化反应过程较为复杂。

②厌氧微生物特别是其中的产甲烷细菌对温度、pH 值等环境因素非常敏感,也使得厌氧反应器的运行和应用受到很多限制。

③虽然厌氧生物处理工艺在处理高浓度的工业废水时,常常可以达到很高的处理效率,但其出水水质仍较差,一般需要利用好氧工艺进行进一步的处理。

12.4.2 早期厌氧生物反应器

早期厌氧生物反应器(图 12.42)是厌氧消化应用于废水处理的初级阶段,是从 1881 年法国 Mouras 设计的自动净化器开始到 20 世纪的 20 年代,主要代表有:①1881 年法国 Mouras 的自动净化器;②1891 年英国 Moncriff 的装有填料的升流式反应器;③1895 年,英国设计的化粪池(Septic Tank);④1905 年,德国的 Imhoff 池(又称隐化池、双层沉淀池)等。

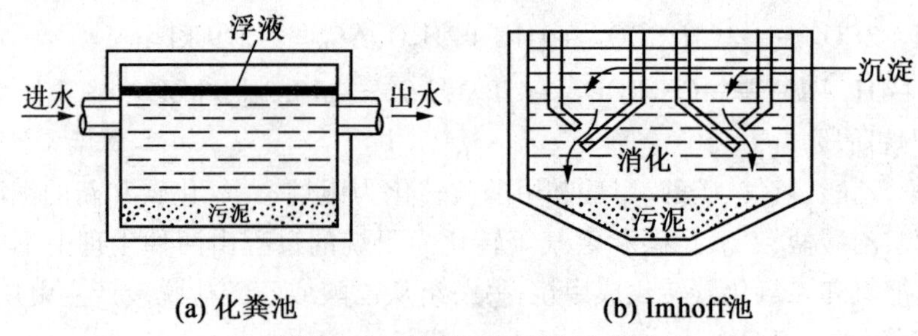

图 12.42　早期厌氧生物反应器

这些早期的厌氧生物反应器的共同特点是:

①处理废水的同时,也处理从废水中沉淀下来的污泥。

②由于废水与污泥不分隔而影响出水水质。

③双层沉淀池则有了很大改进,有上层沉淀池和下层消化池。

④停留时间很长,出水水质也较差。

⑤后两种反应器曾在英、美、德、法等国得到广泛推广,在我国目前仍有应用。

12.4.3　现代高速厌氧生物反应器

1955 年,Schroepter 提出了厌氧接触法,主要是在好氧活性污泥法的基础上,在高速消化池之后增设二沉池和污泥回流系统,并将其应用于有机废水的处理,处理能力提高,标志着厌氧技术应用于有机废水处理的开端。

随后又相继出现了厌氧生物滤池(AF)、上流式厌氧污泥床反应器(UASB)、厌氧附着膜膨胀床反应器(AAFEB)、厌氧流化床(AFB)等高效厌氧反应器。这些厌氧反应器主要具有如下特点:微生物不是呈悬浮生长状态,而是呈附着生长;有机容积负荷大大提高,水力停留时间显著缩短;首先应用于高浓度有机工业废水的处理,如食品工业废水、酒精工业废水、发酵工业废水、造纸废水、制药工业废水、屠宰废水等;也有应用于城市废水的处理;如果与好氧生物处理工艺进行串联或组合,还可以同时实现脱氮和除磷;并对含有难降解有机物的工业废水具有较好的处理效果。

1. 厌氧接触法

图 12.43 为厌氧接触法的工艺流程。

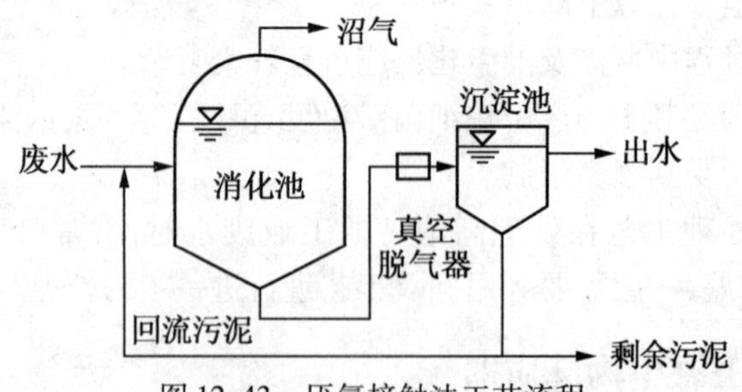

图 12.43　厌氧接触法工艺流程

从图 12.43 可看出,厌氧接触法工艺的最大的特点是污泥回流。由于增加了污泥回流,就使得消化池的水力停留时间与固体停留时间得以分离,即整个系统的污泥龄为

$$\theta_c = \frac{VX}{(Q - Q_w)X_e + Q_w X_w}$$

式中，Q_w 为作为剩余污泥排放的污泥量；V 为曝气池体积；X_w 为剩余污泥的浓度；X_e 为排放处理水中的悬浮固体浓度。

在厌氧生物处理工艺中，由于厌氧细菌生长缓慢，基本可以做到不从系统中排放剩余污泥，则 $Q_w=0$，则有

$$\theta_c=\frac{VX}{QX_e}=\mathrm{HRT}\cdot\frac{X}{X_e}$$

对于普通高速厌氧消化池，由于其 $X_e=X$，所以其 $\theta_c=\mathrm{HRT}$，因此在中温条件下，为了满足产甲烷菌的生长繁殖，SRT 要求为 20～30 d，因此高速厌氧消化池的 HRT 为 20～30 d。对于厌氧接触法，由于 $X\gg X_e$，所以 HRT≪SRT；而且 X 越大，X_e 越小，则 HRT 可以越短。

与普通厌氧消化池相比，厌氧接触法的特点有：

①污泥浓度高，一般为 5～10 gVSS/L，抗冲击负荷能力强。

②有机容积负荷高，中温时，COD 负荷 1～6 kgCOD/(m^3·d)，去除率为 70%～80%；BOD 负荷为 0.5～2.5 kgBOD/(m^3·d)，去除率为 80%～90%。

③出水水质较好。

④增加了沉淀池、污泥回流系统及真空脱气设备，流程较复杂。

⑤适合于处理悬浮物和有机物浓度均很高的废水。

在厌氧接触法工艺中，最大的问题是污泥的沉淀，因为厌氧污泥上一般总是附着有小的气泡，且由于污泥在二沉池中还具有活性，还会继续产生沼气，有可能导致已下沉的污泥上浮。

因此，必须采用有效的改进措施，主要有以下两种：①真空脱气设备（真空度为 500 mmH_2O）；②增加热交换器，使污泥骤冷，暂时抑制厌氧污泥的活性。

2. 厌氧生物滤池

(1)工艺特征与主要形式

20 世纪 60 年代末，美国的 Young 和 McCarty 首先开发出厌氧生物滤池。1972 年以后，一批生产规模的厌氧生物滤池投入运行，它们所处理的废水的 COD 质量浓度范围较宽，为 300～85 000 mg/L，处理效果良好，运行管理方便。与好氧生物滤池相似，厌氧生物滤池是装填有滤料的厌氧生物反应器，在滤料的表面形成以生物膜形态生长的微生物群体，在滤料的空隙中则截留大量悬浮生长的厌氧微生物，废水通过滤料层向上流动或向下流动时，废水中的有机物被截留、吸附及分解转化为 CH_4 和 CO_2 等。

根据废水在厌氧生物滤池中流向的不同，可分为升流式厌氧生物滤池、降流式厌氧生物滤池和升流式混合型厌氧生物滤池 3 种形式，分别如图 12.44 所示。

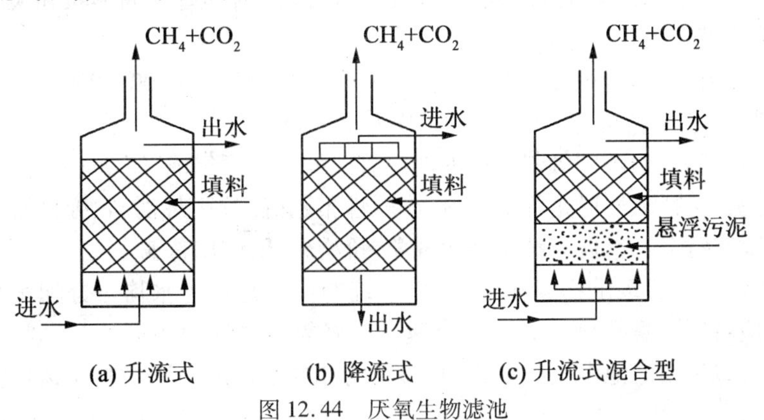

图 12.44　厌氧生物滤池

从工艺运行的角度，厌氧生物滤池具有以下特点：

①厌氧生物滤池中的厌氧生物膜的厚度为 1 ~ 4 mm。

②与好氧生物滤池一样，其生物固体浓度沿滤料层高度而有变化。

③降流式较升流式厌氧生物滤池中的生物固体浓度的分布更均匀。

④厌氧生物滤池适合于处理多种类型、浓度的有机废水，其有机负荷为 0.2 ~ 16 kgCOD/(m^3 · d)。

⑤当进水 COD 浓度过高(> 8 000 mg/L 或 12 000 mg/L)时，应采用出水回流的措施：减少碱度的要求；降低进水 COD 浓度；增大进水流量，改善进水分布条件。

与传统的厌氧生物处理工艺相比，厌氧滤池的突出优点是：

①生物固体浓度高，有机负荷高。

②SRT 长，可缩短 HRT，耐冲击负荷能力强。

③启动时间较短，停止运行后的再启动也较容易。

④无需回流污泥，运行管理方便。

⑤运行稳定性较好。

(2)厌氧生物滤池的组成

厌氧生物滤池主要由滤料、布水系统及沼气收集系统组成。

①滤料。滤料是厌氧生物滤池的主体，其主要作用是提供微生物附着生长的表面及悬浮生长的空间。因此，其应具备下列条件：

a. 比表面积大，以利于增加厌氧生物滤池中的生物量。

b. 孔隙率高，以截留并保持大量悬浮微生物，同时也可防止堵塞。

c. 表面粗糙度较大，以利于厌氧细菌附着生长。

d. 其他方面，如机械强度高、化学和生物学稳定性好、质量轻、价格低廉等。

很多研究者对多种不同的滤料进行过研究，但所得出的结论也不尽相同，如有人认为滤料的孔隙率更重要，即他们认为厌氧生物滤池中悬浮细菌所起的作用更大；也有人认为滤料最重要的特性是粗糙度、孔隙率以及孔隙大小。

在厌氧滤池中经常使用的滤料有多种，可以简单分为以下几种：

a. 实心块状滤料：30 ~ 45 mm 的碎块，比表面积和孔隙率都较小，分别为 40 ~ 50 m^2/m^3 和 50% ~ 60%。这样的厌氧生物滤池中的生物浓度较低，有机负荷也低，仅为 3 ~ 6 kg COD/(m^3 · d)，易发生局部堵塞，产生短流。

b. 空心块状滤料：多用塑料制成，呈圆柱形或球形，内部有不同形状和大小的孔隙，比表面积和孔隙率都较大。

c. 管流型滤料：包括塑料波纹板和蜂窝填料等，比表面积为 100 ~ 200 m^2/m^3，孔隙率可达 80% ~ 90%，有机负荷可达 5 ~ 15 kg COD/(m^3 · d)。

d. 交叉流型滤料：由不同倾斜方向的波纹管或蜂窝管所组成，倾斜角一般为 60°。

e. 纤维滤料：包括软性尼龙纤维滤料、半软性聚乙烯、聚丙烯滤料、弹性聚苯乙烯填料；比表面积和孔隙率都较大，偶有纤维结团现象，价格较低，应用普遍。

②布水系统。在厌氧生物滤池中，布水系统的作用是将进水均匀分配于全池，因此在设计计算时，应特别注意孔口的大小和流速。与好氧生物滤池不同的是，因为需要收集所产生的沼气，厌氧生物滤池多是封闭式的，即其内部的水位应高于滤料层，将滤料层完全淹没。其中升流式厌氧生物滤池的布水系统应设置在滤池底部，这种形式在实际应用中较为

普遍，一般滤池的直径为 6 ~ 26 m，高为 3 ~ 13 m；而降流式厌氧生物滤池的水流方向正好与之相反；升流式混合型厌氧生物滤池的特点是减小滤料层的厚度，并留出一定空间，以便悬浮状态的颗粒污泥在其中生长和累积。

③沼气收集系统。厌氧生物滤池的沼气收集系统基本与厌氧消化池的类似。

3. 升流式厌氧污泥层（床）（UASB）反应器

升流式厌氧污泥层（床）反应器 Upflow Anaerobic Sludge Blanket（Bed）Reactor，UASB），是由荷兰 Wageningen 农业大学的 Gatze Lettinga 教授于 20 世纪 70 年代初开发出来的。

（1）UASB 反应器的基本原理

UASB 的原理如图 12.45 所示。

从图 12.45 可以看出，UASB 反应器具有以下主要工艺特征：

①在反应器的上部设置了气、固、液三相分离器。

②在反应器底部设置了均匀布水系统。

③反应器内的污泥能形成颗粒污泥，颗粒污泥的特点是：直径为 0.1 ~ 0.5 cm，湿比重为 1.04 ~ 1.08，具有良好的沉降性能和很高的产甲烷活性。

上述工艺特征使得 UASB 反应器与前面已经介绍的两种厌氧工艺——厌氧接触法以及厌氧生物滤池相比，具有以下的主要特点：

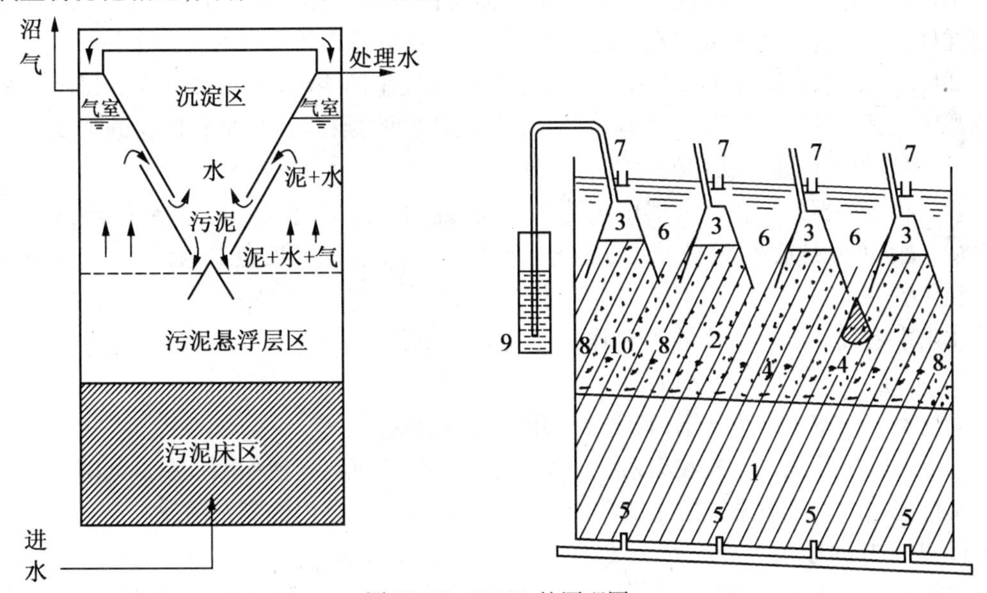

图 12.45　UASB 的原理图

1—污泥区；2—悬浮区；3—气室；4—悬浮污泥；
5—进水管；6—出水区；7—出水管；8—回流污泥；9—液封；10—沼气

①污泥的颗粒化使反应器内的平均浓度为 50 gVSS/L 以上，污泥龄一般为 30 d 以上。

②反应器的水力停留时间相应较短。

③反应器具有很高的容积负荷。

④不仅适合于处理高、中浓度的有机工业废水，也适合于处理低浓度的城市污水。

⑤UASB 反应器集生物反应和沉淀分离于一体，结构紧凑。

⑥无需设置填料，节省了费用，提高了容积利用率。

⑦一般也无需设置搅拌设备,上升水流和沼气产生的上升气流起到搅拌的作用。

⑧构造简单,操作运行方便。

(2)UASB 反应器的组成

UASB 反应器的主要组成部分包括进水配水系统、反应区、三相分离器、出水系统、气室、浮渣收集系统、排泥系统等,如图 12.46 所示。

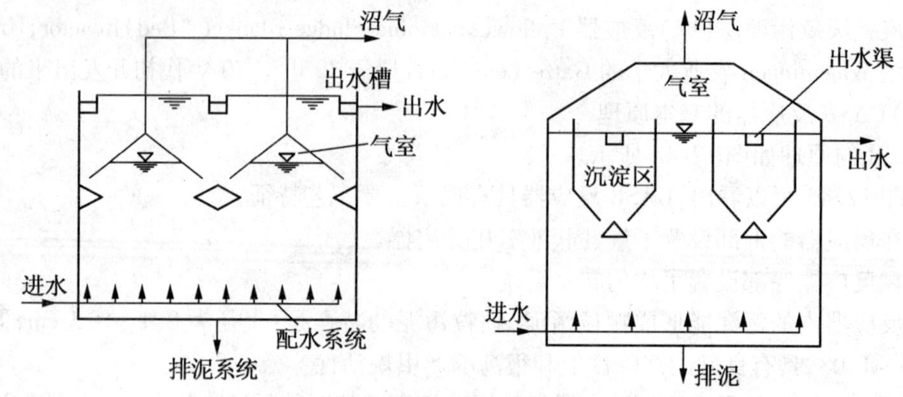

图 12.46　UASB 的结构

①进水配水系统。其功能主要有两个方面:将废水均匀地分配到整个反应器的底部;水力搅拌。一个有效的进水配水系统是保证 UASB 反应器高效运行的关键之一。

②反应区。反应区是 UASB 反应器中生化反应发生的主要场所,又分为污泥床区和污泥悬浮区。其中的污泥床区主要集中了大部分高活性的颗粒污泥,是有机物的主要降解场所;而污泥悬浮区则是絮状污泥集中的区域。

③三相分离器。三相分离器由沉淀区、回流缝和气封等组成。其主要功能有:将气体(沼气)、固体(污泥)、和液体(出水)分开;保证出水水质;保证反应器内污泥量;有利于污泥颗粒化。

④出水系统。出水系统的主要作用是将经过沉淀区后的出水均匀收集,并排出反应器。

⑤气室。气室也称集气罩,其主要作用是收集沼气。

⑥浮渣收集系统。浮渣收集系统的主要功能是清除沉淀区液面和气室液面的浮渣。

⑦排泥系统。排泥系统的主要功能是均匀地排除反应器内的剩余污泥。

(3)UASB 的形式

一般来说,UASB 反应器主要有两种形式,即开敞式 UASB 反应器和封闭式 UASB 反应器。

①开敞式 UASB 反应器。开敞式 UASB 反应器的顶部不加密封,或仅加一层不太密封的盖板。多用于处理中低浓度的有机废水,其构造较简单,易于施工安装和维修。

②封闭式 UASB 反应器。封闭式 UASB 反应器的顶部加盖密封,这样在 UASB 反应器内的液面与池顶之间形成气室。主要适用于高浓度有机废水的处理,这种形式实际上与传统的厌氧消化池有一定的类似,其池顶也可以做成浮动盖式。

在实际工程中,UASB 的断面形状一般可以做成圆形或矩形,一般来说矩形断面便于三相分离器的设计和施工。UASB 反应器的主体常为钢结构或钢筋混凝土结构,一般不在反应器内部直接加热，而是将进入反应器的废水预先加热，而UASB反应器本身多采用保温措施。反应器内壁必须采取防腐措施，因为在厌氧反应过程中肯定会有较多的硫化氢或其他具有强腐蚀性的物质产生。

4. 其他厌氧生物处理工艺

（1）厌氧膨胀床和厌氧流化床

①基本原理。如图12.47所示，在厌氧反应器内添加固体颗粒载体，常用的有石英沙、无烟煤、活性炭、陶粒和沸石等，粒径一般为0.2～1 mm。一般需要采用出水回流的方法使载体颗粒在反应器内膨胀或形成流化状态。一般将床体内载体略有松动，载体间空隙增加但仍保持互相接触的反应器称为膨胀床反应器。将上升流速增大到可以使载体在床体内自由运动而互不接触的反应器称为流化床反应器。

②主要特点。膨胀床或流化床的主要优点是：细颗粒的载体为微生物的附着生长提供了较大的比表面积，使床内的微生物浓度很高（一般可达30 gVSS/L）；具有较高的有机容积负荷（10～40 kgCOD/(m^3·d)），水力停留时间较短；具有较好的耐冲击负荷的能力，运行较稳定；载体处于膨胀或流化状态，可防止载体堵塞；床内生物固体停留时间较长，运行稳定，剩余污泥量较少；既可应用于高浓度有机废水的处理，也应用于低浓度城市废水的处理。

膨胀床或流化床的主要缺点是：载体的流化耗能较大；系统设计运行的要求也较高。

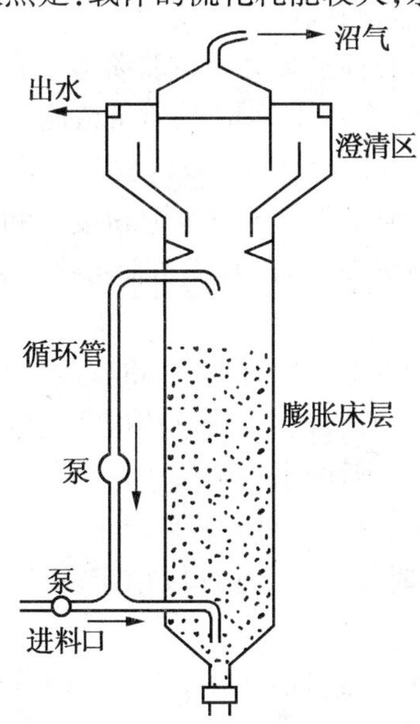

图12.47　厌氧膨胀床和流化床

③影响生物浓度的主要因素。厌氧膨胀床或流化床中的微生物浓度与载体粒径和密度、上升流速、生物膜厚度和孔隙率等有关（图12.48）。在一定的上升流速、生物膜厚度，不同载体粒径时，微生物浓度也不同；对于不同生物膜厚度，有一个污泥量最大的载体粒径；载体的物理性质对流化床的特性也有影响，例如，颗粒粒径过大时，颗粒自由沉降速度大，为保证一定的接触时间必须增加流化床的高度；水流剪切力大，生物膜易于脱落；比表面积较小，容积负荷低；但过小时，则操作运行较困难。

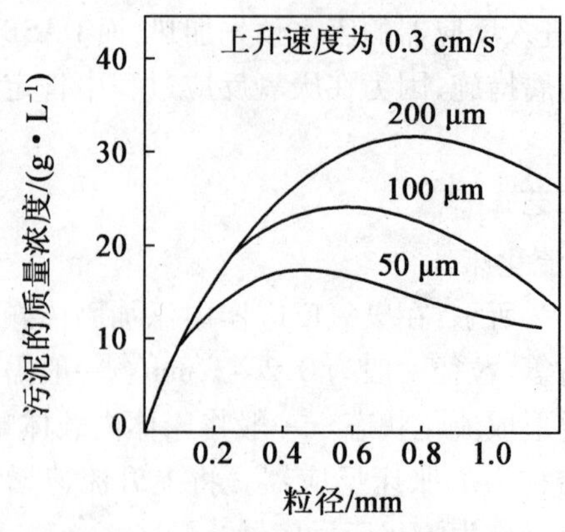

图 12.48　污泥浓度与粒径的关系

(2)厌氧生物转盘

①基本原理。厌氧生物转盘的基本原理与好氧生物转盘类似,只是在厌氧生物转盘中,所有转盘盘片均完全浸没在废水中,处于厌氧状态。

②主要特点。厌氧生物转盘主要特点是:微生物浓度高,有机负荷高,水力停留时间短;废水沿水平方向流动,反应槽高度小,节省了提升高度;一般不需回流;不会发生堵塞,可处理含较高悬浮固体的有机废水;多采用多级串联,厌氧微生物在各级中分级,处理效果更好;运行管理方便;但盘片的造价较高。

③应用情况。厌氧生物转盘目前还多处于试验阶段。在国外有研究者针对多种废水,如牛奶废水、奶牛粪、生活污水等,在进水 TOC 的质量浓度为 110 ~6 000 mg/L 的范围内进行研究,结果表明,厌氧生物转盘对废水中 TOC 的去除率可达 60% ~80%,有机负荷可达 20 g TOC/(m^3 · d);在国内也有研究者对于玉米淀粉废水和酵母废水进行了研究,结果表明,其 COD 的去除率可达 70% ~90%,有机容积负荷可高达 30 ~70 g COD/(m^3 · d)。

(3)厌氧挡板折流器

①基本原理。在反应器中设置多个垂直挡板,将反应器分隔为数个上向流和下向流的小室,使废水循序流过这些小室。有人认为,厌氧挡板式反应器相当于多个 UASB 反应器的串联;当废水浓度过高时,可将处理后的出水回流。

②主要特点。与厌氧生物转盘相比,可省去转动装置;与 UASB 相比,可不设三相分离器而截流污泥;反应器启动运行时间较短,远行较稳定;不需设置混合搅拌装置;不存在污泥堵塞问题。

③应用情况。厌氧挡板式反应器目前还多处于小试阶段,美国 McCarty 的研究结果见表 12.7。

表 12.7　研究结果

数据组	1	2	3	4
进水 COD 的质量浓度/($g \cdot L^{-1}$)	7.3	7.6	8.1	8.3
水力负荷/($m^3 \cdot (m^3 \cdot d)^{-1}$)	0.5	1.1	1.1	1.3
回流比	0.0	0.4	2.3	2.0
有机物负荷/(kg COD · $(m^3 \cdot d)^{-1}$)	3.5	8.3	9.0	10.6

续表 12.7

数据组	1	2	3	4
COD 去除率/%	90	82	78	91
产气率/($m^3 \cdot (m^3 \cdot d)^{-1}$)	2.3	4.5	4.3	6.9
甲烷含量/%	70	56	56	53
出水挥发酸的质量浓度/($g \cdot L^{-1}$)	0.34	0.8	0.7	0.4

美国夏威夷大学应用平流式挡板厌氧反应器处理养猪场废水,当温度为 30 ℃,进水 COD 的质量浓度为 1 190 ~4 580 mg/L,容积负荷为 2.5 ~8.5 kg COD/($m^3 \cdot d$),HRT 为 0.25 ~5 d,COD 向去除率可达 80%。

(4)两相厌氧消化工艺

两相厌氧消化工艺的基本工艺流程如下:

进水⟶[产酸相]⟶[产甲烷相]⟶出水

在两相厌氧工艺中,最本质的特征是实现相的分离,方法主要有:

①化学法。投加抑制剂或调整氧化还原电位,抑制产甲烷菌在产酸相中的生长。

②物理法。采用选择性的半透明膜使进入两个反应器的基质有显著的差别,以实现相的分离。

③动力学控制法。利用产酸菌和产甲烷菌在生长速率上的差异,控制两个反应器的水力停留时间,使产甲烷菌无法在产酸相中生长。目前应用最多的相分离的方法是动力学控制法。但实际上,很难做到相的完全分离。

接触厌氧-升流式污泥床两相厌氧消化工艺流程图如图 12.49 所示。与常规单相厌氧生物处理工艺相比,两相厌氧工艺主要具有以下优点:

①有机负荷比单相工艺明显提高。

②产甲烷相中的产甲烷菌活性得到提高,产气量增加。

③运行更加稳定,承受冲击负荷的能力较强。

④当废水中含有 SO_4^{2-} 等抑制物质时,其对产甲烷菌的影响由于相的分离而减弱。

⑤对于复杂有机物(如纤维素等),可以提高其水解反应速率,因而提高了其厌氧消化的效果。

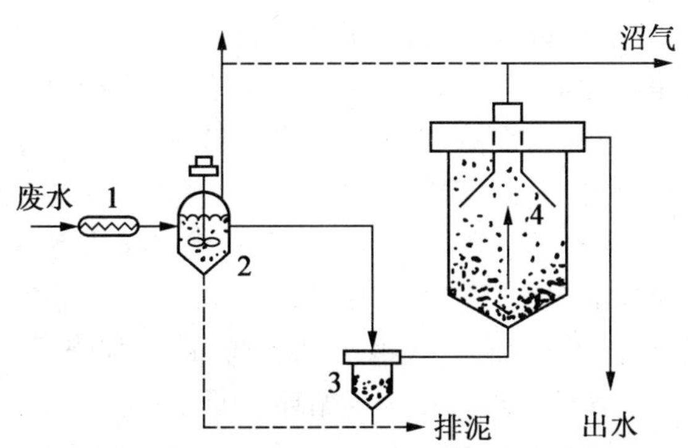

图 12.49　接触厌氧-升流式污泥床两相厌氧消化工艺流程图

1—热交换器;2—水解产酸罐;3—沉淀分离罐;4—产甲烷罐

12.4.4 厌氧生物处理工艺的新进展

1. 厌氧内循环(IC)反应器

内循环(IC)厌氧反应器是在UASB反应器的基础上发展起来的高效厌氧反应器,它被两层三相分离器分隔成为第一反应区、第二反应区、沉淀区以及气液分离器,通过升流管、降流管将第一反应区气液分离器相连,其基本结构示意图如图12.50所示。

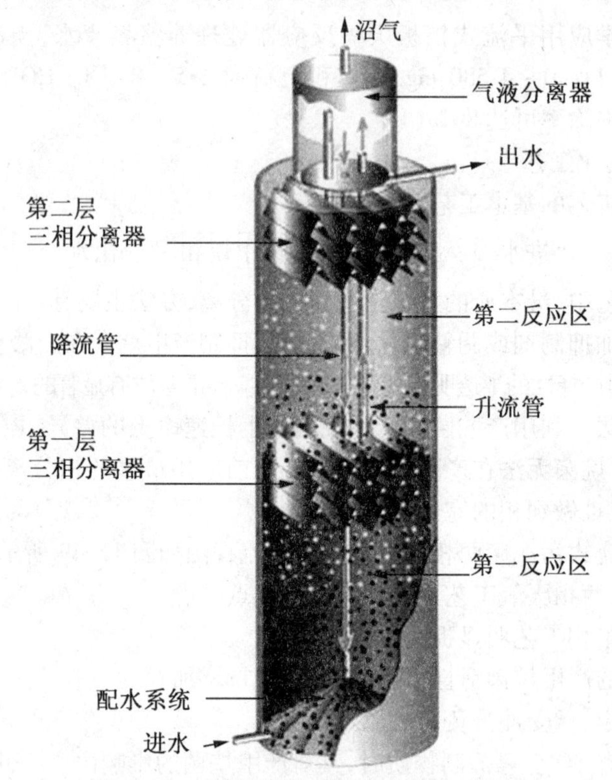

图12.50 内循环厌氧反应器的结构示意图

内循环(IC)厌氧反应器的循环流体是由废水、沼气和厌氧颗粒污泥等组成的混合物。进水与颗粒污泥在第一反应区内混合、接触并发生厌氧反应,其中大部分有机物在此被转化为沼气,沼气被位于第一反应区上部的第一层三相分离器收集,致使与第一层三相分离器相连的升流管内的混合液的密度减小,在密度差的作用下,升流管内的流体向上流动进入气液分离器。在气液分离器中,大部分沼气从液相中逸出,使混合液的密度增加,因此脱气后的混合液会从气液分离器通过降流管回流到第一反应区的底部,再与进水和颗粒污泥混合,至此完成了一次完整的内循环。在内循环(IC)厌氧反应器中,内循环的出现使第一反应区内的水力上升流速大大增加,一般可达10~20 m/h,加强了其中颗粒污泥与废水中基质的混合、接触和反应的速率。经过多次内循环后的废水会由第一反应区的顶部进入第二反应区。由于在第二反应区内,不再存在内循环,因此其中的水力上升流速会明显降低,但一般也可达到2~10 m/h。在第二反应区内,残留在废水中的部分基质会继续与其中的厌氧颗粒污泥反应生化反应,并被进一步转化为沼气。同时,由于第二反应区内的水力上升流速较低,而且进入该反应区的沸石中所残留的基质较少,因此在该反应区内的沼气产量也较低，因此第二反应区还能起到第一反应区与沉淀区之间的缓冲段的作用，对于防止污泥流失，增加反应器的运行稳定性等方面起重要的作用。

在内循环(IC)厌氧反应器中，内循环的形成是其最关键的特征，也是其与 UASB 反应器的最大区别，是其能够在“超高”容积负荷下高效运行的基础。内循环的功能主要有以下 3 点：

①内循环的流量很大，使得第一反应区的水力上升流速很高，增加了第一反应区内的混合强度，强化了废水中有机物与颗粒污泥之间的传质效果。

②对进水具有很好的稀释作用，提高了反应器对进水冲击负荷的抵抗能力。

③内循环的形成还有利于提高反应器内的碱度，有助于在反应器内维持稳定的 pH 值，可减少在进水中所需要的投碱量。

综上所述，内循环(IC)厌氧反应器实际上是由两个上下重叠的 UASB 反应器串联而组成的，由下部的第一个 UASB 反应器产生的沼气作为提升混合液的内动力，使部分混合液通过升流管上升至气液分离器，脱气后的混合液再通过降流管回流到第一反应区的底部，由此实现了第一反应区内混合液的内循环，使废水获得了强化预处理。上部的第二个 UASB 反应器对废水继续进行后处理，使出水达到预期的处理要求。

2. 厌氧膨胀颗粒污泥床(EGSB)反应器

EGSB 反应器是对 UASB 反应器的改进，与 UASB 反应器相比，它们最大的区别是在于反应器内液体上升流速的不同。在 UASB 反应器中，水力上升流速 V_{up} 一般小于 1 m/h，污泥床更像一个静止床，而 EGSB 反应器通过采用出水循环，其 V_{up} 一般可超过 5 ~ 10 m/h，所以整个颗粒污泥床是膨胀的。EGSB 反应器这种独有的特征使它可以进一步向空间化方向发展，反应器的高径比可高达 20 或更高。因此对于相同容积的反应器而言，EGSB 反应器的占地面积大为减少，同时出水循环的采用也使反应器所能承受的容积负荷大大增加，最终可减少反应器的体积。除反应器主体外，EGSB 反应器的主要组成部分有进水分配系统、气 - 液 - 固三相分离器以及出水循环部分，其结构图如图 12.51 所示。

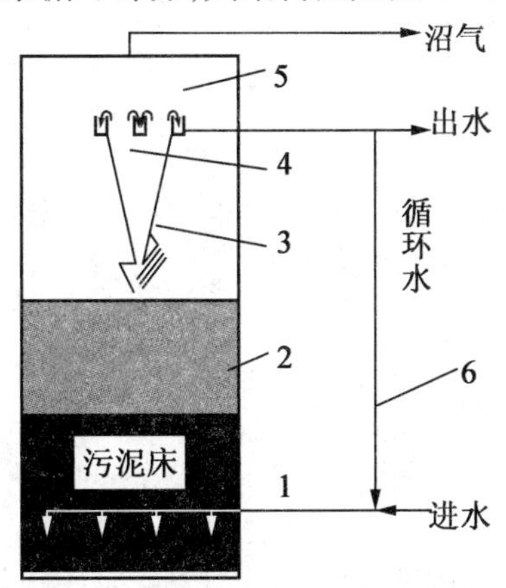

图 12.51　EGSB 反应器结构示意图

1—配水系统；2—反应区；3—三相分离器；4—沉淀区；5—出水系统；6—出水循环部分

进水分配系统的主要作用是将进水均匀地分配到整个反应器底部，并产生一个均匀的上升流速。与 UASB 反应器相比，EGSB 反应器由于高径比更大，其所需要的配水面积会较小;同时又采用了出水循环,其配水孔口的流速会更大,因此其配水系统更容易保证配水均匀。

三相分离器仍然是EGSB反应器最关键的构造,其主要作用是将出水、沼气、污泥三相进行有效分离,使污泥在反应器内有效持留。与UASB反应器相比,EGSB反应器内的液体上升流速大得多,因此必须对三相分离器进行特殊改进,改进方法有以下几种。

①增加一个可以旋转的叶片,在三相分离器底部产生一股向下水流,有利于污泥的回流。

②采用筛鼓或细格栅,可以截留细小颗粒污泥。

③在反应器内设置搅拌器,使气泡与颗粒污泥分离。

④在出水堰处设置挡板,以截留颗粒污泥。

EGSB反应器的出水循环部分的主要目的是提高反应器内的液体上升流速,使颗粒污泥床层充分膨胀,污水与微生物之间充分接触,加强传质效果,还可以避免反应器内死角和短流的产生。

第 13 章　废水深度处理技术

13.1　污水的生物脱氮处理技术

随着城市化和工业化程度的不断提高以及化肥和农药的广泛使用,氮、磷营养物质引起的水体富营养化问题日益突出。大量的有机物和氮磷营养物进入江河湖海,使水环境污染和水体富营养化日益严重。水体富营养化引起水中藻类的过量繁殖,降低了水的透明度,使水带有异味,造成水中溶解氧的降低。某些藻类产生毒素危害水生生物,影响人类健康,破坏水生生态环境。因此选择适宜的脱氮除磷技术在污水处理中变得日益重要。

13.1.1　水处理中生物脱氮基本原理

进行生物脱氮可分为氨化、消化、反消化 3 个步骤。由于氨化反应速度很快,在一般废水处理设施中均能完成,故生物脱氮的关键在于消化和反消化。生物脱氮是在微生物的作用下,将有机氮和 NH_3-N 转化为 N_2 和 N_xO 气体的过程。

废水中存在着有机氮、NH_3-N、NO_xN 等形式的氮,而其中以 NH_3-N 和有机氮为主要形式。在生物处理过程中,有机氮被异养微生物氧化分解,即通过氨化作用转化为成 NH_3-N,而后经消化过程转化变为 NO_xN,最后通过反消化作用使 NO_xN 转化成 N_2 而逸入大气。

1. 氨化作用

氨化作用是指将有机氮化合物转化为 NH_3-N 的过程,也称为矿化作用。参与氨化作用的细菌称为氨化细菌。在自然界中,它们的种类很多,主要有好氧性的荧光假单胞菌和灵杆菌、兼性的变形杆菌和厌氧的腐败梭菌等。在好氧条件下,主要有两种降解方式,一种是氧化酶催化下的氧化脱氨。例如,氨基酸生成酮酸和氨,其反应式为

$$\underset{\text{丙氨酸}}{CH_3CH(NH_3)COOH} \longrightarrow \underset{\text{亚氨基丙酸法}}{CH_3C(NH_2)COOH} \longrightarrow \underset{\text{丙酮酸}}{CH_3COCOOH} + NH_3$$

另一种是某些好氧菌,在水解酶的催化作用下能水解脱氮反应。例如,尿素能被许多细菌水解产生氨,分解尿素的细菌有尿八联球菌和尿素芽孢杆菌等,它们是好氧菌,其反应式为

$$(NH_2)_2CO + 2H_2O \longrightarrow 2NH_3 + CO_2 + H_2O$$

在厌氧或缺氧的条件下,厌氧微生物和兼性厌氧微生物对有机氮化合物进行还原脱氨、水解脱氨和脱水脱氨 3 种途径的氨化反应。其反应式为

$$RCH(NH_2)COOH \longrightarrow RCH_2COOH + NH_3$$

$$CH_3CH(NH_2)COOH \longrightarrow CH_3CH(OH)COOH + NH_3$$

$$CH_2(OH)CH(NH_2)COOH \longrightarrow CH_3COCOOH + NH_3$$

2. 消化作用

消化作用是指将 NH_3-N 氧化为 NO_x-N 的生物化学反应，这个过程由亚硝酸菌和硝酸菌共同完成，包括亚消化反应和消化反应两个步骤。该反应历程如下。

亚消化反应：　$NH_3+\frac{3}{2}O_2 \longrightarrow NO_2^- + H^+ + H_2O + 273.5\ kJ$

消化反应：　$NO_2^- + \frac{1}{2}O_2 \longrightarrow NO_3^- + 73.19\ kJ$

总反应式：　$NH_3 + 2O_2 \longrightarrow NO_3^- + H^+ + H_2O + 346.69\ kJ$

亚硝酸菌有亚硝酸单胞菌属、亚硝酸螺杆菌属和亚硝酸球菌属。硝酸菌有硝酸杆菌属和硝酸球菌属。亚硝酸菌和硝酸菌统称为消化菌。发生消化反应时，细菌分别从氧化 NH_3-N 和 NO_2-N 的过程中获得能量，碳源来自无机碳化合物，如 CO_3^{2-}、HCO_3^-、CO_2 等。假定细胞的组成为 $C_5H_7NO_2$，则消化菌合成的化学计量关系如下。

亚消化反应：　$15CO_2 + 13NH_3 \longrightarrow 10NH_2^- + 3C_5H_7NO_2 + 22H^+ + 4H_2O$

消化反应：　$5CO_2 + NH_3 + 10NO_3^- \longrightarrow 10NO_3^- + C_5H_7NO_2$

在综合考虑了氧化合成后，实际应用中的消化反应总方程式为

$NH_3 + 1.86O_2 + 0.98HCO_3^- \longrightarrow 0.02C_5H_7NO_2 + 1.04H_2O + 0.98NO_3^- + 0.88H_2CO_3$

由上式可以看出消化过程的 3 个重要特征：

①NH_3 的生物氧化需要大量的氧，大约每去除 1g 的 NH_3-N 需要 4.2 g O_2。

②消化过程细胞产率非常低，难以维持较高物质浓度，特别是在低温的冬季。

③消化过程中产生大量的质子（H^+），为了使反应能顺利进行，需要大量的碱中和，理论上大约为每氧化 1g 的 NH_3-N 需要碱度 5.57g（以 $NaCO_3$ 计）。

3. 反消化作用

反消化作用是指在厌氧或缺氧（$DO<0.3 \sim 0.5$ mg/L）条件下，NO_x-N 及其他氮氧化物被用作电子受体被还原为氮气或氮的其他气态氧化物的生物学反应，这个过程由反消化菌完成。反应历程为

$$NO_3^- \longrightarrow NO_2^- \longrightarrow NO \longrightarrow N_2O \longrightarrow N_2$$

$$NO_3^- + 5[H] \longrightarrow \frac{1}{2}N_2 + 2H_2O + OH^-$$

$$NO_2^- + 3[H] \longrightarrow \frac{1}{2}N_2 + H_2O + OH^-$$

[H]可以是任何能提供电子，且能还原 NO_x-N 为氮气的物质，包括有机物、硫化物、H^+ 等。进行这类反应的细菌主要有变形杆菌属、微球菌属、假单胞菌属、芽孢杆菌属、产碱杆菌属、黄杆菌属等兼性细菌，它们在自然界中广泛存在。有分子氧存在时，利用 O_2 作为最终电子受体，氧化有机物，进行呼吸；无分子氧存在时，利用 NO_x-N 进行呼吸。研究表明，这种利用分子氧和 NO_x-N 之间的转换很容易进行，即使频繁交换也不会抑制反消化的进行。

大多数反消化菌能进行反消化的同时将 NO_x-N 同化为 NH_3-N 而供给细胞合成之用，这也就是所谓的同化反消化。只有当 NO_x-N 作为反消化菌唯一可利用的氨源时，NO_x-N 同化代谢才可能发生。如果废水中同时存在 NH_3-N，则反消化菌可有限地利用

NH_3-N 进行合成。

4. 同化作用

在生物脱氮过程中，废水中的一部分氮（NH_3-N 或有机氮）被同化为异养生物细胞的组成部分。微生物细胞采用 $C_{60}H_{87}O_{23}N_{12}P$ 来表示，按细胞的干重量计算，微生物细胞中氮含量约为 12.5%。虽然微生物的内源呼吸和溶胞作用会使一部分细胞的氮又以有机氮和 NH_3-N 形式回到废水中，但仍存在于微生物的细胞及内源呼吸残留物中的氮可以在二沉池中得以从废水中去除。

13.1.2　生物脱氮工艺

1. 传统生物脱氮流程

传统的生物脱氮流程是三级活性污泥系统，在此流程中，含碳有机物的氧化和含氮有机物的氨化、氨氮的消化及硝酸盐的反消化分别在 3 个构筑物内进行，并维持各自独立的污泥回流系统，如图 13.1 所示。

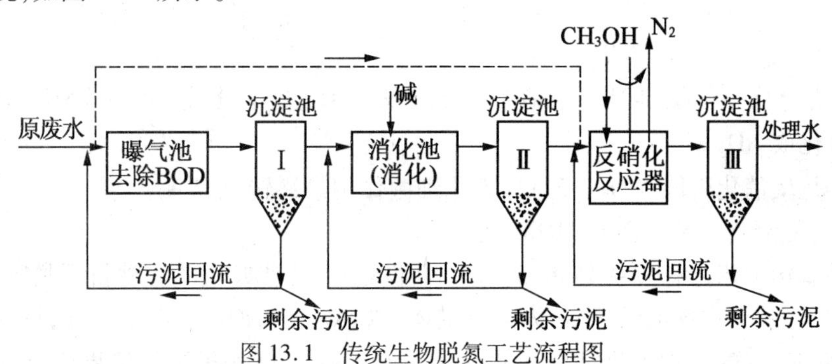

图 13.1　传统生物脱氮工艺流程图

这种流程的优点是：好氧菌、消化菌和反消化菌分别生长在不同的构筑物内，并可维持各自最适宜的生长环境，所以反应速度快，可以得到相当好的 BOD_5 去除效果和脱氮效果。另外，不同性质的污泥分别在不同的沉淀池中得到沉淀分离，而且拥有各自独立的污泥回流系统，所以运行的灵活性和适应性较好。其缺点是：流程长、构筑物多，外加甲醇为碳源使运行费用较高，出水中往往会残留一定量的甲醇。

为克服三级活性污泥脱氮系统的缺点，可以对其进行各种改进。图 13.1（Ⅱ）所示的二级活性污泥脱氮系统，就是将好氧曝气池和消化池合二为一，使含碳有机物的氧化和含氮有机物的氨化、氨氮的消化合并在一个构筑物内进行。图 13.1（Ⅲ）所示的流程将部分原污水引入反消化池作碳源，以省去外加碳源，降低消化池的负荷，节约运行费用。

2. 新型生物脱氮工艺

（1）半消化工艺（SHARON）

SHARON 是由荷兰的 Delft 大学开发的一种新型生物脱氮工艺。该工艺可以采用 CSTR（连续搅拌反应器），适用 NH_4^+-N 浓度（>0.5 g N/L）较高的废水生物脱氮，反应常在 30 ~ 35 ℃中进行。

在碱度足够的条件下，废水中 50% 的 NH_4^+-N 被亚消化细菌氧化为 NO_2-N。反应式为

$$NH_4^+ + HCO_3^- + 0.75O_2 \longrightarrow 0.5NH_4^- + 0.5NO_2^- + CO_2 + 1.5H_2O$$

氨氮的氧化是酸化的过程,因此水体的 pH 值是影响消化反应的重要因子。半消化工艺除了要有足够的 HCO_3^- 碱度外,还要求较高的温度。

当温度高于 25 ℃时:亚消化菌群的世代时间比消化菌群的世代时间短。为使消化反应停留在亚消化阶段,可以控制泥龄将消化菌群清洗出反应器,留下亚消化菌群。出水对 NH_4^+ 要求高时,可在缺氧条件下,用有机物作为电子供体,将亚硝酸盐反消化成 N_2 脱去。

半消化工艺的消化、反消化代谢过程如下:

$$NH_4^+ \xrightarrow{①} NH_2OH \xrightarrow{②} [NOH] \xrightarrow{③} NO_2^- \underset{⑤}{\overset{④}{\rightleftharpoons}} NO_3^-$$

$$NO_2^- \xrightarrow{⑥} NO \xrightarrow{⑦} N_2O \xrightarrow{⑧} N_2$$

①~④是 NH_4^+ 的消化阶段:包括亚消化阶段, NH_4^+ 经氧化形成羟胺(NH_2OH),再经过②、③、④氧化成 NO_3^-。

⑤~⑧是反消化阶段:NO_3^- 经过反消化细菌作用最终转化成 N_2。

(2)厌氧氨氧化工艺(ANAMMOX)

厌氧氨氧化工艺是有荷兰 Delft 大学在 20 世纪 90 年代开发的一种新型脱氮工艺,是指在厌氧条件下,微生物直接以 NH_4^+ 为电子供体,以 NO_3^- 或 NO_2^- 为电子受体,将 NH_4^+、NO_3^- 或 NO_2^- 转变成 N_2 的生物氧化过程。早在 1977 年,Broda 就作出了自然界应该存在反消化氨氧化菌(*denitrifying ammonia oxidizers*)的预言。1994 年,Kuenen 发现某些细菌在消化、反消化中利用 NO_2^- 或 NO_3^- 作电子受体,将 NH_4^+ 氧化成 N_2 和气态氮化物。1995 年,Mulder 等人发现了氨氮的厌氧生物氧化现象。Straous M. 等人用生物固定床和流化床反应器研究了厌氧氨氧化污泥,表明氨氮和硝态氮去除率分别高达 82% 和 99%。

进一步的研究表明,在缺氧条件下,氨氧化菌可以利用 NH_4^+ 或 NH_2OH 作为电子供体将 NO_3^- 或 NO_2^- 还原,NH_2OH、NH_2NH_2、NO 和 N_2O 等为重要的中间产物。氨氧化菌在厌氧条件下,利用 CO_2 作碳源,无需外加有机碳源,无需供氧,以 NH_4^+ 作电子供体,NO_3^- 或 NO_2^- 为电子受体,将水体中的氮转变成 N_2。发生的反应为

$$5NH_4^+ + 3NO_3^- \longrightarrow 4N_2 + 9H_2O + 2H^+$$

$$NH_4^+ + NO_2^- \longrightarrow N_2 + 2H_2O$$

该工艺可将 NH_3-N 的质量浓度从 1 100 mg/L 降到 560 mg/L。在 NH_3-N 和 NO_3^- 的质量浓度为 1 000 mg/L 时不会受到抑制,但在质量浓度为 100 mg/L 的 NO_2^- 条件下,厌氧氨氧化过程会受到抑制。厌氧氨氧化过程是在自养菌作用下完成的,这种自养菌生成速度慢,泥龄长,但产生的剩余污泥量较少。厌氧氨氧化的化学计量方程式为

$$NH_4^+ + 1.31NO_2^- + 0.066HCO_3^- + 0.13H^+ \longrightarrow 1.02N_2 + 0.26NO_3 + 0.066CH_2O_{0.5}N_{0.15} + 2.03H_2O$$

厌氧氨氧化的代谢过程如下:

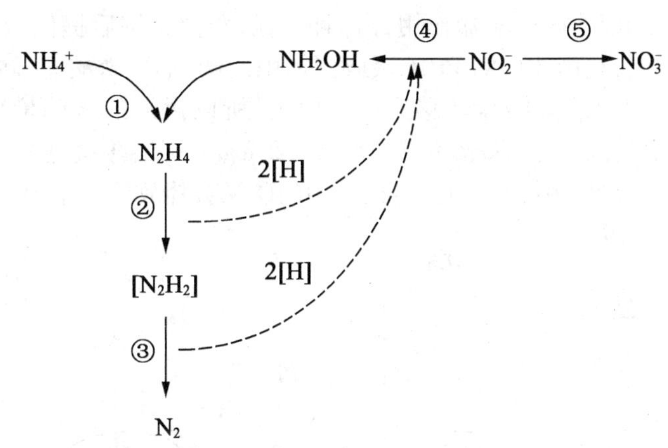

NH_4^+ 与羟胺氧化成联胺，联胺经过两次脱氢氧化（②、③），最终生成 N_2。生成的联胺与 NO_2^- 反应生成羟胺。

(3)半消化－厌氧氨氧化工艺（SHARON－ANAMMOX）

半消化－厌氧氨氧化工艺将前面两种工艺联合起来，在反应系统中，进水总 NH_4^+ 的 50% 在半消化反应器内发生如下反应

$$NH_4^+ + HCO_3^- + 0.75O_2 \longrightarrow 0.5NH_4^+ + 0.5NO_2^- + CO_2 + 1.5H_2O$$

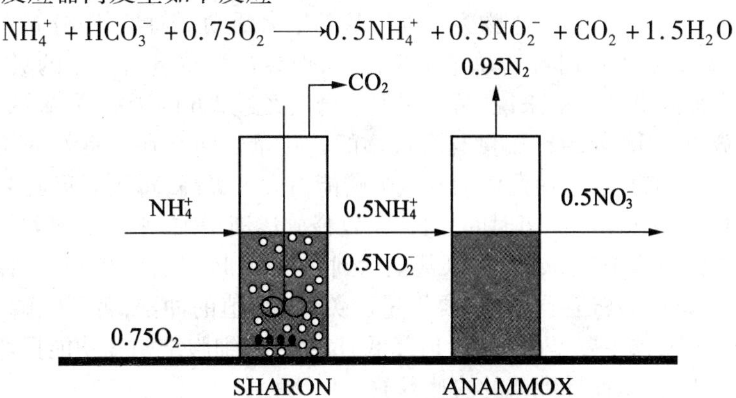

图 13.2　半消化－厌氧氨氧化工艺过程氮平衡

半消化反应器的出水（含有 NH_4^+ 和 NO_2^-）作为厌氧氨氧化反应器的进水。半消化－厌氧氨氧化工艺过程氮平衡如图 13.2 所示。在厌氧氨氧化反应器内发生厌氧反应，有 95% 的氮转变成 N_2，另外，还有少量的 NO_3^- 随出水排出。半消化－厌氧氨氧化工艺适合处理高浓度 NH_4^+－N 废水和有机碳含量低的高 NH_4^+－N 浓度工业废水，出水 NH_4^+－N 的质量浓度可达到 6.7 mg/L、TN 的质量浓度为 24 mg/L。较传统的消化－反消化工艺，该工艺耗氧量由 4.6 kg O_2/kg N_2 降到 1.9 kg O_2/kg N_2，降低了耗氧 60%，且不需要添加碳源，产生的剩余污泥量很少。

13.2　污水除磷工艺与技术

13.2.1　生物除磷原理

生物除磷是利用活性污泥中聚磷菌来去磷。聚磷菌的特点是：既能储存磷酸盐，又能储存碳源（以聚 β－羟基丁酸形式储存，即 PHB 形式储存），如图 13.3 所示。在厌氧条件

下，进水中有机物与细菌体内磷酸盐作用，由菌体内磷酸盐分解后提供能量，合成 PHB，并放出磷；在好氧条件下，利用体内的 PHB，吸收液体中的磷，形成磷酸盐，储存在细胞内。因此，生物除磷仅指液相中的磷酸盐转移到细胞中去，所以污泥的含磷量很高，可达 8% ~ 10%。影响生物除磷的因素是：厌氧条件（DO < 0.2 mg/L），硝酸盐氮低，同时能快速降解 COD，即 P/COD 比值恰当；污泥龄要短，否则泥中的磷又会释放到污水中。

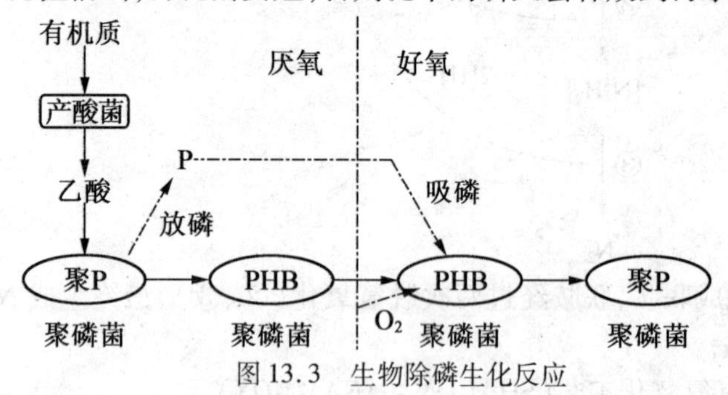

图 13.3　生物除磷生化反应

在除磷（脱氮）系统的厌氧区中，含聚磷菌的回流污泥与污水混合后，在初始阶段出现磷的有效释放，随着时间的延长，污水中的易降解有机物被耗完以后，虽然吸收和储存有机物的过程基本上已经停止，但微生物为了维持基础生命活动，仍将不断分解聚磷，并把分解产物（磷）释放出来，虽然此时释磷总量不断提高，但单位释磷量所产生的吸磷能力将随无效释放量的增大而降低。一般来说，污水污泥混合液经过 2 h 的厌氧后，磷的有效释放已甚微。在有效释放过程中，磷的释放量与有机物的转化量之间存在着良好的相关性，在有效释放过程中，磷的厌氧释放可使污泥的好氧吸磷能力大大提高，每厌氧释放 1 mg P，好氧条件下可吸收 2.0 ~ 2.4 mg P，厌氧时间加长，无效释放逐渐增加，平均厌氧释放 1 mg P 所产生的好氧吸磷能力将降至 1 mg P 以下，甚至达到 0.5 mg P。因此，生物除磷系统中并非厌氧时间越长越好，同时，在运行管理中要尽量避免低 pH 值的冲击，否则除磷能力将大幅度下降，甚至完全丧失，这主要是由于 pH 值降低时，会导致细胞结构和功能损坏，细胞内聚磷在酸性条件下被水解，从而导致磷的快速释放。

13.2.2　生物除磷工艺

最早的生物除磷工艺是 1965 年 Levin 和 Shapiro 提出的“磷剥离工艺”即“Phostrip”工艺，他们发现在二沉池污泥浓缩池中，处于厌氧态的污泥释放磷，致使浓缩池上清液的含磷量很高，投加石灰石使其沉淀，然后将释放出磷后的污泥再回流到曝气池，使之在好氧态下再摄取磷。其工艺流程如图 13.4 所示，运行参数见表 13.1。

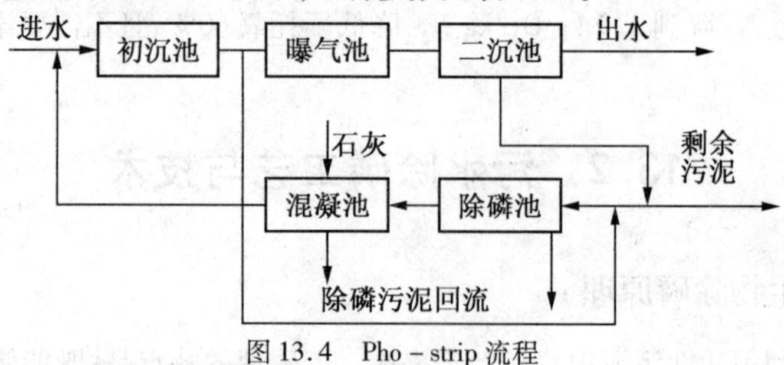

图 13.4　Pho - strip 流程

表 13.1　Pho – strip 流程参数

Phostrip 工艺	工艺参数	Lansdate 厂	Little Patuxent 厂	
			1984 年 7 月	1985 年 5 月
脱磷池	污泥停留时间/h	20	8	7
	淘洗率(Vg TSS · d)	0.14	0.72	0.25
	TP/($mg \cdot L^{-1}$)	20.6	9.5	20
	正磷酸盐/($mg \cdot L^{-1}$)	16.4	7.2	17.6
化学沉淀池出水	TP/($mg \cdot L^{-1}$)	3.6	3.9	7.2
	正磷酸盐/($mg \cdot L^{-1}$)	0.9	0.9	7.2
	石灰计量/($mg \cdot L^{-1}$)	100	160	100
	pH 值	9	9.5	9.5
活性污泥工艺	F/M(kg BOD/kg MLVSS · d)	0.16	0.5	0.5
	MLSS/($mg \cdot L^{-1}$)	1 900	2 950	2 000
	P:VSS/%	3.3	4	4.6
	泥龄/d	6.5	3.7	2.8
	水力停留时间/h	4.6	2.6	3
	污泥回流比	0.16	0.32	0.57
	DO/($mg \cdot L^{-1}$)	2.3	1.3	2.5
	污泥产率(kg VSS/kg BOD)	1	0.7	

1972 年,Barnard 建一中试厂以研究新的反消化流程。在 6 个月的运行中,伴随着氮的去除,废水所含的磷也得到高效率的去除。因此产生了由 4 道工序组成的 Bardenpno 流程,如图 13.5 所示。然后,Barnard 使用同样的污水进行实验室研究,发现经处理后的运行,磷和硝酸根的含量之间存在明显的关系。硝酸根是一非活性基团,它唯一的作用是在缺氧状态下可作为电子接受体,从而遏止系统中的厌氧发酵。所以,Barnard 推测,若使活性污泥经过一厌氧区,即能取得较好的除磷效果。另一方面,在美国,凡是有较好除磷效果的污水处理厂,在近污水口处均有磷释放现象,而且其中大部分污水处理厂的原水都达到一定程度的腐化,这些现象导致 Barnard 建立了 Phoredox 流程。此流程的特点是:在缺氧区前设置一厌氧区,且增大厌氧反应器的体积能提高除磷效果,如图 13.6 所示。应用该工艺除磷脱氮经大量实验,结果表明,如果非曝气污泥量比值(处于非曝气状态的污泥量/处理系统的污泥量)超过 30% ~40% ,即使泥龄长达 10 ~20 d,也难达到消化。若在该比值较低的条件下运行,则反消化作用可能不充分,使出水硝酸盐含量增高,但除磷效果非常好。但若改变进水水源,除磷效果有较大的波动。

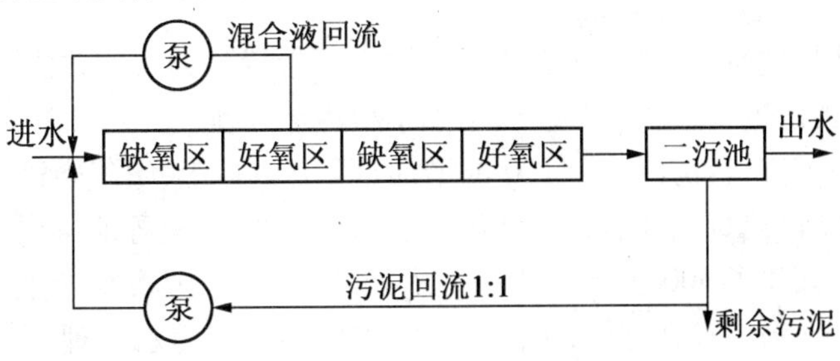

图 13.5　Bardenpno 流程

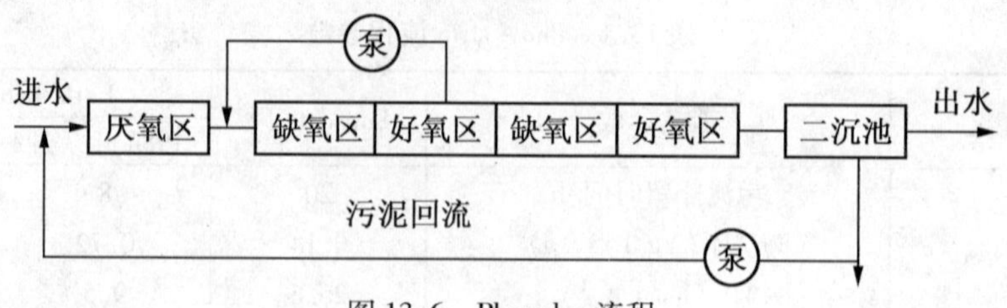

图 13.6　Phoredox 流程

因为 5 段工艺并不能将硝酸盐含量降为零，与第一缺氧池相比，第二缺氧池的单位容积反消化速率相当低，使回流污泥携带的硝酸盐对除磷效果有明显的不利影响，所以建议去除第二级缺氧和曝气，并可增大第一缺氧池容积，以得到最大的脱氮效果。将 Phoredox 流程简化，从而产生了改进的 Phoredox 流程，如图 13.7 所示。

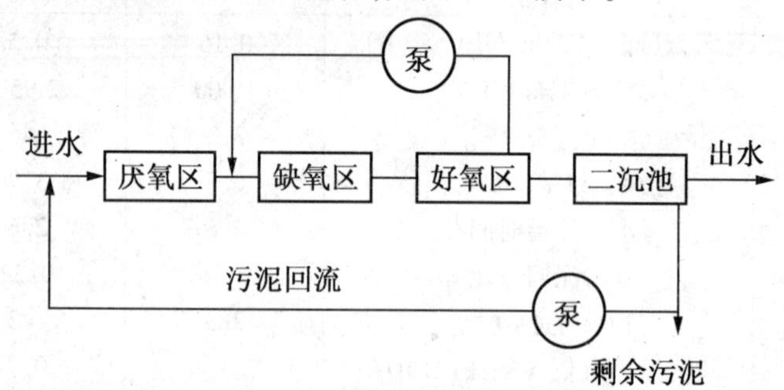

图 13.7　改进的 Phoredox 流程

13.3　污水生物脱氮除磷技术

13.3.1　氧化沟污水处理工艺

氧化沟污水处理工艺是由荷兰卫生工程研究所（TNO）在 20 世纪 50 年代研制成功的。第一家氧化沟污水处理厂于 1954 年在荷兰的 Voorshoper 市投入使用，设计者为该所的 Pasveer 博士，服务人口仅为 360 人。它将曝气、沉淀和污泥稳定等处理过程集于一体，间歇运行，BOD_5 去除率高达 97%，管理方便，运行稳定。氧化沟实际上是活性污泥法的一种改型，其曝气池呈封闭的沟渠型，污水和活性污泥的混合液在其中进行不断的循环流动，因而又被称为“环形曝气池”或“无终端的曝气系统”。图 13.8 所示为标准氧化沟布置图。氧化沟通常在延时曝气条件下进行，这时水力停留时间为 10～40 h，有机负荷低，为 0.05～0.15 kg BOD_5/（kg MLVSS·d）。

氧化沟工艺从早期研制以来，在工艺和机械方面进行了无数次改进。早期的氧化沟工艺是间歇运行，无二沉池，占地面积大，仅用于小型污水处理厂。到了 20 世纪 60 年代，氧化沟采用了连续流运行方式，沟深已由 1.0 m 增加至 4.0 m 以上，曝气转刷和转碟直径也增加到 1.4～1.5 m。20 世纪 60 年代以来，氧化沟技术在欧洲、北美等地得到了迅速的推广和应用，据报道，丹麦已兴建了 300 多座氧化沟污水处理厂，占全国污水处理厂的 40%，英国共兴建了 300 多座氧化沟污水处理厂，美国有 500 多座氧化沟污水处理厂。同时氧化沟技术的处理规模及处理对象也在不断增加。

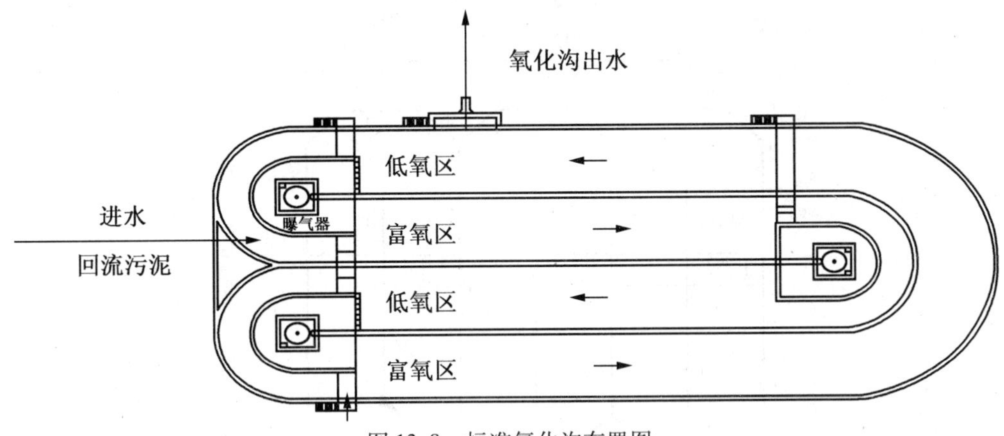

图 13.8　标准氧化沟布置图

氧化沟从 20 世纪 50 年代发展至今，根据其构造和运行特征，可以分为以下几种类型：

①丹麦 Kruger 公司的三沟式（T 型）氧化沟和 DSS 氧化沟。

②荷兰 DHV 公司发明注册的 Carrousel 及 Carrousel 2000 型氧化沟。

③美国 Envirex 公司设计的 Orbal 氧化沟。

④美国 EMICO 与荷兰 DHV 公司合作开发的 AC 型和 BARDENPHO 氧化沟。

1. D 型氧化沟

D 型氧化沟系统是由两条容积相同的氧化沟组成，两者由池壁上开启的连通孔连接。一条沟作曝气池时，另一条沟作沉淀池。在一定时间间隔后，改变进出水流向，使两沟功能互相转换。这种系统可得到良好的出水水质和稳定的污泥，不需另设污泥回流系统，可以连续进出水。

2. DE 型氧化沟

DE 型氧化沟是在 D 型氧化沟的基础上开发的。这种类型的氧化沟与 D 型氧化沟相比，在提供处理能力的同时，可进行生物脱氮。整个系统由两条相互联系的氧化沟和单设的沉淀池组成。氧化沟仅进行曝气（脱碳、消化）和推动混合（反消化），沉淀过程在沉淀池中完成。由于沉淀池单独设置，其设备利用率大大提高，出水水质较好。

3. 三沟式氧化沟（T 型氧化沟）

三沟式氧化沟以三条相互联系的氧化沟作为一整体，每条沟都装有用于曝气和推动循环的水平转刷并都设有进水口，污水由进水分配井进行分配转换。三沟式氧化沟的脱氮是通过双速电机来实现的，曝气转刷起到混合器、曝气器的双重功能，沟内好氧和缺氧状态由转刷转速的改变来控制。

通常三沟式氧化沟是采用三条沟并排布置，如图 13.9 所示，利用沟壁上的连通孔连接。两侧边沟可起曝气和沉淀双重作用，故不再设沉淀池。该种氧化沟在运行稳定可靠的前提下，具有操作管理更灵活方便等优点。

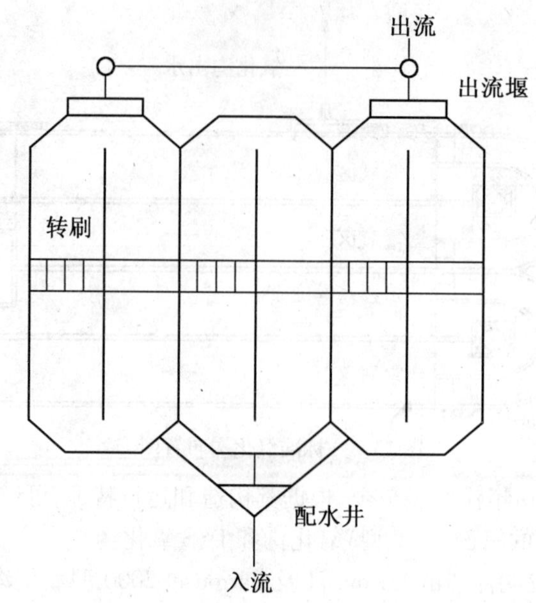

图 13.9　三沟式氧化沟的基本布置形式

三沟式氧化沟的运行方式可随不同的入流水质及出流要求而改变，系统较为灵活，操作也较方便。

该工艺的主要特点是：

①处理流程简单，构筑物数量少，可不设沉淀池和污泥回流构筑物，污泥回流通过系统内水流方向改变来完成。

②与整个系统体积相比，进入系统的水量较小，因此反应器运行方式接近间歇运行方式，具有 SBR 工艺的特性，处理效果好，水力损耗少，管理简单。

③氧化沟具有环流功能，污水进入氧化沟后立即液相混合，耐冲击负荷能力强。

④氧化沟使用转刷曝气，机械效率低，运行费用高，池深较浅，占地面积大。曝气时间仅为全运行过程的 58%，设备利用率低。

⑤氧化沟泥龄长，有机负荷低，污泥量少且稳定，可减少污泥处置成本。

⑥水力控制简单，自动控制堰可调节水流方向和转刷浸没深度，利于实现各种工艺条件对混合、充氧等的要求。

国内采用该工艺的有河北省邯郸市污水处理厂、上海石油化工总厂水质净化厂三期扩建工程、苏州新区开发区、青岛黄岛泥布湾污水处理厂、唐山东郊及西郊污水处理厂等，均采用这种形式的氧化沟。

13.3.2　A^2/O 工艺

A^2/O 工艺是厌氧－缺氧－好氧三者结合系统，是美国在生物脱氮方法的基础上发展的同步除磷脱氮污水处理工艺。

1. 传统 A^2/O 工艺

常规生物脱氮除磷工艺呈厌氧(A1)/缺氧(A2)/好氧(O)的布置形式，其典型工艺流程如图 13.10 所示。该布置在理论上基于这样一种认识，即聚磷微生物有效释磷水平的充分与否,对于提高系统的除磷能力具有极其重要的意义,厌氧区前置可以使聚磷微生物优先获得碳源并得以充分释磷。常规 A^2/O 工艺存在以下 3 个缺点:

①由于厌氧区在前,回流污泥中的硝酸盐对厌氧区产生不利影响。

②由于缺氧区位于系统中部,反消化在碳源分配上处于不利地位,因而影响了系统的脱氮效果。

③由于存在内循环,常规工艺系统所排放的剩余污泥中实际只有一小部分经历了完整的放磷、吸磷过程,其余则基本上未经厌氧状态而直接由缺氧区进入好氧区,这对于系统除磷是不利的。

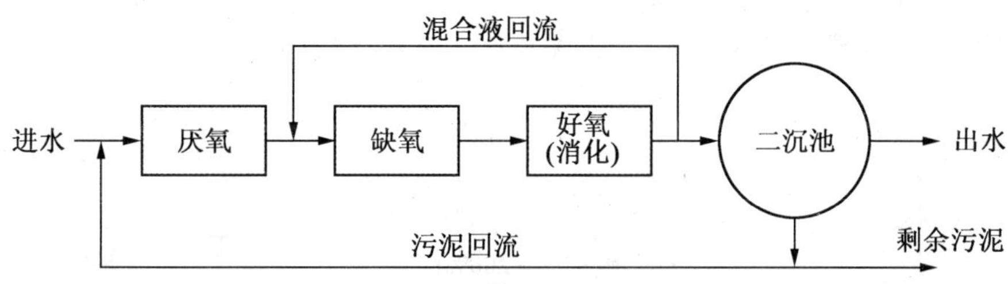

图 13.10　A^2/O 工艺流程图

2. UCT 工艺

UCT 工艺与 A^2/O 工艺的区别在于,回流污泥首先进入缺氧段,缺氧段部分出流混合液再回至厌氧段。通过这样的修正,可以避免因回流污泥中的 NO_3-N 回流至厌氧段,干扰磷的厌氧释放,从而降低磷的去除率。回流污泥带回的 NO_3-N 将在缺氧段中被反消化。当入流污水的 BOD_5/TKN 或 BOD_5/TP 较低时,较适用 UCT 工艺,其工艺流程如图 13.11 所示。

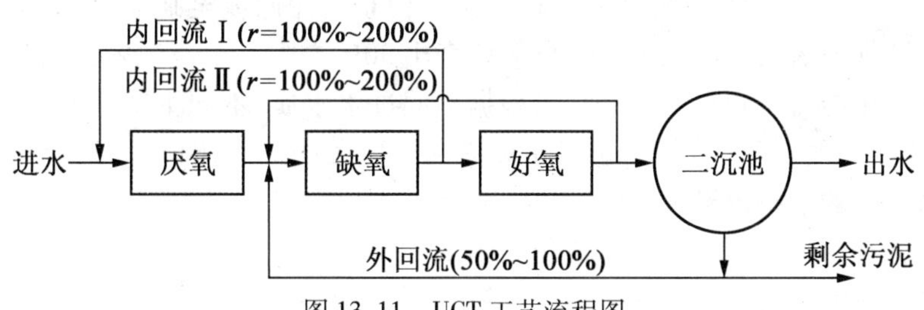

图 13.11　UCT 工艺流程图

3. MUCT 工艺

MUCT 工艺是在 UCT 工艺的基础上,将缺氧段一分为二,形成两套独立的内回流,它是 UCT 的改良工艺。进行这样的改良,与 UCT 相比有两个优点:一是克服 UCT 工艺不易控制缺氧段的停留时间;二是避免由于控制不当,造成溶解氧升高影响厌氧区。如图 13.12 所示,该工艺存在流程比较复杂,多级回流系统动力消耗大的缺点。

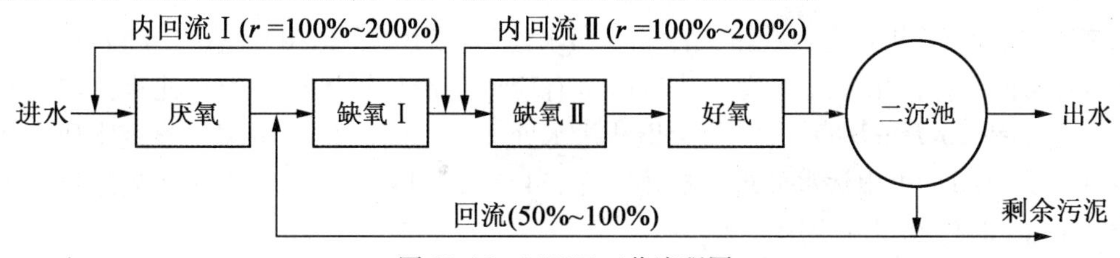

图 13.12　MUCT 工艺流程图

4. 倒置 A^2/O 工艺

倒置 A^2/O 工艺是同济大学及许多学者在老污水处理厂改造的基础上提出的,改变了以往先将进水中优质碳源满足厌氧除磷的做法,将缺氧区设置在厌氧区前,取消内回流,增加外回流,提高系统污泥浓度并将硝酸盐回流至缺氧段。上海松江污水处理厂日处理污水 2.1 万 m^3,采用该工艺后,运行稳定,在高效去除碳(BOD_5)的同时,氮磷去除效果好,出水总氮浓度小于 15 mg/L,总磷的质量浓度小于 1 mg/L。实践说明,该工艺不仅具有投资省、费用低、电耗少,而且效率高、运行稳,管理方便,适合老厂改造。同时也存在以下不足:外回流加大,增加了二沉池的固体负荷,对出水水质和二沉池底流浓度有影响;厌氧区能获得的优质碳源不多,除磷效率不高等。其工艺流程如图 13.13 所示。

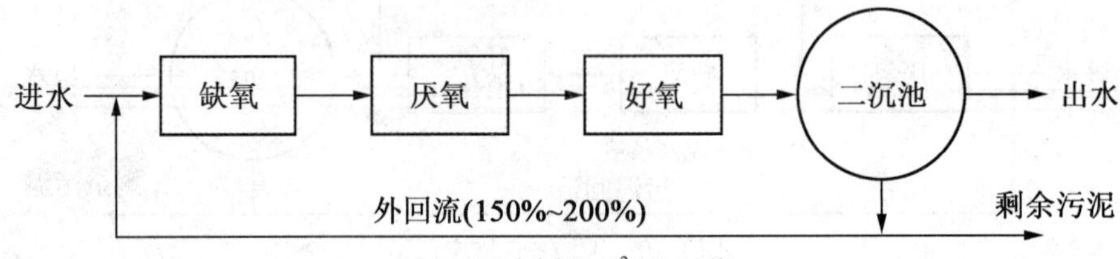

图 13.13　倒置 A^2/O 工艺

5. 分点进水倒置 A^2/O 工艺

分点进水倒置 A^2/O 工艺是对倒置 A^2/O 工艺的改进,在减小外回流的同时减少进入缺氧段的流量,将大部分优质碳源分配给厌氧释磷,而好氧段产生的硝酸盐不再通过外回流系统进入厌氧池,回流污泥、50% ~70% 的进水和 50% ~150% 的混合液回流均进入缺氧段,停留时间为 1 ~3 h。回流污泥和混合液在缺氧池内进行反消化,去除硝态氧,再进入厌氧段,保证了厌氧池的厌氧状态,强化除磷效果。由于污泥回流至缺氧段,而部分进水直接接入厌氧池,这样缺氧段污泥浓度可较好氧段高出 30% 左右。单位池容的反消化速率明显提高,反消化作用能够得到有效保证。可根据不同进水水质,不同季节情况下,生物脱氮和生物除磷所需碳源的变化,调节分配至缺氧段和厌氧段的进水比例,反消化作用能够得到有效保证,系统中的除磷效果也有保证(以 A/O 或 A^2/O 运行),因此,本工艺与其他除磷脱氮工艺相比,具有明显优点。其工艺流程如图 13.14 所示。

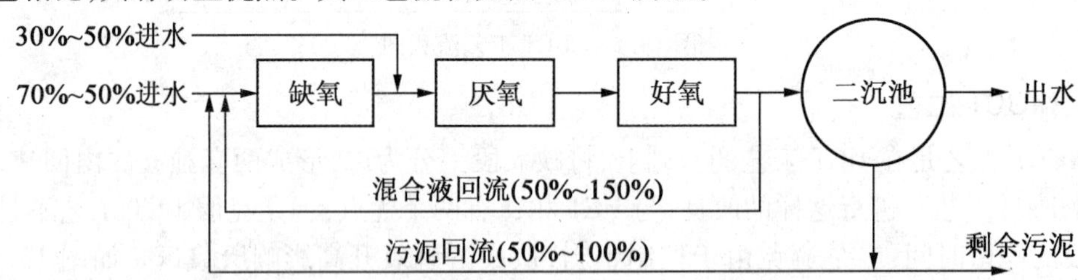

图 13.14　分点进水倒置 A^2/O 工艺

该工艺于 1998 年首先在我国天津北仓污水处理厂(10 万 m^3/d)工程初步设计中应用,在其他省市的一些污水处理厂设计建设中也有应用。最早投入运行的是北京清河污水处理厂一期工程(20 万 m^3/d),在广州大坦沙污水处理厂三期(22 万 m^3/d)、嘉定水质净化厂二期(15 万 m^3/d)、萧山污水处理厂扩建工程(24 万 m^3/d)、重庆鸡冠石污水处理厂二期工程(60 万 m^3/d)中都得到应用。

通过采用较短的设计泥龄和取消专门的反消化池,该工艺方案使工程费用得到降低,除磷效果得到提高，但其整体运行稳定性和可靠性有所下降，总氮去除率仅为 50% ~60%，冬季氨氮消化效果容易出现波动，对工艺运行参数调整和管理控制有较高的要求。

对于稳定达到《城镇污水处理厂污染物排放标准》（GB 18918—2002）的一级标准，该工艺存在一定的风险和控制难度，尤其是对总氮的去除，今后选用时需要根据进水水质特性和出水水质要求慎重考虑。

13.3.3　SBR 法

1901 年，英国 Ardern 和 Lockett 在世界化学学报上首先发表了一篇重要的科研报告，介绍了在单一的反应器内将空气注入污水中，将其所产生的污泥进行循环并按间歇方式运行，得到良好的污水净化效果，从而诞生了活性污泥法。20 世纪 80 年来，活性污泥法一直处于污水生化处理的主导地位。但是由于当时的活性污泥法虽然处理效率很可观，由于监控和检测技术的限制，SBR 法未得到广泛应用。20 世纪 70 年代起，由于西欧各国财政上的原因，政府对小城镇环保项目的投入减少，迫使小城镇的环保事业着眼于低投资低能耗，同时由于程控技术、电子计算机技术的发展，一些水质仪表如溶氧测定仪、ORP 计的开发应用，于是 SBR 法又得到了重视。日本、美国、澳大利亚、法国等国家开始了高层次重新研究间歇活性污泥法，被命名为序批式活式污泥法（Sequencing Batch Reactor，简称 SBR）。根据 SBR 工艺运行模式，其操作由进水、曝气反应、沉淀、排出和闲置 5 个基本过程，从进水至闲置间的工作时间为一个周期。在一个周期内的 5 个过程都在一个反应池内按程序完成，整个处理系统可以通过两个或两个以上的反应池进行组合交替完成。由于 SBR 工艺流程短，反应过程在一个池内按时间程序完成，所以在时间程序中进水阶段可以降低曝气强度使池内产生缺氧状态，而曝气阶段的时间可根据实际反应时间而定。通过时间顺序可以对缺氧、好氧的比例进行调整，使处理系统更适应水质的变化和达到期望的出水标准；通过时间程序可控制沉淀出水水质，根据活性污泥的实际沉淀时间使出水悬浮固体物浓度更低。

由于 SBR 法中曝气、沉淀集同一池内，节约了二沉池和污泥回流系统，但曝气池体积、曝气动力设备均要增加。

13.3.4　CASS 工艺

CASS 工艺是间歇式活性污泥法的一种变革，是近年来国际公认的生活污水及工业废水处理的先进工艺。1978 年，Goronszy 教授利用活性污泥底物积累再生理论，根据底物去除与污泥负荷的实验结果以及活性污泥活性组成和污泥呼吸速率之间的关系，将生物选择器与 SBR 工艺有机结合，成功地开发出 CASS 工艺，1984 年和 1989 年分别在美国和加拿大取得循环式活性污泥法工艺（CASS）的专利。

1. CASS 工艺原理

CASS 工艺是将序批式活性污泥法（SBR）的反应池沿长度方向分为 3 部分，前部为生物选择区（也称预反应区），中部为缺氧区，后部为主反应区，在主反应区后部安装了可升降的滗水装置，实现了连续进水、间歇排水的周期循环运行，集曝气、沉淀、排水于一体。CASS 工艺是一个好氧/缺氧/厌氧交替运行的过程，具有一定脱氮除磷效果，污水以推流方式运行，而各反应区则以完全混合的形式运行，以实现同步消化反消化和生物除磷。

对于一般城市污水，CASS 工艺并不需要很高程度的预处理，只需设置粗格栅、细格栅和沉沙池，无需初沉池和二沉池，也不需要庞大的污泥回流系统（只在 CASS 反应器内部有约 20% 的污泥回流）。常见的 CASS 工艺流程如图 13.15 所示。

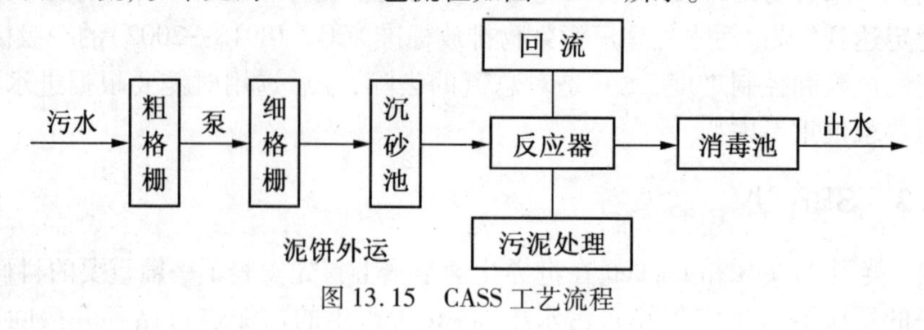

图 13.15　CASS 工艺流程

2. CASS 工艺运行

完整的 CASS 工艺可分为 4 个阶段，以一定的时间序列运行。

(1)充水 - 曝气阶段

边进水、边曝气，并将主反应区的污泥回流至预反应区（生物选择器）。在该阶段，曝气系统向反应池内供氧，一方面满足好氧微生物对氧的需要，另一方面有利于活性污泥与有机物的混合接触，从而使有机污染物被微生物氧化分解。同时，污水中的氨氮也通过微生物的消化作用转化为硝态氮。

(2)充水 - 沉淀阶段

停止曝气，进行泥水分离，但不停止进水，且污泥回流也不停止。停止曝气后，微生物继续利用水中剩余的溶解氧进行氧化分解，随着溶解氧含量的降低，好氧状态逐渐向缺氧转化，并发生一定的反消化作用。由于沉淀初期，前一阶段曝气所产生的搅拌作用使污泥发生絮凝作用，随后以区域沉降的形式沉降，因此，即使在该阶段不停止进水，依然能获得良好的沉淀效果。当混合液的污泥质量浓度为 3 500 ~ 5 000 mg/L 时，沉淀后污泥的质量浓度可达15 000 mg/L左右。

(3)滗水阶段

沉淀阶段完成后，置于反应池末端的滗水器在程序控制下开始工作，自上而下逐层排出上清液。排水结束后，滗水器将自动复位。排水过程中，反应池底部污泥层内由于较低的溶解氧含量而发生反消化作用。CASS 反应器在滗水阶段需停止进水。若处理系统有两个或两个以上 CASS 池，当一个 CASS 池处于滗水阶段时可将原水引入其他 CASS 池；若处理系统只存在一个 CASS 反应器时，原水可先流入反应器前的集水井中。为了提高污泥浓度，加强反消化及聚磷菌的过量释磷，污泥回流系统照常运行。

(4)充水 - 闲置阶段

闲置阶段的时间一般较短，主要保证滗水器在此阶段内上升到原始位置，防止污泥流失。若在此阶段进行适量的曝气，则有利于恢复污泥的活性。正常的闲置期通常在滗水器恢复待运行状态几分钟后开始。

CASS 工艺的运行就是上述 4 个阶段依次进行并不断循环重复的过程，如图 13.16 所示。典型的运行周期为 4 h，其中曝气 2 h，沉淀 1 h，滗水 1 h。

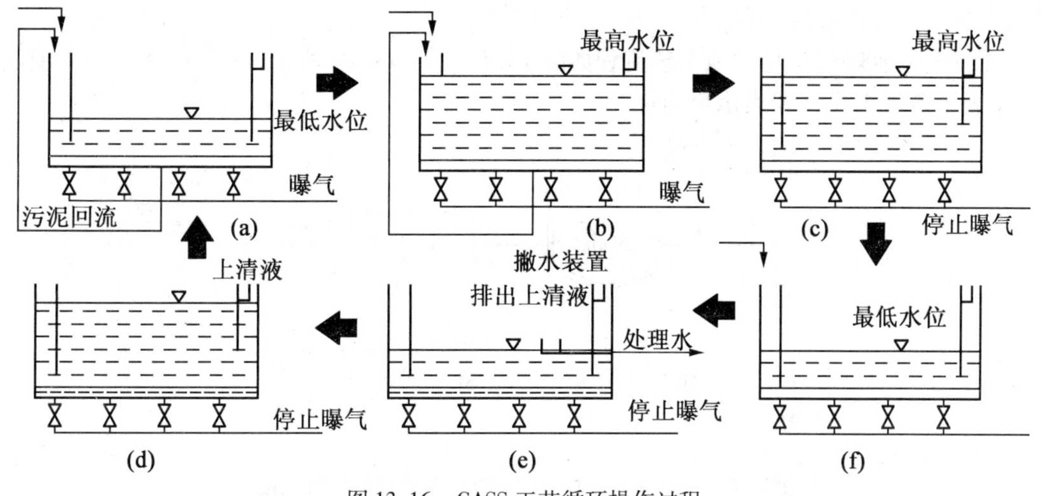

图 13.16　CASS 工艺循环操作过程

13.3.5　附着生长生物处理工艺

附着生长生物处理工艺都有一个共同点，无论是生物滤池和曝气生物滤池的滤料、生物转盘的转盘以及生物接触氧化工艺和生物流化床内的填料，都被一层污泥所覆盖，在表面上和一定深度生息着千千万万个细菌、原生动物、后生动物等微型动物的生物性污泥，因其呈薄膜状，所以称为生物膜。污水流经生物膜，污水中的溶解性有机污染物为微生物所摄取、利用，污水得到净化。

常见附着生长工艺可以分为 3 大类：非淹没附着生长工艺、有固定膜填料的悬浮生长工艺和淹没式附着生长工艺。其中非淹没的附着生长工艺包括生物转盘、生物滤池（包括普通生物滤池、高负荷生物滤池、塔式生物滤池等），这类工艺难以达到生物除氮和生物除磷，出水的浊度也比较高。

有固定膜填料的悬浮生长工艺是将人工合成填料材料，悬浮或固定安装在曝气池中，通过曝气池保持较高的生物体浓度来强化活性污泥工艺，减少曝气池的体积，可增加容积的消化速率，并借助生物深处缺氧区达到在曝气池脱氮。填料体积一般占曝气池体积的 30% ~70%。该工艺又可分为悬浮填料供附着生长用的工艺和固定填料供附着生长用的工艺，后者比较适合于已建污水处理工艺的改造。

淹没式附着生长工艺由填料、生物膜和液体组成，污水流经生物膜，而使水中的 BOD_5 和 NH_3-N 得以氧化而去除，同时通过扩散曝气向填料供氧。填料类型和大小是影响工艺性能和运行特性的主要因素，不设澄清池，由生物体增长而产生的剩余固体和进水中悬浮固体被截留，必须定期清除。淹没式附着生长工艺包括：降流式填充床反应器、升流式填充床反应器和升流式流化床反应器。

淹没式附着生长工艺在生物接触氧化工艺的基础上，引入给水处理过滤原理发展成一种新工艺曝气生物滤池，在 20 世纪 80 年代初出现在欧洲，主要是在一级强化处理基础上将生物氧化与过滤结合在一起，滤池后可不设二次沉淀池，通过反冲洗再生，实现滤池周期运行。到了 20 世纪 90 年代已日趋成熟，在废水二级、三级处理中曝气生物滤池 BAF 发展很快。该工艺具有的特点有：占地少，可同时进行消化和反消化反应并有过滤的功能，避免活性污泥法中污泥沉淀的问题。

常见的几种曝气生物滤池工艺流程如图 13.17 ~ 图 13.20 所示,图中 C 表示去除有机物,N 表示氨氮消化,DN 表示反消化。

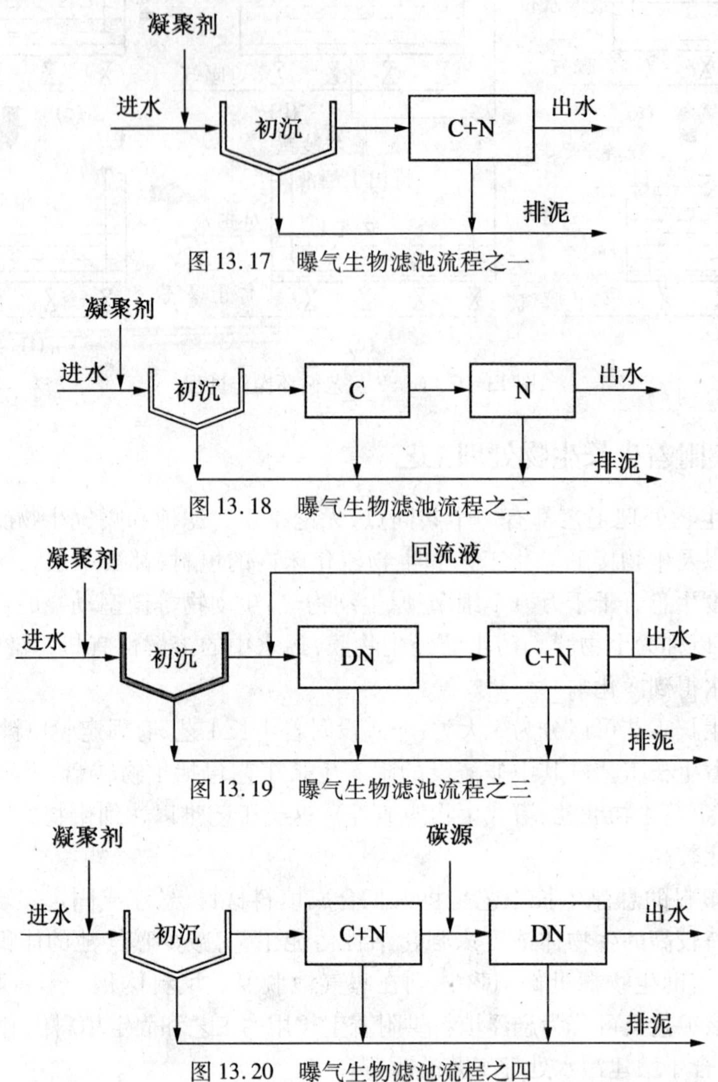

图 13.17　曝气生物滤池流程之一

图 13.18　曝气生物滤池流程之二

图 13.19　曝气生物滤池流程之三

图 13.20　曝气生物滤池流程之四

第14章　人工湿地处理技术

14.1　概　述

人工湿地技术是为处理污水而人为地在有一定长宽比和底面坡度的洼地上用土壤和填料(如砾石等)混合组成填料床,使污水在床体的填料缝隙中流动或在床体表面流动,并在床体表面种植具有性能好、成活率高、抗水性强、生长周期长、美观及具有经济价值的水生植物(如芦苇、蒲草等),从而形成一个独特的动植物生态体系。

人工湿地去除的污染物范围广泛,包括N、P、S、有机物、微量元素、病原体等。有关研究结果表明,在进水浓度较低的条件下,人工湿地对BOD_5的去除率可达85%~95%,COD的去除率可达80%以上,处理出水中BOD_5的质量浓度在10 mg/L左右,S小于20 mg/L。废水中大部分有机物作为异样微生物的有机养分,最终被转化为微生物体及CO_2、H_2O。

人工湿地污水处理系统是一个综合的生态系统,具有以下优点:

①建造和运行费用低。

②易于维护,技术含量低。

③可进行有效、可靠的废水处理。

④可缓冲对水力和污染负荷的冲击。

⑤可提供和间接提供效益,如水产、畜产、造纸原料、建材、绿化、野生动物栖息、娱乐和教育。

但其也有不足:

①占地面积大。

②易受病虫害影响。

③生物和水力复杂性加大了对其处理机制、工艺动力学和影响因素的认识理解,设计运行参数不精确,因此常由于设计不当使出水达不到设计要求或不能达标排放标准,有的人工湿地反而成了污染源。另外,据已有数据,当上、下表面植物密度增大时,人工湿地系统处理效率提高,在达到其最优效率时,需2~3个生长周期,所以需建成几年后才达到完全稳定的运行。因此,目前人工湿地技术最大问题在于缺乏长期运行系统的详细资料。

总的来说,人工湿地污水处理系统是一种较好的废水处理方式,特别是它充分发挥资源的生产潜力,防止环境的再污染,获得污水处理与资源化的最佳效益,因此具有较高的环境效益、经济效益及社会效益,比较适合于处理水量不大、水质变化不很大、管理水平不很高的城镇污水,如我国农村中、小城镇的污水处理。人工湿地作为一种处理污水的新技术有待于进一步改良,有必要更细致地研究不同地区特征和运行数据,以便在将来的建设中提供更合理的参数。

14.2 人工湿地的类型

人工湿地按污水在其中的流动方式可分为两种类型:自由水面人工湿地(简称 FWS,或称地表径流型人工湿地)和潜流型人工湿地(简称 SFS)。

14.2.1 自由水面人工湿地

自由水面人工湿地的水面位于湿地基质层以上,其水深一般为 0.3 ~0.5 m,其水文体系、构造与天然湿地最为相似。在自由水面人工湿地中,采用最多的是地表径流(SF)。在这种类型的人工湿地中,污水从进口以一定深度缓慢流过湿地表面,部分污水蒸发或渗入湿地,出水经溢流堰流出。

根据 FWS 型湿地中占优势的大型水生植物种类的不同,可以将它分为 3 种形式:挺水植物系统、浮水植物系统和沉水植物系统。对于处理污水的人工湿地系统而言,主要应用挺水植物系统,尤其是种植芦苇、水葱、蒲草、香蒲、灯心草等的湿地系统(图 14.1)。

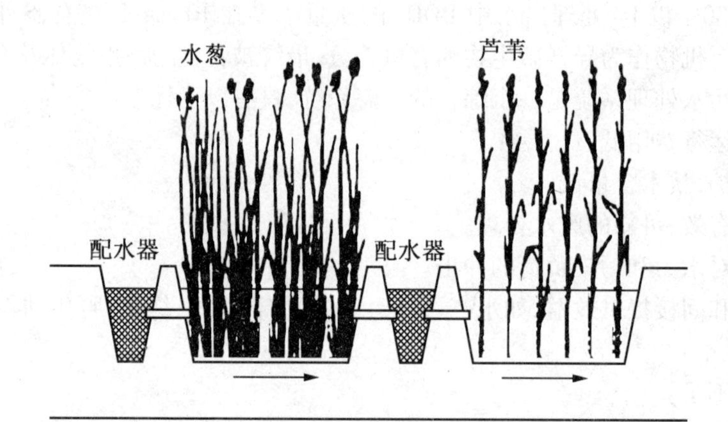

图 14.1 自由水面人工湿地系统示意图(水葱 - 芦苇二级系统)

挺水植物指根生底质中、茎直立、枝叶繁茂和发生光合作用的植物,主要为单子叶植物。种植挺水植物的 FWS 型湿地系统被广泛用于生活污水的二级处理和三级处理,也有很多用于处理矿山废水、城市和农田径流、垃圾渗滤液及工业废水的处理。

浮水植物系统的应用不多,主要用于氮磷去除和提高传统稳定塘处理效率。浮水植物为茎叶浮水、根固着或自由漂浮的植物,分为根生浮水植物和自由漂浮植物。人工湿地中常用浮水植物有凤眼莲、浮萍、睡莲和荷花等,可作为观赏性植物来使用。

沉水植物是指植株沉水生活、根生底质中的植物。沉水植物应用较少,主要利用它对营养物质的吸收来对废水进行深度处理。在许多天然湿地或水位较深的人工湿地中,种植一些沉水植物来提高湿地处理效果。在人工湿地中常用的有伊乐藻、茨藻、金鱼藻、黑藻等。沉水植物为寡污性植物,通常生活在污染较轻的水域中,在塘和湿地系统中应作为最后净化单元。

FWS 型湿地处理系统在功能上相当于强化的土地生物处理系统,其污染物去除机理主要有植株及基质对悬浮物的截留作用,在缓流状态下悬浮物的沉降作用,表面水层中有机物的好氧分解、底层有机物的厌氧分解和基质层对污染物的吸附、吸收及化学反应等；淹没于水中的植物茎、叶，其表面上形成的生物膜对污水的净化。

FWS 的优点是：投资及运行费用低，建造、运行和维护简单。FWS 的缺点是：在达到同等处理效果的条件下，其占地面积大于潜流型湿地，在寒冷季节表面会结冰，夏季会繁殖蚊子，还会有臭味，污水直接暴露于空气中有传播病菌的可能。

14.2.2　潜流型人工湿地

潜流型人工湿地的水面位于基质以下，主要形式为采用各种填料的芦苇床系统。芦苇床技术是 1973 年首先由德国 Kessel 大学的 Kichuuth 教授研究开发的。

芦苇床由上、下两层组成，上层为土壤，下层是由易于使水流通的介质组成的各系层，如粒径较大的砾石、炉渣或沙层等，在上层土壤层中种植芦苇等耐水植物。床底铺设防渗层或防渗膜，以防止废水流出该处理系统，并具有一定的坡度。根据湿地中水流的状态，将其分为水平流潜流式人工湿地、竖向流潜流式人工湿地和复合流潜流式人工湿地。

水平流潜流式人工湿地（HF 型）的水流从进口起在根系层中沿水平方向缓慢流动，出口处设水位调节装置和集水装置，以保持污水尽量和根系层接触。水平流潜流式人工湿地的纵断面图如图 14.2 所示。

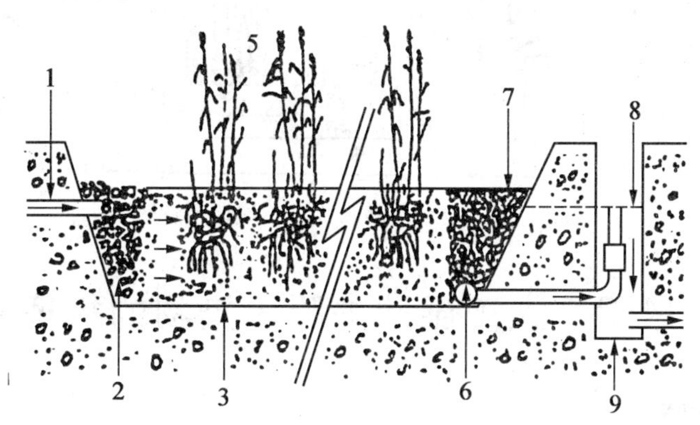

图 14.2　水平流潜流式人工湿地的纵断面图

1—机械预处理污水；2—填充大石块的布水区；3—填料层；4—植物；5—浮游植物；6—出水集水管；7—填充大石块的集水区；8—用出水溢流管保持芦苇床中的恒定水位；9—出水排放沟

竖向流潜流式人工湿地（VF 型）的水流方向和根系层呈垂直状态，其出水装置一般设在湿地底部。竖向流潜流式芦苇床温地纵断面示意图如图 14.3 所示。和 HF 型相比，这种床体形式的主要作用在于提高氧向污水及基质中的转移效率。其表层通常为渗透性能良好的沙层，间歇进水。污水被投配到沙石床上后，淹没整个表面。然后逐步垂直渗流到底部，由底部的排水管网予以收集。在下一次进水间隙，允许空气填充到床体的填料间，这样下一次投配的污水能够和空气有良好的接触条件，提高氧转移效率。

复合流潜流式人工湿地的水流既有水平流，也有竖向流，如图 14.4 所示。

潜流式湿地的优点在于其充分利用了湿地的空间，发挥了系统（植物、微生物和基质）间的协同作用，因此在相同面积情况下，其处理能力比 FWS 型系统得到大幅度提高。污水基本上在地面下流动，保温效果好，卫生条件好。

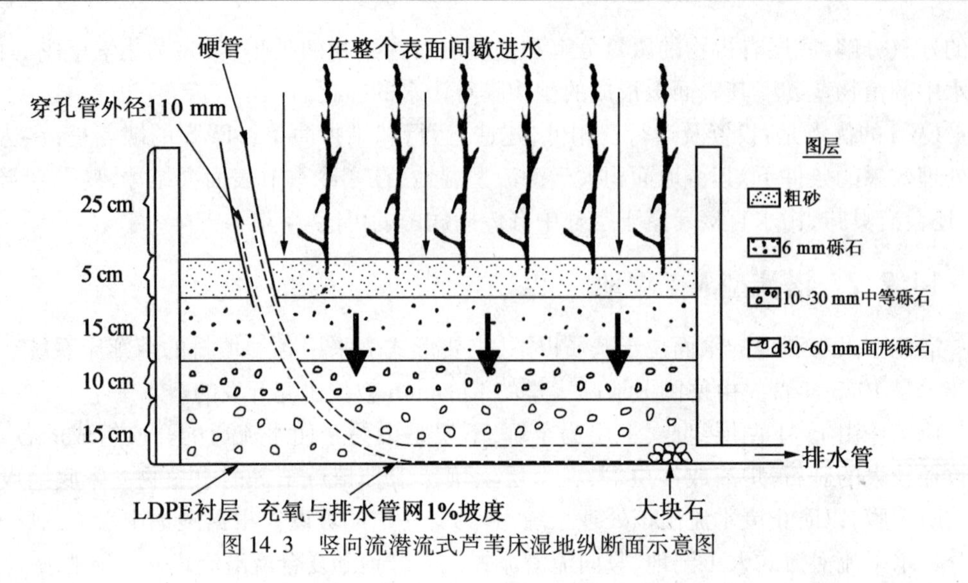

图 14.3　竖向流潜流式芦苇床湿地纵断面示意图

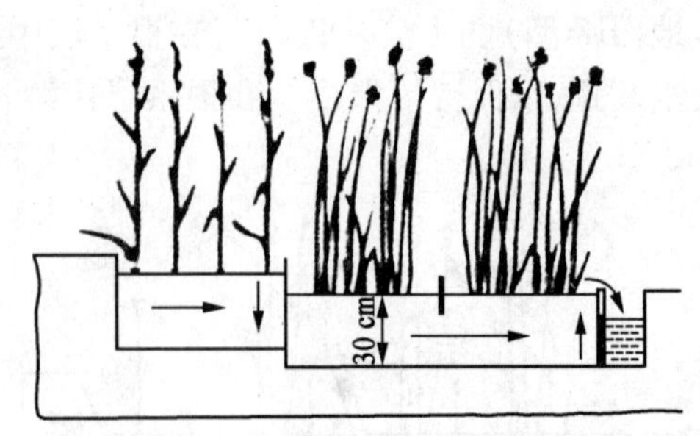

图 14.4　复合流潜水式人工湿地示意图

14.3　人工湿地去除污染物的机理

1. 悬浮物的去除

进水悬浮物的去除在湿地的进口处 5 ~ 10 m 内完成，这主要是基质层填料、植物的根系和茎、腐殖层的过滤和截留作用，所以悬浮物去除率的高低，取决于污水与植物及填料的接触程度。

潜流型人工湿地(SFS)：要求具有平整的基质层底面及其适宜的水力坡度，使进入湿地的污水不发生地表漫流，从而使污水全部流经基质层。

自由水面人工湿地(FWS)：水流沿地表面均匀和缓慢的流动使悬浮物沉降，以及湿地中的物理、化学和生物吸附作用都能够去除细小的悬浮物。

2. 有机物的去除

由于湿地中往往溶解氧不足，有机物的去除以兼性菌和厌氧菌分解为主，这具有低浓度废水厌氧处理的工艺特征。

FWS：除了厌氧分解外，由于大气的复氧作用，也发生好氧降解。

SFS：进水所携带的溶解氧以及植物根系对氧的传递也会使湿地中存在局部的好氧状态。

3. 氮的去除

人工湿地中氮的去除是研究最多的方面之一。图 14.4 是湿地生态系统中氮的循环。

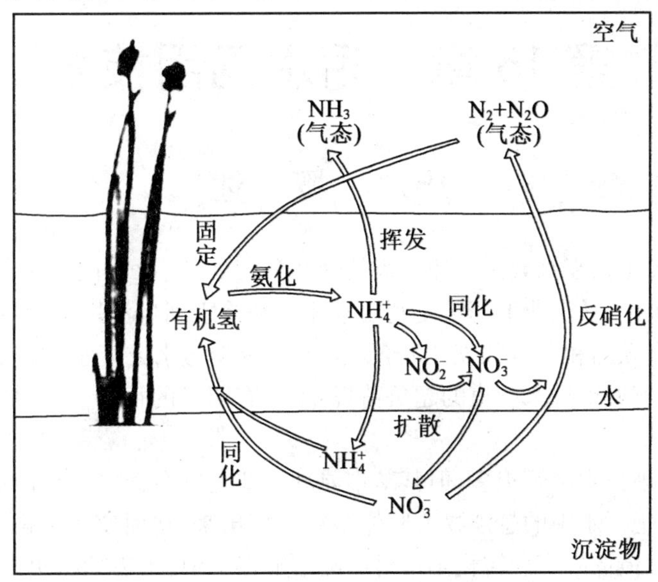

图 14.4　湿地生态系统中氮的循环

湿地进水中的氮主要以有机氮和氨氮的形式存在,其最终的转化途径有以下 3 种:第一种,氨氮被湿地植物和微生物同化吸收,转变为有机体的一部分,可通过定期对植物的收割使氮得到部分去除;第二种,氨氮在较高的 pH 值条件下向大气中挥发;第 3 种,有机氮经氨化作用矿化为氨氮,然后经好氧/厌氧环境,转变为 N_2 释放到大气中。这 3 种氮的去除形式中,第一、二种去除的氮量占很少一部分,绝大多数氮是通过第三种途径最终去除的,氮的这种去除方式和湿地基质层中植物的根系有密切关系。

4. 磷的去除

湿地对磷的去除效果差别比较大,这和磷的去除机理有关。湿地中磷的存在形式有 3 种:有机磷化合物、不溶性磷酸盐和可溶性磷酸盐。有机磷化合物主要存在于微生物和植物体内,不溶性磷酸盐是磷的主要存在形式,可溶性磷酸盐是唯一能够被微生物和植物利用的形式。人工湿地对磷的去除是由植物吸收、微生物去除及物理化学作用而完成的。

废水中的无机磷在植物吸收及同化作用下,可变成植物的有机成分,通过植物的收割而得以去除。物理化学作用对无机磷的去除,主要是可溶性的无机磷盐很容易与土壤中的 Al^{3+}、Fe^{3+}、Ca^{2+} 等发生化学沉淀反应。其中与土壤中的 Ca^{2+} 易于在碱性条件下发生化学反应,形成羟基磷灰石,而与 Al^{3+}、Fe^{3+} 主要是在中性或酸性环境条件下发生反应,分别形成磷酸铝或磷酸铁沉淀。

5. 难降解有机物的去除

与传统的污水处理工艺相比,湿地处理系统能更有效地去除难降解有机化合物如苯、酚、萘酸、杀虫剂、除草剂、氯化物和芳香族的碳氢化合物。土壤是一个巨大的微生物资源库,它所能分解的有机化合物的数量远远大于单一的污水处理构筑物;湿地中也存在种类繁多、数量巨大的微生物群落和多种沼生植物群落,通过它们的共同作用,能够降解复杂有机化合物。

第15章　污水回用技术

15.1　概　述

污水回用技术是指废水或污水经二级处理和深度处理后回用于生产系统或生活杂用。污水回用的范围很广,从工业上的重复利用水体的补给水到生活用水。污水回用既可以有效地节约和利用有限的和宝贵的淡水资源,又可以减少污水或废水的排放量,减轻水环境的污染,还可以缓解城市排水管道的超负荷现象,具有明显的社会效益、环境效益和经济效益。

目前,污水处理技术尽管很多,但其基本原理主要包括分离、转化和利用。分离是指采用各种技术方法,把污水中的悬浮物或胶体微粒分离出来,从而使污水得到净化,或者使污水中污染物减少至最低限度。转化是指对已经溶解在水中、无法"取"出来或者不需要"取"出来的污染物,采用生物化学、化学或电化学的方法,使水中溶解的污染物转化成无害的物质,或者转化成容易分离的物质。总之,污水处理应使水中污染物朝有利于治理的方向发展。污水处理后可应用于农业、工业、建筑、地下水回灌、景观、娱乐、河流生态维持等方面,不同的用途对污水处理有不同的要求。

1. 农业用水

农业用水是城市污水回用的一个大用户,主要包括大田作物、花卉和林地的灌溉等。污水回用于农田灌溉时,不仅能给农业生产提供稳定的水源,而且污水中的氮、磷、钾等成分也为土壤提供了肥力,既减少了化肥用量,又增加了农作物产量,而且通过土壤的自净能力可使污水得到进一步的净化,尤其污水回用可控制农村地区无节制地超采地下水。但如果污水水质不能满足要求,则会破坏土壤结构,使农药以及重金属在作物和土壤中积累,降低农产品质量及产量。回用污水中污染物的限度要以作物种类及生长阶段以及水文地质条件等为依据,其水质必须符合《农业灌溉水质标准》。

2. 环境用水

环境用水主要用于城市水系补充用水以及绿化隔离带和园林灌溉用水。一个城市没有水就没有灵气。用中水补充河湖水系,替代其他水源一举两得,既达到了优水优用、节约用水的目的,又美化了环境。水资源缺乏是北京生态环境建设的重点和难点,充分开发利用中水将为城市水系补充用水和绿化用水提供充足的水资源保证。随着北京生态居住区的建设,城市绿化用水将不断增加,中水将成为城市绿化用水的主要来源。

3. 工业用水

据调查,北京工业用水占全市各业用水的25%左右,在节水方面仍有很大潜力。面对淡水日缺、水价上涨的严峻现实,工业企业除了尽力将本厂废水循环利用以提高水的重复利用率外,对城市污水回用也日渐重视。工业用水根据用途的不同,对水质的要求差异很大,水质要求越高,水处理的费用就越高。理想的回用对象应是冷却用水和工艺低质用水(洗涤、冲灰、除尘、直冷等)。当考虑某项工艺是否可以利用回收的污水时,必须满足需要的水质,并要计算回用污水及其处理的费用,以求最大的经济效益。

4. 地下水回灌

近几十年来,由于持续干旱造成地下水过度开采,北京已形成了超过 2 500 km^2 的漏斗区,严重地影响了地面生态系统和地下水吸取水层的安全。将城市污水二级处理后回灌于地下,水在流经一定距离后同原地下水源一起作为新的水源开发。这样既可以阻止因过量开采地下水而造成的地面沉降,还能利用土壤自净作用提高回水水质,直接向工业和生活杂用水供水。污水回灌地下水对水质要求很高,回灌前须经生物处理(包括消化与脱氮),还必须有效去除有毒有机物与重金属,一旦回灌水质达不到要求,将会对地下水含水层造成污染。

15.2　污水回用处理

一般而言,城市污水是由生活污水和工业废水两者混合组成的。城市污水的水量往往很大,占整个城市用水量的 50% ~80%。在水资源普遍短缺和水环境普遍受到污染的当今世界,将城市污水进行适当的高级处理后予以回收再用,无疑具有重要的现实意义。

常规的城市污水处理流程由两级处理组成。第一级为机械处理(或称物理处理),包括沉沙池和初次沉淀池,主要任务为去除废水中的悬浮物。第二级为生物处理,包括生化反应池(生物曝气池及生物滤池等)和二次沉淀池,主要任务为去除废水中构成 COD 和 BOD 的有机物。

城市污水经过两级处理后,其中的 SS 和 BOD_5 一般均能去除 90% 以上,水质会得到很大程度的改善。尽管如此,要将两级处理后的城市污水直接回收利用,许多重要水质指标上仍然是远不能满足要求的。此外,在某些情况下将其直接排放到自然水体,也会引起水环境的恶化。美国南太和湖污水处理厂的一级处理和二级处理后的水质常规指标见表 15.1。

由此可见,对两级处理后的城市污水(即二沉池出水)施行进一步的处理,这是污水(个别情况下)安全排放的必然前提。这种进一步改善两级处理厂出水水质的工程措施,称为高级处理。因为高级处理在两级处理之后进行,也可称为第三级处理(或三级处理)。因为是深层次改善水质的措施,故也可称为深度处理。

表 15.1　美国南太和湖污水处理厂的一级处理和二级处理后的水质常规指标

水质指标	原污水	一级处理后	二级处理后
$BOD_5/(mg \cdot L^{-1})$	300	100	30
$COD/(mg \cdot L^{-1})$	480	220	40
$SS/(mg \cdot L^{-1})$	230	100	26
浊度/(度)	250	150	50
磷/$(mg \cdot L^{-1})$	12	9	6

城市污水高级处理的流程因处理任务的不同而多种多样。但是,若处理后的水要用于

较广泛的目的,深度澄清(即进一步降低置身及浊度)乃是最基本的内容。此外,在许多场合还必须进行消毒。

深度澄清的单元形式及其组合形式式有以下几种:CS(混凝沉淀)、F(过滤)、CS + F、CS + F + AC(活性炭吸附);当废水含氨量高时,再补充 NS(氨吹脱)工序。

深度澄清能综合改善二沉池出水的许多常规指标。对于高负荷生物滤池(HF)及常规活性污泥法(AS)处理后的二沉池出水施行深度澄清,其预测的水质情况见表 15.2。

表 15.2　深度澄清后的预测水质情况

二级处理	深度处理	出水水质						
		BOD_5 /(mL·L^{-1})	COD /(mL·L^{-1})	浊度/NTU	PO_4^{3+} /(mL·L^{-1})	SS /(mL·L^{-1})	色度/NTU	NH_3 - N /(mg·L^{-1})
HF	F	10 ~ 20	35 ~ 60	6 ~ 15	20 ~ 30	10 ~ 20	30 ~ 45	20 ~ 30
	CS	10 ~ 15	35 ~ 55	2 ~ 9	1 ~ 3	4 ~ 12	25 ~ 40	20 ~ 30
	CS + F	7 ~ 12	30 ~ 50	0.1 ~ 1	0.1 ~ 1	0 ~ 1	25 ~ 40	20 ~ 30
	CS + F + AC	1 ~ 2	10 ~ 25	0.1 ~ 1	0.1 ~ 1	0 ~ 1	0 ~ 15	20 ~ 30
	CS + NS + F + AC	1 ~ 2	10 ~ 25	0.1 ~ 1	0.1 ~ 1	0 ~ 1	0 ~ 15	1 ~ 10
AS	F	3 ~ 7	30 ~ 50	2 ~ 8	20 ~ 30	3 ~ 12	25 ~ 50	20 ~ 30
	CS	3 ~ 7	30 ~ 50	2 ~ 7	1 ~ 3	3 ~ 10	20 ~ 40	20 ~ 30
	CS + F	1 ~ 2	25 ~ 45	0.1 ~ 1	0.1 ~ 1	0 ~ 1	20 ~ 40	20 ~ 30
	CS + F + AC	0 ~ 1	5 ~ 15	0.1 ~ 1	0.1 ~ 1	0 ~ 1	0 ~ 15	20 ~ 30
	CS + NS + F + AC	0 ~ 1	5 ~ 15	0.1 ~ 1	0.1 ~ 1	0 ~ 1	0 ~ 15	1 ~ 10

绝大多数污水回用技术是从给水处理和污水处理技术演化出来的,按其机理可以分为物理化学和生物化学法。表 15.3 是污水深度处理单元技术。

表 15.3　污水深度处理单元技术

处理方法	去除对象	处理技术
物理化学法	悬浮物	快速过滤、微滤、混凝沉淀、气浮
	有机物	臭氧化、混凝沉淀、活性炭吸附、反渗透
	无机物	电渗析、反渗透、蒸馏、冷冻、离子交换
	磷	活性矾土吸附、石灰混凝、铝盐或铁盐混凝、离子交换
	氨氮	吹脱、氨解析、沸石吸附、离子交换、折点加氯
	脱臭	臭氧化、活性炭吸附
	大肠杆菌	氯消毒、臭氧化、紫外线消毒、超滤
生物化学法	氮、磷	A/O、A^2/O、UCT 工艺、生物接触氧化、SBR

15.3　污水回用对象及处理工艺

1. 污水回用对象

城市污水净化回用的对象非常广泛。由于污水回用和净化的技术水平不断提高,城市污水几乎可以回用于任何途径。污水回用的主要对象见表 15.4。

表 15.4　污水回用对象

分　类	范　围	示　例
农、林、牧、渔业用水	农用灌溉	种子与育种、粮食与饲料作物、经济作物
	造林育苗	苗木、苗圃、观赏植物
	畜牧养殖	畜牧、家禽、家畜
	水产养殖	淡水养殖
城市杂用水	城市绿化	公共绿地、住宅小区绿化
	冲厕	厕所便器冲洗
	道路清扫	城市道路的冲洗机喷洒
	车辆冲洗	各种车辆冲洗
	建筑施工	混凝土制备与养护
	消防	消火栓、消防水炮
工业用水	冷却用水	直流式、循环式
	洗涤用水	冲渣、冲灰、清洗
	锅炉用水	中压、低压锅炉
	工艺用水	溶料、蒸煮、漂洗、水利输送
	产品用水	浆料、化工制剂、涂料
环境用水	娱乐性景观环境用水	娱乐性景观河道、湖泊与水景
	观赏性景观环境用水	娱乐性景观河道、湖泊与水景
	湿地环境用水	恢复自然湿地、营造人工湿地
补充水源水	补充地表水	河流、湖泊
	补充地下水	水源补给、防止海水入侵、防止地面沉降

2. 污水回用处理工艺——MBR 膜生物反应器

MBR 膜生物反应器，是一种由膜分离单元与生物处理单元相结合的新型水处理技术。将具有独特结构的浸没式膜组件置于曝气池中，经过好氧曝气和生物处理后的水，由泵通过滤膜过滤后抽出。它与传统污水处理方法有很大区别，取代了传统生化工艺中二沉池和三级处理工艺。

MBR 膜生物反应器应用于污水处理及污水回用处理。德国已经建成 5 家大规模使用 MBR 的污水处理厂，累计处理能力为 21 000 m^3/d。辽宁省葫芦岛市某医院的中水回用工程，其处理能力为 140 m^3/d，处理后的出水主要冲洗室外路面及绿化回用。在 SARS 期间，上海承德医院使用 MBR + 消毒的工艺处理传染病区污水，取得很好的效果。MBR 对各种高浓度有机废水与难降解废水的 COD、NH_3-N、SS、浊度等都达到良好的去除效果。

膜生物反应器工艺流程如图 15.1 所示。

MBR 膜生物反应器在污水回用中的优点有：

①污染物去除效率高，处理出水水质好。

②污泥浓度高，装置容积负荷大，占地面积小。

③有利于增殖缓慢或高效微生物的截留，提高系统的消化效果和对难降解有机物的处理能力。

④剩余污泥产生量低。

⑤易于实现自动控制,操作管理方便。

⑥经处理后,排放水 SS 和浊度都接近于零,可实现回用。

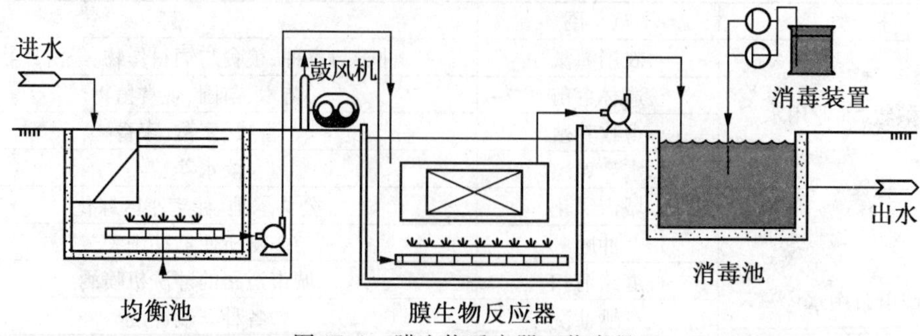

图 15.1　膜生物反应器工艺流程

从长远的观点来看,膜生物反应器在水处理中的应用范围必将越来越广。在水环境标准日益严格的今天,MBR 已显示出其巨大的发展潜力。MBR 未来的研究重点在于:膜污染的机理及防治;MBR 工艺流程形式及运行条件的优化;MBR 污泥产率与运行条件的关系,以合理减少污泥产量,降低污泥处理费用;MBR 生物反应器内微生物的代谢特性及其对出水水质、污泥活性等的影响,从而确定适宜的微生物生长及代谢条件;MBR 工艺经济性研究。在目前国内经济发展水平、膜产品供应状况和规范设计要求的条件下,MBR 用于污水处理的最大经济流量的确定。以节能、处理特殊水质对象,兼具脱氮除磷、操作维护简便、可以长期稳定运行等为目标,开发新型的膜生物反应器。

15.4　回用水的健康风险评价

虽然城市污水再生利用具有很大的潜力,但是回用过程中还存在很多问题,如再生水对人体的健康和环境的影响问题,污水的处理技术与工艺组合问题以及回用工程的管理问题等。在城市污水再生利用的过程中,再生水的水质是非常重要的。城市污水不是主要的致病源,但人们很难接受其作为食物生产、灌溉或者间接的饮用水甚至一些工业用水。污水中的可降解有机物、稳定有机物、营养物、重金属、残留氯和悬浮物等化学成分还很有可能进入地下含水层。最近几年,干扰素、药学和治疗用的产品也进入了供水系统。

再生水回用于不同用途时对健康和环境都会产生影响,考虑到再生水的不同用途和污染物可能的影响途径,为了保证再生水水质安全,应考虑的因素有:

①保护公众健康。这是制定水质安全指标的首要目标。

②用水要求。工业或其他用水,对水质有特殊要求,应根据具体要求制定水质标准。

③灌溉影响。灌溉可能引起很多相关问题,如污染土壤、地下水、地表水以及暴露人群的健康效应。

④环境安全。使用再生水区域以及周围地区的动植物、受纳水体等都是保护对象。

⑤感观要求。对于较高要求的再生水,如冲洗厕所、绿地灌溉、娱乐用水等,在美学方面应和饮用水有相似的要求。

⑥切合实际。标准必须符合当前的政策、技术及经济状况。根据不同回用目的及人体

对再生水中病原微生物和化学污染物的暴露量的大小，各种回用活动引起人体健康风险大小的比较见表 15.5。

表 15.5　各种回用活动相关的风险排序

风险排序(从高到低)	再生利用途径
1	庭院内用软管浇水灌溉
2	庭院内用喷洒装置浇水灌溉
3	灌溉食用农作物(农作物在人们食用之前不经过去皮、烹饪、加热等过程的处理)
4	灌溉食用农作物(农作物在人们食用之前经过去皮、烹饪、加热等过程的处理)
5	娱乐水体，人体可能完全浸没于水中的游泳、滑水等活动
6	灌溉绿化公众进入的场所（如高尔夫球场、学校、公园、风景区、运动场、高速公路绿化带等）
7	回用于开放式冷却塔
8	洗车
9	装饰性水景（如人工湖、喷泉等）
10	冲厕
11	回用于商业性洗衣店
12	冲洗道路、人行道及工作区
13	消防灭火(消火栓)
14	溜冰场制冰
15	消防灭火(喷淋)
16	制作混凝土
17	控制建筑尘土
18	冲洗下水道和回用水管线

污水回用虽然具有很大的潜力，但是在回用过程中再生水对环境和人体健康产生的风险还很不明确，人们对回用水的安全性存在比较大的顾虑，阻碍了污水再生利用的顺利进行。回用水对人体健康和环境的影响是人们普遍关心焦点之一，在北京、广州佛山和山东淄博的居民中对几项影响再生水回用的因素进行了随机抽样调查，结果表明居民对再生水存在较大的顾虑。各种因素的影响程度排列如下：再生水安全性 > 可能有异味或导致感观上不舒服 > 对污水再生的情况不了解 > 再生水成本可能很高 > 心理上难以接受。从调查结果可以看出，影响居民使用再生水的障碍主要集中于再生水的健康风险和水质两个方面，调查还发现受教育的程度越高，对再生水的安全性关注程度越高。因此，再生水的健康风险评价是迫切需要解决的问题。污水回用风险评价是为污水再生利用管理和决策服务的一种科学活动，风险评价在污水回用中具有重要的指导作用。

第16章　污泥处置与利用

16.1　污泥浓缩

浓缩是常用的固液分离方法,可通过两种方式完成:固体上浮至混合液上端,或沉降至混合液底部。前者一般称为气浮浓缩,后者则称为重力浓缩。污泥浓缩的目的主要是在进行污泥消化或脱水之前,尽量将多余的水分从污泥中分离。一般来说,污泥浓缩可有效减少污泥处理后续单元如消化、脱水所需的处理容量,而后续单元因容积减少所节省的成本,远高于污泥浓缩单元的设置与运行费用,因此设置污泥浓缩单元有助于降低污泥处理过程的总成本。

1. 气浮浓缩

气浮浓缩是依靠大量微小气泡附着在污泥颗粒的周围,减小颗粒的体积质量而强制上浮。因此气浮法对于体积质量接近于1 g/cm^3 的污泥尤其适用。气浮浓缩法操作简便,运行中同样有一定臭味,动力费用高,对污泥沉降性能(SVI)敏感。气浮浓缩法适用于剩余污泥产量不高的活性污泥法处理系统,尤其是生物除磷系统的剩余污泥。

典型的气浮污泥浓缩池如图16.1所示。在压力为275 ~550 kPa下,将空气注入污泥中。在此压力时,大量的空气溶入污泥。然而,污泥流入一个敞开的槽体,由于其压力降为与大气压力相同,原先溶解于污泥中的空气因过饱和而形成大量微小气泡。当这些微小气泡向液面浮升时,会附着在污泥中的固体颗粒上,将这些颗粒带向液面,最后累积成一层上浮污泥。利用刮渣设备即可将该层上浮污泥从液面刮除。一般而言,气浮浓缩对不易用重力方式浓缩的活性污泥特别有效。对活性污泥而言,气浮浓缩可将其固体含量从0.5% ~1% 增加至3% ~6%。

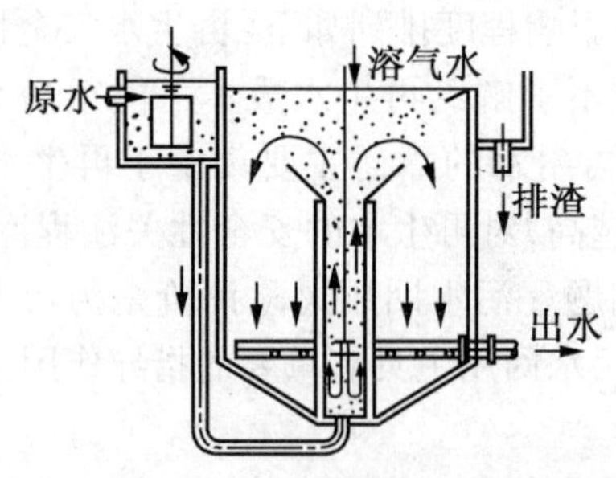

图16.1　气浮污泥浓缩池

2. 重力浓缩

重力浓缩是利用重力作用的自然沉降分离方式,不需要外加能量,是一种最节能的污泥浓缩方法。重力浓缩只是一种沉降分离工艺,它是通过在沉淀中形成高浓度污泥层达到浓缩污泥的目的,是目前污泥浓缩方法的主体。单独的重力浓缩是在独立的重力浓缩池中完成，工艺简单有效，但停留时间较长时可能产生臭味，而且并非适用于所有的污泥；如果应用于生物除磷剩余污泥浓缩时，会出现磷的大量释放，其上清液需要采用化学法进行除磷处理，如图 16.2 所示。重力浓缩法适用于初沉污泥、化学污泥和生物膜污泥。

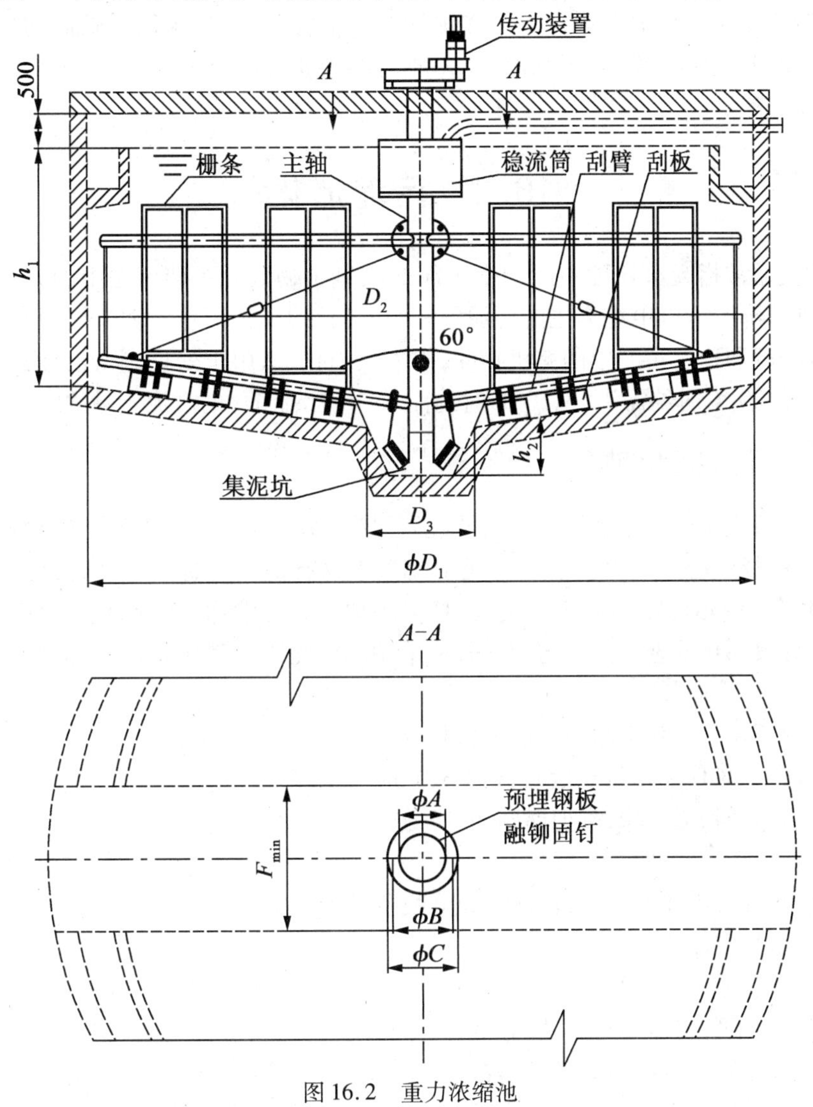

图 16.2　重力浓缩池

在重力浓缩池中，污泥固体颗粒沉降至池底，再利用机械刮臂将污泥刮至污泥斗，最后从污泥斗中将浓缩污泥抽至后续单元进行处理。重力浓缩单元用于处理纯的初沉污泥，其浓缩效果最佳，可将 1% ~3% 的初沉污泥浓缩至 10%；若用于处理初沉污泥与活性污泥的混合污泥，其浓缩污泥固体含量将随活性污泥所占比例的增加而降低。目前污泥浓缩的设计趋势，大致上是以重力浓缩处理初沉污泥，以气浮浓缩处理活性污泥，然后混合浓缩污泥，进行后续处理。

3. 离心浓缩

离心浓缩法的原理是：利用污泥中固、液比重不同而具有不同的离心力进行浓缩。离心浓缩法的特点是：自成系统，效果好，操作简便；但投资较高，动力费用较高，维护复杂；适用于大中型污水处理厂的生物和化学污泥。

衡量离心浓缩效果的主要指标是出泥含固率和固体回收率,固体回收率是浓缩后污泥中的固体总量与入流污泥中的固体总量之比,因此固体回收率越高,分离液中的 SS 浓度越低,即泥水分离效果和浓缩效果越好。在浓缩剩余活性污泥时,为取得较高的出泥含固率(大于4%)和固体回收率(大于 90%),一般需要投加聚合硫酸铁(PFS)或聚丙烯酰胺(PAM)等助凝剂。

16.2　污泥消化

污泥消化通常指废水处理中所产生污泥的厌氧生物处理。即污泥中的有机物在无氧条件下,被细菌降解为以甲烷为主的污泥气和稳定的污泥(称消化污泥)。但也有采用需氧生物处理以降解和稳定污泥中的有机物的,称需氧消化,常用于处理剩余活性污泥,曝气时间随温度而异,20 ℃时约需 10 d,10 ℃时约需 15 d,需氧消化的淤泥不易浓缩。

16.2.1　污泥好氧消化

污泥好氧消化实质上是活性污泥法的继续,其工作原理是污泥中的微生物有机体的内源代谢过程通过曝气充入氧气,活性污泥中的微生物有机体自身氧化分解,转化为二氧化碳、水和氨气等,使污泥得到稳定。美国、日本和加拿大等发达国家都有不少中、小型污水处理厂采用好氧消化处理污泥。与现在普遍采用的污泥厌氧消化相比,污泥好氧消化具有以下优点:

①对悬浮固体的去除率与厌氧法大致相等。

②上清液中 BOD 的质量浓度较低,为 10 mg/L 以下。

③处理后的产物无臭味,类似腐殖质,肥效较高。

④运行安全、管理方便。

⑤处理效率高,需要的处理设施体积小,投资较少。

同时,它也具有以下缺点:

①因需供氧,相应的运行费用高。

②不能产生甲烷气体等有用的副产物。

③消化后的污泥的机械脱水性能较差。

尽管好氧消化的能耗大,运行费用稍高,但由于它具有运行管理方便、操作灵活、投资低、处理不容易失败等优点,对于处理量较小(≤20 000 m^3/d)的污水处理厂仍是一种有效实用的污泥稳定技术 。

1. 传统污泥好氧消化技术

传统的污泥好氧消化工艺(CAD)的基本原理如前所述,主要使污泥中的微生物进入内源呼吸阶段进行自身氧化,从而使污泥减量。CAD 工艺的构造及设备与传统活性污泥法相似,但污泥停留时间很长,其常用的工艺流程主要有连续进泥和间歇进泥两种,其工艺流程如图 16.3 所示。

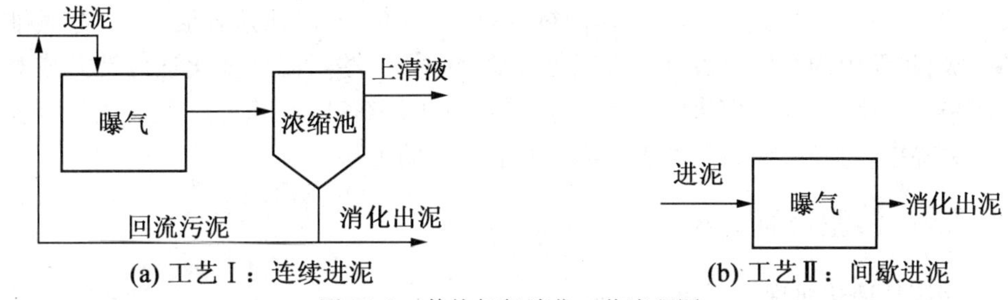

图16.3 传统好氧消化工艺流程图

对传统好氧消化技术的研究，集中在污泥稳定指标、温度和停留时间、污泥的来源及类型、初始污泥浓度、曝气和搅拌、消化反应及其影响等6方面。

2. 缺氧/好氧消化工艺(A/AD)

缺氧/好氧消化工艺(A/AD)即在CAD工艺的前端加一段缺氧区，使污泥在该段发生反消化反应，其产生的碱度可补偿消化反应中所消耗的碱度，所以不必另行投碱就可使pH值保持在7左右。通常A/AD可通过两种方法实现，其工艺流程如图16.4所示。

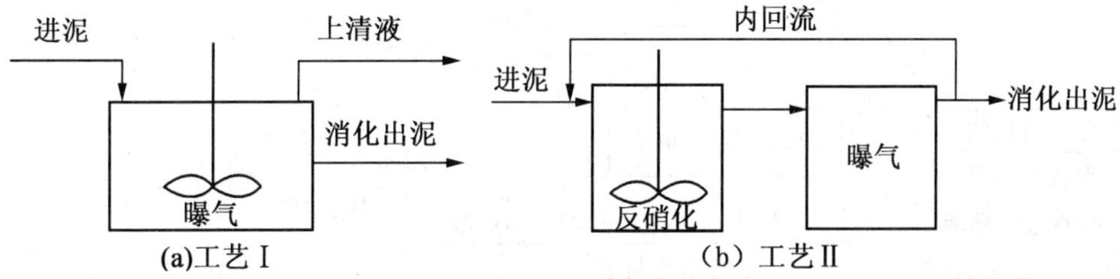

图16.4 A/AD工艺流程图

工艺Ⅰ:通过间歇曝气交替产生好氧和缺氧期，在缺氧期发生反消化，反消化过程中产生的碱度会补充消化过程中的消耗，从而提供稳定的pH值，有利于好氧期污泥的消化。由于不需连续供氧，可以节约运行费用。

工艺 Ⅱ:在好氧处理之前加入预缺氧段，并将一部分好氧处理后的污泥回流至缺氧段，利用预缺氧段发生的内源氮代谢，完成反消化，稳定系统的pH值，从而得到高于传统好氧消化的VSS去除率，同时，由于预缺氧段中不需要曝气，只需搅拌，可以节约能源。

3. 自然高温好氧消化工艺

污泥自热高温好氧消化(ATAD)是利用有机物好氧氧化所释放的代谢热，达到并维持高温，而不需要外加热源。由于采用较高的温度，消化时间大大缩短约6 d，并且能达到杀灭病原菌的目的。为防止短流并尽量杀灭病原菌，典型的ATAD系统一般采用间歇分批操作，至少两个反应器串联运行，其工艺流程如图6.15所示。第一段温度通常为45 ℃左右，一般不超过55 ℃；第二段温度通常为50~60 ℃，一般不超过70 ℃。

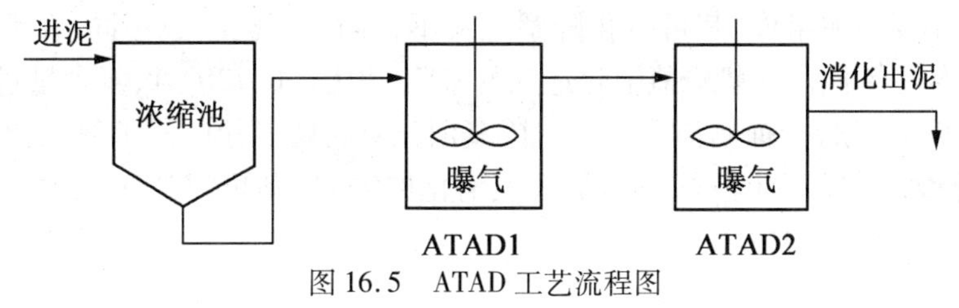

图16.5 ATAD工艺流程图

典型的 ATAD 系统温度为 55 ℃,有时可达到 60 ~ 65 ℃。在这种温度下,好氧细菌进行内源呼吸,污泥中的有机质被进一步氧化分解,同时,一些对温度变化适应性差或对温度要求较严格的细胞,因温度变化而无法生存,继而发生溶解,因此高温好氧消化具有较高的悬浮固体去除率。另外,提高温度也有助于对病原菌的去除。

16.2.2 污泥厌氧消化

1. 污泥厌氧消化机理

在理论研究方面,国内外一些学者对厌氧发酵过程中物质的代谢、转化和各种菌群的作用等进行了大量的研究,但仍有许多问题需进一步探讨。1979 年,伯力特等人根据微生物的生理种群提出了厌氧消化的三阶段理论(图 16.6):第一阶段是在水解与发酵细菌作用下,使碳水化合物、蛋白质和脂肪水解与发酵转化成单糖、氨基酸、脂肪酸、甘油及二氧化碳、氢等;第二阶段是在产氢产乙酸菌的作用下,把第一阶段的产物转化成氢、二氧化碳和乙酸;第三阶段是通过两组生理上不同的产甲烷菌的作用,一组把氢和二氧化碳转化成甲烷,另一组是对乙酸脱羧产生甲烷。

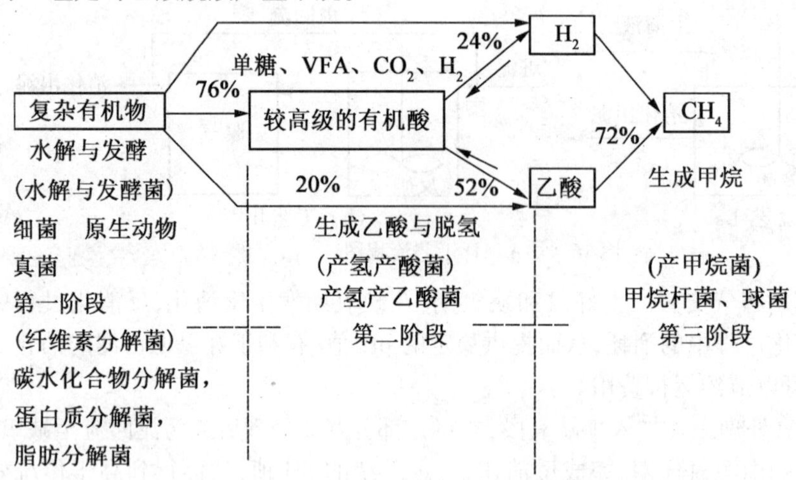

图 16.6　三阶段理论

三阶段理论较好地揭示了厌氧发酵过程中不同代谢菌群之间相互作用、相互影响及相互制约的动态平衡关系,阐明了复杂有机物厌氧消化的微生物过程。

2. 厌氧消化池工作原理与影响因素

在厌氧消化池中三个阶段同时存在,甲烷发酵阶段的速率最慢,因此甲烷发酵阶段是厌氧消化反应的控制因素,影响厌氧消化池正常工作的主要因素如下。

(1)底物组成

研究发现不同污泥组成,其可生化降解性大不相同。污泥组成不同,在消化过程中的营养需求与调控也不同。一般厌氧消化适宜的 C/N 比为(30 ~ 20):1,氮含量过多,pH 值可能上升,氨盐容易积累,会抑制消化过程。厌氧消化对磷磷酸盐的需求量大约为氮的 1/5。如果污泥中碳、氮、磷比不能很好地满足厌氧消化的需要,则可以通过投加定量的辅助原料,以达到厌氧消化适宜的 C/N 比。

(2)温度

按照厌氧消化的温度范围可以分为常温厌氧消化、中温厌氧消化和高温厌氧消化。常温消化的主要特点是:消化温度随着自然气温的四季变化而变化,其反应速率、产气率、有机物分解率均明显低于中、高温消化,为获得同一程度的产气率和有机物分解率,中高温需要 12 ~ 30 d,常温消化通常需要 150 d 以上的停留时间。研究表明,对于原始污泥来说,中温最佳温度是其所生存的原始温度,即消化处理温度为 37 ℃,中温发酵条件下,温度控制在 28 ~ 38 ℃。高温消化可以比中温消化有更短的固体停留时间和更小的反应器容积,温度控制在 48 ~ 60 ℃。

(3)pH 值

在影响污泥厌氧发酵的因素中,pH 值是重要的参数之一。水解过程与发酵菌及产氢产乙酸菌对 pH 值的适应范围为 5 ~ 6.15,而对产甲烷菌的 pH 值的适应范围为 6.16 ~ 7.15。pH 值的微小波动有可能导致微生物代谢活动的终止,pH 值低于 6.11 或高于 8.13 时,产甲烷菌可能会停止活动。研究发现,污泥经过适当的碱液处理或者调节 pH 值至 8.10 以上,可以提高污泥的水解速率。将剩余污泥的 pH 值控制为酸性 4.10 ~ 6.10 或者碱性 8.10 ~ 11.10,在较长时间的厌氧发酵过程中大于 4 d 左右,SCOD 值与时间成正比 。

(4)搅拌

在污泥厌氧消化时,水解通常成为整个反应的限制性阶段。很多文献中强调了消化过程中应充分混合搅拌以促进反应器中酶和微生物的均匀分布。然而近年来有试验表明,降低搅拌程度可以提高反应器的效率。在启动阶段应采取适量搅拌,此时反应器内底物浓度较大,高强度搅拌对水解起促进作用。因此,为达到有机物厌氧转化的最佳条件,应综合考虑搅拌所带来的积极和负面影响。

(5)强化处理

污泥固体的生物可降解性低,完全的厌氧消化需相当长的时间,即使 20 ~ 30 d 的停留时间仅能去除 30% ~ 50% 的挥发性固体 VSS,厌氧消化的速度较慢,对固体废物采用预处理可以提高甲烷产气量。目前,对固态厌氧消化底物的预处理方法很多,有物理、化学和生物技术等,对物理和化学预处理方法研究较多,采用热解、碱处理、臭氧氧化、超声处理等物理化学方法等强化处理技术能有效促进污泥中细胞的分解,使释放出来的细胞物质快速得以降解利用,提高污泥有机物的利用率,缩短厌氧消化停留时间,提高厌氧消化产气率。利用溶菌酶对污泥进行预处理,有机物的降解程度大大地提高,投加能分泌胞外酶细菌的溶胞技术在经济合理、操作简单、环保节能方面显示较大的优势,为提高厌氧消化效率开辟了新的途径。

3. 污泥厌氧技术

(1)两相厌氧消化

目前世界各国在污泥处理的领域仍以污泥厌氧消化工艺为主。厌氧消化工艺是在四五十年代开发的成熟的污泥处理工艺。这种工艺水力停留时间长,一般停留时间的设计标准是20 ~ 30 d。为防止短路和加热,需设置搅拌和加温设备。

美国 Ghosh 教授,从 20 世纪 70 年代开始了污泥两相消化研究, 从微生物生长特点、生长动力学等方面开展了大量的研究, 在基础研究的角度上,证明了两相工艺的优越性。但其采用的处理构筑物仍然为传统完全混合式的消化池,所以在停留时间、减少投资等方面没有取得突破性的进展。自从 Ghosh 等人提出两相消化工艺以来，国内外在这一领域进行了不少研究。我国广州能源所、成都生物所、清华大学等均在有机废水和农业废弃物方面进行了大量的工作，上海市政设计院也对城市污水污泥的两相净化做了大量研究。两相厌氧消化工艺如图 16.7 所示。

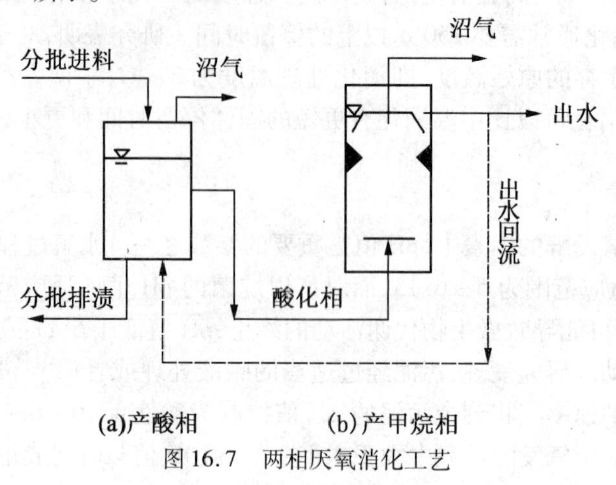

图 16.7　两相厌氧消化工艺

(2)多级厌氧消化工艺

在对城市污水污泥特性和各种厌氧反应器了解的基础上，借鉴国内外的研究结果和带有共性的研究思路，新的城市污水污泥处理系统的思想是充分利用现有的成熟工艺的优点，将现有的成熟技术最大程度地整合，集中突破技术整合过程中的技术难点和关键。并将治污、产气、综合利用三者相结合，使废物资源化、环境效益、经济效益和社会效益相统一。多级厌氧消化具体工艺的基本思想分为如下 3 个处理阶段。

①第一级处理阶段。第一级反应器应该具有将固体和液体状态的废弃物部分液化（水解和酸化）的功能。其中液化的污染物去 UASB 反应器（为第二级处理的一部分），固体部分根据需要进行进一步消化或直接脱水处理。可采用加温完全混合式反应器（CSTR）作为酸化反应器。采用 CSTR 反应器的优点是反应器采用完全混合式，由于不产气可以采用不密封或不收集沼气的反应器。

②第二级处理阶段。第二级处理包括一个固液分离装置，没有液化的固体部分可采用机械或上流式中间分离装置或设施。中间分离的主要功能是达到固液分离的目的，保证出水中悬浮物含量少，有机酸浓度高，为后续的 UASB 厌氧处理提供有利的条件。分离后的固体可被进一步干化或堆肥并作为肥料或有机复合肥料的原料。

③第三级处理阶段。在第二阶段的固液分离装置应该去除大部分（80% ~90%）的悬浮物，使得污泥转变为简单污水。城市污泥经 CSTR 反应器酸化后，出水中含有高浓度 VFA，需要有高负荷去除率的反应器作为产甲烷反应器。UASB 反应器在处理进水稳定且悬浮物含量低的水有一定的优势，而且 UASB 在世界范围内的应用相当广泛，已有很多的运行经验。

16.3　污泥脱水

污泥经浓缩后，其含水率仍在 94% 以上，呈流动状，体积很大。浓缩污泥经消化后，如果排放上清液，其含水率与消化前基本相当或略有降低；如果不排放上清液，则含水率会升高。总之,污泥经浓缩或消化后,仍为液态,体积很大,难以处置消纳,因此还需进行污泥脱水。浓缩主要是分离污泥中的空隙水,而脱水则主要是将污泥中的吸附水和毛细水分离出来,这部分水分占污泥中总含水量的15%～25%。假设某处理厂有1 000 m^3 由初沉污泥和活性污泥组成的混合污泥,其含水率为97.5%,含固量为2.5%,经浓缩之后,含水率一般可降为95%,含固量增至5%,污泥体积则降至500 m^3。此时体积仍很大,外运处置仍很困难。如果经过脱水,则可进一步减量,使含水率降至75%,含固量增至25%,体积则减至100 m^3,其体积减至浓缩前的1/10,减至脱水前的1/5,大大降低了后续污泥处置的难度。

16.3.1　污泥的脱水性能及其影响因素

1.脱水性能指标

脱水性能指污泥脱水的难易程度。不同种类的污泥,其脱水性能不同,即使同一种类的污泥,其脱水性能也因厂而异。衡量污泥脱水性能的指标主要有两个:一个是污泥的比阻(R);另一个是污泥的毛细吸水时间(CST)。

污泥的比阻指在一定压力下,在单位过滤介质面积上,单位质量的干污泥所受到的阻力,常用R(单位为m/kg)表示,计算公式为

$$R=2\cdot P\cdot A^2\cdot b/(\mu\cdot W) \tag{16.1}$$

式中,P为脱水过程中的推动力,N/m^2,对于真空过滤脱水P为真空形成的负压,对于压滤脱水P为滤布施加到污泥层上的压力;A为过滤面积,m^2;μ为滤液的黏度,$N\cdot S/m^2$;W为单位体积滤液上所产生的干污泥质量,kg/m^3;b为比阻测定中的斜率系数,S/m^6,其值取决于污泥的性质。

污泥的毛细吸水时间指污泥中的毛细水在滤纸上渗透1 cm距离所需要的时间,常用CST表示。有专用的CST测定装置,主要包括泥样容器、吸水滤纸和计时器3部分。A,B两点的距离为1 cm;当污泥中的水分渗透至A点时,计时器开始计时,至B点时,计时器停止计时,测得的时间即为CST值。

2.不同污泥的脱水性能及其影响因素

不同种类的污泥,脱水性能相差很大,因而其R值和CST值相差甚远。即使同一种污泥,不同处理厂测得的R和CST也相差较多。

一般来说,初沉污泥的脱水性能较好。一些处理厂的初沉污泥,其比阻R会低至2.0×10^{13} m/kg,此时污泥不经过调质,也可进行机械脱水。入流污水中工业废水的成分会影响初沉污泥的脱水性能,但其影响有时增强有时削弱,具体取决于工业废水的成分。钢铁或机械加工行业的废水,会使初沉污泥的脱水性能增强;而食品酿造或皮革加工等行业的废水会使初沉污泥的脱水性能降低。腐败的污泥脱水性能会降低,污泥颗粒变小,并产生气体。

活性污泥的脱水性能一般都很差,其比阻常为10.0×10^{13} m/kg,CST常为100 s以上,不经调质,无法进行机械脱水。泥龄越长的污泥,脱水性能越差;SVI值越高的污泥,其脱水性能也越差。一般来说,发生膨胀的活性污泥,无法进行机械脱水,否则会耗用大量的化学药剂进行调质。

初沉污泥与活性污泥的混合污泥,其脱水性能取决于两种污泥分别的脱水性能,以及

每种污泥所占的比例。一般来说，活性污泥比例越大，混合污泥的脱水性能也越差。

16.3.2　污泥的化学调质

污泥的比阻 R 和毛细吸水时间 CST 越大，污泥的脱水性能越差。一般认为，只有当污泥的比阻 R 小于 4.0×10^{13} m/kg 或毛细吸水时间 CST 小于 20 s 时，才适合进行机械脱水。初沉污泥、活性污泥或两者组成的混合污泥，经浓缩或消化之后，均应进行调质，降低其 R 值或 CST，再进行机械脱水。

1. 混凝剂与絮凝剂的种类及其作用机理

污泥调质所用的药剂可分为两大类，一类是无机混凝剂，另一类是有机絮凝剂。无机混凝剂包括铁盐和铝盐两类金属盐类混凝剂以及聚合氧化铝等无机高分子混凝剂。有机絮凝剂主要是聚丙烯酰胺等有机高分子物质。另外，污泥调质中还使用一类不起混凝作用的药剂，称为助凝剂。常用的助凝剂有石灰、硅藻土、木屑、粉煤灰、细炉渣等惰性物质。

常用的铁盐混凝剂是三氯化铁，该种混凝剂适合的 pH 值在 6.8～8.4，因其水解过程中会产生 H^+，降低 pH 值，因而一般需投加石灰作为助凝剂。三氯化铁在对污泥的调质中能生成大而重的絮体，使之易于脱水，因而使用较多。铝盐混凝剂一般采用硫酸铝，该种混凝剂的调质效果不如三氯化铁，且用量也较大，但由于无腐蚀性，且储运方便，故使用也较多。聚合氯化铝作为一种高分子无机混凝剂，调质效果好，投药量少，虽价格偏高，但使用也较广。

目前，人工合成有机高分子絮凝剂在污泥调质中得到普遍使用，并基本上已取代了无机混凝剂。常用的有机高分子絮凝剂是聚丙烯酰胺（俗称三号絮凝剂，PAM），其聚合度 n 高达 20 000～90 000，相应的相对分子质量高达到 50 万～800 万，通常为非离子型高聚物，但通过水解可产生阴离子型，也可通过引入基团制成阳离子型。按照离子密度的高低，阳离子聚丙烯酰胺又分成弱阳离子、中阳离子和强阳离子 3 种，实际中都采用较多。离子密度越高，其中和负电荷使污泥胶体颗粒脱稳的作用越强，但高离子密度的 PAM 的相对分子质量往往较小，吸附架桥能力较弱。因此以上 3 种 PAM 的污泥调质效果一般相差不大。表 16.1 为 3 种 PAM 的阳离子密度、相对分子质量以及对消化污泥进行调质的加药量范围。

表 16.1　阳离子 PAM 的离子密度、相对分子质量及对消化污泥进行调质的加药量

分　类	相对离子密度/%	相对分子质量	调质加药量（$kg\cdot L^{-1}$）
弱阳离子 PAM	<10	4 000 000～8 000 000	0.25～5.0
中阳离子 PAM	10～25	1 000 000～4 000 000	1.0～5.0
强阳离子 PAM	>25	500 000～1 000 000	1.0～5.0

2. 调质药剂的选择

目前，调质效果最好的药剂是阳离子聚丙烯酰胺，虽然其价格昂贵，但使用却越来越普遍。但具体到某一处理厂来说，应根据本厂的具体情况，在满足要求的前提下，选择综合费用最低的药剂种类。

采用铁盐或铝盐等无机混凝剂，一般能使污泥量增加 15%～30%，另外其肥效和热值

也都将大大降低。因此当污泥消纳场离处理厂距离较远或污泥的最终处置方式为农用或焚烧时,一般不适合采用无机混凝剂进行污泥调质。

调质药剂的选择还与脱水机的种类有关系。一般来说,带式压滤脱水机可采用任何一种药剂进行调质污泥,而离心脱水机则必须采用高分子絮凝剂,其原因是离心机内空间较小,对泥量要求很严格,如果采用无机药剂,使泥量增加很多,将大大降低离心机的脱水能力。

很多处理厂为降低污泥调质的综合费用,进行了大量的探索。一个主要途径就是采用了各种各样的复合药剂,即采用两种或两种以上的药剂进行污泥调质,主要有以下几种组合方式。

①三氯化铁与阴离子聚丙烯酰胺组合,先加入三氯化铁,再加入后者。其原理是:三氯化铁的电中和作用可使污泥胶体颗粒脱稳,再通过阴离子聚丙烯酰胺的吸附架桥作用,形成较大的污泥絮体。两种药剂的共同作用,使总的药剂费用降低。

②三氯化铁与弱阳离子聚丙烯酰胺组合,先加入三氯化铁,再加入后者。其原理与组合①基本相同。

③聚合氯化铝与弱阳离子聚丙烯酰胺组合。

④石灰与阴离子聚丙烯酰胺组合使用。

⑤聚合氯化铝与三氯化铁或硫酸铝组合。

⑥阳离子聚丙烯酰胺与一些助凝剂,如粉煤灰、细炉渣、木屑等合用,可降低其用量。国外一些处理厂尝试在阳离子聚丙烯酰胺加入污泥之前,先加入少量高锰酸钾,可使耗药量降低25%～30%,同时还具有降低恶臭的作用。

⑦阳离子型和阴离子型聚丙烯酰胺结合。

3.最佳投药量的确定

投药量与污泥本身的性质、环境因素以及脱水设备的种类有关系。要综合以上因素,找到既满足要求又降低加药费用的最佳投药量,一般必须进行投药量的试验。其具体程序如下:

①按照所选药剂的使用说明或相近处理厂的运行经验,确定一个大致的投药量范围。例如,当采用带式压滤脱水机对初沉生污泥进行脱水时,如采用PAM调质,投药量可选择在0.1%～0.5%的范围内。

②在所选择的投药量范围内,确定几个投药量。例如在0.1%～0.5%的范围内,可确定0.1%、0.2%、0.3%、0.4%、0.5%5个投药量。

③取几个泥样,每个泥样的体积为50～200 mL。按照泥样的量、泥样的含固量、絮凝剂溶液的浓度及所确定的投药量,计算出应向每个泥样中投加的絮凝剂溶液量。

④测定每一投药量所对应的泥样的比阻或CST。采用带式压滤脱水或真空过滤脱水时,采用R或CST皆可,但最好采用R;采用离心脱水时,最好采用CST。应注意,絮凝剂溶液不能向几个泥样同时投加,应测定一个,投加一个。

⑤绘制泥样的比阻或CST值与对应的投药量之间的变化曲线。曲线上的最低点对应的投药量即为最佳投药量。

不管污泥原来的比阻或CST多高,经加药调质以后,均应将R降为4.0×10^{13} m/kg以下,否则,投药范围选择不合理或药剂选择不合理,应予以重新选择或确定。真空过滤采用三氯化铁和石灰进行调质的加药量范围见表 16.2。带式压滤脱水的加药量范围见表 16.3。

表 16.2　各种污泥采用真空过滤脱水时,三氯化铁和石灰的加药量

种　类	生污泥			消化污泥	
	初沉污泥	剩余污泥	初沉污泥 + 剩余污泥	初沉污泥	初沉污泥 + 剩余污泥
$FeCl_3$	2 ~ 4	6 ~ 10	2 ~ 8	3 ~ 5	3 ~ 6
CaO	8 ~ 10	0 ~ 16	9 ~ 12	10 ~ 13	15 ~ 21

表 16.3　生污泥采用带式压滤机脱水时,三氯化铁和石灰的加药量　%

种　类	初沉生污泥	剩余活性生污泥
$FeCl_3$	4 ~ 6	7 ~ 10
CaO	1 ~ 14	20 ~ 25

各种污泥采用真空过滤脱水时 PAM 的投加量见表 16.4。各种污泥采用带式压滤机脱水时 PAM 的投加量见表 16.5。各种污泥采用离心(卧螺式)脱水时 PAM 的投加量见表 16.6,表中括号内数值为典型值。

表 16.4　各种污泥采用真空过滤脱水时 PAM 的投加量　%

种类	生污泥			厌氧污泥	
	初沉污泥	活性污泥	初沉污泥 + 活性污泥	初沉污泥	初沉污泥 + 活性污泥
PAM	0.025 ~ 0.05 (0.035)	0.4 ~ 0.75 (0.6)	0.1 ~ 1.0 (0.35)	0.075 ~ 0.2 (0.075)	0.25 ~ 0.6 (0.35)

表 16.5　各种污泥采用带式压滤机脱水时 PAM 的投加量　%

种类	生污泥			厌氧污泥		好氧消化污泥
	初沉污泥	活性污泥	初沉污泥 + 活性污泥	初沉污泥	初沉污泥 + 活性污泥	初沉污泥 + 活性污泥
PAM	0.1 ~ 0.45 (0.25)	0.1 ~ 1.0 (0.5)	0.1 ~ 1.0 (0.35)	0.1 ~ 0.5 (0.15)	0.15 ~ 0.75 (0.3)	0.2 ~ 0.75 (0.5)

表 16.6　各种污泥采用离心(卧螺式)脱水时 PAM 的投加量　%

种类	生污泥			厌氧消化污泥	
	初沉污泥	活性污泥	初沉污泥 + 活性污泥	初沉污泥	初沉污泥 + 活性污泥
PAM	0.1 ~ 0.35 (0.2)	0.2 ~ 0.75 (0.4)	0.2 ~ 0.5 (0.3)	0.3 ~ 0.5 (0.3)	0.35 ~ 0.75 (0.4)

投药量除与污泥本身性质和脱水方式有关外,还与污泥温度有关。温度越高,投药量越小;反之,温度越低,投药量越多。一般来说,在保证同样调质效果的前提下,夏季比冬季减少 10% ~ 20% 的投药量。

16.3.3　脱水方法

1. 自然干化法

自然干化法的主要构筑物是污泥干化场，一块用土堤围绕和分隔的平地，如果土壤的透水性差，可铺薄层的碎石和沙子，并设排水暗管。依靠下渗和蒸发降低流放到场上污泥的含水量。下渗过程经2～3 d完成，可使含水率降低到85%左右。此后主要依靠蒸发，数周后可降到75%左右。污泥干化场的脱水效果，受当地降雨量、蒸发量、气温、湿度等的影响。一般适宜于在干燥、少雨、沙质土壤地区采用。

2. 机械脱水法

通常污泥先进行预处理，改善脱水性能后再脱水。最通用的预处理方法是投加无机盐或高分子混凝剂。此外，还有淘洗法和热处理法。机械脱水法有过滤和离心法。过滤法是将湿污泥用滤层（多孔性材料如滤布、金属丝网）过滤，使水分（滤液）渗过滤层，脱水污泥（滤饼）则被截留在滤层上。离心法是借污泥中固、液比重差所产生的不同离心倾向达到泥水分离。过滤法用的设备有真空列管过滤机（图16.8）、板框压滤机（图16.9）和水平真空带式过滤机（图16.10）。真空过滤机连续进泥，连续出泥，运行平稳，但附属设施较多。板框压滤机为化工常用设备，过滤推动力大，泥饼含水率较低，进泥、出泥是间歇的，生产率较低。人工操作的板框压滤机，劳动强度更大，现在大多改用机械自动操作。带式过滤机是新型的过滤机，有多种设计，依据的脱水原理也有不同（重力过滤、压力过滤、毛细管吸水、造粒），但它们都有回转带，一边运泥，一边脱水，或只有运泥作用，它们的复杂性和能耗都相近。离心法常用卧式高速沉降离心脱水机，由内外转筒组成，转筒一端呈圆柱形，另一端呈圆锥形，转速一般在3 000 r/min左右或更高，内外转筒有一定的速差。离心脱水机连续生产和自动控制，卫生条件较好，占地也小，但污泥预处理的要求较高。机械脱水法主要用于初次沉淀池污泥和消化污泥。脱水污泥的含水率和污泥性质及脱水方法有关。

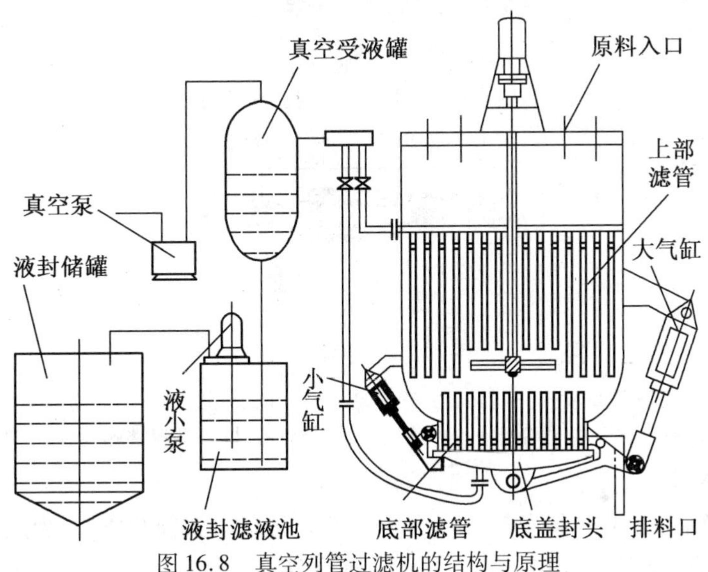

图16.8　真空列管过滤机的结构与原理

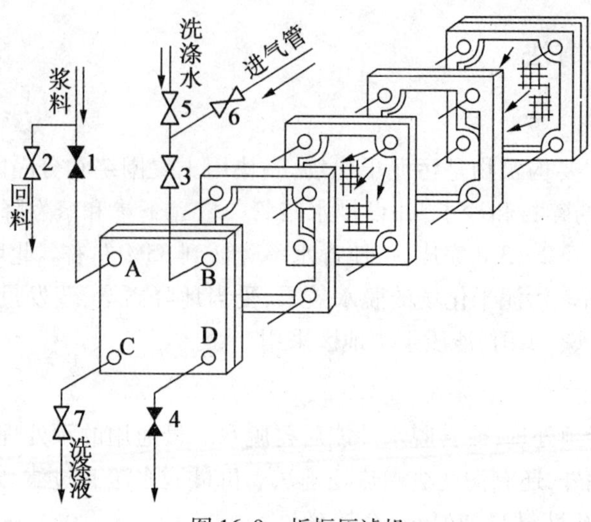

图 16.9　板框压滤机

1—进料阀;2—回料阀;3—水汽控制总阀;4—出料阀;5—进水阀;6—进气阀;7—出水阀

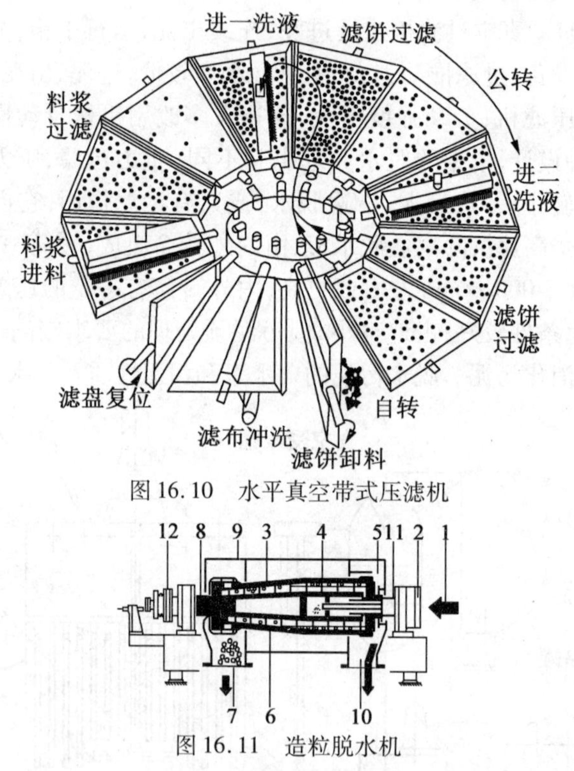

图 16.10　水平真空带式压滤机

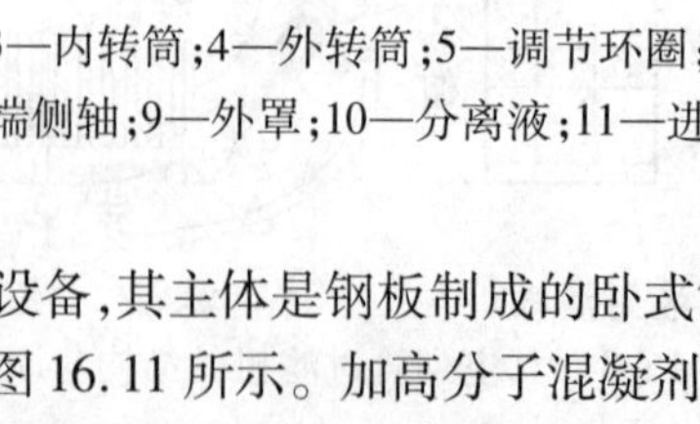

图 16.11　造粒脱水机

1—污泥;2—进泥管;3—内转筒;4—外转筒;5—调节环圈;6—内转筒螺旋叶片;

7—脱水泥饼;8—出泥端侧轴;9—外罩;10—分离液;11—进泥端侧轴;12—变速机

3. 造粒脱水法

水中造粒脱水机是一种新设备,其主体是钢板制成的卧式筒状物,分为造粒部、脱水部和压密部,绕水平轴缓慢转动,如图 16.11 所示。加高分子混凝剂后的污泥,先进入造粒部,在污泥自身重力的作用下,絮凝压缩,分层滚成泥丸,接着泥丸和水进入脱水部,水从环向泄水斜缝中排出，最后进入压密部，泥丸在自重下进一步压缩脱水，形成粒大密实的泥丸，推出筒体。造粒机构造简单，不易磨损，电耗少，维修容易。泥丸的含水率一般在 70% 左右。

16.3.4　处理工艺

典型的污泥处理工艺流程如图 16.12 所示，包括 4 个处理或处置阶段。第一阶段为污泥浓缩，主要目的是使污泥初步减容，缩小后续处理构筑物的容积或设备容量；第二阶段为污泥消化，使污泥中的有机物分解；第三阶段为污泥脱水，使污泥进一步减容；第四阶段为污泥处置，采用某种途径将最终的污泥予以消纳。以上各阶段产生的清液或滤液中仍含有大量的污染物质，因而应送回到污水处理系统中加以处理。以上典型污泥处理工艺流程，可使污泥经处理后，实现“四化”。

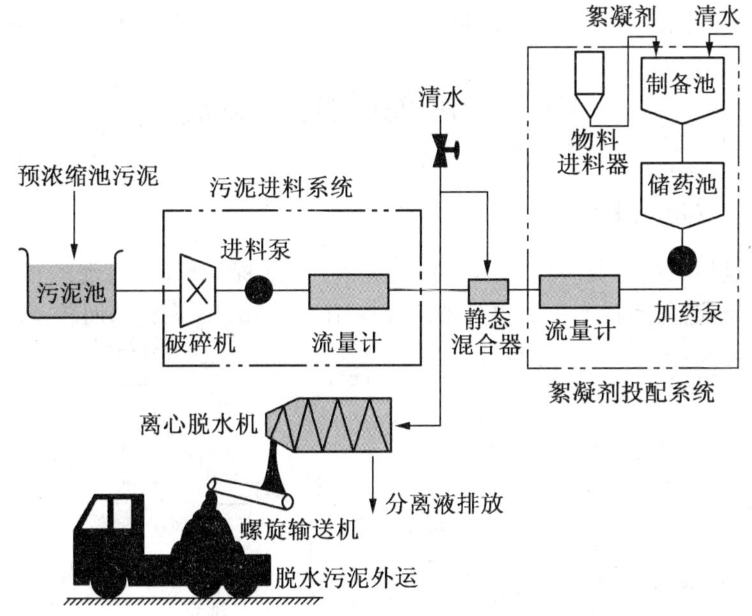

图 16.12　污泥脱水工艺流程

(1)减量化

由于污泥含水量很高，体积很大，且呈流动性。经以上流程处理之后，污泥体积减至原来的十几分之一，且由液态转化成固态，便于运输和消纳。

(2)稳定化

污泥中有机物含量很高，极易腐败并产生恶臭。经以上流程中消化阶段的处理以后，易腐败的部分有机物被分解转化，不易腐败，恶臭大大降低，方便运输及处置。

(3)无害化

污泥中，尤其是初沉污泥中，含有大量病原菌、寄生虫卵及病毒，易造成传染病大面积传播。经过以上流程中的消化阶段，可以杀灭大部分的姻虫卵、病原菌和病毒，大大提高污泥的卫生指标。

(4)资源化

污泥是一种资源，其中含有很多热量，其热值为 10 000 ~ 15 000 kJ/kg(干泥)，高于煤和焦炭。另外，污泥中还含有丰富的氮、磷、钾，是具有较高肥效的有机肥料。通过以上流程中的消化阶段，可以将有机物转化成沼气，使其中的热量得以利用，同时还可进一步提高其肥效。

以上为典型的污泥处理工艺流程,在各地得到了普遍采用。但由于各地的条件不同,具体情况也不同,还有一些简化流程。当污泥采用自然干化法脱水时,可采用以下工艺流程:

污泥→污泥浓缩→干化场→处置

当污泥处置采用卫生填埋工艺时,可采用以下工艺流程:

污泥→浓缩→脱水→卫生填埋

我国早期建成的处理厂中,还有很多不采用脱水工艺,直接将湿污泥用作农肥,工艺流程如下:

污泥→污泥浓缩→污泥消化→农用

国外很多处理厂采用焚烧工艺,其中很多不设消化阶段,工艺流程如下:

污泥→浓缩→脱水→焚烧

省去消化的原因是不降低污泥的热值,使焚烧阶段尽量少耗或不耗其他燃料。

16.4　污泥干燥与焚烧

16.4.1　污泥的干燥

污泥干燥是污泥进行资源化(如农用、焚烧等)的前提。目前,污泥的干燥技术已经得到较为深入的研究,很多技术已经得到推广及应用。图16.13为典型回转圆筒干燥器流程。

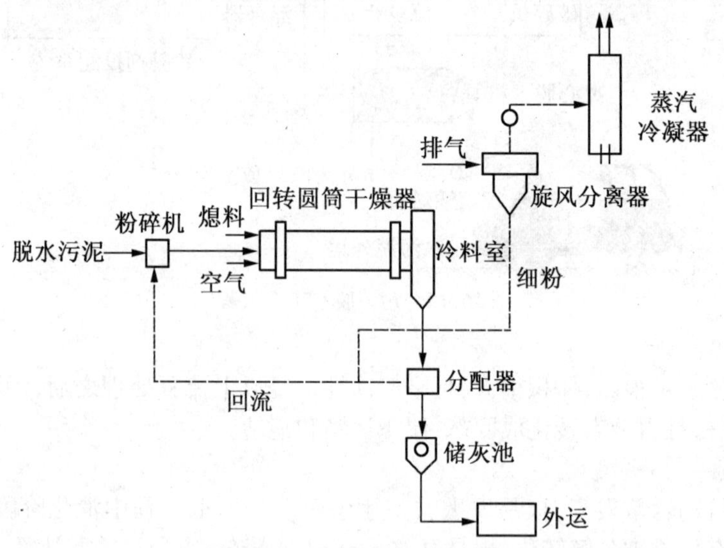

图16.13　回转圆筒干燥器流程

1. 热干燥

目前,许多国家已在污泥处理中采用热干燥技术。根据热介质是否与污泥相接触,现行的污泥热干燥技术可以分为3类:直接热干燥技术、间接热干燥技术和直接-间接联合式干燥技术。

直接热干燥技术又称对流热干燥技术。对流热干燥是通过热空气从污泥表面去除水分。干燥的效率取决于两个因素:空气运行条件(稳点、相对湿度、速度)和污泥的自身结构及特征。在操作过程中,热介质(热空气、燃气或蒸汽等)与污泥直接接触,热介质低速流过污泥层,在此过程中吸收污泥中的水分,处理后的干污泥需与热介质进行分离。

在间接热干燥技术中，热介质并不直接与污泥相触，而是通过热交换器将热传递给湿污泥，使污泥中的水分得以蒸发。热介质不仅仅限于气体，也可用热油等液体，同时热介质也不会受到污泥的污染，省却了后续的热介质与干污泥分离的过程。

直接－间接联合式干燥系统则是对流－传导技术的整合，如 Vomm 设计的高速薄膜干燥器，Sulzer 开发的新型流化床干燥器以及 Envirex 推出的带式干燥器（图 16.14）就属于这种类型。在所有提及的这些干燥器中，闪蒸式干燥器是目前应用最广的一种。

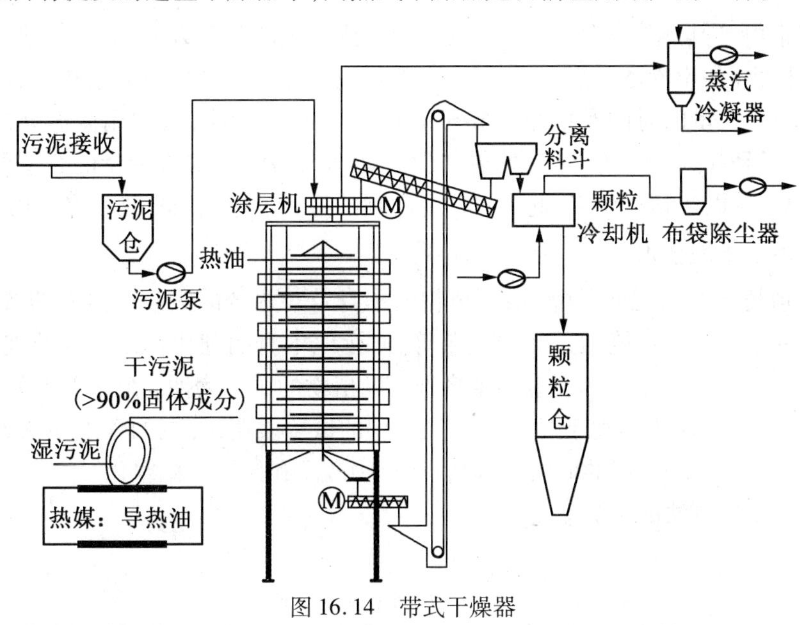

图 16.14　带式干燥器

2. 利用太阳能干燥

目前，采用自然重力和机械脱水处理是我国污泥脱水处理的两种主要方式。与这两种方式相比，太阳能干燥技术则具有节能、运行费用低、对环境无污染等优点。太阳能干燥窑如图 16.15 所示。

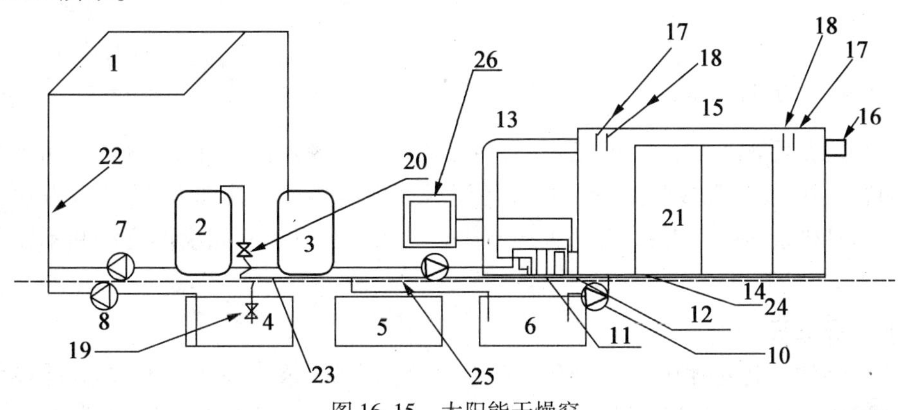

图 16.15　太阳能干燥窑

1—太阳能工程机；2、3—保温水箱；4～6—地下水箱；7～10—循环泵；11—送风机；12—空气水热交换器；13—循环保湿风管；14—新风门；15—烘干房；16—抽风机或排湿机；17，18—温度计；21—烘房门；22—水管；23、24—热水管；25—回水管；26—高湿空气能热泵

天津大学和天津市纪庄子污水处理厂联合进行了利用太阳能干燥技术对污泥进行脱水试验,以期为进一步降低污泥脱水的运行费用以及节约能源找到新的方法。利用太阳光和简单的辅助设备直接对污泥进行干燥具有节能和低成本的优点。丘锦荣等人通过对利用塑料棚和日光对污泥和有机废弃物进行干燥的试验研究,初步设计出了可以达到高温低湿的塑料棚,达到快速干燥污泥及其他有机物的目的。

3. 微波加热干燥

微波技术由于其热绝缘特性,广泛应用于科技领域的各个方面,微波加热也被认为是高温分解有机物(如生物体、煤等)的一种可选方法。与传统的干燥方法相比,微波加热干燥污泥可以节约大量的时间和能量。Menlendez 等人研究表明,假如用微波处理单独的污泥,那么污泥只是起到干燥的作用;如果在微波处理的污泥中加入少量的合适的微波吸收体,干燥的温度可以达到 900 ℃,此时对污泥起到的是分解作用而不是干燥作用。

4. 其他污泥干燥技术

通过种植植物对污泥的干燥:根据植物的本身及对水分的吸收和蒸发的特性,通过在污泥上直接种植一些特种植物,如玉米、芋等,使污泥本身的理化性质发生改变,从而提高其干燥性能。Moussa 等人在污泥上种植多种不同植物的试验表明,植物可以改进污泥的干燥特性。Liu 等人在城市污泥上种植玉米等植物的试验表明,污泥的含水率从 85% 降低到 60% 左右。植物在干燥污泥的同时,可以收获植物产品和使污泥稳定化。

各种污泥干燥方法的优劣见表 16.7。

表 16.7　各种污泥干燥方法的优劣

干燥方法	是否需要外加能量	是否需要辅助设备	设备投资费用	干燥效率	性价比
浓缩脱水	是	是	较高	高	中
热干燥	是	是	高	较高	中
微波干燥	否	是	较低	较高	中
种植植物干燥	否	否	低	中等	高

16.4.2　污泥焚烧

污泥焚烧是污泥处理的一种工艺,它利用焚烧炉将脱水污泥加温干燥,再用高温氧化污泥中的有机物,使污泥成为少量灰烬。污泥后处理用热还原处理方法,这种方法可将污泥中水分和有机杂质完全去除,并杀灭病原体。污泥焚烧方法有完全燃烧法和不完全燃烧法两种。

1. 完全燃烧法

完全燃烧法能将污泥中的水分和有机杂质全部去除,杀灭一切病原体,并能最大限度地降低污泥体积。焚烧污泥的装置有多种形式,如竖式多级焚烧炉、转筒式焚烧炉、流化焚烧炉及喷雾焚烧炉。目前使用较多的是竖式多级焚烧炉。图 16.16 所示为逆流回转焚烧炉,炉内沿垂直方向分 4 ~12 级,每级都装水平圆板作为多层炉床,炉床上方有能转动的搅拌叶片,每分钟转动 0.5 ~4 周。

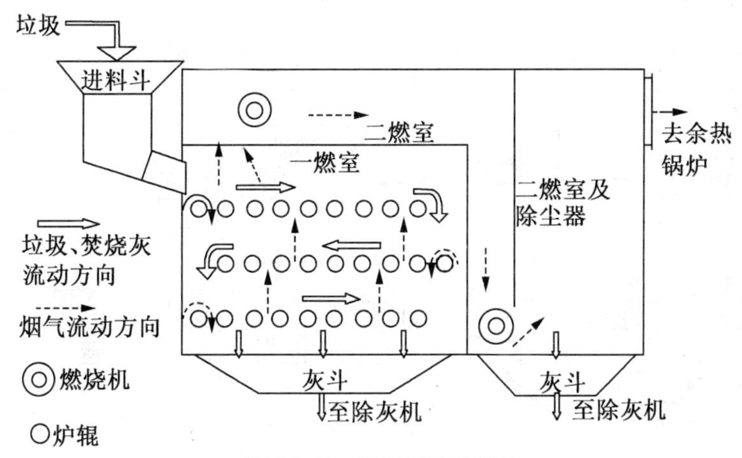

图 16.16　逆流回转焚烧炉

如图 16.17 所示为流化床焚烧炉，污泥从炉上方投入，在上层床面上，经搅拌叶片搅动依次落到下一级床面上。通常上层炉温为 300 ~ 550 ℃，污泥得到进一步的脱水干燥；然后到炉的中间部分，在炉内 750 ~ 1 000 ℃温度下焚烧；在炉的底层炉温为 220 ~ 330 ℃，用空气冷却。燃烧产生的气体进入气体净化器净化，以防止污染大气。流化床焚烧炉多安装在大城市的污水处理厂。图 16.18 为以流化床焚烧炉为主体的工艺流程图。

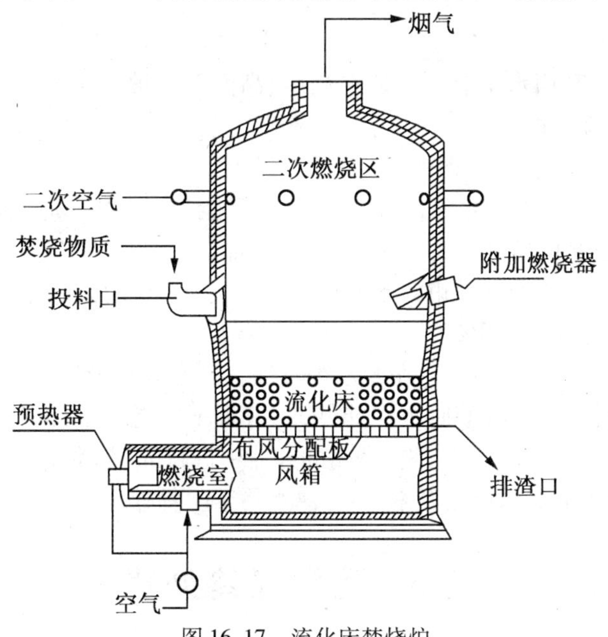

图 16.17　流化床焚烧炉

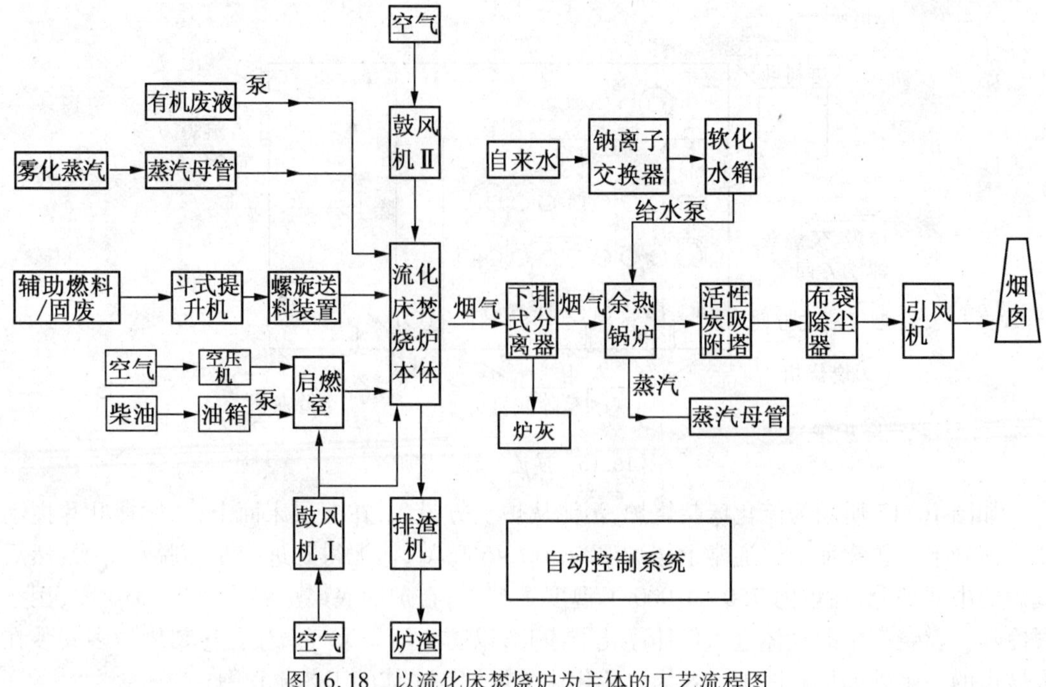

图 16.18　以流化床焚烧炉为主体的工艺流程图

2. 不完全燃烧法

不完全燃烧法指利用水中有机杂质在高压、高温下可被氧化的性质，在装置内的适宜条件下，去除污泥中有机物，通常又称为湿式氧化或湿法燃烧。这种方法除适用于处理含大量有机物的污泥外，也适用于处理高浓度的有机废水。

未经干化的污泥含有大量水分，在常压下温度只能升到 100 ℃，加压则可获得氧化所需要的温度，加压又能降低有机物的氧化温度。例如，在压力为 100 kPa 左右，温度250 ~300 ℃湿烧 1 h 的条件下，处理城市污水所产生的污泥，COD 的去除率为 70% ~80%，不溶性挥发固体去除率为 80% ~90%。

这种方法的优点是：可以不经污泥脱水等过程就能有效地处理湿污泥或高浓度有机废水，耗热量小；处理后污泥残渣的脱水性能好，一般可不加混凝剂即可进行真空过滤，而滤渣含水率仅为 50% 左右；又因处理是在密闭的容器中进行的，基本上不产生臭味、粉尘和煤烟；处理后的残余物中的病原体已经杀灭；分离水易于生物处理。

16.5　污泥最终处置

16.5.1　污泥处置

污水处理厂污泥是指水处理过程中产生的絮状体具有很高的含水率、丰富的有机物及 N、P 等营养元素，同时还含有有毒有害重金属及病原菌等有害物质，如果不加处理而任意堆放，不仅对环境造成污染，同时也是对资源的严重浪费。据不完全统计，全国污水排放量为 $4.474\times10\ m^3/d$，不同规模、不同处理程度的污水处理厂有 100 多座，每天所产生的污泥量为污水处理量的 0.5% ~1%。传统的处置方法（如土地填埋、焚烧和海洋排放等）进行处理，不符合要求。同时污泥由于其有机物、营养元素含量高，使其化废为宝，是环境科学与工程界的一个重要课题。

图 16.19 和图 16.20 所示分别为污泥处置和改造后的污泥处置工艺流程。

图 16.21 所示为我国现行污泥处置标准体系。

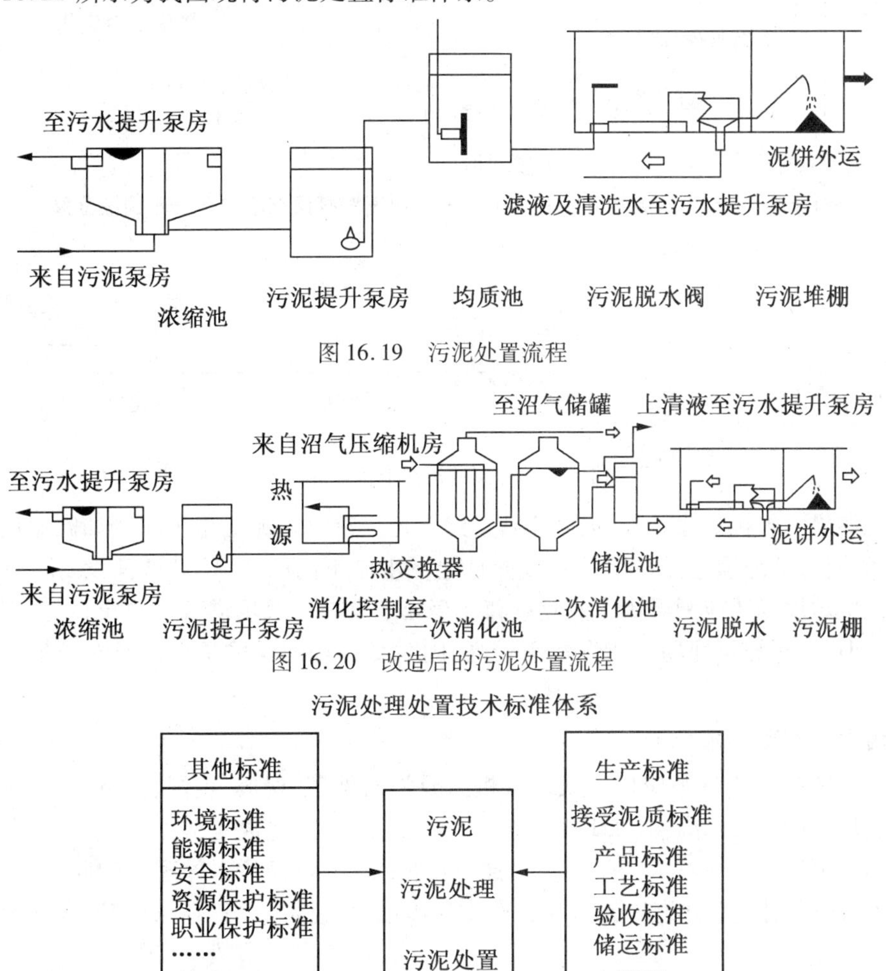

图 16.19　污泥处置流程

图 16.20　改造后的污泥处置流程

图 16.21　我国污泥处置标准

1. 污泥焚烧

焚烧法具有减容、减重率高、处理速度快、无害化较彻底、余热可用于发电或供热等优点。污泥焚烧可以解决占用大量土地的问题，对于日益紧张的土地资源来讲是非常重要的。污泥的焚烧曾经一度很受人们的欢迎，但由于焚烧过程中会产生烟气的污染消耗大量的能源，限制了污泥焚烧技术的广泛应用。

2. 污泥卫生填埋

污泥卫生填埋始于 20 世纪 60 年代，是从保护环境的角度出发，在传统填埋的基础上经过科学选址和必要的场地防护处理，具有严格管理制度的科学的工程操作方法。标准的污泥卫生填埋技术如图 16.22 所示。它对前期的污泥处理技术要求较低，一般进行消化减容即可。

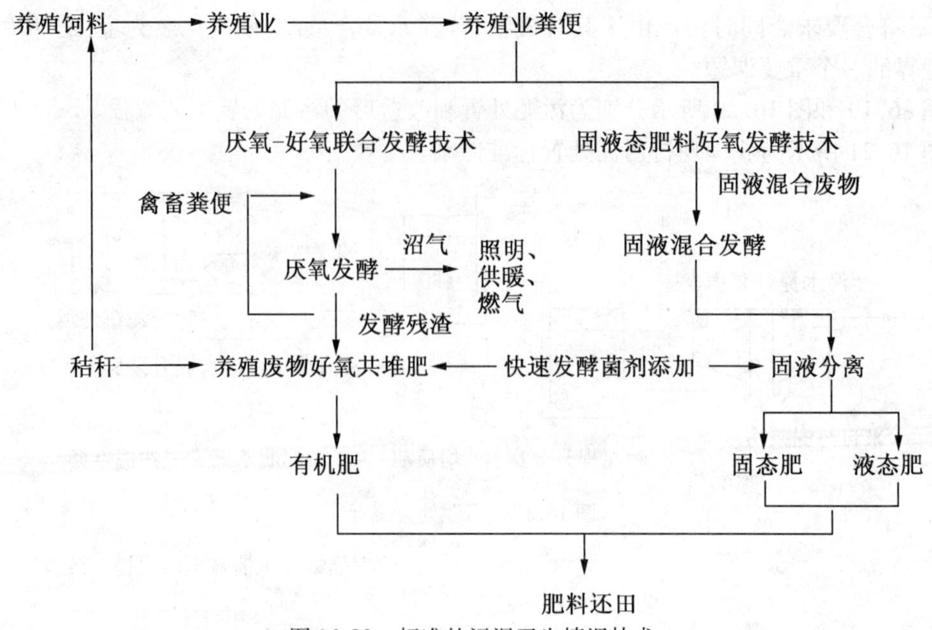

图 16.22　标准的污泥卫生填埋技术

污泥如果不进行消化处理,也可让其自然干化。建设污泥卫生填埋场如同生活垃圾卫生填埋场一样,地址须选择在渗透系数低且地下水位不高的区域,填坑铺设防渗性能好的材料。卫生填埋场还应配设渗滤液收集和配套处理设施以及填埋气体收集设施,以防产生新污染。但是,污泥填埋场的建设费用较高,同时受到场地运输费用以及对环境二次污染等限制。

3. 污泥处置新技术

等离子体技术正逐渐应用于城市有机废弃物的处理,瑞典、美国、德国、日本等国已建起了一定规模的城市废弃物(如垃圾、各种工业废料等)的等离子体处理厂。李军、陈邦林等人利用电弧等离子体技术产生高温突越,处理上海市曹杨污水处理厂的脱水污泥,从中快速制得可燃气体,其主要成分是 CO_2,产物气体可以直接点火燃烧,火焰温度达 800 ℃左右。

超声波处理污泥是近年来发展起来的又一种新的污泥处置技术,超声波可以分解生物固体,改善膨胀活性污泥絮体沉降性,提高脱水能力。经过超声处理的污泥消化时间减少,比容积消化率提高,生物产气量增加,并且超声反应器可以与其他污泥处理工艺任意组合。虽然它由于声能利用效率和能耗的问题没有大规模地使用,但其与其他污泥处理工艺的联合使用具有广阔的前景。目前正在发展一种新的热能利用技术——低温热解,即在常压和缺氧、400 ~ 500 ℃条件下,借助污泥中所含物质(尤其是铜)的催化作用将污泥中的脂类和蛋白质转变成碳氢化合物,最终产物为油、碳、非冷凝气体和反应水。这些低级燃料(碳、气和水)的燃烧可以为热解前的污泥干燥提供能量,实现能量循环;热解生成的油(质量上类似于中号燃料油)还可用来发电。第一座工业规模的污泥炼油厂建在澳大利亚柏斯,处理干污泥量可达 25 t/d。

16.5.2　污泥资源化

1. 农林利用

污泥的农林利用早就得到了应用。这种利用和处置方式致使污泥最终剩余物问题得到真正解决,因为其中有机物重新进入自然环境。城市污水处理厂污泥含有较高的有机质、植物营养成分以及丰富的各种微量元素,其含量高于普通农家肥。因此,施用于农田能够改良土壤结构,增加土壤肥力,促进作物的生长。国内外研究已普遍认为,污泥可作为土壤改良剂和中等级的肥料再利用于农业和林业。同时污泥中也含有有毒有害物,直接应用于农业会造成土壤以及水体的二次污染。

2. 建材利用

污泥在制作建筑材料上具有广泛的用途,可直接用干化污泥制砖或用污泥焚烧灰制砖,将污泥与石灰按 1:1 质量比混合,控制在一定的温度(约 1 000 ℃)下焚烧 4 h,可制得一种具有潜在价值的建筑材料。日本在利用下水污泥生产生态水泥的技术上进行了大量地研究,在千叶县建立了世界第一个普通生态水泥生产线。在重视其产品质量和管理以及对安全系数加以确认的基础上,这种污泥建材利用技术必将迅速发展 。

3. 用作黏结剂

污泥本身是有机物,具有一定的热值,又有黏结性能。活性污泥作黏结剂将无烟粉煤加工成型煤,而污泥在高温汽化炉内被处理,防止了污染。污泥作为型煤黏结剂,可改善在高温下型煤的内部孔隙结构,提高型煤的汽化反应性,降低灰渣中的残炭,且污泥热值也得到充分利用,并无二次污染。

第 17 章 典型的废水处理工程案例

17.1 美国特拉弗斯城污水处理

随着美国密揭根州的特拉弗斯城人口的增长,污水处理厂的处理规模需要扩大,而且公众也希望污水处理厂的水质有所提高。当地的居民倾向于最大限度地利用现有的污水处理厂,而不是新建一座污水处理厂,而且反对扩大现有污水处理厂的面积,因为那将意味着公众将丧失一块城市公用草地。

在此背景下,MBR 被认为是最适合的工艺技术,MBR 可以利用现有污水处理厂的设施,有效地提高污水处理厂的能力和出水水质。特拉弗斯城污水处理厂的设计流量是 4 万 m^3/d,峰值流量是 6.5 万 m^3/d。处理厂的设计要求达到密揭根州的当地标准,即月平均的BOD < 25 mg/L、TSS < 30 mg/L、氨氮 < 11 mg/L、总磷 < 1 mg/L。为了保护当地的水环境,特拉弗斯城设定的出水目标是:BOD < 4 mg/L、TSS < 4 mg/L、氨氮 < 1 mg/L、TP < 0.5mg/L。截至 2004 年底,特拉弗斯城污水处理厂是北美地区利用 MBR 工艺最大的厂,如图 17.1 为该厂的 MBR 池。污水处理厂的一级处理系统由栅距为细格栅(6 mm)、沉沙池及初沉池组成,后来 在初沉池的下游又增加了 2 mm 的回转式格栅,以对膜组件形成保护作用。生物处理采用 UCT 工艺,具有脱氮除磷的功能,膜池由 8 个大小一致的单元组成,对膜的清洗不需要将膜单独取出清洗。污水处理厂的出水水质见表 17.1。

图 17.1 美国特拉弗斯城污水处理厂 MBR 池

表 17.1 特拉弗斯污水处理厂出水水质

水质参数	进水平均值	出水平均值	目前的标准	未来的标准
$CBOD_5/(mg \cdot L^{-1})$	300	<4	25	4
$TSS/(mg \cdot L^{-1})$	517	<4	30	4
$NH_3-N/(mg \cdot L^{-1})$	35	<1	11	1
$TP/(mg \cdot L^{-1})$	8	<0.5	1	0.5
浊度(NTU)	>100	<0.5	—	—

Bonnybrook 污水处理厂(图 17.2)位于加拿大阿尔伯塔省卡尔加里市,是加拿大较大的一座污水处理厂,其处理能力为 50 万 t/d。在 1994 年,卡尔加里市投资 1 亿美元对该污水处理厂进行了升级改造,改造内容包括生物脱氮除磷和紫外线消毒。改造后的 Bonnybrook 污水处理厂成为加拿大最大的生物脱氮除磷(BNR)污水处理厂,也是全球寒冷地区最大的生物脱氮除磷污水处理厂。Bonnybrook 污水处理厂的出水排入弓河(Bow River),弓河是班芙国家公园境内最长的一条河,为保护弓河的水质,Bonnybrook 污水处理厂的出水要求达到表 17.2 的排放标准。

图 17.2　美国特拉弗斯城污水处理厂

表 17.2　Bonnybrook 污水处理厂的排放标准

项　目	标准值	平均期(月均)
$CBOD_5$	20 mg/L	算数平均值
TSS	20 mg/L	算数平均值
NH_4^+ -N(7~9 月)	5 mg/L	算数平均值
NH_4^+ -N(10~6 月)	10 mg/L	算数平均值
TP	1.0 mg/L	算数平均值
粪大肠菌	200 CFU/100 mg/L	算数平均值
总大肠菌	1000 CFU/100 mg/L	算数平均值

自 1982 年起,根据阿尔伯塔省环境部门的要求,卡尔加里市为防止弓河的富营养化,要求各污水处理厂的出水 TP 月均值低于 1.0 mg/L。当时采用的是化学除磷技术,投加液体铝盐,投加量平均是 65 mg/L 的 $Al_2(SO_4)_3 \cdot 14H_2O$。进入到 20 世纪 80 年代末期,由于化学除磷昂贵的运行费用以及排放标准的日益严格,卡尔加里市对 Bonnybrook 污水处理厂进行了生物除磷的改造。

最初的改造是在 1989 年的冬天进行的,首先对旧有的二级处理设施(A 系列)进行了一半的生物除磷改造,采用的是简单的厌氧/好氧工艺,工艺改造后节约了大量的化学药剂。为此污水处理厂的管理者决定把整个 A 系列改造成改良 Bardenpho 工艺,一方面是出于脱氮的目的,另一方面也是为了减少回流污泥中硝酸盐氮对除磷的不利影响。从改造的工艺图(图 17.3)可以看出,为了保证冬季的消化效果,第二缺氧池可以改为好氧池,在夏季可以用来脱氮,这种脱氮方式的改造提高了运行的灵活性。在 1998 年年初,为了提高氧转移效率,对 A 系列进行了微孔曝气的改造,并对浮渣和泡沫、防止短流以及 DO 自控等方面进行了改进。

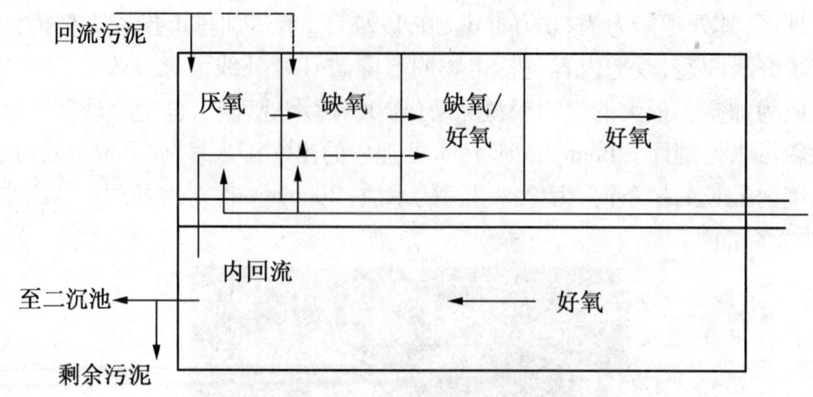

图 17.3　Bonnybrook 污水处理厂 A 系列改造工艺

由于服务人口的不断增加,污水处理厂的进水量也在不断上升,因此 Bonnybrook 污水处理厂在 1994 年进行了扩容,增加了 10 万 m^3 的日处理能力,并运用了一些革新的技术,如初沉污泥发酵技术以及紫外线消毒。B 系列(图 17.4)是在 1984 年建成的,是完全混合式活性污泥工艺,在 1997 年也进行了生物脱氮除磷的工艺改造。

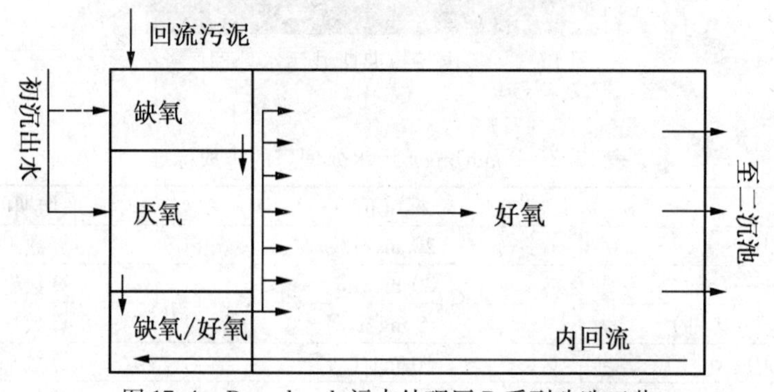

图 17.4　Bonnybrook 污水处理厂 B 系列改造工艺

由于 B 系列以前是完全混合式工艺,因此在改造过程中极力避免短流现象的发生,厌氧池的进出水都在对角线上,这样可以最大限度地实现污泥和污水的充分混合,厌氧区前端的缺氧区可以对回流污泥中的硝酸盐氮进行去除,避免了其对厌氧释磷的影响。

1994 年建设了两座初沉污泥发酵池,用来产生 VFA 以弥补 C 系列(图 17.5)生物除磷碳源的不足。在 A、B 系列改造为脱氮除磷工艺时,没有进行初沉污泥发酵池的建造。Bonnybrook 污水处理厂经生物脱氮除磷改造后,出水水质达到了当地的排放标准,见表 17.3。此外,化学药剂的消耗量大为减少,节约了运行成本。

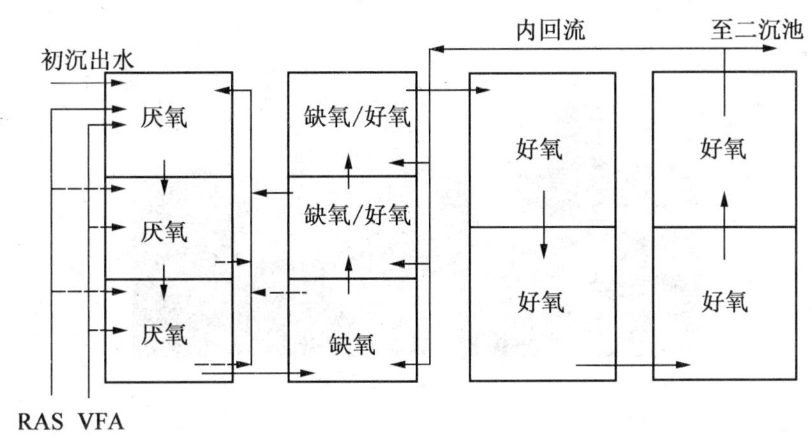

图 17.5　Bonnybrook 污水处理厂 C 系列扩建工艺

表 17.3　Bonnybrook 污水处理厂改造后的进出水水质　mg/L

项目	$CBOD_5$		TSS		TP	
	平均值	范围	平均值	范围	平均值	范围
原污水	162	137 ~ 182	162	151 ~ 179	5.4	4.6 ~ 6.6
初沉出水	118	72 ~ 144	81	62 ~ 92	5.0	4.6 ~ 6.2
A 系列	5	4 ~ 5	10	6 ~ 14	0.7	0.4 ~ 1.0
B 系列	6	4 ~ 8	12	8 ~ 16	0.7	0.4 ~ 1.0
C 系列	4	2 ~ 6	7	4 ~ 10	0.4	0.2 ~ 0.6

17.2　加拿大坎图地区地下水石油污染综合治理

1. 背景

近年来,石油工业地下储罐的泄漏所导致的地下污染已经引发了许多环境问题。这些剧毒的碳氢化合物泄漏到地下时,它们会渗到地下水中,对许多与石油工业相关的地区的水资源形成重大威胁。因此,治理这些被污染的区域,对于保护相关的含水层和邻近的社区是十分重要的。在过去几十年中,人们已发展了大量技术来修复被污染的土壤和地下水。

研究区域位于萨斯喀彻温省西南部,里贾纳以西大约 250 km 处(研究区域的概略图如图 17.6 所示)。该站场主要用来去除天然气中的石脑油。站场内和站场附近的土壤已经被天然气冷凝物及其成分污染。这种冷凝物是一种称为石脑油的轻质非水溶相液体,它已经迁移进入了地下水。土壤和地下水中总石油烃(TPH)、苯和甲苯的含量已经超过了萨斯喀彻温环境资源管理(SERM)的相关标准。据估计,1996 年地表下烃的总量为 55 000 L,潜水面以上的非水溶相液体的总量为 2 800 L。

目前站场设施包括:一个抽吸/洗涤室;一个测量站;一个石脑油地面储槽;一个地面槽;一个污水储存塔;一个气动压裂/养分注入系统室;极柱式转换器;观测井;钻孔和地面管线。

图 17.6　研究区域的概略图

(1)场地条件

地下储罐附近在 1996 年设置了观测井,这些井在随后的监测过程中显示有将近 1 m 的石脑油。发生泄漏的地下储罐已经影响了很大一片区域,而且污染物有向西迁移的趋势。这些储罐因此被放弃使用,同时增加了地面钻孔以确定烃类物质的影响范围。天然气冷凝物先后渗入地下水和土壤,在地下毛管带中形成了一条高浓度污染带。

该站场在东、西、北三面都有带刺铁丝网环绕着。站场附近的土地均用于农业。根据萨斯克彻温水务公司的数据,离站场最近的水井在站场南面约 700 m 处,该处的地下水目前并未用作饮用水源。

(2)地质状况

该站场的地表单元由最大深度为 0.5 m BGL(BGL 指观测井井眼)的表层土壤构成。表层土壤下是自然沙质黏土层,沙土层分布深度为 4 ~ 14 m BGL,而黏土层的分布深度超过了 14 m BGL。在某些区域的 6.5 ~21 m BGL 深处,沙土层嵌入了黏土层或在黏土层之下。土壤层次的概念模型如图 17.7 所示。

图 17.7　研究区域的土壤层次概念模型

比例(模型:实地):纵向 =1.33,横向 =1.17。

栅格尺寸(长×宽):5 m×5 m(实地),0.15 m×0.15 m(模型)。

单层深度:5 m(实地),0.3 m(模型)。

(3)水文状况

沙质黏土层的导水率为 4.3×10^{-7} m/s,黏土层的导水率为 2.2×10^{-7} m/s,沙土层的导水率为 43.2×10^{-5} m/s。

沙质黏土层、黏土层、沙土层的空隙率分别是 53.1%、30.0% 和 34.7%。空隙率数据是基于站场土样的干密度、含水量和钻孔信息而确定的。沙质黏土层、黏土层、沙土层的体积含水量分别为 32%、7.5% 和 l8%,相应的压力条件分别为 16 kPa、19 kPa 和 14 kPa。

在 10 m 移距的条件下,站场土壤类型的纵向和横向弥散度分别是 0.8 m 和 0.08 m。

(4)地下水状况

根据 2001 年 5~10 月的测量数据,潜水面的变动范围为 113~12.8 m BGL,流向为西北方向。2001 年 10 月 12 日潜水面的三维示意图如图 17.8 所示。

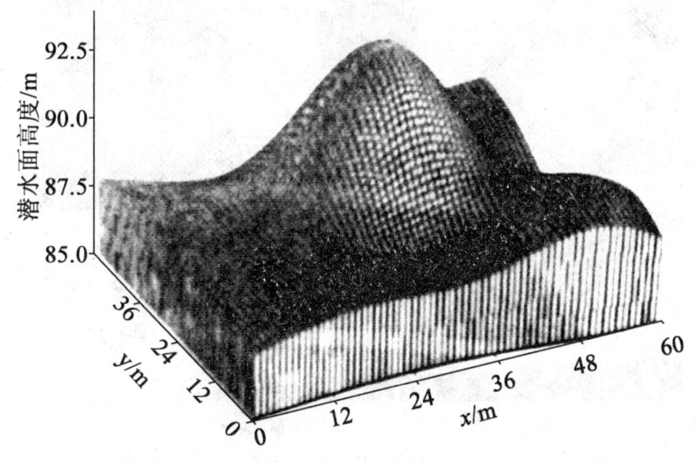

图 17.8　2001 年 10 月 12 日潜水面的三维示意图

2. 污染状况

表 17.4 和表 17.5 分别是萨斯喀彻温环境资源管理(SERM)中基于土地利用规划的过渡期土壤风险管理标准和基于地下水利用的过渡期土壤风险管理标准。

表 17.4　基于土地利用规划的过渡期土壤风险管理标准概要　μg/g

污染物	商业/工业	居民区/公园	农业
总石油烃	1 000	1 000	1 000
苯	5	0.5	0.05
甲苯	30	3.0	0.1
乙基苯	50	5.0	0.1
二甲苯	50	5.0	0.1

表 17.5　基于地下水利用的过渡期地下水风险管理标准概要　μg/L

污染物	淡水水生生物	可饮用地下水	不可饮用的地下水
苯	300	5	1 900
甲苯	300	24	5 900
乙基苯	700	2.4	28 000
二甲苯	—	300	26 000

在该站场进行一系列的监测工作,总共完成了 46 个钻孔,其中有 30 个设置了观测井。监测结果显示,在对地下采取任何修复措施之前,土壤中烃的总量为 55 000 L,潜水面以上的浮油总量为 2 800 L。

根据烃的性质和范围,地表下的烃可以划分为 4 种状态,即液态烃、溶解态烃、气态烃和残余态烃(图 17.9)。

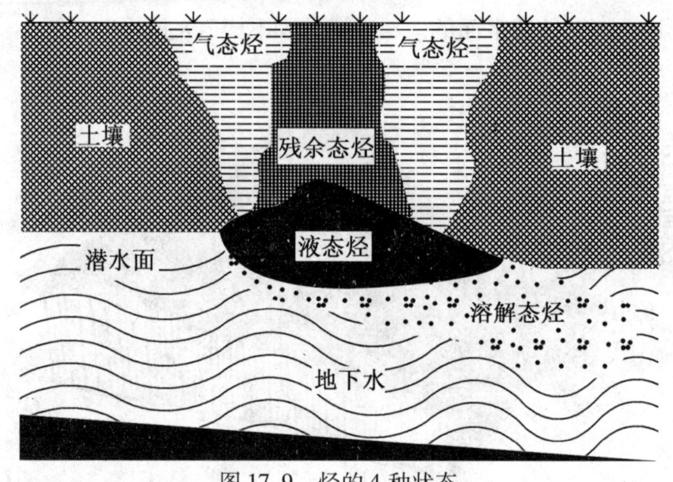

图 17.9　烃的 4 种状态

浮油主要存在于轻烃范围内,与石脑油相似。没有检测到地下水中的 BTEX (苯、甲苯、乙基苯、二甲苯)和总烃的浓度高于 SERM 的标准。图 17.10 是 2001 年 10 月 12 日所测定的浮油浓度。

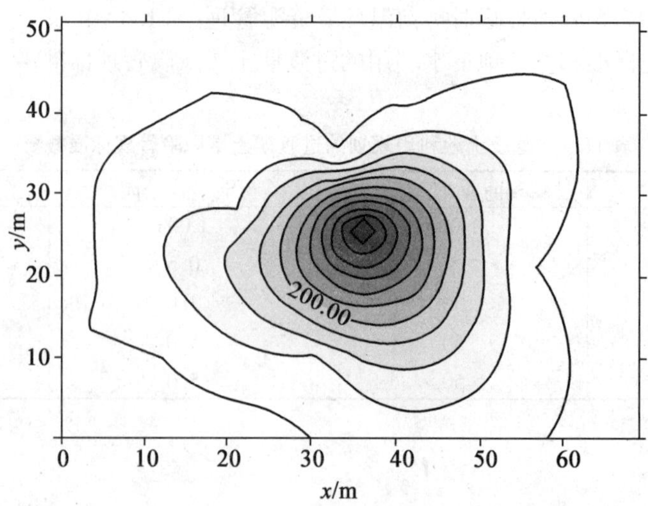

图 17.10　2001 年 10 月 12 日所测定的浮油浓度

在 1997 ~ 1999 的钻探中所采集的土样里,发现了残余态的烃。在 3.7 ~ 8.8 m BGL 的 100 个钻孔中,发现 BTEX 和 TPH 的浓度高于 SERM 的商业/工业标准。

1999 年 2 月,地下水水样中的 BTEX 浓度低于 BREM 关于非饮用水的标准,TPH 的浓度未达到 10 mg/L 的测量下限。2001 年 9 月水样中的 BTEX 浓度超过了 BREM 关于饮用水的标准,THP 的浓度在测量下限到 12 mg/L 之间,发现烃的碳链范围为 C_6 ~ C_{12},这表明其中可能存在石脑油。

3. 修复技术

治理过程可以分为两步:第一步是回收浮油;第二步是修复被污染的土壤和地下水。之前的修复措施包括一个 DPVE 工程(2000 年 4 月 27 日 ~9 月 14 日),这一时期被视为该站场治理过程的第一阶段。在第二阶段(始于 2002 年 5 月),当浮油的浓度降低到可以进行进一步修复的程度时,综合运用了 SEAR、AS(注气法)和 PEE(气动压裂增强法)等技术。这一选择是基于修复技术数据库(REMTEC)的分析结果,考虑到 DPVE 系统已经在站场运行,决定在第二阶段中使用现有系统的装置和设备。

(1)两相真空抽取法(DPVE)

两相真空抽取法是借助穿越未饱和带的气流,通过抽气或生物通气法来去除挥发性有机物(VOCs)和燃料污染物。气流同时也抽取地下水以进行地面处理。两相抽取井中饱和带和不饱和带都安装有滤网,井中装有真空抽取器,通过潜水面附近的一根滴管来抽取土壤气体。气流运动带动了地下水,使它顺着滴管上升到地面。达到一定标准后,抽取上来的气体和地下水就被分离,然后分别进行处理。滴管低于地下水的静止水面,因此当水面降低时,就暴露出更多的被污染的土壤以便气流修复。

两相真空抽取法主要用于处理卤代和非卤代的挥发性有机物,以及非卤代半挥发性有机物(SVOCs)。两相真空抽取法不仅增强了土壤未饱和区中的修复气流,同时也将地下水提升到地面,方便了地面处理。

(2)SEAR

SEAR 法主要通过增强非水溶相液体的水溶性和降低水与非水溶相液体的相界面的表面张力来加强地下非水溶相液体的去除效果。SEAR 法工艺流程如图 17.11 所示。向污染带中注入表面活性剂溶液,同时抽水以保持水力控制,从而控制表面活性剂溶液和活化污染物的迁移运动。表面活性剂的流程与水的流程一致,以去除残留污染物和注入的活性物质。

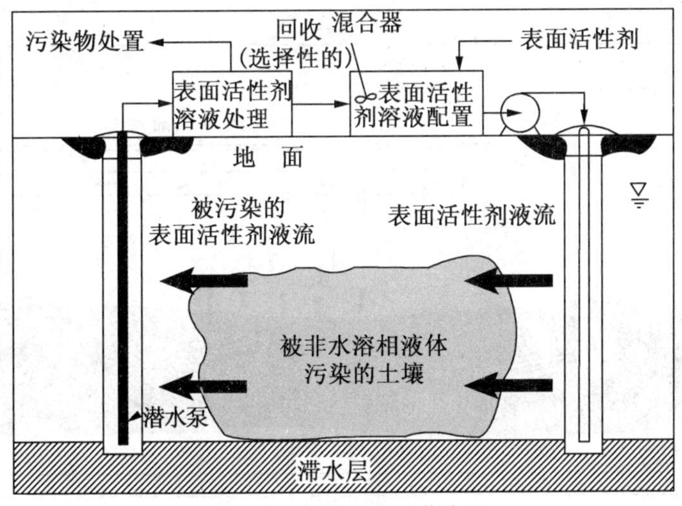

图 17.11　SEAR 法工艺流程

(3)注气法(AS)

注气法能同时去除低挥发性的和被紧密吸附的化学物质,从而增强 DPVE 系统在毛管边缘区的修复效果,注气系统的基本结构如图 17.12 所示。这一技术的操作过程是向被污染的含水层中注入压缩空气,气流在土壤内横向地四处流动,通过挥发作用去除地下的污染物。携带污染物的气流进入一个抽气系统后,地下生成的气态污染物将得到处理。操作过程需要在高速气流状态下进行,以维持地下水与土壤之间不断增加的接触面,从而在注气过程中修复更多的地下水。

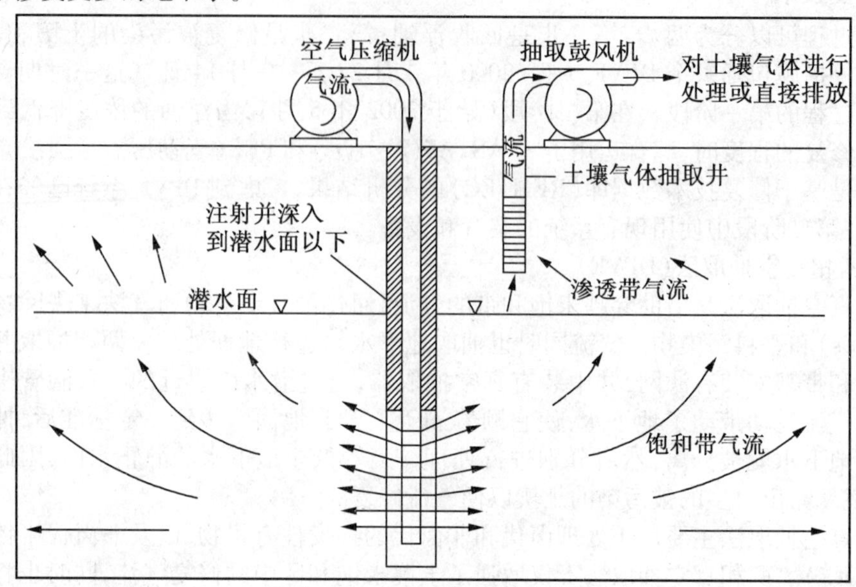

图 17.12　注气系统的基本结构

(4)气动压裂增强法(PFF)

气动压裂增强法来源于石化工业,用于诱发碎裂以增强原油抽取或注入井的工作性能。气动压裂系统的基本结构如图 17.13 所示。这一技术是注入气流(一般是空气)或液流(水或泥浆)以增强注入井附近土壤的渗透性,从而强化污染物的去除或降解,同时提高站场修复工作的成本效益。该技术常用于低渗透性的地质构造,例如细颗粒土壤(包括沙土、黏土和岩床)。

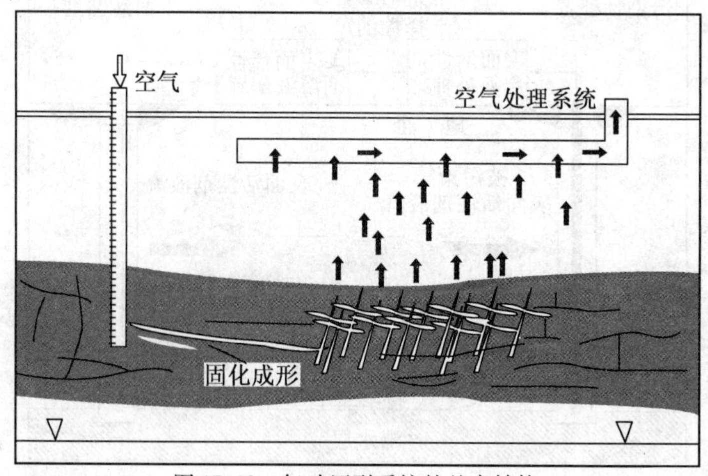

图 17.13　气动压裂系统的基本结构

气动压裂增强法的显著优点是改善了 DPVE、土壤真空抽取(SVE)、原位生物修复、热处理(如热气注入)、原位玻化、浮油回收和地下水抽取－处理系统等方法中抽取井的工作性能。

4. 布局规划与系统设计

这一阶段能够有效减少浮油。在第二阶段,由于没有单一的方法能彻底有效地修复站场,因此要集合多种技术来构建一个用于土壤和地下水的修复系统,这样的综合方法才是所需要的。这些综合方法是基于对污染区域的深入勘查,对应用技术的分析和对现有的 DPVE 系统设施的充分考虑而获得的。

(1)DPVE 系统设计

研究区域内采用的 DPVE 系统包括 6 个采气井:BH101、BH401、BH103、AIW9、BH105 和 BH108。DPVE 系统工作流程如图 17.14 所示。建造抽取井是最关键的步骤之一。新钻孔使用8 in空心螺旋钻杆并直达岩床深度,这样为真空抽取器的工作提供了较大的表面积。钻孔内放置一根 2 m 长的 PVC 管,管的末端装有一个螺纹栓。PVC 管末端 0.5 m 长的部分有0.01 mm的斜纹槽,以便地下水和气体流入井内。管外裹有土工布衬底,以阻止细小的土壤颗粒进入井内,管壁/衬底与井壁之间用沙石填充。井的上部与黏土层用斑脱土密封,其上再加覆一个水泥/斑脱土密封层,以防止地面雨水进入钻孔和井内。

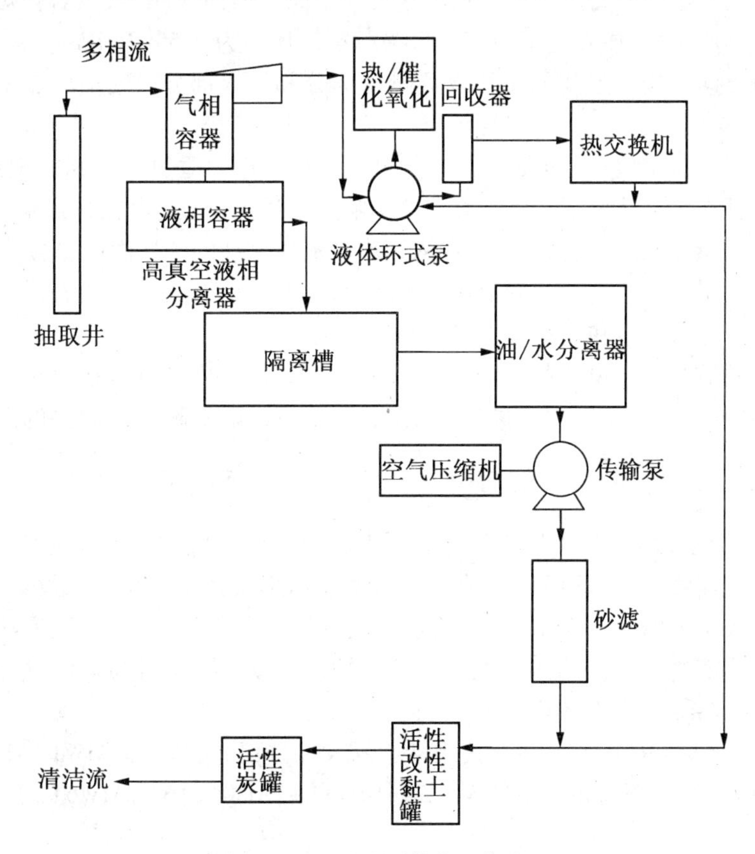

图 17.14　DPVE 系统的工作流程

(2) PFF 系统设计

气动压裂过程如图 17.15 所示，详细过程如下。

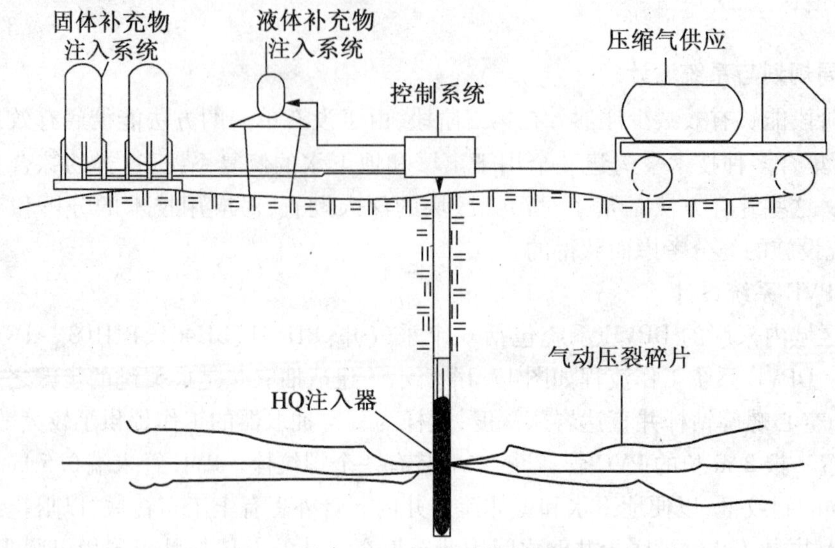

图 17.15　气动压裂过程

①在带外壳或不带外壳的井上钻孔。井的一小段纵断面被隔离，然后在短时间内通过专用喷嘴注入高压空气，注入速率为 25 ~ 50 m^3/min，压力为 0.5 ~ 2 MPa。

②在垂直方向上按一定间隔交替设置隔离部分和注入部分。气动压裂采用空气来产生碎片。

③在地下某一特定位置，碎裂传播的方向与最小主应力垂直。近期的现场数据显示，土壤结构和岩性在某些情况下对碎裂方向的影响要超过现场应力状态的影响。

④初始碎裂所需的压力随着深度、注入速率和流体黏性的增加而增加。

⑤注入的液体流出碎裂边界时就会发生泄漏。碎裂传播的速率随着泄漏的速率的增大而减小。控制注入的量和速率可以将泄漏最小化。

⑥最常用的监测碎裂位置的方法是测量地表的错位程度。可以在碎裂前后咨询外勤人员，或使用斜度仪在碎裂过程中进行测量，也可以通过测量附近观测井的压力影响来确定碎裂位置。

(3) AS 系统设计

注气系统的设计因素主要是空气进口压力、真空器必要条件、气流速率和有效影响区域。对研究区域而言，关于站场环境的已知信息被用来设计该系统。在设计过程中，注入井的设置是至关重要的。一般来说，在气动压裂的增强条件下，采用注气方法能有效处理毛管边缘区内和潜水面以下的渗透性较差的土壤。气动压裂的井位。注气系统包括抽取井、注入井和鼓风系统（图 17.16），细节详述如下。

①设计内容包括 9 个注入井。其中 4 个需要钻探和安装，即 AIW1、AIW2、AIW5 和 AIW9。其余的则基于现有的井，即 AIW3、(BH111)、AIW4(16)、AIW6(5)、AIW7(4) 和 AIW8(12)。

②抽取井 Mitt 计充分利用了现有的 DPVE 系统，但不包括 5 个附加井（BH201、BH202、BH203、BH218、BH211）。其余的井包括现有的 BH108、BH109、BH103、BH101、BH115 和

BH105。

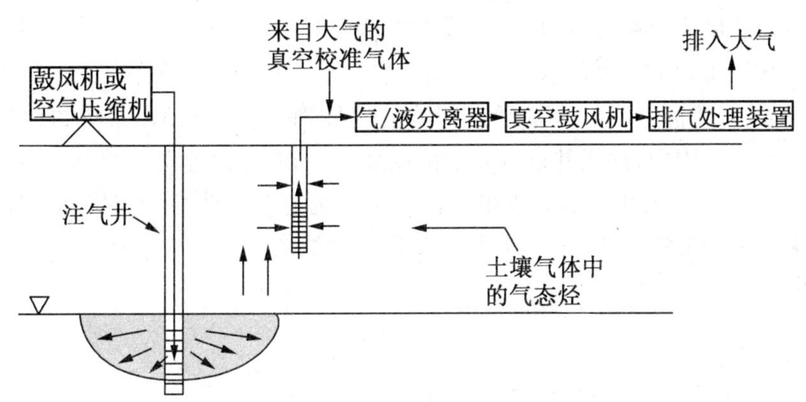

图 17.16　注气系统的主要组成部分

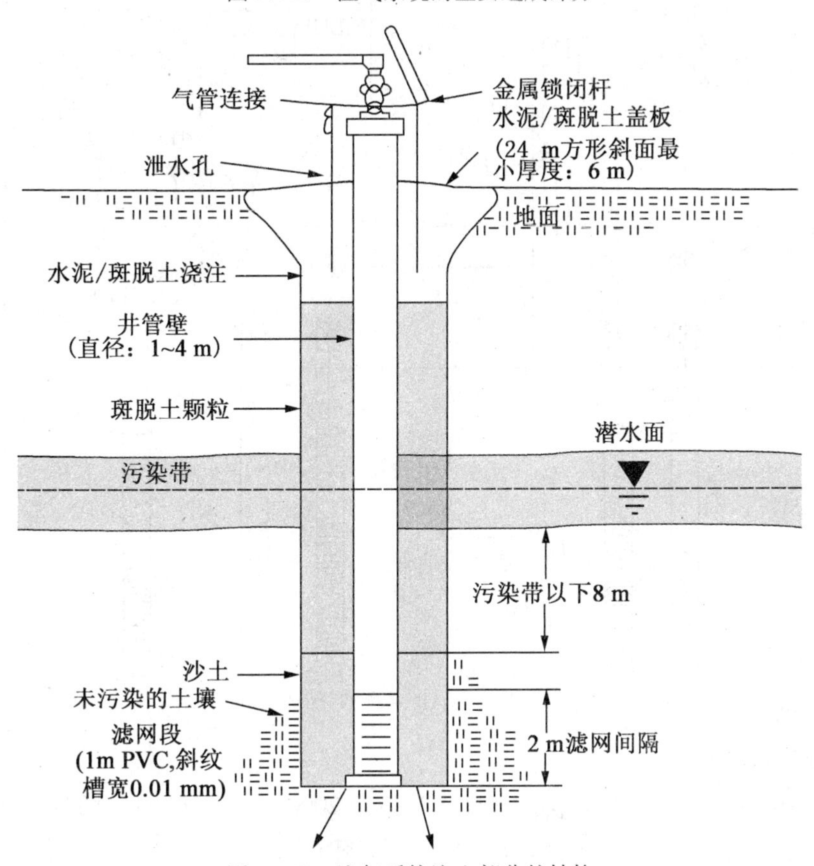

图 17.17　注气系统注入部分的结构

③气－液处理设施包括水/气分离器、真空鼓风器和尾气处理装置。现有的 DPVE 系统的装置设备可以用作注气系统的二级过程。

竖直的空气注入井的直径为 1 ~4 m，并裹有带开槽滤网。竖井内的滤网间隔一般是 1 ~2 ft，而且全部置于潜水面以下。性能数据显示，当滤网的顶端低于污染带底部 5 ft 左右时，效果较好。注气系统的注入井的设计参数如图 17.17 所示。

(4)SEAR 系统设计

SEAR 系统的设计因素主要包括:表面活性剂的注入与抽取、抽取速率和有效的表面活性剂处理等。SEAR 系统主要包括注入井、抽取井、水力控制井和储槽系统,其中储槽系统用于表面活性剂的准备过程和表面活性剂溶液的处理过程。SEAR 系统的详细过程如图 17.18 所示。在该工程中,注入井设置在中部区域,而抽取井设置在上游和下游。整套储槽系统由活性剂溶液的准备单元和处理单元构成。系统包括活性剂/水混合槽、浓缩器、活性剂/水分离器、油/活性剂分离器、进料槽、加热器和过滤器。

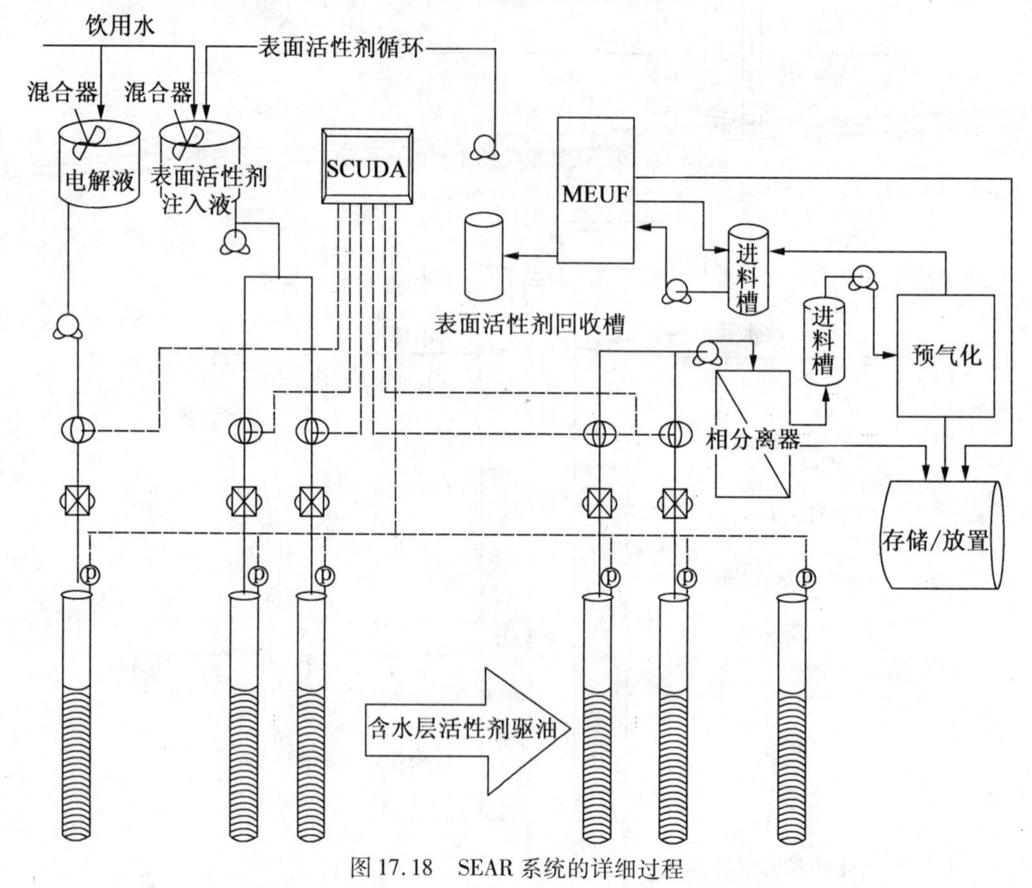

图 17.18　SEAR 系统的详细过程

5. 操作与效益分析

初始的 DPVE 系统从 2000 年 4 月 27 日运行至 2000 年 9 月 14 日,共回收 7 800 L 石脑油类烃。与地下烃的总量相比,回收量相当低(只有 14%)。DPVE 系统的运行成本为 100 000 ~ 250 000 美元/英亩。

进一步的修复行动始于 2002 年 5 月,各种修复技术的操作和维护时间从 6 个月至数年不等。由于研究区域仍在进行修复工作,因此还无法获得系统性能的监测数据。尽管如此,一些早期的修复工程可以为作效率分析提供一定参考。

马塞诸塞州的一家工厂以前曾在黏鞋剂的生产过程中使用并存储甲苯。甲苯偶然泄漏后,在渗流的和饱和的土壤与地下水中都检测到了溶解态和浮油态的甲苯。治理人员针对一片 3/4 英亩的目标区域提出了治理方案。设计方案中包括了 70 个注气点和 70 个土壤气体提取井。除了在目标区域内设置注气点和土壤气体提取井，方案中还在目标区域附近布设了一道由注气点和土壤气体提取井构成的防线，以防止污染物的梯度迁移。修复系统所采用的空气注入总速率为 100 m^3/min，抽取总速率为 300 m^3/min。系统从 1993 年 5 月运行至 1996 年年初，在开始运行的 23 个月，共去除了约 20 881 lb 甲苯类烃。此后，系统继续运行以去除热点区域的污染物。根据站场的土壤、土壤气体、地下水的采样检测结果，修复工作于 1996 年年初结束。

气动压裂法的效果在很大程度上取决于碎片相对于钻孔的尺寸大小和形状。一般而言，泄漏控制碎片的大小，而注入的空气量决定碎片的最终大小。气动压裂法所产生的碎片的形状取决于碎化工艺，包括注入过程中所用流体的类型、注入的速率和压力、钻孔的形状和场地条件。气动压裂增强技术在研究区域的成功运用表明该技术能有效增强土壤渗透性。

SEAR 技术以前已在多处测试过。最新的一次活性剂驱油试验是在 Hill AFB 进行的。1996 年，一个由战略环境研究与发展计划（SERDP）资助的项目在 1 号操作单元（Operable Unit 1，OU1）测试了活性剂驱油技术对于复杂的非水溶相液体（NAPL）的增强去除效果，同时一个由美国空军环境性能研究中心（AFCEE）的项目在 2 号操作单元（Operable Unit 2，OU2）测试了该技术对主要成分为三氯乙烷（TCE）的氯化溶剂的去除效果。OU1 的活性剂驱油试验是在板桩槽中进行的。活性剂增容所达到的最终去除效率为 42%，而活性剂活化所达到的最终去除效率为 92% 和 93%。与低表面张力所形成的油槽构造所导致的高回收率相比，活化方法的去除率相对较低。在 OU2 进行的活性剂驱油试验是采用活化方法去除比水密度大的非水溶相液体（DNAPL），但由于活性剂的表面张力较小，DNAPL 似乎也被活化了。这是首次在没有板桩护墙的情况下，成功实现水力控制的 SEAR 试验。按照总量平衡公式，AFCEE 在 OU2 的试验获得了 99% ±1% 的 DNAPL 去除率和超过 94% 的表面活性剂回收率。1997 年，先进应用技术示范所（AATDF）在 OU2 又进行了一次表面活性剂驱油试验。在这次试验中，大约去除了 97% 的 DNAPL。

用三维数字模型系统预测 AS + PFE + SEAR 系统的理论性能，20 年之后的 BTEX 浓度预测如图 17.19 所示。数据表明，如果使用 AS + PFE + SEAR 修复技术，站场将在 10 年内达到 SERM 的淡水水质标准，苯的浓度将在 20 年内低于 SERM 的地下水饮用水质标准。

注气系统的成本包括：①场地准备，包括钻井、用电连接和系统安装；②资本需求，包括真空泵、鼓风机等；③消耗性支出；④公共设施；⑤残余物和废弃物的运输和处理；⑥劳力。气动压裂系统的成本包括：劳力；资本需求；尾气处理；场地准备；残余物处置；运行与维护。SEAR 系统的主要成本包括井和泵的安装费用、运行管理的人力开支和化学品费用、地面污水处理设施和公共设施。在上述开支中，运行与维护的成本受土壤渗透性的影响最大。表 17.6 是 AS + PFE + SEAR 技术的大致成本。

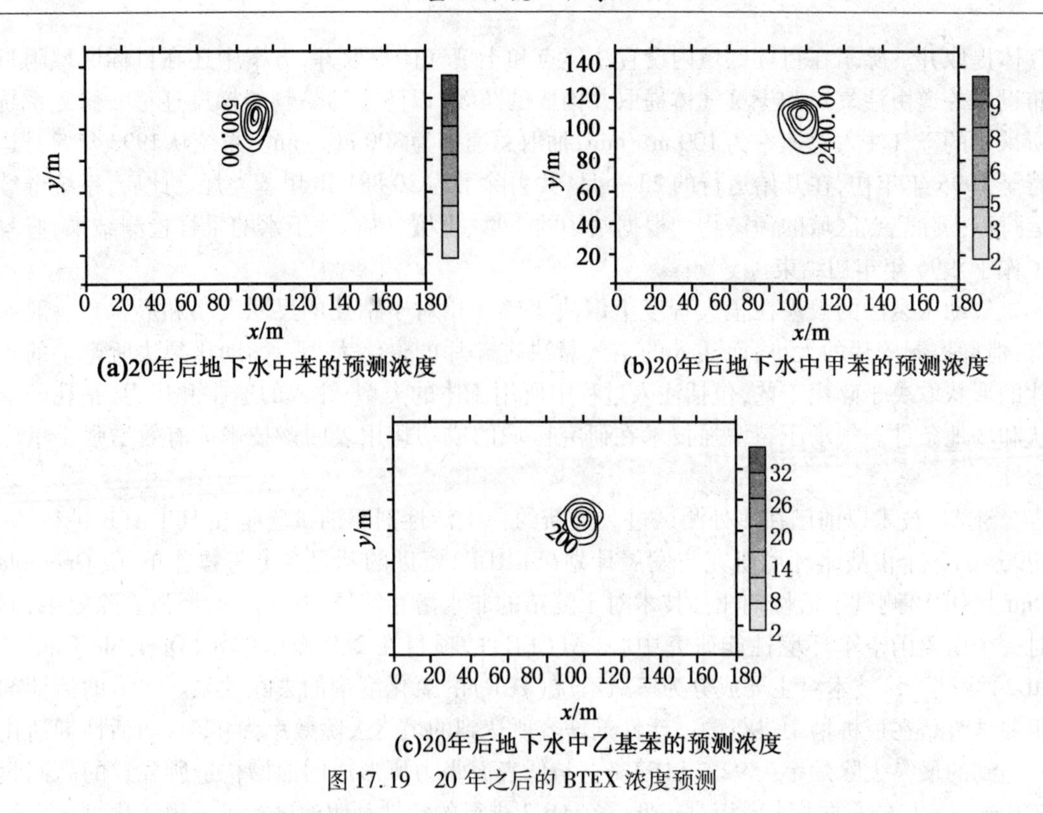

图 17.19　20 年之后的 BTEX 浓度预测

表 17.6　AS + PFE + SEAR 技术的大致成本　加元

项　　目	成本
注气系统	
场地准备	10 000 ~ 20 000
设施设计/建造	30 000 ~ 60 000
运行	90 000 ~ 140 000
地面处理设施	40 000 ~ 80 000
该类合计	170 000 ~ 300 000
含水层的表面活性剂增强修复	
场地准备	10 000 ~ 40 000
设施设计/建造	80 00 ~ 150 000
投资成本	60 000 ~ 160 000
运行	80 000 ~ 200 000

6. 评价与影响

修复技术的选取取决于对场地条件的调查、深入的技术分析和文献查询。首先独立研究单一技术，然后再分析它们的联合方式，从而获得一种综合方法。考虑到系统成本、修复效果和实用性，所使用的两段式修复策略是卓有成效的。但该方法也存在局限性，简述如下。

（1）DPVE

①表面活性剂的不均匀性会干扰受污地下水的统一取样和受污土壤的统一通风。

②修复来自高产含水层的地下水时,可能需要其他方法的协助(例如抽取 - 处理方法)。

③两相抽取法需要水处理设施和气体处理设施。

(2) AS

①地下的不均匀性会影响空气的均匀分布。

②低渗透率的土壤难以处理。

③亨利常数较低的污染物难以处理。

(3) AFE

①该方法不适用于地震活跃区。

②裂口在非黏性的土壤中会闭合。

③需要调查地下是否分布有公用设施管线,勘查地层结构和对所截获的浮油进行分析。

④有可能要为预料之外的污染物扩散建立新防线。

(4) SEAR

①地下的不均匀性会影响表面活性剂溶液的有效注入和回收,需要对活化控制进行测量。

②难以处理低渗透性土壤。

③地下残留的表面活性剂具有毒性。

④难以从管理机构获取向含水层注入表面活性剂的批准。

⑤如果水力控制不当,表面活性剂液流有可能将污染物带入更深的含水层或远离站场。

⑥表面活性剂溶液必须回收并处理。

17.3　湖南天健制药有限公司废水治理工程

1. 建设背景

湖南天健制药有限公司为新建项目,生产区位于湖南省常德市南部德山经济开发区内高新技术工业园的核心区。

近期产品产量为:①中成药:益肾灵颗粒 500 万包/年、益肾灵冲剂 500 万包/年、肾石通冲剂 200 万包/年、板蓝根冲剂 300 万包/年;②西药片剂:烟酸缓释片 8 000 万片/年、拉莫三嗪片 2 000 万片/年。

公司废水主要来源及主要污染物:①中药材前处理及提取工艺中水洗工序,主要污染物为 COD_{cr}、BOD_5、SS,污染物来源于被洗药材表面污物、水溶性糖、蛋白、胶质等;②西药片剂生产工艺中缩合反应、过滤工序排放的化学反应生成水、NH_4Cl 及洗涤水。

该工程一次用水量为 70 m^3/h,从工业园给水管网引入一条 DN150 给水管至厂区。工程清洁排水量为 37.5 m^3/h,直接排入厂区下水道。生产废水最大排放量 18 m^3/h,来自水洗废水和地面冲洗水以及生产过程中少量废水,主要污染物为 COD_{cr}、BOD_5、NH_3-N 等,经厂区新建的废水处理站处理后排入厂区污水下水道。生活污水 19 m^3/h,其中生产区生活污水排入厂区废水处理站处理,其余污水经化粪池处理后,与其他污水合并排入厂区污水下水道,流入工业园污水处理厂进行集中处理。

该工程厂区排水管网实行清污分流,清洁废水、雨水经厂区下水道排至工业园排水系统，厂区清洁排水主干管管径最大为DN500，设计坡度为0.007。该工程排水方向为工业园排水管网，工业园排水实现了清污分流，排水干管位于街区北向道路，污水排水管管径为DN300，废水排水管径为DN800，设计坡度为0.006，接管标高分别为52.00 m、53.00 m。

开发区的生产废水和生活污水，排入围山沟（小排水沟）后，流入东风河（较大河流），进入沅江。这些水体已受污染，主要污染物为NH_3-N和石油类。按照该项目环境影响报告书的要求，为保护纳污水体的环境质量，贯彻执行国家的"三同时"政策，确保工程废水排放达到《污水综合排放标准》（GB 8978—1996）一级标准，企业必须建设废水治理站。

2. 废水设计参数

（1）废水水量

由于该项目为新建项目，所以废水处理站的设计废水水量只能根据该项目的环境评价报告书及初步设计文件等技术资料。工程生产废水日平均排水量120 m^3/d，小时最大排水量为18 m^3/h；生产区排入废水处理站的生活污水量为2 m^3/h。

废水处理站设计处理能力按10 m^3/h计，每天工作时间16 h，则每天的处理能力为160 m^3，满足排水处理要求。

（2）设计水质

根据该项目的环境评价报告书及初步设计文件等技术资料并参照类似工程，工程需要进行治理的水污染物为COD_{cr}、BOD_5、NH_3-N等，水质如下：COD_{cr}为800 mg/L，BOD_5为380 mg/L，NH_3-N为30 mg/L，SS为220 mg/L

$BOD_5/COD_{cr}>0.45$，属于易生化废水，为了确保达到标准排放的要求，并兼顾工程投资、运行费用等，在采用废水处理工艺时，设计进水水质考虑留有一定的富余量，设计进水水质见表17.7。

表17.7　废水处理站设计进水水质

项目	$COD_{cr}/(mg\cdot L^{-1})$	$BOD_5/(mg\cdot L^{-1})$	$NH_3-N/(mg\cdot L^{-1})$	$SS/(mg\cdot L^{-1})$	pH值
进水水质	<1 200	<600	<35	<350	4.6~5.2

（3）废水处理站出水水质标准

根据该项目的环境评价报告书及初步设计文件等资料，废水经废水处理站处理后，需达到《污水综合排放标准》（GB 8978—1996）一级标准，废水处理站出水水质标准见表17.8。

表17.8　废水处理站出水水质标准

项目	$COD_{cr}/(mg\cdot L^{-1})$	$BOD_5/(mg\cdot L^{-1})$	$NH_3-N/(mg\cdot L^{-1})$	$SS/(mg\cdot L^{-1})$	pH值
出水水质	≤100	≤20	≤15	≤70	6~9
排放标准	100	20	15	70	6~9

3. 处理工艺流程

（1）工艺流程

湖南天健制药有限公司废水处理工艺流程如图17.20所示。

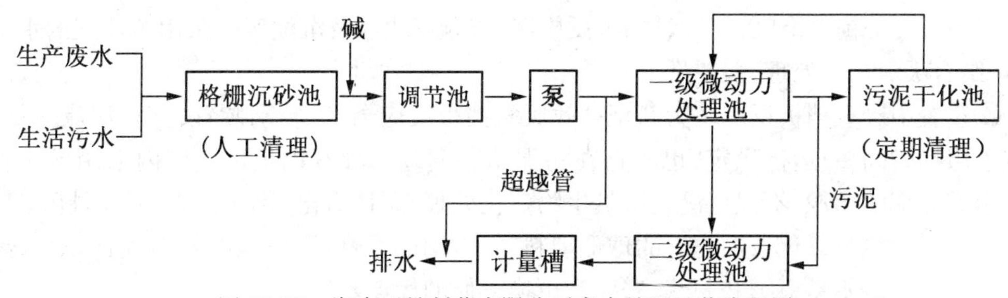

图17.20　湖南天健制药有限公司废水处理工艺流程图

(2)工艺流程说明

生产废水和生产区生活污水经格栅沉沙池除去密度较大的无机颗粒和尺寸较大的物体后进入调节池，由泵提升至一级微动力污水处理装置进行净化处理，然后进入二级微动力污水处理装置净化后达标排放。两微动力污水处理装置中的剩余污泥定期排入污泥浓缩池，污泥经浓缩后，上清液排入一级微动力污水处理装置再进行处理，剩余污泥定期由环卫车运走处理。

该工艺基本净化原理：可生化降解的废水中的有机物，经厌氧水解、缺氧反消化、曝气氧化和沉降处理，达到排放标准的要求，其中缺氧反消化过程具有脱氮的功能。

该工艺有以下特点：

①该工艺所有设施均采用地埋结构，地表可作为绿化或广场用地，因此废水处理站不占地表面积，不需盖房，也不需保温。处理工艺卫生条件好，特别适合制药生产的卫生要求。

②调节池安排在较低位置，便于废水收集，通过泵将废水提升至处理设施，减少处理设施的地埋深度，降低了土建工程造价。

③主要设备潜污泵和水下曝气器均1用1备(正常情况)，并采用国内一流质量的产品，确保系统稳定运行。

④该工艺运行可靠、操作简单，调节池中的提升泵采用液位自控，同时控制曝气器，可以达到节能的目的。控制系统简单、可靠，基本实现自动化，平时一般不需要管理。

⑤该工艺关键设备为微动力污水处理装置，如图17.21所示，并且在大量的工程实例中成功运用。

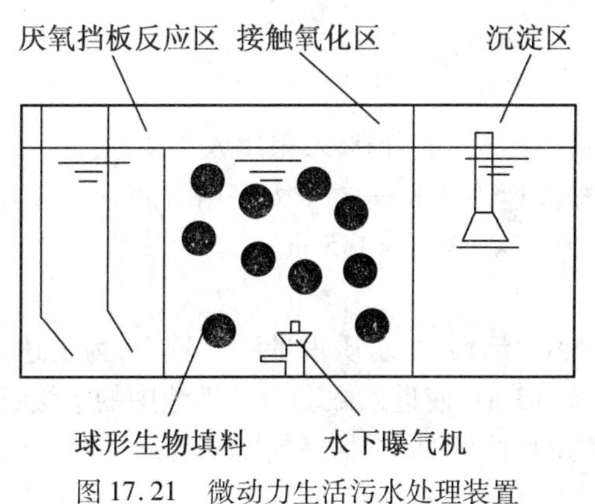

图17.21　微动力生活污水处理装置

该装置特点如下：

①该装置分为 3 个区,即厌氧挡板反应区、接触氧化区及沉淀区。采用节能型的水下曝气器,结合厌氧水解处理,能耗低。

②装置中厌氧挡板反应区为新型高效厌氧挡板反应器,无转动装置,其污泥流失量少,反应器启动时间短,运行稳定,也不存在污泥堵塞问题。厌氧挡板反应区内采用导流管直接冲击其底部的污泥,不但可满足厌氧生物氧化处理,而且简化了结构,节省了用料。

③装置中接触氧化采用先进的球形填料,和常用的柔性填料比较,具有表面积大、易挂膜、使用寿命长、不易板结和脱落、安装和更换方便的优点。

④装置中接触氧化处理为先进的双膜好氧法,并且由于在好氧生物氧化池内直接采用了曝气装置,有利于提高曝气效果和单位能耗的充氧率。根据污水进水量的大小,有利于实现间隙式或连续式曝气的控制,而且与采用鼓风机供气装置比,简化了结构、降低了环境噪声。

⑤装置为全封闭式,既可地上安装也可地埋,操作极为简便且污泥量少,可实现无人操作。

⑥装置占地少,造价低,寿命长。

4. 处理站平面布置

该公司废水处理站平面布置如图 17.22 所示。其工艺主要设施均采用地埋结构,地表可作绿化面积,占地 16 m×10 m。控制室及投药设备等,利用工业厂房的局部面积。

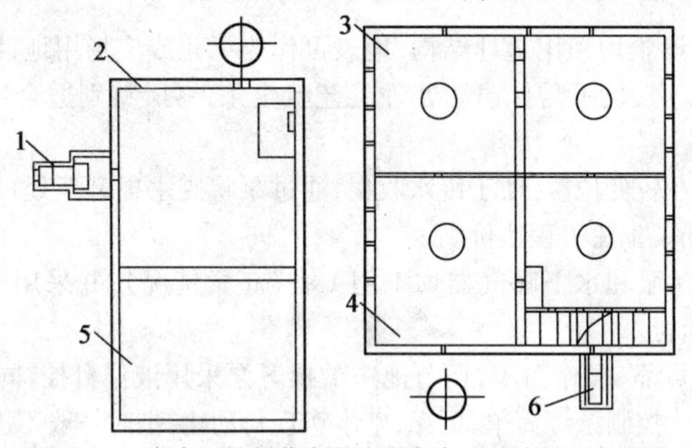

图 17.22　湖南天健制药有限公司废水处理站平面布置图

1—格栅沉沙池;2—调节池;3—一级微动力处理池;4—二级微动力处理池;5—污泥干化池;6—计量槽

5. 主要构筑物

(1)格栅沉沙池

沉沙池采用平流式,砖混结构,重力排沙,采用人工清沙。

栅格间隙 20 mm,过栅流速为 0.8 m/s,水力停留时间 60 s,1 台。

格栅沉沙池尺寸为 2.0 m×0.6 m×1.5 m。

(2)调节池

由于水来自生产废水和生活污水,水质水量波动较大,为了达到处理要求,进行水质水量的调节与均衡,加碱调节 pH 值,使进入微动力处理池中的水接近中性。

池中的提升泵采用液位自控,同步控制曝气器的运行。

水力停留时间 4 h,调节池尺寸为 5.0 m×3.0 m×3.5 m,1 座。

(3)微动力处理池

微动力处理池 2 座,总水力停留时间 12 h。

一级微动力处理池尺寸为 9.3 m×2.5 m×3.5 m,分 2 格,COD_{cr} 的去除率为 80%,BOD_5 的去除率为 85%。

二级微动力处理池尺寸为 9.3 m×4.0 m×3.5 m,分 2 格,COD_{cr} 的去除率为 80%,BOD_5 的去除率为 85%。

(4)计量槽

出水设有计量槽,槽内可进行采样,对水量及控制数据可就地测量。

(5)污泥干化池

微动力处理池产生的剩余污泥,由污泥回流泵排入污泥干化池内。污泥含水率由 90% 降至 70%,每个季度清理一次。

6. 主要设备

主要设备见表 17.9。

表 17.9　主要设备一览表

序号	名　称	型号及规格	单位	数量
1	潜水曝气机	QXB2.2 型,$N=2.2$ kW	台	4
2	潜水泵	WQ20－25－4 型,$Q=20\ m^3/h$,$H=25$ m,$N=4$ kW	台	2
3	回流泵	WQ15－7－1 型,$Q=15\ m^3/h$,$H=7$ m,$N=1.1$ kW	台	2
4	溶药投药装置	$V=1\ m^3/h$,$N=0.37$ kW	台	1
5	PCL 控制系统	非标	台	1

7. 过程投资

(1)工程直接费

①土建费:19.20 万元。

②设备及安装费:41.76 万元。

合计 60.96 万元。

(2)工程间接费用

①设计费(按直接工程费 5% 计):3.05 万元

②调试费(按直接工程费 5% 计):3.05 万元

合计 7.10 万元。

(3)税金(按 6% 计)

3.66 万元。

(4)工程总造价

71.72 万元。

8. 处理站运行情况

湖南天健制药有限公司废水治理工程于 2002 年 2 月初动工,4 月中旬施工完成并投入试运行,2002 年 11 月中旬验收并交付使用。废水处理站试运行至今已有一年多,运行情况评价如下。

废水治理站连续稳定运行 3 个月后,当地环保监测站对该项工程于 2002 年 11 月 11 至 2002 年 11 月 13 日连续进行 3 天,每天 3 次的运行情况监测,监测数据统计结果见表17.10 及表 17.11。

表 17.10 进水水质的监测结果

时 间	$COD_{cr}/(mg \cdot L^{-1})$	$BOD_5/(mg \cdot L^{-1})$	$NH_3-N/(mg \cdot L^{-1})$	$SS/(mg \cdot L^{-1})$	pH 值
2002.11.11	422 ~ 921	205 ~ 426	26 ~ 32	110 ~ 320	4.6 ~ 8
2002.11.12	482 ~ 1 026	233 ~ 467	26 ~ 33	130 ~ 311	4.0 ~ 7.2
2002.11.13	615 ~ 983	200 ~ 498	25 ~ 32	155 ~ 410	4.2 ~ 7.8
平均值	765	366	27	211	5.3

表 17.11 出水水质的监测结果

时 间	水量 $/(m^3 \cdot h^{-1})$	COD_{cr} $/(mg \cdot L^{-1})$	BOD_5 $/(mg \cdot L^{-1})$	NH_3-N $/(mg \cdot L^{-1})$	SS $/(mg \cdot L^{-1})$	pH 值
2002.11.11	9.8	54 ~ 78	10 ~ 13	7 ~ 8	40 ~ 59	6 ~ 8
2002.11.12	9.4	55 ~ 87	9 ~ 16	6 ~ 9	43 ~ 68	6 ~ 7.2
2002.11.13	9.6	41 ~ 74	8 ~ 15	6 ~ 10	44 ~ 64	6.2 ~ 7.5
平均值	9.6	65	11	8	55	

表 17.10 及表 17.11 中数据表明,该项目所采用的处理工艺出水水质稳定,实际处理效果达到了设计要求,排放水水质达到并优于国家《污水综合排放标准》(GB 8979—1996)一级标准。

9. 存在问题

由于受规模和投资的限制,系统未安装 pH 值、COD 在线控制设备,系统调试好后,碱的投加量和水下曝气器的时间就为定值,不利于降低废水处理运行费用,此工艺的特点未得到最大限度的发挥。

17.4 株洲千金药业股份有限公司生产废水处理工程

1. 背景

株洲千金药业股份有限公司是 1993 年由株洲中药厂改制成立,是中国中成药生产重点企业五十强之一。该公司主要产品为妇科千金片、千金胶囊、舒筋活络液等。十多年来,公司保持快速发展势头,1998 年实现销售 1.2 亿元,利润 2 469 万元,人均利税 13.7 万元。随着企业经济效益的快速增长,公司为造福社会,于 2001 年兴建了全厂废水处理工程。

该废水处理站位于株洲市荷塘区金钩山株洲千金药业公司厂区内。根据厂方的分流制排水规划,厂区生产废水、生活污水和雨水分管排放,其中废水处理站只接纳生产废水,设计规模为 1 700 m^3/d。

2. 废水设计参数

(1)该公司扩产后日用水水量及废水日处理量估算见表 17.12。从表 17.12 可知扩产后公司生产废水日排放量为 1 350 m^3/d,根据公司远期发展规划,取设计处理废水量为 1 700 m^3/d。

表 17.12　扩产后日用水水量及废水日处理量估算表

项目		水量/($m^3 \cdot d^{-1}$)	项目		水量/($m^3 \cdot d^{-1}$)
前处理	洗药用水	360	制剂动力	制剂等用水	400
	洗锅用水	50		造气用水	250
	洗衣卫生用水	35		循环补充用水	90
	入药用水	35		其他用水	50
制剂	新加制剂用水	80	合计		1 350

(2)废水水质

生产废水中的污染物质大致可分水溶性的和水不溶性的两类。水溶性的污染物主要是单宁、生物碱、有机酸、糖类、蒽醌、淀粉等有机物,另外还有制剂工序引入的无毒色素、片剂车间排放的高分子物质等。水不溶性的污染物主要来自清洗、煎煮等工序,主要是泥沙、植物类悬浮物等。因为是中药制药企业,所以其生产废水中的有毒物质较少,COD 较西药制药废水要低。废水水质指标见表 17.13。

表 17.13　废水水质指标

名称	COD/($mg \cdot L^{-1}$)	BOD_5/($mg \cdot L^{-1}$)	SS/($mg \cdot L^{-1}$)	石油类/($mg \cdot L^{-1}$)	色度/倍	pH 值
废水	1 200	500	1 000	15	—	5~7

(3)处理出水水质标准

废水处理后执行国家《污水综合排放标准》(GB 8978—1996)一级排放标准。为了节约水资源,可以考虑部分处理后的水作为中水回用,为达到中水回用标准,设计时考虑了用沙滤和加氯消毒的方法来提高出水水质。主要回用途径有:

①浇灌花草,厂区内绿化用水可以全部使用处理后的水。

②锅炉烟气除尘,必要时可以部分使用处理后水进行锅炉烟气除尘。

(4)处理工艺流程

针对上述出水要求,通过必要的试验研究和参考同类废水处理工程的经验,选用先进的 CA+SBR 工艺(催化水解酸化+间歇序批式活性污泥反应器)。在回用水深度处理方面,考虑在二级处理的基础上,增加沙滤和加氯消毒工艺,使出水水质进一步提高。

废水处理工艺流程如图 17.23 所示。废水经格栅池和捞毛除渣机除去大颗粒悬浮物后自流进入调节池,调节池中放置了废铁屑,通过铁屑在水中的电化学反应对废水中的有机污染物起水解催化作用,再进入水解酸化池。水解酸化池分两段,第一段布置了曝气装置,必要时可以进行预曝气,对池中废水进行搅拌。水解酸化池出水通过污水提升泵进入 SBR 池,经曝气处理后沉淀。排出沉淀后的上层清水。排水可通过沙滤池滤掉悬浮杂质,也可不通过沙滤池直接经清水池外排。在需要将排水回用时还可以加消毒药水以提高回用水水质。SBR 池的剩余污泥可以排入集泥池,经污泥浓缩池重力浓缩,压滤机压滤后外运。

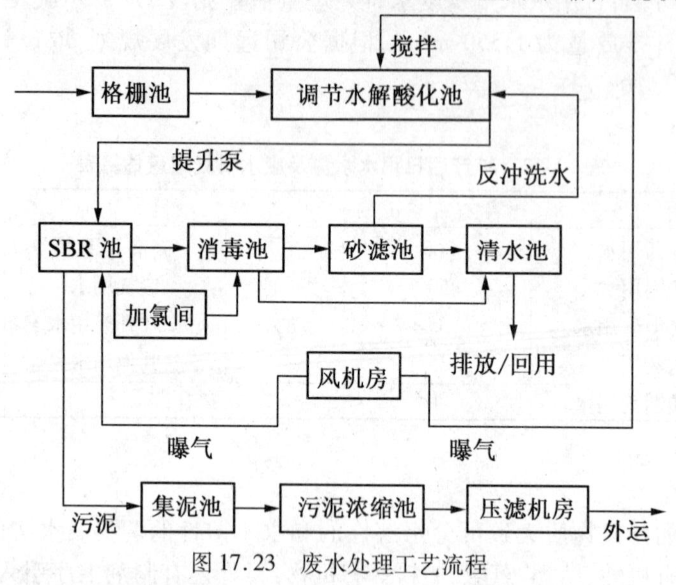

图 17.23　废水处理工艺流程

3. 废水处理站平面布置和高程布置

(1)平面布置

废水处理站位于千金药业公司厂区的东北角,占地面积约为 750 m^2,其平面布置图如图 17.24 所示。在设计时,采取了 SBR 池与调节水解酸化池竖向布置的方法,将 SBR 池建在调节水解酸化池之上,既节省了占地面积,又利用 SBR 池的水位高差保证滗水器的自流排水。同时将风机房建在地下,并进行隔声处理,有效地控制了风机运行中产生的噪声污染。

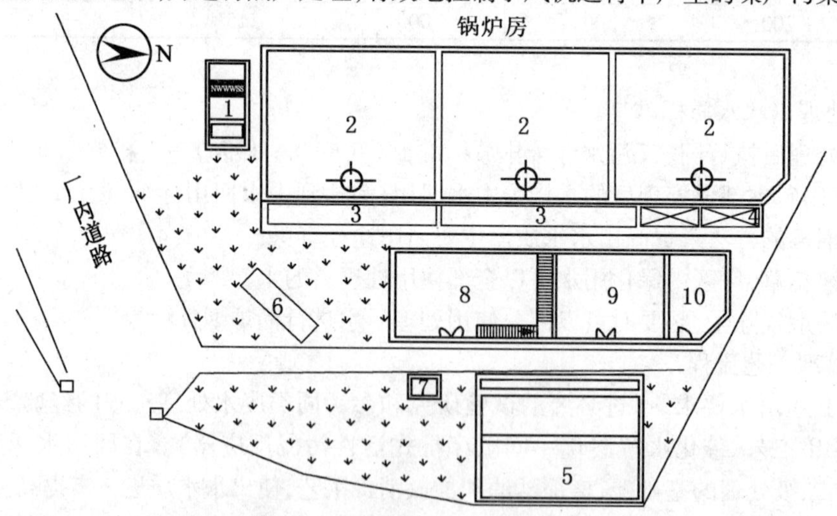

图 17.24　废水处理站平面布置图

1—格栅池;2—SBR 池(下层是调节水解酸化池);3—集泥井;4—污泥浓缩池;5—消毒 - 沙滤 - 清水池;6—排水明渠;7—流量计井;8—污泥脱水间;9—泵房(下层是风机房,上层是控制化验间);10—消毒加药间

(2)高程布置

在高程布置设计上,利用厂区废水管网出口的高差让废水自流进入调节水解酸化池,

再利用污水泵做一次提升将水解酸化池出水泵入 SBR 池。SBR 池排水以及沙滤过程利用构筑物之间的高差克服水头损失，使废水自流流动，如图 17.25 所示。

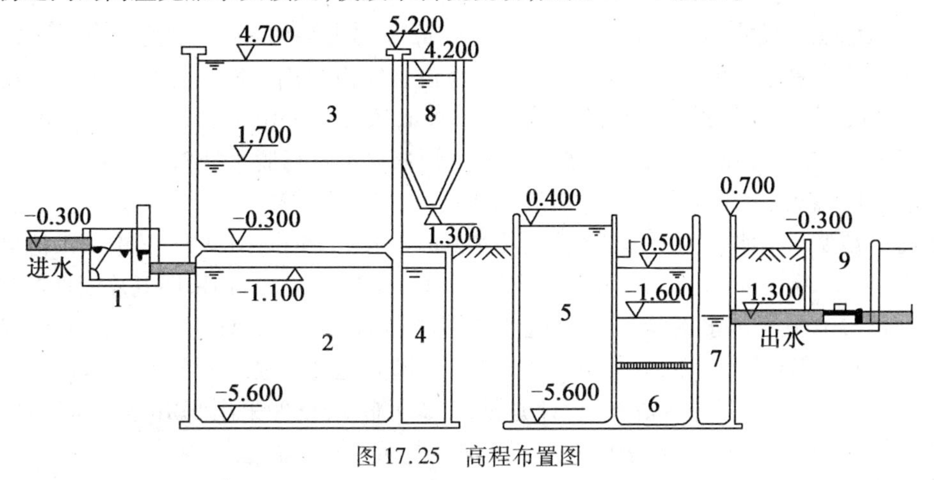

图 17.25　高程布置图

1—格栅池；2—调节水解酸化池；3—SBR 池；4—集泥井；

5—消毒池；6—沙滤池；7—清水池；8—污泥浓缩池；9—流量计井

4. 主要构筑物

(1) 格栅

格栅池的尺寸为 4.4 m×2.4 m×1.4 m，前部分为栅条间距 10 mm 的人工粗格栅，后部分设有一台 CM2000 型除毛除渣机。格栅池能有效去除各类大体积杂物，为后续处理创造良好条件。

(2) 调节池

调节池的尺寸为 10.0 m×9.5 m×5.0 m，池体超高 1.0 m，设计水力停留时间 HRT = 2.54 h，进水采用双层环状穿孔管布水。

(3) 水解酸化池

水解酸化池的尺寸为 20.0 m×9.5 m×5.0 m，内分 2 格，池体超高 1.0 m，有效容积为 760 m^3，设计水力停留时间 HRT = 10.7 h，第一格池底布置有微孔曝气头，必要时可以进行曝气搅拌。

(4) SBR 池

SBR 池尺寸为 10.0 m×9.5 m×5.5 m，池体超高 0.5 m，共 3 个池。进水采用 ZW150－180－15 型污水泵从集水井中将废水提升至 SBR 池，池中利用环状穿孔管布水。曝气采用 SSR 型罗茨鼓风机，曝气装置选用氧利用率 20% 以上的 DYW－Ⅲ型微孔曝气器，每池布置 156 个。排水采用 BS250－5000 型滗水器，最大滗水率超过 60%，最大单池周期排水 285 m^3。3 个 SBR 池采取交错间歇的方式运行，设计单池运行周期为 12 h，其中进水 1.5 h，曝气 8.0 h，沉淀 1.0 h，排水 1.0 h，闲置 0.5 h，每池每日运行 2 周期，3 池每日运行 6 周期，最大日处理量为 285×6 = 1 710 m^3。

(5) 集泥井

集泥井的尺寸为 10.0 m×1.5 m×5.0 m，共 3 个池，其底部与调节池以及水解酸化池连通。SBR 池中的多余污泥通过 SBR 池底的排空阀直接排放到集泥井中，逐渐累积后利用污泥泵抽至污泥浓缩池。

(6)污泥浓缩池

污泥浓缩池的尺寸为3.5 m×1.5 m×3.3 m,底部为斗状,共2个池。由于实践证明SBR工艺产生的剩余污泥很少,所以污泥浓缩池设计时没采用一般活性污泥工艺的设计参数。浓缩采用重力浓缩,设计停留时间为12~24 h,浓缩池上清液通过池壁上的电动阀逐层排出,底部浓缩污泥用螺杆泵抽送至带式污泥压滤机上进行脱水处理。

(7)消毒-沙滤-清水池

消毒-沙滤-清水池为一体式结构,尺寸为9.2 m×7.5 m×6.3 m,其中消毒池尺寸为9.2 m×3.5 m×6.3 m,沙滤池尺寸为9.2 m×2.5 m×6.3 m。消毒采用氯片消毒器配置溶液通过在消毒池中与排水的均匀混合达到出水消毒的目的。另外,在消毒池上设有增氧机,必要时可以提高出水中的溶解氧含量,进一步提高处理水质。沙滤池采用普通快滤池结构,以ϕ1~20 mm的瓷球为滤料,设计滤速为12.4 m/h,反冲采用SBR池排水反冲,反冲时间5 min。操作中,SBR池排水可根据需要决定是否通过沙滤池。

(8)泵及风机房

泵与风机房平面尺寸为10.0 m×5.24 m,为双层结构。其中风机房设于泵房下的负一层中,内设有供水解酸化池预曝气的HC-100S型回转风机(5.11 m^3/min,49 kPa,7.5 kW)1台,SBR池曝气的SSR125型罗茨鼓风机(9.19 m^3/min,57.86 kPa,15 kW)3台,为滗水器汽缸以及污泥压滤机汽缸提供压缩空气的Z-0.025/7型空气压缩机2台。

(9)污泥脱水间

污泥脱水间的尺寸为9.23 m× 5.24 m×5.2 m,其中设有PFMA-500型带式压滤机1台,用于抽送浓缩污泥的G(GS)35-1型螺杆泵1台,用于冲洗压滤机的IS50-32-200A型清洗水泵1台,混凝剂投配装置1套。

5.废水处理站运行情况分析

(1)系统运行安排

该废水处理站工程2001年底竣工,经过近半年的调试和试运行,目前已投入正式使用。由于该污水处理站是根据企业远期发展规划设计确定处理水量的,受企业生产能力限制,目前污水处理量为800~900 m^3/d,并没有达到设计处理量。因为采用的是SBR工艺,运行方式十分灵活,所以即使目前进水量不到设计要求的60%,整个生化系统的仍然能够正常运行。具体运行方式如下:只使用3个SBR池中的2个,每个SBR池每天运行2个周期,每个SBR池每周期处理水量为200~250 m^3/d。如果今后水量增大,可以从已运行的2个SBR池中分出部分活性污泥,进行运行即可,根据从第一个SBR池分出部分的活性污泥接种到第二个SBR池的实践过程来看,新的SBR池的启动过程很快,从接种污泥到正常运行大约只要10 d,而且不会对分出活性污泥的SBR池的运行产生不良影响。

SBR工艺之所以能适应水量的大幅变化是因为其采用的是间歇式运行,一个周期中的5个工艺阶段的时间分配都可以根据实际需要灵活安排,而且每个周期的排水量也可以根据需要通过滗水器的滗水深度来确定。根据设计,能保证进水量在200~1 700 m^3/d,整个系统都能正常运行,克服了运用传统的连续流式活性污泥法的缺点。

(2)水质运行情况分析

从2002年5月该废水处理站于正式投入使用以来,出水水质情况较稳定,出水清澈,各项指标均能到达设计要求。水质监测结果见表 17.14(以 COD 为主要监测指标)。

表 17.14　水质监测结果(月平均值)　$mg \cdot L^{-1}$

日期	原水 COD	水解酸化池出水 COD	1#SBR 池出水 COD	3#SBR 池出水 COD
2002 年 5 月	623.5	498.2	20.5	23.3
2002 年 6 月	745.3	592.6	22.1	21.5
2002 年 7 月	1 036.7	832.4	46.2	45.7
2002 年 8 月	1 059.2	796.5	41.7	42.1
2002 年 9 月	1 046.2	803.4	42.1	40.5
2002 年 10 月	1 075.9	839.2	45.4	45.6

运行过程中,五、六月份曾受企业生产安排影响,部分车间生产不正常,造成进水水量偏少,COD 含量较低。

以上监测数据表明,采用 CA + SBR 工艺对中成药制药废水的处理效果很理想,其中 CA(催化水解酸化)阶段对 COD 的去除率一般在 20% 左右,SBR 阶段的 COD 去除率在 95% 左右。整个工艺过程对进水水质水量的变化有很大的适应性,抗冲击负荷能力好。

(3)污泥运行情况分析

由于 SBR 工艺中曝气过程和沉淀过程是在同一池中完成的,所以不仅能节省基建费用,而且还省去了一般活性污泥法中的污泥回流系统,简化了操作。该废水站 SBR 池的活性污泥来源于某污水处理厂的剩余污泥,通过接种驯化来使其适应中药制药废水的处理,驯化好的污泥呈褐色。

在日常的监测中考虑操作的方便性,以 SBR 池正常水位时池中的污泥沉降比(SV)来表示污泥量,根据多次试验得出 SV = 20 时污泥的质量浓度为 3 500 mg/L。

在实际运行过程中,污泥的增殖性能在 SV < 15 时较快,SV 的增殖就变得很缓慢,而且污泥会呈现出老化现象,污泥池污泥量控制在 SBR 池正常水位时 SV = 20 左右,即 MLVSS 左右。

由于污泥在运行过程中不断地老化,所以每天要排出一定量的污泥,根据一段时间的摸索,将排泥安排在每天排水结束后,排泥量一般为污泥 10%,即污泥龄在 10 ~ 20 d。实践发现,适时适量地排泥是系统稳定运行的重要保证。如果不及时排泥会造成污泥老化,污泥絮体变碎,沉降出水水质下降。

6. 过程效益

千金药业股份有限公司废水处理站的建成投入运行结束了该厂废水直接排放的历史,废水经处理后出水清澈,水质指标大多优于相关的排放标准,如 COD 一般在 40 ~ 50 mg/L,大大低于一级排放标准中要求的 100 mg/L。出水排放到厂区附近的金钩山村的小河沟中未对周围环境产生不良影响,有效地保护了当地的环境质量。

第四篇　固体废物处置与资源化工程

第18章 概 述

18.1 固体废物的定义与分类

18.1.1 固体废物的定义

固体废物是指人类在生产和生活活动中丢弃的固体和泥状的物质,简称固废,包括从废水、废气分离出来的固体颗粒。凡人类一切活动过程产生的,且对所有者已不再具有使用价值而被废弃的固态或半固态物质,通称为固体废物。各类生产活动中产生的固体废物俗称废渣;生活活动中产生的固体废物则称为垃圾。“固体废物”实际只是针对原所有者而言。在任何生产或生活过程中,所有者对原料、商品或消费品,往往仅利用了其中某些有效成分,而对于原所有者不再具有使用价值的大多数固体废物中仍含有其他生产行业中需要的成分,经过一定的技术环节,可以转变为有关部门行业中的生产原料,甚至可以直接使用。可见,固体废物的概念随时间、空间的变迁而具有相对性。提倡资源的社会再循环,目的是充分利用资源,增加社会与经济效益,减少废物处置的数量,以利于社会发展。

中华人民共和国主席令第三十一号中,对固体废物如下定义:固体废物是指在生产、生活和其他活动中产生的丧失原有利用价值或者虽未丧失利用价值但被抛弃或者放弃的固态、半固态和置于容器中的气态的物品、物质以及法律、行政法规规定纳入固体废物管理的物品、物质。

固体废物具有以下特点:

(1)直接占用并具有一定空间

固体废物除直接占用土地并具有一定空间,它对环境的污染主要通过水、大气或土壤进行,没有这些媒介,就不会对环境造成很大的污染。因此,固体废物既是污染水体、大气、土壤的“源头”,又是废水、废气处理的“终态物”。根据固体废物的这一特性,提示人们应尽量避免和减少固体废物的产生和向水体、大气及土壤环境中排放,这是防止和控制固体废物污染环境的关键。

(2)品种繁多,数量巨大

随着工业生产的发展和人类物质生活的提高,固体废物种类越来越多,数量也逐年增加,以城市垃圾为例,工业发达国家城市垃圾产生量以每年2% ~4%的速度增长,欧共体国家生活垃圾平均增长率为3%,而我国近几年的垃圾增长率每年约按9%以上的速度增加。

由于处理装置设施严重不足,综合利用率低,致使工业固体废物历年堆放量已达约64亿t,到了2000年,我国工业固体废物年产生量已达到约10亿t,生活垃圾近2亿t。由于我国在固体废物污染治理方面起步较晚,相对于废气、废水污染控制而言,其治理还是个冷门,加上技术比较落后,投入资金又不足,所以固体废物污染环境的治理工作面临着严峻的形势。

(3)包括有固体外形的危险液体及气体废物

液体和用容器装的气体,如装在容器中的废酸、废碱或气体在法律上都称为危险废物,均列于危险废物的管理范畴之内。

18.1.2　固体废物的分类

固体废物的分类方法有很多种,按其化学组成可分为有机废物和无机废物;按其形态可分为固体废物、半固态废物和液态(气态)废物;按其污染性可分为危险废物和一般废物;按其来源可分为工业固体废物、城市垃圾和放射性废物及其他废物。

我国的《固体法》将固体废物分为城市生活垃圾、工业固体废物和危险废物3大类。

1. 城市生活垃圾

城市生活垃圾又称城市固体废弃物,占固体废物来源的重要成分,是固体废物的主要来源。《固体法》将城市生活垃圾定义为:在日常生活中或为城市日常生活提供服务的活动中产生的固体废物以及法律、行政法规中视为生活垃圾的固体废物。

城市生活垃圾主要产自城市居民家庭、城市商业、餐饮业、旅游业、服务业、市政环卫业、文教卫生业和行政事业单位、工业企业单位以及水处理污泥等。其主要成分包括厨余物、废纸、废塑料、废织物、废金属、废玻璃陶瓷碎片、砖瓦渣土、粪便以及废家用工具、废旧电器、小型企业产生的工业固体废物和少量的危险废物(如废打火机、废日关灯管、废电池、废油漆等)。

城市生活垃圾的主要特点是:成分复杂、有机物含量高。影响城市生活垃圾的成分的主要因素有居民的生活水平、生活习惯、季节、气候等。

2. 工业固体废物

《固体法》将工业固体废物定义为:在工业交通生产过程中产生的固体废物。工业固体废物具体可以分为冶金工业固体废物、能源工业固体废物、石油化工工业废物、矿业固体废物、轻工业固体废物及其他工业固体废物。

3. 危险废物

危险废物是指在操作、储存、运输、处理和处置不当时,会对人体健康或环境带来重大威胁的废物。根据《国家危险废物名录》的定义,危险废物为具有下列情形之一的固体废物和液态废物:

①具有腐蚀性、毒性、易燃性、反应性或者感染性等一种或者几种危险特性的。

②不排除具有危险特性,可能对环境或者人体健康造成有害影响,需要按照危险废物进行管理的。

18.2　固体废物的处理原则

目前,城市居民的生活垃圾、商业垃圾、市政维护和管理中产生的垃圾以及工业生产排出的固体废弃物,数量急剧增加,成分日益复杂,大大超过了自然界的自净能力。垃圾若不及时清除,则必然会污染空气,对土壤、水体都会造成严重污染。例如,固体废弃物经日晒雨淋,它们的渗出液中所含有毒物质渗入土壤后,会改变土壤结构,影响土壤中微生物的活动,妨碍植物根系生长或在植物体内积累。一只小纽扣电池所含的有毒物质渗入地下水中,它所污染的水量远远超过一个人一生所用的水量的总和。照相机用的纽扣电池一粒,能使60万L水受到污染。有资料表明,一节废镍铬电池烂在地里,能使1 m^2 的土地失去使用价值,在酸性土壤中这种污染尤为严重,因为它会变成镍、铬离子渗入水体,在食物链的富集化作用下最后进入人体。垃圾不及时清理,会导致蚊蝇孳生、细菌繁殖,老鼠活动猖狂,使疾病迅速传播,危害人体健康。

因此,化学上提出处理废弃物垃圾的3个途径,即减少(Reduce)废弃物产量、再利用(Reuse)废弃物及循环利用(Recycle)废弃物,把3个英文单词取第一个字母都是R,这样就简称3R原则。

1. 减少废弃物产量

节约1 t纸,可少产生1 t垃圾,少生产400 t左右造纸黑液,少产生 2.4×10^4 m^3 的废气;少砍伐一片树林,少消耗相应数量的煤、电等。近年来,北方地区大田中推广地膜覆盖技术,聚乙烯、聚氯乙烯薄膜有20%~30%残留在土地中。此外,随着塑料工业的发展,日常生活用品中有许多是塑料制品,如塑料袋、一次性餐具、饮料瓶、饮水杯等,这些废弃物到处乱扔不仅影响市容,而且由于聚乙烯、聚丙烯、聚氯乙烯等塑料很难降解,混入土壤中几十年不变,破坏了土壤结构及作物从土壤中吸收水分和营养成分的途径,从而影响农业生产。目前,我们把由塑料造成的污染称为"白色污染"。为了防止白色污染继续蔓延,禁止使用超薄塑料袋,同时积极推广使用能迅速降解的淀粉塑料、水溶塑料、光解塑料等。

2. 再利用废弃物

在日本,垃圾再利用相当普遍,许多商品包装上都有"再生"标志。按照包装上的提示,消费后的垃圾是分类抛弃于垃圾箱的,环卫工人处理城市垃圾首先回收其中可利用的废旧物资,如废纸、废金属、旧织物、玻璃、塑料等;如果皮、菜叶、泔脚等可加工为饲料;垃圾经过焚烧体积大大缩小,同时消灭各种病原体,能把一些有毒有害物质转化为无害物质。因为燃烧放热,可回收热能用于发电。有的诸如塑料类经过加工为再生塑料制品,实在无法利用的集中填埋,覆土造地,保护环境。近年来,日本采用高压压缩垃圾,制成垃圾块填海造地。

3. 循环利用废弃物

生物圈里有食物链,高级生物以低级生物为生存条件。化学上也有反应循环的设计,做到人尽其才,物尽其用。

18.3　固体废物管理

固体废物管理是指运用环境管理的理论和方法,通过法律、经济、技术、教育和行政等手段,鼓励废物资源化利用和控制废物污染环境,促进经济与环境的可持续发展。

18.3.1　固体废物管理的程序和内容

由于固体废弃物本身往往是污染物的"源头",故需对其产生→收集运输→综合利用→处理→储存→处置,实行全过程管理,在每一环节都将其当做污染源进行严格的控制。

1. 产生者

对于固体废弃物产生者,要求其按照有关标准,将所有产生的废物分类,并用符合法定标准的容器包装,做好标记、登记记录,建立废弃物(主要是有害废弃物)清单,待收集运输者运出。

2. 容器

对不同废弃物要求采用不同容器包装,如一次性容器和周转性容器等。为了防止暂存过程中产生污染,容器质量、材质、形态应能满足所装废弃物的标准要求。

3. 储存

储存管理是指对固体废弃物进行处理处置前的储存过程实行严格控制。

4. 收集管理与运输管理

收集管理是指对各厂家的收集实行管理。运输管理是指收集过程中的运输和收集后运送到中间储存处或处理处置厂(场)的过程所需实行的污染控制。

5. 综合利用

综合利用管理包括用于农业、建材、回收资源和能源过程中对于污染的控制。

6. 处理处置

处理处置管理包括有控堆放、卫生填埋、安全填埋、深地层处置、深海投弃、焚烧、生化解毒和物化解毒等。

18.3.2 固体废物管理方法

1. 划定有害废弃物与非有害废弃物的种类和范围

许多国家都对固体废弃物实施分类管理,并且都把有害废弃物作为重点,依据专门制订的法律和标准实施严格管理。而如何确定有害废弃物和非有害废弃物的种类和范围,就成为废弃物管理的首要问题,通常采用以下两种方法。

(1)名录法

"名录法"是根据经验与实验,将有害废弃物的品名列成一览表,将非有害废弃物列成排除表,用以表明某种废弃物属于有害废弃物或非有害废弃物,再由国家管理部门以立法形式予以公布。此法使人一目了然,方便使用,但由于废弃物种类繁多,难免发生遗漏。

(2)鉴别法

"鉴别法"是在专门的立法中,对有害废弃物的特性及其鉴别分析方法以"标准"的形式予以规制。依据鉴别分析方法,测定废弃物的特性,如易燃性、腐蚀性、反应性、放射性、浸出毒性以及其他毒性等,进而判定其属于有害废弃物或非有害废弃物。

2. 建立固体废弃物管理法规

建立固体废弃物管理法规是废弃物管理的主要方法,这是世界上许多国家的经验所证实的。美国的《资源保护和回收法》(RCR - A)(1986)和《全面环境责任承担赔偿和义务法》(CERCLA)(1986)是迄今世界各国比较全面的关于固体废弃物管理的法规。前者强调设计和运行必须确保有害废弃物得到妥善管理,对于非有害废弃物的资源化也作出了较全面的规定;后者强调处置有害废弃物的责任和义务。英国的《污染控制法》有专门的固体废物条款。日本的《废弃物处理和清扫法》,对一般废弃物和产业废弃物(包括有害废物)的处理和处置,都有明确的规定。前联邦德国制定有相当完备的各种环境保护法律,要求相当严苛。例如,按照《垃圾处理法》,对由于玻璃容器、塑料、铅合金罐、保鲜包装品、石油及天然气制品等造成的垃圾要课以重税;又如,依照法律,对污染案件要实行处罚,1987年全联邦受处罚的环境污染案件17 930件,其中垃圾案件为5 930件。

(1)制定"资源综合利用法"

资源综合利用包括经济建设中所需自然资源的综合开发,工业生产过程中原材料、能源及"三废"的综合利用,生产、流通、消费过程中废旧物资的再生利用。"资源综合利用法"是我国资源综合利用法律体系中的基本法。其中,对于生产过程中废物的排放,从宏观角度要作出限制。例如,制定严格的消费定额和投入产出比例,以促进原材料的合理利用;对工农业生产过程的废物的处理要作出原则规定,如要求生产者认真执行以综和利用为基础的"资源化""减量化"和"无害化"政策,采取综合利用技术措施,提高资源、能源的综合利用率;对于已经产生的废弃物,要采取技术措施进行回收和再用,促进其转化为社会产品或可供再生利用的资源和能源;对于生产和消费过程中的废弃物回收加工利用也要作出规定,进一步贯彻国家关于再生资源充分回收、合理利用、先利用后回炉的工作方针。

(2)制定"固体废弃物法"

"固体废弃物法"是"环境保护法"的子法,建立此法的根本目的在于控制固体废弃物污染。鉴于固体废弃物的污染有别于废水、废气的污染,所以"固体废物法"必须按照固体废弃物管理程序和内容,逐一定出明确的要求,以规定固体废弃物的产生、收集运输、利用和处理处置,确保其不致造成环境污染。鉴于非有害固体废弃物中很大部分是可以"资源化"的,因此,"固体废物法"的建立需与"资源综合利用法"相衔接,将其中有关废弃物综合利用的规定加以具体化。

(3)建立"固体废物环境标准体系"

"固体废物环境标准体系"的建立是固体废弃物环境立法的一个组成部分,这是一个庞大的"标准"群,它一般包括以下内容:基础标准;方法标准;(包括采样方法、特性实验方法和分析方法);标准样品标准;鉴别分类指标标准;容器标准;储存标准;适用于生产者标准;收集运输标准;综合利用标准(包括农用标准、建材标准、能源回收利用标准、资源利用标准);处理处置标准(包括有控堆放标准、卫生填埋标准、安全填埋标准、深地层处置标准、深海投弃标准、工业窑炉焚烧标准、专用炉焚烧标准、爆炸物露天焚烧标准、物化解毒标准、生化解毒标准等)。

(4)控制有害废弃物越境转移

1989年3月22日,联合国环境规划署在瑞士巴塞尔召开的"关于控制危险废物越境转移全球共约全权代表大会"上,通过了一部国际公约《控制危险废物越境转移及其处置巴塞尔公约》,公约中规定控制的有害废物共45类。这是一部国际间控制有害废物污染"转嫁"法律,我国是签约国之一,需要加强防范,以保证公约在我国疆域内的贯彻实施。公约主要内容包括:尽量减少有害废物的产生及其越境转移的条件;各国有权禁止有害废物进口;建立一整套有害废物越境转移通知制度;对于未经进口国、过境国同意或伪造进口国、过境国同意,或转移物与交件所列不符,均被视为非法。

第19章 固体废物处理技术

固体废物的种类繁多,其形状、大小、结构和性质各不相同,因此,固体废物资源化之前,往往需要对固体废物进行预处理,以使它的形状、大小、结构和性质符合资源化要求。固体废物的预处理技术主要包括压实、破碎、风选、脱水和干燥。

19.1 压 实

19.1.1 压实的定义与性质

通过外力加压于松散的固体废物,以缩小其体积,使固体废物变得密实的操作称为压实,又称压缩。固体废物经过压实处理,一方面可增大容重、减少固体废物体积以便于装卸和运输,确保运输安全与卫生,降低运输成本,另一方面可制取高密度惰性块料,便于储存、填埋或作为建筑材料使用。

固体废物经压实处理后,体积减小的程度称为压缩比。废物压缩比决定于废物的种类及施加的压力,一般压缩比为3~5。同时采用破碎与压实两种技术可使压缩比增加到5~10。一般生活垃圾压实后,体积可减少60%~70%。城市垃圾经家庭压实器压实后密度变为320.4 kg/m^3,体积可减少69%。

压实的原理主要是减少空隙率,将空气压掉。若采用高压压实,除减少空隙外,在分子之间可能产生晶格的破坏使物质变性。适合压实处理的主要是压缩性能大而复原性小的物质,液态废物不宜作压缩处理。要焚烧处理的垃圾压实处理的压实比不能过大,这样焚烧不完全。

19.1.2 压实设备

根据操作情况,固体废物的压实设备可分为移动式和固定式两大类。移动式压实器一般安装在收集垃圾车上,接受废物后即行压缩,随后送往处置场地。固定式压实器一般设在废物转运站、高层住宅垃圾滑道的底部,以及需要压实废物的场合。

1.移动式压实器

带有行驶轮或可在轨道上行驶的压实器称为移动式压实器(图19.1)。按压实过程工作原理不同,可分为碾(滚)压、夯实及振动3种,相应地分为3大类。固体废物压实处理主要采用碾(滚)压方式。移动式压实机主要用于填埋场,也安装在垃圾车上。现场常用的压实机主要包括胶轮式、履带式压土机和钢轮式布料压实机。

2.固定式压实器

固定式压实器只能定点使用,通常由一个容器单元和一个压实单元构成。前者通过料箱或料斗接受废物,后者在液压或气压驱动下依靠压头,利用一定的挤压力将废物压成致密的块体。固定式压实器主要分为小型家用压实器和大型工业压缩机两类。前者安装在厨房下面，用于一些家庭生活垃圾的收集和压实。后者可将汽车压缩，每日可以压缩数千吨垃圾，一般安装在废物转运站、高层住宅垃圾滑道的底部以及其他需要压实废物的场合。

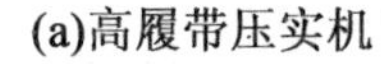

(a)高履带压实机

(b)钢轮式压实机

图 19.1　移动式压实器示意图

图 19.2 为固定式水平压实器结构示意图。水平压实器先将垃圾加入装料室，启动具有压面的水平压头，使垃圾致密化和定形化，然后将坯块推出。在推出过程中，坯块表面的杂乱废物受破碎杆作用而破碎，不致妨碍坯块移出。

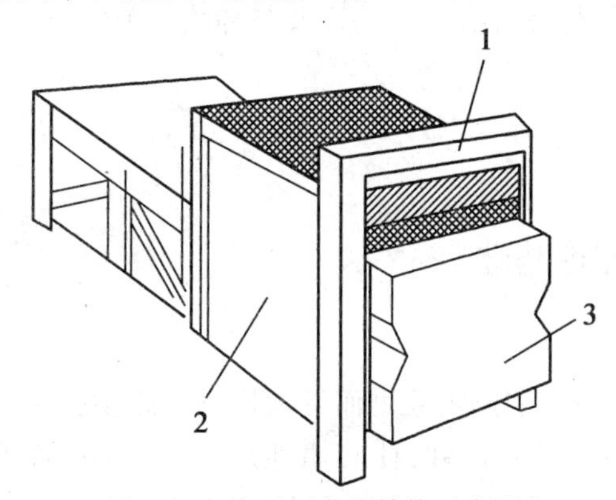

图 19.2　水平压实器结构示意图

1—破碎杆；2—装料室；3—压面

图 19.3、图 19.4 分别为固定式三向联合压实器、固定式回转式压实器结构示意图。三向联合压实器适合于压实松散金属废物的三向联合式压实器。它具有三个互相垂直的压头、金属等类废物被置于容器单元内，而后依次启动 1、2、3 三个压头，逐渐使固体废物的空间体积缩小，容重增大，最终达到一定的尺寸。压后尺寸一般为 200 ~ 1 000 mm。

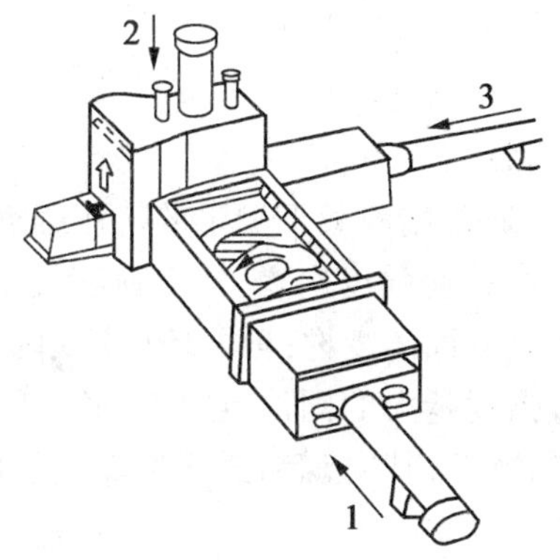

图 19.3　三向联合压实器结构示意图

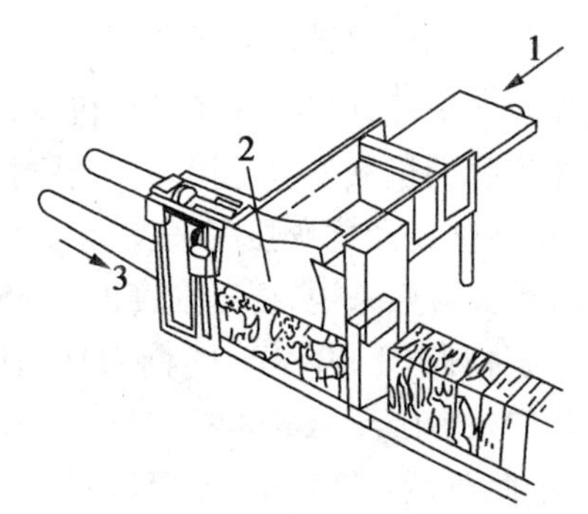

图 19.4　固定式回转式压实器结构示意图

回转式压实器具有一个平板形压头,铰链在容器的一端,借助液压灌驱动。废物装入容器单元后,先按水平式压头1的方向压缩,然后按箭头的运动方向驱动旋动式压头2,使废物致密化,最后按水平压头3的运动方向将废物压至一定尺寸排出。

19.1.3　固体废物压实工程设计要点

固体废物压实工程设计应考虑下列要点:

①被压实废物的物理特征,包括颗粒大小、成分、含水率与容重等。

②向压实器料斗中供料传输方式。

③对压实后废物的处理方法与利用途径。

④压实机械特征参数,包括装载室的大小、压头往返循环时间、机械的体积吞吐量、压力大小、压头贯入度(Penetration)、压实比与单元的外形尺寸等。

⑤压实机械的操作特性,包括能源用量、维修要求、操作的简易性、性能的可靠性、噪声水平、空气与水的污染控制等要求。

⑥操作地点选择,包括位置、高度、道路以及与环境有关的限制因素。

19.2　破　碎

19.2.1　破碎的理论基础

1. 破碎的概念

用外力克服固体废物质点间的内聚力而使大块固体废物分裂成小块的过程称为破碎。固体废物破碎过程是减少其颗粒尺寸,使其质地均匀,从而可降低空隙率,增大容重的过程。据有关研究表明,经破碎后的城市垃圾比未经破碎时其容重增加25%～50%,且易于压实,同时还带来其他好处,如减少臭味,防止鼠类繁殖,破坏蚊、蝇滋生条件,减少火灾发生机会等。这一处理技术对大规模城市垃圾的运输、物料回收、最终处置以及对提高城市垃圾管理水平,无疑具有特殊意义。

破碎可分为3个阶段:破碎(将大块废物破碎成小块的过程)、磨碎(使小块固体废物颗粒分裂成细粉的过程)和超细粉碎(使小块物质磨碎成超细粉的过程)。固体废物一般只进行破碎和磨碎。

2. 影响固体废物破碎的因素

固体废物破碎难易程度通常用机械强度或硬度来衡量。

固体废物的机械强度是指固体废物抗破碎的阻力。通常用静载下测定的抗压强度、抗拉强度、抗剪强度和抗弯强度来表示,其中抗压强度最大,抗剪强度次之,抗弯强度较小,抗拉强度最小。一般来说,抗压强度大于250 MPa的称为坚硬固体废物;40～250 MPa的称为中硬固体废物;小于40 MPa的称为软固体废物。机械强度越大的固体废物,破碎越困难。固体废物的机械强度与其颗粒粒度有关,粒度小的废物颗粒,其宏观和微观裂隙比粒度颗粒要小,因此机械强度较高,破碎较困难。

固体废物的硬度是指固体废物抵抗外力机械侵入的能力。在实际工程中,鉴于固体废物的硬度在一定程度上反映被破碎的难易程度,因而可以用废物的硬度表示其可碎性。矿物的硬度可按莫氏硬度分为十级,其硬度从小到大排列为:滑石、石膏、方解石、萤石、磷灰石、长石、石英、黄玉石、刚玉和金刚石。各种硬度物料的分类见表 19.1。各种固体废物的硬度可通过与这些已知硬度矿物相比较来确定。

表 19.1　各种硬度物料的分类

软质物料	中硬物料	坚硬物料	最坚硬物料
石棉矿	石灰石	铁矿物	花岗岩
石膏矿	白云石	金属矿石	刚玉
板石	沙岩	电石	碳化硅
软质石膏板	泥灰石	矿渣	硬质熟料
烟煤	岩盐	烧结产品	烧结镁砂
褐煤		韧性化工原料	
方土		砾石	

3. 破碎比、破碎段与破碎流程

不同的破碎机,它的处理能力是不同的。不同粒度的废物颗粒,需要破碎的程度也是不同的。实际破碎过程必须根据废物需破碎的程度和破碎机的处理能力来选择破碎机、破碎段与破碎流程。

(1)破碎比

在破碎过程中,原废物粒度与破碎后产物粒度的比值称为破碎比。破碎比表示废物粒度在破碎过程中减小的倍数,即表示废物被破碎的程度。破碎机的能量消耗和处理能力都与破碎比有关。

破碎比的计算方法主要有两种。在工程设计中常采用废物破碎前的最大粒度(D_{max})与破碎后的最大粒度(d_{max})的比值来确定破碎比(i),即

$$i = \frac{D_{max}}{d_{max}}$$

该方法确定的破碎比称为极限破碎比。根据最大直径来选择破碎机给料口宽度。

在科研及理论研究中常采用废物破碎前的平均粒度(D_{cp})与破碎后平均粒度(d_{cp})的比值来确定破碎比(i),即

$$i = \frac{D_{cp}}{d_{cp}}$$

该法确定的破碎比称为真实破碎比,能较真实地反映破碎程度。一般破碎机的平均破碎比为 3 ~30,磨碎机的破碎比可达 40 ~400。

(2)破碎段

固体废物每经过一次破碎机或磨碎机称为一个破碎段,若要求破碎比不大,一段破碎即可满足。但对固体废物的风选,如浮选、磁选、电选等工艺来说,由于要求的入选粒度 很细,破碎比很大,往往需要把几台破碎机依次串联,或根据需要把破碎机和磨碎机依次串联组成破碎和磨碎流程。

对固体废物进行多次(段)破碎,其总破碎比等于各段破碎比($i_1, i_2, \cdots, i_n$)的乘积。

破碎段数是决定破碎工艺流程的基本指标，它主要决定破碎废物的原始粒度和最终粒度。破碎段数越多，破碎流程就越复杂，工程投资相应增加，因此，在可能的条件下，应尽量采用一段或两段流程。

(3)破碎流程

根据固体废物的性质、粒度大小，要求的破碎比和破碎机的类型，每段破碎流程可以有不同的组合方式。

单纯的破碎流程具有流程和破碎机组合简单、操作控制方便、占地面积少等优点，但只适用于对破碎产品粒度要求不高的场合。

带有预先筛分的破碎流程，其特点是预先筛除废物中不需要破碎的细粒，相对地减少了进入破碎机的总给料量，同时有利于节能。

带有检查筛分的破碎流程，其特点是能够将破碎产物中一部分大于所要求的产品粒度分离出来，送回破碎机进行再破碎，因此，可获得全部符合粒度要求的产品。

破碎流程的选择根据废物破碎后产品的要求决定。图 19.5 是破碎的基本工艺流程。图 19.5(a)所示流程适合对产品粒度均匀性要求不高的破碎。图 19.5(b)所示流程在图 19.5(a)流程基础上设置了预先筛分，便于及时筛出粒度合格的产品，提高破碎机的处理能力或降低破碎能耗。图 19.5(c)所示流程在图 19.5(a)流程基础上设置了筛分检查，可获得粒度均匀的破碎产品。图 19.5(d)所示流程是图 19.5(b)和图 19.5(c)流程的结合，具有两者的共同优点。

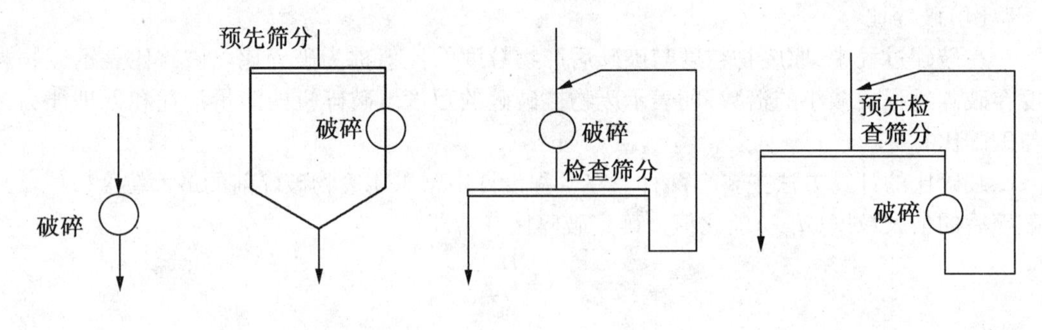

图 19.5　破碎的基本工艺流程

19.2.2　固体废物的破碎设备

破碎固体废物常用的破碎机类型有颚式破碎机、锤式破碎机、冲击式破碎机、辊式破碎机和球磨机等。

1. 颚式破碎机

颚式破碎机具有结构简单、坚固、维护方便、高度小、工作可靠等特点。在固体废物破碎处理中，主要用于破碎强度及韧性高、腐蚀性强的废物，例如，煤矸石作为沸腾炉燃料、制砖和水泥原料时的破碎等，既可用于粗碎，也可用于中、细碎。颚式破碎机主要分为简单摆动颚式破碎机(图 19.6)和复杂摆动颚式破碎机(图 19.7)两种。

在简单摆动颚式破碎机中，送入破碎腔中的固体废物，由于动颚被传动的偏心轴带动呈往复摆动而被挤压破碎。当动颚离开定颚时，破碎腔内下部物料已被破碎成小于排料口的物料，靠自身重力作用从排料口排出，位于破碎腔上部的尚未充分破碎的料块当即下落一定距离，在动颚板的继续压碎下被破碎。

复杂摆动颚式破碎机从构造上看，与简单摆动颚式破碎机的区别是少了一根动颚悬挂的心轴，没有垂直连杆，动颚与连杆合为一个部件，可见，复杂摆动颚式破碎机构造简单。但动颚的运动却较简单摆动颚式破碎机复杂，动颚在水平方向有摆动，同时在垂直方向也有运动，这是一种复杂运动。

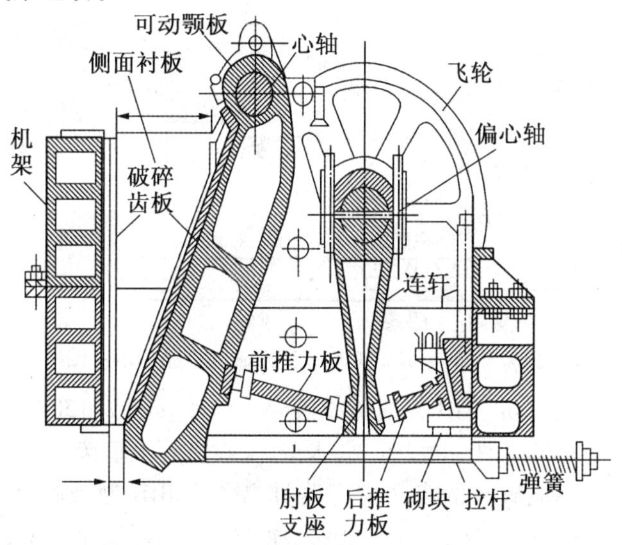

图 19.6　简单摆动颚式破碎机结构示意图

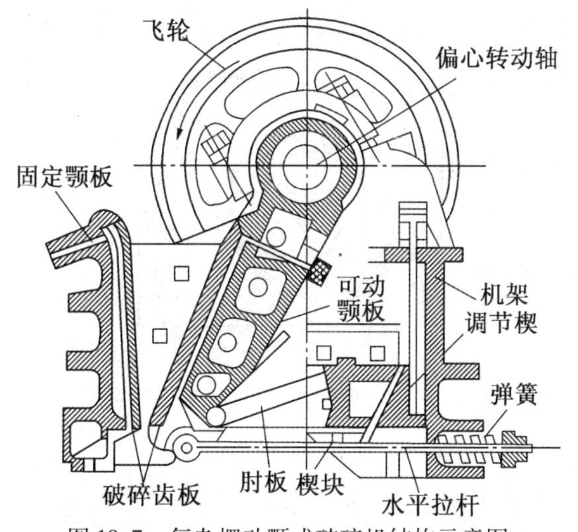

图 19.7　复杂摆动颚式破碎机结构示意图

2. 锤式破碎机

锤式破碎机按转子数目可分为两类：一类是单转子锤式破碎机（只有一个转子）；另一类是双转子破碎机（它有两个做相对回转的转子）。单转子锤式破碎机根据转子的旋转方向，又可分为可逆式（转子可两个方向转动）和不可逆式（转子只能一个方向转动）两种。

锤式破碎机主要用于破碎中等硬度且腐蚀性弱的固体废物，例如，煤矸石经一次破碎后小于25 mm的粒度达95%,可送至球磨机磨细制造水泥,还可破碎含水分及油质的有机物、纤维结构、弹性和韧性较强的木块、石棉水泥废料、回收石棉纤维和金属切屑等。

图19.8为Hammer Mills式锤式破碎机,它的机体由压缩机和锤碎机两部分组成。大型固体废物先经压缩机压缩,再给入锤式破碎机,转子由大小两种锤子组成,大锤子磨损后,改作小锤用,锤子铰接悬挂在绕中心旋转的转子上做高速旋转。转子下方半周安装有箅子筛板,筛板两端安装有固定反击板,起二次破碎和剪切作用。这种锤式破碎机用于破碎废汽车等粗大固体废物。

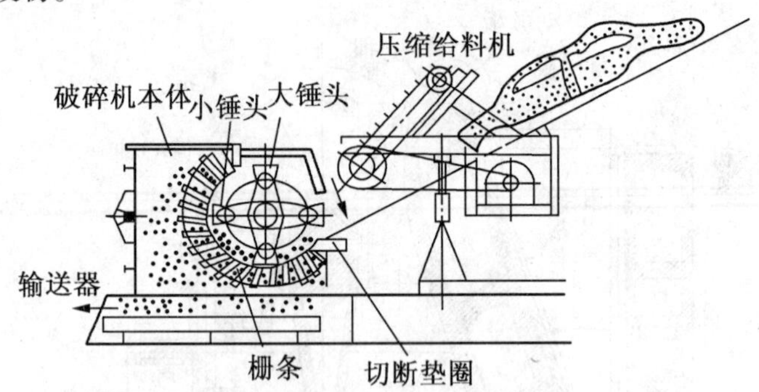

图19.8　Hammer Mills式锤式破碎机结构示意图

图19.9为BJD型破碎机,BJD普通锤式破碎机转子转速为150~450 r/min,处理量为7~55 t/h。它主要用于破碎家具、电视机、电冰箱、洗衣机等大型废物,破碎块可达到50 mm左右。该机设有旁路,不能破碎的废物由旁路排出。经BJD型破碎金属切屑破碎机破碎后,可使金属切屑的松散体积减小30%~80%,便于运输。锤子呈钩形,对金属切屑施加剪切拉撕等作用。

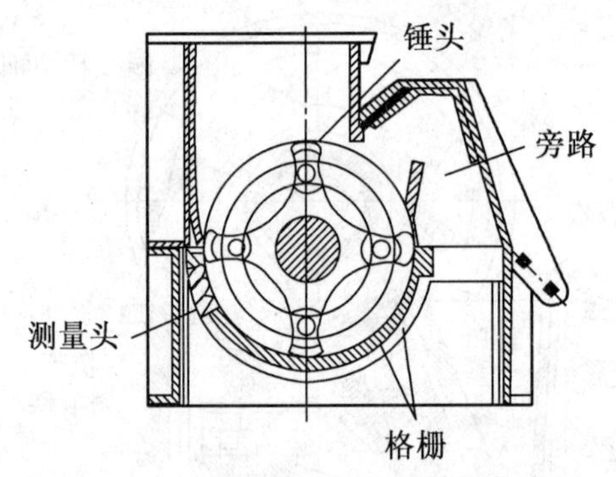

图19.9　BJD型锤式破碎机结构示意图

3. 冲击式破碎机

冲击式破碎机具有破碎比大、适应性强、构造简单、外形尺寸小、操作方便、易于维护等特点,适用于破碎中等硬度、软质、脆性、韧性以及纤维状等多种固体废物。我国在水泥、火力、发电、玻璃、化工、建材、冶金等工业部门广泛应用。

图19.10为Universa型冲击式破碎机结构示意图。当要求的破碎产品粒度为40 mm时,仅用冲击板即可,研磨板和筛条可以拆除。粒度为20 mm时需装上研磨板。当粒度较小或破碎较轻的软物料时,冲击板、研磨板和筛条都需要装上。由于研磨板和筛条可以装上或拆下,因而对固体废物的破碎适应性较强。

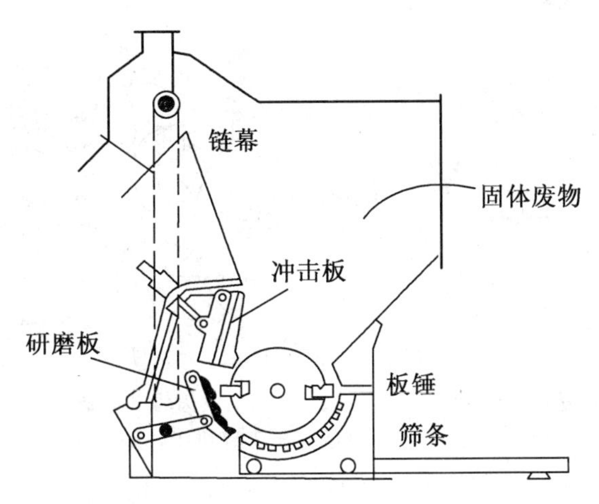

图19.10 Universa型冲击式破碎机结构示意图

图19.11为Hazemag型冲击式破碎机结构示意图。转子上安装有两个坚硬的板锤。机体内表面装有特殊钢板衬板,用以保护机体不受损坏。它有两块反击板,形成两个破碎腔。对于固体废物可通过月牙形齿状打击刀和冲击板间隙进行挤压和剪切。这种破碎机主要用于破碎家具、电视机、杂物等生活废物。

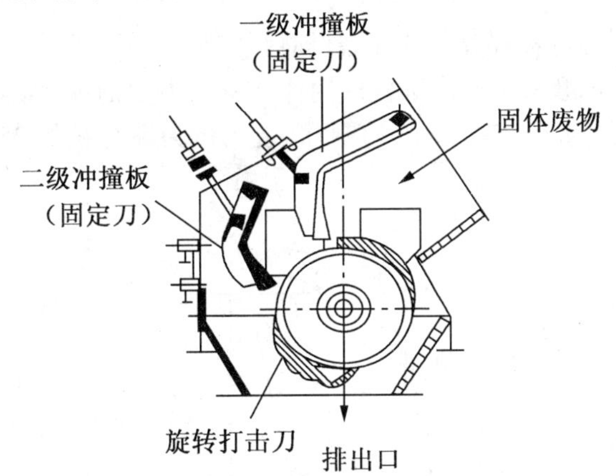

图19.11 Hazemag型冲击式破碎机结构示意图

4. 辊式破碎机

辊式破碎机主要靠剪切和挤压作用破碎废物。根据辊子的特点,可分为光辊破碎机和齿辊破碎机两种。光辊破碎机的辊子表面光滑,具有挤压破碎和研磨作用,用于硬度较大的固体废物的中碎和细碎。

齿辊破碎机辊子表面带有齿牙,主要破碎形式是劈碎,用于破碎脆性和含泥黏性废物。齿辊破碎机按齿辊数目又可分为单齿辊和双齿辊破碎机两种,如图19.12所示。

双齿辊破碎机有两个相对运动的齿辊。当两齿辊相对运动时,辊面上的齿牙将废物咬住并加以劈碎,破碎后产品随齿辊转动由下部排出。破碎产品粒度由两齿辊的间隙大小决定。单齿辊破碎机有一旋转的齿辊和一固定的弧形破碎板。破碎板和齿辊之间形成上宽下窄的破碎腔。大块废物在破碎腔上部被长齿劈碎,随后继续落在破碎腔下部进一步被齿辊轧碎,合格破碎产品从下部缝隙排出。

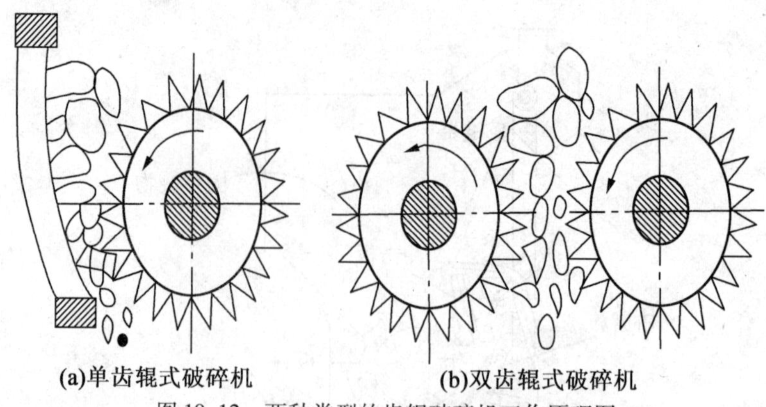

图 19.12　两种类型的齿辊破碎机工作原理图

辊式破碎机的特点是:能耗低、产品过度粉碎程度小,构造简单,工作可靠等。它广泛用于处理脆性物料和含泥黏性物料,作为中、细碎之用,但运行时间长,设备较庞大。

5. 球磨机

磨碎在固体废物处理与利用中占有重要地位,尤其对于矿业废物和工业废物。例如,在煤矸石生产水泥、砖瓦、矸石棉、化肥等过程;在硫铁矿烧渣炼铁制造球团,回收有色金属、制造铁粉和化工原料、生产铸石等;电石渣生产水泥、砖瓦、回收化工原料等;钢渣生产水泥、砖瓦、化肥、溶剂等过程都离不开球磨机对固体废物的磨碎。

如图 19.13 所示,球磨机主要由圆柱形筒体、端盖、中空轴颈、轴承和传动大齿圈等部件组成。筒体内装有直径为 25 ~ 150 mm 的钢球,装入量为筒容积的 25% ~ 50%。筒体内壁敷设有衬板。

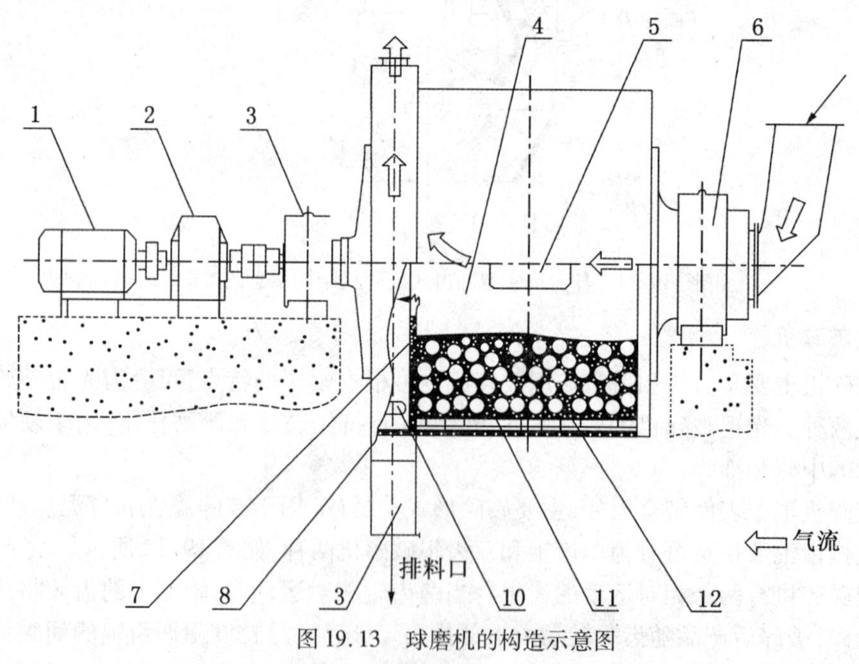

图 19.13　球磨机的构造示意图

1—进料口;2—电机;3—脱轴器;4—筒体;5—中空轴颈;6—传动大齿圈;
7—衬板;8—机座;9—出料口;10—检修机;11—磨球;12—铜球

当筒体回转时,在摩擦力、离心力和突起于筒壁的衬板共同作用下,钢球和废物被衬板提起，当提升到一定高度后，在钢球和废物自身重力作用下，介质自由降落和抛落，从而对筒内物料产生冲击、研磨，当物料粒径达到粉磨要求后排出。

19.2.3　固体废物破碎工程设计要点

固体废物破碎工程设计应考虑下列要点：

①待破碎物的性质及其破碎后的性质。

②废物的物理成分、外形尺寸与破碎后的粒度。

③破碎机进料方式与容重。为避免挂料与清理要求，破碎机外壳要有足够的容量。

④操作类型（连续或间歇）。

⑤操作特征，包括能源需要，维修、操作的简易性，性能的可靠性，噪声、空气与水源的污染控制，防止危险物进入破碎机的措施等。

⑥地点选择，包括空间、高度、通路、噪声与环境等限制因素。

⑦破碎后物料的储存，以及与下一操作环节的衔接关系。

19.3　分　选

固体废物的风选是固体废物中各种可回收利用的废物或不符合后续处理工艺要求的废物组分采用适当技术分离出来的过程。常采用机械风选方法，且风选前一般需要经破碎处理。常见的机械风选方法包括筛选、风选、浮选、光选、磁选、静电风选、摩擦与弹跳风选等。

19.3.1　筛选

1. 筛选原理

筛选是指利用一个或一个以上的筛面，将不同粒径颗粒的混合废物分成两组或两组以上颗粒组的过程。该过程由物料分层和细粒透筛两个阶段组成。粒度小于筛孔尺寸 3/4 的颗粒，很容易通过粗粒形成的间隙到达筛面而透筛，这类颗粒称为易筛粒；粒度大于筛孔 3/4 的颗粒，则很难通过粗粒形成的间隙达到筛面而透筛，而且粒度越接近筛孔尺寸的颗粒就越难透筛，这类颗粒称为难筛粒。

理论上，凡固体废物中粒度小于筛孔尺寸的细粒都应该透过筛孔成为筛下产品，而大于筛孔尺寸的粗粒应全部留在筛上成为筛上产品排出。实际上，筛分过程受很多因素的影响，总会有一些小于筛孔的细粒留在筛上随粗粒一起排出成为筛上产品。筛上产品中未透过筛孔的细粒越多，说明筛选效果越差。通常用筛分效率来描述筛分效果的优劣。

筛分效率是指筛选时，实际得到的筛下产物的质量与原料中所含粒度小于筛孔尺寸的物料的质量比，用百分数表示，即

$$H=\frac{Q_1}{aQ}\times 100\% \tag{19.1}$$

式中，Q_1 为筛下产物质量，kg；Q 为入筛固体废物质量，kg；α 为入筛固体废物中小于筛孔尺寸的细粒含量，%。但实际要测定 Q、Q_1 比较困难。设

$$Q=Q_1+Q_2 \tag{19.2}$$

$$\alpha Q = \beta Q_1 + \theta Q_2 \tag{19.3}$$

式中,Q_2 为筛上产物质量,kg;θ、β 为筛上、筛下产品中小于筛孔尺寸的细粒含量,%。

将式(19.2)代入式(19.3),得

$$Q_1 = \frac{(\alpha - \theta)}{(\beta - \theta)} Q$$

将 Q_1 代入式(19.1),得

$$H = \frac{(\alpha - \theta)}{\alpha(100\% - \theta)} \times 100\%$$

实际生产中由于筛网磨损而常有部分大于筛孔尺寸的粗粒进入筛下产品,此时,筛下产品不是100% Q_1,而是β Q_1,筛分效率的计算公式为

$$H = \frac{\beta(\alpha - \theta)}{\alpha(\beta - \theta)} \times 100\%$$

影响筛分效率的因素主要有:

①粒度组成。易筛粒含量越高,筛分效率越高。

②含水率和含泥量。含水量小于5%且含泥质较少时,影响不大,属干式筛分;含水量达5%~8%,且颗粒粒度较细又含泥质时,颗粒间以及颗粒与网丝间产生较大凝聚力,堵塞筛孔,使筛分无法继续进行;含水量达10%~14%时,颗粒形成泥浆,凝聚力下降,颗粒团聚体散成单体颗粒,筛分效率提高,属湿式筛分。

③颗粒形状。球形最易,片状或条状颗粒很难通过圆形或方形筛孔的筛子,但易通过长方形筛孔的筛子。

2. 筛分设备

适用于固体废物筛选的设备很多,但用得较多的主要有固定筛、滚筒筛和振动筛。

(1)固定筛

固定筛指筛分物料时,筛面固定不动的筛分设备,如图19.14所示。筛面由许多平行排列的筛条组成,可以水平或倾斜安装。棒条筛由平行排列的棒条组成,筛孔尺寸为筛下粒度的1.1~1.2倍(一般不小于50 mm),棒条宽度应大于固体废物中最大块块度的2.5倍。棒条筛适于筛分粒度大于50 mm的粗粒废物,主要用在初碎和中碎之前,安装倾角一般为30°~35°。格筛由纵横排列的格条组成,一般安装在粗碎机之前,以保证入料块度适宜。

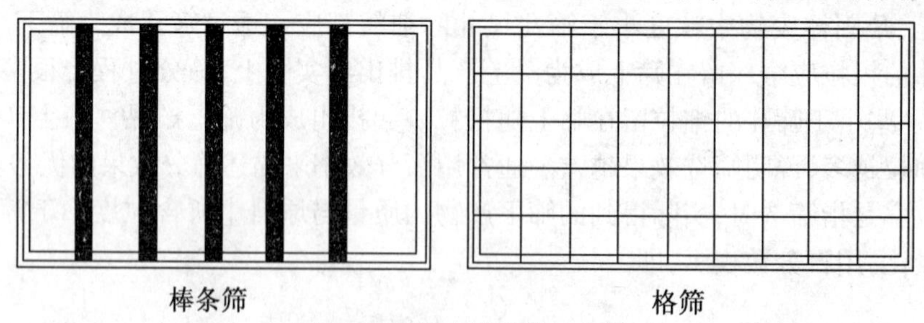

图19.14　固定筛结构示意图

(2)滚筒筛

滚筒筛也称为转筒筛,筛面为带孔的圆柱形筒体或截头的圆锥体,如图19.15所示。筛网一般为冲击板,安装倾角为3°~5°。

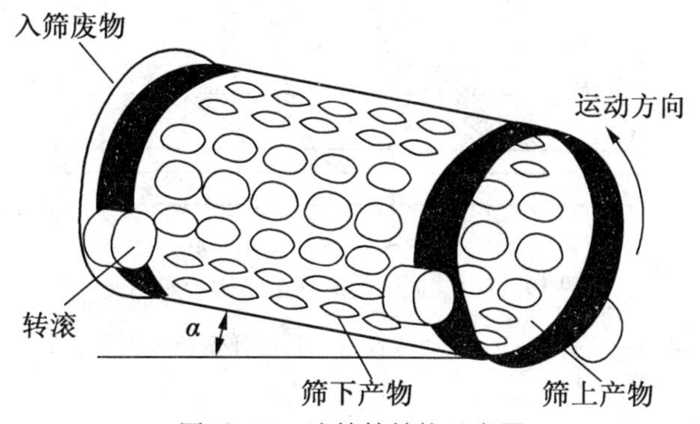

图 19.15　滚筒筛结构示意图

物料在滚筒筛中的运动有 3 种状态：

①沉落状态：颗粒被圆周运动带起，滚落到向上运动的颗粒层表面。

②抛落状态：筛筒转速足够高时，颗粒沿筒壁上升，沿抛物线轨迹落回筛底。

③离心状态：转速进一步提高，颗粒附着在筒壁上不再落下，此转速称为临界转速。

物料处于抛落状态时效果最佳，一般来说，物料在筒内滞留 25 ~ 30 s，转速 5 ~ 6 r/min 时筛分效率最佳。

(3) 振动筛

振动筛的振动方向与筛面垂直或近似垂直，振动次数为 600 ~ 3 600 r/min，振幅为 0.5 ~ 1.5 mm。物料在筛面上发生离析现象，密度大而粒度小的颗粒穿过密度小而粒度大的颗粒间隙，进入下层到达筛面，大大有利于筛分的进行。安装倾角一般控制在 8° ~ 40°。

振动筛主要有惯性振动筛和共振筛两种。

惯性振动筛是通过由不平衡的旋转所产生的离心惯性力使筛箱产生振动的一种筛子，如图 19.16 所示。由于筛面做强烈的振动，消除了堵塞筛孔的现象，有利于湿物料的筛分。它适用于 0.1 ~ 0.15 mm 的粗中细粒废物的筛分，还可用作脱水振动和脱泥筛分。

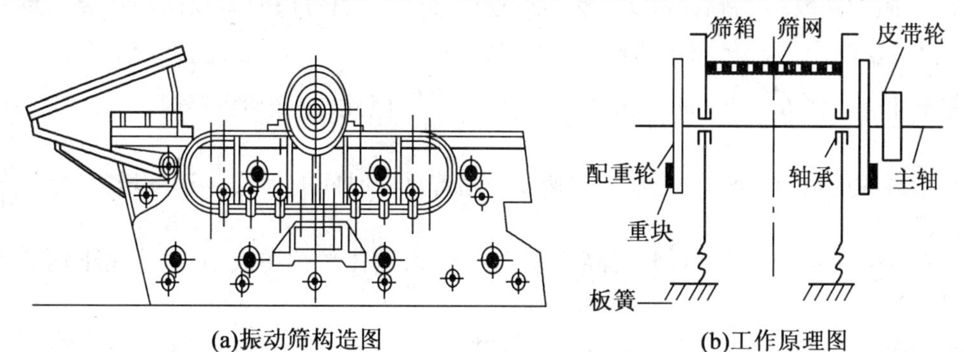

图 19.16　惯性振动筛的构造及工作原理

共振筛是利用连杆上装有弹簧的曲柄连杆机构驱动，使筛子在共振状态下进行筛分的一种筛子，如图 19.17 所示。其处理能力大，筛分效率高、耗电少以及结构紧凑，但是存在工艺复杂、机体重大、橡胶弹簧易老化等缺点。

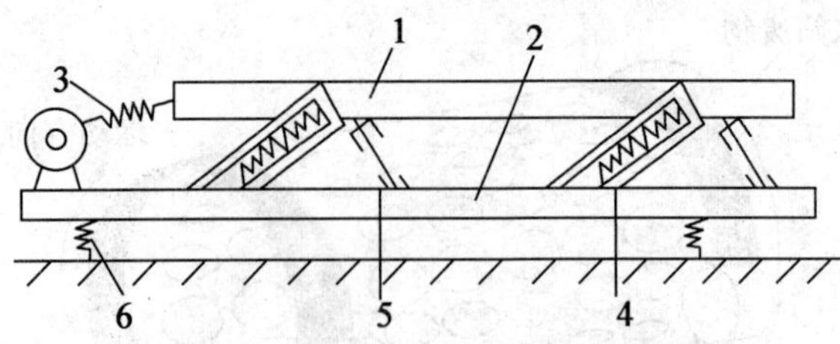

图 19.17　共振筛的原理与结构示意图

1—上筛箱;2—下体箱;3—传动装置;4—共振弹簧;5—板簧;6—支承弹簧

19.3.2　风选

风选又称气流风选,是最常用的一种按固体废物密度分离固体废物中不同组分的重选方法。

1. 风选原理

风选,以空气为风选介质,气流将轻物料向上带走或水平带向较远的地方,重物料沉降或抛出较近距离,通常称为竖向气流风选和水平气流风选。实质上包含两个过程:分离出具有低密度、空气阻力大的轻质部分(提取物)和具有高密度、空气阻力小的重质部分(排出物);再进一步将轻颗粒从气流中分离出来,常采用旋流器(除尘)。

任何颗粒,一旦与介质相对运动,就会受到介质阻力的作用。在空气介质中,任何固体颗粒的密度均大于空气密度。因此,任何固体废物颗粒在静止空气中都做向下的沉降运动,受到的空气阻力与它的运动方向相反。

空气阻力:
$$R=\varphi d^2 v^2 \rho$$

有效重力:
$$G_0=\frac{\pi}{6}d^3(\rho_s-\rho)g\approx\frac{\pi}{6}d^3\rho_s g$$

式中,φ 为阻力系数;d 为颗粒密度;v 为沉降速度;ρ 为空气密度;ρ_s 为颗粒密度;g 为重力加速度。

根据牛顿定律 $G_0-R=m\frac{\mathrm{d}v}{\mathrm{d}t}$,则有$\frac{\mathrm{d}v}{\mathrm{d}t}=g-\frac{6\varphi v^2\rho}{\pi \mathrm{d}\rho_s}$,因此,刚开始沉降时,$v=0$,此时$\frac{\mathrm{d}v}{\mathrm{d}t}=g$,为球形颗粒的初加速度,也是最大加速度。随着沉降时间的延长,v 逐渐增大,导致$\frac{\mathrm{d}v}{\mathrm{d}t}=g-\frac{6\varphi v^2\rho}{\pi \mathrm{d}\rho_s}$逐渐减少。当$\frac{\mathrm{d}v}{\mathrm{d}t}=0$ 时,沉降速度达到最大,固体颗粒在 G_0、R 的作用下达到动态平衡而做等速沉降运动。设最大沉降速度为 v_0,称为沉降末速,则有 $v_0=\sqrt{\frac{\pi \mathrm{d}\rho_s g}{6\varphi\rho}}=f(d,\rho_s)$。

可见,当颗粒粒度一定时,密度大的颗粒 v_0 大,可分离不同密度颗粒;当颗粒密度相同时,直径大的颗粒 v_0 大,可分离不同粒度的颗粒,也即风力分级。

由于颗粒的沉降速度同时与颗粒的密度、粒度及形状有关,因而在同一介质中,密度、粒度和形状不同的颗粒在特定的条件下,可以具有相同的沉降速度。这样的相应颗粒称为等降颗粒,其中密度小的颗粒粒度(d_1)与密度大的颗粒粒度(d_2)之比,称为等降比,以 e_0 表示,即 $e_0 = \frac{d_1}{d_2} > 1$。

若两颗粒等降,则 $v_{01} = v_{02}$,有

$$\sqrt{\frac{\pi d_1 \rho_{s1} g}{6\varphi_1 \rho}} = \sqrt{\frac{\pi d_2 \rho_{s2} g}{6\varphi_2 \rho}}$$

因此有

$$e_0 = \frac{d_1}{d_2} = \frac{\varphi_1 \rho_{s2}}{\varphi_2 \rho_{s1}}$$

可见,e_0 将随两种颗粒的密度差($\rho_{s2} - \rho_{s1}$)的增大而增大,e_0 还是阻力系数 φ 的函数。理论实践表明:e_0 将随颗粒粒度变细而减小。因此为了提高风选效率在风选前要对废物进行分级,或经破碎使粒度均匀后,使其按密度差异进行风选。

图 19.18 所示为增加了上升气流时,球形颗粒在上升气流中的受力分析。此时,固体颗粒实际沉降速度为 $v = v_0 - u_a$。

当 $v_0 > u_a$ 时,$v > 0$,颗粒向下做沉降运动;

当 $v_0 = u_a$ 时,$v = 0$,颗粒做悬浮运动;

当 $v_0 < u_a$ 时,$v < 0$,颗粒向上做漂浮运动。

因此,可通过控制上升气流速度,控制固体废物种不同密度颗粒的运动状态,使有的颗粒上浮,有的下沉,从而将这些不同密度的固体颗粒加以分离。

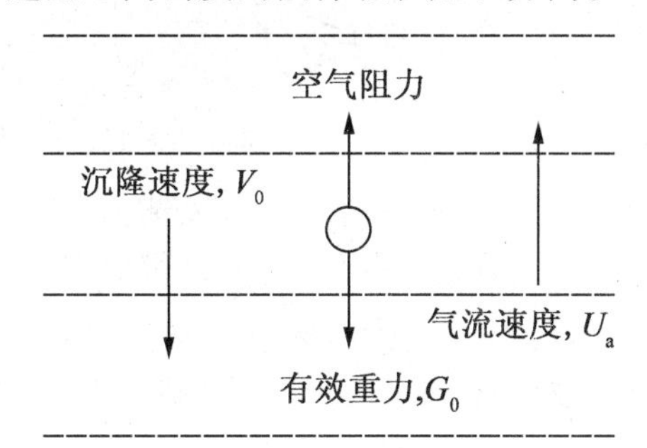

图 19.18　球形颗粒在上升气流中的受力分析图

2. 风选设备

按气流吹入风选设备内的方向不同,风选设备可分为水平气流风选机(又称卧式风力风选机)和上升气流风选机(又称立式风力风选机)两种类型。

图 19.19 为卧式风力风选机结构和工作原理示意图。该机从侧面水平送风,固体废物经破碎机破碎和滚筒筛筛分使其粒度均匀后,定量给入机内,当废物在机内下落时,被鼓风机鼓入的水平气流吹散,固体废物中各种组分沿着不同运动轨迹分别落入重质组分、中重质组分和轻质组分收集槽中。当风选城市生活垃圾时,水平气流风选机的最佳风速为 20 m/s。

图 19.20 为立式风力风选机结构和工作原理示意图。经破碎后的城市生活垃圾从中部给入风力风选机,物料在上升气流作用下,垃圾中各组分按密度进行分离,重质组分从底部排出,轻质组分从顶部排出,经旋风分离器进行气固分离。

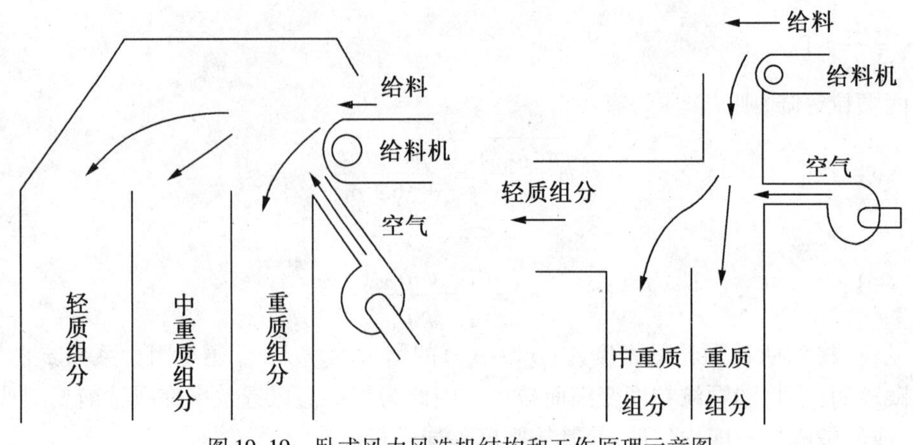

图 19.19　卧式风力风选机结构和工作原理示意图

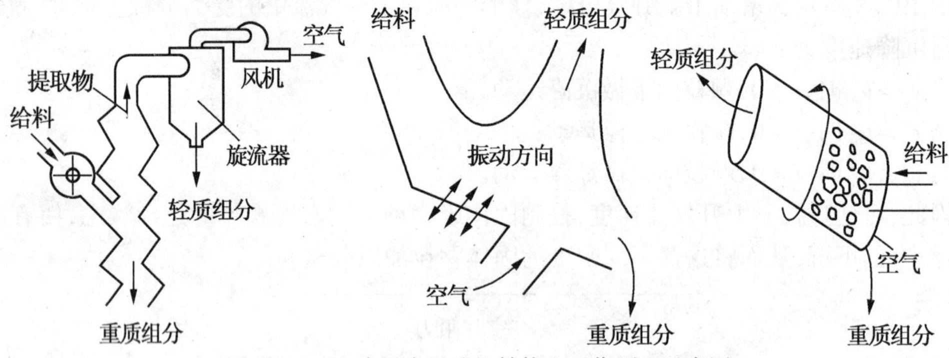

图 19.20　立式风力风选机结构和工作原理示意图

与水平气流风选机比较，立式曲折形气流风选机风选精度较高。由于沿曲折管路管壁下落的废物受到来自下方的高速上升气流的顶吹，可以避免直管路中管壁附近与管中心流速不同而降低风选精度的缺点，同时可以使结块垃圾因受到曲折处高速气流而被吹散，因此，能够提高风选精度。曲折风路形状为 Z 字形，其倾斜度为 60°，每段长度为 280 mm。

19.3.3　浮选

浮选是在水介质中进行的。物质是否可浮或其可浮性的好坏主要取决于这种物质被水润湿的程度，即这种物质的润湿性。易被水润湿的物质，称为亲水性物质；不易被水润湿的物质，称为疏水性物质。浮选就是根据不同物质被水润湿程度的差异而对其进行分离的。

1. 浮选原理

浮选是通过在固体废物与水调制成的料浆中加入浮选剂扩大不同组分的可浮性差异，再通入空气形成无数细小气泡，使目的颗粒黏附在气泡上，并随气泡上浮于料浆表面成为泡沫层刮出，成为泡沫产品；不浮的颗粒则留在料浆内，通过适当处理后废弃。

根据在浮选过程中的作用，浮选药剂分为捕收剂、起泡剂和调整剂 3 类。在浮选工艺中正确选择、使用浮选药剂是调整物质可浮性的主要外因条件。

(1) 捕收剂

捕收剂的主要作用是使目的颗粒表面疏水，增加可浮性，使其易于向气泡附着。常用的捕收剂主要有异极性捕收剂和非极性油类捕收剂两类。

异极性捕收剂由极性基(亲固)和非极性基(疏水)组成。常用的有黄药(烃基二硫代碳酸盐,ROCSSMe,R 为烃基,Me 为碱金属离子)、油酸(十八烯酸,通式为 $C_{17}H_{33}COOH$,不易溶,需加溶剂乳化或制成油酸钠使用)。

黄药捕收含铜废物:$Cu^{2+} + 2ROCSS^{-} \longrightarrow Cu(ROCSS)_2$

油酸捕收萤石废物:$Ca^{2+} + 2C_{17}H_{33}COO^{-} \longrightarrow Ca(OOH_{33}C_{17})_2$

极性油类捕收剂因难溶于水,不能解离成离子而得名,其主要成分为脂肪烃(C_nH_{2n+2})、脂环烃(C_nH_{2n})和芳香烃 3 类,常用的有煤油、柴油、燃料油、变压器油等。目前,主要用于一些天然可浮性很好的非极性废物颗粒回收,如粉煤灰中未燃尽碳的回收、废石墨的回收等。

(2)起泡剂

起泡剂的主要作用是表面活性物质,促进泡沫形成,增加风选界面。其结构特征为:

①它是一种异极性的有机物质,极性基亲水,非极性基亲气,使起泡剂分子在空气和水的界面上产生定向排列。

②大部分起泡剂是表面活性物质,能够强烈地降低水的表面张力。

③起泡剂应有适当的溶解度。

常用的起泡剂有松醇油、脂肪醇等。起泡剂分子的极性端朝外,对水偶极有引力作用,使水膜稳定而不易流失。有些离子型表面活性起泡剂,带有电荷,于是各个气泡因为同种电荷而相互排斥阻止兼并,增加了气泡的稳定性。

(3)调整剂

调整剂主要用于调整捕收剂的作用及介质条件。常用的调整剂种类主要包括:

①活化剂:促进目的颗粒与捕收剂作用,常用的多为无机盐(硫酸钠、硫酸铜等)。

②抑制剂:抑制非目的颗粒的可浮性,常用的有各种无机盐(水玻璃)和有机盐(单宁、淀粉)。

③pH 值调整剂:调整介质的 pH 值,常用的是酸类和碱类。

④分散剂:促使料浆中非目的细粒成分散状态,常用的有无机盐类(苏打水、水玻璃)和高分子化合物(各类聚磷酸盐)。

⑤混凝剂:促使料浆中目的颗粒联合成较大团粒常用的有石灰、明矾、聚丙烯酰胺等。

2. 浮选设备

浮选机的种类很多,按充气和搅拌方式的不同,目前生产中使用的浮选机主要有机械搅拌式浮选机、充气搅拌式浮选机、充气式浮选机和气体析出式浮选机 4 类,其中机械搅拌式浮选机的使用最广泛。图 19.21 为机械搅拌式浮选机的结构示意图。

机械搅拌式浮选机一般由两个槽组成,即吸入槽和直流槽。浆料由进浆管进入,给到盖板与叶轮中心处,由于叶轮的高速旋转,在盖板与叶轮中心处造成一定的负压,空气由进气管和套管吸入,与料浆缓和后一起被叶轮甩出。在强烈的搅拌下气流被分割成无数微细气泡。预选物质颗粒与气泡碰撞黏附在气泡上而浮升至料浆表面形成泡沫层,经刮泡机刮出形成泡沫产品,再经消泡脱水后即可回收。

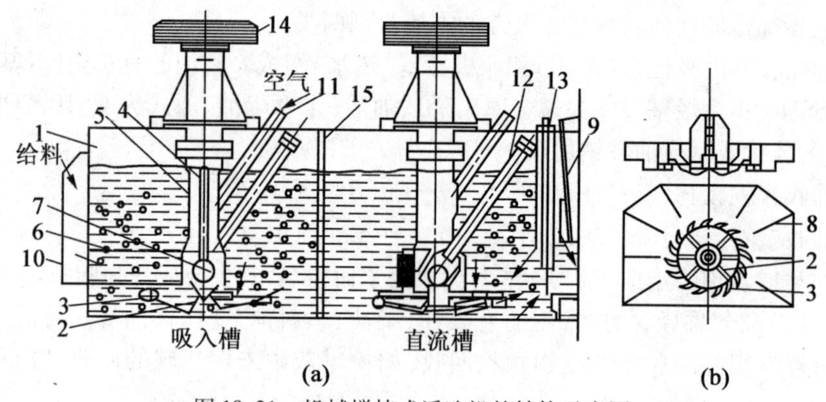

图 19.21 机械搅拌式浮选机的结构示意图

1—槽子;2—叶轮;3—盖板;4—轴;5—套管;6—进浆管;7—循环孔;8—稳流板;9—闸门;10—受浆箱;11—进气管;12—调节循环量的闸门;13—闸门;14—皮带轮;15—槽间隔板

3. 浮选工艺

浮选工艺过程主要包括调浆、调药、调泡 3 个程序。调浆主要是废物的破碎、磨碎等,目的是得到粒度适宜,基本上单体解离的颗粒,进入浮选的料浆浓度必须适合浮选工艺的要求。还要考虑充气量、浮选药剂的消耗、处理能力及浮选时间等因素。

调药为浮选过程药剂的调整。药剂的种类、数量、添加地点和方式,应根据预选物质颗粒的性质,通过实验确定。一般浮选前添加药剂总量的 6% ~7%,其余的分批在适当地点加入。

调泡为浮选气泡的调节。主要包括两种方法:

①正浮选:将有用物质浮选入泡沫产品中,无用或回收价值不大的物质留在料浆中。

②反浮选:将无用物质浮选入泡沫产物中,有用物质留在料浆中。

当料浆中含有两种以上有用物质时,有两种浮选法:

①优先浮选:将有用物质依次浮选。

②混合浮选:有用物质共同浮选,然后再把有用物质一一分离。

19.3.4 磁选

磁选是利用固体废物中各种物质的磁性差异在不均匀磁场中进行风选的一种处理方法。

1. 磁选原理

固体废物颗粒通过磁选机的磁场时,同时受到磁力和机械力(包括重力、离心力、介质阻力、摩擦力等)的作用。磁性强的颗粒所受的磁力大于其所受的机械力,而磁性弱的或非磁性颗粒所受的磁力很小,其机械力大于磁力。因此,磁选分离的必要条件是:磁性颗粒所受的磁力 f_1 必须大于它所受的机械力 f_2,而非磁性颗粒或磁性较小的磁性颗粒所受的磁力 f_3 必须小于它所受的机械力 f_2,即满足以下条件:

$$f_1 > f_2 > f_3$$

可见,磁选分离的关键是确定适合的 f_1,而

$$f_1 = m x_0 H \text{grad H}$$

式中，m 为废物颗粒的质量，g；x_0 为废物颗粒的比磁化系数，cm^3/g；H 为磁选机的磁场强度，Oe；**grad** H 为磁选机的磁场梯度，Oe/cm。

mx_0 反映废物颗粒本身的性质。根据 x_0 的大小，废物可分成 3 类：

①强磁性物质，$x_0 > 38 \times 10^{-6}\ cm^3/g$。

②弱磁性物质，$x_0 = (0.19 \sim 7.5) \times 10^{-6}\ cm^3/g$。

③非磁性物质，$x_0 < 0.19 \times 10^{-6}\ cm^3/g$。

此外，m 大的颗粒，其磁性也大。

2. 磁选设备

磁选是在磁选设备中进行的。磁选设备种类很多，固体废物磁选时常用的磁选设备主要有以下几种类型。

(1)悬吸型磁选机

悬吸型磁选机主要用于去除城市垃圾中的铁磁物质，保护破碎设备及其他设备免受损坏。它有两种类型，即一般式除铁器和带式除铁器，如图 19.22 所示。

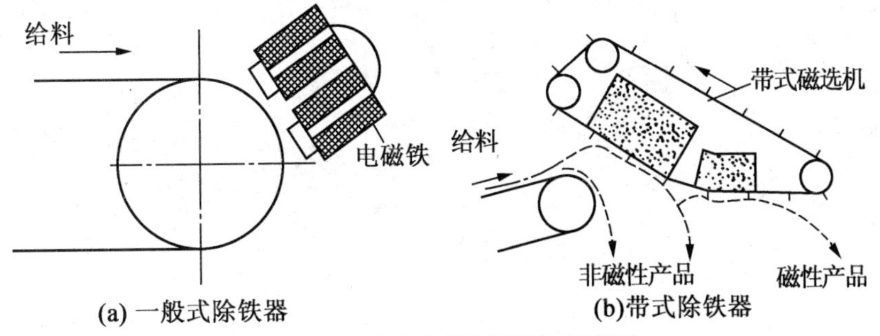

图 19.22　悬吸型磁选机结构示意图

当铁磁物质数量少时采用一般式除铁器，当铁磁物质数量多时采用带式除铁器。这类磁选机的给料是通过传送带将废物颗粒输送穿过有较大梯度的磁场，其中铁器等黑色金属被磁选器悬吸引，而弱磁性产品不被吸引。一般式除铁器为间断式工作，通过切断电磁机的电流排除铁磁物质。而带式除铁器为连续工作式，磁性材料产品被悬吸至弱磁场处收集，非磁性产品则直接由传送带端部落入集料斗。

(2)湿式永磁圆筒式磁选机

湿式永磁圆筒式磁选机分为顺流型和逆流型两种形式，常用的为逆流型。顺流型磁选机的给料方向和圆筒的旋转方向或磁性产品的移动方向一致。逆流型则正好相反，主要适用于粒度小于 0.6 mm 的强磁性颗粒的回收及从钢铁冶炼排出的含铁尘泥和氧化铁皮中回收铁。图 19.23 为湿式逆流型永磁圆筒式磁选机的结构示意图。

料浆由给料箱直接进入圆筒的磁系下方，非磁性物质和磁性很弱的物质由磁系左边下方的底板上排料口排出。磁性物质则随圆筒逆着给料方向移到磁性物质排出端，排入磁性物质收集槽中。这种磁选机主要适用于粒度小于 0.6 mm 的强磁性颗粒的回收及从钢铁冶炼排出的含铁尘泥和氧化铁皮中回收铁，以及回收重介质风选产品中的加重质。

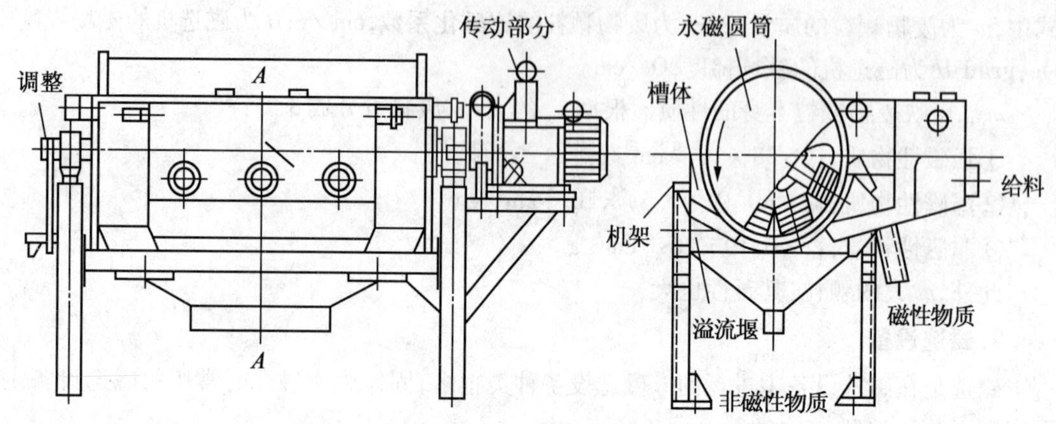

图 19.23　湿式逆流型永磁圆筒式磁选机的结构示意图

第20章　固体废物资源化处理技术

固体废物资源化可分为前期过程和后期过程。前期过程也称分离回收,主要包括废旧物资的收集、运输、风选、破碎等技术,这一过程不改变物质的性能。它可分为保持废物收集时原形的系统(即重复利用系统)及改变原形但不改变物理性质的有用物质回收系统(即物理性原料化再利用系统)。前者如回收空瓶、空罐、家用电器中的有用零件,通常采用手选、清洗并对回收废物料进行简易修补或净化操作后再利用;后者如回收的金属、玻璃、纸张、塑料等造材,多采用破碎、分离、水洗后根据各材质的物理性质用机械、物理的方法风选收集回收,经过破碎、风力、浮选、溶解、风选等技术处理,它们可作再生资源作简单再循环。这一过程处理成本较低,但所用物料再循环利用时性能下降、品质变差,如废塑料简单再生造粒后的制品质量不如全新制品;后期处理过程是在前期处理的基础上用化学的、生物学的方法,如热分解、催化裂解、焚烧、腐蚀、残渣利用等技术,改变废物的物理性质而进行回收利用。这一过程又可分为以回收物质为目的的处理系统(使处理产物化、产品化,从中获取高附加值产品)和以回收能源为目的的处理系统。在很多情况下两者并不能严格区分,在废塑料热分解产物中,有的可用作化工原料,有的则作为燃油使用。在回收能源处理系统中,又进一步分为可储存可迁移型能源及燃料的回收系统和不可储存、随产随用型能源的回收系统。前者包括将废物中有机物进行热分解来制造可燃气体、燃料油,或靠破碎及分离去除不可燃物的粉煤制造技术;后者则将废物中可燃物燃烧发热产生蒸汽、热水供直接使用或发电。后期处理过程比前期过程复杂、技术含量高、工艺相对复杂,因而成本较高。但从环境科学基本原理着眼,它是使物质重新循环并避免二次污染的重要途径,代表了今后固体废物处理的方向。

20.1　热化学处理

20.1.1　焚烧处理

固体废物焚烧处理就是将固体废物进行高温分解和深度氧化的处理过程。在燃烧过程中,具有强烈的放热效应,由基态和激发态自由基生成,并伴随光和辐射。

1. 焚烧原理

(1)燃烧与焚烧

通常把具有强烈放热效应、有基态和电子激发态的自由基出现、并伴有光和辐射的化学反应现象称为燃烧。生活垃圾和危险废物的燃烧称为焚烧。焚烧包括蒸发、挥发、分解、烧结、熔融和氧化还原等一系列复杂的物理变化和化学反应,以及相应的传质和传热的综合过程。常见的燃烧方式有自然燃烧、热燃烧和强迫点燃燃烧3种。图20.1所示为固体废物的燃烧过程示意图。

(2)焚烧原理

通常可将焚烧分为干燥、热分解、燃烧3个阶段。焚烧过程实际上就是干燥脱水、热化学分解、氧化还原反应的综合作用过程。

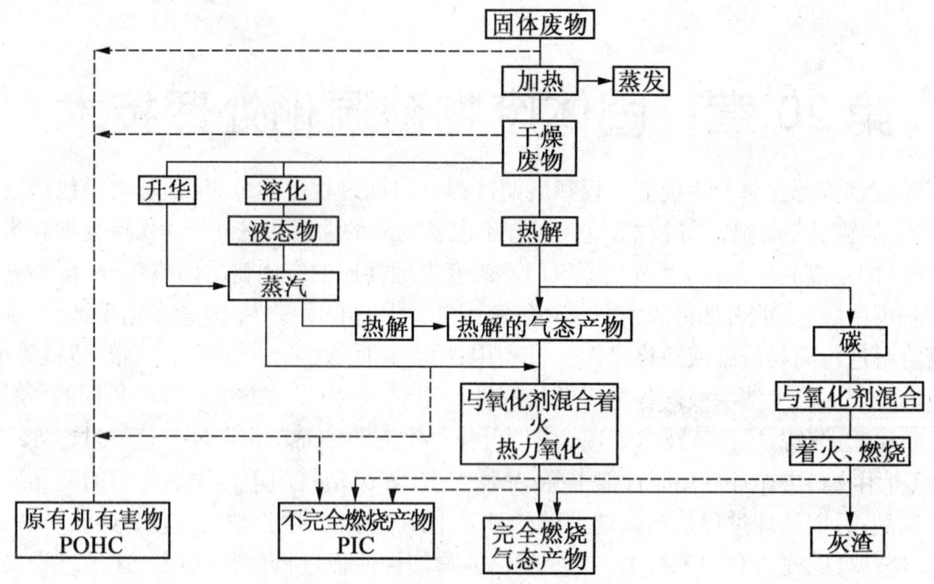

图 20.1　固体废物的燃烧过程示意图

①干燥。干燥是利用焚烧系统热能,使炉内固体废物水分汽化、蒸发的过程。按热量传递方式,可将干燥分为传导干燥、对流干燥和辐射干燥 3 种方式。

②热分解。热分解是固体废物中的有机可燃物质,在高温作用下进行化学分解和聚合反应的过程。热分解既有放热反应,也有吸热反应。

③燃烧。燃烧是可燃物质的快速分解和高温氧化过程,一般可划分为蒸发燃烧、分解燃烧和表面燃烧三种机理。

焚烧炉烟气和残渣是固体废物焚烧处理的最主要污染物。焚烧炉烟气由颗粒污染物和气态污染物组成。

焚烧炉烟气的气态污染物种类很多,如硫氧化物、碳氧化物、氮氧化物、氯化氢、氟化氢、二噁英类物质。其中,硫氧化物主要来源于废纸和厨余垃圾,氯化氢主要来源于废塑料。烟气中一部分氮氧化物(热力型氮氧化物)主要来源于空气中的氮,另一部分氮氧化物(燃烧型氮氧化物)主要来源于厨余垃圾。二噁英物质可能来源于固体废物中的废塑料、废药品等,或由其前驱物质在焚烧炉内焚烧过程中生成,也可能在特定条件下在炉外生成。

(3)焚烧的主要影响因素

固体废物的焚烧效果受许多因素的影响,如焚烧炉类型、固体废物性质、物料停留时间、焚烧温度、供氧量、物料的混合程度等。其中,停留时间、温度、湍流度和空气过剩系数就是人们常说的“3T+1E”,它们既是影响固体废物焚烧效果的主要因素,也是反映焚烧炉工况的重要技术指标。

①固体废物的性质。如固体废物中的可燃成分、有毒有害物质、水分等物质的种类和含量,决定这种固体废物的热值、可燃性和焚烧污染物的难易程度,也就决定了这种固体废物燃烧的技术经济可行性。

生产实践表明,当生活垃圾的低位发热值小于或等于 3 350 kJ/kg 时,焚烧过程通常需要添加辅助燃料,如掺煤或喷油助燃。

②焚烧温度。焚烧温度对焚烧处理的减量化程度和无害化程度有决定性影响。目前，一般要求生活垃圾的焚烧温度为 850 ~ 950 ℃，医疗垃圾、危险废物的焚烧温度要达到 1 150 ℃。而对于危险废物中的某些较难分解的物质，甚至需要在更高的温度和催化剂作用下进行焚烧。

③停留时间。停留时间主要是指固体废物在焚烧炉内的停留时间和烟气在焚烧炉内的停留时间。固体废物停留时间取决于固体废物在焚烧过程中蒸发、热分解、氧化、还原反应等反应速率的大小。烟气停留时间取决于烟气中颗粒状污染物和气态分子的分解、化学反应速率。进行生活垃圾焚烧处理时，通常要求垃圾的停留时间达到 1.5 ~ 2 h 以上，烟气停留时间能达到 2 s 以上。

④供氧量和物料混合程度。显然，供给的空气越多，越有利于提高炉内氧气的浓度，越有利于炉排的冷却和炉内烟气的湍流混合。但过大的过剩空气系数，可能会导致炉温降低，烟气量过大，对焚烧过程产生副作用，给烟气的净化处理带来不利影响，最终会提高固体废物焚烧处理的运行成本。

2. 焚烧工艺

就不同时期、不同炉型以及不同固体废物种类和处理要求而言，固体废物焚烧技术和工艺流程也各不相同，如间歇焚烧、连续焚烧、固定炉排焚烧、流化床焚烧、回转窑焚烧、机械炉排焚烧、单室焚烧等。

现代化生活垃圾焚烧工艺流程主要为前处理系统、进料系统、焚烧炉系统、空气系统、烟气系统等。

(1)前处理系统

固体废物焚烧的前处理系统，主要指固体废物的接受、储存、风选或破碎等。固体废物燃烧前处理工艺如图 20.2 所示。

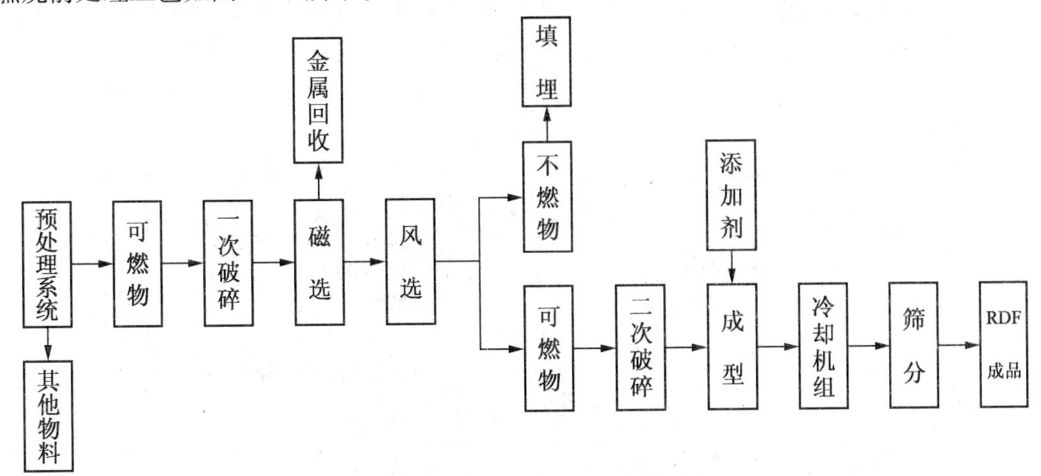

图 20.2　固体废物燃烧前处理工艺

(2)进料系统

进料系统的主要作用是向焚烧炉定量给料，同时要将垃圾池中的垃圾与焚烧炉的高温火焰气隔开、密闭，以防止焚烧炉火焰通过进料口向垃圾池的垃圾反烧和高温烟气反窜。

目前应用较广的进料方式有炉排进料、螺旋给料、推料器给料等形式，如图 20.3 所示。

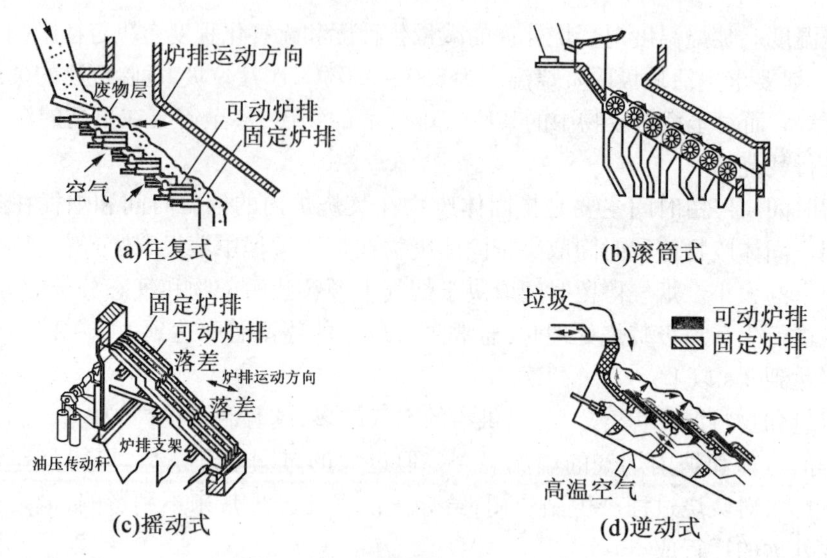

图 20.3　常用进料方方式示意图

(3)焚烧炉系统

焚烧炉系统是整个工艺系统的核心系统,是固体废物进行蒸发、干燥、热分解和燃烧的场所。焚烧炉的核心装置就是焚烧炉。

在现代垃圾焚烧工艺中,应用最多的是机械焚烧炉、回转窑式焚烧炉和流化床焚烧炉。

①机械焚烧炉。机械炉排焚烧炉采用活动式炉排,可使焚烧操作连续化、自动化,是目前在处理城市垃圾中使用最为广泛的焚烧炉,如图 20.4 所示。焚烧炉燃烧室内放置有一系列机械炉排,通常按其功能分为干燥段、燃烧段和后燃烧段。废物由进料装置进入焚烧炉后,在机械式炉排的往复运动下,逐步被导入燃烧室内炉排上。废物在由炉排下方送入的助燃空气及炉排运动的机械力共同推动及翻滚下,在向前运动的过程中水分不断蒸发,通常废物在被送落到水平燃烧炉排时被完全燃尽成灰渣,从后燃烧段炉排上落下的灰渣进入灰斗。

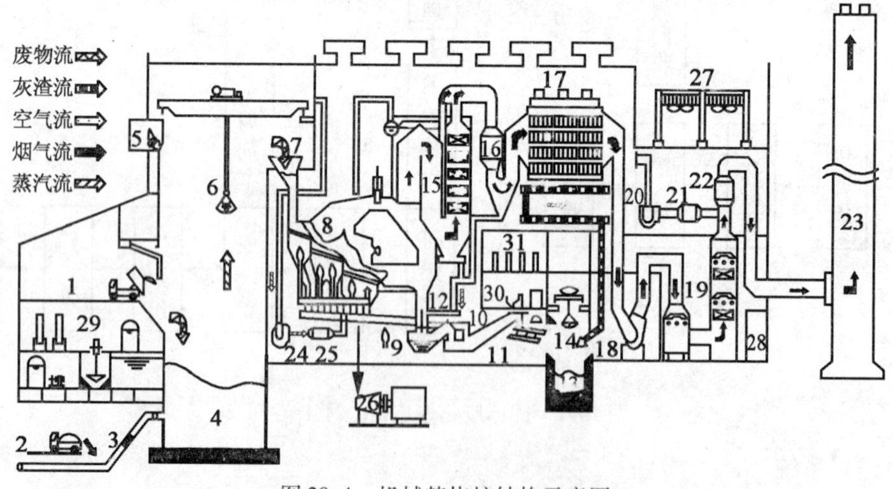

图 20.4　机械焚烧炉结构示意图

产生的废气流上升而进入二次燃烧室内,由炉排上方导入的助燃空气充分搅拌、混合及完全燃烧后,废气被导入燃烧室上方的废热回收锅炉进行热交换。机械炉排焚烧炉的一次燃烧室和二次燃烧室并无明显可分的界限。废物燃烧产生的废气流在二燃室的停留时间,是指烟气从最后的空气喷口或燃烧器出口到换热面的停留时间。

②回转窑式焚烧炉。回转窑是一个略为倾斜而内衬耐火砖的钢制空心圆筒,窑体通常很长,如图20.5所示。大多数废物物料由燃烧过程中产生的气体以及窑壁传输的热量加热。固体废物可从前端送入窑中进行焚烧,以定速旋转来达到搅拌废物的目的。旋转时须保持适当的倾斜度,以利于固体废物下滑。此外,废液及废气可以从前段、中段、后段同时配合助燃空气送入,甚至于整桶装的废物(如污泥)也可送入回转窑焚烧炉燃烧。

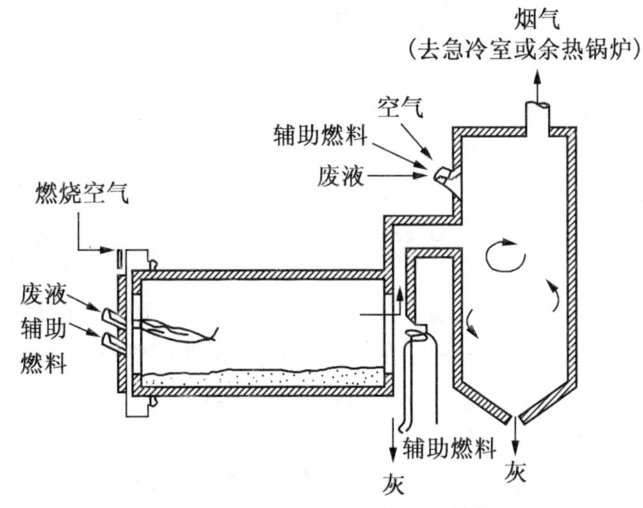

图20.5 回转窑式焚烧炉的结构

每座回转窑常配有1~2个燃烧器,可装在回转窑的前端或后端,在开机时,燃烧器负责把炉温升高到要求的温度后才开始进料,其使用的燃料可为燃料油、液化气或高热值的废液。进料方式多采用批式进料,以螺旋推进器配合旋转式的空气锁。废液有时与垃圾混合后一起送入,或借助空气或蒸汽进行雾化后直接喷入。二次燃烧室通常也装有一到数个燃烧器,整个空间约为第一燃烧室的30%~60%,有时也设有若干阻挡板配合鼓风机以提高送入的助燃空气的搅拌能力。

由于驱动系统在回转窑体之外,所以维护要求较低。必须仔细地确定回转窑的大小,以便保证能适应燃烧废物的要求,并尽可能地延长耐火材料的寿命,随着回转窑尺寸的减小,设备对于过量热量释放更为敏感,使温度更难控制。

回转窑焚烧炉有两种类型:基本形式的回转窑焚烧炉和后回转窑焚烧炉。该系统由回转窑和一个二燃室组成。当固体废物向窑的下方移动时,其中的有机物质就被销毁了。在回转窑和二燃室中都使用液体和气体废物以及商品燃料作为辅助燃料。后回转窑焚烧炉可以用来处理夹带着任何液体的大体积的固体废物。在干燥区,水分和挥发性有机物被蒸发掉。然后,蒸发物绕过转窑送入二燃室。固体物质进入转窑之前,在通过燃烧炉排时被点燃。液体和气体废物则送入转窑或二燃室。在这两种结构中,二燃室能使挥发性的有机物和由气体中的悬浮颗粒所夹带的有机物完全燃烧。在设备中遗留下来的灰分主要为灰渣和其他不可燃烧的物质,如空罐和其他金属物质。通常将这些灰分冷却后排出系统。

气、固体在回转窑内流动的方向有同向式及逆向式两种。逆向式可提供较佳的气、固体混合及接触,可增加其燃烧速率,热传效率高;但是由于气、固体相对速度较大,排气所带走的粉尘数量也高。在同向式操作下，干燥、挥发、燃烧及后燃烧的阶段性现象非常明显，废气的温度与燃烧残灰的温度在回转窑的尾端趋于接近。但目前绝大多数的回转窑焚烧炉为同向式，主要的原因为同向式炉形设计不仅适于固体废物的输入及前置处理，同时可以增加气体的停留时间。逆向式回转窑较适用于湿度大、可燃性低的污泥。

回转窑根据其窑内灰渣物态及温度范围，可分为灰渣式及熔渣式两种。灰渣式回转窑焚烧炉通常在650～980 ℃操作，窑内固体尚未熔融；而熔渣式回转窑焚烧炉则在1 203～1 430 ℃操作，废物中的惰性物质除高熔点的金属及其化合物外皆在窑内熔融，焚烧程度比较完全。熔融的流体由窑内流出，经急速冷却后凝固。类似矿渣或岩浆的残渣，透水性低，颗粒大，可将有毒的重金属化合物包容其中，因此其毒性较灰渣式回转窑所排放的灰渣低。当处理桶装危险废物占大多数时，须将回转窑设计成熔融式。熔渣回转窑焚烧炉平时也可操作在灰渣式的状态。此外，若进料以批式进行，则可称此种回转窑为振动式。熔渣式回转窑运转极为困难，如果温度控制不当，窑壁上可能附着不同形状的矿渣，熔渣出口容易堵塞。如果进料中含低熔点的钠、钾化合物，熔渣在急速冷却时，可能会产生物理爆炸的危险。

物料在回转窑内运动复杂，运动方式呈周期性变化，或埋在料层里面与窑一起向上运动，或到料层表面上降落下来。但只有在物料颗粒沿表面层降落的过程中，它才能沿着窑长方向前进。废物在回转窑内停留时间较长，有的可达几小时，这由窑的炉长与直径之比、转速、加料方式、燃烧气流流向及流速等因素而定。

回转窑焚烧炉是一种适应性很强，能焚烧多种液体和固体废物的多用途焚烧炉。除了重金属、水或无机化合物含量高的不可燃物外，各种不同物态（如固体、液体、污泥等）及形状（如颗粒、粉状、块状及桶状等）的可燃性废物都可送入回转窑中焚烧。

③流化床焚烧炉。流化床焚烧炉燃烧的原理是借助沙介质的均匀传热与蓄热效果以达到完全燃烧的目的，由于介质之间所能提供的孔道狭小，无法接纳较大的颗粒，因此若是处理固体废弃物，必须先破碎成小颗粒，以利于反应的进行。助燃空气多由底部送入，炉膛内可分为栅格区、气泡区、床表区及干舷区。向上的气流流速控制着颗粒流体化的程度，气流流速过大时，会造成介质被上升气流带入空气污染控制系统，可外装一旋风集尘器将大颗粒的介质捕集再返送回炉膛内。空气污染控制系统通常只需装置静电集尘器或滤袋集尘器进行悬浮微粒的去除即可。在进料口加一些石灰粉或其他碱性物质，酸性气体可在流化床内直接去除，此为流化床的另一优点。流化床焚烧炉的结构示意图如图20.6所示。

可用于处理废物的流化床形态有5种：气泡床、循环床、多重床、喷流床及压力床。前两种已经商业化，后三种还在研究开发阶段。气泡床多用于处理城市垃圾及污泥；循环床多用于处理有害工业废物。气泡床是将不起反应的惰性介质（如石英沙等）放入反应槽底部，借助风箱的送风（助燃空气）及燃烧器的点火，可以将介质逐渐膨胀加温，由于传热均匀，燃烧温度可以维持在较低的温度，因此氮氧化物产量也较低。同时若在进料时搀入石灰粉末，则可以在焚烧过程中直接将酸性气体去除，所以焚烧过程也同时完成了酸性气体洗涤的工作。一般焚烧的温度范围多保持在400～980 ℃，气泡床的表象气体流速约为1～3 m/s，因此有些介质颗粒会被吹出干舷区。为了减少介质补充的数量，故可外装一旋风集尘器，将大颗粒的介质捕集回来。介质可能在操作过程中逐渐磨损，而由底灰处排出，或被带入飞灰内，进入空气污染控制系统。由于流化床中的介质是悬浮状态，气、固间充分混合、接触,整个炉床燃烧段的温度相当均匀。有些热交换管可安装于气泡区,有些则在干舷区;有些气泡式和涡流式流化床,在底部排放区有沙筛送机及沙循环输送带,可以排送较大颗粒的沙,经由一斜向的升管返送回炉膛内。在气泡区也可设置热交换管以预热助燃空气。流化床和回转窑一样,炉膛内部并无移动式零件,因此摩擦较低。格栅区、气泡区、床表面区提供了干燥及燃烧的环境,有机性挥发物质进入废气后,可在干舷区完成后燃烧,所以干舷区的作用有如二次燃烧室。

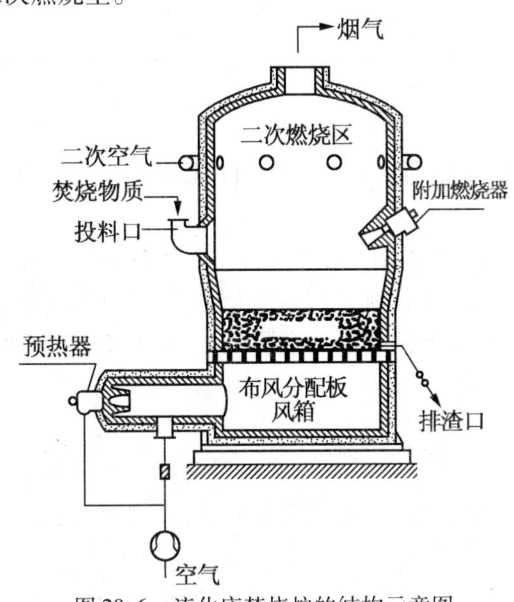

图 20.6　流化床焚烧炉的结构示意图

3 种常用炉型的比较见表 20.1。

表 20.1　3 种常用炉型的比较

比较项目	机械焚烧炉	流化床焚烧炉	回转窑式焚烧炉
焚烧原理	将生活垃圾置于炉排上,助燃空气从炉排下供给,垃圾在炉内分干燥、燃烧和燃尽带	垃圾从炉膛部分供给,助燃空气从下部鼓入,垃圾在炉内与流动的热沙接触进行快速燃烧	垃圾从一端进入且在炉内翻动燃烧,燃尽的炉渣从另一端排出
燃烧室热负荷	$7\sim8\times10^4$ kcal/(m^3·h)	间隙式 $4\sim10\times10^4$ kcal/(m^3·h);连续式 $3\sim15\times10^4$ kcal/(m^3·h)	$8\sim15\times10^4$ kcal/(m^3·h)
应用范围	目前应用最广的生活垃圾焚烧技术	20 年前开始使用,目前几乎不再建设新厂	处理高水分的生活垃圾和热值低的垃圾常用
处理能力	1 200 t/d	150 t/d	200 t/d
前处理	一般不需要	入炉前需粉碎到 20 cm 以下	一般不要
烟气处理	烟气含飞灰较高,除二噁英外,其余易处理	烟气中含有大量灰尘,烟气处理较难	烟气除二噁英外,其余易处理
二噁英控制	燃烧温度较低,易产生二噁英	较易产生二噁英	较易产生二噁英

续表 20.1

比较项目	机械焚烧炉	流化床焚烧炉	回转窑式焚烧炉
炉渣处理设备	简单	复杂	简单
燃烧管理	较易	难	较易
运行费	较便宜	较高	较低
维修	方便	较难	较难
减量比	10:1	10:1	10:1
减容比	37:1	33:1	40:1

(4)空气系统

空气系统除了为固体废物的正常燃烧提供必需的助燃氧气外,还有冷却炉排、混合炉料和控制烟气气流等作用。

助燃空气可分为一次助燃和二次助燃空气。一次助燃空气是由炉排下送入焚烧炉的助燃空气,即火焰下空气。一次助燃空气占空气总量的60% ~80%,主要起助燃、冷却炉排、搅动炉料的作用。二次助燃空气主要是为了助燃和控制气量的湍流程度。二次助燃空气一般为助燃空气总量的20% ~40%。

(5)烟气系统

焚烧炉烟气是固体废物焚烧炉系统的主要污染源。焚烧炉中含有大量颗粒状污染物质和气态污染物质。设置烟气系统的目的就是除去烟气中的这些污染物质,并使之达到国家有关排放标准的要求,最终排入大气。

烟气中的颗粒状物质,主要可以通过重力沉降、离心分离、静电除尘、袋式过滤等手段去除;而烟气中的气态物质主要是利用吸收、吸附、氧化还原等技术途径净化。

氯化物、硫氧化物、氟化氢的去除工艺可分为干法、半干法和湿法工艺3类。

根据焚烧炉烟气成分和处理要求,常用的烟气处理技术有旋风除尘、静电除尘、湿式洗涤、半干式洗涤、干式洗涤、布袋过滤、活性炭吸附等。有时还设有催化脱硝、烟气再加热和减振降噪等设施。

焚烧炉烟气处理系统的主要设备和设施有沉降室、旋风除尘器、静电除尘器、洗涤塔、布袋过滤器等。

(6)其他工艺系统

除以上工艺系统外,固体废物焚烧系统还包括灰渣系统、废水处理系统、余热系统、发电系统、自动化控制系统等。

3. 焚烧效果

评价焚烧效果的方法很多,如目测法、热酌减量法及二氧化碳法等。

(1)目测法

通常,固体废物焚烧炉烟气越黑、气量越大,往往表明固体废物燃烧的效果就越差。

(2)热酌减量法

在固体废物燃烧过程中,可燃物质氧化、焚毁越彻底,焚烧灰渣中残留的可燃成分也就会越少,即灰渣的热酌减量就越小。因此,可以用焚烧灰渣的热酌减量来评价固体废物焚烧效果,其计算公式为

$$MRC = \frac{m - m_{灰}}{m - m_{渣}}$$

或

$$R_c = \frac{m_{渣} - m_{灰}}{m_{渣}} \times 100\%$$

式中,MRC 为热酌减量比;R_c 为热酌减量率,%;m 为固体废物的质量,kg;$m_{灰}$为固体废物焚烧灰渣经(600 ±25)℃灼烧 3 h 后的质量,kg;$m_{渣}$为固体废物焚烧灰渣的质量,kg。

通常,生活垃圾焚烧炉设计时的炉渣热酌减量为5%以下,大型连续化作业机械焚烧炉的炉渣热酌减量设计为3%以下。

(3)二氧化碳法

在固体废物焚烧烟气中,物料中的碳会转化为一氧化碳或二氧化碳。固体废物的焚烧得越完全,二氧化碳的相对浓度就越高,即焚烧效率就越高。因此可利用一氧化碳和二氧化碳浓度或分压的相对比例,反映固体废物中可燃物质在焚烧过程中的氧化、焚毁程度。其计算公式为

$$E = \frac{c_{CO_2}}{c_{CO_2} + c_{CO}} \times 100\%$$

4. 有害有机物破坏去除率

对于生活垃圾和危险废物的焚烧处理,也可以用烟气、灰渣中的有害有机物含量的多少来评价焚烧效果,如利用有害有机物破坏去除率,其计算公式为

$$DRE = \frac{m_{in} - m_{out}}{m_{in}} \times 100\%$$

式中,DRE 为有害有机物破坏去除率,%;m_{in}为固体废物中某种有害有机物的质量,kg;m_{out}为灰渣中某种有害有机物的质量,kg。

20.1.2　热解处理

所谓热解,是将有机物在无氧或缺氧状态下加热,使之成为气态、液态或固态可燃物质的化学分解过程。

1. 热解原理

固体废物的热解是一个非常复杂的化学反应过程,包含大分子键的断裂异构化和小分子的聚合等反应,最后生成小的分子。热解反应过程可表示为

有机固体废物→气体(H_2、CH_4、CO、CO_2)+有机液体(有机酸、芳烃、焦油)+固体(炭黑、灰渣)

固体废物热解能否获得较高的能量,取决于废物中氢转化为可燃气体与水的比例。有机物的成分不同时,整个热解过程的起始温度也不同。例如,纤维素开始热解的温度为180~200 ℃,而煤的热解的起始温度根据煤质的不同为200~400 ℃。

与焚烧相比,固体废物的热解主要特点如下:

①可将固体废物中的有机物转化为以燃料气、燃料油和炭黑为主的储存性能源。

②由于是无氧或缺氧分解,排气量少,因此采用热解工艺有利于减轻对大气环境的二次污染。

③废物中的硫、重金属等有害成分大部分被固定在炭黑中。

④由于保持还原条件，Cr^{3+} 不会转化为 Cr^{6+}。

⑤NO_2 产生量少。

影响热解的主要因素有：

①热解速率。较低和较高的加热速度下气体产量都很高；随着加热速度的增加，水分和有机液体的含量减少。

②温度。分解温度高，挥发分产量增加，油、碳化合物相应减少。分解温度不同，挥发分成分也发生变化。温度越高，燃气中低分子碳化物 CH_4 等也增加；高温下热解，固态残余物减少，可降低其处理难度。

③湿度。含水率大，垃圾发热量低，不易着火，能源利用率不高，且在燃烧过程中水分的汽化要吸热，并降低燃烧室温度，使热效率降低，还易在低温处腐蚀设备。

④物料尺寸。尺寸越大，物料间间隙越大，气流流动阻力小，有利于对流传热，辐射换热空间大，有利于辐射换热，减小物料与环境的热传递阻力，但此时物料本身的内热阻增大，内部温度均匀慢；尺寸越大，物料热解所需时间越长，若缩短热解时间，则热解不完全。

⑤反应时间。停留时间不足，热解不完全；停留时间过长，则装置处理能力下降。

⑥空气量。热解过程中进入的空气量越多，燃气热值越低。

2. 热解工艺

热解工艺的主要分类方法如下：

(1)按供热方式分类

按供热方式，可分为直接加热法、间接加热法。

(2)按热解温度不同分类

按热解温度不同，可分为高温热解、中温热解和低温热解。

高温热解的热解温度一般在 1 000 ℃以上，其加热方式一般采用直接加热法。

中温热解的热解温度一般为 600 ~ 700 ℃，主要用在比较单一的物料进行能源和资源回收的工艺上，如橡胶、废塑料的热解为类重油物质的工艺。

低温热解的热解温度一般在 600 ℃以下。农林产品加工后的废物生产低硫、低灰炭就可采用这种方法。

(3)按热解炉结构分类

按热解炉结构，可分为固定床、移动床、流化床和旋转炉等。

(4)按热解产物的物理形态分类

按热解产物的物理形态，可分为汽化方式、液化方式和炭化方式。

(5)按热分解与燃烧反应是否在同一设备中进行分类

按热分解与燃烧反应是否在同一设备中进行，可分为单塔式和双塔式。

(6)按热分解过程是否生成炉渣分类

按热分解过程是否生成炉渣，可分为造渣型和非造渣型。

3. 典型固体废物的热解

(1)城市垃圾的热解

目前，用于城市垃圾的热解技术方式主要有移动床熔融炉方式、回转窑方式、流化床方式、多段炉方式及 Flush Pyrolysis 方式等。

在上述热解方式中，移动床熔融炉方式是城市垃圾热解技术中最成熟的方法，其代表性的系统有新日铁系统、Purox 系统、Landgard 系统和 Occidental 系统。在这些方法中，以 Purox方法最好，对环境影响小，运转简单、产品适应面广、净处理费用也不高。

回转窑方式和 Flush Pyrolysis 方式是最早开发的城市垃圾热解技术，具有代表性的系统有 Landgard 系统和 Occidental 系统。多段炉方式主要用于含水率较高的有机污泥的处理。流化床方式有单塔式和双塔式两种，其中双塔式流化床已经达到了工业化生产的规模。

(2)废塑料的热解

①废塑料热解的特点。塑料热解的原理类似于城市垃圾的热解。与城市垃圾相比，区别在于塑料的加工性能以及加工中得到的产品形式。对城市垃圾，具有商业利用价值的产品主要是低热值的燃气，而塑料热解的主要产物则是燃料油或化工原料等。

②热解温度及催化剂。塑料的种类不同，其热解温度也不相同。

有研究发现，对 PE、PP、PS、PVC 这 4 种塑料进行直接热解，在 500 ℃左右可获得较高产率的液态烃或苯乙烯单体，而低于或高于该温度都会发生分解不完全或液态烃产生率低的现象。目前，使用的催化剂种类主要有硅铝类化合物和 H－Y、ZSM－5、REY、Ni/REY 等各种沸石催化剂。

③热解设备。目前，国内外废塑料的热解反应器种类较多，主要有槽式(聚合浴、分解槽)、管式(管式蒸馏、螺旋式)、流化床式等。

槽式反应器的特点是在槽内的分解过程中进行混合搅拌，物料混合均匀，采用外部加热，靠温度来控制成油形状。槽式反应器中的物料停留时间长，加热管表面析出炭后会造成传热不良，需定期清理排出。

管式反应器也采用外加热方式。管式蒸馏先采用重油溶解或分解废塑料，然后再进入分解炉；螺旋式反应器则采用螺旋搅拌、传热均匀，分解速率快，但对分解速率较慢的聚合物不能完全实现轻质化。

流化床反应器一般是通过螺旋加料器定向加入废塑料，使其与固体小颗粒热载体(如石英沙等)和下部进入的流化气体(如空气等)混合在一起形成流态化，分解成分与上升气流一起导出反应器经除尘冷却后制成燃料油。此类反应器采用部分塑料燃烧的内部加热方法，具有原料不需熔融、热效率高、分级速率快等优点。

④废塑料热解工艺。废塑料热解的基本工艺有两种：一种是将废塑料加热熔融，通过热解生成简单的碳氢化合物，然后在催化剂的作用下生成可燃油品；另一种则是将热解与催化热解分为两段。一般而言，废塑料热解工艺主要由前处理、熔融、热分解、油品回收、残渣处理、中和处理、排气处理 7 道工序组成。

(3)污泥的热解

①污泥热解的特点。与目前常用的污泥焚烧工艺相比，污泥热解的主要优点是：操作系统封闭，污泥减容率高，无污染气体排放，几乎所有的重金属颗粒都残留在固体剩余物中。

将干燥污泥放入保持一定温度的反应管中，最终可生成可燃性气体、常温下为液态的燃料油、焦油以及包括炭黑在内的残渣等。实验表明，在无氧条件下将污泥加热至 800 ℃以上的高温后，其中可燃成分几乎可以完全分解汽化 ，这对于污泥的能量回收和减量化非常有利。

②污泥热解工艺。污泥热解通常采用竖式多段炉，为了提高热解炉的热效率，在能够控制二次污染物（Cr^{6+}、NO_x）产生的范围内，尽可能采用较高的燃烧率（空燃比为0.6～0.8）。此外，热解产生的可燃气体及NH_3、HCN等有害气体组分必须经过二次燃烧实现无害化。对二燃室排放的高温气体还应进行余热回收，回收的热量应主要用于脱水泥饼的干燥。

污泥热解的主要工序包括：污泥脱水→干燥→热解→炭灰分离→油气冷凝→热量回收→二次污染防治等过程。

③污泥的低温热解。目前正在发展的一种新的热能利用技术是低温热解。即在小于500 ℃、常压和缺氧条件下，借助污泥中所含的硅酸铝和重金属（尤其是铜）的催化作用，将污泥中的脂类和蛋白质转变成碳氢化合物，最终产物为燃料油、气和碳。热解生成的油还可以用来发电。

(4)废橡胶的高温热解

①废橡胶的热解的基本过程。废橡胶的热解依靠外部打开化学键，使有机物分解、汽化和液化。橡胶的热解温度为250～500 ℃。典型废轮胎的热解工艺如下：轮胎破碎→分（磁）选→干燥预热→橡胶热解→油气冷凝→热量回收及废气净化。

②废橡胶的热解产物。在轮胎热解得到的产物中，气体占22%（质量分数），液体占27%，炭灰占39%，钢丝占12%。

气体的组成主要为甲烷(15.13%)、乙烷(2.95%)、乙烯(3.99%)、丙烯(2.5%)、一氧化碳(3.8%)，水、二氧化碳、氢气和丁二烯也占一定比例。液体的组成主要是苯(4.75%)、甲苯(3.62%)和其他芳香族化合物(8.5%)。在气体和液体中还有微量的硫化氢和噻吩，但硫含量都低于标准值。

③废橡胶热解的工艺流程。美国ECO公司，首先把轮胎粉碎成粒度为25 mm左右的颗粒，用磁铁除去钢，再用其他技术萃取废金属增强纤维，最后剩下一种叫作粒状生胶的产物，然后将其送入热解管中，在194.4 ℃且无空气、氧气的条件下热解，得到高质量的炭黑和清纯的油。

(5)农林废弃物的热解

①农林废弃物生产草煤气。农业废料的组成主要是糖类，其中C、H、O的质量分数达70%～90%，其次含有丰富的N、P、S、Si等常量元素以及多种微量元素，属于典型的有机物。干燥后的农业废料具有较好的可燃性，热值一般为12 000～16 000 kJ/kg。

在空气供应不足的情况下，在较低温度下燃烧农林废弃物，可以生成以一氧化碳和氢气为主要成分的可燃气体，俗称草煤气。

②常用汽化炉的结构和性能特点。目前常用的汽化炉主要有固定床（上吸式、下吸式及层式下吸式）汽化炉及循环流化床汽化炉等。

a. 上吸式汽化炉。上吸式汽化炉在运行过程中，湿物料从顶部加入后，被上升气流干燥并将水蒸气排出，干燥后的物料下降时被热气流加热并热解，释放出挥发组分。剩余的炭继续下降，并与上升的二氧化碳和水蒸气反应，还原成一氧化碳、氢气及有机可燃气体，剩余的炭继续下行，在炉底被进入的空气氧化，产生的燃烧热为整个汽化过程提供热量。

上吸式汽化炉的优点是：炭转换率高、原料适应性强、炉体结构简单、制造容易等。其缺点是：水分不能参加反应，减少了产品氢气和碳氢化合物的含量；原料热解温度低（250～

400 ℃),气体质量差(二氧化碳含量高),焦油含量高。

改进型上吸式汽化炉热解气的热值在 5 000 kJ/m^3 左右,汽化效率约为 75%,气体中焦油含量小于 25 g/m^3,炭转换率达 99%,原料适应性广,含水率在 15% ~45% 之间均可稳定运行。

b. 下吸式汽化炉。该炉型的特点是:焦油经高温区裂解,使气体中的焦油含量减少。同时由于原料中的水分参加了还原反应,使气体中的氢气含量增加。下吸式汽化炉一般用于农村供气系统。

c. 层式下吸式汽化炉。其特点是:上部敞口,加料操作简单,容易实现连续加料;炉身为筒状,使结构大为简化。

d. 循环流化床式汽化炉。汽化过程由燃烧、还原和热解 3 个过程组成,而热解是其中最主要的一个反应过程。

循环流化床是一种较为理想的汽化反应器,其产生强度约为固定式汽化床的 8 倍,气体热值可达 7 000 kJ/m^3 左右,比固定式提高了约 40%。

③农林废弃物热解生产化工原料。在隔绝空气的条件下,农林废弃物加热至 270 ~400 ℃,可分解形成固体的草炭、液态的糠醛、乙酸、焦油和草煤气等多种燃料和化工原料。热解系统的主要设备由热解炉、冷凝器和分离器 3 部分组成。

20.1.3　固体废物其他热解方法

1. 焙烧

(1)焙烧的方法

焙烧是在低于熔点的温度下热处理废物的过程,其目的就是改变废物的化学性质和物理性质,以便于后续的资源化利用。固体废物的焙烧有烧结焙烧、分解焙烧、氧化焙烧、还原焙烧、硫酸化焙烧、氯化焙烧、离析焙烧和钠化焙烧等。

①烧结焙烧。烧结焙烧的目的是将粉末或粒状的物料在高温下烧成块状或球团状物料,目的是为了提高致密度和机械强度,便于下一步作业的进行。

②分解焙烧。物料在高温下发生分解反应,也称为煅烧。煅烧主要是为了脱除二氧化碳及结合水,使物料的某些成分发生分解。

③氧化焙烧。氧化焙烧主要用于脱硫,适用于对硫化物的氧化,它必须在氧化气氛下进行。

④还原焙烧。还原焙烧必须在还原气氛中进行,还原剂有 C、CO、H_2 等,被还原的物质常有焦炭、重油、煤气、水煤气等。

⑤硫酸化焙烧。在工业中,往往用沸腾炉对 CuS 矿进行硫酸化焙烧,获得可溶性的 $CuSO_4$,然后用水浸出回收 $CuSO_4$。

其反应机理有两种观点:

a. $CuS+2O_2 \longrightarrow CuSO_4$,即 CuS 直接转化为 $CuSO_4$。

b. 先氧化脱硫,二氧化硫转化为三氧化硫,再与 CuO 作用生成 $CuSO_4$。

⑥氯化焙烧。一些熔点较高的金属,如 Ti、Mg 等,较难分离,但它们的氯化物都具有较高的挥发性,工业氯化焙烧,使其生成氯化物挥发,然后从烟气里加以回收富集。一般采用氯气、氯化钠、氯化钙等为氯化剂,最常用的是氯化钠。

⑦离析焙烧。它是在有还原剂存在时,在高于氯化焙烧温度下进行的,生成的挥发性氯化物再被还原为金属,离析到还原剂表面上,然后通过浮选的方法回收金属。离析焙烧在 Cu、Ni、Au 等金属的工业生产中得到了应用。

⑧钠化焙烧。多数酸性氧化物如五氧化二钒、三氧化二铬、三氧化钨、三氧化钼等在高温下与碳酸钠能形成溶于水或能水解成钠盐,然后加以回收。

(2)焙烧工艺与设备

常用的焙烧设备有沸腾焙烧炉、竖炉、回转窑等。不同的焙烧方法有不同的焙烧工艺,但大致可分为以下步骤:配料混合→焙烧→冷却→浸出→净化。

2. 固体废物的干燥脱水

干燥脱水是排除固体废物中的自由水和吸附水的过程,主要用于城市垃圾经破碎、风选后的轻物料或经脱水处理后的污泥。固体废物常用的干燥器有转筒干燥器、流化床干燥器、喷晒干燥器、隧道干燥器和循环履带干燥器等。

3. 固体废物的热分解和烧成

固体废物的热分解是指晶体状的固体废物在较高的温度下脱除其中吸附水及结合水或同时脱除其他易挥发物质的过程。它是无机固体废物资源化的重要技术。目前,热分解包括热分解脱水、氧化分解脱除挥发组分、分解熔融等技术。

烧成是指在远高于热分解温度下进行的高温煅烧,也称为重烧。其目的是为了稳定废物中氧化物或硅酸盐矿物的物理状态,使其变为稳定的固相材料(惰性材料)。为了促进变化的进行,有时也使用矿化剂或稳定剂。

20.2 生物处理

由于生物技术的深入发展和广泛应用,科学家们利用并强化微生物的这一功能,处理环境污染尤其是废水和固体废弃物污染,发展了污染物的生物处理方法。

20.2.1 好氧生物处理

好氧生物处理是利用好氧微生物在有氧条件下的代谢作用,将废物中复杂的有机物分解成二氧化碳和水,其重要条件是保证充足的氧气供应、稳定的温度和水。实际工程中就是在填埋场中注入空气或氧气,使微生物处于好氧代谢状态。其中最典型的是好氧堆肥法。

好氧堆肥是将要堆腐的有机物料与填充料按一定比例混合,在适宜的条件下堆腐,使微生物繁殖并降解有机质,高温杀死其中的病菌及杂草种子,从而使固体有机废弃物达到稳定化。由于好氧堆肥的堆体温度高(一般为 50 ~ 65 ℃),故又称为高温好氧堆肥。好氧堆肥的堆肥温度较高,堆肥微生物活性强,有机物分解速度快,降解更彻底;而且在堆肥过程中,经过高温的灭菌作用,能够杀死固体废物中的病原菌、寄生虫(卵)等,提高堆肥的安全性能。梁丽以污泥、稻草、木屑为材料,研究了堆肥中养分和重金属的变化。实验结果表明,污泥经堆制后全氮含量降低,全磷、全钾含量增加,而加磷肥则具有较好的保氮效果;重金属活性有所降低,可以达到农用的目的。好氧堆肥基本原理示意图如图 20.7 所示。

堆肥产品中含有丰富的有机质,其质地疏松,施用后可增加土壤总的孔隙容积并改善孔隙大小的分布,减少土壤地面冲刷,增加土壤的持水能力,从而提高土壤水分含量,减少因田间径流引起的土壤养分损失,还可增加土壤的透水性及防止土壤表面板结。堆肥是一种生物肥料,其内含有大量的微生物。因此,施用堆肥可以增加土壤中微生物的数量。通过微生物的活动改善土壤的结构和性能,微生物分泌的各种有效成分还可以直接或间接地被植物吸收,从而促进农作物的生长。

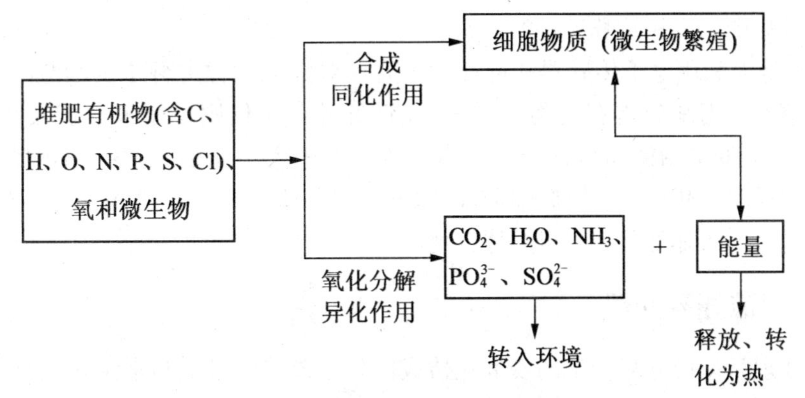

图 20.7　好氧堆肥基本原理示意图

微生物吸收利用有机物的能力取决于它们产生的可以分解底物的酶的活性,堆肥底物越复杂,所需要的酶系统就越多,而且越综合。不同的微生物分泌的酶种类不同,一般地,在好氧堆肥中,有机底物的降解是细菌、放线菌和真菌等多种微生物共同作用的结果。

20.2.2　厌氧生物处理

厌氧生物处理是利用在无氧条件下生长的厌氧或兼性微生物的代谢作用处理废物,其主要降解产物是甲烷和二氧化碳等,一般需要保证温度、无氧或低溶解氧浓度。好氧与厌氧之间最大的区别就是好氧降解不会产生甲烷气体,几乎都转化为二氧化碳气体;而厌氧降解产生大约 60% 的甲烷和 40% 的二氧化碳气体。其中最典型的是厌氧堆肥法。厌氧堆肥法是在无氧条件下,厌氧微生物对废物中的有机物进行分解转化的过程。通常所说的堆肥法一般是指好氧堆肥法,这是因为厌氧微生物对有机物分解速度缓慢,处理效率低,容易产生恶臭,其工艺条件也较难控制,因此利用较少。

固体废弃物的厌氧消化处理是指在厌氧状态下利用厌氧微生物使有机物转化为 CH_4 和 CO_2 的厌氧消化技术。20 世纪 70 年代初,由于能源危机和石油价格的上涨,该技术得到了飞速的发展。目前,厌氧消化技术主要向以下几方面发展:一是大型化、工业化;二是开发以作物秸秆为主要原料的厌氧消化技术;三是沼气的工业化应用。有机废物厌氧发酵的工艺原理如图 20.8 所示。

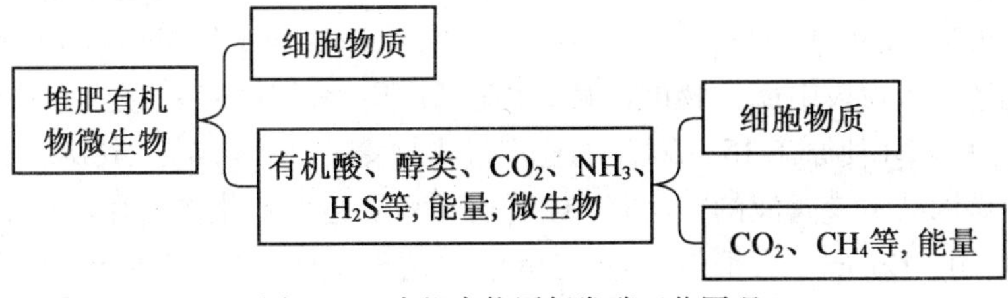

图 20.8　有机废物厌氧发酵工艺原理

厌氧消化反应都是通过微生物的作用完成的,但现在对厌氧消化微生物方面的研究工作并不多。J. Mata_Alvares 研究了 3 种不同形态厌氧真菌对木质纤维素的降解情况,发现它们都具有纤维素降解能力,但降解的速率不同,而对木质素则不能降解。Silvey 在最近的一项关于渗滤床工艺中微生物的研究结果表明,通过在渗滤液中微生物种群适于在底物降解的最佳时间内接种,较早地开始下一个批序,从而达到加快整个反应系统的周转、提高接种后第 1 个月的产气量和发酵质量的目的。

Nordberg 等人利用电子传感器和近红外分光仪对消化过程进行了全程监测,并加以控制。电子传感器是用来分析有机物的成分,而近红外分光仪则是用来分析液相样品的成分。他们发现,改变葡萄糖的负荷会扰乱微生物群落的大小和结构,表明不同的微生物对底物有不同的反应。此外,变性梯度凝胶电泳分析也是研究厌氧发酵微生物生态学的重要手段。以上这些方法都可以使有机固体废物的处理得到优化及更好的管理。

20.2.3 准好氧处理

准好氧处理靠垃圾分解产生的发酵热造成内外温差使空气流自然通过填埋体,促进垃圾的分解和稳定。准好氧填埋场的主要设计与运行思想:使渗滤液集水沟的水位低于渗滤液集水干管管底的高程,使大气可以通过集水干管上部空间和排气通道,使填埋场具有某种好氧条件。准好氧填埋的优点:①它不需要强制通风,节省能量;②渗滤液产生后被迅速收集,减少了对地下水的污染;③相对于厌氧处理,垃圾稳定得更快,危险气体如 CH_4、H_2S 等的产量降低。

20.2.4 混合生物处理

混合生物处理就是既有好氧又有厌氧的生物处理方法,是在填埋下一层垃圾之前好氧处理 30 ~ 60 天。其目的就是让垃圾尽快经过产酸阶段,为进入厌氧产甲烷阶段做准备。这种方法主要的优点在于把厌氧的操作简单和好氧的高效率有机地结合起来,增加对挥发性有机酸、对空气具危害性的污染物的降解。其主要特点是降解速度快。

20.2.5 影响卫生填埋场生物降解的因素

影响卫生填埋场生物降解的因素有很多,主要是湿度、温度、pH 值、营养物等。

1. 湿度对卫生填埋场生物降解的影响

湿度是影响生物降解的一个重要因素。Chris Tensen 和 Kjeldsen 研究指出湿度为 20% ~60% 时,产气量和湿度成正比,即产气量随着湿度增加而增加,也就是生物降解速度加快。渗滤液循环是增加湿度和微生物及营养物的一种重要方法,通过循环可提高垃圾层的含水率(由 20% ~25% 提高到 60% ~70%)。同时,Robinson 和 Maris 等人的研究表明,渗滤液循环也增强了垃圾中微生物的活性,加速了产甲烷的速率、垃圾中污染物溶出速率及有机物的降解速率(使原需 15 ~20 年的稳定过程缩短至 2 ~3 年)。其次,通过循环还可以通过蒸发等作用减少渗滤液的产生量,对水量和水质起稳定化的作用,有利于处理系统的运行,节省费用。Chian 等人报道,通过渗滤液的循环处理,渗滤液的 BOD_5 和 COD 可分别降到 30 ~350 mg/L 和 70 ~500 mg/L。北英格兰的 SeamerCarr 垃圾填埋场将一部分渗滤液循环,20个月后循环区渗滤液的COD值有明显的降低,金属浓度则大幅度下降,NH_3-N浓度基本保持不变。美国匹兹堡大学土木与环境工程系教授Pohland等人把垃圾填埋场看作生物反应器进行了深入的渗滤液循环研究,在采用循环处理方案时,必须注意循环的方式和循环的量,循环的渗滤液量应根据垃圾的稳定化进程而逐步提高。一般在填埋场处于产酸阶段早期时,循环的渗滤液量宜少不宜多,在产气阶段则可以逐渐增加。由于垃圾填埋场本身是一个生物反应器,因而循环的渗滤液量除了可根据其最佳运行的负荷要求确定外,还可以根据填埋场的产气情况来确定。该方法除了具有加速垃圾的稳定化、减少渗滤液的场外处理量、降低渗滤液污染物浓度等优点外,还有比其他处理方案更为节省的经济效益。Mosher等人的研究表明,渗滤液循环处理不仅缩短了填埋场的稳定化进程及沼气的产生时间,而且增加了填埋场的有效库容量,促进了垃圾中有机化合物的降解。

2. 温度对卫生填埋场生物降解的影响

温度对生物降解起重要的作用,温度太高或太低都不利于微生物的降解。在生物降解过程中,每种细菌都有一个最佳生长温度范围,例如,喜冷微生物为-5~15 ℃,中温微生物为15~45 ℃,喜热微生物为45~75 ℃,每种微生物在其最佳生长温度范围内,温度每升高10 ℃,其生物化学反应速度近于增加1倍。我们知道,在生物降解的过程中会产生大量的热量,好氧降解会产生更多的热量,是厌氧的10~20倍,这就需要对温度进行实时监控,尽量控制填埋场的内部温度,使微生物生长和其活性处于最佳状态。1995年,Styles、STA. Yuen、T. A. Mahon等人通过研究认为厌氧消化的最佳温度为34~38 ℃。因此,如何有效地控制温度是生物反应堆的关键之一。

3. 营养对卫生填埋场生物降解的影响

1995年,Styles、STA. Yuen、T. A. Mahon等人的研究表明,降解初期,在循环渗滤液中添加适量的活性污泥能促进甲烷气体的产生,而添加营养物(如磷酸盐、硝酸盐等)不会增加降解速度。垃圾的可生物降解性可用BOD_5/COD的值来衡量,当BOD_5/COD的值为0.4~0.6时,表明生物降解快。在成年垃圾场中,BOD_5/COD的值大多为0.05~0.2,生物降解很慢,因为成年垃圾场中以难降解或不可降解的腐殖酸、棕黄酸等有机物较多。另外,化学物质对微生物活性的影响与其浓度有密切的关系。大多数化学物质在浓度很低时对生物活性有一定的刺激作用(或促进作用),当浓度较高(超过临界浓度)时则产生抑制作用,且浓度越高抑制作用越强烈。研究表明,几乎所有微生物的生长都离不开钾、镁、钙、钠、铁、锰、钴、铜、镍、锌、钼和钒等金属元素,当这些金属适量存在时,对于微生物的生长具有作为酶催化剂、在氧化还原反应中传递电子(将ADP转化为ATP)以及调节微生物渗透压等作用;若这些微量元素的含量不足,可能引起污泥的膨胀问题。但对于年轻填埋场的渗滤液而言,其所含大多数重金属离子浓度的最高限值要远超过重金属元素对微生物毒害作用的最低限值(如在好氧条件下:汞0.01 mg/L,镉0.1 mg/L,铜1.0 mg/L,六价铬0.01 mg/L,镍0.1~1 mg/L等),因而其对微生物的不良影响则表现为毒害作用。中国科学院生态环境研究中心在半连续投料及完全混合方式条件下对铬、铜、镍、铅和锌等重金属的抑制作用的研究表明,在厌氧条件下,上述各离子的抑制浓度分别为0.4~1.0 mg/L,0.5~2.0 mg/L,2.5~4.0 mg/L,0.1~0.3 mg/L和0.7~1.2 mg/L,毒性大小的次序大致为铅 > 铬 > 铜 > 锌 > 镍。此外,当几种重金属离子共存时所产生的毒性要比单独存在时大,即污泥对混合离子协同作用的承受能力要比任一单个离子的承受能力低。渗滤液中高浓度的 NH_3-N 是影响渗滤液生物处理的另一重要因素，过高的 NH_3-N 浓度也将抑制微生物的正常生长及处理的有效运行，同时，传统的生物处理工艺难以有效去除 NH_3-N。

4. pH 值对卫生填埋场生物降解的影响

pH 值和湿度也是影响甲烷气体产生的又一重要因素。pH 值过高或过低都会抑制微生物的生长繁殖。在产酸阶段，pH 值可降到 5.0 ~ 6.0，随着有机物不断地降解，积累的羧酸被消耗转化为甲烷气体，pH 值升高可达 8.5 ~ 9.0 或更高。当 pH = 7 时，微生物的活性最大。因此，在实际工程中，根据垃圾特性和降解阶段可添加适当的缓冲剂调节。1995 年，Styles、STA. Yuen、T. A. Mahon 等人研究表明渗滤液循环时，如果没有添加缓冲剂（如石灰等），酸性环境就会抑制甲烷菌的繁殖，减缓降解速度，当 pH 值为 6.8 ~ 7.4 时为最佳产气阶段。

20.2.6　处理固体废弃物的新技术

据报道，日本岐阜大学为了有效地利用农业废弃物，采用高压粉碎和酶处理技术，由乳香果皮制取木糖醇。其生产工艺为对乳香果皮施加 11 个大气压的高压后，突然减压，使其中的半纤维素乙聚糖爆裂粉碎，组织破坏，然后用青霉菌切断其分子链，从中提取木糖，再用高安全性的大肠杆菌（应用转基因技术培育出来）使木糖转化为木糖醇。该新技术能够从乳香果皮中提取 67% 的木糖。

日本九州工业大学情报工学部的白井羲人与北九州市环境技术公司的研究人员，共同进行利用食物残渣生产乳酸的试验，结果表明，以不同来源的剩饭为原料，都能稳定地生产乳酸，剩饭中的碳素 20% ~30% 可转化为乳酸。15 kg 剩饭能生产 1 kg 乳酸，由于食物残渣营养丰富，是乳酸菌良好的培养基，可不添加乳酸菌而获得高浓度的乳酸。该法不仅能利用生活垃圾生产乳酸，而且可使生活垃圾减量。

我国叶雪明等人研究发现，用平板分离法从树皮中选育出 5088 号菌种使麻纺厂的废弃下脚料转化成可代替饲料中玉米成分的媲谷菌饲，并利用造纸厂白泥，黏胶纤维厂废水处理中产生的污泥作饲料中钙、锌元素添加剂，使废弃纤维渣转化，生产出含媲谷菌饲成分的饲料，比一般玉米饲料效果更好，以此喂鸡有一定的增重效果。

哈尔滨工业大学的发酵微生物制氢技术，在国际上开创了利用非固定化菌种进行生物制氢的新途径，并在国内首次实现长期持续生产。

第21章　城市生活垃圾处理

城市生活垃圾就是那些在城市日常生活中或者为城市生活提供服务的活动中产生的固体废物,以及法律、行政法规规定视为城市生活垃圾的固体废物。

21.1　收集与运输

生活垃圾的收集与运输过程通常包括3个阶段:

第一阶段是从垃圾发生源到垃圾桶的过程,即搬运与储存。

第二阶段是垃圾的清除、清运,通常是指垃圾的近距离运输。清运车辆沿一定路线收集储存设备中的垃圾,并运至垃圾转运站,有时也可就近直接送至垃圾处理处置场。

第三阶段为转运,特指垃圾的远距离运输,即在转运站将垃圾转载至大容器运输工具上,运往远处的处理处置场。

21.1.1　城市生活垃圾的收集方式

不同的生活垃圾收集和分类方式会对垃圾的后续处理产生不同的影响。城市生活垃圾的收集方式主要有混合收集和分类收集两类。目前,我国主要采用混合收集方式,分类收集还处于试点阶段。

1. 混合收集

混合收集是指各种城市生活垃圾不经过任何处理,混杂在一起收集的一种方式。按照收集的程序和所使用的工具不同,混合收集可分为定点收集和定时收集两种方式。

采用混合收集方式的优点:

①不需要全民参与垃圾分类,方便垃圾产出者。

②各种垃圾混在一起,集中方便。

③不受时间限制,任何时间都可倾倒。

由于混合收集自身的特点,该方式也存在一些问题。一是增加了垃圾无害化处理的难度,如废电池的混入有可能增加垃圾中重金属的含量;二是降低了垃圾中有用物质的纯度和再利用的价值,如废纸会与湿垃圾黏连在一起;三是增加了为处理垃圾(如堆肥)而做的后续分拣工作。

2. 分类收集

源头分类收集是指按城市生活垃圾的组分进行分类的收集方式。一般认为,通过分类收集,可以提高垃圾中有用物质的纯度,有利于垃圾资源化、无害化;省却了后期处理大量的分类风选工作,降低了预处理成本;可以减少垃圾运输、处理的工作量;有利于提高市民的环境意识。但是,垃圾分类收集不可避免地增加了垃圾产出者的工作量。

随着人们环保意识的增强,一些环保工作者根据国外的垃圾管理经验,开始倡导垃圾分类收集,认为垃圾分类收集是搞好城市垃圾管理工作的必由之路,是实现垃圾资源化的最有效途径;认为只要按垃圾组分的不同性质和特点,分别采取相应的处置措施,垃圾就是一种"取之不尽,用之不竭"的再生资源,是一种"摆错位置的财富"。

基于垃圾分类收集的优点,为更好解决城市生活垃圾问题,进一步贯彻实施《固体废物污染环境防治法》和《城市市容环境卫生管理条例》等法律、法规,我国于2000年确定北京、上海、广州、深圳等8个城市为生活垃圾分类收集试点城市。期间有报道指出取得了一定的成果,但到2008年为止,大部分城市取得的效果不佳。2001年,武汉取消了垃圾分类收集;2007年,广州取消了垃圾分类收集;2008年,深圳也取消了垃圾分类收集。其他有些城市的垃圾分类收集也形同虚设。这说明我国的垃圾分类收集存在很多问题。

21.1.2　城市生活垃圾的运输

城市生活垃圾的运输是指垃圾从收集点到转运站的输送过程。它是城市垃圾收运管理系统中最复杂、耗资最大的阶段。目前,实用的城市生活垃圾运输方式有车辆运输和管道运输两种。

运输计划是生活垃圾运输过程的运转摘要。运输计划的选择参数主要是收运频率、使用的工具和运输路线。其中收运频率指的是运输车走收集点垃圾的频度,使用工具的选择主要为车辆吨位和车辆收集方式。

常根据以下原则作为判断运输路线是否合理的准则:

①运输路线不应分离或重叠,由同一区域的街道组成的运输路线应封闭。

②在收运队中每个运输路线总的收集加运输时间应相等。

③运输路线的起始点应尽量靠近车库或停车场,同时必须考虑交通量大的街道和单行道路。

④对交通量大的街道,不应在高峰时间收运。

⑤对于单行道的情况最好从街道的上行端开始收运,沿着下行方向工作,以形成环状工作路径。

⑥如果收集区是一个小山,收集车应沿山的周边在山下收集。

⑦对于只有一个开口的街道的收运工作可以按交叉道路的收运来考虑,因为它们都需要收运车回环通过而完成收运。

⑧收集路线上的只收集街道一侧的垃圾的线路,运输路线应按排为沿着街区的顺时针旋转。

⑨对于一次同时收集街道两侧的垃圾的情况,运输路线在做顺时针回环以前,尽量以长直径的路径穿过街道的交叉处。

⑩对于收运区内的地形特殊的街区,应采用特别的收运方法。

城市生活垃圾中转运输是城市生活垃圾收运处置体系中的重要环节,垃圾运输方式可分为短途运输和长途运输两种。短途运输是采用垃圾收集车从收集点直接运送到垃圾处理场或中转站的垃圾运输;长途运输是采用垃圾收集车将垃圾收集后送到垃圾中转站,再由大型的垃圾运输车将垃圾运往垃圾处理场。

21.1.3　城市生活垃圾的转运

转运是指利用中转站将各分散收集点较小的收集车清运的生活垃圾，转装到大型运输工具，并将其远距离运输到垃圾处理利用设施或处置场的过程。转运站就是指进行上述转运过程的建筑设施与设备。生活垃圾中转站是连接垃圾产生源头和末端处置系统的结合点，起到枢纽作用。

中转站的作用及功能：

①集中收集和储存来源分散的各种固体废物。

②对各种废物进行适当的预处理。

③降低了运输成本，提高了大型垃圾运输车的车厢内垃圾密实度，并且实现了封闭化大运量的垃圾运输，提高了长距离运输时的经济性。

我国城市早期的生活垃圾转运站大部分是属于具有垃圾收集功能的小型垃圾收集转运站。大型机械化程度高的垃圾转运站于20世纪80年代末在北京建成并投入运营后，许多城市开始了大型城市生活垃圾转运站的建设。总地来说，经济发达国家的城市生活垃圾转运输设备、设施的环保措施较好，机械化程度较高，类型较多，并且趋向于大型化和综合化。

对于城市生活垃圾而言，其转运站一般建议设在小型运输车的最佳运输路线距离之内。转运站的选址应考虑以下6个因素：

①应与目前的环境卫生管理体制和环卫作业方式相适应。

②应设置在服务区域内的适中地点。

③应设置在道路条件较好、交通方便的地方。

④应设置在对居民居住区影响小的地方。

⑤应设置在市政条件较好的地方。

⑥应符合城市总体规划和城市环境卫生行业规定的基本要求。

21.2　资源化处理

生活垃圾的资源化处理是指对城市生活垃圾进行仔细分类，然后根据分类后垃圾的不同性质分别采用适宜的方法处理，使不同种类的垃圾均能加以利用，从而真正做到城市生活垃圾的减量化、无害化和资源化。对垃圾进行资源化处理，使其达到从有害到资源的转化，即可保护生态环境，使垃圾无害化、减量化，又可节约或转化出新的可用资源，减少人类对自然资源的索取，实现资源的可持续利用。

城市垃圾资源化主要包括物质回收、物质转换和能量转换3个范畴。根据我国城市垃圾资源的基本特点及开发利用现状，在我国城市垃圾资源化过程中必须坚持以下原则：先考虑垃圾减量化、资源化，节省和加速资源循环；然后考虑垃圾处理处置，加速物质循环和能量回收；最后对残留的不可利用部分进行最终处置。这一原则即要求今后城市垃圾资源化实施可持续开发和利用战略。建立和逐步完善垃圾减量化、废旧物质回收、能源回收、安全填埋的垃圾资源综合开发与利用系统。目前适合我国垃圾资源化回收利用途径及对策有：

①混合收集→堆肥,回收有机肥料,此方式适合中小城市利用。

②混合收集→填埋→产沼直接用于燃烧,适合汽化率为 60% ~80% 的大中城市。

③分类收集→焚烧发电→灰渣填埋→回收金属、玻璃等,适合大中城市利用。

④分类收集→厌氧产沼→沼渣焚烧发电→灰渣填埋→回收金属、玻璃、塑料等,适合汽化率大于 80% 的大、中城市。

⑤分类收集→生化处理、热解、汽化,此方法为近期的发展方向。

21.2.1　制作农肥

城市生活垃圾中有大部分来自厨房和食品,这些垃圾是制造肥料的可贵资源,此种组分含大量有机质,又易降解,制成有机肥料还能改良土壤。人类在发明化学肥料以前,千百年来都是利用人畜粪尿和垃圾堆肥作为农田肥料,后来农民不愿用未经筛分的垃圾制堆肥,既麻烦又不卫生,就逐渐抛弃了这种作业,代之以化肥肥田,方便又速效。但这很快出现城市生态和农业生态上的恶性循环,加剧了垃圾围城、环境污染、土地板结及地力下降。

利用垃圾集中的堆放场地建厂,采用现代化装备和技术,可把经筛分出来的垃圾组分制成优质有机肥料或复合肥料。这种肥料既无毒又卫生,生产具有规模化和标准化。同时,垃圾生化成有机复合肥不仅可以解决垃圾处理问题,而且符合世界肥料的发展方向(世界肥料的发展方向是:单一肥料→无机复合肥→有机无机复合肥)。优质农业提倡有机复合肥的使用,这样可以减少因过量施化肥引起的果品变酸,蔬菜颜色变浅的现象。因此,城市生活垃圾再生成有机复合肥,既能推动我国垃圾资源化的进程,又能促进我国农业上新台阶,其前景十分广阔。

有试验表明,施入垃圾堆肥对促进油菜、小麦生长发育,提高产量和改善品质有一定的作用,对改良棕红壤农化性状的效果很明显。垃圾堆肥中矿质元素与重金属元素在土壤、植株茎叶和籽粒中有一定程度的积累。随施入垃圾堆肥量的增加,土壤中积累非常显著,而植株茎叶和籽粒中的积累则比较缓慢,甚至有下降趋势。

有研究表明,使用城市生活垃圾制成的高效生物有机肥能明显提高作物的总生长量及植株的生长量,可促进果实早熟,提高作物的抗病能力,具有很好的增产效果。使用高效生物有机肥后,土壤中氮、磷、钾、有机质等各主要指标的含量均有不同程度的提高,说明该高效生物有机肥能改善土壤的理化性质,提高土壤肥力。制作农肥是我国资源化的最主要方式,还有垃圾回收利用为橡胶地板砖、精制塑料细粉、制玻璃微珠等,不过这些都特别少。

21.2.2　养殖蚯蚓

利用蚯蚓处理城市垃圾,目前已成为世界各国比较感兴趣的课题,具有资少、见效快、无污染的特点。蚯蚓的消化力极强,它的消化道分泌蛋白酶、脂肪分解酶、纤维素酶、甲壳酶、淀粉酶,除金属、玻璃、塑料、橡胶外,几乎所有的有机物都可被它消化,蚯蚓的食量很大,若养 1 亿条,一天可吞食 40 ~50 t 垃圾,排出约 20 t 蚯蚓粪。

蚯蚓粪是很好的有机肥料,肥效比原垃圾有明显的提高。此肥养分全、肥效长、无臭、多孔、呈团粒结构,具有化学肥料不能相比的优点,可作为城市花卉、绿化树木、乡村蔬菜和农作物的肥料资源。蚯蚓体内的蛋白质含量很高,是一种潜力很大的经济动物,可作为牲畜、家禽等动物饲料。此外蚯蚓还是医药和化工的重要原料。因此处理垃圾所获得的蚯蚓粪和蚯蚓,可以带来较大的经济效益。我国近几年来也开始考虑利用蚯蚓处理垃圾及废物。如北京市环境卫生科学研究所、重庆第一师范学校、渝州大学师范部、武汉市环境卫生科学研究所和辽宁省化工设计院,都先后在这方面有过研究,摸索出蚯蚓处理城市垃圾的基本规律,为我国城市垃圾处理厂大规模利用蚯蚓处理垃圾积累了经验,在技术上提供了可行的依据和方法。

21.2.3　焚烧发电

目前,世界每天排放的城市垃圾多达 27 Mt,而且其排放速度每年以 8% ~10% 递增。20 世纪 80 年代以来,世界各国都开始研究开发垃圾能源,成为研究垃圾处置的热点,进而形成了新的能源研究分支——城市垃圾能源学。由于垃圾中含有大量的有机可燃废弃物热值较高,如废纸可以达到 16 884 kJ/kg、废塑料 32 830.6 kJ/kg、纺织品 17 589.6 kJ/kg、废橡胶 23 446.1 kJ/kg、园林废物 6 562.1 kJ/kg、城市垃圾 5 040 ~5 880 kJ/kg 等。据美国和日本等国的测定表明,城市垃圾的热值与褐煤、油页岩成分相似,大约 2 t 垃圾的热能相当于 1 t 煤,焚烧 1 t 垃圾相当于燃烧 0.2 t 石油,焚烧 1 kg 垃圾可得到 5 040 ~5 880 kJ 的热量,约为城市煤气热量的 30%。如果按现在日本的技术计算,全球每天产生的垃圾全部用于焚烧发电,则每天可发电 10.8×10^9 kW · h。若将日本每年产生的垃圾全部焚烧发电,则可发电 7.8×10^9 kW · h。若将美国的城市固体废弃物全部变成能源,则可满足全国所需能源的 3% ~5%。若将我国 1995 年的城市垃圾 122.39 Mt 全部用于焚烧发电,则可发电 49×10^9 kW · h。

笔者经过估算,全球固体废弃物每年的潜在能源为 5.36×10^{16} kJ,相当于目前世界总能耗 5.56×10^{17} kJ 的 1/10;若将全球垃圾全部用于焚烧发电,则每年可发电 3.94×10^{12} kW · h,相当于 1987 年世界电力工业总发电量 1.06×10^{13} kW · h 的 37%。垃圾是一种连续不断地、可以无限期开发利用的资源,充分利用城市生活垃圾的热值可以为世界节约巨大的能源。

21.2.4　存在的问题

①城市生活垃圾的混合回收的方式加大了垃圾资源化的难度。我国城市生活垃圾基本上属于混合回收,从回收的垃圾中风选有用物质。在目前风选技术差的情况下,需大量的人力、物力和财力,不利于城市生活垃圾的资源化利用。

②城市生活垃圾资源化技术落后。我国城市生活垃圾中无机成分多于有机成分,不可燃成分多于可然成分,不可堆腐成分多于可堆腐成分,资源化难度大,经济效益差。

③城市生活垃圾的资源化资金不足。我国城市生活垃圾的处理费用主要来自于政府,金额有限,而建大型的卫生填埋场或焚烧厂需大量资金,造成城市生活垃圾资源化基础设施差。

④法规不健全,管理不完善。当前,我国把垃圾处理的重点放在减量上,对垃圾资源化不够重视,无相应的资源回收法,管理差,而且目前的管理体制不利于垃圾的资源化。

⑤资源化意识淡薄。随着生活水平的提高,人们的消费观念随之改变,资源的回收观念淡薄,回收难度大。

我国是发展中国家,受经济条件、科学技术等方面的限制,填埋是现阶段我国大多数城市垃圾处理的最主要方式,但由于处置方式不规范、投入少等原因,填埋场气体及渗滤液问题突出,对环境的即时和潜在的危害都很大,垃圾污染事故频出,严重破坏了城市生态系统的平衡,故已成为一个亟待解决的社会问题。国外在垃圾资源化利用方面有很多成功的经验,我们应该借鉴其有益的做法,采取积极有效的分类收集措施,促进各类有用垃圾的回收利用,同时我国应适当调整垃圾处理政策,本着“谁污染, 谁负担”的原则,制定有效的管理政策,研究和推广经济上合理、技术上切实可行的实用技术,使得垃圾在直接回收利用、产能发电、生物堆肥、制造建筑材料等再生利用方面实现资源的永续利用,走可持续发展的道路。

21.3 其他处理技术

除资源化处理外,城市生活垃圾的处理,国内外用得最多的是卫生填埋、堆肥和焚烧3种。

21.3.1 卫生填埋

卫生填埋技术就是将城市垃圾填入大坑或洼地中,垃圾和地面接触部位铺有一定厚度的黏土层或高密度聚乙烯材料等作衬层,以阻止垃圾渗滤液渗入地下污染地下水体;场地底部敷设排水管道,用于渗滤液的收集和处理;垃圾体内部有导气系统,将填埋气导出燃烧或利用;场地周围设截洪沟阻止洪水进入场内。卫生填埋场在设计上必须严格选择具有适宜的水文地质结构的场址,填埋场封场后可以恢复地貌和维护生态平衡。卫生填埋技术简便,投资和运行费用较低,适应性强,是其他方法不可替代与不可缺少的最终处理手段。但填埋场占地相当大,大量有机物和电池等物质的填埋,使卫生填埋场渗滤液防渗透、收集处理系统负荷和技术难度大,填埋操作复杂,管理困难,处理后污水也难以达标排放。此外,填埋垃圾产生的甲烷、硫化氢等沼气治理困难,很多垃圾填埋场经常发生沼气爆炸的事故。

国外垃圾填埋技术比较成熟,多数国家城市生活垃圾处理以填埋为主。2000 年,美国城市垃圾卫生填埋占 67%,英国占 83%,德国占 68.9%,日本占 23%。填埋也是我国目前大多数城市解决生活垃圾出路的最主要方法,2005 年底全国共有 365 座生活垃圾填埋场,约 85% 的城市生活垃圾采用填埋处理,但由于受经济技术条件限制,对城市垃圾基本上不经任何处理,采取城外自然填沟、填坑的原始方式进行简单的露天堆放,造成了严重的垃圾围城现象。

21.3.2 堆肥

堆肥是利用垃圾或土壤中存在的细菌、酵母菌、真菌等微生物,使垃圾中的有机物发生生物化学反应而降解(消化),形成一种类似腐殖质土壤的物质,可作肥料或土壤改良剂。堆肥法操作一般分为 4 步:①预处理,剔出大块的及无机杂品,将垃圾破碎筛分为匀质状,匀质垃圾的最佳含水率为 45% ~60%,碳氮比为 (20 ~30):1,达不到需要时可掺进污泥或粪便;②细菌分解(或称为发酵),在温度、水分和氧气适宜条件下,好氧或厌氧微生物迅速繁殖,垃圾开始分解,将各种有机质转化为无害的肥料;③腐熟,稳定肥质,待完全腐熟即可施用;④储存或处置,将肥料储存或另作填埋处置。堆肥包括好氧堆肥和厌氧堆肥两种方式。厌氧堆肥是处理废弃物的一种传统方法,多采用人工堆制。厌氧堆肥处理工艺简单,成品中能较多地保存氮,但堆肥周期过长,占地面积大,有臭味,卫生条件差,有些物质不易腐烂,一些病菌不宜被杀死。好氧堆肥又称为高温堆肥,可以利用现代技术和机械处理垃圾。其特点是:在好氧条件下,物料分解比较彻底,卫生条件好,大部分病菌可杀死,堆肥周期短,效率高。

国外实行了严格的垃圾分类,杜绝了危险废物的混入,且政府的一些配套法规禁止使用化学肥料,提高了利用生物肥料的积极性。其堆肥技术和堆肥方法都比较先进,实际运行过程中取得了良好的效果。加之欧洲由于推行填埋税,使得垃圾填埋处理的费用明显提高,许多国家的垃圾堆肥场逐年增加,英国的垃圾堆肥场也从 1990 年的 4 座增加到 1996 年的 57 座。至 1999 年,德国共有垃圾堆肥场 550 座,堆肥设施年处理垃圾约 650 万 t。近年来,我国在城市生活垃圾处理的专用堆肥机械、发酵理论的形成、参数的验证、发酵仓构造、风选机的研制等方面均取得了丰硕成果,至 2000 年,全国堆肥场已由 1991 年的 26 座发展到 50 座,堆肥处理量约占垃圾总量的 5%。

21.3.3　焚烧

焚烧法是将生活垃圾在专用锅炉中焚烧,产生热量用于发电或直接利用,燃烧后的残灰仅为原废物体积的 5% 以下,从而大大减少了固体废物量。垃圾焚烧过程分为干燥、燃烧和烧透 3 个阶段:第一阶段,通过将烟气送经物料层而形成的热辐射和与热空气的热交换,使垃圾得以干燥;第二阶段,在燃烧中绝大部分垃圾要燃尽,因此要保持物料充分翻动,使垃圾与空气充分接触,以保证垃圾的充分燃烧;第三阶段,要用小风量对物料层进行深度扩大,并保证足够的燃烧时间及炉壁的热量保持,使难燃烧物料和焦化残渣烧透。焚烧技术是符合减容化、无害化、稳定化等垃圾处理原则的有效方法。然而经过上百年的实践后,焚烧法的弊病逐渐突显,表现在燃烧过程中会产生大量的有毒有害气体,尤其是二噁英类污染物,属于一级致癌物,严重危害环境和人体健康;焚烧灰烬中的有毒有害物质更多、更难处理。此外,焚烧法的巨额耗资和对资源的浪费也是一般城市难以承受的。另外,我国引进的垃圾处理设备还是以直接焚烧为主,可回用的、不可回用的资源一概进炉焚烧,不能适应城市垃圾低热值、高水分等特点,需要添加油料助燃,增加了运营成本。

随着垃圾焚烧的维权风波在全球范围内愈演愈烈,垃圾焚烧法在国内外已开始进入萎缩期。目前有超过 15 个国家和地区,通过了对焚烧垃圾的部分禁令,新的垃圾焚烧炉在欧洲几乎没有市场。许多欧洲国家均已承诺 2020 年前停止在环境中排放任何有害物质,这意味着焚化炉排放的烟气或灰烬,均不能含有害化学物质,这是目前的焚化技术难以达到的。焚烧法目前在我国处于起步阶段,我国在役和在建的大型现代化生活垃圾焚烧炉的共同特点是燃烧设备均由国外引进。一方面投资巨大;另一方面由于国内外生活水平的差异,我国城市生活垃圾的成分与国外相差较大,且其热值较低、变化范围较大,所以仍存在不少急需解决的问题。

第22章 固体废物最终处理与综合利用

在当前技术条件下无法继续利用的固体污染物质,由于其自身降解能力很弱,可能长期停留在环境中,对环境造成潜在的危害。固体废物的处置就是将这些可能对环境造成危害的固体污染物放置在某些安全可靠的场所,最大限度地与生物圈隔离。

22.1 海洋处置

海洋是地球上占有面积最大、分布最广的一种媒体,地球表面的2/3多为海洋所覆盖。海洋处置就是利用海洋巨大的环境容量和自净能力,将固体废物消散在汪洋大海之中。而且大海远离人群,污染物的扩散不容易对人类造成危害。

根据处置方式,海洋处置分为远洋倾倒和海洋焚烧两种。远洋倾倒操作很简单,直接倾倒或先将废物进行预处理后再沉入海底,要求选择合适的深海海域,运输距离不是太远,又不会对人类生态环境造成影响。远洋焚烧用焚烧船在远海对废物进行焚烧破坏,主要用来处置卤化废物、冷凝液及焚烧残渣直接排入海中。它能有效保护人类周围的大气环境,凡不能在陆地上焚烧的废物,采用远洋焚烧是一个较好的办法。

对于海洋处置主要应考虑以下几方面问题:①处置之前,应通过小型试验来研究可能对生态环境的影响;②对废物进行全面分析测试,参照有关国际公约和国内的管理条约,确定废物海洋处置的可能性和可行性;③可以用其他方法处置的废物,要通过经济比较来决定是否采用海洋处置,当然也必须进行社会效益和环境效益的分析。

22.1.1 远洋倾倒

1. 理论依据及处置对象

远洋倾倒是指利用船舶、航空器、平台及其他载运工具,向海洋倾倒废物或其他有害物质的行为。远洋倾倒的理论依据:海洋是一个庞大的废物接受体,对污染物质有极大的稀释能力。对容器盛装的有害废物,即使容器破坏,污染物质浸出,也会由于海水的自然稀释和扩散作用,使海洋环境中污染物保持在容许水平的限度。

远洋倾倒处置对象分为3类:禁止倾倒的废物;需要获得特别许可证才能倾倒的废物;获得普通许可证即可倾倒的废物。

一类废弃物被列入“黑名单”中,包括:①含有机卤素化合物、汞及汞化合物、镉及镉化合物的废弃物;②强放射性废弃物及其他强放射性物质以及含有上述物质的阴沟污泥和疏浚物、原油及其废弃物;③渔网、绳索、塑料制品及其他能在海面漂浮或在水中悬浮、严重妨碍航行、捕鱼及其他活动或危害海洋生物的人工合成物质。除非在陆地处置会严重危及人类健康,而把这类物质向海洋倾倒是防止威胁的唯一办法时,经国家海洋主管部门批准,获得紧急许可证,方可在指定的区域按规定的方法倾倒。

二类废弃物被列入“灰名单”,包括:①含砷、铅、铜、锌、铍、铬、镍、钒及其他化合物、有机硅化合物、氰化合物、氟化物等的废弃物；②含弱放射性物质的废弃物；③各种废金属和金属容器及某些杀虫剂等。向海洋倾倒这类废弃物，要采取特别有效的措施，以减少对海洋环境的有害影响。倾倒“灰名单”废弃物必须事先获得特别许可证。

三类废弃物被列入“白名单”，是指除一、二类以外的其他无毒无害或毒性害处轻微的其他废弃物。倾倒“白名单”废弃物应当事先获得普通许可证。

2. 远洋倾倒操作程序

首先根据有关法律规定选择处置场地，然后根据处置区的海洋学特性、海洋保护水质标准、废物的种类选择倾倒方式，进行技术可行性和经济分析，最终按设计的倾倒方案进行投弃。

3. 倾倒海域的选择

一般根据以下原则选择倾倒海域：

①一般应根据距离陆地的远近、海水的深度、洋流的流向以及对渔场的影响等因素来确定，场址要符合有关的海洋法规，不影响海洋性质标准，不破坏海洋生态平衡。

②选择远离陆地的海沟处且洋流向深海的地方一般比较可靠，但是要考虑运输的费用，安全的海洋处置地点一般都要花费高额运输费用。

③海洋倾倒区由海洋主管部门会同有关机构，按科学合理、安全和经济的原则划定，公海倾倒则以国际公约为标准；需要海洋倾倒废物的单位，应事先向主管部门提出申请，要在获得倾倒许可证以后，并经有关部门核准废物的种类、性质及数量才能进入指定区域倾倒。

22.1.2　远洋焚烧

远洋焚烧其法律定义是指以高温破坏有毒有害废物为目的，而在远离人群的海洋焚烧设施上有意地焚烧废物或其他物质的行为。远洋焚烧设施包括用于此目的的船舶、平台或其他人工构筑物，主要用于处置各种含氯有机废物。

远洋焚烧与陆上焚烧的区别在于，在大洋中焚烧时所产生的氯化氢气体经冷凝后可直接排入海中稀释，焚烧后的残渣也可直接倾入大海。含氯有机物完全燃烧产生的水、CO_2、HCl及氢氧化物排入海中后，不会对海水中氯的平衡发生破坏，因其中碳酸盐的缓冲作用，HCl进入海洋后，不会影响其酸度。另外，远洋焚烧的处置费用比陆地便宜，因为它对空气净化的要求低，工艺相对简单。据报道，每吨废物焚烧处置费用为50~80美元。

同海洋倾倒管理程序一样，需要进行远洋焚烧的单位，首先要向主管部门提出申请，在其远洋焚烧设施通过检查，获得焚烧许可证后，方能在指定海域进行焚烧。

为防止环境遭到破坏，同时保护焚烧工作时的安全，根据发达国家的经验和国际公约的有关规定，远洋焚烧操作必须满足以下基本要求：

①焚烧器要有供给空气和液体的液、气雾化功能，一般用同心管制成输送管。

②焚烧温度要控制在1 250 ℃以上。

③焚烧器的燃烧效率（Y_r）应达到99.9%以上。Y_r的计算公式为

$$Y_r = (c_{CO_2} - c_{CO}) / c_{CO_2} \times 100\%$$

④焚烧器的炉台上不应有黑烟或火焰延露。

⑤配有现代化通信设备，焚烧过程随时对无线电呼叫作出反应。

⑥焚烧有机废物,应用双层结构的船舱储运废物,并将废物盛在甲板下的船舱中(底层装水或其他),以防止因触礁泄漏而造成海洋污染。

远洋焚烧是否对全球大气造成明显污染,是否会破坏生态环境,一些国家对此还持谨慎态度,美国环保局曾认为,与土地处置相比,远洋焚烧应该为一种人们可以接受的较好的方法。1986 年 5 月,美国环保局又否定了化学废物管理处关于在海上进行一次化学废物焚烧试验研究的申请,并规定在包括远洋焚烧在内的管理条例颁布之前,不准在海上进行任何类型的焚烧。目前,已有越来越多的国家和地区关注海洋处置问题,共同的指导思想是,既不能放弃海洋这一巨大的环境容量空间,又不能让其受到污染而危害人类生存。

22.2　陆地处置

陆地处置的处置场所在陆地的某处,可分为土地填埋处置、土地耕作处置等方法。陆地处置具有方法简单、操作方便、投入成本低等优点,但是,处置场所总是和人类活动及生物圈循环有关,相对来说其安全感较低,人们总担心会产生二次污染。

22.2.1　土地填埋处置

土地填埋处置固体废物的历史最悠久,应用也最广泛。从绝对意义上讲,只要经过适当的预处理,任何废物均可通过填埋进行处置。土地填埋包括卫生土地填埋和安全土地填埋。下面主要介绍卫生土地填埋。

卫生土地填埋用于一般城市垃圾与无害化的工业废渣,是基于环境卫生角度的填埋。

卫生土地填埋是将被处置的固体废物如城市垃圾、炉渣、建筑垃圾等进行土地填埋,以减少对公众健康及环境卫生的影响。

1. 场址的选择

卫生土地填埋场是有毒、有害废物的“坟墓”,其主要作用是把人类活动产生的一些有害废物与生物圈隔离,以防止造成污染,保护好环境。选择合适的场址是卫生土地填埋的关键,对场址的具体要求如下:

(1)确定填埋场的面积

根据垃圾的来源、种类、性质和数量确定场地的规模,要有足够的面积,满足 10～20 年的服务区垃圾的填埋。

(2)运输距离

其长短对今后处置系统的整体运行有着决定性的意义,既不能太远,又不能对环境造成影响,同时要交通便利。

(3)土质与地形条件

底层土壤要求有较好的抗渗能力,防止渗出液污染地下水。场区有覆盖的黏土,以降低运输费用,增加填埋容量。土质应易于压实,防渗能力强。地形要有较强的泄水能力,便于施工操作及各项管理。天然泄水漏斗及溶沟、溶槽等洼地不宜选作填埋场。

(4)气象条件

一般应选择蒸发量大于降水量的环境,要避开高寒山区选址。选择背风的地点作填埋场,尽量让风朝着填埋作业的方向吹。

(5)地质、水文地质条件

应全面掌握填埋区的地质、水文地质条件，避免或减少浸出液对该地区地下水源的污染。一般要求地下水位尽量低，距底层填埋物至少有1.5 m。

(6)环境条件

填埋场要尽量避开居民区，要适当远离城市，并尽量选建在城市的下风向。

(7)场地的最后利用

填埋场封场以后，要求有相当面积的土地能做他用。

2.场地的设计

(1)场地面积和容量的确定

场地的面积和容量与城市的人口数量、垃圾的产率、废物填埋的高度、垃圾与覆盖材料量之比以及填埋后的压实密度有关。场地覆土和垃圾体积之比为1:4或1:3，填埋后废物的压实密度为500～700 kg/m^3，场地的容量至少供使用20年。

同时要注意实际占地面积确定之后，还要考虑场地周围土地的使用，要注意保留适当的缓冲区，并注意根据有关标准确定场地的边界。填埋场地的容量也要根据当地的发展规划，留有充分的余地。

(2)地下水保护系统设计

①设置防渗衬里：就是在填埋垃圾和土体之间设置一不透水层。衬里分人造(沥青、橡胶和塑料薄膜)和天然(黏土：渗透系数小于10^{-7} cm/s，厚度至少为1 m)两种。

②设置渗滤水的集排水设施：使渗滤水迅速导向处理设施并通过集水管向填埋层内供给空气，以使填埋物早期稳定化。另外，还需设置导流渠或导流坝，减少地表径流进入场地。选择合适的覆盖材料，防止雨水渗入。

③渗滤液收集系统的设置原则：尽可能收集渗出的所有渗滤液，并能从填埋场中导排出来。浸出液产生量的简便计算公式为

$$Q = CIA/1\,000$$

式中，Q为日平均浸出液量，m^3/d；C为流出系数，%；I为平均降雨量，mm/d；A为填埋场集水面积，m^2。

④渗滤水的集排工程：收集系统可由300 mm厚层流层、盲沟(或穿孔管)铺设而成，管道或沟道以大于等于1%的坡度坡向集水井或污水调节池；集水井的尺寸应满足水泵的安装要求并保证5 min以上的给水量；收集系统必须在封场后10～15年内保持有效。还应具有抗化学腐蚀的功能；渗滤水在处理前先进入污水调节池，其容量应保证足够容纳渗滤水量并能承受暴雨的冲击负荷；渗滤水的处理尽量与城市污水处理相结合。如需单独处理，其规模和工艺应本着经济可行的原则确定。

(3)气体的产生及控制

①气体的生成。不同阶段产生的气体组成是不同的。气体的主要成分由CO_2、H_2O和NH_3转变为CH_4、CO_2、NH_3和H_2O及少量的H_2S，并趋于稳定。图21.1所示为卫生土地填埋过程中产生的气体组分变化。气体的产生量和产生速度与处置的垃圾种类有关，主要与有机物中可能分解的有机碳成比例，即

$$G = 1.866 \times C_g/c$$

式中，G为气体产生量，L；C_g为可能分解(汽化)的有机碳量，g；c为有机物中的含碳量，g。

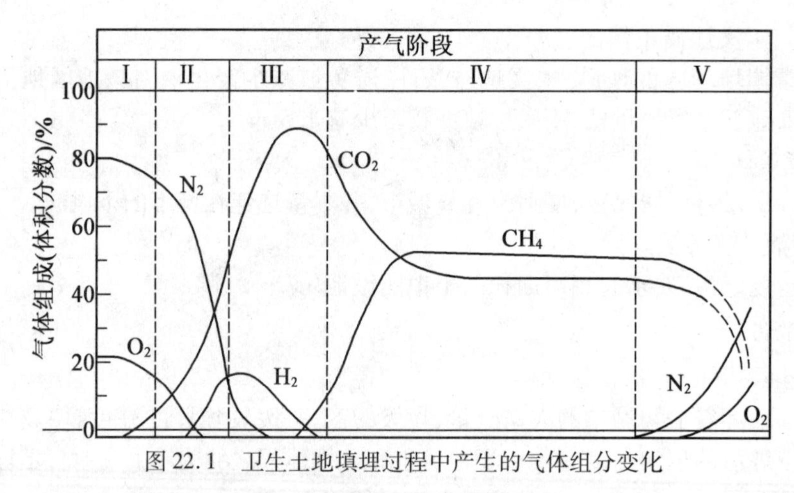

图 22.1　卫生土地填埋过程中产生的气体组分变化

I—生化好氧分解阶段；II—过程转移阶段；III—酸性阶段；IV—产甲烷阶段；V—稳定化阶段

②气体控制。

a. 可渗透性排气。如图 22.2 所示，控制气体按水平方向运移，在填埋时用沙石建造出了排气孔道，气体会自动沿通道水平运动进入收集井。排气孔道的间隔与填筑单元的宽度有关，一般为 20 m 以上，砾石层的厚度为 30 ~ 40 cm。

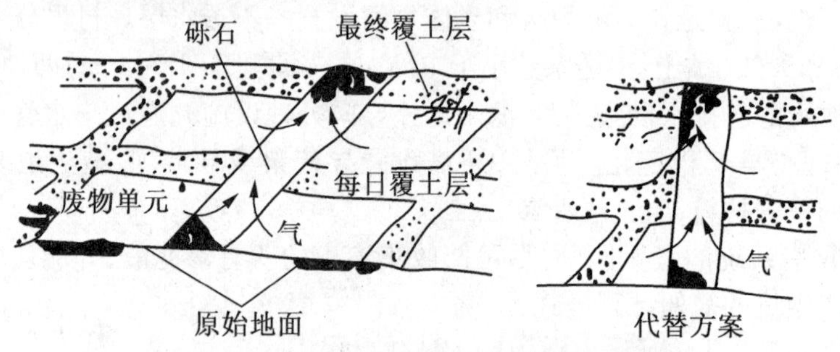

图 22.2　控制水平排气的渗透性排气系统

b. 不可渗透阻挡层排气。如图 22.3 所示，在不透气的顶部覆盖层中安装收集井和排气管，收集井则与浅层砾石排气道或设置在填埋场废物顶部的多孔集气支管相连接。

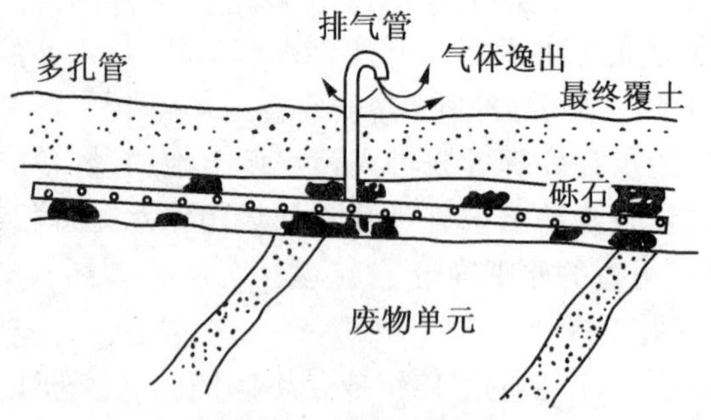

图 22.3　阻挡层排气系统

(4) 填埋方法

①沟槽法。把废物铺撒在预先挖掘的沟槽内，然后压实，把挖出的土作为覆盖材料铺撒在废物之上并压实，即构成基础的填筑单元结构。沟槽法适宜于地下水位较低，且有充分厚度的覆盖材料可取。沟槽大小需根据场地大小、日填埋量及水文地质条件决定，通常

长度为30～120 m,深为1～2 m,宽为4.5～7.5 m。沟槽法具有覆盖材料就地可取,每天剩余的挖掘材料可作为最终表面覆盖材料等优点。沟槽法示意图如图22.4所示。

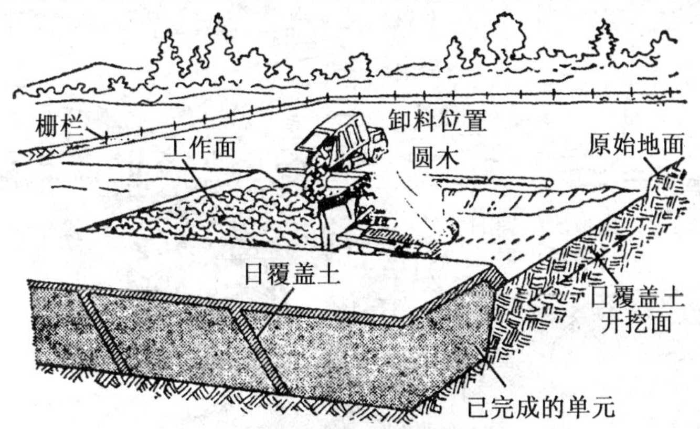

图22.4　沟槽法示意图

②地面法。把废物直接铺撒在天然的土地表面上,按设计厚度分层压实并用薄层黏土覆盖,然后再整体压实。地面法可在坡度平缓的土地上采用,适用于处置大量的固体废物。但开始要建造一个人工土坝,倚着土坝将废物铺成薄层,然后压实。最好选择峡谷、山沟、盆地、采石场或各种人工或天然的低洼区作填埋场,但要保证不渗漏。地面法具有不需开挖沟壑或基坑的优点,但要另寻覆盖材料。地面法示意图如图22.5所示。

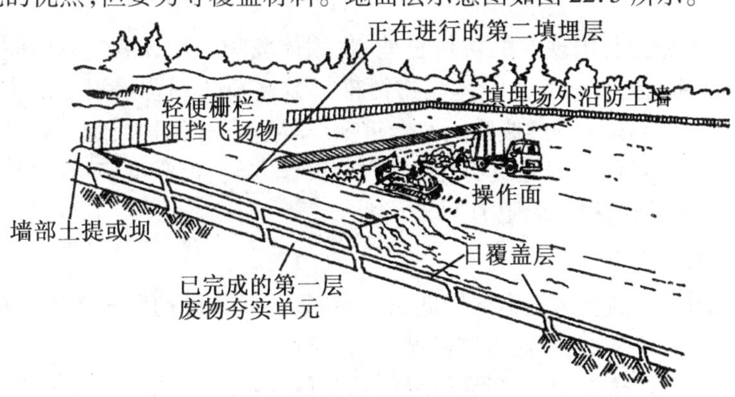

图22.5　地面法示意图

③斜坡法。它是把废物直接铺撒在斜坡上,压实后用工作面前直接得到的土壤加以覆盖,然后再压实。斜坡法主要是利用山坡地带的地形,实际是沟槽法和地面法的结合。其特点是:占地少,填埋量大,挖掘量小。斜坡法示意图如图22.6所示。

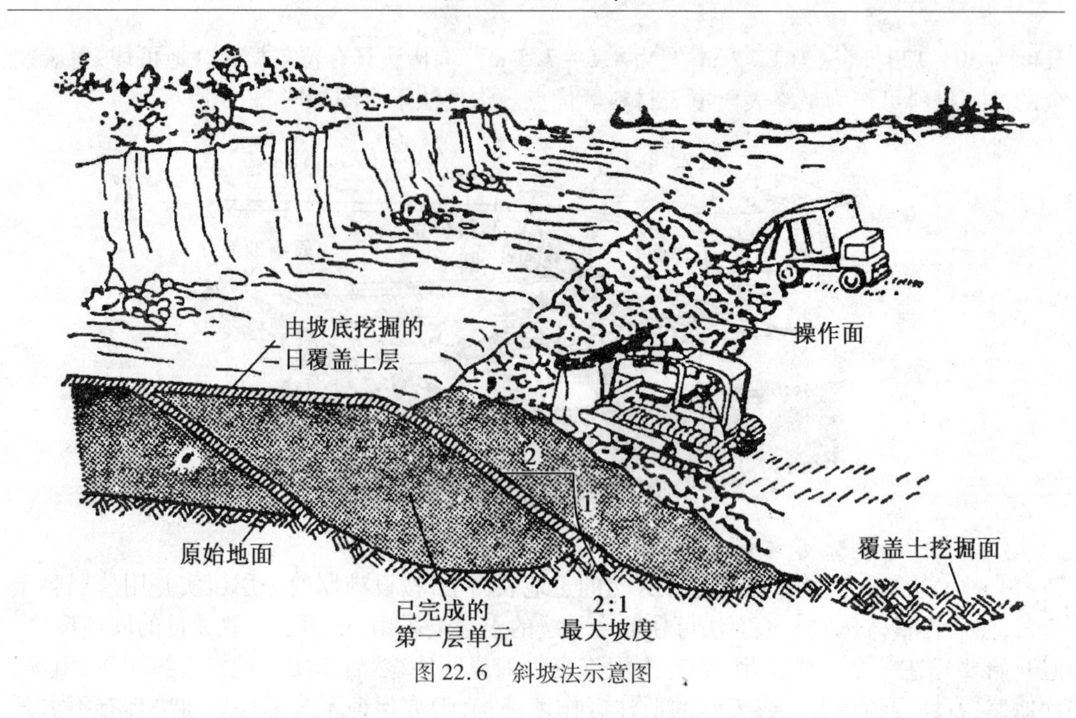

图 22.6　斜坡法示意图

22.2.2　土地耕作处置

土地耕作处置是指利用现有的耕作土地，将固体废物分散在其中，在耕作过程中由生物降解、植物吸收及风化作用等使固体废物污染指数逐渐达到背景程度的方法，通常用于处置含较多可生物降解有机物的废物。对含重金属等有毒有害物质绝不可使用，以防进入生物循环系统。土地耕作处置是具有工艺简单、操作方便、投资少、对环境影响小等优点，并能改善某些土壤的结构和增加肥力。

1. 土地耕作处置机理

土地耕作利用巨大的且污染指标较低的土壤循环系统，借助系统中大量微生物的代谢作用来分散和降解固体废物，并促进这一循环的进行。

进入土壤中的可降解废物，一般经过微生物分解、浸出、沥滤、挥发、生物吸收等复杂的生物化学过程被分解后，其一部分组分结合到了土壤底质之中，另一部分转化为二氧化碳。残余的碳在有机氮和磷酸盐的共同作用下被微生物的细胞群吸收，最终像天然有机物一样被保留在土壤中，并等待植物来“取用”；废物中不能生物降解的组分，则永久地储存在耕作土中。因此，土地耕作处置实际上是对有机物消化、对无机物储存的综合性处置方法。

土地耕作对所处置的废物的质和量均有一定的限制，通常处置含有较丰富、易于生物降解的有机质和含盐较低、不含有毒害物质的固体废物。当这类废物在土壤中经各种作用后，大部分有机质被降解。一部分与土壤底质结合，改善土壤结构，增长肥效，另一部分挥发于大气中。未被分解的部分则永久存留于土壤中。这种处置方法可用于经加工、处理后的城市垃圾，污水处理厂的污泥，石油残渣，制药及有机化工渣等可以生物降解的废物。

2. 影响因素

土地耕作处置受多种因素制约，除固体废物本身性质外，主要受土地的地形、土壤成分、性质、含水率与当地气候条件影响。一般要求耕作的土地平整，坡度应小于5%，以防止表土过量流失,土壤中性偏碱为宜。土地耕作处置在好氧条件下进行,土壤中必须保持适量的空气,因此只有在旱田中操作,土壤中适宜的含水率为 6% ~20% 。由于生物降解作用受温度的显著影响,必须根据季节进行操作,温度低于 0 ℃时,不宜操作。

(1)废物成分

废物的组成特点直接影响土地耕作处置的环境效果,有机成分在天然土体中较易降解且能提高肥效,一些无机组分则可改良土壤的结构,而过高的盐量和过多的重金属离子则难以得到有效的处置。在处置期间,废物的处置总量主要取决于土壤的阳离子交换容量和废物中有害金属离子的总量。据报道,用土地耕作法处置污泥时,每千克污泥中的重金属最高含量限定为:Cd 10 mg、Hg 10 mg、Cu 100 mg、Ni 200 mg、Pb 1 000 mg、Zn 2 000 mg。废物中还不能含有足以引起空气、底土及地下水污染的有害成分。

(2)土地耕作深度

由于光照、水分和氧量的影响,微生物种群在土壤中不同深度的分布很有规律,一些上层土壤中的微生物的种群和数量最多,往深处将逐渐减少。一般选择耕作处置的土层深度为 15 ~20 cm。固体废物的铺撒和操作方法与一般施肥、耕作无异。土壤中如含有足够的氮与磷,一般可不必额外增加氮磷肥,否则,耕作时应另施加氮磷肥料,以维持微生物的营养条件。

(3)气温条件

微生物生存繁殖的最佳气温条件一般为 20 ~30 ℃。在低温条件下,微生物的活动明显减弱,甚至停止活动。因此,生物降解作用也会终止。土地耕作处理要避开寒冷的冬季,春夏季节最适宜。

(4)废物的破碎程度

废物的比表面积越大,废物与微生物的接触就越充分,其降解速度就越快、越彻底。为此,采取对固体废物进行破碎预处理或采用多次连续耕作的方法,能起到增加废物和微生物接触的作用,加快微生物降解。

3. 场地确定

确定场地的基本原则是安全、经济合理。所谓安全,就是要求选作耕作处置的土地不会受到污染,农作物、地下水、空气等都不会受到污染,对人类有益而无害;经济合理则要求运输距离近,倒撒废物方便,并将对土壤具有提高肥效、改良土壤结构的作用。

选好的场地应该具有以下基本条件:

①应避开断层、塌陷区,防止下渗水直接污染地下水和地表水源。

②耕作处置土层应为细粒土壤,即土壤自然颗粒大多应小于 73 μm。

③处置场地要远离饮用水源 150 m 以上,耕作处置层距地下水位应在 1.5 m 以上。

④贫瘠土壤适于处置高有机物成分含量的废物;结构密实的黏土适于处置孔隙率高的、结构疏松的无机废物和废渣等。

4. 操作方法

(1)场地的准备

所选场地应远离居民区。土地要求首先进行平整处理,表面坡度应小于 5%。耕作区之内或 30 m 以内的井眼、洞穴都要予以堵塞,以防止污染水源。耕作区土壤的 pH 值应大于6.5,最好保持在7~9。为安全起见,处置场四周应设置篱笆予以隔离。为了防止污染,耕作区还可以设置人工地表引流工程。

施放废物之前,应用圆盘耙、犁或其他碎土器械对土壤进行耕作。采用点施放时(如耕种果树),也应将耕作点的土壤翻松捣碎,以便于更好地降解有机物。

(2)废物铺撒和混合

废物铺撒和混合的要求是:

①不得使混合处置区变为厌氧环境,对有机物饱和的土壤不宜处置高有机物成分的废物。

②不在气温小于等于零时施用有机废物。

③废物混合后,土壤的 pH 值仍应在6.5以上。

④辅助氮和磷的添加量不应超过推荐的施用量。

⑤废物铺撒混合要均匀,一般需使用圆盘耙或旋转碎土器反复耕翻6次。

(3)后期管理

加强后期管理是确保土地耕作处置安全有效的关键。为此应做到以下几点:

①为了促进生物降解,处置土地要定期进行翻耕,并定期进行取样分析。

②要掌握不同环境条件下微生物的降解速度,并科学地决定下次施用废物的时间。

③处置层以下的土壤也要定期采样分析,监测废物浸出液对地下水污染的行为特征。

22.3　深井灌注处置

深井灌注是将固体废物液体化,用强制性措施注入与引用地下水层隔绝的可渗透性岩层内。在某些情况下,它是对有害废物的安全处置方法。但也有人认为这种处置缺乏远见,一旦产生裂隙就可能导致蓄水层的污染。

深井灌注处置系统要求适宜的地层条件,并要求废物同岩层间的液体、建筑材料及岩层本身具有相容性。适宜的地层主要有石灰岩层、白云岩层和沙岩层。在石灰岩或白云岩层处废物,容纳废液的主要依据是岩层具有空穴型孔隙,以及断裂层和裂缝。沙岩层处置废液的容纳主要依靠存在于穿过密实沙床的内部相连的间隙。

深井灌注方法主要是用来处置那些难于破坏、难于转化,不能采用其他方法处置或采用其他方法费用昂贵的废物,如高放射性废物等。

深井灌注的程序主要包括地层的选择、井的钻探与施工、操作与监测等。

1. 地层的选择

深井灌注处理的关键是选择适宜的地层,其应满足以下条件。

①处置区必须位于地下饮用水层之下。

②岩层的空隙率高,有足够的容量,面积较大,厚度适宜,能在一定的压力下将灌注液以适宜速度注入。

③有不透水岩层或土层与含水层相隔,以保护地下水层和矿藏。

④岩层结构与原含有的液体能和注入的废物相容。供深井灌注的地层一般有石灰岩或沙岩,不透水的地层可以是黏土、页岩、泥灰岩、结晶石灰岩及粉沙。

在地质资料比较充分的条件下,可根据附近的钻井记录估计可能有的适宜地层位置。

为了证实确定不透水性层的位置、地下水位以及可供注入废物地层的深度，一般需要钻勘探井，对注水层和封存水取样分析。同时进行注入试验，以选择确定理想的注入压力和注入速率，并根据井底的温度和压力进行废物和地层岩石本身的相容性试验。

2. 井的钻探与施工

深井灌注处置井的钻探与施工和石油天然气井的钻探技术相似。其目的是：探明地层结构，寻找适宜的地层结构及适宜的灌注岩层。在钻探过程中，要采集岩芯样品经分析后确定处置区对废物的容纳能力。凡与废物接触的器材，都应根据其与废物的相容性来选择。井内灌注管道和保护套管之间的环形空间需采用杀菌剂和缓蚀剂进行保护处理。图 22.7 为位于石灰岩或白云岩层的处置区的深井灌注处置井剖面图。

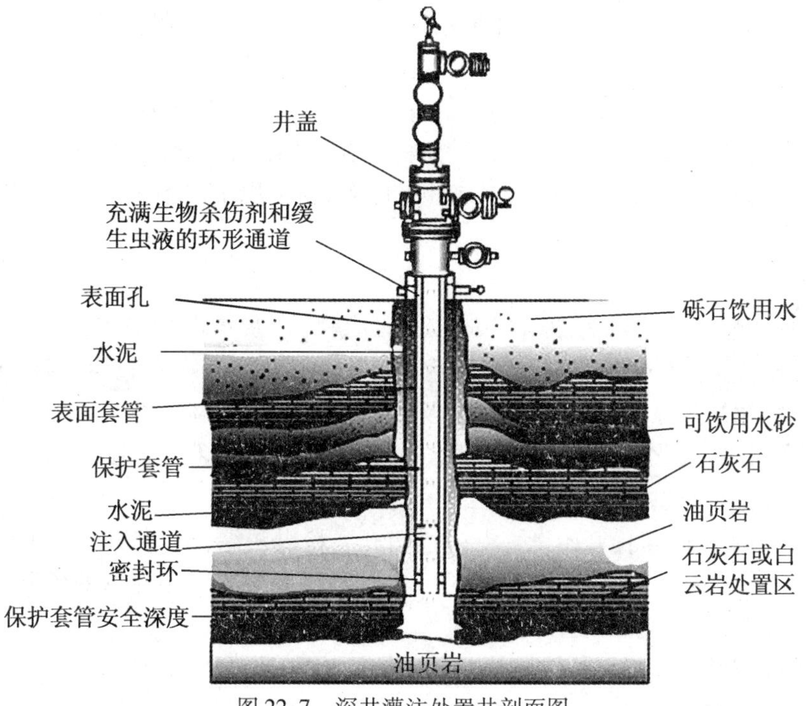

图 22.7　深井灌注处置井剖面图

3. 操作与监测

处置操作分为地上处理和地下灌注。地上处理的目的是：为了防止处理区岩层堵塞，减少处置容量或损坏设备。在某些情形下，废物组分可能会与岩层中的流体起反应，形成沉淀导致岩层堵塞。因此需采用相应的措施（化学处理或液固分离）消除其影响。有时也可向井内灌注缓冲剂，将废液和岩层液体隔开。地下灌注是在控制恒压的条件下，以恒定的速率进行，灌注速度一般为 300 ~ 4 000 L/min。深井灌注系统配有连续记录监测装置，以记录压力与注速，操作时如发现泄漏应立即停止，在灌注管道和保护套管处设置压力监测器，以便检查管道和套管是否发生泄漏，若出现故障，应立即停止。

22.4 固体废物综合利用技术

22.4.1 一般工业固体废物的综合利用技术

1. 煤矸石

由于开采机械化的发展和煤层开采条件的逐渐恶化，全国煤矿每年排放1.5亿吨煤矸石，利用率为38%，累计积存量已达10亿吨以上。煤矸石主要来源于露天剥离以及井筒和巷道掘进过程中开凿排出的矸石（45%），煤层中含有或由部分煤层底板产生的矸石（35%），煤炭洗选过程中排出的矸石（20%）。煤矸石含有一定的碳（20%以下）、硫，SiO_2、Al_2O_3 含量高。

煤矸石占地面积大，造成严重的大气污染和水污染。因此，有必要对煤矸石进行处理利用。煤矸石的利用主要有两方面：代替燃料和生产化工产品。煤矸石可以代替燃料用于烧沸腾锅炉、铸造化铁、烧石灰、回收煤炭和发电等，也可用于制备三氯化铝、水玻璃、生产水泥和制砖等用途。

2. 粉煤灰

国内电厂用煤灰分含量为20%～30%，而燃烧后产灰量占灰渣总量的80%～90%。2000年全国灰渣量达1.6亿，累计储灰量达22亿，占用土地44万亩。我国许多电厂采用湿排灰方式，但用高效除尘器，并设置分电场干灰收集装置，有利于粉煤灰的综合利用。

粉煤灰的主要氧化物为：SiO_2、Al_2O_3、FeO、Fe_2O_3、CaO、TiO_2、MgO、K_2O、Na_2O、SO_3、MnO、P_2O_5。其比表面积达34 000 cm^2/g。

我国从20世纪50年代开始设立专门机构开展粉煤灰综合利用方面的工作。1979年利用率不到10%，从80年代开始相继出台了一些鼓励粉煤灰利用在内的资源综合利用法规，1995年综合利用率上升到41.7%。

目前粉煤灰利用方向包括：代替黏土原料生产水泥，还可节约燃料；作沙浆或混凝土的掺合料：我国许多大型工程（三门峡、秦山核电站、亚运会工程）均应用；制砖；土壤改良剂（重黏土、酸性土）和农业肥料；回收煤炭资源（一般含碳5%～7%）和金属物质；制造分子筛、絮凝剂和吸附材料，用于水处理。

3. 高炉渣、钢渣

高炉渣是冶炼生铁时从高炉中排出的废物。贫铁矿炼铁，每吨生铁产生1.0～1.2 t高炉渣；富铁矿炼铁时，每吨生铁仅产生0.25 t高炉渣。我国年产钢1.2亿t。高炉渣的主要化学成分是SiO_2、Al_2O_3、CaO、MgO、MnO、FeO和S等。

高炉渣可用于生产水泥和混凝土，制砖，代替天然石料用于公路、机场、地基工程、铁路道渣、混凝土集料等配制矿渣碎石混凝土，生产矿渣棉（80%～90%的原料是高炉渣，其余10%～20%是白云石、萤石等）。

钢渣是炼钢过程中产生的炉渣，占粗钢产量的15%～20%。钢渣的主要成分是CaO、FeO、SiO_2、MgO、Al_2O_3 等。

钢渣碱度较大，耐磨。钢渣可用作冶金原料（烧结溶剂、高炉或化铁炉溶剂、炼钢返回渣,本厂回用量可达50% ~90%)、建筑材料(生产水泥、作筑路与回填工程材料)、用于农业(作钢渣磷肥、作硅肥)。

4. 铬渣

铬渣是冶金和化工行业在生产重铬酸钾、金属铬过程中排放出的废渣。化学成分大致为:$Cr_2O_3$2.5% ~4%,CaO29% ~36%,MgO20% ~33%,$Al_2O_3$5% ~8%,$Fe_2O_3$7% ~11%,水溶性 Cr^{6+}0.28% ~1.34%,酸溶性 Cr^{6+}0.9% ~1.49%。

铬渣中有害成分主要是可溶性铬酸钠、酸溶性铬酸钙等六价铬离子。铬渣扬尘对大气环境的污染,天津某铬盐厂 0.5 km 范围内大气超标 32 倍。铬渣对土壤和水环境的影响很大,锦州铁合金厂周围土壤和地下水污染带范围长达 12.5 km,宽 1 m,9 个村、近千口井受到 Cr^{6+} 不同程度污染。沈阳新城化工厂堆存铬渣 7 万多吨,造成污染面积 15 万 m^2,深度达 2 m,附近长河水中 Cr^{6+} 超标 100 倍;对人体的消化道、呼吸道、皮肤、黏膜和内脏都有危害,导致头痛、疲倦、消瘦、胃口不好、鼻中隔糜烂穿孔等。

铬渣利用方法主要有堆存法、还原法和综合利用法。

22.4.2　建筑垃圾的综合利用技术

1. 废混凝土块的再生利用

构成废混凝土块的混凝土一般是指以石子或碎石为粗骨架材料,沙或细沙为细骨架材料,通过与硅酸盐水泥或以硅酸盐水泥为主体的其他类型水泥的水合物联合硬化而制得的混凝土,密度为 2.3 ~2.4 t/m^3。在混凝土中,水泥与水反应生成 C－S－H 不溶性的硅酸钙水合物和氢氧化钙,它们将骨架材料连接起来,凝结硬化成混凝土。硬化后,骨架材料占总体积的 70% ~80%,其余部分由水泥硬化组织来填充。这些水泥硬化组织中分布着大量的各种形状的孔隙,其体积占总体积的 10% ~20%。这些孔隙是水分进出和物质移动的通道,较细的孔隙中充满了含有 Na^+、Ca^{2+} 的强碱性细孔溶液(pH 值为 12 ~13),孔隙的存在降低了混凝土的强度。此外,构成废混凝土块的混凝土也包括建筑上常用的密度小于 20 t/m^3 的轻质骨架材料混凝土和钢筋混凝土。

废混凝土块产生于建筑物拆毁和维修过程中,经破碎后可作为天然粗骨料的代用材料制作混凝土,也可作为碎石直接用于地基加固、道路和飞机跑道的垫层、室内地坪垫层等,若进一步粉碎后可作为细骨料,用于拌制砌筑沙浆和抹灰沙浆。废混凝土块的破碎系统如图 22.8 所示。

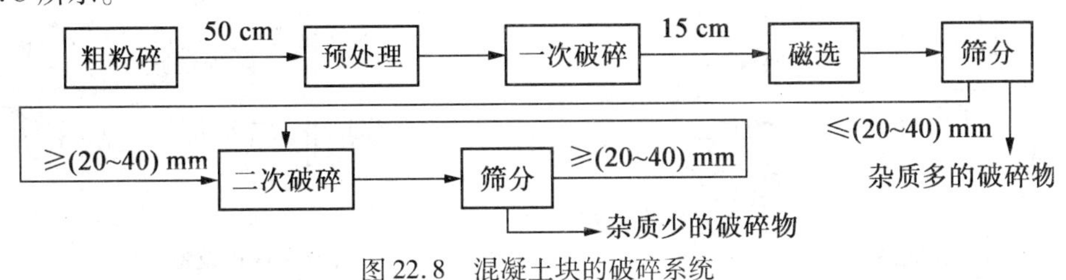

图 22.8　混凝土块的破碎系统

2. 废沥青混凝土块的再生利用

沥青混凝土是骨架材料与沥青的混合物,所用的骨架材料与水泥混凝土一样,也分为粗骨架材料和细骨架材料。粗骨架材料是指粒径为 2.5 ~20 mm 的碎石头,细骨架材料则指粒径为2.5 mm以下的沙子。所用的沥青为直馏沥青(从石油中蒸馏取出各种各样油之后的残留物直接制成的沥青)。直馏沥青在常温下呈固态,温度升至40~50 ℃时变软,达到150 ℃时则变为液体,可以与骨架材料混合,温度下降重新返回固体状态。为了满足涂覆在骨架材料表面沥青厚度的要求和混合物稳定性的要求,通常加入石粉作为填料。粗骨材、细骨材、填料和沥青的质量比为(50~70):(20~40):(3~8):(5~7)。

废沥青混凝土回收方法主要有冷溶回收和热熔回收。前者是将经粉碎后的废沥青混凝土冷溶铺在下层,再在其上铺设新沥青混凝土路面;后者是将经粉碎后的废沥青混凝土作为部分骨料掺入新沥青混凝土中,制成再生沥青混凝土。废沥青混凝土的掺入量可达15%~50%(质量百分比)。再生沥青混凝土的质量受废沥青混凝土的质量和掺入量的影响较大,废沥青混凝土的质量越好,可掺入的比例越大。含有过度变质沥青的再生骨材不能用于制造再生沥青混凝土。

制备再生沥青混凝土的加热混合方式和装置如下:

①生骨材与新骨材一起混合加热,或者各类骨材分别加热至同一温度后再混合。实现该加热混合方式的装置有两种:一种是筒状干燥混合机械,再生骨材和新骨材从筒的燃烧室侧投入(图22.9(a));另一种是分批式混合机械,将再生骨材与新骨材分别加热干燥(或采用两层结构的干燥机),新骨材从燃烧室侧投入,再生骨材由滚筒的中间加入(图22.9(c))。

②常温的再生骨料或预加热的再生骨料与高温加热的新骨料用搅拌机一起混合加热。该加热方式多采用分批式加热混合机械,图22.9(b)为用高温加热后的新骨材的热量来加热常温再生骨材的再混合方式,图22.9(d)为将再生骨材预热至某种程度后,再一起加热的混合方式。

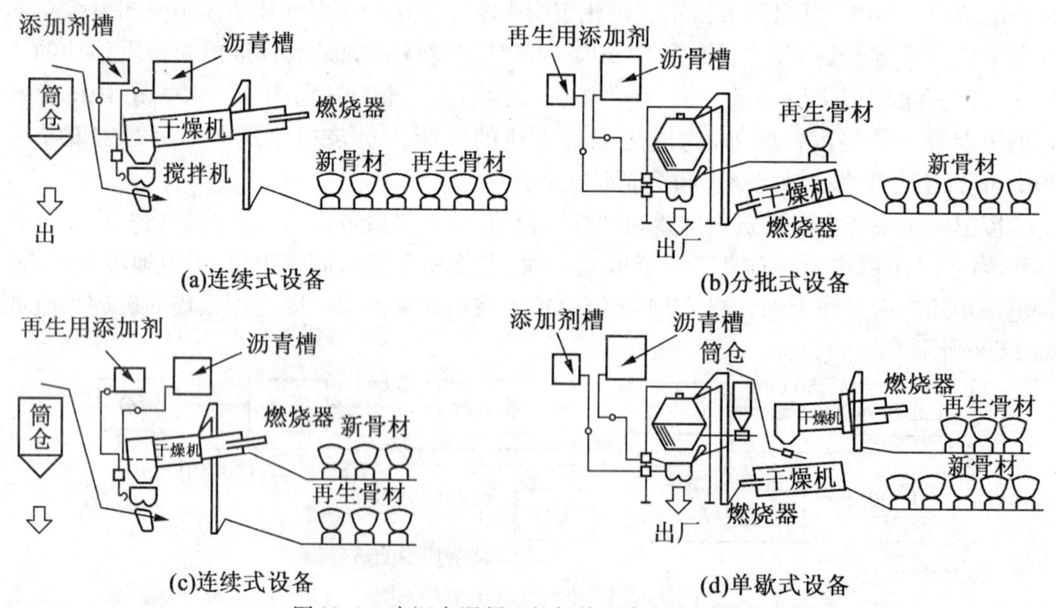

图22.9　废沥青混凝土的加热混合方法和装置

22.4.3　城市垃圾中有用物质的回收利用技术

1. 废塑料

与人们密切相关的废塑料包括废旧包装用塑料膜、塑料袋和一次性塑料餐具以及使用后的农膜,常被称为“白色污染”。其对环境的影响有:

①因废塑料不易被生物降解,散落在各处,影响市容和景观。

②因塑料质量轻、体积大,填埋时占据较多的空间,且不易被降解。

③因塑料中含有较多添加剂,如填充剂、稳定剂、塑化剂、增强剂、染色剂等,其中一些塑料还含有重金属,易造成污染。

解决“白色污染”应从两方面入手:一是从源头做起,减少塑料使用量和废塑料产生量,使用可降解塑料制品;二是对废塑料进行回收利用。

废塑料的回收再生技术主要有:

(1)材料再生利用技术

废塑料通过风选、清洗、破碎(低温破碎)、干燥、配料、捏合、造粒、成型工艺,生产塑料型材。

(2)聚对苯二甲酸乙二醇酯(PET)饮料瓶材料再生技术

回收程序为除盖、粉碎(6 ~ 10 mm)、气流风选器进行纸和塑料的风选、清洗、分离出密度不同的 PET 和 HDPE 两种材料和再生利用。该技术可用于纤维填充料、隔热材料和成塑制品(汽车外壳、手柄、开关)。

美国制衣公司将回收的 PET 用于生产一种户外运动夹克衫。日本 1998 年回收了 32 万 t的 PET,72% 用于制造衬衫、地毯等纤维制品,13% 用于包装箱中的隔离材料,9% 用于洗发液容器。

(3)废塑料的建材利用

将废塑料用于制备塑料油膏(嵌缝材料)、改性耐低温油毡、涂料、胶黏剂、聚氯乙烯塑料地板和油漆等。

(4)废塑料的化学再生利用

废塑料的化学再生利用包括油化再生和炼油。

2. 废橡胶

目前,我国橡胶制品(轮胎、胶鞋、再生胶)总产量已达 360 万 t/年。我国废橡胶回收量不足产生量的 30%,利用方式主要是生产再生胶(占 95%)。我国废橡胶的利用起步较晚,20 世纪 70 年代末到 90 年代初,我国废轮胎的利用主要集中在翻胎工业和再生胶生产,从 90 年代至今,胶粉的生产有了很大的发展。

(1)整体再生

轮胎翻修是指利用旧轮胎经局部修补、加工、重新贴覆胎面胶之后,进行硫化,恢复其使用价值的一种工艺流程。在德国,轿车翻修胎为 12%,卡车翻修胎为 48%,翻新胎总产量为每年 1 万 t。我国国产轮胎质量普遍低下,多数废旧轮胎无翻新价值。

废旧轮胎可作为码头的船舶缓冲器,作为公路防护栏或水土保持栏,用于建筑消声隔板。

(2)制造再生胶

再生胶是指废旧橡胶经过粉碎、加热、机械处理等物理化学过程,使其弹性状态变成具有塑性和黏性的,能够再硫化的橡胶。

(3)生产胶粉

胶粉的应用:一是用于橡胶工业,直接成型或与新橡胶并用做成产品;另一种是应用于改性沥青路面、改性沥青生产防水卷材、建筑工业中用作涂覆层和保护层等。

生产胶粉的破碎工艺包括臭氧破碎、高压爆破粉碎及低温精细粉碎。

3. 废玻璃

(1)自身的循环再利用

废玻璃主要集中于包装容器玻璃如啤酒瓶、汽水瓶等。如果在有效期内,提高其重复使用次数,不仅可以提高利用效率,而且可以降低生产成本,使约占玻璃包装容器产量的1/3的包装瓶,得到合理的再利用。

废玻璃经过分类拣选和加工处理后,可作为玻璃生产的原料。当然一般不用于平板玻璃、高级器皿玻璃和无色玻璃瓶罐的生产,但可用于对原料质量和化学成分、颜色要求低的玻璃制品的生产,如有色瓶罐玻璃、玻璃绝缘子、空心玻璃砖、榴形玻璃、乐花玻璃和彩色玻璃球等玻璃制品。

(2)应用于建筑工程中

①用于建筑工程。把废玻璃用在黏土砖生产中,替代部分黏土矿物组成和助熔剂,不仅提高了黏土砖的质量,而且节约了原材料,降低了生产成本。

②生产建筑饰面材料。主要有微晶玻璃仿大理石板、建筑面砖和玻璃马赛克。

③生产保温隔热、隔音材料。主要为泡沫玻璃和玻璃棉。

4. 废纸

(1)废纸的再生处理方法和工艺

回收废纸的方法分为两种:机械处理法和化学处理法。机械法不用化学药品,废纸经破碎制浆后,通过除渣器除去杂物,用水量很少,水污染较轻,但由于没有脱墨,只能用来制造低档纸或纸板。化学法主要用于废纸脱墨,原料常用新闻纸、印刷纸和书写纸等。

废纸的再生技术包括拆开废纸纤维的解离工序和除去废纸中油墨及其他异物的工序,具体可分为制浆、筛选、除渣、洗涤和浓缩、分散和搓揉、浮选、漂白、脱墨等。

①筛选。为了将大于纤维的杂质除去,必须对废纸进行筛选,尽量减少合格浆料中的干扰物质,如黏胶物质、尘埃颗粒以及纤维束等。这是二次纤维生产过程的重要步骤。

②除渣。除渣和筛选类似,也是要去除杂质,一般由专门的除渣器进行。一个除渣系统通常采用4~5段,应注意的是后面的每段进浆浓度均应比上一段的低,这样会增加净化效率,并增加排渣量。

③洗涤和浓缩。洗涤是为了去除灰分、细小纤维及小的油墨颗粒。洗涤系统通常采用三段逆流洗涤,来自气浮澄清器的补充水通常只加到最后一段洗涤前供稀释纸浆用,二段洗涤出来的过滤水送碎浆机,一段洗涤出来的过滤水中油墨等杂质最多,可直接送澄清器进行处理。

④分散与搓揉。分散与搓揉指的是在废纸处理过程中,用机械处理法使油墨和废纸分

离或分离后将油墨和其他杂质进一步碎解成肉眼看不见的微粒,并使其均匀地分布于废纸浆中,从而改善纸成品外观质量的一道工序。

⑤漂白。经过上述处理后的纸浆色泽会发黄发暗,为了生产出合格的再生纸必须进行漂白。漂白主要分为氧化漂白和还原漂白。目前采用的多为氧化漂白法,如氧气漂白、臭氧漂白、过氧化氢漂白等。

⑥脱墨。废纸回用的关键程序是脱墨,废纸脱墨的原理就是使用脱墨药剂降低废纸中的印刷油墨的表面张力,从而产生润湿、渗透、乳化、分散等多种作用,这些作用的综合效果就是使油墨从纸面上脱离出来。从废纸中去除油墨粒子的方法有两种:一种是通过水力碎浆机将油墨分散为微粒,并使油墨粒子小于15 μm,然后通过二段或三段洗涤,将油墨粒子洗掉,这种方法称为洗涤法;另一种方法是通过水力碎浆机破碎后,加入脱墨剂,使油墨凝聚成大于15 μm的粒子,然后通过浮选,使油墨粒子从废纸浆中分离出来,这便是浮选脱墨法。

(2)废纸的再生技术新发展

①供料技术向自动化发展。这可以大大节约劳动力并保证安全运行质量。

②碎浆技术向高浓连续化发展。这使得碎浆过程连续且能耗小,得到纸浆的浓度和数量都有所提高,投资费用也下降了。

③粗选技术可由高浓连续碎浆系统组合完成。这样在净化阶段就只剩下除去砂粒和泥土的任务,大大节约了能源。

④浮选设备向多级整体性浮选装置发展。浮选装置的多级化可大大降低能耗,而且浮选效率也比多组浮选装置要好。

⑤脱墨将推广酶处理技术。将生物酶用于脱墨技术会降低其成本,而且由于取代了大量药剂,也减少了随之而来的水处理设施的投资。

⑥脱墨污泥向彻底利用发展。可用它来生产造纸用填料和涂布颜料,制造建筑板材,改良土壤等。这也就达到了废物资源化的目的。

(3)废纸的利用技术新发展

①用作包装材料:纸铸品及纸货盘(相当于集装箱)。

②用作土木、建筑材料:隔热材料、混凝土铸模及板材。

③用作农业生产:再生纸覆盖材料。

④制作固体燃料。

⑤制造活性炭。

5. 电子垃圾

电子垃圾也称电子废弃物,是指居民、企事业单位在日常工作和生活中使用的各种电器被淘汰后产生的废弃物,既包括废弃的冰箱、洗衣机、电视机、计算机等具有较高回收利用价值的废物,还包括小型电器如电话机、燃气灶、油烟机等回收利用价值稍低的废物和回收价值不高的无线电通信设备、掌上电脑等。

计算机普及时间相对较晚,但计算机的使用寿命远低于上述家电,2003 年全球已有 5 亿台废旧计算机待处理,而手机的数量更大,寻呼机早已全部淘汰。

废旧家用电器中主要含有 6 种有害物质:铅(电视机阴极射线管、电脑显示器)、镉(印刷电路板)、汞、六价铬(计算机机箱和磁盘驱动器)及聚氯乙烯塑料(导线)。

电子垃圾若处理不当,淋滤会产生含有重金属的渗滤液,焚烧会产生大量有毒气体。

电子垃圾的处理主要是利用拆卸、破碎、风选等方法,处理后的物质须经过冶炼、填埋或焚烧等后续处理。目前,常用的电子垃圾处理技术主要有火法冶金、湿法冶金,最近兴起的生物方法以及机械化处理方法等。

第 23 章　危险废弃物的处理

23.1　危险废弃物的管理

联合国环境署(UNEP)在 1985 年 12 月举行的危险废物环境管理专家会议上统一的定义为:危险废物是指除放射性以外的那些废物(固体、污泥、液体和利用容器的气体),由于它的化学反应性、毒性、易爆性、腐蚀性和其他特性引起或可能引起对人体健康或环境的危害。不管它是单独的或与其他废物混在一起的,不管是产生的或是被处置的或正在运输中的,在法律上都称为危险废物。

从学术角度来看,我们可以把危险废物简单定义为:具有毒性、易燃性、爆炸性、腐蚀性、化学反应性或传染性,会对生态环境和人类健康构成严重危害的废物。

23.1.1　危险废物的特性与危害

1. 易燃性

易燃性是指易于着火和维持燃烧性质。但是像木材和纸等废物不属于易燃性危险废物,只有具有以下特性之一,才称其为易燃性危险废物:酒精含量低于 24%(体积分数)的液体,或闪点低于 60 ℃。在标准温度和压力下,通过摩擦、吸收水分或自发化学变化引起着火的非液体,着火后会剧烈地持续燃烧,造成危害。

2. 腐蚀性

腐蚀性是指易于腐蚀或溶解组织、金属等物质,且具有酸或碱性的性质。当废物具有以下特性之一,则称其为腐蚀性危险废物。其水溶液的 pH 值小于 2 或大于 12.5。在55 ℃以下,其溶液每年腐蚀钢的速度大于 6 035 mm。

3. 反应性

反应性是指易于发生爆炸或剧烈反应,或反应时会挥发有毒气体或烟雾的性质。废物具有以下特征之一的称为反应性危险废物。

危险废物通常不稳定,随时可能发生激烈变化。与水混合后会产生大量的有毒气体、蒸汽或烟,对人体健康或环境构成危害。含氰化物或硫化物的废物,当 pH 值为 2 ~ 12.5 时,会产生危害人类健康或对环境有危害性的毒性气体、蒸汽或烟。遇到能与之发生强烈反应的物质或密闭加热时,可能引起或发生爆炸反应。在标准温度或压力下,可能引发爆炸或分解反应。

4. 毒害性

毒害性是指废物产生可以污染地下水等饮用水水源的有害物质的特性。如果废物中任意一种污染物的实测浓度高于所规定的浓度,则该废物被认定为具有毒性。

危险废物中含有的有毒有害物质对人体和环境构成很大威胁。某些危险废物具有爆发性,一旦其危害性爆发出来,不仅可以直接使人畜中毒,还可以引起燃烧和爆炸事故,也可能因不可控制的燃烧、风扬、升华和风化等过程二次污染大气。此外,危险废物的危害具有潜伏性和长期性,危险成分通过雨、雪渗透污染土壤和地下水,或由地表径流冲刷污染江河湖海,从而造成长久的难以恢复的隐患和后果。受到污染的环境的治理和生态的恢复不仅需要很长时间,而且要耗费巨资,有的甚至无法恢复。例如,辽宁省锦州合金厂堆存的约25 万 t 铬渣,污染面积达 35 km^2,污染区内的 1 800 多口水井无法使用;20 世纪 60 年代,云南锡业公司将含砷的废渣排入一个旧湖,造成 3 000 多人亚急性中毒。

23.1.2 危险废物的分类

危险废物与非危险废物的划分通常采用两种方法,即名录法和鉴别法。

1. 名录法

名录法是根据经验和实验分析鉴定的结果将有害废物的品名列成一览表,用以表明某种废物是否属于危险废物,再由国家管理部门以立法形式予以公布。此法一目了然,方便使用。但是由于国情不同,每个国家的名录分类的依据也有所差异。

美国的危险废物名录把危险废物分为 5 种类型:

①非特定来源的特定废物(F)。非特定来源的特定废物包括卤代和非卤代溶剂、木材保护剂废物、含二噁英类废物、电镀污泥等,共有 28 种。

②特定来源的特定废物(K)。特定来源的特定废物来自于 17 个工业行业,如有机化学、无机化学、杀虫剂、石油提炼、钢铁制造和爆炸物制造等 111 种。

③急性危险废物的商业化学品或中间产物、半成品、残留物等(U)。急性危险废物的商业化学品或中间产物、半成品、残留物等包括二甲苯、DDT、四氯化碳等 405 种。

④特征废物(D)。特征废物包括具有易燃性、腐蚀性、反应性、毒性等性质的废物。

《欧盟废物目录》和《危险废物名录》是以能源和工艺为基础的废物清单。《欧盟废物目录》是通过三个等级来分类的,最高等级包括 20 类,主要描述废物来源和产生废物的部门。20 类群的每一个群都包括几个子群,主要描述废物产生的工艺。每个子群中都有几个危险废物代码,主要描述废物的物质。

1998 年,我国参考《巴塞尔公约》对危险废物的分类方法,从特定来源、生产工艺及特定物质等方面制定《国家危险废物名录》,将危险废物分为 47 类,编号从 HW01 到 HW47,见表 23.1。其中编号为 HW01 ~ HW18 的废物名称具有行业来源特征,是以来源命名的,如医院临床废物(HW01)、医药废物(HW02)、农药废物(HW04)、表面处理废物(HW17)等 18 个大类;编号为 HW19 ~ HW47 的废物名称具有成分来源特征,是以危害成分命名的,主要有含金属羰基化合物废物、含铍废物、含铬废物、含砷废物、含有机溶剂废物、废酸、废碱等 28 类物质。其中 HW10、HW21 ~ HW29、HW33、HW41 都属于按所含有毒成分来分类的。

表 23.1 国家危险废物名录分类

编号	医废类别	编号	医废类别	编号	医废类别
HW01	医院临床废物	HW17	表面处理废物	HW33	无机氰化物废物
HW02	医药废物	HW18	焚烧处置残渣	HW34	废酸
HW03	废药物、药品	HW19	含金属羰基化合物废物	HW35	废碱

续表23.1

编号	医废类别	编号	医废类别	编号	医废类别
HW04	农药废物	HW20	含铍废物	HW36	石棉废物
HW05	木材防腐剂废物	HW21	含铬废物	HW37	有机磷化合物废物
HW06	有机溶剂废物	HW22	含铜废物	HW38	有机氰化物废物
HW07	热处理含氰废物	HW23	含锌废物	HW39	含酚废物
HW08	废矿物油	HW24	含砷废物	HW40	含醚废物
HW09	废乳化液	HW25	含硒废物	HW41	废卤化有机溶剂
HW10	含多氯联苯废物	HW26	含镉废物	HW42	废有机溶剂废物
HW11	精(蒸)馏残渣	HW27	含锑废物	HW43	多氯联苯呋喃废物
HW12	燃料、涂料废物	HW28	含碲废物	HW44	多氯联苯二噁英
HW13	有机树脂类废物	HW29	含汞废物	HW45	含有机卤化物废物
HW14	新化学品废物	HW30	含铊废物	HW46	含镍废物
HW15	爆炸性废物	HW31	含铅化合物	HW47	含钡废物
HW16	感光材料废物	HW32	无机氟化物废物		

2. 鉴别法

在《国家危险废物名录》中没有限定危害成分的含量,需要依赖其他标准鉴别这些物质的危害程度,这就要用鉴别法。鉴别法是在专门的立法中对有害废物的特性及其鉴别分析方法以标准的形式予以规定,依据鉴别分析方法,测定废物的特性,如易燃性、腐蚀性、反应性、放射性、浸出毒性以及其他毒性等,进而判定其废物的属性。

目前,我国已经制定的《危险废物鉴别标准》中包括浸出毒性、急性毒性初筛和腐蚀性3类。

(1)浸出毒性鉴别标准

GB5085.3—1996规定浸出毒性是指固态的危险废物遇水浸沥,浸出的有害物质的毒性称为浸出毒性。浸出毒性主要为无机物有毒物质的鉴别标准,而有机有毒物质的浸出毒性鉴别标准以及反应性、易燃性和传染性鉴别标准尚未制定。

(2)急性毒性初筛标准

GB5085.2—1996规定按照《危险废物急性毒性初筛试验方法》进行试验,对小白鼠(或大白鼠)经口灌胃,经过48 h,死亡超过半数者,则该废物是具有急性毒性的危险废物。

(3)腐蚀性鉴别标准

GB5085.1—1996规定当pH值大于或等于12.5,或者小于等于2.0时,则该废物是具有腐蚀性的危险废物。

我国危险废物的分类管理采用名录法和鉴别法结合的方式分为两个步骤:第一步,将《国家危险废物名录》中所列废物纳入危险废物管理体系;第二步,制定《危险废物鉴别标准》,并规定凡《国家危险废物名录》所列废物类别高于鉴别标准的属危险废物,列入国家危险废物管理范围;低于鉴别标准的,不列入国家危险废物管理,即按照一般废物处置。

23.1.3 危险废物的收集、运输和储存

1. 危险废物的收集

危险废物的收集是指持有危险废物收集许可证,专门从事危险废物收集的单位,将其

他企事业单位产生的危险废物收集后暂存在其所设的防扬散、防流失、防渗漏的储存场所，并适时转移至具有危险废物经营许可证的单位进行利用和处置的行为。

一般来说，对于工企业产生的危险废物，其收集的主体为企业内部的专业机构；对于社会源产生的危险废物（如废铅酸蓄电池、部分日光灯管及部分家用化学品的包装容器等）和特殊危险废物（如多氯联苯等），收集的主体为持有环境保护部门颁发的经营许可证的专业公司。

（1）危险废物分类收集原则

危险废物分类收集的原则是：危险废物与一般废物分开；工业废物与生活垃圾分开；液态与固态分开；泥态与固态分开；性质不相容的分开；处理处置方法不同的分开。

将危险废物混入非危险废物中是严格禁止的。将危险废物混入非危险废物中储存，实质上是采取稀释的方式储存危险废物，其结果不仅未减少或减轻危险废物的危险性质、数量、体积，而且会使非危险废物转化为危险废物，从而增加了危险废物的数量，扩大了其体积，使污染防治更为复杂和困难。

（2）危险废物分类收集的方法及管理要求

①危险废物收集的方法。危险废物可以定期收集，也可以随时收集。定期收集是指按固定的周期收集，适合于产生废物量较大的企业。定期收集可以将不合理的暂存危险降到最小，能有效地利用资源；运输者可有计划地使用车辆；处理、处置者有计划地安排工作；促使生产者努力减少废物的产量。随时收集是指根据废物产生者的要求随时收集废物，适合于废物产生量较小的，产生量无规律的企业。

②危险废物分类收集的要求。根据其成分、危险特性，分类收集；对需要预处理的废物，可根据处理处置要求采取相应措施；对需要包装或盛装的废物，可根据运输要求和废物特性，选择合适的容器和包装；特殊危险废物要采用专用的包装容器盛装；收集危险废物的包装容器要用符合国家标准的专门容器；根据废物的种类设置明显的标识；对废物进行登记，建立管理档案；居民生活、办公和第三产业产生的危险废物（如部分废电池、废日光灯管等）应与生活垃圾分开，分类收集。

③分类收集的管理要求。从事危险废物收集的营业性单位必须经地市级以上环保部门批准，并核发《危险废物经营许可证》；收集储存危险废物的场地、设施、工具、车辆等必须符合国家有关规定和标准；从业人员必须经过环境保护部门的专业技术和法律法规知识的培训，并持有环境保护部门核发的危险废物环境管理业务培训合格证上岗。

2. 危险废物的运输

危险废物的运输是指将已包装好的危险废物从存放场所运送至填埋场、焚烧厂、资源利用工厂或集中储存场的过程。通常情况下，危险废物的收集和运输是一体化完成的，没有明显的区分和界限。

危险废物的运输是危险废物污染防治的主要环节之一。在运输过程中，如果管理不当或未采取污染防治和安全防护措施，则极易造成污染。我国每年都发生危险废物运输事故，并造成了严重的污染危害。因此，必须对危险废物的运输加以控制和管理。

（1）危险废物运输的包装要求

危险废物的运输要根据废物的特性和数量，选择合适的包装容器。运输危险废物可供选择的包装容器有金属桶、塑料桶、纸板桶、槽罐等。容器及包装材料应与所盛装废物相容，要有足够的强度，在储存和装卸运输过程中不易破裂，废物不扬散、不流失、不渗漏、不释放有害气体和臭味。

根据废物的种类、特性及处理处置方法,选择包装容器。如废溶剂不应用塑料容器盛装,盛装反应性废物的容器必须是防湿、防潮的密封容器,腐蚀性废物必须装在衬胶、衬玻璃或衬塑料的容器中,或者用不锈钢容器。需要进行焚烧的有机物宜采用纤维板桶或纸板桶作容器,废物和容器可以一起焚烧。为防止机械损伤和水侵蚀,纤维板桶或纸板桶可再装入金属桶中成为双层包装。

(2)危险废物运输的管理要求

运输危险废物的车辆和运输过程应符合如下规定:

①使用专用车辆运输,车辆应符合环保部门和交通运输管理部门的管理要求;运输车辆应有单位名称、电话号码及区别危险废物特性的标志;运输车辆必须有明显的标志或适当的危险符号,以引起关注;运输车辆车况良好,符合运输危险废物的安全要求;运输车辆应配有在危险废物泄露情况下的紧急应急方法说明书,配备灭火器、工具、急救药品等紧急应急处理器材和防护用品。

②运输危险废物前要到交通运输管理部门办理危险货物运输手续;运输特殊危险废物(如爆炸品、剧毒品、易燃品、感染品等),还需到公安、消防、交管、卫生防疫等部门办理相关许可手续;运输危险废物的单位应认真填写市环保部门核发的"危险废物转移联单",并按程序移交其他单位;运输危险废物时,要根据危险废物的种类、特性选择合适的容器、车辆运输,特殊危险废物(如感染性、爆炸性废物等)要用专用车辆运输;运输前要作出周密的运输计划和行驶路线,尽量避免经过城镇、居民区、商业区、交通要道以及环境敏感地区,避开交通高峰时间。

③性质相抵触的危险废物不能同车运输,危险废物不能和其他物品特别是食品、食品添加剂和其他性质相抵触的物品混运;禁止将危险废物与旅客在同一运输工具上载运。

④运输危险废物的车辆、船只或其他运输工具在运输过程中应采取措施,防止危险废物飞散、溅落、溢漏、恶臭扩散、爆炸、起火等污染环境或危害人体健康的事情发生;发生泄漏时,运输单位应立即采取紧急应急措施,并通知相关主管机关,根据泄漏的具体情况承担清理和善后责任;运输途中要经常对危险废物进行检查,发现问题及时处理,停车时要有专人看守。

⑤装卸危险废物时,要严格遵守操作规程,轻拿轻放,严禁扔、摔、撞等野蛮作业,防止包装破损、危险废物撒漏以致发生其他危险。作业人员要注意劳动保护,穿带好手套、工作服、围裙、防护眼镜等防护用具;驾驶员、押运员、装卸人员上岗前,应进行危险废物专业知识培训,掌握危险废物的特性,以及运输、装卸注意事项和处理应急事故的方法。

⑥运输过危险废物的车辆、容器要及时进行清洗、消毒,盛装过危险废物的容器不能盛装其他物品。

3. 危险废物的储存

(1)危险废物储存的一般要求

所有危险废物产生者和危险废物经营者必须按有关标准要求建造专用的危险废物储存设施,也可以利用原有构筑物按有关标准要求改建成危险废物储存设施。

在常温常压下易燃、爆炸及排出有毒气体的危险废物必须进行预处理,使之稳定后储存,否则按易燃、爆炸危险品储存。在常温常压下不水解、不挥发的固体危险废物可以在储存设施内分别堆放。危险废物必须按有关标准要求装入容器内,禁止将不相容(相互反应)的危险废物在同一容器内混装。无法装入常用容器的危险废物可以用防漏胶袋等盛装。装载液体、半固体危险废物的容器内留足够空间,容器顶部与液体表面之间保留 100 mm 以上的空间。

医院产生的临床废物,必须当日消毒,消毒后装入容器。常温下储存期不得超过 1 天,在 5 ℃以下冷藏的,不得超过 7 天。盛装危险废物的容器上必须粘贴符合有关标准的标签。危险废物储存设施和场地施工前要作环境影响评价。

(2)危险废物储存设施的选址及设计原则

危险废物储存设施选址应满足以下要求:地质构造稳定,地震基本裂度不超过 7 度的区域内;设施底部必须高于地下水最高水位;场界应位于居民区 800 m 以外,远离地表水域 150 m 以上;应避免建在溶洞区域或易遭受严重自然灾害如洪水、滑坡、泥石流、潮汐等影响的地区;不应建在易燃、易爆等危险品仓库、高压输电线路防护区域以内;应位于居民中心区常年最大风频的下风侧。

具体的设计原则为:地面与裙脚要用坚固、防渗的材料建造。建筑材料必须与危险废物相容;必须有渗漏液体收集装置、气体导出口及气体净化装置;设施内要有安全照明设施和观察窗口;用以存放装载液体、半固体危险废物容器的地方,必须有耐腐蚀防渗的硬化地面,且表面无裂缝;应设计堵截泄露的裙脚,地面至裙脚高所围建的容积不低于堵截最大容器的最大储量或总储量的 1/5;不相容的危险废物必须分开存放,并有隔离间隔断。

(3)危险废物的堆放要求

①基础必须防渗,或至少 1 m 厚黏土层(渗透系数为 10 ~7 cm/s),或 2 mm 厚高密度聚乙烯。其他人工材料,至少要 2 mm 厚,渗透系数为 10 ~10 cm/s。

②堆放危险废物的高度应根据地面承载能力确定。

③衬里应放在一个基础或底座上,要能够覆盖危险废物或其溶出物可能涉及的范围,衬里材料与堆放的危险废物要相容。

④在衬里上面要设计、建造浸出液收集清除系统。设计、建造一个径流疏导系统,保证能防止一次 25 年一遇的暴雨不会流到危险废物堆里。

⑤危险废物堆内应设计一个雨水收集池,收集 25 年一遇的暴雨 24 h 降水量。

⑥废物堆要防风、防雨及防晒。

⑦产生量大的危险废物可以散装方式堆放储存在按上述要求设计的废物堆里。

⑧不相容的危险废物不能堆放在一起。

4. 我国危险废物管理制度

《中华人民共和国固体废物污染环境防治法》规定了以“预防为主、防治结合”为指导思想,以分类管理、强制处理、重点环节和设施的管理、集中处置为原则管理危险废物。同时明确规定对工业固体废物、危险废物及城市生活垃圾实施分类管理。目前,我国现行的危险废物主要管理制度包括:

(1)危险废物名录制度和鉴别标准

《中华人民共和国固体废物污染环境防治法》第五十一条规定,国务院环境保护行政主管部门会同有关部门制定国家危险废物名录,规定统一的危险废物鉴别标准、鉴别方法和识别标志。

(2)危险废物标志制度

危险废物标志制度是指用文字、图像、色彩等综合形式,表明危险废物的危险特性,以便于识别和分类管理的制度。统一识别标志制度有利于方便和严格管理危险废物。我国已加入的《巴塞尔公约》中明确要求实行这一制度。原国家环境保护局和能源部 1991 年发布的《防止含多氯联苯电力装置及其废物污染环境的规定》的第十三条中规定了含多氯联苯电力装置及其废物的集中封存和暂存场所必须设置明显的毒害标志。1995 年制定了《环境保护图形标志固体废物堆放(填埋)场标准》。

(3)危险废物申报登记制度

危险废物申报登记制度是指危险废物产生单位按照国家有关规定向环保部门履行有关登记手续,提供有关危险废物情况资料的制度。危险废物的申报登记是整个管理过程的源头和基础,起着非常重要的作用,因此必须保证申报登记数据的全面、真实、准确、及时。《中华人民共和国固体废物污染环境防治法》规定, 国家实行工业固体废物申报登记制度, 产生工业固体废物的单位必须按照国务院环境保护行政主管部门的规定, 向所在地县级以上地方人民政府环境保护行政主管部门提供工业固体废物的种类、产生量、流向、储存、处置等有关资料。

(4)危险废物转移联单制度

危险废物转移联单制度又称为废物流向报告单制度,是指在进行危险废物转移时,其转移者、运输者和接受者,不论各环节涉及者数量多寡,均应按国家规定的统一格式、条件和要求,对所交接、运输的危险废物如实进行转移报告单的填报登记,并按程序和期限向有关环境保护部门报告。实施危险废物转移联单制度的目的是为了控制废物流向,掌握危险废物的动态变化,监督转移活动,控制危险废物污染的扩散。1999 年,国家环境保护总局颁布了《危险废物转移联单管理办法》, 规定了危险废物转移联单制度的具体实施办法。

(5)危险废物处置、代行处置和集中处置制度

目前,我国达到处置标准的设施还非常少,主要有沈阳市已投入运营的 PCBs 焚烧炉和年处置能力 20 000 t 的危险废物填埋场,深圳红梅危险废物填埋场,大连危险废物填埋场,沈阳工业固体废物填埋场,上海危险废物填埋场,杭州市已建立的固体废物处理公司(包括固体废物和危险废物综合利用、焚烧处理、填埋处理场)、福州危险废物填埋场、天津固体废物综合处理中心、青岛市危险废物焚烧厂等。

《中华人民共和国固体废物污染环境防治法》第五十五条确定了“产生者处置”的原则。产生者应当承担对其所产生的危险废物进行适当处置的义务。产生者无论是采取自行处置来履行义务,还是委托他人代处置间接履行义务,其都是“产生者处置”原则的实现形式。“产生者处置”原则已成为世界诸多国家危险废物污染防治法立法中所普遍采用的原则。

《中华人民共和国固体废物污染环境防治法》确立了“强制处置”和“禁止排放”原则。无论产生者是采取直接形式(自行处置)还是间接形式(委托他人),都必须实际、有效地处置危险废物,而不能将其置之不理。这表明,产生者处置其所产生的危险废物的义务是法定的强制的义务,是必须履行的。

(6)危险废物经营许可证制度

《中华人民共和国固体废物污染环境防治法》第五十七条规定,凡从事收集、储存、处置危险废物经营活动的单位,必须向县级以上人民政府环境保护行政主管部门申请领取经营许可证,从事利用危险废物经营活动的单位,必须向省级以上环保部门申请。具体管理办法由国务院规定。禁止无经营许可证或者不按照经营许可证的单位从事收集、储存、处置

危险废物的经营活动。

(7)危险废物排污收费制度

《中华人民共和国固体废物污染环境防治法》第五十六条规定,以填埋方式处置危险废物不符合国务院环境保护行政主管部门规定的,应当缴纳危险废物排污费。危险废物排污费用于危险废物污染环境的防治,不得挪作他用。规定的危险废物排污费的征收对象和范围是以填埋方式处置危险废物不符合国务院环境保护行政主管部门规定的单位和个人。

23.2 危险固体废物的无害化处理

23.2.1 物理处理法

物理处理方法是利用危险废物在物理和化学性质上的差异,将其有害成分进行分离或浓缩,以利于集中处理或综合利用的方法。废物的物理化学性质包括物质的形态,在各种溶剂中的溶解度、密度、挥发性、沸点、氧化还原性等。只有把握住危险废物的这些性质,才能根据其特性采用不同的处理措施。

物理处理法分为相分离法和组分分离法。

相分离法的预处理常常适用于泥浆、污泥和乳液这一类多相的危险废物进行脱毒或回收处理之前。相分离法主要包括重力沉降法、过滤、除油、超滤、离心、气浮和混凝等。相分离能明显减少废物的体积,尤其当有害废物富集于某相中时,其优势更为突出。它可实现废物有害成分的浓缩,利于后续的进一步处理。相分离过程通常属于机械的分离方法,具有低成本和操作简单的特点,可广泛应用于多种废物成本的分离。

组分分离法是一种多组分废物流的物理分离,按不同种类的离子或分子进行分离的物理方法。组分分离法主要包括膜分离法(电渗析和反渗析)、离子交换法、活性炭吸附法、吹提法、气提法、萃取法(液液萃取和超临界萃取)等。

危险废物的有害组分复杂多变,干扰因素很多,在实际的危险废物处理中往往需要几种处理方法组合,并非单一的方法就能解决,见表23.2。

表23.2　危险废物的物理处理法

处理方法	适用范围	优　点	局限性
重力沉降法	含有可沉降颗粒的废水	减少后续处理负荷,应用普遍,成本低,处理效果稳定可靠	产生臭气,废水性质发生变化时影响处理效果
气浮法	含有悬浮物的废水,危险废物的风选	处理速度快,效率高,固体物质脱水比沉降快,处理量灵活	设备和操作较复杂,一次性投资高
过滤法	含有各类悬浮固体、乳浊液、胶体的废水处理	既可作初级处理,又可作高级处理,处理效率稳定可靠	易阻塞,滤料要定期冲洗

续表 23.2

处理方法	适用范围	优　点	局限性
电渗析法	回收金属、酸碱、有机电解质,也可用于处理放射性物质	离子交换膜可连续使用,膜对离子有选择透过性,操作方便	不适合高浓度废水,能耗大,成本高,膜阻塞严重
超滤法	用于分离相对分子质量大于 500 的大分子,可去除黏土物质、油料、颜料及油漆	设备简单,管理方便,操作压力低,有较大的通水量	浓差极化现象突出,需定期投加防霉剂,电析槽需考虑降温措施
反渗透法	分离小分子溶质,用于去除可溶性固体、有机物和胶状物	设备简单,操作方便,能耗低,处理效果稳定可靠	操作压力大,一次性投资高,处理流量受限制
活性炭吸收法	用于工业废水的深度处理和城市污水的高级处理	处理效果稳定可靠,可回收副产品,有一定的经济效益	活性炭需要定期解吸,需要有较高标准的预处理,不适用于处理高浓度废物
气提法	用于从液体混合物中将易挥发的组分从难挥发的组分中分离出来	工艺简单,设备紧凑,处理效果稳定可靠	要调节 pH 值,并受气温限制,易引起二次污染
萃取法	用于分离两种溶剂中溶解度有明显差异的溶质	工艺简单,设备紧凑,可回收副产品	运行费用较高,可能造成二次污染,应用范围还不广
离子交换法	去除低浓度重金属	处理效果稳定,设备简单,便于操作	需要用化学药品进行再生,再生液可能带来二次污染
湿凝法	去除重力沉降法难以去除的细小悬浮物及胶体颗粒,去除多种高分子物质、有机物质、某些重金属物质及乳化油	应用范围广,既可作为独立的处理方法,也可和其他方法配合使用,维修操作简单	运行费用高,沉渣最大且脱水较困难,低温水,低浊水对混凝有不利影响

23.2.2　化学处理法

通过化学反应去除废物中的有害成分的方法称为化学处理法。废物的化学处理能力与废物中各组分的化学性质有关。它包括酸碱性、氧化还原性、沉淀反应、配合反应以及危险废物的化学活性,如易燃性、腐蚀性、亲和性等。化学处理方法包括化学氧化法、化学还原法、中和法和化学沉淀法。这些方法的适用范围和优缺点见表 23.3。

表 23.3　危险废物化学处理方法

处理方法	适用范围	优　点	局限性
中和法	酸性碱性废物处理	为生物和物理化学处理提供条件,减缓腐蚀和结垢	只能作预处理,构筑物需要防腐蚀
化学沉淀法	去除溶解性的有毒物质,如重金属离子、碱土金属元素等	可作为生物的前处理,效果较高,设备简单	沉渣难处理,需调节 pH 值,要消耗一定量的化学试剂

续表 23.3

处理方法	适用范围	优　点	局限性
化学氧化法	去除C、N、S、Fe等无机离子,降低BOD、COD有机物及造成细菌学污染的致病微生物	使有机物、无机物转变形态,有毒有害物质无害化,能够驱逐难以去除的物质,处理效果高	所需化学试剂费用较高,一次性成本高,需要熟练的操作技术,可能带来二次污染
化学还原法	去除Cr、Hg	能够除去难以去除的Cr、Hg等污染物	需要熟练的操作技术和严格的控制

23.2.3　生物处理法

生物处理法是新兴的危险废物预处理方法。生物特别是微生物在危险废物的降解和转化过程中发挥着强大的作用。生物处理法具有投资少、运行费用低、最终产物少等特点,是危险废物处理中的一个重要方法。生物处理法主要利用了微生物对污染物的解毒作用、吸附作用和激活作用。

23.2.4　固化处理/稳定化处理

固化/稳定化处理是通过固化基材将危险废物固定或包覆起来,或通过化学药剂的化学反应使有毒有害物质稳定化,以减少污染物的毒性和迁移性,改进稳定物质的工程性质,降低其对环境的危害,而能较安全地运输和处置的一种处理过程。

根据固化基材及固化/稳定化处理划过程可把固化/稳定化处理划分为水泥固化、石灰固化、塑性材料固化、玻璃固化、自胶结固化、大型包胶和药剂稳定化等。

1. 水泥固化

水泥是一种最常用的危险废物稳定剂。水泥固化是将废物和水泥混合,经水化反应后形成坚硬的水泥固化体,从而达到降低废物中浸出成分的目的。水泥固化的基本原理是通过固化包容减少有害固化废物的表面积和降低其可渗透性,达到稳定化、无害化的目的。水泥固化是一种比较成熟的有害废物处理方法,它具有工艺设备简单、操作方便、材料来源广、价钱便宜、固化产物强度高等优点,被世界许多国家广泛用于处理含各类重金属(如镉、铬、铜、铅、镍、锌等)的危险废物。常用作固化剂的水泥品种有硅酸盐水泥、矿渣硅酸盐水泥、火山灰质硅酸盐水泥、矾土水泥和沸石水泥。

2. 石灰固化

石灰固化是以石灰、粉煤灰、水泥窑灰以及熔矿炉炉渣等具有波索来反应(Pozzolanic Reaction)的物质为固化基材而进行的危险废物固化/稳定化操作。在适当的催化环境下进行波索来反应,将废物中的重金属成分吸附于所产生的胶体结晶中。但因波索来反应不同于水泥水化反应,石灰固化处理所能提供的结构强度不如水泥固化,因而较少单独使用。

常用的技术是加入氢氧化钙(熟石灰)的方法使废物得到稳定。石灰中的钙与废物的硅铝酸根会产生硅酸钙、铝酸钙的水化物,或者硅铝酸钙。与其他稳定化过程一样,与石灰同时向废物中加入少量添加剂,可以获得额外的稳定效果。使用石灰作为稳定剂也和使用烟道灰一样具有提高 pH 值的作用。此方法也基本上应用于处理重金属污泥等无机污染物。

3. 塑性材料固化

塑性材料固化属于有机性固化处理技术，因使用材料性能不同可以分为热固性塑料包容和热塑性材料包容两种方法。

热固性塑料是指在加热时会从液体变为固体并硬化的材料，而且再加热和冷却仍保持固体状态。目前，用于废物处理的热固性塑料主要有脲甲醛、聚酯和聚丁二烯等，酚醛树脂和环氧树脂也在小范围内使用。热固性塑料包容技术主要用来处理放射性废物，用于危险废物的处理时，其范围受到一定的限制，主要可以处理含有机氯、有机酸、油漆、氰化物和砷的废物，另外，也有关于用脲甲醛处理电镀污泥、镍/镉电池废物的。

热塑性材料是指在加热和冷却时能反复软化和硬化的有机塑料，常用的有沥青、石蜡和聚乙烯等。采用热塑性包容技术时，需要对废物进行干燥或脱水等预处理，以提高废物的固化质量，然后与聚合物在较高温度下混合。热塑性材料包容技术可以用来处理电镀污泥及其他重金属废物、油漆、炼油厂污泥、焚烧飞灰、纤维滤渣和放射性废物等。热塑性材料包容具有代表性的方法是沥青固化技术。沥青固化是以沥青为固化剂，与有害废物在一定的温度下均匀混合，产生皂化反应，使有害废物包容在沥青中形成固化体。用于有害废物固化的沥青有直馏沥青、氧化沥青及乳化沥青。

4. 玻璃固化

玻璃固化也称为熔融固化，是将待处理的危险废物与细小的玻璃质（如玻璃屑、玻璃粉等）混合，经混合造粒成型后，在 1 000 ~ 1 100 ℃高温熔融下形成玻璃固化体，借助玻璃体的致密结晶结构，确保固化体的永久稳定。该方法的一种改型方法是将石墨电极埋到废物中，并在现场进行玻璃固化。熔融固化技术能耗大，成本高，只有处理高剂量放射性废物或剧毒废物时，才考虑使用。

5. 自胶结固化

自胶结固化是利用废物自身的胶结特性来达到固化目的的方法。通常先将废物在控制的温度下进行煅烧，然后与特制的添加剂和填料混合成为稀浆，经凝结硬化形成自胶结固化体。其固化体含有抗透水性高、抗微生物降解和污染物浸出率低的特点。

6. 大型包胶

大型包胶是用一种不透水的惰性保护层将经过处理或基本未经处理的废物包封起来，这种处理的稳定性通常比较可靠。废物在大型包胶前一般都先进行固化/稳定化处理，而外部的覆盖成为克服固化/稳定化缺陷的补救办法。从安全性的角度考虑，该技术是一种极具吸引力的固化/稳定化技术，然而该技术的应用范围目前还不够广泛。大型包胶法用于处理电镀污泥、烟道气洗涤污泥、焚烧炉和多氯联苯（PCBS）等危险废物。

7. 药剂稳定化

药剂稳定化是利用化学药剂通过化学反应使有毒有害物质转变为低溶解性、低迁移性及低毒性物质的过程。用药剂稳定化技术处理危险废物，可以在实现废物无害化的同时，达到废物少增容或不增容，从而提高危险废物处理处置系统的总体效率和经济性。同时，通过改进螯合剂的结构和性能使其与废物中危险成分之间的化学螯合作用得到强化，进而提高稳定化产物的长期稳定性，减少最终处置过程中稳定化产物对环境的影响。

用药剂稳定化来处理危险废物,根据废物中所含重金属种类可以采用的稳定化药剂有石膏、漂白粉、硫代硫酸钠、硫化钠和高分子有机稳定剂。药剂稳定化处理技术的最大特点是危险废物经过处理后,其增容比远远低于常规的固化/稳定化方法。另外,药剂稳定化技术是通过药剂和重金属间的化学键合力的作用,形成稳定的螯合物沉淀,其稳定化产物在填埋场环境下不会浸出。

23.2.5　热处理法

常见的危险固体废物处理方法是热处理方法,这种方法是在一定温度和压力下改变废物的物理、化学、生物特征以及物质组成,从而使危险废物无害化、减量化、资源化的一种技术。

在热作用下,危险废物中的C、H组分被转化为CO_2和水蒸气,其他组分如Cl、S等被转化为无毒的化合物。热处理的优势在于可以彻底破坏危险废物的有害组分和结构;可以最大限度地减少危险废物的体积和质量;可以回收有用的化学物质;对于高热值还可以回收热量和能源。

热处理技术可以分为传统的焚烧方法、湿化氧化和近期发展的超临界水氧化技术。如果废水中的有害物浓度过小而不能焚烧或有害物剧毒而不能深井填埋或生化处理,那么采用湿化氧化和超临界水氧化技术具有一定优势。与焚烧技术比,这种技术不产生烟气、飞灰或氧化物,提供给系统的空气可以通过吸收装置净化后达到排放标准。对于许多物质,如氰化物、氯化物、苯酚、农药和其他有机物的去除率可达99%。

23.2.6　填埋处置

危险废物填埋处置是指用一个设计建造好的场地容纳丢弃的危险废物,以减少释放到环境中的有害污染物。以最小化为目标的危险废物管理技术不能完全消除废物的产生,焚烧和生物处理等都会产生约20%的残留物,残留物仍属于危险废物,必须采用经济可行的方法进行安全处置。在这种情况下,安全填埋处置是唯一的选择,因此未来相当长时期内,填埋处置将是危险废物处置的主要方法。

危险废物填埋包含有3个重要的方面:填埋场的选址和设计、渗滤液的收集和处理及最终封场的维护。

填埋场的选址要考虑技术安全和经济方面的各种因素,包括地质条件、水文地质条件、地表水文、附近的土地使用、农业用地和生活用地及濒危物种等。危险废物填埋场设计的目标是有效控制覆盖层以减少有害气体的逸出和地表水的渗透,有效控制底层,加强渗滤液的收集,减少污染物在底层的转移。因此,填埋场的基本构造包括防渗层与渗滤液收集系统及覆盖系统。

危险废物填埋的另一个主要问题是渗滤液的收集和处理。渗滤液是一种复杂的有毒有害废水,水量、水质变化大。危险废物的渗滤液与城市垃圾的渗滤液有明显区别,可生化性差,一般的物理化学方法处理效率很低。

当填埋场或主体部分无法再填入固体废物时,必须封场。封场是指运营人对填埋场的长期管理以及将填埋场作为其他用途的行为。封场后还要进行日常的维护和监测。长期维护可能持续30年,它包括最终覆盖土的日常保养、渗滤液的继续收集和处理、地下水的监测(包括意外情况的监测)、气体迁移和排放控制等。

第五篇　物理性污染控制工程

第24章 噪声概述

24.1 噪　　声

噪声即噪音,是一类引起人烦躁或音量过强而危害人体健康的声音。噪声是一种主观评价标准,即一切影响他人的声音均为噪声,无论是音乐或者机械声等。

从环境保护的角度看,凡是影响人们正常学习、工作和休息的声音,凡是人们在某些场合“不需要的声音”,都统称为噪声。如机器的轰鸣声,各种交通工具的马达声、鸣笛声,人的嘈杂声及各种突发的声响等,均称为噪声。从物理角度看,噪声是发声体做无规则振动时发出的声音。

噪声污染属于感觉公害,它与人们的主观意愿、生活状态有关,因而它具有与其他公害不同的特点。我国制定的《中华人民共和国环境噪声污染防治法》中把超过国家规定的环境噪声排放标准,并干扰他人正常生活、工作和学习的现象称为环境噪声污染。声音的分贝是声压级单位,记为 dB,用于表示声音的大小。《中华人民共和国城市区域噪声标准》中则明确规定了城市五类区域的环境噪声最高限:疗养区、高级别墅区、高级宾馆区,昼间 50 dB、夜间 40 dB;以居住、文教机关为主的区域,昼间 55 dB、夜间 45 dB;居住、商业、工业混杂区,昼间 60 dB、夜间 50 dB;工业区,昼间 65 dB、夜间 55 dB;城市中的道路交通干线道路、内河航道、铁路主、次干线两侧区域,昼间 70 dB、夜间 55 dB。(注:夜间指 22 点到次日早晨 6 点。)

按照国家标准规定,住宅区的噪声,白天不能超过 50 dB,夜间应低于 45 dB,若超过这个标准,便会对人体产生危害。那么,室内环境中的噪声标准是多少呢?国家《城市区域环境噪声测量方法》中第 5 条 4 款规定,在室内进行噪声测量时,室内噪声限值低于所在区域标准值 10 dB。

噪声主要分为加性噪声和乘性噪声。

(1)加性噪声

加性噪声叠加在语音信号波形上,表示为

$$x(i)=s(i)+n(i)$$

式中,$x(i)$表示含噪语音信号;$s(i)$表示语音信号;$n(i)$表示噪声信号。

(2)乘积性噪声

乘积性噪声又称为卷积噪声,可以通过同态变换成为加性噪声。在对噪声进行讨论时,一般取加性噪声进行处理与研究。

24.2　噪声的来源

1. 交通噪声

交通噪声主要是由交通工具在运行时发出来的。如汽车、飞机、火车等都是交通噪声源。调查表明,机动车辆噪声占城市交通噪声的85%。车辆噪声的传播与道路的多少及交通量度大小有密切关系。在通路狭窄、两旁高层建筑物栉比的城市中,噪声来回反射,显得更加吵闹。

2. 工业噪声

工业噪声主要来自生产和各种工作过程中机械振动、摩擦、撞击以及气流扰动而产生的声音。城市中各种工厂的生产运转以及市政和建筑施工所造成的噪声振动,其影响虽然不及交通运输广,但局部地区的污染却比交通运输严重得多。因此,这些噪声振动对周围环境的影响也应予重视。

3. 生活噪声

生活噪声主要指街道和建筑物内部各种生活设施、人群活动等产生的声音。如在居室中,儿童哭闹,大声播放收音机、电视和音响设备;户外或街道人声喧哗,宣传或做广告用高音喇叭等。这些噪声又可以分为居室噪声和公共场所噪声两类,它们一般在80 dB以下,对人的生理没有直接危害,但都能干扰人们交谈、工作、学习和休息。

噪声有两个特点:一是声源停止发声后,污染立刻消失;二是随距离的增加噪声强度迅速衰减。人们通常用测量声波的大小,声级的单位是分贝(dB)。正常人刚能听到的最小的声音称为听阈,听阈的声强为零分贝,人耳开始感到疼痛的声音称为痛阈,痛阈为120 dB。人们轻声耳语时为30 dB,一般交谈时为60 dB,大声吵嚷时为80~90 dB,火车、拖拉机为100 dB,大炮发射、飞机起飞为130 dB。

24.3　噪声污染的危害

噪声污染对人、动物、仪器仪表以及建筑物均构成危害,其危害程度主要取决于噪声的频率、强度及暴露时间。噪声危害主要包括:

(1)噪声对听力的损伤

噪声对人体最直接的危害是听力损伤。人们在进入强噪声环境时,暴露一段时间,会感到双耳难受,甚至会出现头痛等感觉。离开噪声环境到安静的场所休息一段时间,听力就会逐渐恢复正常。这种现象称为暂时性听阈偏移,也称为听觉疲劳。但是,如果人们长期在强噪声环境下工作,听觉疲劳不能得到及时恢复,且内耳器官会发生器质性病变,即形成永久性听阈偏移,又称为噪声性耳聋。

(2)噪声能诱发多种疾病

因为噪声通过听觉器官作用于大脑中枢神经系统,以致影响到全身各个器官,故噪声除对人的听力造成损伤外,还会给人体其他系统带来危害。由于噪声的作用,会产生头痛、头昏脑胀、耳鸣、失眠、全身疲乏无力以及记忆力减退等神经衰弱症状。长期在高噪声环境下工作的人与低噪声环境下的情况相比,高血压、动脉硬化和冠心病的发病率要高 2 ~3 倍。可见噪声会导致心血管系统的疾病。噪声也可导致消化系统功能紊乱,引起消化不良、食欲不振、恶心呕吐,使肠胃病和溃疡病发病率升高。此外,噪声对视觉器官、内分泌机能及胎儿的正常发育等方面也会产生一定影响。在高噪声中工作和生活的人们,一般健康水平逐年下降,对疾病的抵抗力减弱,诱发一些疾病,但也和个人的体质因素有关,不可一概而论。

(3)噪声对正常生活和工作的干扰

噪声对人的睡眠影响极大,人即使在睡眠中,听觉也要承受噪声的刺激。噪声会导致多梦、易惊醒、睡眠质量下降等,突然的噪声对睡眠的影响更为突出。噪声会干扰人的谈话、工作和学习。实验表明,当人受到突然而至的噪声一次干扰,就要丧失 4 s 的思想集中。据统计,噪声会使劳动生产率降低 10% ~50% ,随着噪声的增加,差错率上升。由此可见,噪声会分散人的注意力,导致反应迟钝,容易疲劳,工作效率下降,差错率上升。噪声还会掩蔽安全信号,如报警信号和车辆行驶信号等,以致造成事故。

(4)噪声对动物的影响

噪声能对动物的听觉器官、视觉器官、内脏器官及中枢神经系统造成病理性变化。噪声对动物的行为有一定的影响,可使动物失去行为控制能力,出现烦躁不安、失去常态等现象,强噪声会引起动物死亡。鸟类在噪声中会出现羽毛脱落、影响产卵率等。

(5)特强噪声对仪器设备和建筑结构的影响

实验研究表明,特强噪声会损伤仪器设备,甚至使仪器设备失效。噪声对仪器设备的影响与噪声强度、频率以及仪器设备本身的结构与安装方式等因素有关。当噪声级超过 150 dB 时,会严重损坏电阻、电容、晶体管等元件。当特强噪声作用于火箭、宇航器等机械结构时,由于受声频交变负载的反复作用,会使材料产生疲劳现象而断裂,这种现象称为声疲劳。

一般的噪声对建筑物几乎没有什么影响,但是噪声级超过 140 dB 时,对轻型建筑开始有破坏作用。例如,当超声速飞机在低空掠过时,在飞机头部和尾部会产生压力和密度突变,经地面反射后形成 N 形冲击波,传到地面时听起来像爆炸声,这种特殊的噪声称为轰声。在轰声的作用下,建筑物会受到不同程度的破坏,如出现门窗损伤、玻璃破碎、墙壁开裂、抹灰震落、烟囱倒塌等现象。由于轰声衰减较慢,因此传播较远,影响范围较广。此外,在建筑物附近使用空气锤、打桩或爆破,也会导致建筑物的损伤。

第25章 噪声测量与标准

噪声监测是对干扰人们学习、工作和生活的声音及其声源进行的监测活动。其中包括城市各功能区噪声监测、道路交通噪声监测、区域环境噪声监测和噪声源监测等。噪声监测结果一般以A计权声级表示,所用的仪器主要是声级计和频谱分析器。噪声监测的结果用于分析噪声污染的现状及变化趋势,也为噪声污染的规划管理和综合整治提供基础数据。

25.1 测量仪器及方法

25.1.1 测量仪器

随着电子工业的快速发展,现在声学仪器种类繁多,这类仪器经过几十年的研究改进已进入第三代,正朝着轻便、超小型、数字化(数字显示、数字输出)和自动化方向发展。

1. 声级计

声级计设计原理及级结构方框图如图25.1所示。由传声器将声音转换成电信号,再由前置放大器变换阻抗,使传声器与衰减器匹配。放大器将输出信号加到计权网络,对信号进行频率计权(或外接滤波器),然后再经衰减器及放大器将信号放大到一定的幅值,送到有效值检波器(或外接电平记录仪),在指示表头上给出噪声声级地数值。

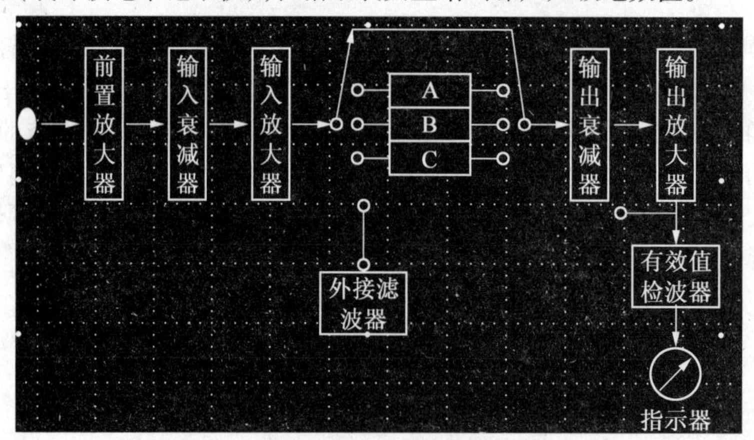

图25.1 声级计设计原理及级结构方框图

计权(又称为加权)参数是在对频响曲线(图25.2)进行一些加权处理后测得的参数,以区别于平直频响状态下的不计权参数。例如信噪比,按照定义,我们在额定的信号电平下测出噪声电平(可以是功率,也可以是电压、电流),额定电平与噪声电平之比就是信噪比,如果是分贝值,则计算二者之差。这就是不计权信噪比。不过,由于人耳对各频段噪声的感知能力是不一样的,对3 kHz左右的中频最灵敏,对低频和高频则差一些,因此不计权信噪比未必与人耳对噪声大小的主观感觉能很好地吻合。

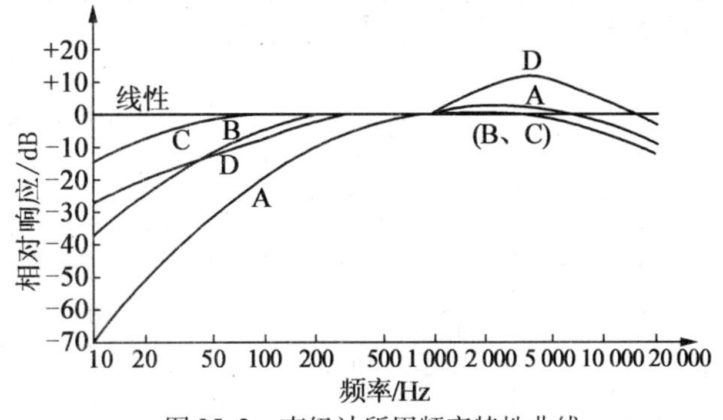

图 25.2 声级计所用频率特性曲线

根据所使用的计权网不同,分别称为 A 声级、B 声级和 C 声级,单位记作 dB(A)、dB(B)和 dB(C)。A 计权声级是模拟人耳对 55 dB 以下低强度噪声的频率特性,B 计权声级是模拟 55 ~ 85 dB 的中等强度噪声的频率特性,C 计权声级是模拟高强度噪声的频率特性。三者的主要差别是对噪声低频成分的衰减程度,A 衰减最多,B 次之,C 最少。A 计权声级由于其特性曲线接近于人耳的听感特性,因此是目前世界上噪声测量中应用最广泛的一种, 许多与噪声有关的国家规范都按 A 声级作为指标,但由于 A 计权所依据的等响曲线经过多次修正后发生了很大的变化,A 计权的地位也正逐渐下降,目前比较流行的计权标准包括 NR、NC 等标准。

目前,测量噪声用的声级计,表头响应按灵敏度可分为 4 种:

(1)慢

表头时间常数为 1 000 ms,一般用于测量稳态噪声,测得的数值为有效值。

(2)快

表头时间常数为 125 ms,一般用于测量波动较大的不稳态噪声和交通运输噪声等。快挡接近人耳对声音的反应。

(3)脉冲或脉冲保持

表针上升时间为 35 ms,用于测量持续时间较长的脉冲噪声,如冲床、按锤等,测得的数值为最大有效值。

(4)峰值保持

表针上升时间小于 20 ms,用于测量持续时间很短的脉冲声,如枪、炮和爆炸声,测得的数值是峰值,即最大值。

近年来又有人将声级计分为 4 类,即 0 型、1 型、2 型和 3 型。它们的精度分别为 ±0.4 dB、±0.7 dB、±1.0 dB 和 ±1.5 dB,则相对应的表头相应时间不同,具体的声级计计权参考时间可见表 25.1。

表 25.1　声级计计权参考相应时间

猝发音持续时间 T_b/ms	相对稳态声级的参考 4 kHz 猝发音响应 δ_{nl}/dB		允许误差/dB	
	$L_{AP_{max}}-L_A$ $L_{CF_{max}}-L_C$ $L_{ZF_{max}}-L_Z$	$L_{AE}-L_A$ $L_{CE}-L_C$ $L_{ZE}-L_Z$	1 级	2 级
1 000	0.0	0.0	=0.8	=1.3
500	−0.1	−3.0	=0.8	=1.3
200	−1.0	−7.0	=0.8	=1.3
100	−2.6	−10.0	=1.3	=1.3
50	−4.8	−13.0	=1.3	+1.3;−1.8
20	−8.3	−17.0	=1.3	+1.3;−2.3
10	−11.1	−20.0	=1.3	+1.3;−2.3
5	−14.1	−23.0	=1.3	+1.3;−2.8
2	−18.0	−27.0	+1.3;−1.8	+1.3;−2.8
1	−21.0	−30.0	+1.3;−2.3	+1.3;−3.3
0.5	−24.0	−33.0	+1.3;−2.8	+1.3;−4.3
0.25	−27.0	−36.0	+1.3;−3.3	+1.8;−5.3
	$L_{AS_{max}}-L_N$ $L_{CS_{max}}-L_C$ $L_{ZS_{max}}-L_Z$			
1 000	−2.0		=0.8	=1.3
500	−4.1		=0.8	=1.3
200	−7.4		=0.8	=1.3
100	−10.2		=1.3	=1.3
50	−13.1		=1.3	+1.3;−1.8
20	−17.0		+1.3;−1.8	+1.3;−2.3
10	−20.0		+1.3;−2.3	+1.3;−3.3
5	−23.0		+1.3;−2.8	+1.3;−4.3
2	−27.0		+1.3;−3.3	+1.3;−5.3

声级计使用正确与否,直接影响到测量结果的准确性。因此,有必要介绍一下声级计的使用。

①声级计使用环境的选择。选择有代表性的测试地点,声级计要离开地面、墙壁,以减少地面和墙壁的反射声的附加影响。

②天气条件要求在无雨无雪的时间,声级计应保持传声器膜片清洁,风力在三级以上必须加风罩(以避免风噪声干扰),五级以上大风应停止测量。

③打开声级计携带箱,取出声级计,套上传感器。

④将声级计置于 A 状态,检测电池,然后校准声级计。

⑤对照表(一般常见的环境声级大小参考),调节测量的量程。

⑥下面就可以使用快（测量声压级变化较大的环境的瞬时值）、慢（测量声压级变化不大的环境中的平均值）、脉冲（测量脉冲声源）、滤波器（测量指定频段的声级）各种功能进行测量。根据需要记录数据，同时也可以连接打印机或者其他计算机终端进行自动采集。整理器材并放回指定地方。

2. 频谱分析仪

频谱分析仪架构犹如时域用途的示波器，面板上布建许多功能控制按键，作为系统功能的调整与控制。其设计原理如图 25.3 所示，系统主要的功能是在频域里显示输入信号的频谱特性。频谱分析仪根据信号处理方式的不同，一般有两种类型：实时频谱分析仪与扫描调谐频谱分析仪。实时频率分析仪的功能为在同一瞬间显示频域的信号振幅。其工作原理是针对不同的频率信号有相对应的滤波器与检知器，再经由同步的多任务扫描器将信号传送到 CRT 屏幕上。其优点是能显示周期性杂散波的瞬间反应；缺点是价格昂贵，且性能受限于频宽范围、滤波器的数目与最大的多任务交换时间。

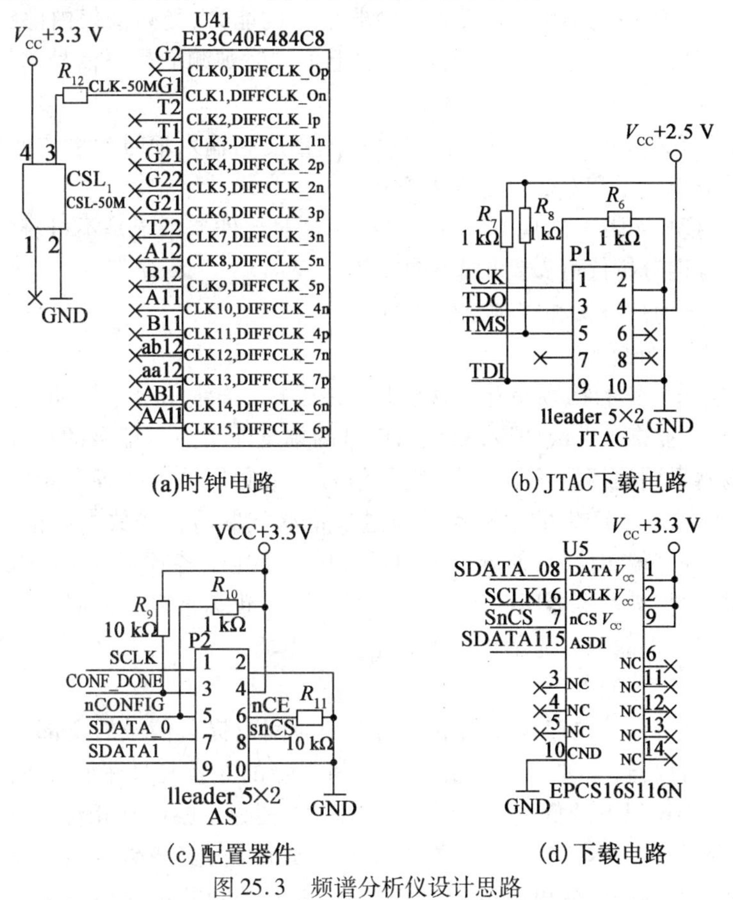

图 25.3　频谱分析仪设计思路

最常用的频谱分析仪是扫描调谐频谱分析仪，其基本结构类似超外差式接收器。其工作原理是输入信号经衰减器直接外加到混波器，可调变的本地振荡器经与 CRT 同步的扫描产生器产生随时间做线做变化的振荡频率，经混波器与输入信号混波降频后的中频信号（IF）再放大，滤波与检波传送到 CRT 的垂直方向板，因此在 CRT 的纵轴显示信号振幅与频率的对应关系。

频谱分析仪的主要技术指标有频率范围、分辨力、分析谱宽、分析时间、扩展、灵敏度、显示方式和假响应。

①频率范围。频率范围指频谱分析仪进行正常工作的频率区间。现代频谱仪的频率范围能从低于1 Hz直至300 GHz。

②分辨力。频谱分析仪在显示器上能够区分最邻近的两条谱线之间频率间隔的能力，是频谱分析仪最重要的技术指标。分辨力与滤波器的形式、波形因数、带宽、本振稳定度、剩余调频和边带噪声等因素有关，扫频式频谱分析仪的分辨力还与扫描速度有关。分辨带宽越窄越好。现代频谱仪在高频段分辨力为10～100 Hz。

③分析谱宽。分析谱宽又称为频率跨度。频谱分析仪在一次测量分析中能显示的频率范围，可等于或小于仪器的频率范围，通常是可调的。

④分析时间。分析时间指完成一次频谱分析所需的时间，它与分析谱宽和分辨力有密切关系。对于实时式频谱分析仪，分析时间不能小于其最窄分辨带宽的倒数。

⑤灵敏度。灵敏度指频谱分析仪显示微弱信号的能力，受频谱仪内部噪声的限制，通常要求灵敏度越高越好。动态范围指在显示器上可同时观测的最强信号与最弱信号之比。现代频谱分析仪的动态范围可达80 dB。

⑥显示方式。显示方式指频谱分析仪显示的幅度与输入信号幅度之间的关系。通常有线性显示、平方律显示和对数显示3种方式。

⑦假响应。指显示器上出现不应有的谱线。这对超外差系统是不可避免的，应设法降低到最小，现代频谱分析仪可做到小于－90 dB · mW。

频谱分析仪分为扫频式和实时分析式两类。

(1)扫频式频谱分析仪

它是具有显示装置的扫频超外差接收机，主要用于连续信号和周期信号的频谱分析。它工作于声频直至亚毫米的波频段，只显示信号的幅度而不显示信号的相位。它的工作原理是：本地振荡器采用扫频振荡器，它的输出信号与被测信号中的各个频率分量在混频器内依次进行差频变换，所产生的中频信号通过窄带滤波器后再经放大和检波，加到视频放大器作示波管的垂直偏转信号，使屏幕上的垂直显示正比于各频率分量的幅值。本地振荡器的扫频由锯齿波扫描发生器所产生的锯齿电压控制，锯齿波电压同时还用作示波管的水平扫描，从而使屏幕上的水平显示正比于频率。

(2)实时式频谱分析仪

实时式频谱分析仪是在存在被测信号的有限时间内提取信号的全部频谱信息进行分析并显示其结果的仪器，主要用于分析持续时间很短的非重复性平稳随机过程和暂态过程，也能分析40 MHz以下的低频和极低频连续信号，能显示幅度和相位。傅里叶分析仪是实时式频谱分析仪，其基本工作原理是把被分析的模拟信号经模数变换电路变换成数字信号后，加到数字滤波器进行傅里叶分析；由中央处理器控制的正交型数字本地振荡器产生按正弦律变化和按余弦律变化的数字本振信号，也加到数字滤波器与被测信号作傅里叶分析。正交型数字式本振是扫频振荡器，当其频率与被测信号中的频率相同时就有输出，经积分处理后得出分析结果供示波管显示频谱图形。正交型数方式本振用正弦和余弦信号得到的分析结果是复数，可以换算成幅度和相位。分析结果也可送到打印绘图仪或通过标准接口与计算机相连。实时频谱分析仪原理如图25.4所示。

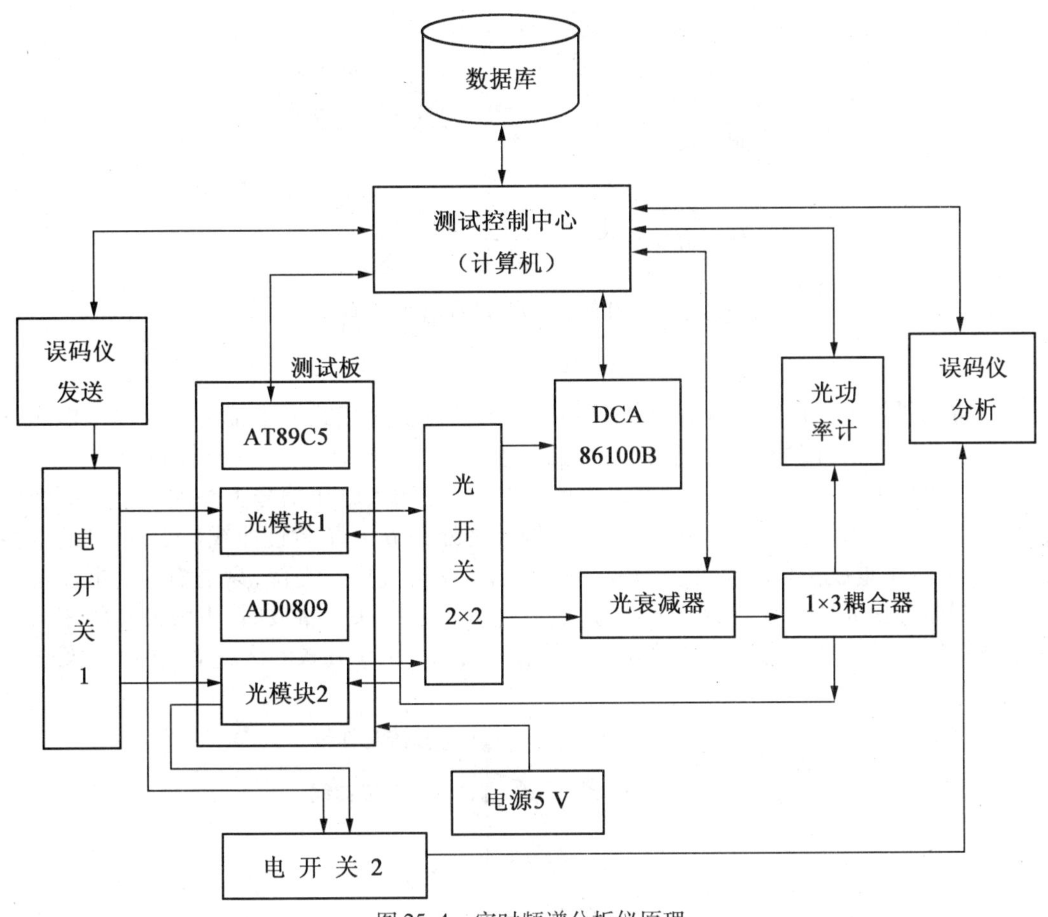

图 25.4　实时频谱分析仪原理

3. 磁带记录仪

如图 25.5 所示，磁带记录仪由磁头、磁带和传动机构组成。磁头又由带有气隙的环形软磁铁心和绕于其上的线圈组成。磁带表面涂有一层均匀的磁粉。当磁带记录信号时，传动机构使磁带按一定的线速度在记录磁头上平移。当记录磁头线圈中有电流通过时，铁心中产生与电流成比例的磁通，而在铁心空隙端通过的磁带上的磁粉被磁化。磁带离开磁头后，磁带上即留有与信号成比例的剩余磁化强度，从而使记录的信号能长久地保存在磁带上。重放时，磁带上的磁信号通过重放磁头还原成电信号。磁带上的信号可用高频去磁法抹去，使磁带能多次使用。改变磁带的移动速度可压缩或延长时间轴，即可以快录、慢放，或者慢录、快放，便于分析快速瞬态过程或慢速长时间的过程。重放时可配上笔式记录仪或光线示波器绘制曲线，也可配上数据处理装置进行分析、处理。多磁道的磁头或装有多个磁头的多通道磁带记录仪，可同时对多个变量进行记录，最多可有上百个信号通道。

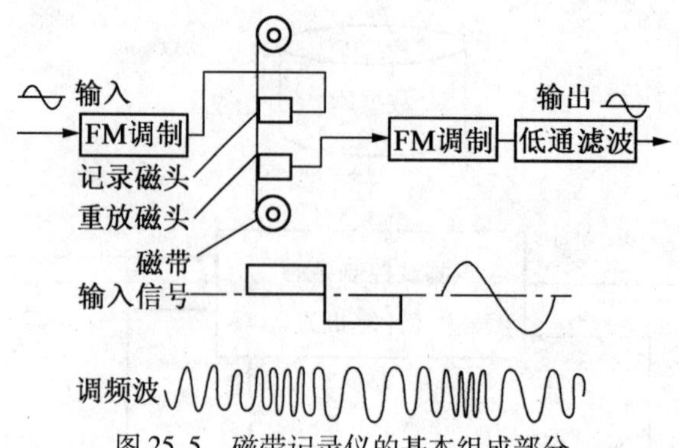

图 25.5　磁带记录仪的基本组成部分

磁带记录仪按工作原理分为直接式和调频式两种。直接式磁带记录仪对输入电压信号不进行波形变换,信号经放大后记录在磁带上。由于磁化场强 H 和磁性材料的剩磁 B_r 之间不是线性关系,只有中间一段是线性区,因此要在输入电压信号上叠加一个振幅恒定的高频信号(称为偏磁信号),使被记录的信号始终处在 B_r-H 特性曲线(图 25.6)的线性区,从而消除了重放信号的畸变。调频式磁带记录仪与直接式类似,只是输入的电压信号先由调制器转换成与之对应的频率信号,然后进入记录磁头。重放时,由解调器将来自磁带的频率信号转换成与输入信号对应的电压信号。此种记录方式的优点是线性度较好。

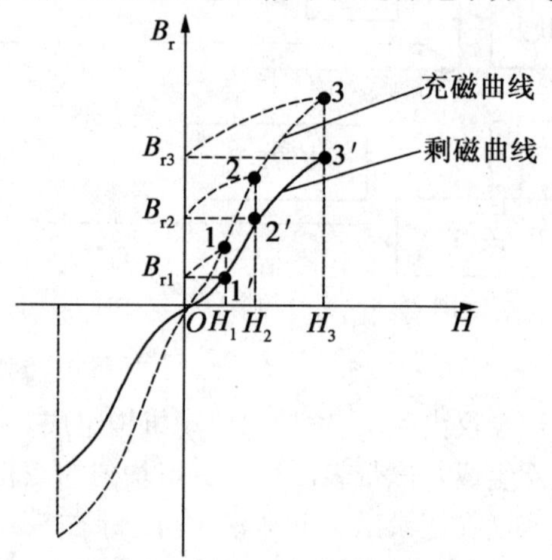

图 25.6　磁带记录仪模拟曲线

直接式磁带记录仪的可记信号频率高达 2 MHz,用于记录高频的变化过程。但低频响应性能差,记录 50 Hz 以下的信号有困难。调频式磁带记录仪可记录低频甚至直流过程,工作频率一般在 0～200 kHz;记录准确度比较高,误差最小为 ±0.1%。所以调频式是广泛采用的一种记录方式。磁带记录仪的输入阻抗较高,一般在几十千欧以上,可用于记录电压信号,或者记录压力、应力、应变、位移、振幅、速度、加速度、转速、心电、脑电、声等随时间变化的过程。

25.1.2　测量方法

1. 注意事项

①声级计一般用干电池供电,使用前要检查电压是否满足声级计正常工作的要求。声级计在使用前要校准。

②注意避免风、温度、湿度等大气环境的影响。室外测量最好选择无风天气,若风力大

于三级,则传声器上应加防风罩,若风力大于五级,则应停止测量。

③注意声源附近反射体的影响。测点尽量远离反射物。在室内,与墙壁和地面的距离最好大于 1 m。在室外,测点至少离开大的反射物 3.5 m 以上。

④注意避免背景噪声的影响。先测背景噪声。噪声源声级与背景噪声之差大于10 dB,背景噪声忽略不计。噪声源声级与背景噪声之差为 3 ~ 10 dB,应进行修正(图 25.7)。噪声源声级与背景噪声之差小于 3 dB,应采取相应措施降低背景噪声。

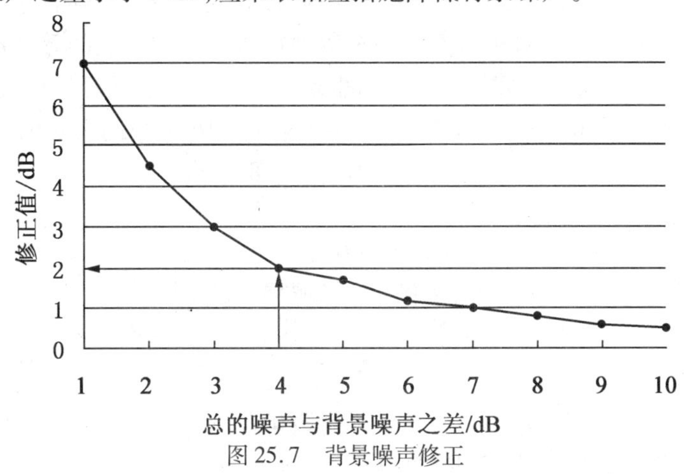

图 25.7　背景噪声修正

由图 25.7 可以看出,总噪声与背景噪声相差越小,修正值越大,说明背景噪声对其影响越大。例如,测量某发动机噪声,当发动机未开时,测得背景噪声为 76 dB,开动发动机测得总声级为 80 dB,两者之差为 4 dB,修正值为 2 dB,则发动机的噪声值为 78 dB。

2. 城市环境噪声测量方法

(1)城市区域环境普查方法

①城市环境噪声的特点。随时间起伏较大,无规律,具有较大的随机性。

②测点确定。将市区划分为等距离的网格(500 m×500 m,250 m×250 m),数目多于 100 个,测点选在网格中心,如图 25.8 所示。

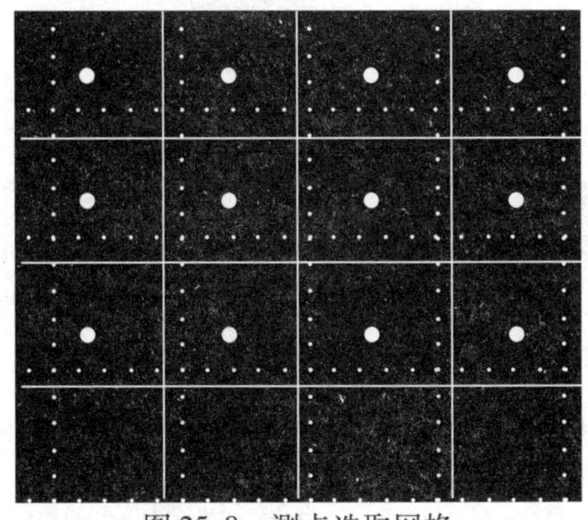
图 25.8　测点选取网格

③取样时间。

白天:6:00 ~ 22:00,一般在上午 8 点到 12 点,下午 2 点到 6 点。

夜间:22:00 至次日 6:00,一般在晚上 10 点到次日凌晨 5 点。

此时声级计的传声器距地面高 1.2 m,用“慢”特性,每 5 s 读取一个瞬时 A 声级,每个测点连续测 100 个数据(如起伏较大,则取 200 个),判断噪声的主要来源,进行声学环境记录。

④求等效连续 A 声级 L_{eq}。等效连续 A 声级 L_{eq} 的计算公式为

$$L_{eq} = 10\log\left(\frac{1}{100}\sum_{i=1}^{100}10^{\frac{L_i}{10}}\right)$$

式中,L_i 为第 i 次测量的噪声值。

昼夜等效连续 A 声级 L_{dn} 的计算。昼间和夜间在规定时间内测得的等效 A 声级分别称为昼间等效声级 L_d 或夜间等效声级 L_n。昼夜等效声级为昼间和夜间等效声级的能量平均值,用 L_{dn} 表示,单位为 dB。考虑到噪声在夜间要比昼间更吵人,故计算昼夜等效声级时,需要将夜间等效声级加上 10 dB 后再计算。如昼间规定为 16 h,夜间为 8 h,昼夜等效声级为

$$L_{dn} = 10\log\left(\frac{16}{24}10^{\frac{L_d}{10}} + \frac{8}{24}10^{\frac{L_n}{10}}\right)$$

注:昼间和夜间的时间,可根据地区和季节的不同按当地习惯划定。

最后可以用等效连续 A 声级 L_{eq} 绘制城市区域噪声污染图,以 5 dB 为一等级,涂上不同的颜色,便于分析。

(2)城市交通噪声的测量

①测点选择。在市区交通干线(机动车流量每小时不小于 100 辆)一侧的人行道,在公路交叉口 50 m 以外距离公路边缘 20 cm 处。

此时声级计的传声器距离地面高 1.2 m,垂直指向公路。使用"慢"特性,每 5 s 读一个数,连续读 200 个数。记录车流量。

②计算等效连续 A 声级 L_{eq}。计算等效连续 A 声级 L_{eq} 的计算公式为

$$L_{eq} = L_{50} + \frac{(L_{10} - L_{90})^2}{60}$$

计算算术平均等效连续声级

$$\bar{L} = \frac{\sum_{K=1}^{N} L_K \cdot L'_K}{\sum_{K=1}^{N} L_K}$$

式中,L'_K 为第 K 条干线的声级;L_K 为第 K 条干线的长度,km。

(3)工业企业噪声测量方法

①生产环境(车间)噪声测量。

a. 测点。在操作人员经常所在的位置或观察生产过程而经常工作、活动的范围内,以人耳高度为准,使用"慢"特性车间内声级分布差异小于 3 dB,选择 1 ~ 3 个测点,声级分布差异大于 3 dB,按声级大小将车间分成若干个区域,区域内声级差异小于 3 dB,相邻区域声级差异大于或等于 3 dB,在每个区域取 1 ~ 3 个测点测量。

对于非稳态噪声,测量不同 A 声级下的暴露时间,然后进行计算。

b. 计算方法。将声级从小到大排列,并分成数段,每段 5 dB,用算术中心声级表示。各段中心声级为 80、85、90、95、100、105、110、115,将一个工作日内各段声级的总暴露时间统计出来并填表记录。以每个工作日为 8 h 计算,中心声级在 80 dB 以下的不予考虑。一个工作日的等效 A 声级可用公式表示为

$$L_{eq} = 80 + 10\ \log \frac{\sum\limits_{n} 10^{\frac{n-1}{2}} \cdot T_n}{480}$$

式中，T_n 为第 n 段声级（L_n）在一个工作日内的总暴露时间，min；n 为声级的分段序号。

例 25.1　某空压机站工作人员，每天工作 8 h，其中 4 h 在操作室内观察仪表，室内声级为78 dB，2.5 h 在机器附近巡回检查，声级为 104 dB，1 h 在距声源约 10 m 以外的地方进行设备维修，声级为 89 dB，其他时间在声级为 70 dB 以下的地方，具体各时段声级数据见表 25.2。

计算：该工作人员每天接触噪声的等效 A 声级。

表 25.2　每天各时段分级测量数据

声级分段序号 n	1	2	3	4	5	6	7	8	等效A声级
各段声级/dB	78 ~ 82	83 ~ 87	88 ~ 92	93 ~ 97	98 ~ 102	103 ~ 107	108 ~ 112	113 ~ 117	
各段中心声级 L_n	80	85	90	95	100	105	110	115	
暴露时间 T/min	240		60			150			100

$$L_{eq}/\text{dB(A)} = 80 + 10\ \log \frac{10^{\frac{1-1}{2}} \times 240 + 10^{\frac{3-1}{2}} \times 60 + 10^{\frac{6-1}{2}} \times 150}{480} = 100$$

②工业企业现场机器噪声的测量。

a. 注意事项。尽量设法避免或减小测量环境的背景噪声和反射声的影响。要在相应测点测量背景噪声，进行修正。

b. 参考测点的位置。

小型机器（外形尺寸小于 0.3 m）：测点距表面 0.3 m。

中型机器（外形尺寸介于 0.3 ~ 1 m）：测点距表面 0.5 m。

大型机器（外形尺寸大于 1 m）：测点距表面 1 m。

特大型机器或具有危险性的设备，测点可较远，具体情况具体对待。

c. 测点数目。视机器的大小和发声部位的多少选取。

d. 测点高度。以机器半高度为准，或选择在机器水平轴的水平面。

e. 测量空气动力机械的进排气噪声。

进气噪声测点：在吸气口轴向，距管口平面不小于管口直径的 1 倍，或距管口平面 0.5 m、1 m 等位置。

排气噪声测点：在排气口轴线 45°方向上，或管口平面上，距管口中心 0.5 m、1 m 或 2 m 处。

25.2　噪声的客观量度

噪声强弱的客观量度用声压、声强和声功率等物理量来表示。声压和声强反应声场中声的强弱；声功率反映声场中声的强弱及声源辐射噪声本领的大小。

25.2.1　噪声级和总声压级的测量

噪声级和声压级的概念是不同的。前者是经过频率计权后的声压级，它不是客观量，需采用“计权”测量。后者没有经过计权，是线性声级。

总声压级需采用宽带测量。即测量仪器的频率响应，在 20 ~ 20 000 Hz 的声频范围内都具有均匀的响应。用宽带即“线性”测得的数值称为总声压级。由于计权网络 C 具有近乎平直的响应，常将 C 挡读数看作总声压级。

25.2.2　声功率级测量方法

1. 自由声场法

放置一声源，以球面波辐射，声功率为

$$W = 4\pi r^2 I$$

或

$$L_W = L_I + 20\ \lg r + 11$$

如图 25.9 所示，在消声室中进行声功率测量时，以机器为中心，以 r 为半径的球面上，均匀分布若干测点，测得声压级 L_{p1}、L_{p2}、L_{p3}、…、L_{pn}，然后进行平均，求得 L_p，于是该机器噪声的声功率级为

$$L_W = L_n + 20\ \lg r + 11$$

式中，n 为声压级数。

2. 半自由声场法

图 25.10 所示为人工模拟半自由声场的声学实验室。

$$L_W = L_n + 20\ \lg r + 8$$

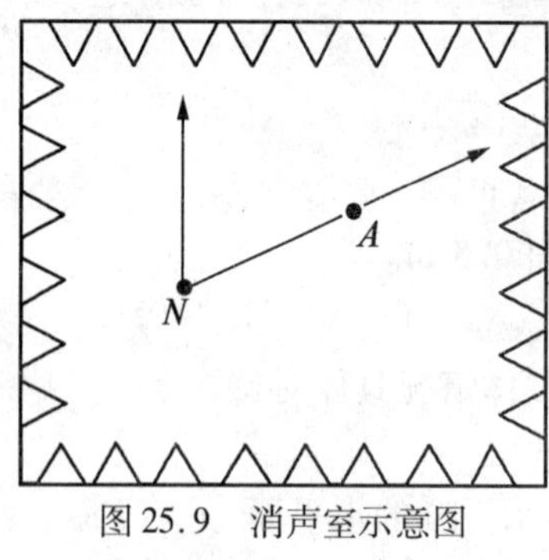

图 25.9　消声室示意图

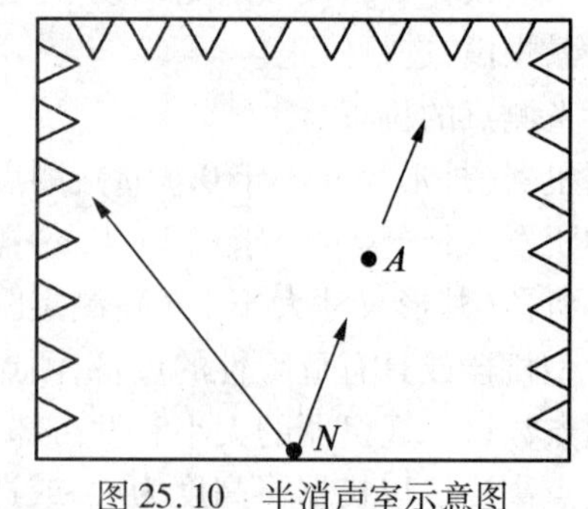

图 25.10　半消声室示意图

3. 混响声场法

在混响室中，声源发出稳态噪声后，如果不考虑空气中的能量吸收，则在同一时间间隔内，表面吸收的能量等于声源供给的能量。声源功率级的计算公式为

$$L_W = \overline{L_p} + 10\lg R - 6$$

$$R = \frac{S\bar{a}}{1 - a}$$

4. 半混响声场法

在半混响声场中，房间既非全吸收，又非全反射，介于自由场和混响场之间。声源声功率级的计算公式为

$$L_W = \overline{L_p} + 10\lg\left(\frac{Q}{4\pi r^2} + \frac{4}{R}\right)$$

25.2.3　声强测量

声强的计算公式为

$$I = W/S$$

根据声强的定义,它还可以用单位时间内单位面积的声波对前面时段内毗邻媒质所做的功来表示。因此,它也可以写成

$$I = \frac{1}{T}\int_0^T R_e(p) \cdot R_e(v)\mathrm{d}t$$

声强是一矢量,它的指向就是声的传播方向。声场中某点声强矢量的时间平均 I 等于该点上某一时刻声压 P 和同一时刻质点速度 v 的乘积,因此声强矢量在给定方向的分量为

$$I = p_r \cdot v_r$$

用两点声压的有限差分代替被测点声压的压力梯度,可得距声源 r 处的声强 I_r 的表达式为

$$I_r = p_r \cdot v_r = -\frac{1}{2\rho \cdot r}(p_1 + p_2)\int_0^T (p_2 - p_1)\mathrm{d}t$$

由上式可知,只要距声源 r 处安装距离为 Δr 的两个传声器,求出每个频带内两个传声器声压的和与差,就能算出该点的各频带声强。双传声器在声强探头内的排列方向如图 25.11 所示。

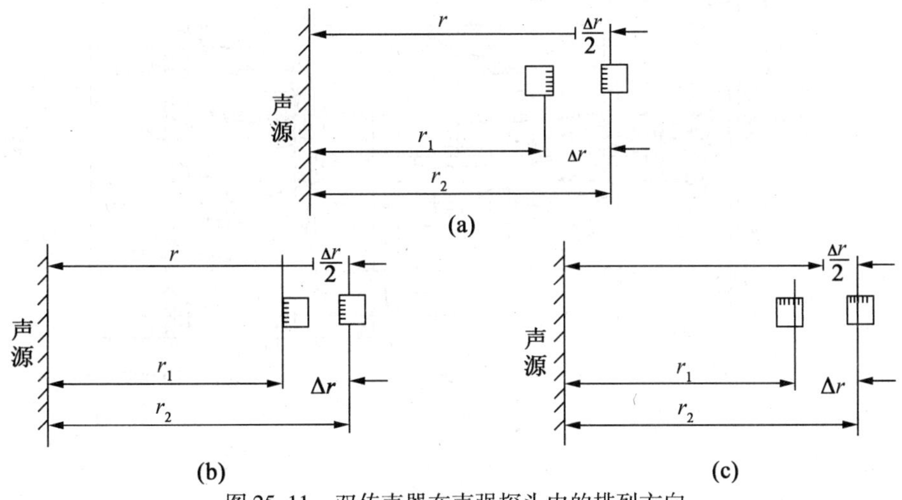

图 25.11　双传声器在声强探头内的排列方向

25.3　噪声的主观评价

25.3.1　噪声的频谱分析

1. 倍频程分析

(1)目的

倍频程分析了解其频率组成及相应能量的大小,从中找出噪声源,进而控制噪声。

(2)原理

倍频程分析是按一定宽度的频带来进行的,即分析各个频带对应的声压级。

噪声的频谱分析在噪声研究中,常采用倍频程分析。

相差 n 个倍频程时,两个中心频率之间的关系为

$$\frac{f_2}{f_1} = 2^n$$

式中,n 是正数,其值越小,频程分得越细。

2. 频谱分析

声源做简谐振动所产生的声波为简谐波,其声压和时间关系为一正弦曲线。这种只有单频率的声音称为纯音。由强度不同的许多频率纯音所组成的声音称为复音,组成复音的强度与频率的关系图称为声频谱,简称频谱。噪声频谱表示一定频带范围内声压级的分布情况,频谱中各峰值所对应的频率(带)就是某种声源产生的,找到了主要峰值声源就为噪声控制提供了依据。

25.3.2　噪声的响度分析及评价

1. 纯音的等响曲线、响度及响度级

在各种频率条件下对人的听力进行试验测得纯音的等响度曲线如图 25.12 所示。

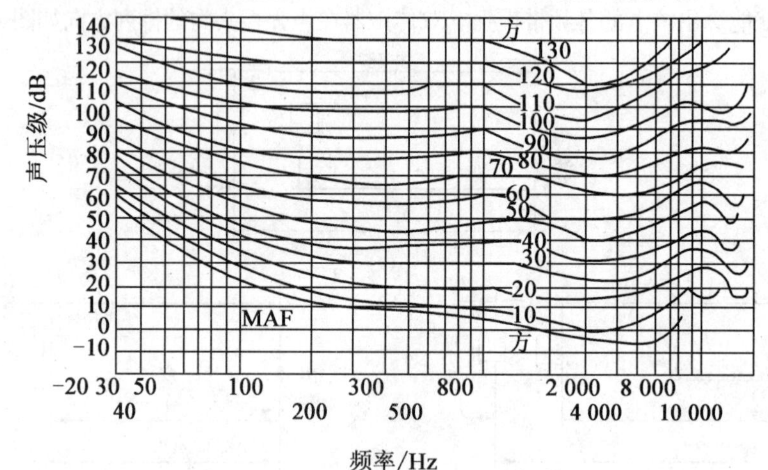

图 25.12　等响度曲线

响度级是一个相对量,有时需用绝对值来表示,单位宋(sone)。1 宋为 40 方的响度级,即 1 宋是声压为 40 dB 、频率为 1 000 Hz 的纯音素产生的响度。

$$N = 2^{(L_N - 40)/10}$$

$$L_N = 40 + 10\log_2 S$$

式中,N 为响度,宋;L_N 为响度级,方。

响度由 40 方开始,每增加 10 方,响度增加 1 倍,即 40 方为 1 宋,50 方为 2 宋,60 方为 4 宋,70 方为 8 宋。响度可以叠加计算,响度级不可以叠加。

例 25.2　频率为 3 000 Hz 和 2 000 Hz、声压均为 70 dB 的两纯音合成,由图 25.13 曲线查得响度级均为 70 方,对应响度均为 8 宋,总响度为 8 + 8 = 16 宋,查图 25.13 得总响度级为 80 方,响度级不可以叠加。

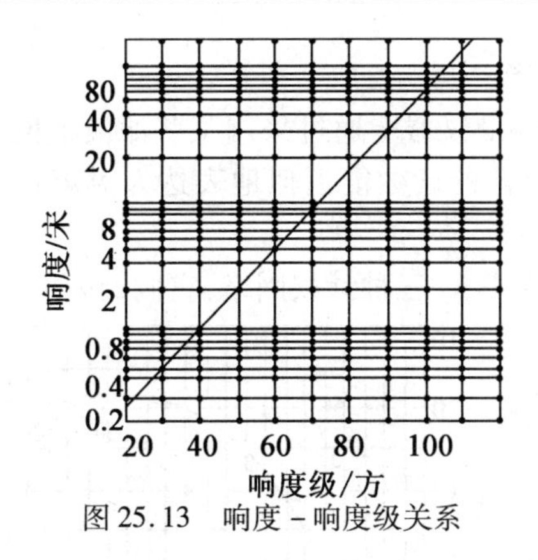

图 25.13　响度－响度级关系

2. 宽带噪声的响度

对纯音可以通过测量它的声压级和频率，按等响曲线来确定它的响度级，然后根据方－宋关系确定它的响度。但是，绝大多数的噪声是宽带声音，评价它的响度比较复杂，或者计算求得，或者通过计权网络由仪器直接测定。就声级计而言，设立了 A、B、C 三种计权网络，它们的频率特性如图 25.14 所示。

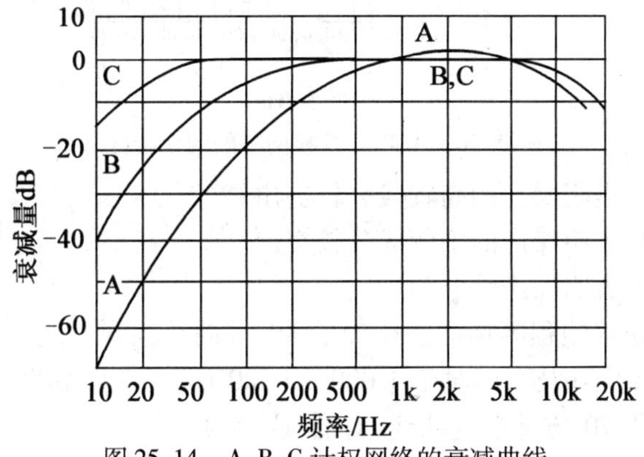

图 25.14　A、B、C 计权网络的衰减曲线

其计算公式为

$$N_t = N_m + F\left(\sum N_i - N_m\right)$$

式中，N_t 为总响度，宋；N_m 为频带中最大的响度指数，如图 25.15 所示；N_i 为某时刻的响度；F 为常数，对倍频带、1/2 倍频带和 1/3 倍频带分析仪分别为 0.3、0.2 和 0.15。

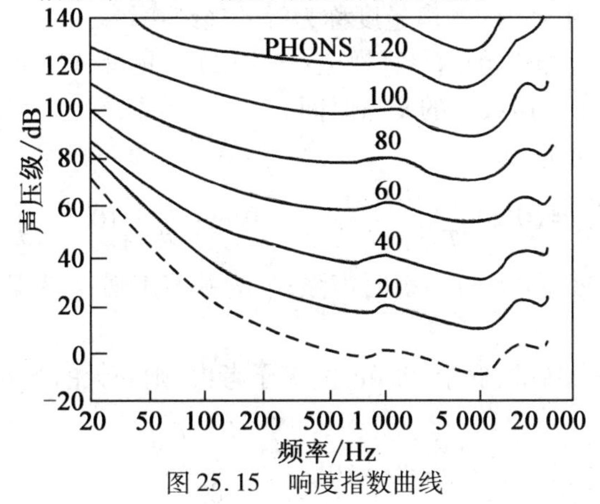

图 25.15　响度指数曲线

3. 声级计的频率计权网络

从等响度曲线出发，在测量仪器上通过采用某些滤波器网络，对不同频率的声音信号实行不同程度的衰减，使得仪器的读数能近似地表达人对声音的响应，这种网络称为频率计权网络。

就声级计而言，设立了 A、B、C 三种计权网络，它们的频率特性如图 25.16 所示。

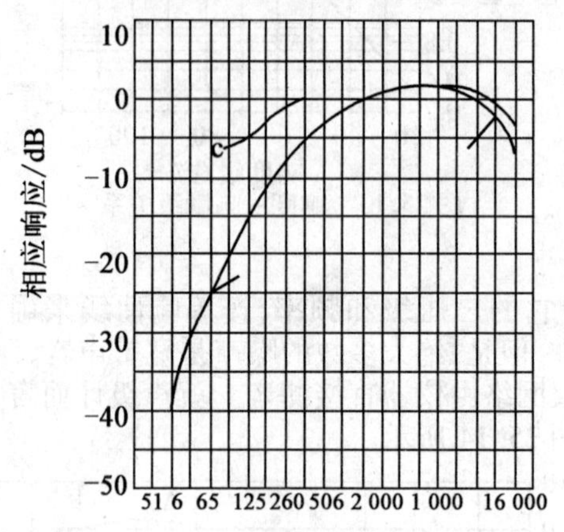

图 25.16　A、B、C 计权网络的频率特性

当 $L_A = L_B = L_C$ 时，表明噪声的高频成分较突出。

当 $L_C = L_B > L_A$ 时，表明噪声的中频成分较突出。

当 $L_C > L_B > L_A$ 时，表明噪声是低频特性。

A 计权网络是效仿倍频程等响度曲线中的 40 方曲线而设计的，它较好地模仿了人耳读低频段(500 Hz 以下)不敏感，而对于 1 000 ~ 5 000 Hz 声音频率的敏感的特点。

B 计权网络是效仿 70 方等响度曲线，对低频有衰减。

C 计权网络是效仿 100 方等响度曲线，在整个可听频率范围内近于平直的特点，它让所用频率的声音近于一样程度的通过，基本上不衰减，因此 C 计权网络表示总声压级。

4. 等效连续声级与噪声评价标准

如果考虑噪声对人们的危害程度，则除了要注意噪声的强度和频率之外，还要注意作用的时间。反映这种作用效果的噪声量度称为等效连续声级。

我国工业企业噪声检测规范(草案)规定：稳定噪声，测量 A 声级；不稳定噪声，测量等效连续声级，或测量不同 A 声级下的暴露时间。

等效连续声级可表示为

$$L_{eq} = 10\lg\left[\frac{1}{T}\int_0^T \frac{I(t)}{I_0}dt\right] = 10\lg\left(\frac{1}{T}\int_0^T 10^{0.1L}dt\right)$$

式中，T 为某段统计时间总和；$I(t)$ 为瞬时声强；I_0 为基准声强；L 为某一间歇时间内的 A 声级。

以每个工作日 8 h 为基础，低于 78 dB 的不予考虑，则一天的等效声级可近似为

$$L_{eq} = 80 + 10\lg\frac{\sum_n 10^{\frac{n-1}{2}} T_{n,R}}{480}$$

式中,n 的取值见表 25.3;$T_{n,R}$为一周的总暴露时间。

表 25.3　中心声级与暴露时间

n(段)	1	2	3	4	5	6	7	8
中心声级 L_n/dB(A)	80	85	90	95	100	105	110	115
暴露时间 I_n/min	T1	T2	T3	T4	T5	T6	T7	T8

例 25.3　测量某车间的噪声,有 4 h 中心声级为 90 dB(A),有 3 h 中心声级为 100 dB(A),有 1 h 中心声级为 110 dB(A),试计算一天内的等效连续声级。

国际标准化组织(ISO)1971 年提出采用噪声评价曲线(图 25.17),以确定噪声评价标准,图 25.17 中每条曲线均以一定的噪声评价数 N_R 来表征。

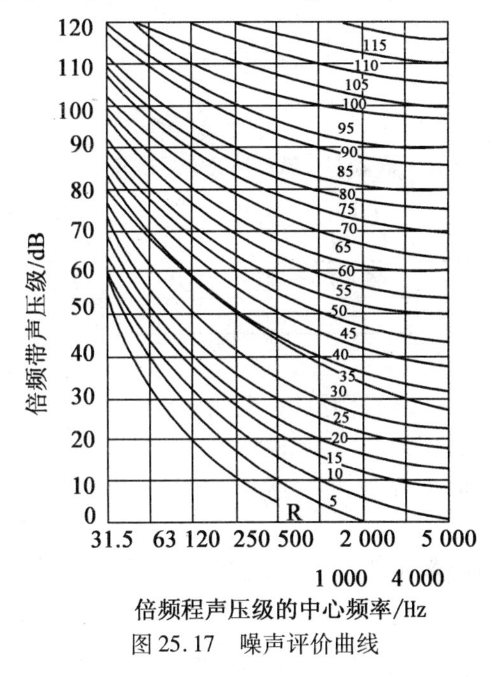

图 25.17　噪声评价曲线

根据容许标准规定的声级 L_A 来确定容许的噪声评价数为 N_R。换算关系为

$$N_R = L_A - 5$$

若噪声的倍频程声压级没有超过该容许评价数所对应的评价曲线,则认为符合标准的规定。

25.4　噪声标准

1. 噪声的基本标准

较强的噪声对人的生理与心理会产生不良影响。在日常工作环境和生活环境中,噪声主要造成听力损失,干扰谈话、思考、休息和睡眠。根据国际标准化组织的调查显示,在噪声级 85 dB 和 90 dB 的环境中工作 30 年,耳聋的可能性分别为 8% 和 18%。在噪声级 70 dB 的环境中,谈话就感到困难。对工厂周围居民的调查结果认为,干扰睡眠、休息的噪声级阈值,白天为 50 dB,夜间为 45 dB。

美国环境保护局(EPA)于 1975 年提出了保护健康和安宁的噪声标准。近年来,我国也提出了环境噪声容许范围:夜间(22 时至次日 6 时)噪声不得超过 30 dB,白天(6 时至 22 时)不得超过 40 dB。

2. 户外噪声标准

环境噪声引起人们烦恼的是对交谈、思考、睡眠和休息的干扰。中国环境噪声标准中的特殊住宅区,指特别需要安静的住宅区,如休养区、高级宾馆区等;居民、文教区指纯居民区和文教、机关区域;一类混合区指一般商业和居民的混合区;二类混合区指工业、商业、少量交通和居民的混合区;商业中心区指商业集中的繁华区域;工业集中区指当地政府指定的工业区域;交通干线两侧指车流量每小时 100 辆以上的道路两侧。表 25.4 所列的城市 5 类环境噪声标准值为户外容许噪声级,测量点选在受噪声影响的居住建筑窗外 1 m,高于地面 1.2 m。夜间频繁出现的噪声,峰值不准超过标准值 10 dB。夜间偶尔出现的噪声,峰值不准超过标准值15 dB。

表 25.4　城市环境噪声标准

类别	昼间	夜间	类别	昼间	夜间
0 类	50 dB	40 dB	3 类	65 dB	55 dB
1 类	55 dB	45 dB	4 类	70 dB	55 dB
2 类	60 dB	50 dB			

① 0 类标准适用于疗养区、高级别墅区、高级宾馆区等特别需要安静的区域。位于城郊和乡村的这一类区域分别按严于 0 类标准 5 dB 执行。

② 1 类标准适用于以居住、文教机关为主的区域。乡村居住环境可参照执行该类标准。

③ 2 类标准适用于居住、商业及工业混杂区。

④ 3 类标准适用于工业区。

⑤ 4 类标准适用于城市中的道路交通干线道路两侧区域,穿越城区的内河航道两侧区域。穿越城区的铁路主、次干线两侧区域的背景噪声(指不通过列车时的噪声水平)限值也执行该类标准。

3. 室内噪声标准

室内噪声标准可分为住宅和非住宅两种。住宅室内噪声标准是根据生活安静的要求和所在区域环境噪声标准,参考住宅窗户条件制订的,一般不应低于所在区域的环境噪声标准 20 dB。我国住宅室内的标准规定为低于所在区域环境噪声标准 10 dB,这是因为我国城市有较多的小工厂紧靠住宅。非住宅的室内噪声标准是根据房间用途规定的。

第26章　噪声的控制技术

26.1　噪声的控制方法

噪声污染的发生必须有3个要素:噪声源、噪声传播途径和接受者。只要这3个要素同时存在,就构成噪声对环境的污染和对人的危害。控制噪声污染必须从这3个方面着手。

1. 降低声源噪声

降低声源噪声为最彻底、最积极的方法,即把发声大的设备改造成发声小或不发声的设备。事实上,这方面的潜力也很大。

(1)改进机械设计降低噪声

①设计中,选用发声小的材料。一般的金属,如钢、铜、铝等,内摩擦小,消耗振动的能量小,用它们制造机器,机器噪声大;但若用减振合金(如锰-铜-锌合金),内阻大,消耗振动能量的本领也大,用它制造的机器噪声就低。

②改革设备的结构减小噪声。对风机,应选择最佳叶片,由直片形改成后弯形,可降低10 dB;把电动机冷却风扇从末端去掉2~3 mm,可降低6~7 dB。同风量的风机,大直径、低转速,声压级低;否则高。但大直径、低转速的风机经济性差。

改变传动装置,把正齿轮传动改变成斜齿轮或螺旋齿轮,可降低3~10 dB,若用皮带传动代替正齿轮传动,可降低16 dB。

(2)改革工艺和操作方法降低噪声

用焊接代替铆接,可收到20~40 dB的减噪效果;用无声的液压代替锤打。工业锅炉,高压蒸汽放空时产生很大噪声,若将排放的蒸汽回收进入降温减压器,再送入蒸汽网管中,这既降低了噪声,又回收了蒸汽,节约了能源。

(3)提高加工精度和装配质量降低噪声

提高机械设备的加工精度,使零件间的撞击和摩擦尽量减小。提高装配质量,调整好运动元件的动态平衡,减少偏心振动,这都会减少噪声。

另外,提高加工精度和装配质量,都会延长机器寿命,提高机器效率,一般来说,噪声的大小反映了机器产品加工精度和装配质量的好坏。过去设计、生产制造所不重视噪声的大小,现在这种状况有所改变,正着手制定产品噪声标准,把噪声大小作为衡量产品质量的标准之一。

2. 在传播途径上降低噪声

在声源上减噪仍不能达标的,则可在传播途径上采取措施。

①总体布局合理。实行“闹静分开”的设计原则,缩小噪声的干扰范围。例如,高噪声厂房应集中布置;高噪声区与低噪声区分开;要求安静的全厂性的建筑物(如办公大楼)应集中布置在厂前区;高噪声区应远离厂前区布置,布置在安静区的下风侧;工业区与居住区

应有 1.5 km 的防噪距离。

②利用声源的指向性,合理布置声源与建筑物的位置。

③利用天然地形,如屏障、丘陵、土坡、森林等,把声源与人经常活动的处所分开。

④利用声压级随距离衰减的规律,合理布局建筑物。

⑤其他措施,如隔声、吸声等。

3. 个体防护

个体防护包括耳塞、耳罩及防声头盔。

噪声控制工作应当在工厂、车间和机器安装前对噪声进行预测,根据预测的结果和允许标准,确定减噪量,选定合适的噪声控制措施,在建厂和机器安装的同时进行噪声控制措施。

对已经投产的工厂,所存在的噪声间,因受现场条件的限制,噪控有不少困难,常常仅是采取一些补救措施。

具体噪声控制程序如图 26.1 所示。

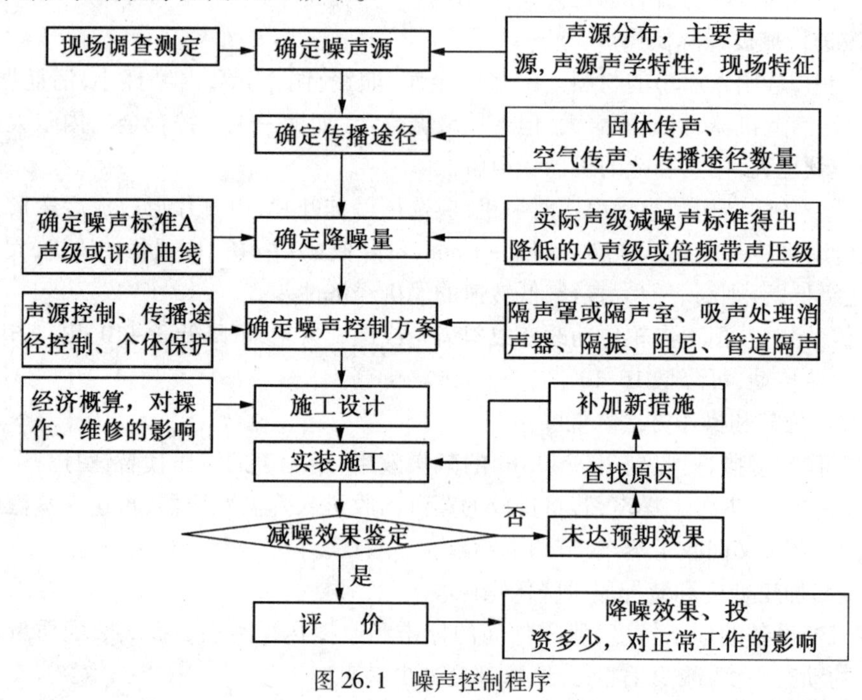

图 26.1　噪声控制程序

26.2　吸声降噪

吸声降噪是采用吸声的材料吸收噪声、降低噪声强度的方法。一般利用吸声装置(如吸声饰面、空间吸声体等)吸收室内的声能以降低噪声。在建筑中应用时,吸声材料与吸声结构的吸声性能应稳定,防火、耐久、无毒,价格要适中,施工应方便,无二次污染,美观实用。

26.2.1　吸声原理

纤维多孔吸声材料,如离心玻璃棉、岩棉、矿棉、植物纤维喷涂等,吸声机理是材料内部有大量微小的连通的孔隙，声波沿着这些孔隙可以深入材料内部，与材料发生摩擦作用，将声能转化为热能。多孔吸声材料的吸声特性是随着频率的增高吸声系数逐渐增大，这意味着低频吸收没有高频吸收好。多孔材料吸声的必要条件是：材料有大量空隙，空隙之间互相连通，孔隙深入材料内部。错误认识之一：认为表面粗糙的材料具有吸声性能，其实不然，如拉毛水泥、表面凸凹的石才等基本不具有吸声能力；错误认识之二：认为材料内部具有大量孔洞的材料，如聚苯、聚乙烯、闭孔聚氨酯等，具有良好的吸声性能，事实上，这些材料由于内部孔洞没有连通性，声波不能深入材料内部振动摩擦，因此吸声系数很小。

与墙面或天花板存在空气层的穿孔板，即使材料本身吸声性能很差，这种结构也具有吸声性能，如穿孔的石膏板、木板、金属板，甚至是狭缝吸声砖等。这类吸声被称为亥姆霍兹共振吸声，吸声原理类似于暖水瓶的声共振，材料外部空间与内部腔体通过窄的瓶颈连接，声波入射时，在共振频率上，颈部的空气和内部空间之间产生剧烈的共振作用损耗了声能。亥姆霍兹共振吸收的特点是只有在共振频率上具有较大的吸声系数。

薄膜或薄板与墙体或顶棚存在空腔时也能吸声，如木板、金属板做成的天花板或墙板等，这种结构的吸声机理是薄板共振吸声。在共振频率上，由于薄板剧烈振动而大量地吸收声能。薄板共振吸收大多在低频，具有较好的吸声性能。

26.2.2　吸声性能

表示材料吸声性能的量一般有两个：吸声系数和吸声量。表 26.1、26.2 分别为多孔材料和常用材料的吸声系数。

表 26.1　多孔材料的吸声系数（α_0）

材料名称	厚度/cm	密度/(kg·m^{-3})	腔厚/cm	频率/Hz					
				125	250	500	1 000	2 000	4 000
超细玻璃棉的棉径4μm	2	20		0.04	0.08	0.29	0.66	0.66	0.66
	4	20		0.05	0.12	0.48	0.88	0.72	0.66
	5	15		0.05	0.24	0.72	0.97	0.90	0.98
	10	15		0.11	0.85	0.88	0.83	0.93	0.97
矿渣棉	5	175		0.25	0.33	0.70	0.76	0.89	0.97
矿棉板表面压纹打孔	1.5	400		0.06	0.15	0.46	0.83	0.82	0.78
	1.5	400	5	0.17	0.48	0.52	0.65	0.72	0.75
	1.5	400	10	0.21	0.44	0.52	0.60	0.74	0.76
甘蔗纤维板	1.5	220		0.06	0.19	0.42	0.42	0.47	0.58
	2	220		0.09	0.19	0.26	0.37	0.23	0.21
	2	220	5	0.30	0.19	0.20	0.18	0.22	0.31
水玻璃膨胀珍珠岩	10	250	—	0.44	0.73	0.50	0.56	0.53	—
	10	350 ~ 450	—	0.45	0.65	0.59	0.62	0.68	

表 26.2　常用材料的吸声系数(α_0)

材料或结构名称	密度 /(kg · m^{-3})	厚度 /cm	频率/Hz						备　注
			125	250	500	1 000	2 000	4 000	
砖:清水石		0.02	0.03	0.04	0.04	0.05	0.07		
墙:普通抹灰		0.02	0.02	0.02	0.03	0.04	0.04		
拉毛水泥		0.04	0.04	0.05	0.06	0.07	0.05		
超细玻璃棉	20	2	0.05	0.10	0.30	0.65	0.65	0.65	
矿棉吸声板		1.2	0.07	0.26	0.47	0.42	0.36	0.28	后不空
矿棉吸声板		1.2	0.44	0.57	0.44	0.35	0.36	0.39	后空 5 cm
矿棉吸声板	1.2	0.55	0.53	0.38	0.33	0.40	0.37		后空 5 cm
混凝土、水磨石			0.01	0.01	0.01	0.02	0.02	0.02	
石棉水泥板		0.15	0.10	0.06	0.06	0.04	0.04		
木栅栏地板			0.15	0.11	0.10	0.07	0.06	0.07	
铺实木地板、沥青黏在混凝土上			0.04	0.04	0.07	0.06	0.06	0.07	
玻璃窗(关闭时)			0.35	0.25	0.18	0.12	0.07	0.04	
木板		1.3	0.30	0.30	0.16	0.10	0.10	0.10	腔后 2.5 cm
硬质纤维板		0.4	0.25	0.20	0.14	0.08	0.06	0.04	腔后 10 cm
胶合板		0.3	0.20	0.70	0.15	0.09	0.04	0.04	腔后 5 cm
		0.5	0.11	0.26	0.15	0.14	0.04	0.04	腔后 5 cm
木块厚玻璃			0.18	0.06	0.04	0.03	0.02	0.02	
普通玻璃			0.35	0.25	0.18	0.12	0.07	0.04	

1. 吸声系数

吸声系数是指材料吸收的声能与入射到材料上的总声能的比值。

考虑到入射方向的不同,可将吸声系数分为无规入射吸声系数、垂直入射吸声系数和斜入射吸声系数。

平均吸声系数是指材料在不同频率的吸声系数的算术平均值。工程上常用 125 Hz、250 Hz、500 Hz、1 000 Hz、2 000 Hz 和 4 000 Hz 的频率下测得的吸声系数的算术平均值表示。

降噪系数(NRC)是指 250 Hz、500 Hz、1 000 Hz 和 2 000 Hz 的频率下测得的吸声系数的算术平均值。

2. 吸声量

吸声量又称为等效吸声面积,指与某表面或物体的声吸收能力相同而吸声系数为 1 的面积。一个表面的等效吸声面积等于它的吸声系数乘以其实际面积。物体在室内某处的等效吸声面积等于该物体放入室内后,室内总的等效吸声面积的增加量,单位为 m^2。

吸声量的表示方法为

$$A = \alpha_0 S$$

26.2.3　材料吸声性能的测量

常用测量材料吸声性能的方法见表 26.3。

表 26.3　常用两种测量方法的比较

测量方法	用　途	优　点	缺　点
混响室法	可测量声波无规入射时的吸声系数和单个物体吸声量	所测量的吸声系数和吸声量可在声学设计工程中应用	试件面积大，安装测量不方便
驻波管法	可测量声波法向入射时的吸声系数和声阻抗率	只能用于不同材料和同种材料在不同情况下的吸声性能比较，不能测量共振吸声结构，也不能在声学设计工程中直接使用	试件面积小，安装测量方便

1. 混响室法测量吸声系数的测试原理

混响时间：声压级衰减 60 dB 的时间。

房间内吸声量与混响时间有关，根据赛宾公式有

$$A \approx \frac{55.3V}{cT} + 4mV$$

式中，A 为总吸声量，m^2；V 为混响室的体积，m^3；c 为声速，m/s；T 为混响时间，s；m 为室内空气吸收衰减系数。

安装吸声材料前后，房间的总吸声量的变化可表示为

$$\Delta A = A_2 - A_1 = \frac{55.3V}{c_2 T_2} + 4m_2 V - \left(\frac{55.3V}{c_1 T_1} + 4m_1 V\right)$$

若两次测量时间间隔短，则室内温度、湿度相差很小，可以认为

$$c_1 = c_2 = c, m_1 = m_2 = m$$

所以

$$\Delta A = A_2 - A_1 = \frac{55.3V}{c}\left(\frac{1}{T_2} - \frac{1}{T_1}\right)$$

整个房间的吸声系数可表示为

$$\alpha_S = \frac{\Delta A}{S} = \frac{55.3V}{cS}\left(\frac{1}{T_2} - \frac{1}{T_1}\right)$$

2. 驻波管法测量吸声系数的测试原理

驻波管法进行测量吸声系数的基本原理是声频信号发生器带动扬声器，在驻波管内辐射声波，当平面波在管中前进遇到端面反射时会产生一反射的平面波，入射的平面波和反射的平面波互相叠加后，形成驻波，即在管内声场中存在固定的波腹和波节。波腹处的声压为极大值，波节处的声压为极小值，测量出声压极大值和声压极小值，就可以计算出垂直入射吸声系数，即为声压极大值和声压极小值的比值。驻波管装置和测试设备如图 26.2 所示。

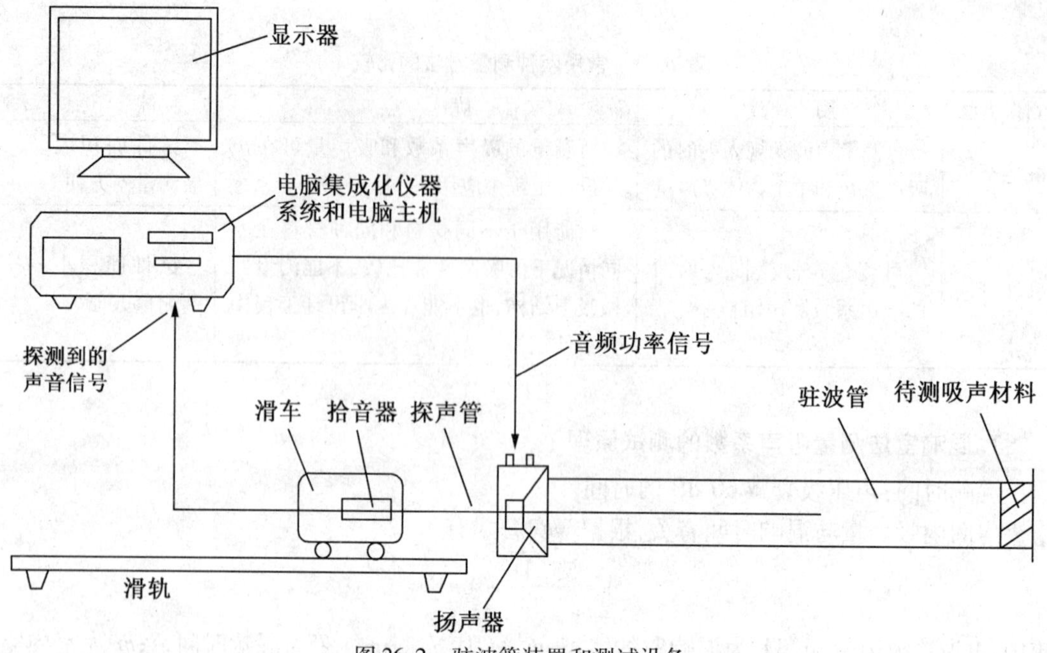

图 26.2　驻波管装置和测试设备

混响室法测吸声系数与驻波管法测吸声系数的换算见表 6.4。

表 6.4　驻波管法与混响室法测得吸声系数对立关系

驻波管法测吸声系数	0.10	0.20	0.30	0.40	0.50	0.60	0.70	0.80
混响室法测吸声系数	0.25	0.40	0.50	0.60	0.75	0.85	0.90	0.98

26.2.4　吸声设计

1. 吸声设计原则

(1) 总原则

应先对声源进行隔声、消声等处理，当噪声源不宜采用隔声措施，或采用了隔声手段后仍不能达到噪声的标准时，可采用吸声处理来作为辅助手段。

(2) 基本原则

①单独的风机房、泵房、控制室等房间面积较小，所需降噪量较高时，可对天花板、墙面同时作吸声处理。

②车间面积较大时，宜采用空间吸声体，平顶吸声处理。

③声源集中在局部区域时，宜采用局部吸声处理，并同时设置隔声屏障。

④噪声源比较多而且较分散的生产车间，宜作吸声处理。

⑤对于中、高频噪声，可采用 20 ~ 50 mm 厚的常规成型吸声板；当吸声要求较高时，可采用 50 ~ 80 mm 厚的超细玻璃棉等多孔吸声材料，并加适当的护面层。

⑥对于宽频带噪声，可在多孔材料后留 50 ~ 100 mm 的空气层，或采用 80 ~ 150 mm 厚的吸声层；对于低频带噪声，可采用穿孔板共振吸声结构，其板厚通常可取 2 ~ 5 mm，孔径可

取 3 ~6 mm,穿孔率小于 5%。

⑦对于湿度较高的环境,或有清洁要求的吸声设计,可采用薄膜覆面的多孔材料或单、双层微穿孔板共振吸声结构,穿孔板的板厚及孔径均不大于 1 mm,穿孔率可取 0.5% ~3%,空腔深度可取 50 ~200 mm。

⑧进行吸声处理时,应满足防火、防潮、防腐、防尘等工艺与安全卫生要求,兼顾通风、采光、照明及装修要求,也要注意埋设件的布置。

2. 吸声设计程序

吸声设计的基本程序如图 26.3 所示,具体步骤如下:

①确定吸声处理前室内的噪声级和各倍频带的声压级,并了解噪声源的特性,选定相应的噪声标准。

②确定降噪地点的允许噪声级和各倍频带的允许声压级,计算所需吸声降噪量 ΔL_p。

③根据降噪量值,计算吸声处理后应有的室内平均吸声系数 α_2。

④由室内平均吸声系数 α_2 和房间可供设置吸声材料的面积,确定吸声面的吸声系数。

⑤由确定吸声面的吸声系数,选择合适的吸声材料或吸声结构、类型、材料厚度、安装方式等。

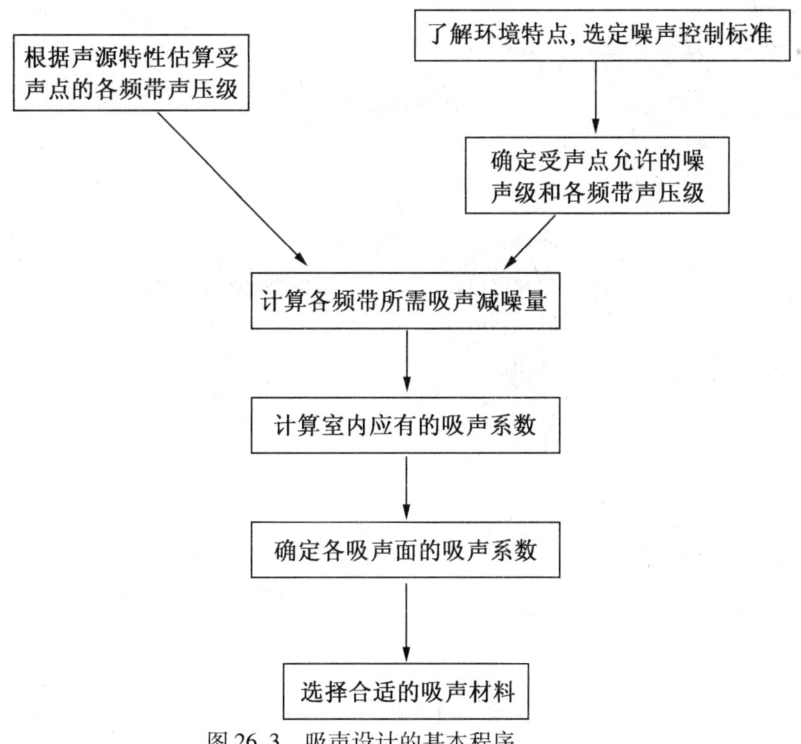

图 26.3　吸声设计的基本程序

3. 吸声设计计算

(1)房间平均吸声系数的计算

如果一个房间的墙面上布置有几种不同的材料时,它们对应的吸声系数和面积分别为 $\alpha_1,\alpha_2,\alpha_3,\cdots$ 和 $S_1,S_2,S_3,\cdots$,房间平均吸声系数为

$$\bar{\alpha} = \frac{\sum S_i \alpha_i}{\sum S_i}$$

(2)吸声量的计算

$$A = \alpha S$$

若一个房间的墙面上布置有几种不同的材料时,则房间的吸声量为

$$A = \sum_{i=1}^{n} A_i = \sum_{i=1}^{n} \alpha_i S_i$$

(3)室内声压级的计算

房间内声能密度处处相同,而且在任一受声点上,声波在各个传播方向做无规分布的声场称为扩散声场,包括直达声场和混响声场。

①直达声场的计算。距点声源 r 处的声强为

$$I_d = \frac{QW}{4\pi r^2}$$

式中,Q 为声源的指向性因数。如图 26.4 所示,当点声源位于自由场空间,$Q=1$;位于无穷大刚性平面上,$Q=2$;声源位于两个刚性平面的交线上,$Q=4$;声源位于三个刚性反射面的交角上,$Q=8$。

距点声源 r 处的声压及声能密度为

$$p_d^2 = \rho c I_d = \frac{\rho c Q W}{4\pi r^2}$$

$$D_d = \frac{p_d^2}{\rho c^2} = \frac{QW}{4\pi r^2 c}$$

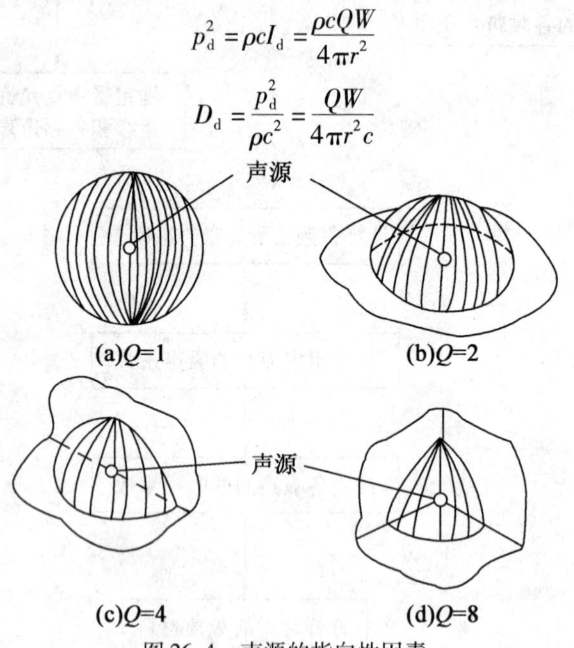

图 26.4　声源的指向性因素

声压级的计算公式为

$$L_{pd} = 10\lg \frac{p_d^2}{p_0^2} = 10\lg \frac{\rho c Q W}{4\pi r^2 p_0^2}$$

$$p^2 = \rho c I$$

$$L_{pd} = 10\lg \frac{QW}{4\pi r^2 I_0} = 10\lg \frac{QWW_0}{4\pi r^2 I_0 W_0} = 10\lg \frac{W}{W_0} + 10\lg \frac{QW_0}{4\pi r^2 I_0}$$

$$L_{pd} = L_W + 10\lg\left(\frac{Q}{4\pi r^2}\right)$$

②混响声场。

声波每相邻两次反射所经过的路程称为自由程。平均自由程指室内自由程的平均值。其计算公式为

$$d = \frac{4V}{S}$$

当声速为 c 时,声波传播一个自由程所需的时间为

$$\tau = \frac{d}{c} = \frac{4V}{cS}$$

单位时间内平均反射次数为

$$n = \frac{1}{\tau} = \frac{cS}{4V}$$

单位时间声源向室内贡献的混响声为 $W(1-\bar{\alpha})$。

混响声的声能为 $D_r V$,反射一次,壁面吸收的声能为 $D_r V\bar{\alpha}$,则单位时间内壁面吸收的声能为

$$D_r V\bar{\alpha}n = D_r V\bar{\alpha}\frac{cS}{4V}$$

当声能吸收达到稳态时,有

$$W(1-\bar{\alpha}) = D_r V\bar{\alpha}\frac{cS}{4V}$$

室内的混响声能密度为

$$D_r = \frac{4W(1-\bar{\alpha})}{cS\bar{\alpha}}$$

设 $R = \frac{S\bar{\alpha}}{1-\bar{\alpha}}$,$D_r = \frac{4W}{cR}$,则混响声场中的声压为

$$p_r^2 = \frac{4\rho cW}{R}$$

相应的声压级为

$$L_{pr} = 10\lg\frac{p_d^2}{p_0^2} = 10\lg\frac{4\rho cW}{Rp_0^2} = 10\lg\frac{4W}{RI_0}$$

$$L_{pr} = 10\lg\frac{4W}{RI_0} = 10\lg\frac{4WW_0}{RI_0W_0} = 10\lg\frac{W}{W_0} + 10\lg\frac{4}{R}$$

$$L_{pr} = L_W + 10\lg\left(\frac{4}{R}\right)$$

具体的声压相对应图,如图 26.5 所示。

③总声场。室内声能密度及声场声压级级确定后,总声场可由下式确定:

$$D = D_d + D_r = \frac{WQ}{4\pi r^2 c} + \frac{4W}{cR}$$

$$p^2 = p_d^2 + p_r^2 = \rho cW\left(\frac{Q}{4\pi r^2} + \frac{4}{R}\right)$$

$$L_p = L_w + 10\lg\left(\frac{Q}{4\pi r^2} + \frac{4}{R}\right)$$

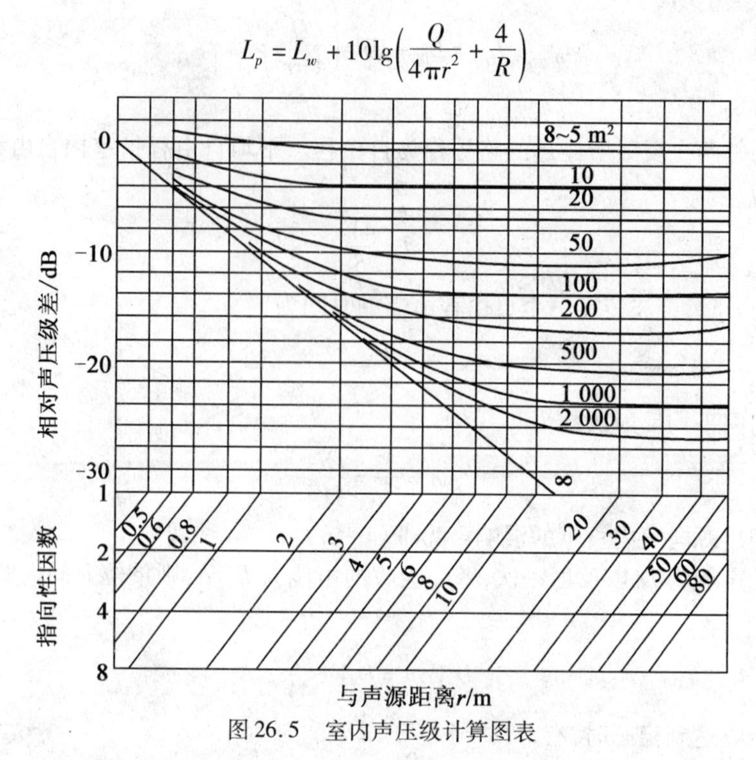

图 26.5　室内声压级计算图表

当直达声与混响声的声能相等时的距离称为临界半径。其计算公式为

$$\frac{Q}{4\pi r^2} = \frac{4}{R}$$

$$r_c = 0.14\sqrt{QR}$$

$Q=1$ 时的混响半径称为混响半径。当受声点与声源的距离小于临界半径时,吸声处理的降噪效果不大;当受声点与声源的距离大大超过临界半径时,吸声处理才有明显的效果。

(4)混响时间计算

当声源停止发声后声能密度衰减到原来的百万分之一,即声压级下降 60 dB 所需的时间,称为混响时间。

赛宾(Sabine)公式为

$$T_{60} = \frac{0.161V}{A} = \frac{0.161V}{S\bar{\alpha}}, \bar{\alpha} < 0.2$$

式中,V 为房间容积,m^3;A 为室内总吸声量,m^2。

艾润(Eyring)公式为

$$T_{60} = \frac{0.161V}{-S\ln(1-\bar{\alpha})}$$

艾润－努特生(Eyring-Millington)公式(当高频时,1 kHz 以上应考虑空气的吸收)为

$$T_{60} = \frac{0.161V}{-S\ln(1-\bar{\alpha}) + 4mV}$$

当 $\alpha < 0.2$ 时,赛宾－努特生(Sabine-Millington)公式为

$$T_{60} = \frac{0.161V}{S\bar{\alpha} + 4mV}$$

例26.1　某混响室容积为86.5 m^3,各壁面均为混凝土,房间的总面积为156.2 m^2,试求250 Hz和4 000 Hz时的混响时间。设空气温度为293 K,相对湿度为50%。已知壁面平均吸声系数为0.01,在该温度和湿度下,房间内空气吸声系数为0.024。

解　$f=250$ Hz,平均吸声系数小于0.2,则

$$T_{60}/\mathrm{s}=\frac{0.161V}{A}=\frac{0.161\times 86.5}{156.2\times 0.01}\approx 8.92$$

$f=4\ 000\ \mathrm{Hz}>1\ 000\ \mathrm{Hz}$,平均吸声系数小于0.2,应考虑空气吸收,则

$$T_{60}/\mathrm{s}=\frac{0.161V}{S\bar{\alpha}+4mV}=\frac{0.161\times 86.5}{156.2\times 0.01+0.024\times 86.5}\approx 3.83$$

(5)吸声降噪量计算

设R_1、R_2分别为室内设置吸声装置前后的房间常数,则吸声装置距声源r的距离相应的声压级分别为

$$L_{p_1}=L_W+10\lg\left(\frac{Q}{4\pi r^2}+\frac{4}{R_1}\right)$$

$$L_{p_2}=L_W+10\lg\left(\frac{Q}{4\pi r^2}+\frac{4}{R_2}\right)$$

吸声前后的声压级之差,即吸声降噪量为

$$\Delta L_p=L_{p_2}-L_{p_1}=10\lg\left[\frac{\dfrac{Q}{4\pi r^2}+\dfrac{4}{R_2}}{\dfrac{Q}{4\pi r^2}+\dfrac{4}{R_1}}\right]$$

当受声点离声源较近时,降噪量很小。当受声点离声源较远时(混响半径以外),降噪量可简化为

$$\Delta L_p=L_{p_2}-L_{p_1}=10\lg\frac{R_2}{R_1}=10\lg\frac{(1-\bar{\alpha}_1)\bar{\alpha}_2}{(1-\bar{\alpha}_2)\bar{\alpha}_1}$$

由于房间内吸声系数均较小,上式可简化为

$$\Delta L_p=10\lg\frac{\bar{\alpha}_2}{\bar{\alpha}_1}$$

具体降噪数值见表26.5。

表26.5　降噪数值表

α_2/α_1	1	2	3	4	5	6	8	10	20	40
降噪量/dB	0	3	5	6	7	8	9	10	13	16

例26.2　某车间长16 m,宽8 m,高3 m,侧墙边有两台机床,其噪声波及整个车间。现欲采取吸声降噪措施,试作出在离机器8 m以外处使噪声降至NR55的吸声降噪设计?距机床8 m处倍频带声压级及现房间平均吸声系数见表26.6,噪声评价曲线如图26.6所示。

表 26.6　车间测量的倍频带声压级

	倍频程中心频率/Hz					
	125	250	500	1 000	2 000	4 000
距机床 8 m 处倍频带声压级/dB	70	62	65	60	56	53
处理前的房间平均吸声系数(混响室法)	0.06	0.08	0.08	0.09	0.11	0.11

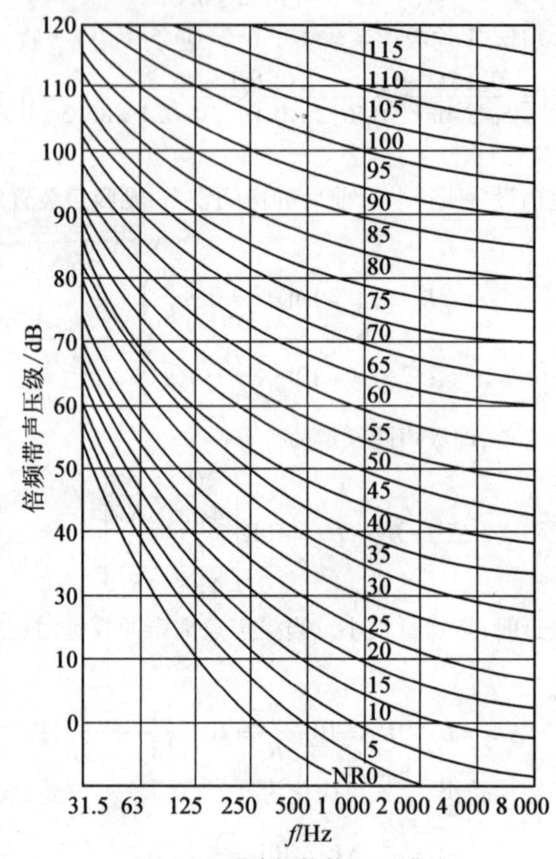

图 26.6　噪声评价数(NR)曲线

计算步骤为:

①记录房间尺寸、体积、总表面积、噪声源的种类和位置等。

②在表的第一行记录噪声的倍频程声压级测量值。

③在表的第二行记录 NR55 的各个倍频程声压级。

④对各个倍频程声压级由第一行减去第二行,当出现负值时记为 0。

⑤处理前房间平均吸声系数记录在第四行。

⑥根据降噪量公式计算出所需的吸声系数,记录在第五行参考各种材料的吸声系数,使平均吸声系数达到第五行所列的吸声系数以上,然后确定房间内各部分的装修。

最终的设计计算结果见表 26.7。

表 26.7　设计计算结果

序号	项　目	各倍频程中心频率下的参数/Hz						说明
		125	250	500	1 000	2 000	4 000	
1	距机床 8 m 处声压级/dB	70	62	65	60	56	53	实测值
2	噪声控制目标/dB	70	63	58	55	52	50	NR55,查图
3	所需降噪量 ΔL/dB	0	0	7	5	4	3	(1)-(2)
4	处理前平均吸声系数 $\alpha_{T,1}$	0.06	0.08	0.08	0.09	0.11	0.11	实测或估算
5	处理后应有平均吸声系数 $\alpha_{T,2}$	0.06	0.08	0.40	0.30	0.34	0.35	$\Delta L=10\lg(\alpha_2/\alpha_1)$
6	现有吸声量/m²	24	32	32	36	44	44	$A_1=S_{\alpha_1}$ $S=400\ m^2$
7	应有吸声量/m²	24	32	160.4	113.8	110.5	87.8	$A_2=A_1\cdot 100\Delta L$
8	需增加吸声量/m²	0	0	128.4	77.9	66.5	44	(7)-(6)
9	选双层穿孔板吸声结构，α_T	0.86	0.40	0.63	0.93	0.83	0.57	前三合板 $d=5$ m,$l=$ 13 mm,矿棉 3 cm;后三合板 $d=5$ m,$l=$ 40 mm,空气层 20 cm
10	需加吸声材料量/m²	0	0	203.8	83.8	80.1	77.2	(8)÷(9)
11	考虑吸声材料遮盖对原壁面吸声量的影响	0	0	220.1	91.3	88.9	85.7	(10)+(10)×(4)

26.3　隔　　声

隔声是指声波在空气中传播时,一般用各种易吸收能量的物质消耗声波的能量,使声能在传播途径中受到阻挡而不能直接通过的措施,这种措施称为隔声。

对于一个建筑空间,它的围蔽结构受到外部声场的作用或直接受到物体撞击而发生振动,就会向建筑空间辐射声能,于是空间外部的声音通过围蔽结构传到建筑空间中来,这称为传声。传进来的声能总是或多或少地小于外部的声音或撞击的能量,所以说围蔽结构隔绝了一部分作用于它的声能,这称为隔声。传声和隔声只是一种现象从两种不同角度得出的一对相反相成的概念。围蔽结构若隔绝的是外部空间声场的声能,称为空气声隔绝;若是使撞击的能量辐射到建筑空间中的声能有所减少,称为固体声或撞击声隔绝。这和隔振的概念不同,前者最终是到达接受者的空气声,后者最终是接受者感受到的固体振动。但采取隔振措施,减少振动或撞击源对围蔽结构(如楼板等)的撞击,可以降低撞击声本身。隔声降噪装置结构图如图 26.7 所示。

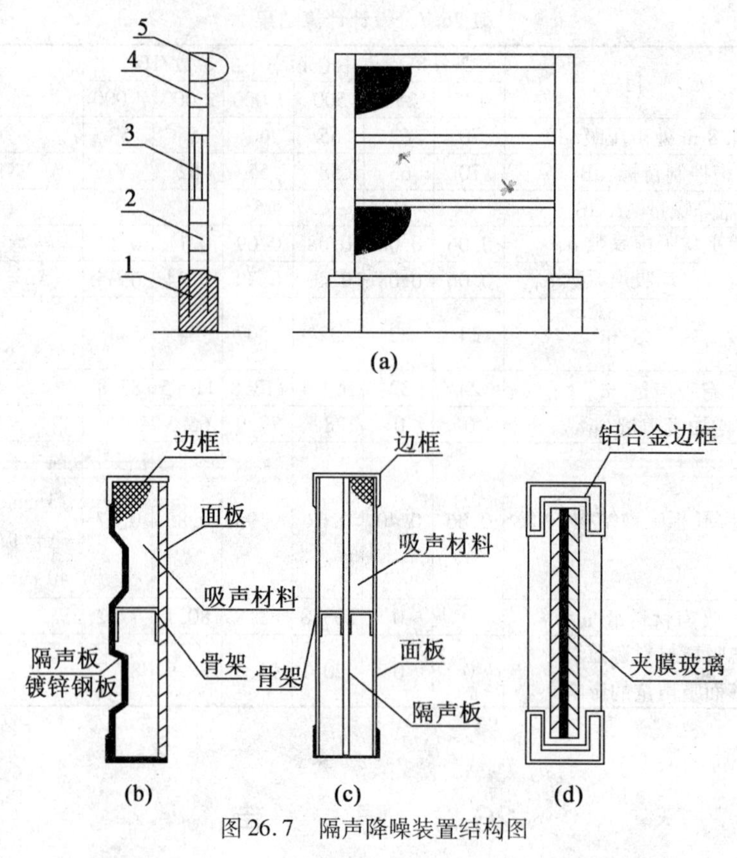

图 26.7　隔声降噪装置结构图

1—隔声屏路基；2,4—声屏障板；3—透明屏体；5—半圆吸声柱

26.3.1　隔声测试

对设备的隔声测试通常需要在搭建好的隔声实验中进行。隔声实验室由声源室、接收室及控制室组成。隔声实验室测试房间包括两间相邻的混响室，一间为声源室，另一间为接收室，两室之间设试件洞口，用以安装试件。根据中国建筑科学研究院环境测控优化研究中心搭建隔声实验台的经验以及相关隔声标准规范的要求，通常设置试件洞口尺寸为 4 000 mm × 2 500 mm，面积为 10 m^2，测量门、窗、玻璃等面积小于 10 m^2 的试件，可根据以上标准规定，在试件洞口内构筑符合试件尺寸的安装洞口。为了控制测试房间的背景噪声，抑制侧向传声，准确测量建筑材料及构件的空气声隔声性能，隔声实验室采用“房中房”构造。声源室与接收室之间在结构上完全脱开；声源室、接收室与原基础间设置隔振材料；实验室的新增外墙，声源室、接收室的墙体、地面及顶选用高隔声性能的材料；测试房间的门均采用双道隔声门，做成“声闸”，进一步提高门的隔声能力。

声源室、接收室的房间尺寸比例选择合适，使低频段的简振频率尽可能分布均匀。实验室建成后，按照 GB/T 19889.1—2005、GB/T 19889.3—2005 与 GB/T 8485—2008 对隔声实验室进行检验，并根据检验结果设置、调整扩散板的位置，确定是否需要设置吸声构造降低混响时间等，直至满足上述标准要求。

声源室、接收室内照明采用无噪声灯具；声源室、接收室室内墙面（试件洞口墙面除外）均设置电源插座，插座分为两组，一组供测试设备用，一组供电暖气（功率为 2 000 W）用。

实验室外墙面设置电源插座,供加工试件的电动工具用。隔声实验室的接收室背景噪声小于等于 20 dB(A);测试房间的低频混响时间满足标准要求;房间内声场分布较均匀,避免出现强驻波。

26.3.2 隔声的一般定律

1. 质量定律

如果把单层均匀密实材料的构件(忽略材料的弹性)看作是柔软的,它在受到声波激发时,构件的振幅大小就决定了构件的单位面积质量(称为面密度)、入射声波的声压和频率。构件越重,频率越高,透射波的振幅就越小,构件的隔声效果也就越好。阐明这一关系的即为质量定律。

在声波垂直入射时,构件的隔声量 R_o 为

$$R_o = 10\ \lg(p_i/p_t)^2 = 10\ \lg[1 + (\omega m/2\rho c)^2]$$

式中,p_i 为入射声压;p_t 为透射声压;m 为面密度;ω 为角频率($\omega = 2\pi f$,f 为频率);ρ 为空气密度;c 为声速。此式即为垂直入射波的质量定律,其实用公式为

$$R_o = 20\ \lg m \cdot f - 42.5$$

在无规则入射的情况下,对所有方向的入射波进行平均,求出无规则入射波的隔声量(R)。其公式为

$$R = R_o - 10\ \lg(0.23R_o)$$

R 值较 R_o 值小,R_o 越大,其差值就越大。

单层墙的隔声量同面密度和频率的关系如图 26.8 所示。

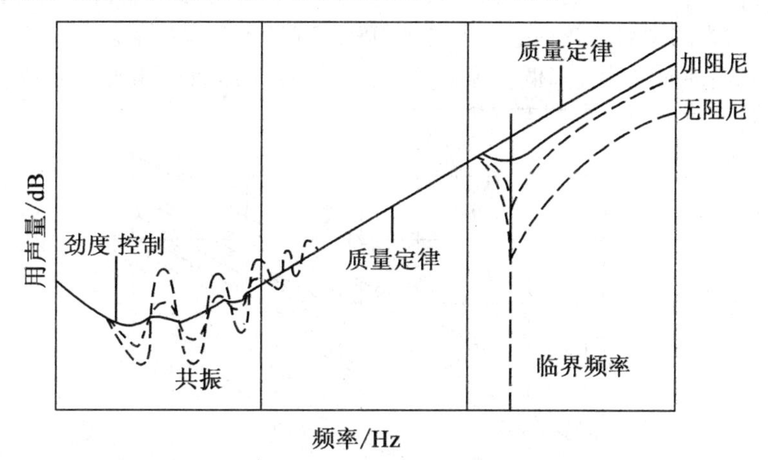

图 26.8　单层墙的隔声量同面密度和频率的关系

上面所述的是忽略材料弹性的理想情况,实际上,隔声构件一般是具有一定刚度的弹性板,可因吻合现象而降低隔声量。因此,单层均匀密实材料板的隔声特性曲线如图 26.9 所示。图 26.9 中共振区以下,板的隔声量由弹性的劲度控制。在质量控制区以上产生的临界频率处的低谷,是由吻合效应引起的。

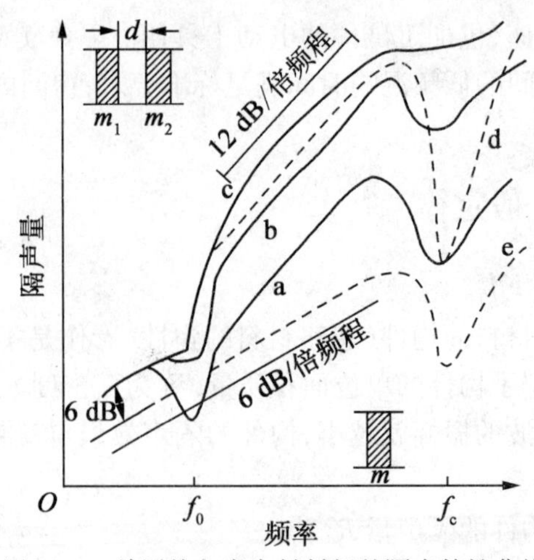

图 26.9　单层均匀密实材料板的隔声特性曲线

2. 吻合效应

吻合效应指投射于构件板面上的声波速度与板上弯曲速度相一致时产生的现象。如图 26.10 所示,设某一时刻斜入射声波 a 到达板上 A 点,使板产生振动,经过时间 t 后,弯曲波到达 B 点,其波长为 λB,传播速度为 cB。这时,如声波斜入射的角度 θ 合适,空气波 b 以声速 c 经同样一段时间 t 也正好到达 B 点,即 $\lambda B = \lambda/\sin\theta$,则在 B 点使板受激发而产生的新弯曲波,恰好同 A 点传来的弯曲波相吻合,于是使总的弯曲波振幅达到最大。这时,板将向其另一侧辐射大量的声能,在该频率处的隔声量将大幅度下降,而不再符合质量定律,此即所谓吻合效应。吻合效应只发生在临界频率 f_c 处。f_c 同板的厚度、材料的密度和弹性模量等有关。噪声对人的影响的频率范围主要为 100 ~ 3 150 Hz,应尽量避免这一范围发生吻合效应。通常,可用硬而厚的板降低临界频率,或用软而薄的板来提高临界频率。

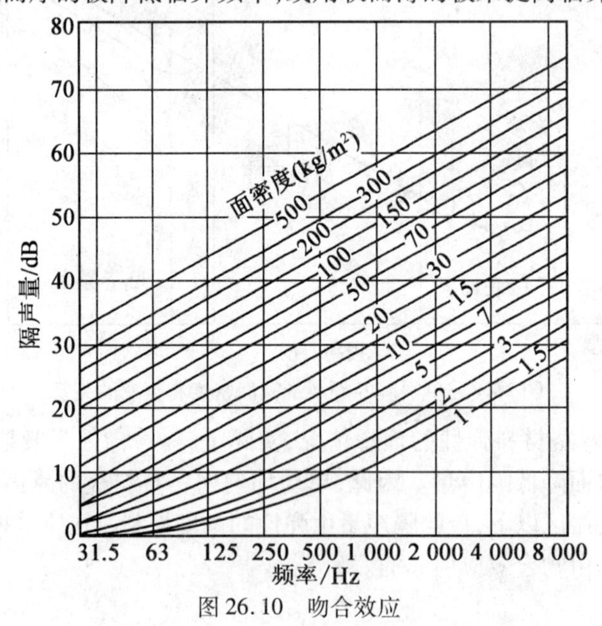

图 26.10　吻合效应

3. 共振频率

任何隔墙都存在固有的共振频率，当声波的频率和墙的共振频率一致时，墙体整体产生共振，该频率的隔声量将大大下降。一般来说，墙体越厚重，共振频率越低，当共振频率低于隔声评价最低参考频率 100 Hz 时，由于人耳听觉特性对低频不敏感，对隔声量 R_W 的影响大大降低。

26.3.3　隔声结构

复杂的隔声构件由一些单层构件组成，它在隔声机理上既有单层构件的特性，同时又有各种单层构件综合的特性。

(1) 双层构件

两个互不连接的单层构件之间有空气层的构件。空气层起着缓冲的弹性作用，但也能引起两层构件的共振。因此，双层构件的隔声量并非两层构件隔声量的叠加。如在空气层中加填多孔性吸声材料，则可减少共振而提高构件的隔声量。因空气层而增加的隔声量在一定范围内同空气层厚度成正比。通常，双层墙比同样质量的单层墙可增加隔声量 5 dB 左右。

(2) 轻型墙

目前使用的轻墙板有纸面石膏板、圆孔珍珠岩石膏板和加气混凝土板等，单位面积质量为十几千克至几十千克。240 mm 厚的砖墙每平方米为 530 kg。按照质量定律，轻墙板是不能满足隔声要求的。因此，要把双层板材隔离开形成空气层，或在空气层中加填吸声材料，或采用不同厚度或劲度的板材使其具有不同的吻合频率，以提高轻墙的隔声量。

(3) 隔声门窗

门窗结构质量轻，而且有缝隙，因此隔声能力不如墙壁。对于隔声要求较高的门(隔声量为 30 ~ 50 dB)，可以采用构造简单的钢筋混凝土门扇，但通常是采用复合结构的门扇，这种结构的阻抗变化能提高隔声能力。密封缝隙也是保证门窗隔声能力的重要措施。用工业毡做密封材料较乳胶条为佳，尤其是对高频噪声。对隔声要求较高的窗，玻璃要有足够的厚度(6 ~ 10 mm)，至少有两层。两层玻璃不应平行，以免引起共振，降低隔声效果。玻璃和窗框、窗框和墙壁之间的缝隙要封严。在两层玻璃窗之间的周边，应布置强吸声材料，以增加隔声量。在构造上要便于洗擦。图 26.11 是各种隔音窗的隔声特性曲线图。为了避免窗玻璃之间产生吻合效应，隔声窗的双层玻璃应有不同的厚度，否则，在临界频率 f_c 处隔声值将出现低谷。

(4) 声锁

要使门具有较高的隔声能力，可设置“声锁”，即在两道门之间的空间(门斗)内布置强吸声材料。这种措施的隔声能力有时相当于两道门的隔声量。为便于开闭，门扇的质量不宜过大。

(5) 组合墙

组合墙是有门或窗的墙。它的隔声量通常要比无门窗的墙低些。因此，不能单纯提高墙的隔声能力。在设计时，应按照等隔声量即 $\tau_w \cdot S_w = \tau_d \cdot S_d$ 的设计原则进行。式中，τ_w 和 τ_d 分别为平墙和门的透射系数；S_w 和 S_d 为墙和门的面积。因此

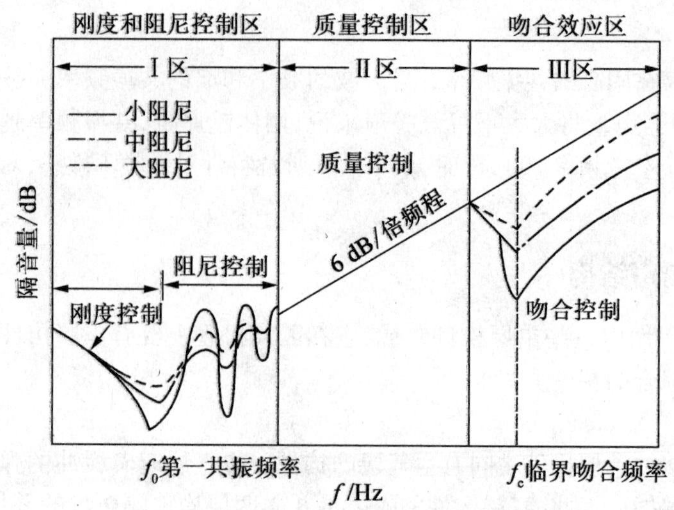

图 26.11　隔音窗隔音特性曲线

$$R_w/\text{dB} = 10\ \lg(S_w/S_d) \times (1/\tau_d) = R_d + 10\ \lg(S_w/S_d)$$

从上式可知,墙的隔声量只要比门高 10 dB 左右即可。

在以上各种隔声构件的构造内部使用吸声材料,是利用吸声的特性来增加构件的隔声量。隔声和吸声的本质区别不应混淆。隔声是隔离噪声的传播,尽可能使入射声波反射回去,隔声材料越沉重密实,隔声性能越好;吸声是尽可能多地吸收入射声波,让声波透入材料内部而把声能消耗掉,因而一般是多孔性的疏松材料。

26.3.4　隔声指数

近年来,国际标准化组织(ISO)建议采用单一值——隔声指数 I_a 来评价空气声的隔声效果(图 26.12)。在 100 ~400 Hz 间为每倍频带增加 9 dB,400 ~1 250 Hz 间为每倍频带增加 3 dB,1 250 ~3 150 Hz 间平直。

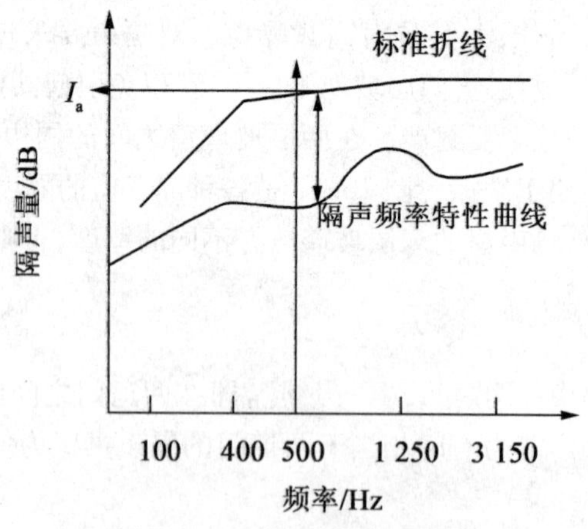

图 26.12　隔音指数标准曲线

在求隔声指数时,先将构件的隔声特性曲线绘制在坐标纸上,再将绘在透明纸上的标准曲线与之重合,并沿垂直方向上、下移动,直至满足下列两个条件时为止:①低于标准曲线的任何 1/3 倍频带的隔声量与标准曲线的差值不得超过 8 dB;②低于标准曲线的各个

1/3倍频带的隔声量与标准曲线的差值总和不得超过 32 dB。1/3 倍频带的中心频率为 500 Hz所对应的隔声量 I_a 即为隔声指数的读数。

26.4　消　　声

消声一般用消声器。消声器是阻止声音传播而允许气流通过的一种器件,是消除空气动力性噪声的重要措施。消声器是安装在空气动力设备(如鼓风机、空压机等)的气流通道上或进、排气系统中的降低噪声的装置。消声器能够阻挡声波的传播,允许气流通过,是控制噪声的有效工具。

26.4.1　消声器性能评价

主要从 3 方面对消声器进行评价:

(1)消声性能

消声性能包括消声量的大小和频谱特性(消声频率范围的宽窄)两个方面。消声量一般用传声损失和插入损失表示,也可用排气口或进气口处两端声级表示。消声器的频谱特性一般以倍频程、1/3 倍频程等的消声量来表示。

(2)空气动力性能

阻力损失通常用消声器入口和出口的全压差来表示。

在气流通道上安装消声器,必然会影响空气动力设备的空气动力性能。如果只考虑消声器的消声性能而忽略空气的动力性能,则在某种情况下,消声器可能会使设备的效能大大降低,甚至无法正常使用。

(3)结构性能

结构性能对于具有同样的消声性能和空气动力性能的消声器的使用具有十分重要的现实意义。一般来说,几何尺寸越小,使用寿命越长,结构性能越好。

对一个好的消声器要有以下基本要求:

①在消声性能上的要求。要求具有较高的消声值和较宽的消声频率,也就是说,要在所需要的消声频率范围有足够大的消声量。

②空气动力性能上的要求。消声器对气流的阻力要小,安装消声器后所增加的阻力损失要控制在实际容许的范围内。

③机械结构性能上的要求。消声的体积要小,质量要轻,结构简单,便于加工、安装和维修。

④外形和装饰上的要求。符合实际安装空间的需要,美观大方,表面装饰与设备相协调。

⑤价格费用要求。价格便宜,使用寿命长。

26.4.2　消声器的声学性能评价量

消声器的消声量是评价其声学性能好坏的重要指标,但由于测量方法不同,所得消声量也不同。

静态消声量:当消声器内仅有声音(没有气流)通过时,所测量的消声量。

动态消声量:当消声器内有声音和气流同时通过时,测得的消声量。

具体的测量方法见 GB/T4760—1995。下面介绍两种常用的测量方法。

实验室测量法:在可控条件下,较深入细致地测试消声器的性能,主要适用于以阻性为主的管道消声器。

现场测量法:在实际使用条件下,直接测试消声器的消声效果,适用于一端连通大气的一般消声器的测量。

评价消声器声学性能好坏的量有下列 4 种:

(1)插入损失(L_{IL})

插入损失指系统中安装消声器前后在系统外某点(包括管道内和管道外)测得的声功率级之差。

在通常情况下,管口大小、形状和声场分布基本保持不变,这时插入损失等于在给定测点处装置消声器以前与以后的声压级之差。简言之,插入损失就是指系统中插入消声器前后在系统外某定点测得的声压级差。可以在实验室内典型试验装置测量消声器的插入损失,也可以在现场测量消声器的插入损失。现场测量消声器的插入损失符合实际使用条件,但受环境、气象、测距等影响,测量结果应进行修正。

在实验室内测量插入损失一般应采用混响室法或半消声室或管道法。这几种方法都应进行装置消声器以前和以后两次测量,先作空管测量,测出通过管口辐射噪声的各倍频带或 1/3 倍频带声能各频带的插入损失等于前后两次测量所得声功率级之差,当测试条件不变时,声功率级之差就等于给定测点处声压级之差。

其中,A 计权插入损失$(L_{iL})_A$ 的计算式为

$$(L_{iL})_A = L_{pA1} - L_{pA2}$$

式中,L_{pA1}、L_{pA2}分别为装置消声器前、后的声级,dB。

$$L_{pA1} = 10\lg\left\{\sum_i 10^{0.1(Lpi+\Delta_i)}\right\}$$

$$L_{pA2} = 10\lg\left\{\sum_i 10^{0.1(L_{pi}-D_i+\Delta_i)}\right\}$$

式中,i 为频带的序号;L_{pi}为第 i 个频带声压级;Δ_i 为第 i 个频带的修正值,dB;D_i 为第 i 个频带的插入损失,dB。

(2)传声损失(L_{TL})

传声损失又称为透射损失,指消声器进口端入射声功率级与出口端的声功率级之差。在通常情况下,进口端与出口端的通道截面相同,升压沿截面近似均匀分布,这是传声损失等于进口端与出口端声压级之差。各频带传声损失由下式决定:

$$L_{TL} = \bar{L}_{pi} - \bar{L}_{pt} + (K_t - K_i) + 10\lg\frac{S_i}{S_t}$$

$$L_{TL} = \bar{L}_{pi} - \bar{L}_{pt} + (K_t - K_i) + 10\lg\frac{S_i}{S_t}$$

式中,$\bar{L}_{pi}$为入射声压级;$\bar{L}_{pt}$为透射声压级;K_i、K_t 分别为入射声和透射声的背景噪声修正值;S_i、S_t 分别为消声器上游、下游管道通道截面面积。

(3)减噪量(L_{NR})

在消声器进口端面测得的平均声压级与出口端面测得的平均声压级之差称为减噪量,

实际中,这种测量方法易受气象条件、背景噪声、环境反射等影响,引起较大误差,故该方法应用场合不多,在消声器消声水平相比较时有用到。

$$L_{NR} = L_{p1} - L_{p2}$$

式中,L_{p_1}为消声进口端面平均声压级,dB;L_{p_2}为消声出口端面平均声压级,dB。

(4)衰减量(L_A)

消声器内部两点间的声压级的差值称为衰减量,主要用来描述消声器内声传播的特性,通常以消声器单位长度的衰减量(dB/m)来表示。

除了上述4个评价指标外,有时为了定量地分析比较某些消声器的性能,也给出一些其他的评价指标。例如,消声器指数,它是单位当量长度,单位当量横断面面积的消声量,即参考体积的消声量。

以上几种评价消声器性能的方法中,传声损失和衰减量是属于消声器本身的特性,它受声源与环境影响较小(不包括气流速度的影响),而插入损失、减噪量不单是消声器本身的特性,它还受到声源端点反射以及测量环境的影响,因此,在给出消声器消声效果(消声量)的同时,一定要注明是采用何种方法,在何种环境下测得的。

目前,一般采用静态消声量来表示消声器的消声效果,因为静态消声量是一个定值,而动态消声量则受气流速度的影响,是一个不定值,故评价指标以用静态消声量为宜,如图26.13所示。

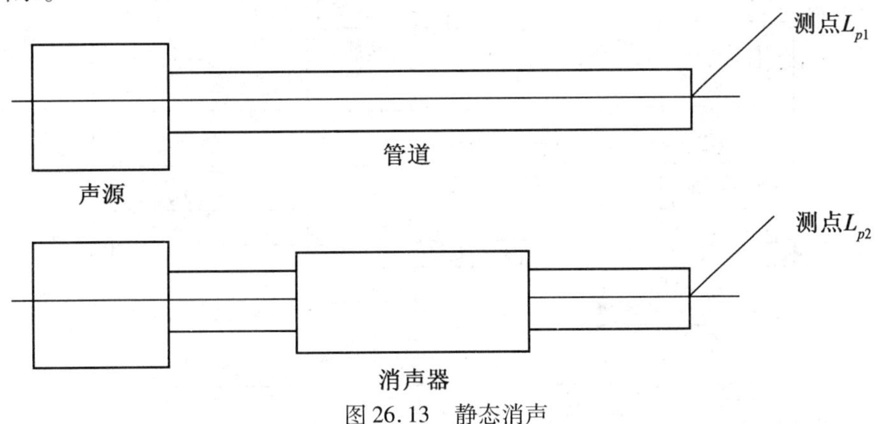

图 26.13　静态消声

当声源经静态消声后的剩余声级(简称静态出口声级)大于消声器气流噪声级时,消声器的动态、静态消声量基本一致,不受气流的影响;当消声器静态出口声级低于消声器气流噪声级时,则消声器的动态消声量低于静态消声量,其差值随流速的增加而增大;当气流噪声级大于消声器入口声级时,此时消声器不仅不能消声,反而变成了一个噪声放大器。

为解决静态和动态消声量可能不一致的问题,有些消声器产品已采用静态消声量和气流噪声级两个指标来表示产品的声学性能。

26.4.3　消声器分类及消声机理

消声器的种类很多,但究其消声机理,可以把它们分为6种主要类型,即阻性消声器、抗性消声器、阻抗复合式消声器、微穿孔板消声器、小孔消声器和有源消声器。现以阻性消声器为例进行介绍。

1. 阻性消声器

阻性消声器是一种吸收型消声器，它是利用声波在多孔吸声材料中传播时，因摩擦将声能转化为热能而消声。把吸声材料固定在气流通道内壁或中部并按一定的方式在管道中排列起来，就构成了阻性消声器，与电学类比，吸声材料就相当于电阻，故称为阻性消声器。

阻性消声器具有能在较宽的中高频范围内消声，特别是对于刺耳的高频声效果更好等优点。其缺点是在高温、高速、水蒸气、含尘、油雾以及对吸声材料有腐蚀性的气体中，使用寿命短，消声效果差。另外，对于低频噪声，它的消声效果也不够理想。阻性消声器的消声量与消声器的形式、长度、通道截面积有关，同时与吸声材料的种类、密度和厚度等因素也有关。

阻性消声器一般有管式、片式、蜂窝式、折板式和声流式等，如图 26.14 所示。

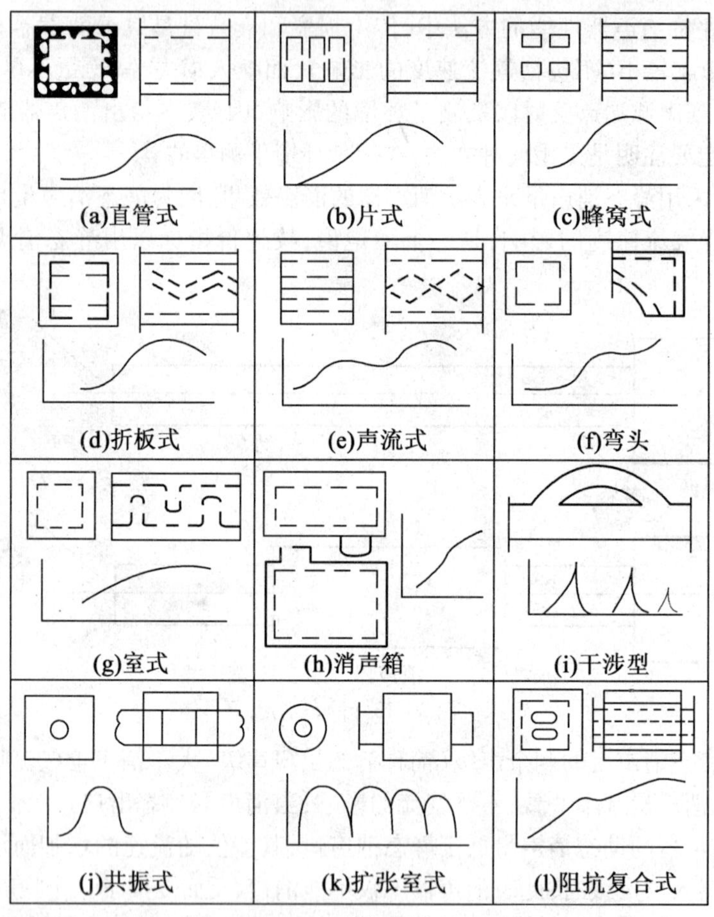

图 26.14　阻性消声器的各种形式

(1)管式消声器

管式消声器(图 26.15)是将吸声材料固定在管道内壁上形成的，有直管式和弯管式，其通道可以是圆形的，也可以是矩形的。管式消声器，加工简易，空气动力性能好，适用于气体流量较小的情况。

直管式消声器的消声量计算较为简单。弯管式消声器的消声量可按表 26.8 的估计值考虑，表中 d 为管径，λ 为波长。

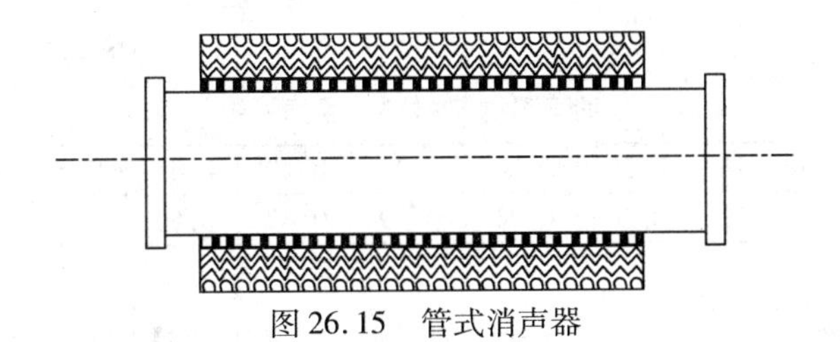

图 26.15　管式消声器

表 26.8　弯管式消声器的消声量估计值

d/λ	0.1	0.2	0.3	0.4	0.5	0.6	0.8	1.0
无规入射/dB	0	0.5	0.5	7.0	9.5	10.5	10.5	10.5
垂直入射/dB	0	0.5	3.5	7.0	9.5	10.5	11.5	12
d/λ	1.5	2	3	4	5	6	8	10
无规入射/dB	10	10	10	10	10	10	10	10
垂直入射/dB	13	13	14	16	18	19	19	20

若声波频率与管子载面几何尺寸满足

$$f < 1.84c/\pi d$$

式中，c 为声速；d 为圆管直径。则

$$f < c/2d$$

式中，d 为方管边长。

则此时声波在管中以平面波形式传播，相对于管中任意断面，声波是垂直入射的；否则，管中出现其他形式的波，应按无规入射考虑。

当气体流量较大时，为了保持较小的流速，管道的断面就会增大，沿通道传播的声波（特别是波长很短的高频声波）与管壁上的附着的吸声材料的接触机会就会减少，由此导致消声器的消声量降低。我们把反映消声量明显下降时的频率定义为上限失效频率，用 f_t 表示，即

$$f_t = 1.8c/d$$

式中，d 为通道截面边长的平均值，若通道是圆形断面，则取直径。

在高于 f_t 的频率范围，消声器的消声量就会减小，因此，为了避免上限失效频率的影响，当气体流量较大时，可以把消声器的通道分成若干个小通道，做成片式或蜂窝式消声器。这时每个通道的断面小了，消声器的上限失频率也就提高了。同时，消声器由一个通道增至若干个，使吸声材料的饰面表面积增加，因而消声器的消声量也增加，也就是说，消声器的消声性能得到了改善。

声波在阻性管道中的衰减：A. N. 别洛夫由一维理论推导出长度为 L 的消声器的声衰减量 L_A 为

$$L_A = \varphi(\alpha_0)\frac{L}{S}\cdot l$$

式中，$\varphi(\alpha_0)$ 称为消声系数，它表示传播距离等于管道半宽度时的衰减量，主要取决于壁面的声学特性；L 为消声器的通道横断面周长，m；S 为消声器的通道有效横截面积，m^2；l 为消声器的有效部分长度，m。

消声系数与材料的吸声系数的换算关系见表 26.9。

表 26.9　消声系数与材料的吸声系数的换算

α_0	0.05	0.10	0.15	0.20	0.30	0.35	0.40	0.45	0.55	0.55	0.60～1.00
$\varphi(\alpha_0)$	0.05	0.11	0.12	0.24	0.31	0.39	0.47	0.55	0.64	0.75	1.00～1.50

可见,消声器的传声损失与吸声材料的声学性能、气流通道周长、截面面积以及管道长度等因素有关。材料的吸声系数和气流通道周长与通道截面积之比越大,管道越长,则传声损失越大。对同样大小截面的管道,L/S 比值以长方形为最大,方形次之,圆形最小。为此,对截面较大的管道常在管道纵向插入几片消声片(片长沿管轴),将它分隔成多个通道以增加周长和减小截面积,消声量可明显增加。

另外还有 H.J. 赛宾计算消声器的声衰减量的经验公式为

$$L_A = 1.03(\overline{\alpha})^{1.4}\frac{L}{S}l$$

式中,(α)为吸声材料无规则入射时的平均吸声系数。为便于计算,表 26.10 列出了(α)与$(\alpha)^{1.4}$的关系。

表 26.10　(α)与$(\alpha)^{1.4}$之间的关系

(α)	0.05	0.10	0.20	0.25	0.30	0.35	0.40
$(\alpha)^{1.4}$	0.015	0.040	0.105	0.144	0.185	0.230	0.277
(α)	0.45	0.50	0.60	0.70	0.80	0.90	1.00
$(\alpha)^{1.4}$	0.327	0.329	0.489	0.607	0.732	0.863	1.00

直管消声器常用于消除风机、燃气轮机等进气噪声(即气体流速不大的情况)。高温、高速、水蒸气、油雾以及对吸声材料腐蚀性的气体中,使用寿命短,消声效果差。

(2)片式消声器

对于流量较大且需要足够大通风面积的通道时,为使消声器周长与截面比增加,可在直管内插入板状吸声片把大通道分隔成几个小通道,如图 26.16 所示。当片式消声器每个通道的构造尺寸相同时,只要计算单个通道的消声量,即为该消声器的消声量。

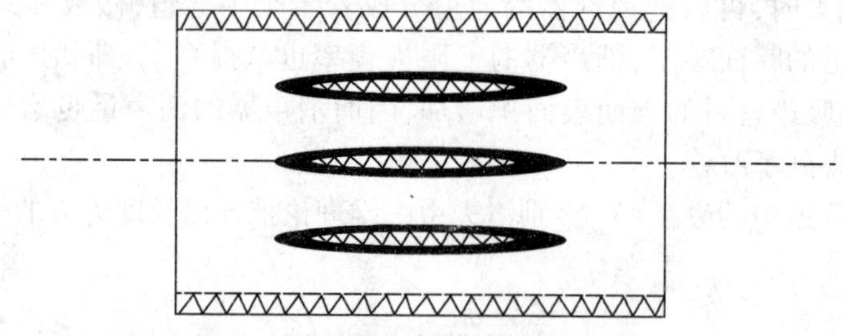

图 26.16　片式消声器

(3)蜂窝式消声器

蜂窝式消声器(图 26.17)由若干个小型直管消声器并联而成,形似蜂窝,故得其名。因管道的周长和面积之比值比直管和片式大,故消声量较高,且由于小管的尺寸很小,使消声失效频率大大提高,从而改善了高频消声特性。但由于构造复杂,且阻损也较大,通常使用于流速低、风量较大的情况下。

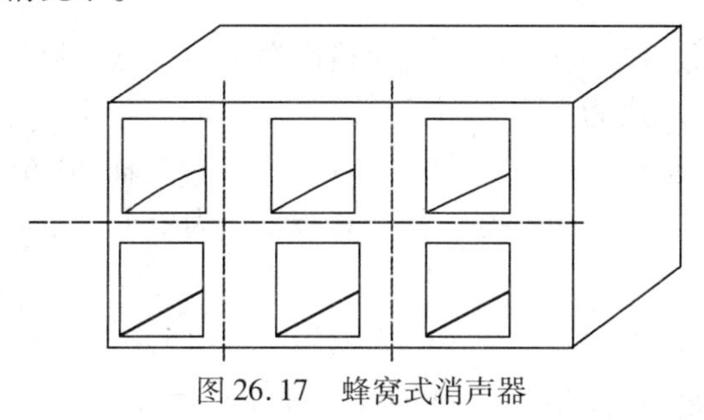

图 26.17　蜂窝式消声器

(4)折板式消声器。

折板式消声器由片式消声器演变而来,把消声片做成弯折状,消声效果提高的机理为增加噪声与吸声材料的接触机会(图 26.18),特别是对中高频声波,能增加传播途径中的反射次数,从而使中高频的消声特性有明显的改善。由于折片后阻损较大,为了不过多的增加阻力损失,曲折度以不透光为佳。对风速过高,管道不宜使用该种消声器。

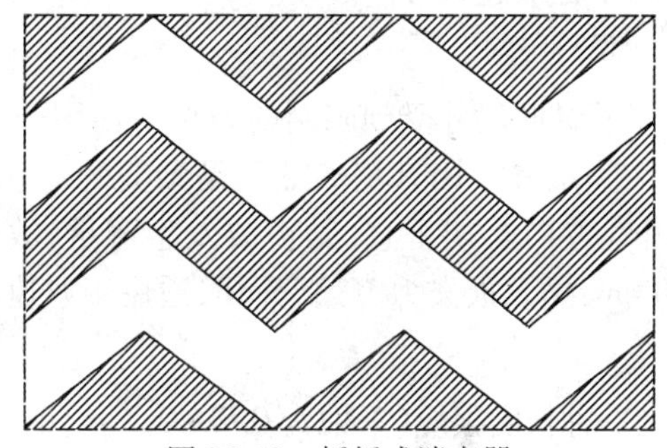

图 26.18　折板式消声器

(5)声流式消声器

声流式消声器由折板式消声器改进所得,通过把吸声材料做成流线、菱形及正弦波形,不但使声波由于反射次数增加改善吸声性能,而且使气流能较为通畅的通过(图 26.19)。相比于折板式消声器,其具有消声量较高、消声频带较宽和气流阻力小的优点,但是该消声器结构复杂,制作造价较高。

图 26.19　声流式消声器

2. 消声弯头

当弯管内气流需要改变方向时,必须使用消声弯头,在弯道的壁面上衬贴 2 ~ 4 倍截面线度尺寸的吸声材料时,就成为一个有明显消声效果的消声弯头。弯头的消声量大致与弯折角度成正比,如 30°的弯头,其声衰减量大约是 90°的 1/3,而 90°的弯头又是 180°的 1/2,连续两个 90°弯头(成 180°的折回管道),其声衰减量约为单个直角弯头的 1.5 倍。

3. 室式消声器

在壁面上均衬贴有吸声材料,形成小吸声室,在室的两对角插上进出风管,当声波进入消声室后,就在小室内经多次反射而被材料吸收,同时,由于从进风口至室内,又从室内至出风口,截面发生两次突变,故还起到抗性消声器的作用。所以,室式消声器的消声频带较宽,消声量也较大;缺点是阻损较大,占有空间也大,一般适用于低速进排风消声。

4. 迷宫式消声器

迷宫式消声器是若干个单室串联而成,消声原理类似于单室。其特点是消声频带宽,消声量高,但阻损较大,适用于低风速条件。

5. 盘式消声器

盘式消声器是在消声器的纵向尺寸受到限制的条件下使用的。其外形呈一盘形,使消声器的轴向长度和体积比大为缩减。因其消声截面是渐变的,气流流速也随之变化,阻损比较小。另外,因进气和出气方向互相垂直,是声波发生弯折,故提高了中高频的消声效果。一般轴向长度不到 50 cm,插入损失为 10 ~ 15 dB,适用于风速不大于 16 m/s。

6. 百叶式消声器

百叶式消声器实际上是一种长度很短(一般为 0.2 ~ 0.7 m)的片式或折板式消声器的改进,百叶安装角度及间距应保证至少能遮挡水平视线的要求。由于长度很小,有一定消声效果,而且气流阻力又小,因此在工程中常用于车间、各类设备机房的进排风口、隔声屏障的局部通风口等。

26.4.4 气流对阻性消声器性能的影响

气流对阻性消声器性能的影响主要表现在两个方面:①气流的存在会引起声传播规律的变化;②气流在消声器内产生一种附加噪声——再生噪声。这两方面的影响是同时产生的,但本质不同。

(1)气流对声传播规律的影响

声波在阻性管道内传播,伴随气流,而气流方向与声波方向一致,则使声波衰减系数变小;反之,声波衰减系数变大,如图 26.20 所示。影响衰减系数的最主要因素使马赫数 $Ma = v/c$,即气流流速与声速的比值。顺流和逆流相比,逆流对消声有利。

但是实际中气流流速都不会太高,即使气流流速为 30 ~ 40 m/s 时,$Ma = 0.1$,对整个消声器的消声性能影响并不大,因此,一般可忽略不计。

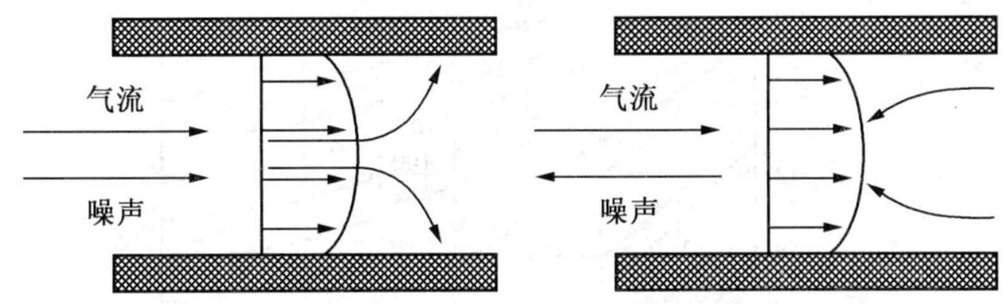

图 26.20　气流与声传播方向关系

另外，从气流速度引起声波传播折射的现象来看，消声器在排气管道和进气管道也表现不同。气流与声波方向一致时，能有效地吸声，相反时，对消声作用不利。但实际中气流不是很大，所以，无论从哪一个角度来看，气流对声传播规律的影响都不是很明显。

(2)气流再生噪声的影响

气流经过消声器通道时，会产生再生噪声，主要来自两个方面：一是消声器结构部件在气流冲击下产生振动而辐射噪声，克服方法主要是增加消声器的结构强度，特别是要防止管道结构或消声元件产生低频共振；二是当气流速度较大时(大于 20 m/s)，无论是管壁的粗糙、消声器结构的边缘、截面积的变化等情况，都会引起湍流噪声，湍流噪声与流速的六次方成正比，并且以中高频为主，所以小流速使再生噪声以低频为主，流速逐渐增大时，中高频噪声增加得快。

消声器中总有气流的影响存在，其噪声应为声源噪声和气流再生噪声的叠加，因此，消声器的效果受到气流再生噪声的影响。消声效果最好的消声器，其出口端噪声级也不可能低于再生噪声。当出口端的噪声级大于再生噪声 10 dB 以上时，气流对消声器消声效果没有影响；如果不到 10 dB，则消声器的实际效果应按声压级相减的计算得出。

所以消声器的设计应使气流的流速不要过高，流速过高，不仅消声器的声学性能会受到影响，而且空气动力性能也会变差。一般来说，对于空调消声器，流速不超过 10 m/s；对于压缩机和鼓风机消声器，流速不超过 20 ~ 30 m/s；对内燃机、凿岩机消声器，流速应选在 30 ~ 50 m/s；对于大流量排气放空消声器，流速可选 50 ~ 80 m/s。

26.4.5　消声器的设计

1. 确定消声量

应根据有关的环境保护和劳动保护标准，适当考虑设备的具体条件，合理确定实际所需的消声量。对于各频带所需的消声量，可参考相应的噪声评价曲线 NR 来确定。噪声评价曲线如图26.21所示。

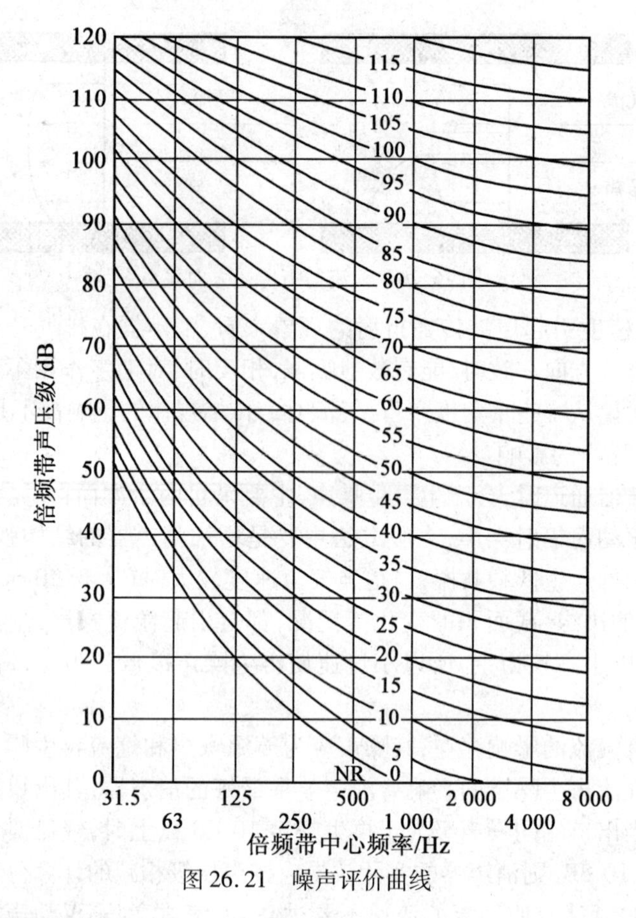

图 26.21　噪声评价曲线

2. 选定消声器的结构形式

首先要根据气流流量和消声器所控制的流速(平均流速)计算所需的通流截面,并由此来选定消声器的形式。一般认为,当气流通道截面的当量直径小于 300 mm,可选用单通道直管式;当直径为 300 ~ 500 mm 时,可在通道中加设一片吸声片或吸声芯。当通道直径大于 500 mm 时,则应考虑把消声器设计成片式、蜂窝式或其他形式。

3. 正确选用吸声材料

正确选用吸声材料是决定阻性消声器性能的重要因素。除首先要考虑材料的声学性能外,同时还要考虑消声器的实际使用条件,在高温、潮湿、有腐蚀性气体等特殊环境中,应考虑吸声材料的耐热、防潮及抗腐蚀性能。

4. 确定消声器的长度

应根据声源的强度和降噪现场要求来决定。增加长度可以提高吸声量,但还应注意现场有限空间所允许的安装尺寸。消声器的长度一般为 1 ~ 3 m。

5. 选择吸声材料的护面结构

阻性消声器中的吸声材料在气流中工作,必须用护面结构固定起来。常用的护面结构有玻璃布、穿孔板或铁丝网等。如果选取护面不合理、吸声材料会被气流吹跑或使护面结构激起振动,导致消声性能下降。护面结构形式主要由消声器通道内的流速决定。

6. 验算消声效果

根据高频失效和气流再生噪声的影响验算消声效果。若设备对消声器的压力损失有一定要求，应计算压力损失是否在允许的范围之内。

例 26.3　选用同一种吸声材料（平均吸声系数为 0.46）衬贴的消声管道，管道有效长度为2 m，管道有效截面积为 1 500 cm^2。当截面形状分别为圆形、正方形和 1∶5 矩形时，试问哪种截面形状的声音衰减量最大？哪种最小？

解　(1) 当管道为圆形时，因为管道的有效直径为

$$D/\mathrm{m} = \sqrt{\frac{S}{\frac{\pi}{4}}} = \sqrt{\frac{1\ 500}{\frac{3.14}{4}}} \approx 0.437$$

则管道断面的有效周长为

$$L/\mathrm{m} = \pi D = 3.14 \times 0.437 \approx 1.372$$

由 H. J. 赛宾公式有

$$L_{\mathrm{A}} = 1.03(\bar{\alpha})^{1.4}\frac{L}{S}l$$

$$L_{\mathrm{A}1}/\mathrm{dB} = 1.03 \times 0.46^{1.4} \times \frac{1.372}{0.15} \times 2 \approx 6.4$$

(2) 当管道截面为正方形时，则管道断面周长为

$$L/\mathrm{m} = 4 \times \sqrt{0.15} \approx 1.549$$

所以有

$$L_{\mathrm{A}2}/\mathrm{dB} = 1.03 \times 0.46^{1.4} \times \frac{1.549}{0.15} \times 2 \approx 7.2$$

(3) 当管道截面为 1∶5 矩形时，则管道断面长和宽分别为

$$5 \times \sqrt{\frac{0.15}{5}} = 0.866(\mathrm{m}),\ \sqrt{\frac{0.15}{5}} = 0.173(\mathrm{m})$$

则管道断面的周长为

$$L/\mathrm{m} = 2 \times (0.173 + 0.866) = 2.078$$

所以

$$L_{\mathrm{A}3}/\mathrm{dB} = 1.03 \times 0.46^{1.4} \times \frac{2.078}{0.15} \times 2 \approx 9.6$$

因此有

$$L_{\mathrm{A}3} > L_{\mathrm{A}2} > L_{\mathrm{A}1}$$

即管道截面为矩形的声音衰减量最大，截面为圆形管道的声音衰减量最小。

第27章　其他物理性污染及防治

27.1　振动污染及防治

物体的运动状态随时间在极大值和极小值之间交替变化的过程称为振动。过量的振动会使人不舒适、疲劳,甚至导致人体损伤。其次,振动将形成噪声源,以噪声的形式影响或污染环境。环境振动是环境污染的一个方面,铁路振动、公路振动、地铁振动、工业振动均会对人们的正常生活和休息产生不利的影响。我国于1990年颁布了《城市区域环境振动标准》,对城市不同区域的环境振动标准限值作出了规定。

27.1.1　振动污染

振动超过一定的界限,从而对人体的健康和设施产生损害,对人的生活和工作环境形成干扰,或使机器、设备和仪表不能正常工作。

振动污染有如下特点:

①主观性:是一种危害人体健康的感觉公害。

②局部性:仅涉及振动源邻近的地区。

③瞬时性:是瞬时性能量污染,在环境中无残余污染物,不积累。振源停止,污染即消失。

振动污染源可分为自然振源和人为振源。自然振源包括地震、火山爆发等自然现象。自然振动带来的灾害难以避免,只能加强预报减少损失。人为振源包括工厂振动源、工程振动源、道路交通振动源和低频空气振动源。

工厂振动源:旋转机械、往复机械、传动轴系、管道振动等,如锻压、铸造、切削、风动、破碎、球磨以及动力等机械和各种输气、液、粉的管道。常见工厂振源附近,面上加速度级:80~140 dB;振级:60~100 dB;峰值频率:10~125 Hz。

工程振动源:工程施工现场的振动源主要是打桩机、打夯机、水泥搅拌机、碾压设备、爆破作业以及各种大型运输机车等。常见工程振源附近,振级:60~100 dB。

道路交通振动源:铁路振源频率一般为20~80 Hz,离铁轨30 m处的振动加速度级范围为85~100 dB,振动级范围为75~90 dB。公路振源频率一般在2~160 Hz范围内,其中以5~63 Hz的频率成分较为集中,振级多为65~90 dB。

低频空气振动源:低频空气振动是指人耳可听见的100 Hz左右的低频,如玻璃窗、门产生的人耳可以听见的低频空气振动,这种振动多发生在工厂。

振动污染源按形式分为固定式单个振动源(如一台冲床或一台水泵等)和集合振动源(如厂界环境振动及建筑施工场界环境振动)。

按振动源的动态特征又可分成4类,见表27.1。

表27.1　环境振动污染源动态特征

动态特征	定　义	示例
稳态振动	观测时间内振级变化不大的环境振动	往复运动机械,如空压机、柴油机等;旋转机械类,如发电机、发动机、通风机等
冲击振动	具有突发性振级变化的环境振动	建筑施工机械,如打桩机等;锻压机械,如冲床、纺锤等
无规则振动	未来任何时刻不能预先确定振级的环境振动	道路交通振动、居民生活振动,如房屋施工、室内运动等
铁路振动	列车行驶带来的轨道两侧30 m外的环境振动	铁路机车的运行

27.1.2　振动污染的危害

(1)振动污染对生理的影响

振动的生理影响主要是损伤人的机体,引起循环系统、呼吸系统、消化系统、神经系统、代谢系统、感官的各种病症,损伤脑、肺、心、消化器官、肝、肾、脊髓、关节等。

振动对睡眠的影响试验如图27.1所示。

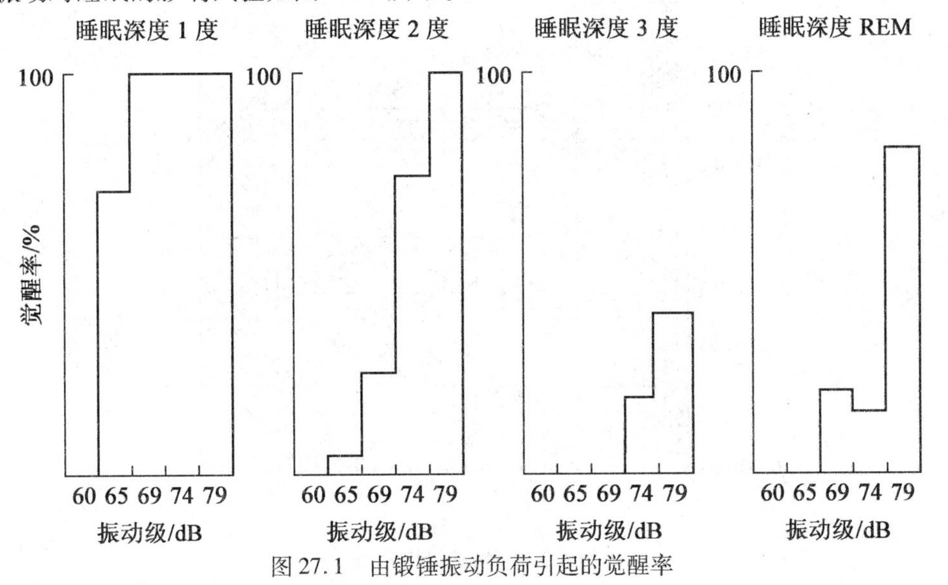

图27.1　由锻锤振动负荷引起的觉醒率

睡眠深度1度(浅睡眠):振动级60 dB无影响,69 dB以上则全部觉醒。

睡眠深度2度(中度睡眠):60~65 dB无影响,79 dB全部觉醒;因2度睡眠占8 h睡眠时间的一半以上,故影响这种睡眠的振动级最令人厌烦。

睡眠深度3度(深睡眠):74 dB以上会觉醒,觉醒概率很低。

睡眠深度REM(异相睡眠,指睡眠多梦期):振动影响介于睡眠深度2度和3度之间。

(2)振动污染对心理的影响

人们在感受到振动时,心理上会产生不愉快、烦躁、不可忍受等各种反应。除振动感受器官感受到振动外,有时也会看到电灯摇动或水面晃动,听到门、窗发出的声响,从而判断房屋在振动。人对振动的感受很复杂,往往是包括若干其他感受在内的综合性感受。

(3)振动污染对工作效率的影响

振动引起人体的生理和心理变化,导致工作效率降低。振动可使视力减退,用眼工作时所花费的时间加长。振动使人反应滞后,妨碍肌肉运动,影响语言交谈,复杂工作的错误率上升等。

(4)振动对构筑物的影响

振动通过地基传递到构筑物,导致构筑物破坏。例如,基础和墙壁龟裂、墙皮剥落,地基变形、下沉,门窗翘曲变形,构筑物坍塌,影响程度取决于振动的频率和强度。由于共振的放大作用,其放大倍数可为数倍甚至数十倍,因此带来了更严重的振动破坏和危害。

27.1.3　振动评价标准

1. 位移、速度和加速度

振动的振动量:是指被测系统在选定点上选定方向的运动量。

位移、速度和加速度的换算关系如图27.2所示。

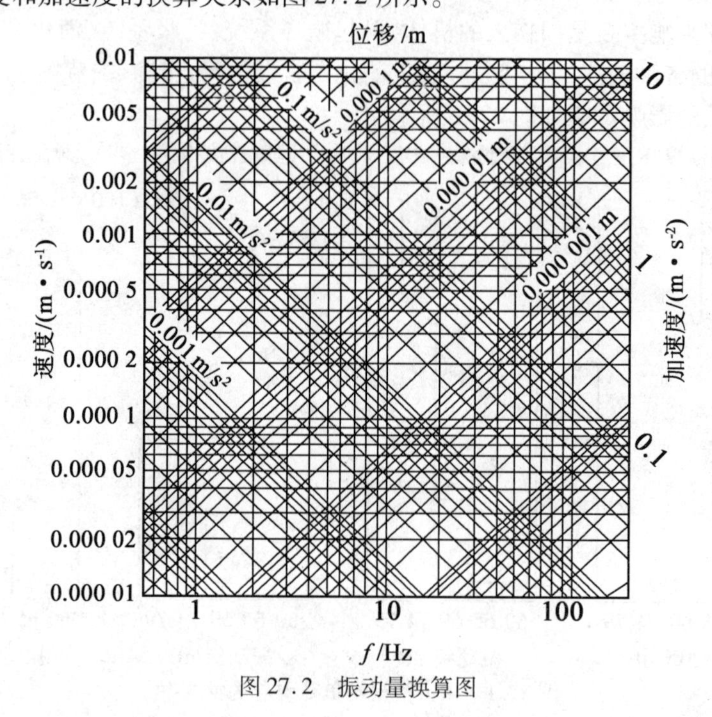

图27.2　振动量换算图

2. 振动级

一般用机械振动参数级来描述振动的强度,单位为dB。在环境振动测量中,一般选用振动加速度级和振动级作为振动强度参数。

振动加速度级定义为

$$L_a = 20\lg\frac{a_e}{a_{ref}}$$

式中,a_e 为加速度有效值,m/s²;a_{ref}为加速度参考值,m/s²。

人体对振动的感觉有关因素包括振动频率的高低、振动加速度的大小、振动环境中暴露时间和振动的方向。综合诸多因素,国际标准化组织建议采用等感度曲线(图27.3)来表示。

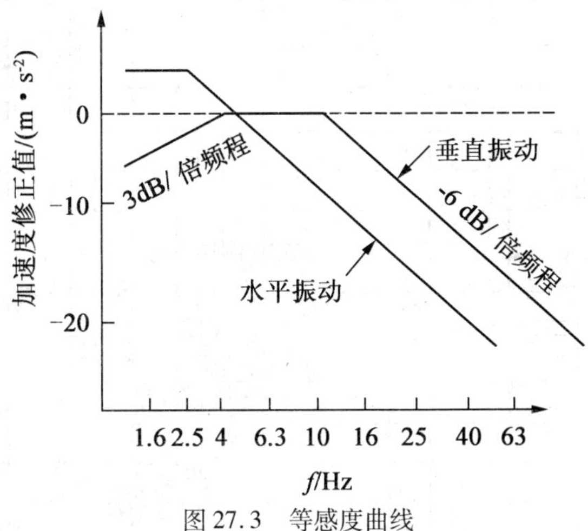

图 27.3　等感度曲线

例 27.1　两台机器各自工作时，在某点测得的振动加速度有效值分别为 2.68×10^{-2} m/s² 和 3.62×10^{-2} m/s²，试求两台机器同时工作时的振动加速度级。

解　两台机器同时工作时的振动加速度有效值为

$$a_e/(\mathrm{m\cdot s^{-2}})=\sqrt{2.68^2+3.62^2}\times10^{-2}\approx4.5\times10^{-2}$$

于是，求得两台机器同时工作时的振动加速度级为

$$L_a/\mathrm{dB}=20\log\frac{a_e}{a_{ref}}=20\log\frac{4.5\times10^{-2}}{10^{-5}}=20\log4.5+20\log10^3\approx13+60=73$$

3. 振动的评价标准

振动强弱对人体的影响大致可分为 4 种情况：

①感觉阈：人体刚刚能够感觉到振动，对人体无影响。

②不舒服阈：使人感到不舒服。

③疲劳阈：使人感到疲劳，工作效率降低。工况下以此阈为标准，超过者即认为存在振动污染。

④危险阈：此时振动会使人产生病变。

在生理学中，振动强度习惯以 g（$g=9.806\ 65$ m/s²）为单位表示加速度。据此，人体对振动的感觉标准为：

①刚刚感到振动是 $0.003g$；

②不愉快的感觉是 $0.05g$；

③不可容忍感是 $0.5g$。

国际标准化组织推荐使用 ISO 2631/1—1985 标准作为评价人体在振动环境中疲劳界限标准。我国根据这个标准制定了相应的国家标准《人体全身振动暴露的舒适性降低界限和评价准则》（GB/T 13442—92）。

图 27.4 为垂直方向的振动暴露标准——暴露时间。

图 27.5 为垂直方向的振动暴露标准——疲劳和效率衰减的界限。

人体对垂直振动比水平振动更敏感。

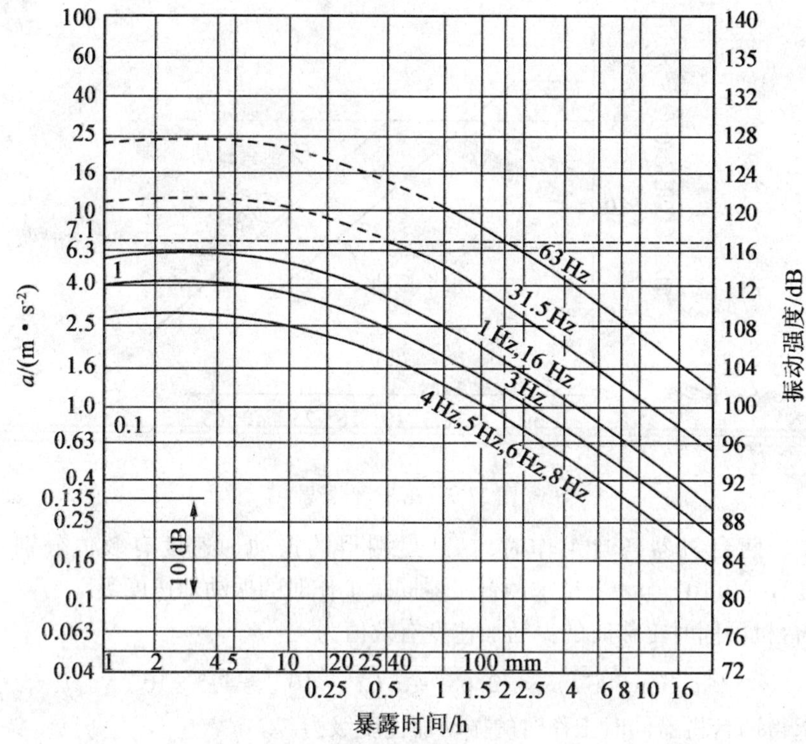

图 27.4　垂直方向的振动暴露标准——暴露时间

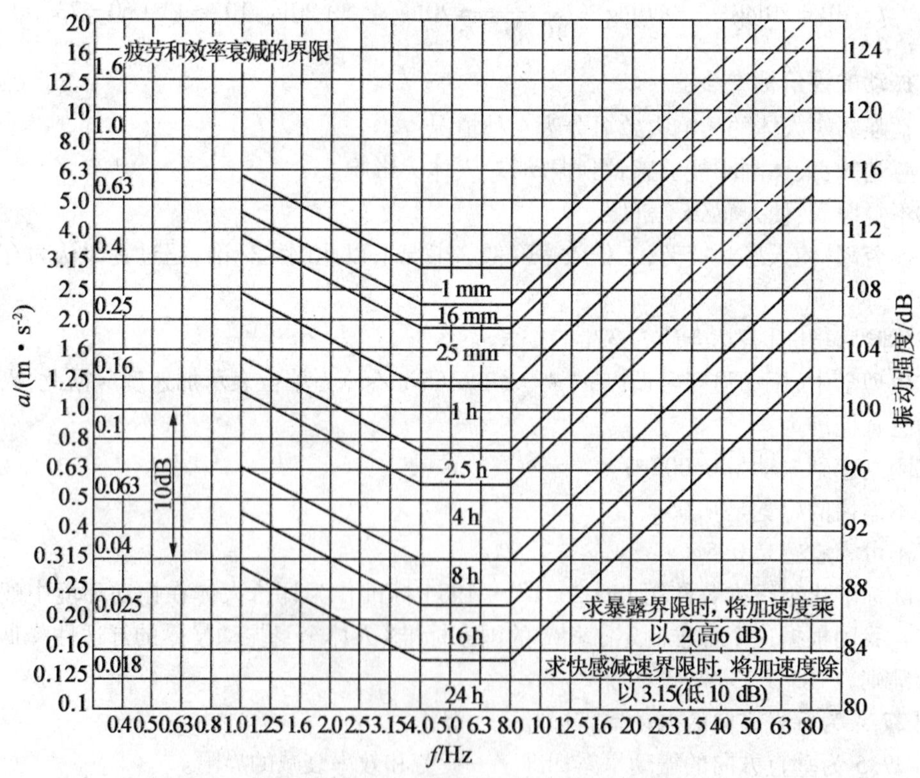

图 27.5　垂直方向的振动暴露标准——疲劳和效率衰减的界限

人在居住区域承受环境振动的评价，一般以刚刚感觉到的振动加速度(感觉阈)为允许界限，在界限以下可以认为基本没有影响。国际标准化组织推荐使用 ISO/DIS2631 给出的环境振动标准，见表 27.2。

表 27.2　ISO 建筑物内振动标准

地点	时间	振动级/dB					
		连续振动、间歇振动、重复振动			每天数次的振动		
		$X(Y)$	Z	混合轴	$X(Y)$	Z	混合轴
严格控制区	全天	71	74	71	71	74	71
住宅	白天	77 ~ 83	80 ~ 86	77 ~ 83	107 ~ 110	110 ~ 113	107 ~ 110
	夜间	74	77	74	74 ~ 79	77 ~ 100	74 ~ 79
办公室	全天	83	86	83	113	116	113
车间	全天	89	92	89	113	116	113

我国《城市区域环境振动标准》(GB 10070—88)中规定的有关城市各类区域铅垂方向振级标准值，见表 27.3。

表 27.3　城市各类区域铅垂方向振级标准值

适用地带范围	昼间/dB	夜间/dB
特殊住宅区	65	65
居民文教区	70	67
混合区、商业中心区	75	72
工业集中区	75	72
交通干线道路两侧	75	72
铁路干线两侧	80	80

27.1.4　振动控制技术

研究振动的一个主要目的就是要进行振动控制，使机械结构能满足预期的性能指标要求。人们在各个工程领域中进行了大量的研究工作，包括振源、传递途径、系统或结构的动力学特性、减振措施等，这些都属于振动控制研究的范畴。振动控制分为两大类：一类是振动的被动控制，另一类则是把控制理论、电子计算机技术同机械振动理论与测试技术相结合形成的振动主动控制的新技术。

对复杂系统或结构的振动问题仅靠设计是难以彻底解决的，当产品制成后出现了不符合要求的振动，一个重要的方法就是采取减振措施。经典的减振措施有减振、隔振与阻振三种。

1. 振动的被动控制技术

(1)隔振

隔振指由单自由度受简谐激励的振动系统的分析，得到强迫振动的振幅计算公式为

$$B = \frac{F}{k\sqrt{(1-\lambda^2)^2 + (2\zeta\lambda)^2}}$$

共振时有

$$B_{\max}=\frac{F}{2\zeta\lambda k}=\frac{F}{cp_n}$$

式中，B 为振幅；F 为阻力；S 为阻尼系数；λ 为固有频率；k 为弹性系数；c 为阻力系数；P_n 为超越频率。

由以上两式可见，强迫振动的振幅取决于激励力幅值的大小、频率比、系统的阻尼及刚度。在此基础上，可得到控制振动振幅的主要因素。

①降低干扰力幅值 F。如对旋转组件的机械进行动平衡处理，包括在动平衡机上及在现场进行动平衡处理以减小不平衡质量达到降低干扰力幅值。还可以利用专门的装置降低振动的幅值，如使用抗振器，柴油机使用的多摆式抗振器就可以用来控制好几阶干扰力矩。

②改变干扰力的频率与系统固有频率之比。使旋转机械的工作转数调开共振区，使系统处于非共振的振动区，以达到减小振幅的目的；一般情况下，机器转速的设计不可能随意变动，因此往往是通过改变结构的固有频率来降低振动幅值的。改变结构固有频率可通过改变刚度 k 或改变质量 m 来实现。

利用改变系统的结构来达到控制危险振动有时是不现实的，因为部件的结构形式还应满足其他性能的要求，而这些要求有一些是与减振相矛盾的。

因此在设计新机械设备时，应进行全面优化设计，包括结构动态特性的优化，这也是最重要最根本的。对已投入运行的机械，或已经在使用的机器，则应根据具体情况进行减振处理。

回转机械、锻压机械等在运转时会产生较大的振动，影响其周围的环境；有些精密机械、精密仪器又往往需要防止周围环境对它的影响。这两种情形都需要实行振动隔离，简称隔振。隔振可分为两类：一类是积极隔振，即用隔振器将振动着的机器与地基隔离开；另一类是消极隔振，即将需要保护的设备用隔振器与振动着的地基隔离开。

隔振器是由一根弹簧和一个阻尼器组成的模型系统。在实际应用中隔振器通常选用合适的弹性材料及阻尼材料（如木材、橡胶、充气轮胎、沙子等）组成。

①积极隔振。振源是机器本身。积极隔振是将振源隔离，防止或减小传递到地基上的动压力，从而抑制振源对周围环境的影响。积极隔振的效果用力传递率或隔振系数来衡量，即

$$\eta_a=\frac{H_T}{H}$$

式中，H 和 H_T 分别为隔振前后传递到地基上的力的幅值。

激振力指由回转的不平衡质量作为振动系统的振动源产生的周期性简谐振动，其计算公式为

$$S=H\sin\omega t$$

在采取隔振措施前，机器传递到地基的最大动压力 $S_{\max}=H$。机器与地基之间装上隔振器，如图 27.6 所示。

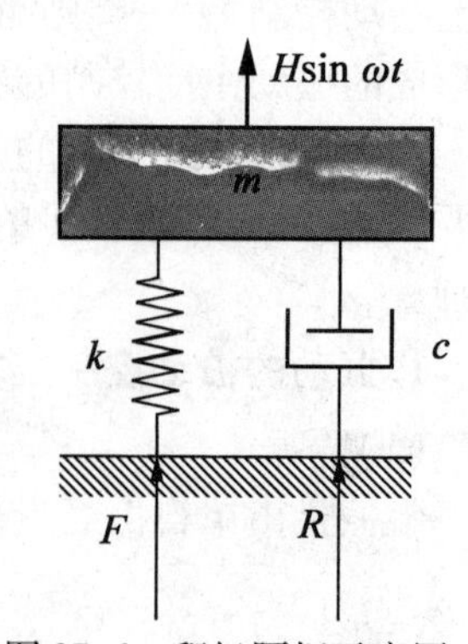

图 27.6　积极隔振示意图

此系统的受迫振动方程为

$$x=B\sin(\omega t-\varphi)$$

$$B=\frac{H}{k}\frac{1}{\sqrt{(1-\lambda^2)+(2\zeta\lambda)^2}}$$

此时，机器通过弹簧、阻尼器传到地基上的动压力为

$$F_D = F + R = -kx - c\dot{x} = -kB\sin(\omega t - \varphi) - cB\omega\cos(\omega t - \varphi)$$

即 F 和 R 是相同频率,是在相位上相差$\frac{\pi}{2}$的简谐力。

根据同频率振动合成的结果,得到传给地基的动压力的最大值为

$$H_T = \sqrt{(kB)^2 + (cB\omega)^2} = kB\sqrt{1 + (2\zeta\lambda)^2}$$

②消极隔振。消极隔振指振源来自地基的运动。消极隔振是将需要防振的物体与振源隔离,防止或减小地基运动对物体的影响。消极隔振的效果也用传递率表示,即

$$\eta'_a = \frac{B}{b}$$

式中,B 为隔振后传到物体上的振动幅值;b 为地基运动的振动幅值。

地基为简谐运动,即

$$y = b\sin \omega t$$

隔振后系统稳态响应的振幅为

$$B = b\sqrt{\frac{1 + (2\zeta\lambda)^2}{(1 - \lambda^2)^2 + (2\zeta\lambda)^2}}$$

$$\eta'_a = \frac{B}{b} = \sqrt{\frac{1 + (2\zeta\lambda)^2}{(1 - \lambda^2)^2 + (2\zeta\lambda)^2}}$$

位移传递率与力传递率具有完全相同的形式。

图 27.7 为 η_a 与 λ 之间的关系,由图可以看出:当 $\lambda > \sqrt{2}$,$\eta_a < 1$ 时,隔振,且 λ 值越大,η_a 越小,隔声效果越好,常选 λ 为 2.5 ~5。

另外,当 $\lambda > \sqrt{2}$时,增加阻尼反而使隔振效果变坏。

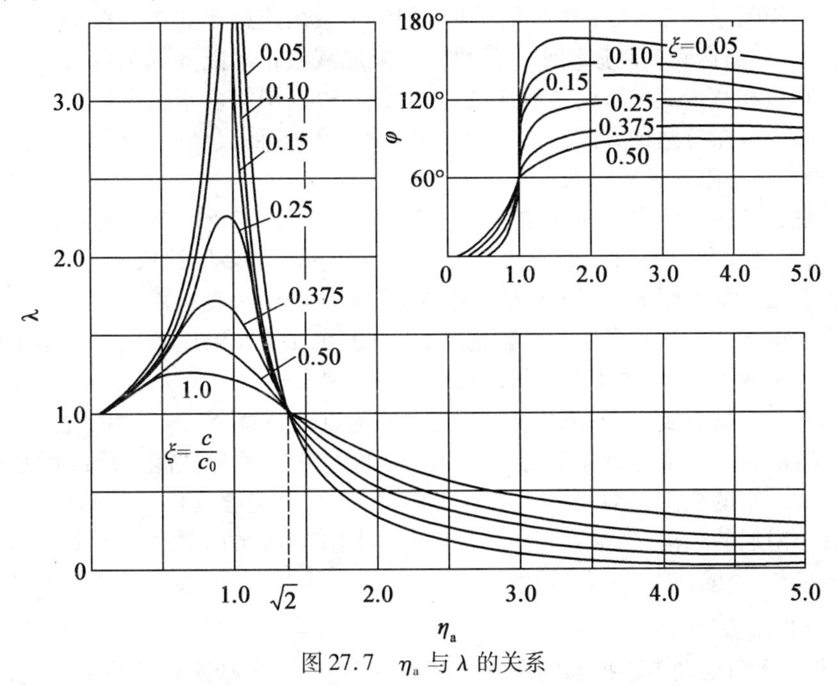

图 27.7　η_a 与 λ 的关系

为了取得较好的隔振效果,系统应当具有较低的固有频率和较小的阻尼。不过阻尼也

不能太小,否则振动系统在通过共振区时会产生较大的振动。

例 27.2 如图 27.8 所示,已知电机转速 $\omega = 60\pi$ r/s,全机质量 $m = 100$ kg,欲使传到地上的干扰力降为原干扰力的 1/10。求隔振弹簧刚度系数 k。

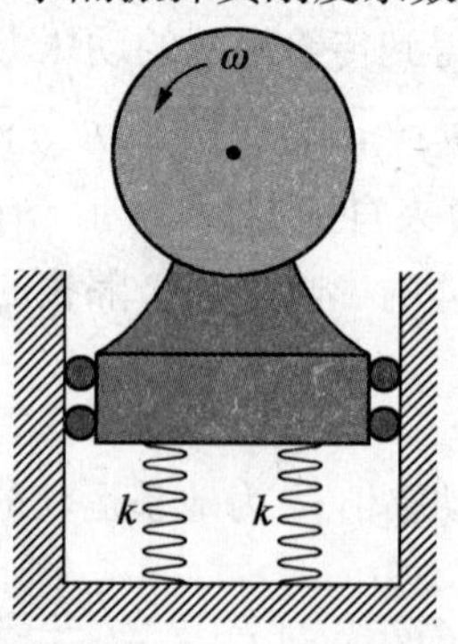

图 27.8 主动隔振示意图

解 按照主动隔振公式,力的传递率为

$$\eta = \frac{1}{\lambda^2 - 1}$$

即

$$\frac{1}{10} = \frac{1}{\dfrac{\omega^2 m}{k} - 1}$$

可解出隔振弹簧总刚度为

$$k/(\text{kN} \cdot \text{m}^{-1}) = \frac{\omega^2 m}{11} = 323$$

(2)阻振

阻振是采用阻尼减振方法的简称,即用附加的子系统连接于需要减振的结构或系统以消耗振动能量,从而达到控制振动水平的目的。阻尼减振技术能降低结构或系统在共振频率附近的动响应和宽带随机激励下响应的均方根值,以及消除由于自激振动而出现的动不稳定现象。阻尼减振有两种方式:一类是非材料阻尼,如各种成型的阻尼器;另一类是材料阻尼,如各种黏弹性阻尼材料以及复合材料等。

目前粘贴在结构上的自由阻尼层和约束阻尼层应用很广泛。前者利用拉伸变形来消耗振动能量,后者则利用剪切变形来消耗振动能量。尤其是多层约束阻尼层,往往较之前种方法更为有效。如美国 F-4 战斗机的武器发射装置的中央复板由于宽带激励下的多模态共振而迅速破坏。粘贴了多层约束阻尼层后,由于在其工作温度条件下的多个模态上都提供了一定的损耗因子,解决了这种振动疲劳造成的破坏问题。

复合材料由于具有质量轻、刚度大、强度高的优点,已被广泛地应用于各个工业部门,尤其是在航空航天工业中得到了广泛的应用。基底材料的黏弹性能对纤维增强的复合材料有可能提供一定的内阻。对于较大的纤维阻尼,长纤维能够提供最佳的内阻。另外,对于一些具有小阻尼的结构,当难以安装阻尼器时,利用连接处的干摩擦也可以有效地减振。

2. 减振器

(1)无阻尼减振器

图 27.9 为无阻尼动力减振器的系统。其中由质量 m_1 和弹簧 k_1 组成的系统,称为主系统;由质量 m_2 和弹簧 k_2 组成的辅助系统,称为减振器。

这是两自由度的无阻尼受迫振动系统。现建立该系统的运动微分方程为

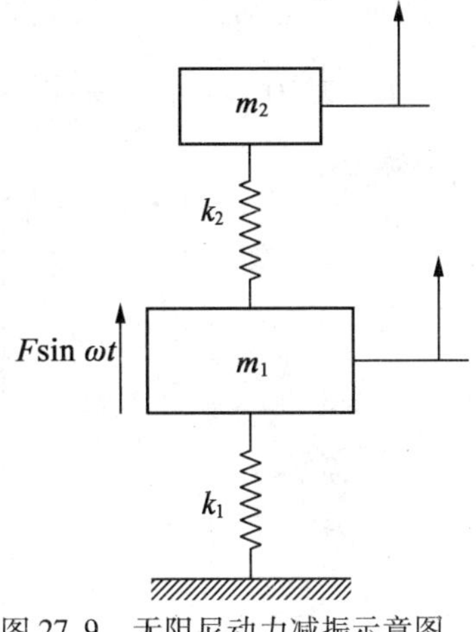

图 27.9　无阻尼动力减振示意图

$$\begin{bmatrix} m_1 & 0 \\ 0 & m_2 \end{bmatrix}\begin{pmatrix} \ddot{x}_1 \\ \ddot{x}_2 \end{pmatrix} + \begin{bmatrix} k_1+k_2 & -k_2 \\ -k_2 & k_2 \end{bmatrix}\begin{pmatrix} x_1 \\ x_2 \end{pmatrix} = \begin{pmatrix} F \\ 0 \end{pmatrix}\sin\omega t$$

设稳态响应为

$$\begin{pmatrix} x_1 \\ x_2 \end{pmatrix} = \begin{pmatrix} B_1 \\ B_2 \end{pmatrix}\sin\omega t$$

可得

$$\left(\begin{bmatrix} k_1+k_2 & -k_2 \\ -k_2 & k_2 \end{bmatrix} - \omega^2\begin{bmatrix} m_1 & 0 \\ 0 & m_2 \end{bmatrix}\right)\begin{pmatrix} B_1 \\ B_2 \end{pmatrix} = \begin{pmatrix} F \\ 0 \end{pmatrix}$$

设式中的系数行列式不为零，即

$$\nabla(\omega^2) = (k_1+k_2-\omega^2 m_1)(k_2-\omega^2 m_2) - k_2^2 \neq 0$$

因此，可得受迫振动的振幅为

$$B_1 = \frac{(k_2-\omega^2 m_2)F}{(k_1+k_2-\omega^2 m_1)(k_2-\omega^2 m_2)-k_2^2}$$

$$B_2 = \frac{k_2 F}{(k_1+k_2-\omega^2 m_1)(k_2-\omega^2 m_2)-k_2^2}$$

$$\omega = p_{22} = \sqrt{\frac{k_2}{m_2}}p_{22} = \sqrt{\frac{k_2}{m_2}}p_{11} = \sqrt{\frac{k_1}{m_1}}$$

令

$$p_{11} = \sqrt{\frac{k_1}{m_1}},\quad p_{22} = \sqrt{\frac{k_2}{m_2}},\quad \omega = p_{22} = \sqrt{\frac{k_2}{m_2}}$$

$$B_1 = \frac{(k_2-\omega^2 m_2)F}{(k_1+k_2-\omega^2 m_1)(k_2-\omega^2 m_2)-k_2^2} \to B_1 = 0$$

使 p_{22} 与系统的工作频率（激振力的频率）相等，则 x_1 的振动将被消除，这种现象称为反共振。

$$B_2 = \frac{k_2 F}{(k_1+k_2-\omega^2 m_1)(k_2-\omega^2 m_2)-k_2^2} \to B_2(\omega) = -\frac{F}{k_2}$$

$$\omega = p_{22} = \sqrt{\frac{k_2}{m_2}},\quad B_1 = 0,\quad B_2(\omega) = -\left(\frac{p_1}{p_2}\right)^2\frac{B_0}{\mu} = -\frac{F}{k_2}$$

减振器的质量 m_2 的运动为

$$x_2(t) = -\frac{F}{k_2}\sin\omega t$$

减振器经过弹簧 k_2 对 m_1 的作用力为

$$k_2 x_2 = -F\sin\omega t$$

$F\sin\omega t$ 这个力恰与作用在主质量 m_1 上的激振力大小相等、方向相反，互相平衡。

这就是减振器消除主系统振动的原理。

动力减振器只在一个频率即反共振频率附近很窄的频率范围内效果好。因此，它仅适用于频率变化很小的振动系统。不过在近旁的某个小范围内也能满足要求，这时，主系统

质量 m_1 的运动虽不是零,但振幅很小。

图 27.10 表示在 $\mu=\frac{m_{22}}{m_{11}}=0.2$, $p_1=p_2$ 时,$\frac{B_1}{B_2}$ 随 $\frac{\omega}{p_2}$ 变化的规律,阴影部分是减振器的可工作频率范围。

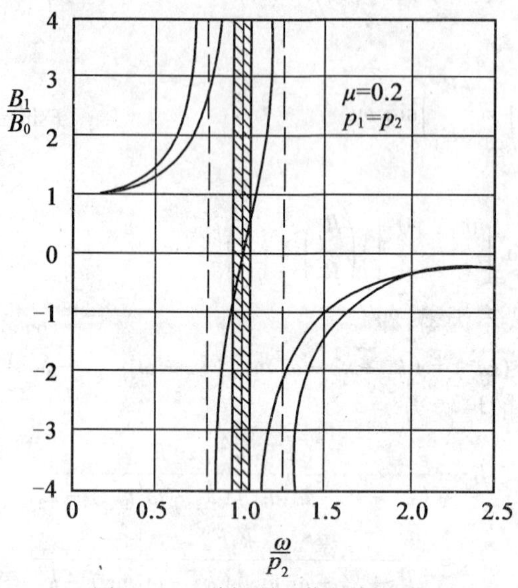

图 27.10　减振器工作频率范围

这种减振器的缺点是使单自由度系统成为两自由度系统,因而有两个固有频率。如果激振力的频率变化,就可能出现两次共振。解决这些问题的途径是:①采用阻尼动力减振器;②增加控制系统,使原来的被动减振器变为有源的主动减振器。

(2)有阻尼减振器

图 27.11 是有阻尼动力振动示意图,其中由质量 m_1 和弹簧 k_1 组成的系统是主系统。

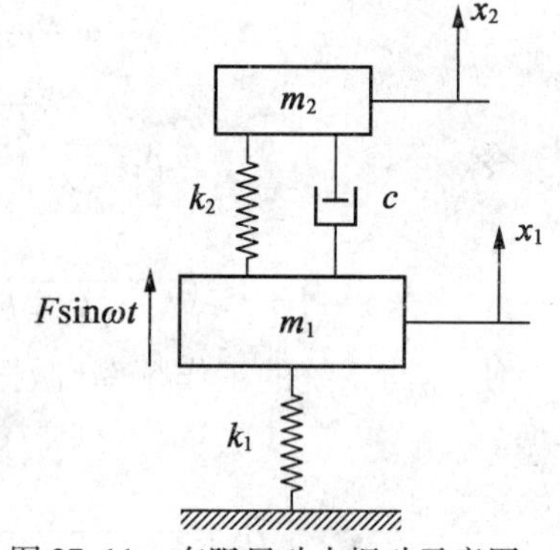

图 27.11　有阻尼动力振动示意图

为了在相当宽的工作速度范围内,使主系统的振动能够减小到要求的强度,设计了由质量 m_2、弹簧 k_2 和黏性阻尼器 c 组成的系统,称为有阻尼减振器。显然,主系统和减振器组成了一个新的两自由度系统。

建立其运动微分方程为

$$\begin{bmatrix} m_1 & 0 \\ 0 & m_2 \end{bmatrix}\begin{pmatrix} \ddot{x}_1 \\ \ddot{x}_2 \end{pmatrix}+\begin{bmatrix} c & -c \\ -c & c \end{bmatrix}\begin{pmatrix} \dot{x}_1 \\ \dot{x}_2 \end{pmatrix}+\begin{bmatrix} k_1+k_2 & -k_2 \\ -k_2 & k_2 \end{bmatrix}\begin{pmatrix} x_1 \\ x_2 \end{pmatrix}=\begin{pmatrix} F \\ 0 \end{pmatrix}\sin\omega t$$

复振幅

$$x_1(t)=\overline{B_1}e^{j\omega t}, x_2(t)=\overline{B_2}e^{j\omega t}$$

$$\begin{bmatrix} m_1 & 0 \\ 0 & m_2 \end{bmatrix}\begin{pmatrix} \ddot{x}_1 \\ \ddot{x}_2 \end{pmatrix}+\begin{bmatrix} c & -c \\ -c & c \end{bmatrix}\begin{pmatrix} \dot{x}_1 \\ \dot{x}_2 \end{pmatrix}+\begin{bmatrix} k_1+k_2 & -k_2 \\ -k_2 & k_2 \end{bmatrix}\begin{pmatrix} x_1 \\ x_2 \end{pmatrix}=\begin{pmatrix} F \\ 0 \end{pmatrix}\sin\omega t$$

$$\downarrow$$

$$\begin{bmatrix} k_1+k_2-\omega^2 m_1+\mathrm{j}\omega c & -k_2-\mathrm{j}\omega c \\ -k_2-\mathrm{j}\omega c & k_2-\omega^2 m_2+\mathrm{j}\omega c \end{bmatrix}\begin{pmatrix}\bar{B}_1\\ \bar{B}_2\end{pmatrix}=\begin{pmatrix}F\\ 0\end{pmatrix}$$

$$\begin{pmatrix}\bar{B}_1\\ \bar{B}_2\end{pmatrix}=\begin{bmatrix} k_1+k_2-\omega^2 m_1+\mathrm{j}\omega c & -k_2-\mathrm{j}\omega c \\ -k_2-\mathrm{j}\omega c & k_2-\omega^2 m_2+\mathrm{j}\omega c \end{bmatrix}^{-1}\begin{pmatrix}F\\ 0\end{pmatrix}=\frac{F}{\nabla(\omega)}\begin{pmatrix}k_2-m_2\omega^2+\mathrm{j}\omega c\\ k_2+\mathrm{j}\omega c\end{pmatrix}$$

$$\nabla(\omega)=(k_1+k_2-m_1\omega^2+\mathrm{j}\omega c)(k_2-m_2\omega^2+\mathrm{j}\omega c)-(k_2+\mathrm{j}\omega c)^2=$$
$$(k_1-m_1\omega^2)(k_2-m_2\omega^2)-k_2m_2\omega^2+\mathrm{j}\omega c(k_1-m_1\omega^2-m_2\omega^2)$$

可以写成

$$\begin{cases}\bar{B}_1=\dfrac{k_2-m_2\omega^2+\mathrm{j}\omega c}{\nabla(\omega)}F=B_1\mathrm{e}^{-\mathrm{j}\varphi_1}\\ \bar{B}_2=\dfrac{k_2+\mathrm{j}\omega c}{\nabla(\omega)}F=B_2\mathrm{e}^{-\mathrm{j}\varphi_2}\end{cases}$$

式中，B_1、B_2 和 φ_1、φ_2 分别为系统稳态响应的振幅和相位差。

可以得到主系统的振幅为

$$B_1=\frac{F[(k_2-m_2\omega^2)^2+(c\omega)^2]^{\frac{1}{2}}}{\{[(k_1-m_1\omega^2)(k_2-m_2\omega^2)-k_2m_2\omega^2]^2+[c\omega(k_1-m_1\omega^2-m_2\omega^2)]^2\}^{\frac{1}{2}}}$$

写成下列无量纲形式

$$\frac{B_1}{B_0}=\sqrt{\frac{(\lambda^2-\alpha^2)^2+(2\zeta\lambda)^2}{[\mu\lambda^2\alpha^2-(\lambda^2-1)(\lambda^2-\alpha^2)]^2+(2\zeta\lambda)^2(\lambda^2-1+\mu\lambda^2)^2}}$$

$$B_0=\frac{F}{k_1},p_1=\sqrt{\frac{k_1}{m_1}},p_2=\sqrt{\frac{k_2}{m_2}},\mu=\frac{m_2}{m_1},\lambda=\frac{\omega}{p_1},\alpha=\frac{p_2}{p_1},\zeta=\frac{c}{2m_2p_1}$$

值得注意的是，无论 ζ 取何值，所有曲线都经过 S、T 两点，如图 27.12 所示。

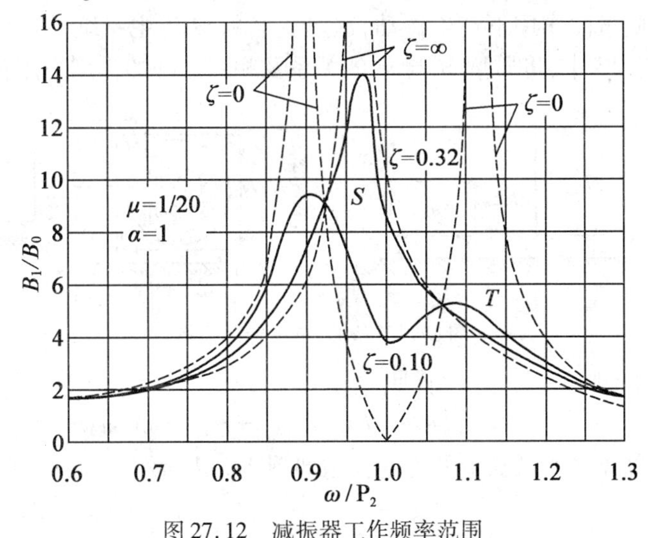

图 27.12　减振器工作频率范围

设计阻尼动力减振器时，一般选择适当的 m_2、k_2，使曲线在 S 及 T 点有相同的幅值，并选择适当的 ζ 值，使曲线在 S 和 T 点具有水平切线。对于这两条切线，在 S 点和 T 点以外的响应值相差很小。显然，在相当宽的频率范围内，主系统有着小于允许振幅的振动，这就达到了减小主系统振动的目的。

例 27.3　质量为 200 kg 的机器与一个刚度为 4×10^5 N/m 的弹簧相连。在运动过程中，机器受到一个大小为 500 N，频率为 50 rad/s 的简谐激励，设计一个无阻尼减振器，使得主质量的稳态振幅为零，减振器质量的稳态振幅小于 2 mm。求带有减振器之后的系统的固有频率。

解　当减振器的频率调整到激振频率时，机器的稳态振幅为零。因此有

$$\omega\to\sqrt{\frac{k_2}{m_2}}=\omega$$

在这种条件下，减振器质量的稳态振幅为

$$0.002\ \text{m}\geqslant\frac{F_0}{k_2}\to k_2\geqslant\frac{500\ \text{N}}{0.002\ \text{m}}=2.5\times10^5\ \text{N/m}$$

用最小允许刚度，所需减振器的质量为

$$m_2/\text{kg}=\frac{k_2}{\omega^2}=\frac{2.5\times10^5}{50}=100$$

因此减振器的刚度为 2.5×10^5 N/s，质量为 100 kg。

$$(k_1+k_2-p^2m_1)(k_2-p^2m_2)-k_2^2=0$$

$$p^4-\left(1.5\frac{k_2}{m_2}+\frac{k_1}{m_1}\right)p^2+\frac{k_2\,k_1}{m_2m_1}=0$$

$$p^4-5.75\times10^3p^2+5\times10^6=0$$

$$p_1=32.698\ \text{rad/s},p_2=68.42\ \text{rad/s}$$

(3)动力减振器

这里介绍一种新型的动力减振器，它的减振原理克服了一些传统方法的不足，具有更多的优越性。如 27.13(a)所示的机械系统中，惯性质量 m 通过正弦机构实现往复运动，主质量 M 则在惯性质量的作用下产生振动，这里我们称 M 为主系统，其力学模型如图 27.13(b)所示。在图 27.13 中，将质量 M 与 m 的关系及相互之间的作用力用符号←F→来表示。

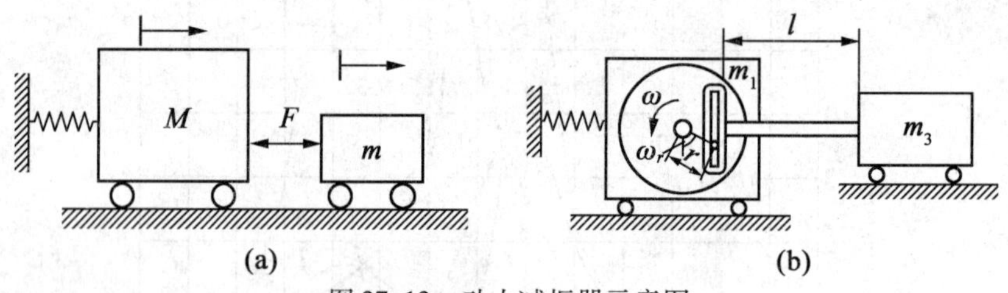

图 27.13　动力减振器示意图

设曲柄半径为 r，则 x_{m_3} 与 x_{m_1} 应满足

$$x_{m_3}=x_{m_1}+r\sin\omega t+l,x_{m_3}=x_{m_1}+r\sin\omega t$$

设阻尼为零，新型动力减振器的力学模型如图 27.14 所示。

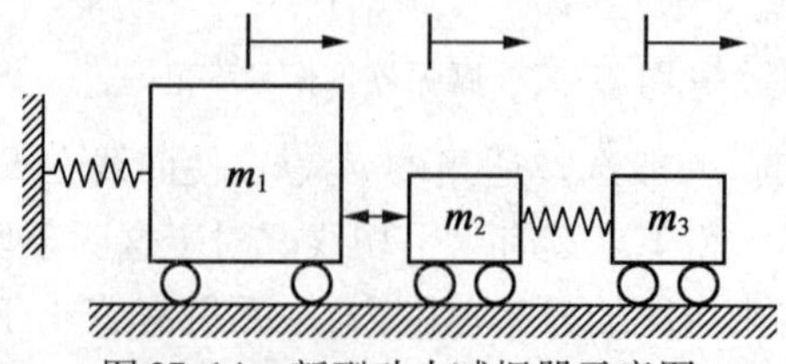

图 27.14　新型动力减振器示意图

图 27.14 中，m_1 为主质量；m_2 为减振器的质量；m_3 为惯性质量；k_2 为减振器的弹簧刚度。x_1、x_2、x_3 分别为 m_1、m_2、m_3 的位移，显然有

$$x_3 = x_1 + r\sin \omega t$$

新型的减振器不是与主质量连接，而是与惯性质量连接，这就导致了根本不同的减振机理。建立系统的振动方程，并求解可得

$$x_{10} = -\frac{\mu_3\alpha^2 - (\mu_2 + \mu_3)\beta^2}{\Delta(\alpha^2)}\alpha^2 r$$

式中，x_{10}为主质量 m_1 的振幅；$\Delta(\alpha^2) = \alpha^4 - [1 + (1 + m_2)\beta^2]\alpha^2 + \beta^2$；$\mu_1 = \frac{m_1}{m_1 + m_3}$；$\mu_2 = \frac{m_2}{m_1 + m_3}$；$\mu_3 = \frac{m_3}{m_1 + m_3}$；$\alpha = \frac{\omega}{p_1}$；$\beta = \frac{p_2}{p_1}$；$p_1^2 = \frac{k_1}{m_1 + m_2}$；$p_2^2 = \frac{k_2}{m_2}$。

当 $\beta^2 = \frac{\mu_3}{\mu_2 + \mu_3}\alpha^2$ 时，主质量 m_1 的振幅 $x_{10} = 0$，这就是无阻尼减振器的作用。

图 27.15 为主系统的幅频响应曲线。

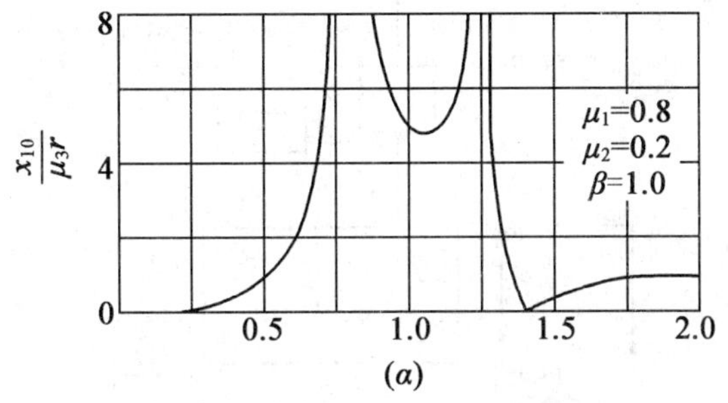

图 27.15　主系统的幅频响应曲线

从图 27.15 中还可以看出，当系统工作频率增大，从而使 α 增大至 $\alpha > 1.4$ 时，虽然主系统的振幅有所增大，但不会引起共振，主振幅增大的极限值为 $x_{10} = \mu_3 r$。这也是与传统的动力吸振器的一点不同之处。因为传统的动力吸振器使主质量振幅 $x_{10} = 0$ 所对应的 α 坐标，只能位于两个共振峰对应的 α 坐标之间，而不会在它们之外。

图 27.16 为调整元件参数后主系统的幅频响应曲线。

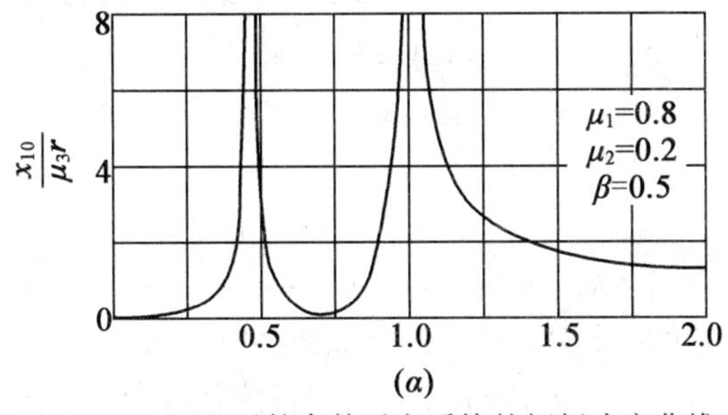

图 27.16　调整元件参数后主系统的幅频响应曲线

调整减振器的元件参数，也可以使主振幅 $x_{10} = 0$ 所对应的频率比 α 位于两个共振峰所对应的 α 之间，如图 27.16 所示。

图 27.16 中的幅频响应曲线是在 $\beta = 0.5$，$\mu = 0.2$，$m_3 = 0.2$ 条件下作出的。这种情况的系统的幅频响应特性与经典动力吸振器的相似，当系统的工作频率稍偏离所要求的频率

时,系统就有可能进入共振区。

3. 振动的主动控制技术

振动的主动控制又称为振动的有源控制。这种控制需要消耗能量的做功机构,而能量要靠能源来补充。通常有开环控制与闭环控制。闭环控制又称为反馈控制,是目前用得比较多的一种。主动式动力吸振器有两种形式:一种是按干扰力频率主动改变吸振器的参数,如弹簧的刚度系数或重块的质量,使吸振器始终处于反共振状态,即使其固有频率始终“跟踪”外干扰力频率;另一种是通过反馈主动驱动吸振器的质量块,使对需要减振的结构或系统产生最有利的振动抑制。

图 27.17 所示是一种连续系统和集中参数的有源减振器。在减振器中与子弹性系统并联一个附加的有源部件。主系统 m_1 的运动用加速度传感器来监测,其输出信号经相位补偿器和功率放大器后驱动液压执行机构,经改变相位可使有源部件作为正向或反向弹力。

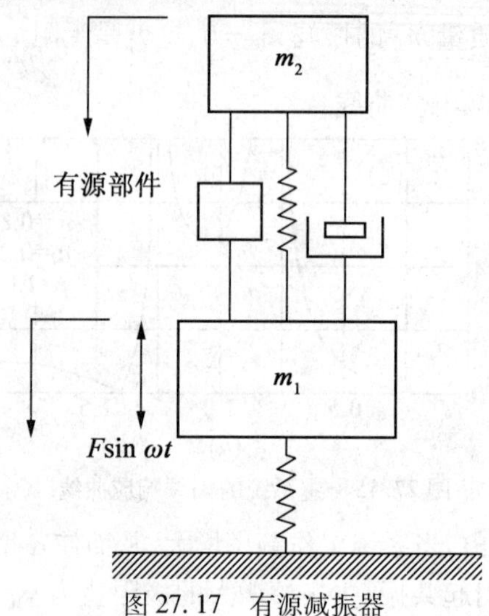

图 27.17　有源减振器

设由有源部件产生的力正比于子系统质量 m_2 的绝对位移 x_2,比例系数 k_e 是常数,是有源部件的等效刚度,则 m_1 和 m_2 的运动微分方程为

$$\left.\begin{aligned}m_1\ddot{x}_1+k_2(x_1-x_2)+k_1x_1&=k_ex_2+F\sin\omega t\\m_2\ddot{x}_2+k_2(x_2-x_1)&=k_ex_2\end{aligned}\right\}$$

设
$$x_1=X_1\sin\omega t, x_2=X_2\sin\omega t$$

其解为

$$X_1=\frac{F(k_2-k_e-m_2\omega^2)}{(k_1+k_2-m_1\omega^2)(k_2-k_e-m_2\omega^2)-k_2(k_e+k_2)}$$

解出包含有源部件时的振幅 X_1 与不含有源部件时的振幅之比为

$$r=\frac{\left[1-\left(\frac{\omega}{p_2}\right)^2-\left(\frac{k_e}{k_2}\right)\right]\left\{\left[2-\left(\frac{\omega}{p_1}\right)^2\right]\left[1-\left(\frac{\omega}{p_1}\right)^2\right]-1\right\}}{\left[1-\left(\frac{\omega}{p_1}\right)^2\right]\left\{\left[1-\left(\frac{\omega}{p_1}\right)^2+\left(\frac{k_2}{k_1}\right)\right]\left[1-\left(\frac{\omega}{p_2}\right)^2-\left(\frac{k_e}{k_2}\right)\right]-\left[\left(\frac{k_e}{k_1}\right)+\left(\frac{k_2}{k_1}\right)\right]\right\}}$$

当比值 $r<1$ 时,说明有源部件的作用有所体现;当比值 $r=1$ 时,相当于没有有源部件。

主动振动控制有很多优点,减振效果好,能适应不可预知的外界扰动以及结构参数的不确定性,对原结构改动不大,调整方便,既适用于干扰力频率变化较大的场合,也适用于低频区域的减振。

27.2　电磁辐射污染及防治

27.2.1　电磁辐射

跨入 21 世纪,电子产品与我们的距离越来越近,手机、电视、电脑、微波炉等早已经进入家家户户,但是所有的电子产品都会在不同程度上释放出一定的电磁辐射。一听到"电磁辐射"4 个字,不少人便会感到莫名惊恐,有些媒体甚至将它描绘成隐形杀手。电磁辐射果真如此可怕吗? 其实这是一个误解,电磁辐射无处不在,一直与我们"形影相随",只是当它的能量超过一定限度造成污染,才会逐渐出现负面效应。所以,电磁辐射与电磁辐射污染是两个截然不同的概念。但电磁辐射污染对人体危害到底有多大,时至今日,科学界仍存在很大争议。

所谓电磁辐射,就是交变电磁场在空间的传播,电磁波频率不论大小,都存在辐射。如居民家庭用电频率为 50 Hz,属低频,其次就是无线电长波、中波、短波、超短波,随后再是微波炉的微波以及红外线等,但这些电磁波的频率都没有自然界中的可见光高,通常其辐射对人体的影响并不大。即使像紫外线这样的高频电磁波,对人体也是既有益也有害,关键在于科学地利用。譬如紫外线长期过量照射容易诱发皮肤癌,但适量照射却有一定益处,X 光在医疗中的应用也是如此。

就电磁辐射而言,除频率高低外,还有强弱之别,同一种频率的电磁波,随着强度提高,造成的危害相对就会大一些,而且每个生命个体的情况也是千差万别,电磁辐射对其影响的结果也不尽相同。

电磁辐射的传播途径主要有:

①空间辐射。近场区——传播的电磁能以电磁感应的方式作用于受体;远场区——电磁能以空间放射方式传播并作用于受体。

②导线辐射。电磁能通过导线传播。

③复合传播。空间传播和导线传播同时存在。

27.2.2　电磁辐射污染的来源及传播途径

1. 电磁辐射污染的来源

地球上的电磁辐射来源可分为天然辐射源与人为辐射源两种。

天然辐射源是由大气中的某些自然现象引起的,如大气中由于电荷的积累而产生的放电现象,也可以是来自太阳辐射和宇宙的电磁场源。这种电磁污染除对人体、财产等产生直接的破坏外,还会在广大范围内产生严重的电磁干扰,尤其是对短波通信的干扰最为严重。

人为辐射源指人工制造的各种系统、电气和电子设备产生的电磁辐射。人为辐射源按频率的不同可分为工频场源与射频场源。工频场源主要指大功率输电线路产生的电磁污染,如大功率电机、变压器、输电线路等产生的电磁场,也包括放电型污染源,如静电除尘器等,这些设备产生的电磁场,不是以电磁波形式向外辐射,主要是对近场区产生电磁干扰。射频场源主要是指无线电、电视和各种射频设备(如高频加热设备、微波干燥机和理疗机等)在工作过程中所产生的电磁辐射和电磁感应,这些人工辐射源频率范围宽,影响区域大,对近场工作人员危害也较大,因此已成为电磁污染环境的主要因素。另外,家用电器包括电热毯、手机、电脑、电视机、微波炉、电磁灶等的使用也会引起不同频段的电磁辐射。表27.4 为一些设备的电磁波的频谱和用途。

表 27.4　一些设备的电磁波的频谱和用途

频率	波长	频段名称	用途
300 ~ 30 GHz	1 ~ 10 mm	极高频	雷达与空间通信
30 ~ 3 GHz	10 ~ 100 mm	超高频	雷达与空间通信
3 ~ 300 MHz	100 ~ 1 mm	特高频	视距无限通信与广播
300 ~ 30 MHz	1 ~ 10 m	甚高频	视距无限通信与广播
30 ~ 3 MHz	10 ~ 100 m	高频	短波通信与广播
3 ~ 300 kHz	0.1 ~ 1 km	中频	无线通信与广播
300 ~ 30 kHz	1 ~ 10 km	低频	无线电导航
30 ~ 3 kHz	10 ~ 100 km	甚低频	无线电导航
3 ~ 300 Hz	0.1 ~ 1 Mm	极低频	海底通信
300 ~ 30 Hz	1 ~ 10 Mm	工频	输电

2. 电磁辐射污染的传播途径

电磁污染从污染源到受体,主要通过空间辐射和线路传导两个途径进行传播,如图27.18所示。

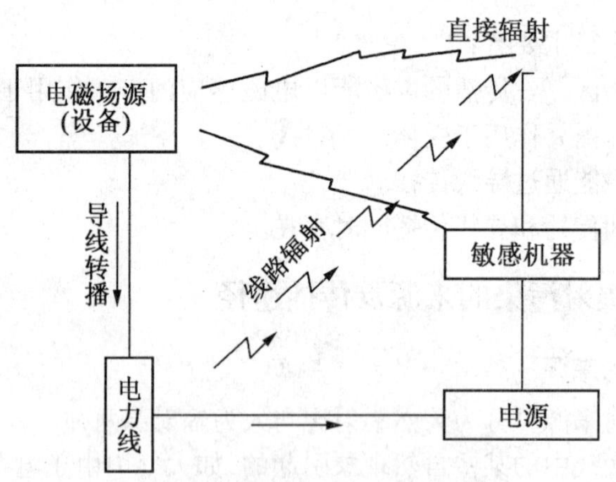

图 27.18　电磁辐射途径

空间辐射指通过空间直接辐射。各种电气装置和电子设备在工作过程中,不断地向其周围空间辐射电磁能量。这些发射出来的电磁能是以两种不同的方式传播并作用于受体的:一种是在以场源为中心、半径为一个波长的范围内,传播的电磁能是以电磁感应的方式作用于受体;另一种是在以场源为中心、半径为一个波长的范围之外,电磁能是以空间放射方式传播并作用于受体。

线路传导是指借助电磁耦合由线路传导。当射频设备与其他设备共用同一电源时，或它们之间有电气连接关系，那么电磁能即可通过导线传播。通过空间辐射和线路传导均可使电磁波能量传播到受体，造成电磁辐射污染。同时存在空间传播与线路传导所造成的电磁污染的情况被称为复合传播污染。

27.2.3　电磁辐射污染的危害

电磁辐射污染的危害有：

①它极可能是造成儿童患白血病的原因之一。医学研究证明，长期处于高电磁辐射的环境中，会使血液、淋巴液和细胞原生质发生改变。意大利专家研究后认为，该国每年有 400 多名儿童患白血病，其主要原因是距离高压电线太近，因而受到了严重的电磁污染。

②能够诱发癌症并加速人体的癌细胞增殖。电磁辐射污染会影响人体的循环系统及免疫、生殖和代谢功能，严重的还会诱发癌症，并会加速人体的癌细胞增殖。瑞士的研究资料指出，周围有高压线经过的住户居民，患乳腺癌的概率比常人高 7.4 倍。美国得克萨斯州癌症医疗基金会针对一些遭受电磁辐射损伤的病人所做的抽样化验结果表明，在高压线附近工作的工人，其癌细胞生长速度比一般人要快 24 倍。

③影响人的生殖系统，主要表现为男子精子质量降低，孕妇发生自然流产和胎儿畸形等。

④可导致儿童智力残缺。据最新调查显示，我国每年出生的 2 000 万儿童中，有 35 万为缺陷儿，其中 25 万为智力残缺，有专家认为电磁辐射也是影响因素之一。世界卫生组织认为，计算机、电视机、移动电话的电磁辐射对胎儿有不良影响。

⑤影响人们的心血管系统，表现为心悸、失眠，部分女性经期紊乱、心动过缓、心搏血量减少、窦性心律不齐、白细胞减少、免疫功能下降等。如果装有心脏起搏器的病人处于高电磁辐射的环境中，会影响心脏起搏器的正常使用。

⑥对人们的视觉系统有不良影响。由于眼睛属于人体对电磁辐射的敏感器官，过高的电磁辐射污染会引起视力下降等。高剂量的电磁辐射还会影响及破坏人体原有的生物电流和生物磁场，使人体内原有的电磁场发生异常。值得注意的是，不同的人或同一个人在不同年龄阶段对电磁辐射的承受能力是不一样的，老人、儿童、孕妇属于对电磁辐射的敏感人群。

放射性物质在自然界的循环方式如图 27.19 所示。

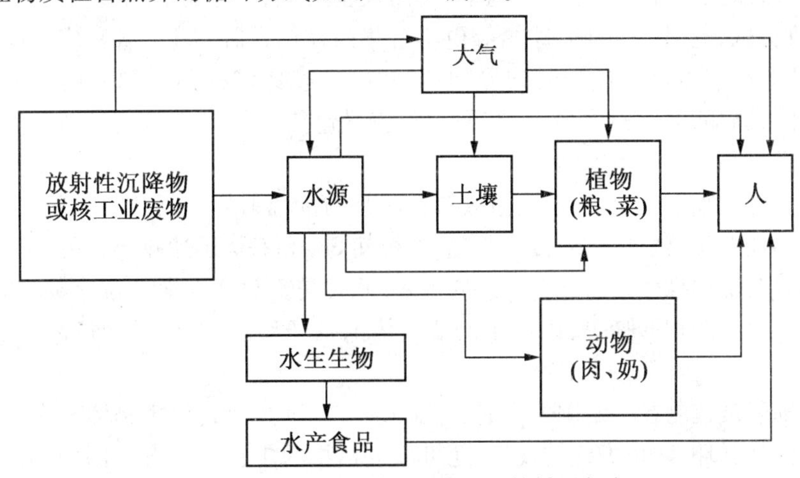

图 27.19　放射性物质在自然界的循环方式

27.2.4 电磁辐射污染的防治方法

电磁辐射虽然有危害,但在这个电气时代,只要采取一些积极有效的防护措施,就可以大大减少这些危害。

防患措施中比较有效的方法是购买一些防护的用具,对于以下 5 类人特别要注意电磁辐射污染:

①生活和工作在高压线、变电站、电台、电视台、雷达站及电磁波发射塔附近的人员。

②经常使用电子仪器、医疗设备及办公自动化设备的人员。

③生活在现代电器自动化环境中的工作人员。

④佩戴心脏起搏器的患者。

⑤生活在以上环境里的孕妇、儿童、老人及病患者等。

如果生活环境中电磁辐射污染比较高,公众必须采取相应的防护措施。常见的防护措施有以下几点:

①防护服。使用防微波辐射纤维的衣服。现在有一种由防微波辐射纤维制成的衣服可以用来抵消辐射,该纤维能对电磁波具有反射作用。因为金属材料是理想的防微波辐射的材料,但因其笨重而很少有人穿着。一般利用金属纤维与其他纤维混纺成纱,再织成布,成为具有良好防辐射效果的防微波织物。由这种纤维制成的防电磁波辐射的织物具有防微波辐射性能好、质轻、柔韧性好等优点,是一种比较理想的微波防护面料,微波透射量仅为入射量的十万分之一。这种防护面料主要用作微波防护服和微波屏蔽材料等。

②防辐射屏。多用于电脑屏幕,具有防辐射、防静电、防强光等作用,并且对保护视力也有一定的效果。

③注意时间和距离。伤害程度与时间成正比,也就是说接触电磁辐射的时间越长,受到的伤害越大。而与距离成反比,距离拉大 10 倍,受到的辐射就是原来的 1%,距离拉大 100 倍,受到的辐射就是 0.01%。因此对各种电器的使用,都应保持一定的安全距离,离电器越远,受电磁波侵害越小。如彩电与人的距离应在 4 ~ 5 m,与日光灯管距离应在 2 ~ 3 m,微波炉在开启之后要离开至少 1 m 远,孕妇和小孩应尽量远离微波炉。另外,不要把家用电器摆放得过于集中,以免使自己暴露在超剂量辐射的危险之中。特别是一些易产生电磁波的家用电器,如收音机、电视机、电脑、冰箱等更不宜集中摆放在卧室里。各种家用电器、办公设备、移动电话等都应尽量避免长时间操作,同时尽量避免多种办公和家用电器同时启用。手机接通瞬间释放的电磁辐射最大,在使用时应尽量使头部与手机天线的距离远一些,最好使用分离耳机和话筒接听电话。

④在人类受到辐射危害的今天,茶叶被证明是防治辐射病的天然有效的武器。日本发现饮茶能有效地阻止放射性物质侵入骨髓,并可使 Sr_{90} 和 Co_{60} 迅速排出体外;另外多吃新鲜的蔬菜和水果会增加维生素 A、B_1、C、E 的摄入,尤其是富含维生素 B 的食物,如胡萝卜、海带、油菜、卷心菜及动物肝脏等,以利于调节人体电磁场紊乱状态,增加机体抵抗电磁辐射污染的能力。

当电磁辐射被控制在一定限度内时,它对人体、有机体及其他生物体是有益的,它可以加速生物体的微循环、防止炎症的发生,还可促进植物的生长和发育。例如,太空育种就是利用宇宙射线的辐射改良种子的基因,以增强抗病能力或者提高产量。电磁辐射热疗就是利用电磁能使局部组织升温,提高血液循环,促进新陈代谢而达到治疗的目的。医生还利用辐射器把温度控制在只杀死癌细胞的很窄温度范围内来治疗肿瘤。另外,我国对受载煤体变形破裂的电磁辐射规律进行了比较详细研究及分析,并对煤矿电磁辐射技术应用于预测及预报煤与瓦斯进行了试验研究。研究结果表明,电磁辐射与煤岩体的载荷、加载速率及变形破裂过程成正比。煤岩电磁辐射技术在预测及预报煤与瓦斯突出等方面有着非常广阔的应用前景。

27.3　放射性污染及防治

27.3.1　放射性污染

在自然界和人工生产的元素中,有一些能自动发生衰变,并放射出肉眼看不见的射线,这些元素统称为放射性元素或放射性物质。在自然状态下,来自宇宙的射线和地球环境本身的放射性元素一般不会给生物带来危害。自 20 世纪 50 年代以来,人的活动使得人工辐射和人工放射性物质大大增加,环境中的射线强度随之增强,从而产生了放射性污染。放射性污染很难消除,射线强弱只能随时间的推移而减弱。

放射性对生物的危害是十分严重的。放射性损伤有急性损伤和慢性损伤。如果人在短时间内受到大剂量的 X 射线、γ 射线和中子的全身照射,就会产生急性损伤。轻者有脱毛、感染等症状。当剂量更大时,出现腹泻、呕吐等肠胃损伤。在极高的剂量照射下,发生中枢神经损伤直至死亡。中枢神经损伤症状主要有无力、怠倦、无欲、虚脱、昏睡等,严重时全身肌肉震颤而引起癫痫样痉挛。细胞分裂旺盛的小肠对电离辐射的敏感性很高,如果受到照射,上皮细胞分裂受到抑制,很快会引起淋巴组织破坏。

放射能引起淋巴细胞染色体的变化。在染色体异常中,用双着丝粒体和着丝立体环估计放射剂量。放射照射后的慢性损伤会导致人群白血病和各种癌症的发病率增加。

放射性元素的原子核在衰变过程放出 α、β、γ 射线的现象,俗称放射性。由放射性物质所造成的污染,称为放射性污染。放射性污染的来源有原子能工业排放的放射性废物,核武器试验的沉降物以及医疗、科研排出的含有放射性物质的废水、废气、废渣等。

放射性物质主要包括以下几种污染源。

(1)原子能工业排放的废物

原子能工业中核燃料的提炼、精制和核燃料元件的制造,都会有放射性废弃物产生和废水、废气的排放。这些放射性“三废”都有可能造成污染,由于原子能工业生产过程的操作运行都采取了相应的安全防护措施,“三废”排放也受到严格控制,所以对环境的污染并不十分严重。但是,当原子能工厂发生意外事故,其污染是相当严重的。国外就有因原子能工厂发生故障而被迫全厂封闭的实例。

(2)核武器试验的沉降物

在进行大气层、地面或地下核试验时,排入大气中的放射性物质与大气中的飘尘相结合,由于重力作用或雨雪的冲刷而沉降于地球表面,这些物质称为放射性沉降物或放射性粉尘。放射性沉降物播散的范围很大,往往可以沉降到整个地球表面,而且沉降很慢,一般需要几个月甚至几年才能落到大气对流层或地面。1945 年,美国在日本的广岛和长崎投放了两颗原子弹，使几十万人死亡，大批幸存者也饱受放射性病的折磨。

(3)医疗放射性

在医疗检查和诊断过程中，患者身体都要受到一定剂量的放射性照射，例如，进行一次肺部X光透视，接受(4～20)×0.000 1 Sv的剂量(1 Sv相当于每克物质吸收0.001 J的能量)，进行一次胃部透视，接受0.015～0.03 Sv的剂量。

(4)科研放射性

科研工作中广泛地应用放射性物质，除了原子能利用的研究单位外，金属冶炼、自动控制、生物工程、计量等研究部门几乎都有涉及放射性方面的课题和试验。在这些研究工作中都有可能造成放射性污染。

放射性污染的特点：①绝大多数放射性核素毒性，按致毒物本身质量计算，均高于一般的化学毒物；②按放射性损伤产生的效应，可能遗传给后代带来隐患；③放射性剂量的大小只有辐射探测仪才可以探测，非人的感觉器官所能知晓；④射线的副照具穿透性，特别是γ射线可穿透一定厚度的屏障层；⑤放射性核素具有蜕变能力；⑥放射性活度只能通过自然衰变而减弱。

27.3.2 放射性污染对人的危害

放射性实际是一种能量形式，它对人体有两类损伤作用。一是直接损伤，即辐射直接将肌体物质的原子或分子电离，从而破坏肌体内某些大分子结构，如蛋白质分子、脱氧核糖核酸(DNA)、核糖核酸(RNA)等；二是间接损伤，即射线先将体内的水分子电离，使之生成具有很强活性的自由基，并通过它们的作用影响肌体的组成。

由此可见，放射性不仅可干扰、破坏肌体细胞和组织的正常代谢活动，而且能直接破坏它们的结构，从而对人体造成危害。几种对辐射敏感器官的危险度见表27.5。

表27.5 几种对辐射敏感器官的危险度

器官或组织	危险度(10～2/Sv)	器官或组织	危险度(10～2/Sv)
性腺	40	甲状腺	5
乳腺	25	骨	5
红骨髓	20	其余5个组织的总和	50
肺	20	总计	165

放射性物质对人产生辐照伤害通常有3种方式：

(1)浸没照射

人体浸没在放射性污染的空气中，全身和皮肤会受到外照射。

(2)吸入照射

吸入放射性物质，使全身或甲状腺、肺等器官受到内照射。

(3)沉降照射

沉积在地面的放射性物质对人体产生的照射。

放射性物质主要是通过食物链经消化道进入人体，其次是经呼吸道进入人体；通过皮肤吸收的可能性很小。放射性核素进入人体后，其放射线对机体产生持续照射，直到放射性核素蜕变成稳定性核素或全部排出体外为止。就多数放射性核素而言，它们在人体内的分布是不均匀的。放射性核素沉积较多的器官，受到内照射量较其他组织器官大。

放射性污染物所造成的危害，在有些情况下并不立即显示出来，而是经过一段潜伏期后才显现出来。放射性对人体的危害程度主要取决于所受辐射剂量的大小。一次或短期内受到大剂量照射时，会产生放射损伤的急性效应，使人出现恶心、呕吐、脱发、食欲减退、腹泻、喉炎、体温升高、睡眠障碍等神经系统和消化系统的症状，严重时会造成死亡。例如，在数千拉德（rad）高剂量照射下，可以在几分钟或几小时内将人致死；受到 600 rad 以上的照射时，在两周内的死亡率可达 100%；受照射量在 300～500 rad 时，在 4 周内死亡率为 50%。

在急性放射病恢复以后，经一段时间或在低剂量照射后的数月、数年，甚至数代后还会产生辐射损伤的远期效应，如致癌、白血病、白内障、寿命缩短、影响生长发育等，甚至对遗传基因产生影响，使后代身上出现某种程度的遗传性疾病。例如，1945 年原子弹在日本广岛、长崎爆炸后，当时居民长期受到辐射远期效应的影响，肿瘤、白血病的发病率明显增高。1986 年的切而诺贝利核爆炸，到 2006 年为止，俄罗斯、乌克兰和白俄罗斯 3 个国家由于辐射而死亡 20 万人。其中最常见的是甲状腺疾病、造血功能障碍、神经系统疾病以及恶性肿瘤等。

27.3.3　放射性辐射防护标准及方法

1. 放射性标准

目前，我国一般采用"最大容许剂量当量"，用不允许接受的剂量范围的下限来限制从事放射性工作人员的照射剂量。剂量当量的含义是当放射性工作人员接受这样的剂量照射时，肌体受到的损伤被认为是可以容许的，即在他的一生中及其后代身上，都不会发生明显的危害，即或有某些效应，其发生率极其微小，只能用统计学方法才能察觉。对邻近居民的限制剂量当量为职业照射的 1/10。

我国 1988 年发布的《辐射防护规定》（GB 8703—88）中规定了剂量当量的分类，见表 27.6。

表 27.6　剂量当量的分类

剂量当量限值分类	年有效剂量当量限值/mSv	器官或组织剂量当量限值/mSv
辐射工作人员	<50	
一次事件的事先计划特殊照射	<100	眼晶体：<150
一生中的事先计划特殊照射	<250	其他单个器官或组织：<500
16～18 岁学生、学徒工和怀孕妇女	<15	
公众人员（含小于 16 周岁的学生、学徒工）	<1	皮肤和眼晶体：<50

2. 放射性辐射防护方法

（1）时间防护

人体受照的时间越长，则接受的照射量也越多。因此要求工作人员操作准确、敏捷，以减少受照时间；或增配人员轮流操作以减少每个工作人员的受照时间。

(2)距离防护

人距辐射源越近,则受照量越大。因此尽可能远距离操作以减少受照量。

(3)屏蔽防护

在辐射源与人之间放置一种合适的屏蔽材料,利用屏蔽材料对射线的吸收降低外照射剂量。

①α 射线的防护。α 射线射程短,穿透力弱,在空气中易被吸收,用几张纸或薄的铝膜即可将其屏蔽。但其电离能力强,进入人体后会因内照射造成较大的伤害。

②β 射线的防护。β 射线是带负电的电子流,穿透物质的能力较强,因此对屏蔽 β 射线的材料可采用有机玻璃、烯基塑料、普通玻璃和铝板等。

③γ 射线的防护。γ 射线是波长很短的电磁波,穿透能力很强,危害也最大。常用具有足够厚度的铅、铁、钢、混凝土等屏蔽材料来屏蔽 γ 射线。

另外,为防止人们受到不必要的照射,在有放射性物质和射线的地方应设置明显的危险标记。

27.3.4　放射性废物处置技术

国际原子能机构(IAEA)在放射性废物管理原则中提出了 9 条基本原则:

①保护人类健康:工作人员和公众受到的照射在国家规定的允许限值之内。

②保护环境:确保向环境的释放最少,对环境的影响达到可接受的水平。

③超越国界的保护:保护他国人员健康和环境影响。及时交换信息和保证越境转移条件。

④保护后代:后代的健康。

⑤给后代的负担:不给后代造成不适当的负担。应尽量不依赖于长期对处置场的监测和对放射性废物进行回取。

⑥国家法律框架:放射性废物管理必须在适当的国家法律框架内进行,明确划分责任和规定独立的审管职能。

⑦控制放射性废物产生:尽可能少。

⑧放射性废物产生和管理间的相依性:必须适当考虑放射性废物产生和管理的各阶段间的相互依赖关系。

⑨设施的安全:必须保证放射性废物管理设施使用寿期内的安全。

据此原则我国制定了放射性废物管理的 40 字方针:减少产生、分类收集、净化浓缩、减容固化、严格包装、安全运输、就地暂存、集中处置、控制排放、加强监测。

处理处置技术的特点:

①放射性废物所含的放射性核素不能用化学或生化方法来消除,只能依靠放射性核素自身的衰变来消除。

②处理操作需要在严密的防护和屏蔽条件下进行,所用设备的材质应为耐腐蚀、耐辐射的合金材质。

③对大多数放射性废物应作深度处理,尽量复用,减少排放;在处理过程中所产生的二次废物应纳入后续处理系统进一步处理或处置。

1. 放射性固体废物处理技术

放射性固体废物种类繁多，可分为湿固体（如蒸发残渣、沉淀泥浆、废树脂等）和干固体（如污染劳保用品、工具、设备、废过滤器芯、活性炭等）两大类。为了减容和适于运输、储存、最终处置，要对固体废物进行焚烧、压缩、固化或固定等处理。

（1）固化技术

固化是在放射性废物中添加固化剂，使其转变为不易向环境扩散的固体的过程，固化产物是结构完整的整块密实固体。通常，固化的途径是将放射性核素通过化学转变，引入到某种稳定固体物质的晶格中去；或者通过物理过程把放射性核素直接掺入到惰性基材中。

①固化的一般要求。固化的目标是使废物转变成适宜于最终处置的稳定的废物体，固化材料及固化工艺的选择应保证固化体的质量，应能满足长期安全处置的要求和进行工业规模生产的需要，对废物的包容量要大，工艺过程及设备应简单、可靠、安全及经济。对固化工艺的一般要求，高放废物的固化应能进行远距离控制和维修；低、中放射性废物的固化操作过程应简单，处理费用应低廉。理想的废物固化体要具有阻止所含放射性核素释放的特性，其主要特性指标包括低浸出率、高热导率、高耐辐射性、高生化稳定性和耐腐蚀性、高机械强度及高减容比。

②常用固化方法。常用固化方法见表 27.7。

表 27.7　常用固化方法

项　目	水泥固化	沥青固化	塑料固化	玻璃固化	陶瓷固化
干废物包容量/%（质量分数）	5 ~ 40	30 ~ 60	30 ~ 60	10 ~ 30	15 ~ 30
密度 / $(g \cdot cm^{-3})$	1.5 ~ 2.5	1.1 ~ 1.9	1.1 ~ 1.5	2.5 ~ 3.0	2.5 ~ 3.0
浸出率/$(g \cdot cm^{-2} \cdot d^{-1})$	$10^{-3} \sim 10^{-1}$	$10^{-5} \sim 10^{-3}$	$10^{-6} \sim 10^{-3}$	$10^{-7} \sim 10^{-4}$	$10^{-8} \sim 10^{-5}$
抗压强度 / MPa	10 ~ 30	塑性	20 ~ 100（或塑性）	脆性	高
耐辐射 / Gy	约 10^8	约 10^7	约 10^7	约 10^9	约 10^9
投资	低	中	中	高	高
操作和维修	简单	中等	中等	复杂	复杂
适用性	低、中放废物	低、中放废物	低、中放废物	高放、α 废物	高放、α 废物
应用状况	工业规模	工业规模	工业应用	工业应用	研究开发

（2）减容技术

固体废物减容的目的是减少体积，降低废物包装、储存、运输和处置的费用。处理方法主要有压缩或焚烧两种。

①压缩。压缩是依靠机械力作用，使废物密实化，减少废物体积。压缩处理操作简单，设备投资和运行成本低。压缩可分为常规压缩和超级压缩。

②焚烧。焚烧是指将可燃性废物氧化处理成灰烬（或残渣）的过程。焚烧分为干法焚烧和湿法焚烧。前者如过剩空气焚烧、控制空气焚烧、裂解、流化床、熔盐炉等；后者如酸煮解、过氧化氢分解等。

2. 放射性废液处理技术

核工业放射性工艺废液一般需要多级净化处理,低、中放废液常用的处理方法有絮凝沉淀、蒸发、离子交换(或吸附)和膜技术(如电渗析、反渗透、超滤膜等)。高放废液比活度高,一般只经过蒸发浓缩后储存在双壁不锈钢储槽中。放射性废液处理对象见表27.8。

表27.8 放射性废液处理对象

处理技术	去污系数	使用对象
絮凝沉淀、吸附	1~10	低、中放废液,洗衣淋浴水
蒸发	10^3~10^6	低、中放废液,高放废液
离子交换	10~100	低、中放废液(低含盐量)
反渗透	10~40	低、中放废液,洗衣淋浴水

(1)絮凝沉淀

该法简便,成本低廉,在去除放射性物质的同时,还去除悬浮物、胶体、常量盐、有机物和微生物,一般与其他方法联用作为预处理方法。其缺点是放射性去除效率较低,一般为50%~70%,去污因数最多只有10,且产生含大量放射性的污泥。

(2)蒸发

蒸发的突出优点是净化效率较高,一般去污系数可达到10^5,但蒸发不适合处理含易起泡物质和易挥发核素的废水,且蒸发耗能大,处理费用较高。

(3)膜分离

与其他传统的分离方法相比,膜分离具有过程简单、无变相、分离系数较大、节能高效、可在常温下连续操作等特点。膜分离可分为反渗透、电渗析、微滤和超滤等。

(4)离子交换和吸附

在处理中、低放射性废水时,离子交换树脂对去除含盐类杂质较少的废水中放射性离子具有特殊的作用。

3. 放射性废气的处理

根据放射性物质在废气中存在形态的不同采用不同的处理方法。对挥发性放射性废气用吸附法和扩散稀释法处理。放射性碘可用活性炭吸附而达到净化目的。浓度较低的放射性废气可由高烟囱稀释排放。

根据放射性物质在废气中存在形态的不同采用不同的处理方法。

以气溶胶形式存在的放射性废气可通过除尘技术达到净化。先经过机械除尘器、湿式洗涤除尘器进行预处理,除去气溶胶中粒径较大的固态或液态颗粒;然后中效过滤,除去大部分中等粒径的颗粒;最后是高效过滤,几乎可以全部滤去粒径大于0.3 μm的微粒,使气溶胶废气得到完全净化。但中效和高效过滤器使用过的滤料应作为放射性固体废物加以处理。

4. 最终处置

放射性废物的最终处置是为了确保废物中的有害物质对人类环境不产生危害。基本方法是埋入能与生物圈有效隔离的最终储存库中。放射性废物的最终储存库的选址及地质条件应比有毒有害废物处置地的选择更加严格,并远离人类活动区,如选择在沙漠或谷地中。最终储存的废物应封装于不锈钢容器内，再放到储存库中。

储存库应设立 3 道屏障：内层采用不锈钢覆面的钢筋混凝土结构；中间的工程屏障为一整套地下水抽提系统，以维持库外区域有较低的地下水位，有时为了加固深层地质，还要设置混凝土墙或金属板结构；外层为天然屏障，主要指地质介质。地质介质有多种，如盐矿层中的盐具有塑性变形和再结晶性质，导热性好，热容量高，机械性能好，且矿床常位于低地震区，床层内无循环地下水，有不透水层与地下水隔绝，是理想的储存库，能保证有可靠的安全性。

27.3.5　放射性污染去污技术

1. 概述

放射性污染是指沉积在材料、结构物或设备表面的放射性物质，大致分为机械沾污、物理吸附和化学吸附。

(1) 去污的定义

放射性去污定义为用化学或物理方法除去沉积在核设施结构、材料或设备内外表面上的放射性物质。

(2) 去污的目的

去污总的目的是去除放射性污染物，降低残留的放射性水平。去污的目的一般分为：为运行管理和检修的去污；为退役进行的去污；为废物治理进行的去污；为长期监护进行的去污；为环境整治进行的去污；为其他目的进行的去污。

(3) 去污技术的工艺类型

去污技术有 4 种基本工艺类型：化学去污、人工和机械去污、电抛光去污和超声去污。

2. 化学去污技术

化学去污原理是用化学溶剂去除污染部件带有的放射性核素污染物、油漆涂层或氧化膜层，达到去污目的。

(1) 化学去污的优缺点

优点：化学试剂易得，适用于难以接近的表面的去污，所需工作时间少，且通常可遥控操作，产生放射性废气较少，一般清洗液经处理可回收再用。因其简单可靠，去污效率能满足要求，目前是主要的去污方法。

缺点：对粗糙、多孔的表面去污效率低，清洗废液体积较大，产生组分复杂的混合废水。

(2) 化学去污常用试剂

按照化学去污试剂的性质和类型可分为水（水蒸气）、酸、碱、盐或络合剂、氧化剂和还原剂、去垢剂和表面活性剂；按照对去污对象的腐蚀性可分为非腐蚀性、低腐蚀性和强腐蚀性化学去污剂等。

(3) 化学去污常用工艺

通常的化学去污工艺有浸泡法、循环冲洗法、可剥离膜去污法、泡沫去污法和化学凝胶去污法等。

3. 机械去污技术

机械去污技术大致可分为表面清洗法和表面去除法两大类。表面清洗的目的就是要将金属表面的污物清除,使其达到一定的清洁度。清除得越彻底越好。但由于表面的污物种类繁多,而且这些污物的物理、化学性质各异,差别很大。在清洗方法方面可供适用的方法也很多。要得到快速有效的清洗方法,必须综合考虑各种因素,才能作出切合实际的考虑与决定。因为每种方法的原理中,都有着破坏污物并能从表面将污物清除的特定方法。

27.4 光污染及防治

27.4.1 光污染的概念

光污染是指由人工光源导致的违背人生理与心理需求或有损于生理与心理健康的现象。光污染包括眩光污染、射线污染、光泛滥、视单调、视屏蔽、频闪等。广义的光污染包括一些可能对人的视觉环境和身体健康产生不良影响的事物,包括生活中常见的书本纸张、墙面涂料的反光,甚至是路边彩色广告的“光芒”也可算在此列,光污染所包含的范围之广由此可见一斑。在日常生活中,人们常见的光污染的状况多为由镜面建筑反光所导致的行人和司机的眩晕感,以及夜晚不合理灯光给人体造成的不适。

光污染作为新的环境污染源,主要来自两个方面:①城市建筑物采用大面积镜面装饰外墙、玻璃幕墙所形成的光污染;②夜景照明所形成的光污染。玻璃幕墙的光污染主要是指高层建筑的幕墙上采用了涂膜玻璃或镀膜玻璃,当日光直接照射到玻璃表面上,由于玻璃的镜面反射而产生的反射眩光干扰了人们的正常生活和工作。城市夜景照明中大功率高强度气体放电光源的泛光照明和五彩缤纷的霓虹灯、广告灯照明的亮度过高以及夜景照明的泛滥使用,同样也形成了严重的光污染。

27.4.2 光污染的分类

1. 白亮污染

在室外,现代不少建筑物使用的大块镜面、玻璃幕墙、釉面砖墙、铝合金板、磨光花岗岩、大理石和高级涂料等装饰材料,虽然看起来十分美观,但是在背后却隐藏着许多意想不到的隐患。当阳光照射强烈时,这些装饰物对阳光的反射形成二次光源,明晃白亮,炫眼夺目导致的白光污染。专家研究发现,长时间在白色光亮污染环境下工作和生活的人,视网膜和虹膜都会受到不同程度的损害,导致视力急剧下降,白内障发病率高达45%。光污染还会导致头昏、头痛、精神紧张、注意力涣散、烦躁心悸、失眠多梦、食欲不振、倦怠乏力等不适感和诱发光敏皮炎。有些建筑物的玻璃幕墙是半圆形的,反射光汇聚还容易引起大面积火灾。烈日下光污染会形成交通安全的隐患,尤其是公交车、出租车司机,他们受光污染所扰,会头晕目眩、精力分散、诱发车祸。还有路面、草地、树叶等都会不同程度的反射光源。在室内,也会有光污染。例如,读书的时候,纸张的颜色也有光污染;室内墙壁的颜色,如果太亮也会引起视觉不舒服;家具、地板等都会对视力造成不同程度的危害。

2. 人工白昼

人工白昼指由人为形成的大面积照亮光源导致的白光污染,主要指夜幕降临后,商场、酒店等场所上的广告灯、霓虹灯以及美化城市夜景的由人工布置的各种照明灯、泛光灯等。

有些强光束甚至直冲云霄，使得夜晚如同白天一样。在这样的夜晚，使人难以入睡，人体正常的生物钟被扰乱，导致白天精神不振，工作效率低下。大量室外照明开放时，在客观上加快了地面气流的上升速度，各种热源对气流加热，并与大气中的二氧化碳结合，随之上升到空中，形成气云和“温室效应”，最后可能导致气候异常情况的发生。

3. 彩光污染

由激光灯、彩光灯构成的光污染称为彩光污染，主要是指舞厅、夜总会安装的黑光灯、旋转灯、荧光灯以及闪烁的彩色光源。家庭中普遍采用的照明灯、户外闪烁的各色霓虹灯、广告灯和娱乐场所的各种彩色光源、电视、电脑等带屏幕的家用电器也是彩光污染的主要污染源。人类采用的各种光源中，不仅发出可见光，而且其中很多光源还含有较多的紫外辐射和红外辐射，比如激光，易导致眼底细胞被烧伤。彩色光源让人眼花缭乱，不仅对眼睛不利，而且干扰大脑中枢神经，使人感到头晕目眩，出现恶心、呕吐、失眠等症状。科学家最新研究表明，彩光污染不仅有损人的生理功能，还会影响心理健康。

4. 激光污染

激光污染也是光污染的一种特殊形式。由于激光具有方向性好、能量集中、颜色纯等特点，而且激光通过人眼晶状体的聚焦作用后，到达眼底时的光强度可增大几百至几万倍，所以激光对人眼有较大的伤害作用。激光光谱的一部分属于紫外和红外范围，会伤害眼结膜、虹膜和晶状体。功率很大的激光能危害人体深层组织和神经系统。近年来，激光在医学、生物学、环境监测、物理学、化学、天文学以及工业等多方面的应用日益广泛，激光污染越来越受到人们的重视。

5. 红外线污染

红外线近年来在军事、人造卫星以及工业、卫生、科研等方面的应用日益广泛，因此红外线污染问题也随之产生。红外线是一种热辐射，对人体可造成高温伤害。较强的红外线可造成皮肤伤害，其情况与烫伤相似，最初是灼痛，然后是造成烧伤。红外线对眼的伤害有几种不同情况，波长为7 500～13 000 Å的红外线对眼角膜的透过率较高，可造成眼底视网膜的伤害。尤其是11 000 Å附近的红外线，可使眼的前部介质（角膜、晶体等）不受损害而直接造成眼底视网膜烧伤。波长19 000 Å以上的红外线，几乎全部被角膜吸收，会造成角膜烧伤（混浊、白斑）。波长大于14 000 Å的红外线的能量绝大部分被角膜和眼内液所吸收，透不到虹膜。只是13 000 Å以下的红外线才能透到虹膜，造成虹膜伤害。人眼如果长期暴露于红外线可能引起白内障。

6. 紫外线污染

紫外线最早是应用于消毒以及某些工艺流程。近年来它的使用范围不断扩大，如用于人造卫星对地面的探测。紫外线的效应按其波长而有不同，波长为1 000～1 900 Å的真空紫外部分，可被空气和水吸收；波长为1 900～3 000 Å的远紫外部分，大部分可被生物分子强烈吸收；波长为3 000～3 300 Å的近紫外部分，可被某些生物分子吸收。

紫外线对人体主要是伤害眼角膜和皮肤。造成角膜损伤的紫外线主要为2 500～3 050 Å部分，而其中波长为2 880 Å的作用最强。角膜多次暴露于紫外线，并不增加对紫外线的耐受能力。紫外线对角膜的伤害作用表现为一种称为畏光眼炎的极痛的角膜白斑伤害。除了剧痛外，还导致流泪、眼睑痉挛、眼结膜充血和睫状肌抽搐。紫外线对皮肤的伤害作用主要是引起红斑和小水疱，严重时会使表皮坏死和脱皮。人体胸、腹、背部皮肤对紫外线最敏感，其次是前额、肩和臀部，再次为脚掌和手背。不同波长紫外线对皮肤的效应是不同的，波长为 2 800 ~ 3 200 Å 和 2 500 ~ 2 600 Å 的紫外线对皮肤的效应最强。

27.4.3　光污染对生态环境的危害

1. 对人的危害

(1) 对人心理的影响

人在缤纷多彩的环境中待一段时间，就会感觉到心理和情绪受影响。如果城市“人工白昼”使居住环境夜晚过亮，人们会难以入眠，扰乱人体的正常生物钟，使人在白天头晕心烦，食欲下降，情绪低落，从而导致工作效率低下，造成心理压力。科学研究也表明，彩光污染会影响人的心理健康。如过多杂乱的霓虹灯所提供的光照纷乱朦胧，人的视觉会不清晰，长期接触会使人心理环境不平衡，心理健康受损。

(2) 对人身体的影响

光污染对人身体的危害和影响就更多了，首先是眼睛，长时间在白亮污染环境下工作和生活的人，白内障的发病率高达 45%。白亮污染会使人头疼心烦。甚至发生失眠、食欲下降、情绪低落等神经衰弱症状。人工白昼会引起人睡眠质量降低、失眠，扰乱人体生物钟。研究发现夜间有开灯睡觉习惯的婴幼儿成人后近视眼发病率比在全黑环境下的高出很多。彩光污染源黑光灯所产生的紫外线强度远高于太阳光的紫外线，且对人体有害影响持续时间长，人如果长期受这种照射，可诱发流鼻血、脱牙、白内障，甚至导致白血病和其他癌变。彩色光源让人眼花缭乱，不仅对人的眼睛不利，而且干扰大脑中的脑神经。

(3) 对人生活的影响

光污染会给人们的日常生活带来不便。在炎炎夏日，玻璃幕墙等会将强烈阳光反射进附近居民家中，不仅产生耀眼的光线，还会使室内温度平均升高 3 ~ 4 ℃，影响居民正常生活。近年来我国环保部门多次收到关于光污染的投诉信，其中多数为白亮污染导致的纠纷。

2. 对交通安全的危害

烈日下驾车的司机会因玻璃幕墙的反射光而引起突发性暂时失明和视力错觉，极易发生交通事故，且眼睛长时间受强烈刺激，极易引起视觉疲劳，导致驾驶员出错。由此可见，不合理的玻璃幕墙建筑威胁着城市交通安全。保障夜间交通顺畅安全的道路照明系统如果设置不合理(如灯具产生眩光，闪烁)，则更易发生交通事故，降低交通安全性。夜间的光污染对轮船和航空也有相同的不良影响，同时由于这两种交通方式在夜间对灯塔等灯光导航系统有更高的依赖性，安装不合理的照明设备会对驾驶员产生误导。

3. 对生态环境的危害

很多动植物的生长同光照有直接的关系，而人工灯光的光点可以传到数千米以外。不少动植物虽然远离光源，但也受到光的照射作用。人工光照破坏了它们的生物周期和生活习惯。它们新陈代谢也受到影响。城市街道两侧树木落叶期推迟；习惯在黑暗中交配的蟾蜍某些品种已经濒临灭绝；由于地面上的光超过月亮和星星，新孵出的小海龟误把陆地当成海洋，因缺水丧命；城市里的鸟因灯光四季不分，人工光常使鸟类在迁徙的时候迷失方向。因此,光污染不仅影响人类,也影响动植物的生存,危害生态环境。生态系统是非常复杂的。一个物种的变化会影响其他物种的生存和发展,因此,光污染对动植物的影响又势必会使整个生态系统产生变化,从而影响人类本身。

4. 对天文观测的危害

灿烂的星空和奇妙的天文现象令人赞叹。然而,现在全球约 1/5 的人却看不见银河。由于光污染,天光亮度大增,中科院紫金山天文台观测站的夜间观测已几乎荒废;而建于 1675 年的英国格林尼治天文台近年来也为光污染所困扰。日益严重的光污染模糊星空视野,剥夺了人们观赏星空的乐趣。

5. 对能源利用的影响

现在我国很多地方用电极度紧张,对不少居民和工厂采取"拉闸限电"或"限时供电"的措施。另一方面,我国的照明电 2/3 为火力发电,其中又有 3/4 是使用燃煤,产生大量的 CO_2 和 SO_2。城市光污染不仅耗电多,消耗能源,加剧城市用电紧张,而且耗费资源,污染自然环境。

6. 对动物的危害

光污染还会伤害鸟类和昆虫,强光使它们极难适应,无法遵循正常的活动规律,变得精神萎靡、食欲不振,无法辨别同伴发出的求偶鸣叫,甚至减少这种鸣叫,不能保证正常的繁殖活动,导致鸟的数量越来越少。据科学家称,有的燕雀和海鸥被陆地的探照灯或海上石油平台的煤气灯"迷住",成群结队地绕圈飞行,最后精疲力竭坠落身亡。夜间迁徙的鸟类容易撞上灯火通明的高楼,特别是第一次迁徙的幼鸟受害最深。路灯周围当然会聚集昆虫,现在许多蝙蝠种类都到这些昆虫聚集地带摄食。在瑞士的一些山谷,欧洲小菊头蝠在当地安装了路灯以后逐渐消失,大概是因为这些山谷里的蝙蝠不习惯在亮灯下摄食。还有一些昼伏夜出的哺乳动物(包括沙漠啮齿类动物、狐蝠、袋貂和獾)在光污染笼罩下搜寻食物时更加谨慎,因为它们比以前更容易成为食肉动物的猎取目标。由于人工照明还会使动物的生物钟受到影响,造成有的鸟类(如黑鸟和夜莺)不符合自然规律地啼叫。科学家断定,人为地拉长白昼而缩短黑夜可能致使多种鸟类的繁殖提前。白昼长则摄食时间长,由此使鸟类迁徙时间受到影响。在英格兰过冬的比维克天鹅较往常更快地增肥,于是提前向西伯利亚迁徙。跟鸟类的其他习性一样,迁徙应是精确定时的,提前出发意味着它们有可能抵达目的地太早而当地尚不具备合适的筑巢条件。筑巢的海龟天性喜欢黑暗的海滩,然而这种地方越来越少。刚出生的小海龟本应受到比较明亮和耀眼的海平面的吸引游向大海,但海滩背后的人工照明让它们迷失了方向。仅佛罗里达一个地方每年就有几十万只小海龟糊里糊涂丧生。对于生活在高速公路边的青蛙和蟾蜍来说,夜晚的光线比以往明亮了几百万倍,几乎它们所有的习性都被打乱,包括夜晚摄食过程中的齐声奏鸣。

27.4.4 光污染的防治措施

1. 总体措施

(1)提高防治光污染的意识

光污染产生的根源在于人们缺乏对光污染的深刻认识,大力宣传夜景照明产生光污染的危害,提高人们防治光污染的意识,引起有关领导和工作人员的重视。对那些正在计划建设城市照明的城市务必在计划时就考虑防治光污染问题,做到未雨绸缪,防患于未然;对已产生光污染的城市,应立即采取措施,把光污染消除在萌芽状态。只有足够的重视,才能更好地实施光污染的立法、监控、规划、管理和技术研究。还可借鉴国外防治光污染的经验和措施,树立生态、环保、节能的理念,并加强对绿色建筑材料和灯具产品的开发工作。

(2)调查研究

组织力量对我国有城市照明的城市的光污染问题进行调查和测量,摸清我国光污染状况并总结该地区防治光污染的措施、办法、经验和教训。根据城市的性质和特征,从宏观上按点、线、面相结合的原则,认真做好整个城市的夜景照明总体规划。设计人员要精心设计,不要任意提高照明度,随意增加照明设备。加强对防治光污染的科研和灯具产品开发工作,做到在发展夜景照明,美化城市夜景的同时,保护生态环境,把光污染降低到最低程度。

(3)制定标准

尽快着手制定我国防治光污染的标准和规范,建议在国家或地区性环境保护法规中增加防治光污染的内容。同时,强调城市照明要严格按照照明标准设计,改变认为城市照明越亮越好的错误看法,将防治光污染的规定、措施和技术指标落实到工程上,严格限制光污染的产生。加强规划控制管理,从环境、气候、功能和规划要求出发,对所规划建筑是否采用玻璃幕墙应作充分认证,实施总量控制和管理。加快新型玻璃材料的研究、开发和使用,优化玻璃幕墙的构造设计。其中对现有的玻璃加以处理,能够减少定向反射光,是一种最为间接有效地解决玻璃幕墙光污染的构造技术方法。

(4)建立和健全监管机制

建立和健全监管机制,认真做好防治光污染监督与管理工作。为此,有关城建、环保和城市照明建设管理部门要建立相应制度,制定相应的管理和监控办法,做好照明工程的光污染审查、鉴定和验收工作,达到建设城市照明,减少光污染的目的,使建设夜景,保护夜空双达标。加快制定我国防治光环境污染的标准和规范,同时建议在国家或地区性环境保护法规中增加防治光环境污染的内容。在我国目前没有这方面的标准和规范情况下,建议参照国际照明委员会(CIE)和发达国家有关规定和标准来防治光环境的污染。此外,要控制光污染就要在法律法规中有直接具体的规定,如将环境影响评价制度、“三同时制度”等环保制度在光污染领域得到贯彻。

目前,光污染还没有非常好的防治技术,只能以防为主,防治结合。故在技术治理方面可采用以下技术措施:一是尽量不用大面积的玻璃幕墙采光,减少污染源;二是多建绿地,扩大绿地面积,实施绿化工程,改平面绿化为立体绿化,大力植树种草,将反射光改为漫反射,从而达到防治光污染的目的;三是限定夜景照明时间,改造已有照明装置;四是采用新型照明技术,采用节能效果好的照明器材;五是灯光照明设计时,合理选择光源、灯具和布灯方案,尽量使用光束发散角小的灯具,并在灯具上采取加遮光罩或隔片的措施,将防治光污染的规定、措施和技术指标落实到工程上,严格限制光污染的产生。

2. 具体措施

(1)要在建筑物内配置不同颜色的光源

20 世纪初,美国科学家曾做过一个著名的色块刺激实验,发现不同颜色光频率对眼疲劳的影响有着明显的差异。针对这一原理,美国等一些国家的部分图书采用了黄底色纸张印刷，确实比白色要舒服一些。而在德国，室内装修墙壁粉刷时，人们已开始理性地使用一些浅色，主要是米黄、浅蓝等，来代替原先的白色。年初，英国艾塞克斯大学的薄膜覆盖法获得成功采用一些特定颜色频率的薄膜覆盖在书本上，阅读时会使眼睛放松，不容易串行，还明显地提高阅读效率。

(2)建筑物装修要服从都市环境保护要求

建筑物装修时尽量不用玻璃大理石、铝合金等材料，涂料也要选择反射系数低的。欧美一些国家早在20世纪末，就开始限制在建筑物外部装修使用玻璃幕墙，不少发达国家和地区也明文限制使用釉面砖和马赛克装饰外墙。而在我国，许多城市仍将玻璃幕墙等作为一种时髦装饰大量使用，导致城市的光污染源大量增加，这是一个必须正视的问题。中国建筑科学院建筑物理研究所李景色教授介绍，我国已经针对城市玻璃幕墙起草了一个法规，正上报建设部批准实施。它对玻璃幕墙的使用范围、设计和制作安装都有严格统一的技术标准。人们普遍开始注意预防可能产生的光污染。

(3)室内装修要合理布置灯光

这不单指亮度、位置、角度的合理性，还包括颜色格调、光源类型、配光方式等一系列问题。具体来讲，一是要注意色彩的协调；二是要避免眩光，以利于消除眼睛疲劳，保护视力；三是要合理分布光源，顶棚光照要照亮，光线照射方向和强弱要合适，避免直射人的眼睛。

(4)要注意个人保健

专家建议，个人如果不能避免长期处光污染的工作环境中，应该定期去医院眼科做检查，以及时发现病情。生活中的一些细节也不要忽视，如出外郊游应戴起保护作用的遮阳镜，青年人应尽量少去歌厅、舞厅等，要合理使用灯光，注意调整亮度，不可滥用光源，再扩大光的污染。

(5)加强城市规划和管理，改善工厂照明条件等，以减少光污染的来源

对有红外线和紫外线污染的场所采取必要的安全防护措施。光污染虽未被列入环境防治范畴，但它的危害显而易见，并在日益加重并蔓延。因此，要注意控制光污染的源头，在新、改、扩建的企业，一定要在光的使用方面注意合理的设计、装饰，不可滥用光源要加强预防性卫生监督，增加环保意识。在城市、公路旁不可乱用灯光，使用电脑要注意休息和距离，适当的活动锻炼，必要时给予按摩。在家中装饰时注意，要使用反射系数大的材料。

(6)采用个人防护措施，主要是戴防护眼镜和防护面罩

光污染的防护镜有反射型防护镜、吸收型防护镜、反射－吸收型防护镜、爆炸型防护镜、光化学反应型防护镜、光电型防护镜、变色微晶玻璃型防护镜等类型。对于个人来说要增加环保意识，注意个人保健。个人如果不能避免长期处于光污染的工作环境中，应该考虑到防止光污染的问题，采用个人防护措施戴防护镜、防护面罩、防护服等，把光污染的危害消除在萌芽状态。已出现症状的人应定期去医院做检查，及时发现病情，以防为主，防治结合。

此外，企业、卫生、环保等部门，一定要对光的污染有一个清醒的认识，加强宣传力度，让职工意识到这个问题，不要再扩大光的污染，注意控制光污染的源头，要研究光的使用标准，特别是生活方面的标准，要教育人们科学、合理地使用灯光，注意调整亮度，最好用自然光。光对环境的污染是实际存在的，但由于我国缺少相应的污染标准与立法，因而不

能形成较完整的环境质量要求与防范措施。防治光污染，是一项社会系统工程，需要有关部门制订必要的法律和规定，采取相应的防护措施，做到防患于未然。

27.4.5　我国光污染立法现状

到现今为止，虽然目前我国有综合性的环保基本法《环境保护法》，也有专门环境立法，如《水法》《森林法》等，但都没有涉及光污染的规定。在此背景下，《行政诉讼法》《民事诉讼法》等用以解决纠纷的法律法规也未涉及追究造成光污染者行政、民事等责任的规定。某些省市的条例、规定中虽然明文规定了光污染，但都只是简单的原则性规定，只强调应当防治，至于具体如何防治及光污染侵害发生后如何处理则并未提及，也无相应的罚则，不成体系，根本谈不上可操作性。且这些地方性法规只能作为法律的补充，在其辖区范围内有效，即其适用范围及效力极为有限。

环境保护法律、法规中有关光污染防治的规定不仅在实体内容上缺乏，其程序上更是一片空白，这源于我国环境法体系不完善的现状。现行环境法以实体法为主，程序性法律规范很少且多分散于各实体法中，而有关光污染防治的实体法规定极不健全，更不必说相关的程序法内容了。

但是，对于光污染这样一个可测量的东西，由于没有法律出台，而地方政策又有很多不够详细的地方，致使其在被引用的时候又会出现很多新的问题。并且会使很多深受光污染危害的人在向有关部门投诉的时候会觉得模棱两可，不知道自己这种情况算不算光污染，投诉后光污染问题可不可以得到有效解决，等等。而这个问题正是给一部新出台的适用于光污染的法律——《物权法》带来了困扰。

在这种法律并不完善的情况下，对于解决光污染问题又衍生出了很多新的问题。其中最明显的就是对于相关的事件，即使及时向有关部门投诉，也难以进行“执法”。因为相关环保法规没有明确规定有关光污染投诉的处理办法，所以执法无据，如果确实给生活带来实质性的危害，一般只能建议投诉人通过民事诉讼，维护自己的“相邻权”。同时还有一样和立法同样重要的东西，直到现在也没有出台，那就是光污染的“环境影响评测”。

据了解，目前在国家环境影响评价的有关法规里，对于建设项目可能会对周围环境带来影响的各项指标中，并没有对光污染的明确规定。正如前面提到的，光污染是一个可以测量的东西，同时作为一种新生的污染源，光线到底会产生多严重的危害性，应该有具体的数字指标。然而这些在环评中都是空白的。所以，如果将光污染加到对建设项目的实际环评中，由于缺乏标准和技术支持，因此环保部门现在还无法操作。因此可以说，光污染目前在环评中是个空缺点。

27.5　热污染及其防治

27.5.1　热污染

热污染是指现代工业生产和生活中排放的废热所造成的环境污染。热污染可以污染大气和水体。火力发电厂、核电站和钢铁厂的冷却系统排出的热水，以及石油、化工、造纸等工厂排出的生产性废水中均含有大量废热。这些废热排入地面水体之后，能使水温升高。在工业发达的美国,每天所排放的冷却用水达 4.5 亿 m^3,接近全国用水量的 1/3;废热水含热量约 2 500 亿 kcal,足够 2.5 亿 m^3 的水温升高 10 ℃。

热污染是一种能量污染,是指人类活动危害热环境的现象。若把人为排放的各种温室气体、臭氧层损耗物质、气溶胶颗粒物等所导致直接的或间接的影响全球气候变化的这一特殊危害热环境的现象除外,常见的热污染有:①因城市地区人口集中,建筑群、街道等代替了地面的天然覆盖层,工业生产排放热量,大量机动车行驶,大量空调排放热量而形成城市气温高于郊区农村的热岛效应;②因热电厂、核电站、炼钢厂等冷却水所造成的水体温度升高,使溶解氧减少,某些毒物毒性提高,鱼类不能繁殖或死亡,某些细菌繁殖,破坏水生生态环境进而引起水质恶化的水体热污染。

根据污染对象的不同,可将热污染分为水体热污染和大气热污染。水体热污染是指受人工排放热量进入水体所导致的水体升温。大量热能排入水体,使水中溶解氧减少,并促使水生植物繁殖,鱼类的生存条件变坏。热污染主要来源于发电厂和其他工业的冷却水。如发电厂燃料中只有 1/3 热能转化为电能,其余 2/3 则流失于大气或冷却水中。水温高还会使氰化物、重金属离子等污染物的毒性增强。大气热污染主要有两个方面:①改变大气组成,改变太阳辐射和地球辐射的透过率。如大气中颗粒物浓度的增加、对流层上部水蒸气增加、臭氧层破坏都会改变大气的组成。②改变地表状况,改变反射率,改变地表和大气之间的换热过程。如过度农牧导致的沙漠化会改变地表的反射率,城市建设形成城市热岛,污染物排放导致冰面反射率降低而吸热溶化等。

27.5.2　热污染的危害

1. 危害人体健康

热污染对人体健康构成严重危害，降低了人体的正常免疫功能。高温不仅会使体弱者中暑，还会使人心跳加快，引起情绪烦躁、精神萎靡、食欲不振、思维反应迟钝、工作效率低。高温气候助长了多种病原体、病毒的繁殖和扩散，易引起疾病，特别是肠道疾病和皮肤病。

2. 影响全球气候变化

随着人口和耗能量的增长，城市排入大气的热量日益增多。人类使用的全部能量最终将转化为热，传入大气，逸向太空。这样，使地面对太阳热能的反射率增高，吸收太阳辐射热减少，沿地面空气的热减少，上升气流减弱，阻碍云雨形成，造成局部地区干旱，影响农作物生长。近一个世纪以来，地球大气中 CO_2不断增加，气候变暖，冰川积雪融化，使海水水位上升，一些原本十分炎热的城市，变得更热。专家预测，如按现在的能源消耗速度计算,每 10 年全球温度会升高 0.1 ~ 0.26 ℃,一个世纪后即为 1.0 ~ 2.6 ℃,而两极温度将上升 3 ~ 7 ℃,这对全球气候会有重大影响。

整个地球的热污染可能破坏大片海洋从大气层中吸收 CO_2的能力，热污染使得吸收 CO_2能力较强的单细胞水藻死亡，而使得吸收 CO_2能力较弱的硅藻数量增加。如此引起恶性循环，使地球变得更热。热污染使海水温度升高，使海藻、浮游生物和甲壳纲动物等物种栖息的珊瑚礁和极地海岸周围的冰架遭到破坏;同时滋生的未知细菌和病毒正在杀害海洋生物，而且威胁着人类的健康。热污染引起南极冰原持续融化，造成海平面上升。这对于那些地势较低的海岛小国和沿海地区生活着大量人口的国家无疑是灾难性的。热污染引起冰川的融化最初可能导致洪水肆虐，储有冰川融水的冰川湖也可能泛滥成害，但一旦冰川湖枯竭，河流就会断流。

由于全球气候变暖，空气中水汽相对较少，干旱地区明显增多，土地干裂，河流干涸，沙化严重，全世界每年都有超过600 万 hm^2的土地变成沙漠，尤其是在副热带干旱区和温带干旱区。由于地面状况的改变，使这些地区的太阳辐射强度大，而且地表对太阳辐射的吸收作用明显增强，又为地球大面积增温起到了一定的推动作用。因此，从某种意义上说，全球变暖与干旱地区日益扩大有很大关系。

3. 污染大气

人类使用的全部能源最终将转化为一定的热量进入大气环境，这些热量会对大气产生严重影响。

(1)大气增温效应

进入大气的能量会逸向宇宙空间。在此过程中，废热直接使大气升温;同时,煤、石油、天然气等矿物燃料在利用过程中产生大量 CO_2 也会使气温上升。大气层温度升高将会导致极地冰层融化，造成全球范围的严重水患。据观测，近 100 年间海平面升高了约10 cm。

(2)CO_2等温室气体的“温室效应”

温室效应，是指透射阳光的密闭空间，由于与外界缺乏对流等热交换而产生的保温效应。在地球周围的大气中，CO_2具有保温的功效，对太阳光的透射率较高，而对红外线的吸收力却较强，致使通过大气照射到地面的太阳光增强，从而使地表受热升温。同时,地表升温后辐射出来的红外线(热能)也较多地被 CO_2吸收，然后再以逆辐射的形式还给地表，从而减少了地表的热损失。温室效应使地表升温、海水膨胀和两极冰雪消融，海平面由此而上涨，有可能淹没大量的沿海城市；台风、暴风、海啸、酷热、旱涝等灾害会频频发生。CO_2的增加对目前增强温室效应的贡献约为 70% ,CH_4约为 24% ,N_2O 约为 6% 。

(3)城市的“热岛效应”

一般城区的年平均气温比城郊、周边农村要高 0.5 ~3 ℃，这种现象在近地面气温分布图上表现为以城市为中心形成一个封闭的高温区，犹如一个温暖而孤立的岛屿。英国气候学家赖克 · 霍德华把这种气候特征称为“热岛效应”。

由于热岛中心区域近地面气温高，大气做上升运动，与周围地区形成气压差异，周围地区近地面大气向中心区辐射，从而形成一个以城区为中心的低压旋涡，造成人们生活、工业生产、交通工具运转等产生的大量大气污染物(如硫氧化物、氮氧化物、碳氧化物、碳氢化合物等)聚集在热岛中心，危害人们的身体健康甚至生命。其危害主要有：

①直接刺激人们的呼吸道黏膜，轻者引起咳嗽流涕，重者会诱发呼吸系统疾病。

②刺激皮肤，导致皮炎，甚至引起皮肤癌。

③长期生活在“热岛”中心,会表现为情绪烦躁不安、精神萎靡、忧郁压抑、胃肠疾病多发等。

④因城区和郊区之间存在大气差异，可形成“城市风”，它可干扰自然界季风，使城区的云量和降水量增多；大气中的酸性物质形成酸雨、酸雾，诱发更加严重的环境问题。

“热岛效应”形成的首要原因是城市人口稠密、工业集中、交通工具多;生产、生活中排放的废水、废气、废渣形成低压区,吸引着周边地区热量向城市中心汇聚。其次是城市下垫

建设没有规划好，绿色面积较少。

4. 污染水体

火力发电厂、核电站和钢铁厂冷却系统排出的热水，以及石油、化工、造纸等工厂排出的生产性废水中均含有大量废热。

(1)影响水质

温度变化会引起水质发生物理的、化学的和生物化学的变化，见表27.9。从表27.9可见，温度升高，水的黏度降低、密度减小，水中沉积物的空间位置和数量会发生变化，导致污泥沉积量增多。水温增加，还会引起溶解氧减少，氧扩散系数增大。水质的改变会引发一系列问题。

表27.9　温度对水体物理性质的影响

温度/℃	大气压/Pa	黏度/(10^{-3}Pa·s)	密度/(g·mL^{-1})	表面张力/(N·m^{-1})	氧溶解度/(mg·L^{-1})	氧扩散系数/($10^{-6}cm^2·m^{-1}$)	氮溶解度/(mg·L^{-1})
0	0.611	1.787	0.999 84	0.075 6	14.6		23.1
5	0.872	1.519	0.999 97	0.074 9	12.8		20.4
10	1.212	1.307	0.999 70	0.074 2	11.3	15.7	18.1
15	1.705	1.139	0.999 10	0.073 5	10.2	18.3	16.3
20	2.338	1.002	0.998 20	0.072 8	9.2	20.9	14.9
25	3.167	0.890	0.997 04	0.072 0	8.4	23.7	13.7
30	4.243	0.798	0.995 65	0.071 0	7.6	27.4	12.7
35	5.623	0.719	0.994 06	0.070 4	7.1		11.6
40	7.376	0.653	0.992 24	0.069 6	6.8		10.8

(2)影响水中生物

溶解氧的减少，会使存在的有机负荷因消化降解过程加快而加速耗氧，出现亏氧。鱼类会因缺氧而死亡。温度升高还会使水中化学物质的溶解度增大，生化反应加速，影响水生生物的适应能力。水体增温使水生生物群落结构发生变化，影响生物多样性指数，不同季节的温度对动物影响有所区别。水体增温还会使动物栖息场所减少。持续高温导致南极浮动冰山顶部大量积雪融化，使群居在南极冰雪地带海面浮动冰山顶部的阿德利企鹅数目大减，大量企鹅失去了赖以产卵和孵化幼仔的地方。

(3)水体富营养化

水体的富营养化是以水体有机物和营养盐(氮和磷)含量的增加为标志，它引起水生生物大量繁殖，藻类和浮游生物爆发性生长。这不仅破坏了水域的景色，而且影响了水质，并对航运带来了不利影响。如海洋中的赤潮使水中溶解氧急剧减少,破坏水资源，使海水发臭，造成水质恶化，致使水体丧失饮用、养殖的价值。水温升高，生化作用加强，有机残体的分解速度加快，营养元素大量进入水体，更易形成富营养化。

(4)使传染病蔓延，有毒物质毒性增大

水温的升高为水中含有的病毒、细菌形成了一个人工温床，使其得以滋生泛滥，造成疫病流行。水中含有的污染物，如毒性比较大的汞、铬、砷、酚和氰化物等，其化学活动性和毒性都因水温的升高而加剧。

27.5.3　城市热岛效应

城市热岛效应就是指由于城市化的发展，导致城市中的气温高于外围郊区的现象。在气象学近地面大气等温线图上，郊外的广阔地区气温变化很小，如同一个平静的海面，而城区则是一个明显的高温区，如同突出海面的岛屿，由于这种岛屿代表着高温的城市区域，所以就被形象地称为城市热岛。城市热岛效应如图 27.20 所示。

在夏季，城市局部地区的气温，比郊区高 6 ℃甚至更高，形成高强度的热岛。热岛现象也称为"大气热污染现象"。

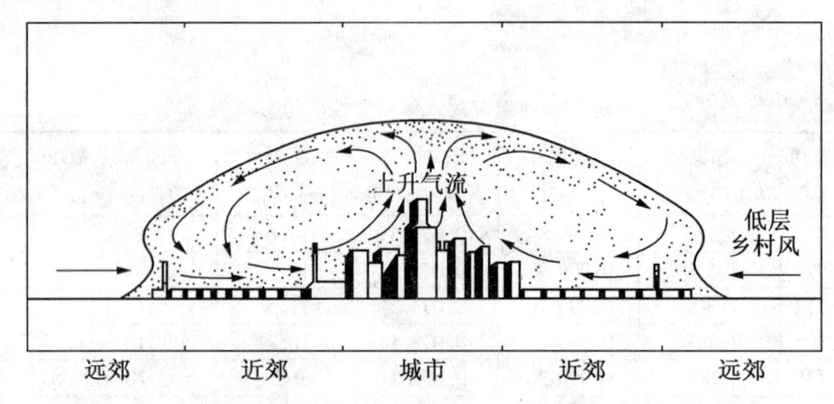

图 27.20　城市热岛效应示意图

城市热岛效应的成因如下：

①城市内拥有大量锅炉、加热器等耗能装置以及各种机动车辆。这些机器和人类生活活动都消耗大量能量，大部分以热能形式传给城市大气空间。

②城区大量的建筑物和道路构成以砖石、水泥和沥青等材料为主的下垫层。这些材料热容量、热导率比郊区自然界的下垫层要大得多，而对太阳光的反射率低、吸收率大。因此在白天，城市下垫层表面温度远远高于气温，其中沥青路面和屋顶温度可高出气温 8 ~ 17 ℃。此时下垫层的热量主要以湍流形式传导，推动周围大气上升流动，形成"涌泉风"，并使城区气温升高；在夜间城市下垫面层主要通过长波辐射，使近地面大气层温度上升。

③由于城区下垫层保水性差，水分蒸发散耗的热量少（地面每蒸发 1 g 水，下垫层失去 2.5 kJ 的潜热），所以城区潜热大，温度也高。

④城区密集的建筑群、纵横的道路桥梁，构成较为粗糙的城市下垫层，因而对风的阻力增大，风速减低，热量不易散失。在风速小于 6 m/s 时，可能产生明显的热岛效应，风速大于 11 m/s 时，下垫层阻力不起作用，此时热岛效应不太明显。

⑤城市大气污染使得城区空气质量下降，烟尘、SO_2、NO_x，CO 含量增加，这些物质都是红外辐射的良好吸收者，至使城市大气吸收较多的红外辐射而升温。

由于热岛中心区域近地面气温高，大气做上升运动，与周围地区形成气压差异，周围地区近地面大气向中心区辐射，从而在城市中心区域形成一个低压旋涡，结果就势必造成人们生活、工业生产、交通工具运转中燃烧石化燃料而形成的硫氧化物、氮氧化物、碳氧化物、碳氢化合物等大气污染物质在热岛中心区域聚集，危害人们的身体健康甚至生命。这些危害主要表现在以下 3 个方面：

一方面,大量污染物在热岛中心聚集,浓度剧增,直接刺激人们的呼吸道黏膜,轻者引起咳嗽流涕,重者会诱发呼吸系统疾病,尤其是患慢性支气管炎、肺气肿、哮喘病的中老年人还会引发心脏病,死亡率高。

另一方面,大气污染物还会刺激皮肤,导致皮炎,甚而引起皮肤癌。有的物质如铬等,若进入眼内会刺激眼结膜,引起炎症,重者可导致失明。汞的含量较多,可损害人的肾脏,引起剧烈腹痛、呕吐。汞慢性中毒还会损害人的神经系统。

第三方面,长期生活在热岛中心区的人们会表现为情绪烦躁不安、精神萎靡、忧郁压抑、记忆力下降、失眠、食欲减退、消化不良、溃疡增多、胃肠疾病复发等,给城市人们的工作和生活带来说不尽的烦恼。在我国,素有"火炉城市"之称的南京、武汉、重庆等许多大城市在发展中都不同程度地出现了以上这些现象,所以,城市热岛效应已成为城市发展中应正确面对、亟待解决的问题。

那么,我们应该如何防止"热岛效应"呢? 从绿化城市及周边环境方面来看,我们可以采取以下措施:

①选择高效美观的绿化形式,包括街心公园、屋顶绿化和墙壁垂直绿化及水景设置,可有效地降低热岛效应,获得清新宜人的室内外环境。

②居住区的绿化管理要建立绿化与环境相结合的管理机制,并且建立相关的地方性行政法规,以保证绿化用地。

③要统筹规划公路、高空走廊和街道等温室气体排放较为密集的地区的绿化,营造绿色通风系统,把市外新鲜空气引进市内,以改善小气候。

④应把消除裸地、消灭扬尘作为城市管理的重要内容。除建筑物、硬路面和林木之外,全部地表应为草坪所覆盖,甚至在树冠投影处草坪难以生长的地方,也应用碎玉米秸和锯木小块加以遮蔽,以提高地表的比热容。

⑤建设若干条林荫大道,使其构成城区的带状绿色通道,逐步形成以绿色为隔离带的城区组团布局,减弱热岛效应。

在现有的条件上,应考虑:

①控制使用空调器,提高建筑物隔热材料的质量,以减少人工热量的排放;改善市区道路的保水性性能。

②建筑物淡色化以增加热量的反射。

③提高能源的利用率,改燃煤为燃气。

④此外,"透水性公路铺设计划",即用透水性强的新型柏油铺设公路,以储存雨水,降低路面温度。

⑤形成环市水系,调节市区气候。

因为水的比热大于混凝土的比热,所以在吸收相同的热量的条件下,两者升高的温度不同而形成温差,这就必然加大热力环流的循环速度,而在大气的循环过程中,环市水系又起到了二次降温的作用,这样就可以使城区温度不致过高,就达到了防止城市热岛效应的目的。此外,市区人口稠密也是热岛效应形成的重要原因之一。所以,在今后的新城市规划时,可以考虑在市中心只保留中央政府和市政府、旅游、金融等部门,其余部门应迁往卫星城,再通过环城地铁连接各卫星城。

27.5.4　温室效应

温室效应是指地球大气层的一种物理特性，即大气层中的温室气体吸收红外线辐射的量多于它释放到太空外的量，使地球表面温度升高的现象。温室效应过程如图 27.21 所示。

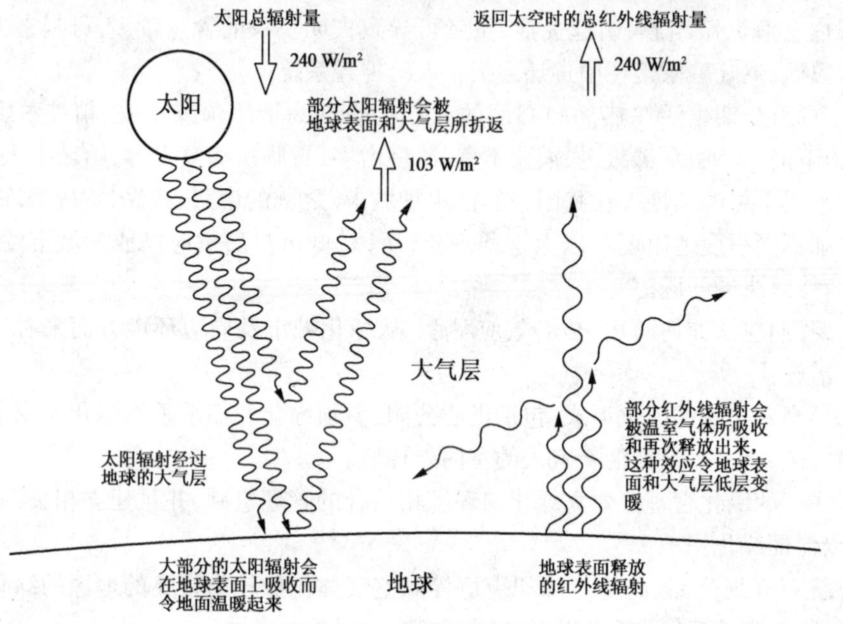

图 27.21　温室效应过程

温室效应加剧主要是由于现代化工业社会燃烧过多煤炭、石油和天然气，而放出大量的二氧化碳气体进入大气造成的。二氧化碳气体具有吸热和隔热的功能。它在大气中增多的结果是形成一种无形的玻璃罩，使太阳辐射到地球上的热量无法向外层空间发散，其结果是地球表面变热(图 27.22)。因此，二氧化碳也被称为温室气体。

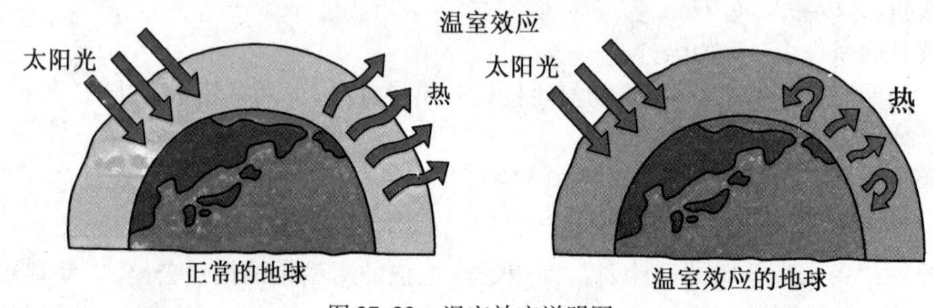

图 27.22　温室效应说明图

科学家预测，今后大气中二氧化碳每增加 1 倍，全球平均气温将上升 1.5 ~ 4.5 ℃，而两极地区的气温升幅要比平均值高 3 倍左右。因此，气温升高不可避免地使极地冰层部分融解，引起海平面上升。海平面上升对人类社会的影响是十分严重的。如果海平面升高 1 m，直接受影响的土地约 $5 \times 10^6\ km^2$，人口约 10 亿，耕地约占世界耕地总量的 1/3。如果考虑到特大风暴潮和盐水侵入，沿海海拔 5 m 以下地区都将受到影响，这些地区的人口和粮食产量约占世界的 1/2。一部分沿海城市可能要迁入内地，大部分沿海平原将发生盐渍化或沼泽化，不适于粮食生产。同时，海平面上升对江河中下游地带也将造成灾害。当海水入侵后，会造成江水水位抬高,泥沙淤积加速,洪水威胁加剧,使江河下游的环境急剧恶化。温室效应和全球气候变暖已经引起了世界各国的普遍关注,目前正在推进制订国际气候变化公约,减少二氧化碳的排放已经成为大势所趋。

温室气体占大气层不足1%。其总浓度需根据各“源”和“汇”的平衡结果。“源”是指某些化学或物理过程使到温室气体浓度增加,相反“汇”是令其减少。人类的活动可直接影响各种温室气体的“源”和“汇”而因此改变了其浓度。大气层中主要的温室气体有二氧化碳(CO_2)、甲烷(CH_4)、一氧化二氮(N_2O)、氯氟碳化合物(CFCs)及臭氧(O_3)。大气层中的水汽(H_2O)虽然是“天然温室效应”的主要原因,但普遍认为它的成分并不直接受人类活动所影响。

主要温室气体的特性见表 27.10。

表 27.10　主要温室气体特性

气　体	来源	去向	对气候的影响
CO_2	1)燃料; 2)改变土地的使用(砍伐森林)	1)被海洋吸收 2)植物的光合作用	吸收红外线辐射,影响大气平流层中 O_3 的浓度
CH_4	1)生物体的燃烧; 2)肠道发酵作用; 3)水稻	1)和 OH·起化学作用 2)被土壤内的微生物吸取	吸收红外线辐射,影响对流层中 O_3 及 OH·的浓度,影响平流层中 O_3 和 H_2O 的浓度,生成 CO_2
N_2O	1)生物体的燃烧; 2)燃料; 3)化肥	1)被土壤吸取; 2)在大气平流层中被光线分解及和 OH·起化学作用	吸收红外线辐射,影响大气平流层中 O_3 的浓度
O_3	光线令 O_2 产生光化作用	与 NO_x、ClO_x 及 HO_x 等化合物的催化反应。	吸收紫外光及红外线辐射
CO	1)植物排放; 2)人工排放(交通运输和工业)	1)被土壤吸取 2)和 OH·起化学作用	影响平流层中 O_3 和 OH·的循环,生成 CO_2
CFCs	工业生产	在对流层中不易被分解,但在平流层中会被光线分解和跟 OH·生成化学作用	吸收红外线辐射,影响平流层中 O_3 的浓度
SO_2	1)火山活动 2)煤及生物体的燃烧	1)干和湿沉降 2)与 OH·生成化学作用	形成悬浮粒子而散射太阳辐射

温室效应造成的影响如下。

①气候转变,“全球变暖”。温室气体浓度的增加会减少红外线辐射放射到太空外,地球的气候因此需要转变来使吸取和释放辐射的分量达至新的平衡。这转变可包括“全球性”的地球表面及大气低层变暖,因为这样可以将过剩的辐射排放出去。虽然如此,地球表面温度的少许上升可能会引发其他的变动,如大气层云量及环流的转变。当中某些转变可使地面变暖加剧(正反馈),某些则可令变暖过程减慢(负反馈)。

②地球上的病虫害增加。这项新发现令研究员相信,一系列的流行性感冒、小儿麻痹症和天花等疫症病毒可能藏在冰块深处,目前人类对这些原始病毒没有抵抗能力,当全球

气温上升令冰层溶化时,这些埋藏在冰层千年或更长的病毒便可能会复活,形成疫症。科学家表示,虽然他们不知道这些病毒的生存希望,或者其再次适应地面环境的机会,但肯定不能抹杀病毒卷土重来的可能性。

③海平面上升。假如全球变暖正在发生,有两种过程会导致海平面升高。第一种是海水受热膨胀令水平面上升。第二种是冰川和格陵兰及南极洲上的冰块溶解使海洋水分增加。预期由 1900 ~ 2100 年地球的平均海平面上升幅度介于 0.09 ~ 0.88 m。全球暖化使南北极的冰层迅速融化,海平面不断上升,世界银行的一份报告显示,即使海平面只小幅上升 1 m,也足以导致 5 600 万发展中国家人民沦为难民。而全球第一个被海水淹没的有人居住岛屿即将产生——位于南太平洋国家巴布亚新几内亚的岛屿卡特瑞岛,目前岛上主要道路水深及腰,农地也全变成烂泥巴地。

④气候反常,海洋风暴增多。气候反常,极端天气多是因为全球性温室效应,即二氧化碳这种温室气体浓度增加,使热量不能发散到外太空,使地球变成一个保温瓶。而且还是不断加温的保温瓶。全球温度升高,使得南北极冰川大量融化,海平面上升,导致海啸、台风,夏天非常热、冬天非常冷的气候反常、极端天气多。

⑤土地干旱,沙漠化面积增大。土地沙漠化是一个全球性的环境问题。有历史记载以来,我国已有 1 200 万 hm^2 的土地变成了沙漠,特别是近 50 年来形成的“现代沙漠化土地”就有 500 万 hm^2。据联合国环境规划署(UNEP)调查,在撒哈拉沙漠的南部,沙漠每年大约向外扩展 150 万 hm^2。全世界每年有 600 万 hm^2 的土地发生沙漠化。每年给农业生产造成的损失达 260 亿美元。从 1968 年到 1984 年,非洲撒哈拉沙漠的南缘地区发生了震惊世界的持续 17 年的大旱,给这些国家造成了巨大经济损失和灾难,死亡人数达 200 多万。沙漠化使生物界的生存空间不断缩小,已引起科学界和各国政府的高度重视。相关研究人员曾提出,气候变冷和构造活动变弱是沙漠化的主要原因,人类活动加速了沙漠化的进程。近期中国科学家对罗布泊的科学考察为这一观点提供了不可辩驳的证据。

27.5.5 热污染控制技术

人类的生活永远离不开热能，但人类面临的问题是，如何在利用热能的同时减少热污染。这是一个系统问题，但解决问题的切入点应在源头和途径上。随着现代工业的发展和人口的不断增长，环境热污染将日趋严重。然而，人们还没有用一个量值来规定其污染程度，这表明人们并未对热污染有足够重视。防治热污染可以从以下 3 个方面着手。

①目前因燃烧装置效率较低,使得大量能源以废热形式消耗,并产生热污染。如果把热能利用率提高 10%,就意味着热污染的 15% 得到控制。我国把热效率提高到 40% 以上(相当于工业发达国家水平)是完全可能的。这样可以大大减少热污染。

②利用废热也可减少热污染。例如,把工厂的废蒸汽通过热交换器用来洗澡,或把废热用于加热需要升温的原料,既回收了废热,节约了能源,又防止了环境的热污染。

③利用降温冷却减少大气热污染。许多企业的热蒸汽、废热直接排出造成了污染。如果用冷却塔或冷却池把含热废气先冷却降温,而后排放,是解决热污染的一个简便办法。冷却塔有干塔和湿塔两种。干塔是通过热传导和对流达到冷却目的的。湿塔可以用自然通风降温,也可以用机械通风的方法加速降温。冷却塔降温在电站、冶金厂矿有着广泛的应用。

第六篇　环境工程设计及其工程应用

第 28 章　环境工程设计

28.1　环境工程设计的原则

1. 环境工程设计的一般原则

在实际工程中，工程设计应遵循技术先进、安全可靠、质量第一、经济合理、节约资源这 5 项原则。具体内容如下：

①设计中要认真贯彻国家的经济建设方针、政策（如产业政策、技术政策、能源政策、环保政策等）。正确处理各产业之间、长期与近期之间、生产与生活之间等各方面的关系。

②应充分考虑资源的充分利用。要根据技术上的可能性和经济上的合理性，对能源、水资源、土地等资源进行综合利用，使其满足人类的长期发展。

③要保证选用的技术先进适用。在设计中要尽量采用先进的、成熟的、适用的技术，要符合我国国情，同时要积极吸收和引进国外先进技术和经验，但要符合国内的管理水平和消化能力。采用新技术要经过试验而且要有正式的技术鉴定。必须引进国外新技术及进口国外设备的，要与我国的技术标准、原材料供应、生产协作配套、零件维修的供给条件相协调。

④工程设计要坚持安全可靠、质量第一的原则。项目投产后，要保证能长期安全、正常生产。

⑤坚持经济合理的原则。在我国资源和财力条件下，使项目建设达到项目投资的目标（产品方案、生产规模），取得投资省、工期短、技术经济指标最佳的效果。

2. 环境工程设计的原则

对环境保护设施进行工程设计时，除了要遵循工程设计的一般原则外，还必须遵循以下一些环境工程设计的原则。

①坚持技术进步，贯彻“以防为主，防治结合”的方针。

②环境保护设计必须遵循国家和地方制定的有关环境保护法律、法规、标准和技术政策。合理开发和充分利用各种自然资源，严格控制环境污染，保护和改善生态环境。

③环境保护还必须遵守污染物排放的国家标准和地方标准；使污染物排放总量控制在污染物总量控制标准的范围内。

④建设项目要配套建设的环境保护设施，必须与主体工程同时设计、同时施工、同时投产使用。承担设计任务单位进行项目设计时，必须依照《建设项目环境保护设计规定》的有关规定。

⑤环境保护设计应当在工业建设项目中积极推行清洁生产，改进现有生产工艺，采用能耗物耗少、污染物产生量少的生产工艺。实现工业污染防治从末端治理向生产全过程控制的转变。

3. 环境工程设计的依据

环境工程设计的主要依据是国家及地方有关工程建设的各类政策、法规、标准、规范、建设项目的可行性研究报告、政府有关批文和设计委托合同书。

①国家及地方有关标准和政策。主要包括《城镇污水处理厂污染物排放标准》《室外给水设计规范》《混凝土结构设计规范》《给水排水制图标准》《环境保护设施运行管理条例》《环境工程技术规范制订技术导则》等管理文件。

②工程可行性研究报告。工程可行性研究报告简称工可报告,是对工程项目进行全面分析和论证评估的书面报告。它是通过对项目的主要内容和配套条件,如市场需求、资源供应、建设规模、工艺路线、设备选型、环境影响、资金筹措、盈利能力等,从技术、经济、工程等方面进行调查研究和分析比较,并对项目建成以后可能取得的财务、经济效益及社会环境影响进行预测,从而提出该项目是否值得投资和如何进行建设的咨询意见,为项目决策提供依据的一种综合性的系统分析方法。

③政府有关批文和设计委托。包括项目立项批文和建筑工程设计委托书。

28.2　环境工程设计的程序

环境工程设计必须按国家要求规定的设计程序进行,并落实和执行环境工程设计原则和要求。环境工程设计的一般程序如图 28.1 所示。

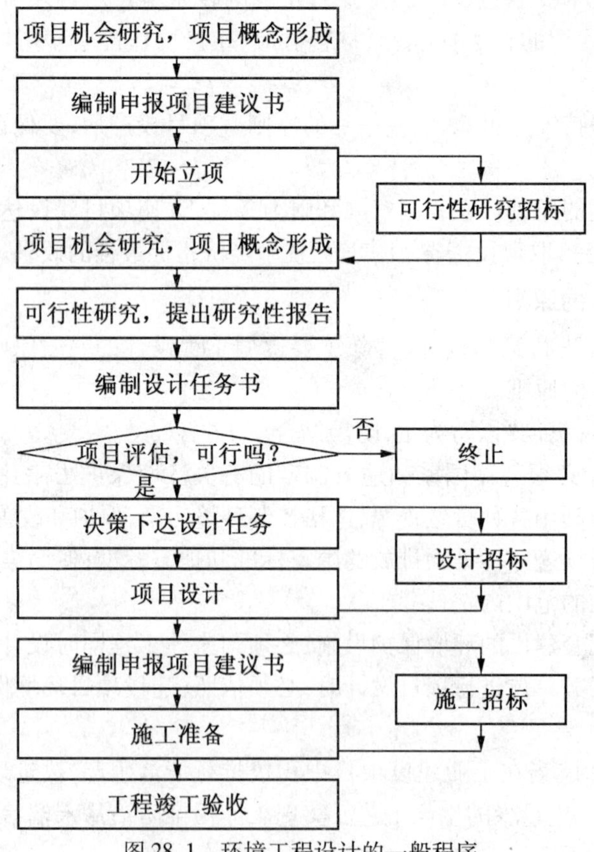

图 28.1　环境工程设计的一般程序

1. 项目建议书阶段

项目建议书中应根据建设项目的性质、规模、建设地区的环境现状等有关资料，对建设项目建成后可能造成的环境影响进行简要说明。其主要步骤为：

①项目选址、用地、环境影响评价初步意见。

②项目建议书的审批。

项目建议书阶段的主要内容为：

①所在地区环境。

②可能造成的环境影响分析。

③当地环保部门的意见和要求。

④存在的问题。

2. 可行性研究阶段

(1)项目选址意见、用地预审、环境影响评价、水土保持方案、使用林地手续

在可行性研究报告书中，应该有环境保护的专门论述，其主要内容如下：

①主要污染物和主要污染源。

②建设地区环境状况。

③设计采用的环境保护标准。

④资源开发可能引起的生态变化。

⑤环境保护投资估算。

⑥存在的问题与建议。

(2)可行性研究报告的审批

在项目可行性研究的同时，还应该进行建设项目环境影响评价。建设项目的环境影响评价实际上是建设项目在环境方面的可行性研究，主要包括以下内容：

①项目建设概况。

②建设项目周围环境现状。

③建设项目随环境可能造成影响的分析和预测。

④环境影响经济损益分析。

⑤对建设项目实施环境监测的建议。

⑥环境影响评价结论。

3. 工程设计阶段

环保工程项目的工程设计一般可分为初步设计和施工图设计审查两个阶段。

(1)初步设计阶段

建设项目书的初步设计必须有环境保护篇、落实环境影响评价报告书及其审查意见所确定生物各项环保措施。初步设计书应该包括以下内容：

①环境保护设计依据。

②主要污染物和主要污染源的种类、名称、数量、浓度或强度及排放方式。

③环境保护工程设施及其简要处理工艺流程。

④规划所依据的环境保护标准。

⑤对建设项目引起的生态变化所采取的防范措施。

⑥环境管理机构及定员。

⑦环境保护投资预算。

⑧存在的问题与建议。

(2)施工图设计与审查阶段

建设项目环境保护设施的施工图设计必须按已经批准的项目设计报告书及其环境保护篇所确定的各种措施和要求进行。根据国家颁发的有关的安装工程的预算定额结合施工图纸,按规定方法计算工程量,套用相应的预算定额及工程取费标准,以及建筑材料及人工费用的市场差价综合形成的建筑安装工程的造价文件对施工图进行预算并审查。

4.项目竣工验收阶段

环境保护设施竣工验收可视具体情况并进行,也可单独进行。建设项目环境保护设施具备下列条件:

①建设项目建设前期环境保护审查、审批手续完备,技术资料齐全,环境保护设施按批准的环境影响报告书和设计要求建成。

②环境保护设施安装质量符合国家和有关部门颁发的专业工程验收规范、规程和检验评定标准。

③环境保护设施与主体工程建成后经负荷试车合格,其防治污染能力适应主体工程的需要。

④建设过程中受到破坏并且可恢复的环境已经得到修整。

⑤环境保护设施能正常运转,符合使用要求,并具备正常运行的条件,包括经培训的环境保护设施岗位操作人员的到位,管理制度的建立,原材料、动力的落实等。

⑥环境保护管理和监测机构,包括人员、监测仪器、设备、监测制度、管理制度等符合环境影响报告书和有关规定的要求。

第29章　城市污水处理厂厂址选择与总平面布置

29.1　厂址选择

1.厂址选择的原则

(1)厂址选择的意义

厂址选择是建设项目设计中一项十分重要的工作。厂址选择适当与否,直接影响到基建投资与速度、生产的发展和产品的成本、经营管理费用等各方面,同时也直接影响到环境效益。

厂址选择是进行建设项目可行性研究和项目设计的前提,因为有了项目的具体地点,才能较为准确地估算出项目建设时的基建投资和生产时产品的成本 ,也才能对项目的各种经济效益进行分析和计算,进而确定项目是否可行。

(2)厂址选择遵循的基本原则

①服从国家长远规划和城镇规划的要求。项目类型应与所在城镇的性质和类别相适应,注意项目与城镇在格调上一致。

②避免过于集中,合理发展中小城市。这样既有利于缩小城乡差别,促进城乡平衡发展,又有利于全国经济布局的改革,适应国防建设的需要。

③要选择与建设项目性质相适应的环境条件。

④精打细算,节约用地。

⑤符合生产力布局的要求并有利于节约投资,降低成本。

⑥注意环境保护和生态平衡,保护风景、名胜、古迹。

⑦有利生产,方便生活,便于施工。

(3)厂址选择的主要内容

①对工厂企业建设地址的选择称为厂址选择。

②对铁路,公路,强、弱电线路建设地址的选择称为线路选择。

③对各种高、低压变电所建设地址的选择称为所址选择。

④对水力、水电枢纽建设地址的选择称为坝址选择。

⑤对机关、学校、医院、仓库、电台、体育馆、纪念馆乃至火箭发射基地等建设地址的选址称为场地选择等。

相关说明:厂址选择,一般分为建设地点的选择和具体地址选择两个阶段,地点选择也称选点,具体地址选择称为定址。

选点是在一个相当大的地域范围内,按照项目的特点和要求,经过系统、全面的调查和了解,提出几个可供选择的地点方案,供对比选择。

地址选择是在选点的基础上,在进一步深入细致的调查,从若干可选的地点中,提出几个可供选择的具体地址,以便最后决策定点。建设地点的选择要以国家、地区的长远规划为依据。

(4)厂址选择的基本要求

厂址选择的基本要求:既要满足企业生产、建设和职工生活的要求,又应有利于所在城镇和工业小区的总体规划,不能危害四周环境、城镇、河流及景观。具体要求如下:

①厂区必须满足厂房按工艺流程布置建筑物和构筑物的要求,场地同样需要满足建设项目的实际需要,能合理布置建筑物及配套的构筑物。

②厂区地形力求平坦或略有坡度,以减少土方工程,又便于排水。

③厂区应选在工程地质、水文地质条件较好的地段,严防在断层、有岩溶、流沙层、有用矿床上及洪水淹没区、采矿塌陷区和滑坡下选址。厂区地下水位置最好低于建筑物的基准面,还应选在地震烈度低的地方。

④厂区靠近水源,并便于污水排放和处理。

⑤需要专用线的工厂,宜接近铁路沿线选址,便于接轨。

⑥厂址应便于供电、供热和其他协作条件的建立。

此外,还有一些特殊的要求,应根据建设项目的特点而定,如钟表工业要远离强磁场,感光材料厂要远离放射源,无线电发射台应远离允轨电午等,在选择厂址时都应进行具体调查分析,经过周密思考,慎重从事。

2. 厂址选择的环保要求

(1)背景浓度

应选择背景浓度小的地区建厂,如背景浓度已超过环境质量标准,则不宜建厂。

(2)风向

①污染源应选在居住区最小频率风向的上侧。

②尽量减少各工厂的重复污染,以及不宜把各污染源配置为一直线且与最大频率风向一致。

③排放量大、毒性大的污染源远离居住区。

上海金山石油化工区平面布置示意图如图 29.1 所示。其特点是:生活区在上风侧;有厂区、生活区隔离带;污染大的厂离生活区最远。

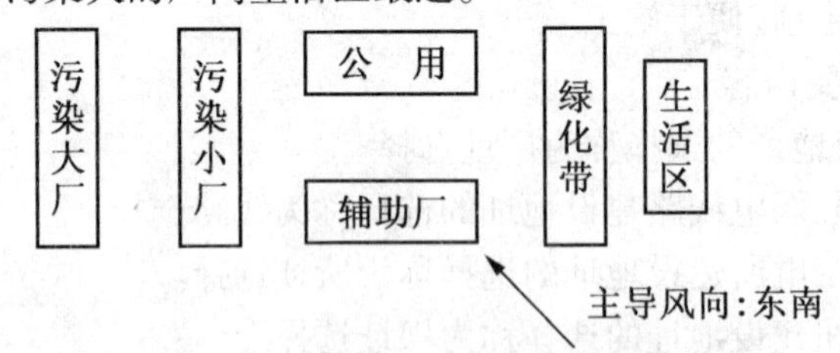

图 29.1　上海金山石油化工区平面布置示意图

(3)污染系数

厂址选择时仅考虑风向频率还不够,因为它只说明被污染的时间,而不说明被污染的程度,因此还应考虑风速的大小。综合表示某一地区气象(风向频率和平均风速)对大气污染影响程度的参数为污染系数。风向频率如图 29.2 所示。污染系数对厂址选择的影响见表 29.1。某一风向的污染系数公式为

某一风向的污染系数 = 风向频率/相应风向的平均风速

污染系数反映了各污染系数下方位污染的可能性大小的相对关系，污染源应设在污染系数最小方向的上侧。

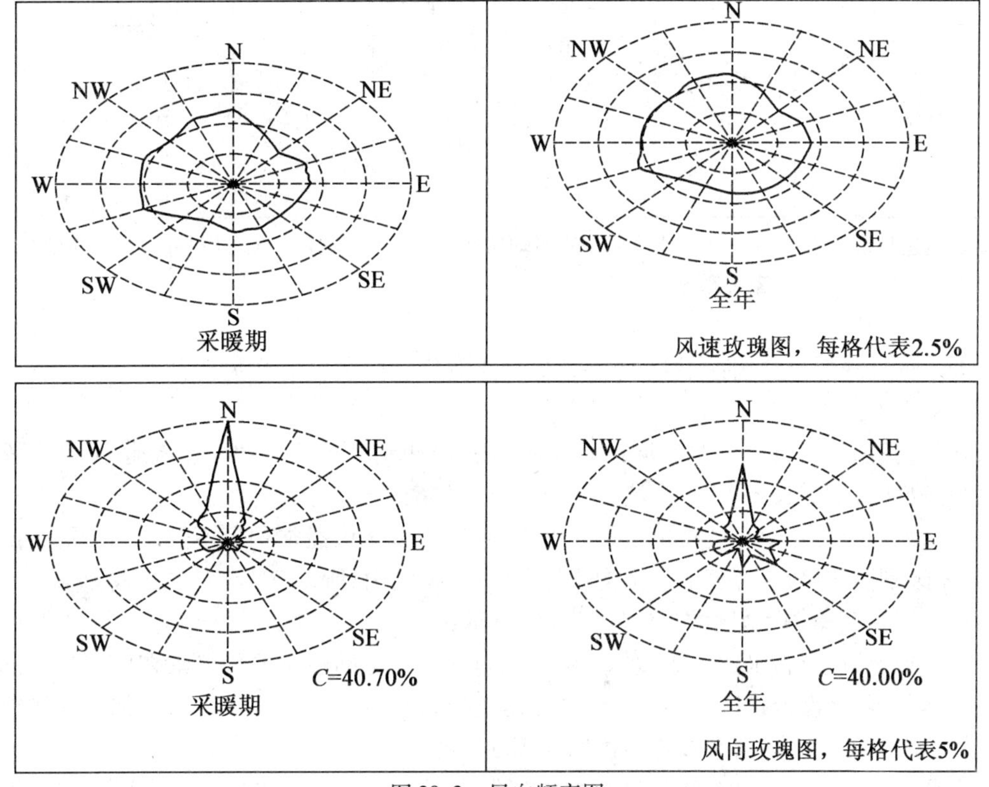

图 29.2　风向频率图

表 29.1　污染系数对厂址选择的影响

方向	N	NE	E	SE	S	SW	W	NW
风向频率/%	14	8	7	12	14	17	15	13
平均风速/($m \cdot s^{-1}$)	3	3	3	4	5	6	6	6
污染系数	4.7	2.7	2.3	3.0	2.8	2.8	2.5	2.1
污染百分比/%	21	12	10	13	12	12	11	9

(4)静风

静风出现频率高(超过 40%)或静风持续时间长的地区不宜建厂。

风速时强时弱，风向来回不停地摆动的现象称为大气湍流。大气湍流是大气短时间的向各个方向的无规则运动。它是由大小不同的旋涡构成的，尺度大小与污染烟团相当的湍窝最有利于扩散。它可把烟团抬升、撕裂，使之变形，加速扩散。

(5)温度层结和大气稳定度

厂址的选择不应在经常出现逆温现象的地区，沿海建厂的工厂还应考虑海、陆风的影响。大气稳定度的等级见表 29.2。

表 29.2　大气稳定度的等级

地面风速/($m \cdot s^{-1}$)	太阳辐射等级					
	+3	+2	+1	0	-1	-2
≤1.9	A	A~B	B	D	E	F
2~2.9	A~B	B	C	D	E	F
3~4.9	B	B~C	C	D	D	E
5~5.9	C	C~D	D	D	D	D
≥6	D	D	D	D	D	D

注:地面风速是指距地面 10 m 高度处 10 min 内平均风速,如使用气象台、气象站资料,其观测规则与中国气象局编定的《地面气象观测规范》相同

(6)地形影响

如果厂址地形条件选择不好,也会造成严重污染。应尽可能避免在盆地内建大气污染物排放量大的工厂。

例如,我国兰州石油化学工业公司周围多山,当遇到气压低、湿度大、风速小、雾多等不利气象条件时,烟雾长久小散,会造成比较严重的污染。

北京燕山石油化学总公司也是地处山谷地带,有害气体经常积聚不散。燕山夏天刮东南风,冬天刮西北风,正好都沿着山沟吹,西北面又是高山,所以有害气体浓度特别高。

(7)全面考虑建设地区的自然环境与社会环境

凡排放有毒、有害水、气、渣、恶臭、噪声放射性元素等的建设项目严禁在城市规划确定的生活居住区、水源保护区、名胜古迹、风景游览区及疗养区和自然保护区内选址。排放有毒、有害废水的项目,应布置在生活饮用水源的下游。

有些工业部门选厂址时往往愿意把工厂摆在靠近水的河流出口处冲击扇顶部或水源地上游,因为那里地质基础好,水源充足,水质良好。如果在冲击扇顶部和水源上游布置排放大量有害废水的化工企业,废水直接排入江河和渗入地下,下游沿岸的城市、居民点和工厂的水源就会遭受污染和破坏。

3. 厂址选择中的其他要求

厂址选择中的其他要求包括原材料供应的要求,能源供应的考虑,水源供应的考虑等。

(1)原材料供应的要求

①原材料因素在厂址选择中的意义和作用。原材料费用占生产费用的60%~80%;消耗量大。

②原材料种类的选择。原材料来源的数量和质量;技术上的可能性;交通运输条件。

③原材料基地的评价。

(2)能源供应的要求

能源供应对消耗能源大的工业企业的厂址选择具有强烈的影响:首先,发展能源消耗大的工业必须要有强大的能源为基础;其次,廉价的能源是决定消耗能源大的工业发展的重要依据;再次,在一个地区配置消耗能源大的工业企业时,不仅要考虑是否能取得廉价的能源,同时还要考虑地区能源分配的盈亏情况;最后,大型的耗能工业企业必须建设在大型的水电站和廉价燃料基地附近。

(3)水源的要求

水是工业生产发展最基本的条件,没有足够数量和合格质量的水的供应,工业实际上就无法存在。须注意,水是不适宜远距离运输的。

4.厂址选择中的步骤

(1)准备阶段

①绘制总平面草图。根据计划任务书中工厂的组成、工艺流程及类似工厂的资料,确定主要车间的面积和外形尺寸,绘制总平面草图,一般选2~3个方案进行比较。

②初步确定能源、运输、需要量。根据工厂生产规模及扩建规划,初步确定工厂的运输量以及水、电、蒸汽、煤气、氧气等的粗略需用量。

③收集各种资料(地形、气象、周围地区功能)。根据企业规模,确定职工概略人数及劳动力来源,收集选厂址地区的地形、气候、交通运输、附近城市发展规划等有关资料及图纸。

④初步勘测地形地貌。如地形起伏、土壤条件,工程地质、水文地质,铁路码头的条件,厂区内现有建筑物及其他设施的情况。

⑤初步确定厂区及各功能区位置。初步确定出厂区、住宅区、废物场的位置,并研究分析与铁路连接和与其他企业协作条件等。

(2)方案比较阶段

根据已收集到的资料,对已选定的2~3个厂址方案进行技术经济比较。

①厂址技术条件比较见表29.3。从技术条件比较两个或两个以上的地方方案时,需包括气象地形、占地等多个方面的内容,在具体进行比较时,可以用工程量作比较,也可用优缺点作比较。

②经济条件的比较。任何方案都必然要从经济条件方面进行比较,在其他条件相同或相近时经济效益的大小就是衡量方案优劣的一个重要指标。场址方案的比较和选择情况也是如此。

表29.3　厂址技术条件比较

序号	比较的内容名称	厂址方案			
		方案一	方案二	…	方案三
1	主要气象条件(气温等)				
2	地形、地貌特征				
3	占地面积及情况 其中:耕地 荒地				
4	土石方开挖工程量 V/m^3 其中:土方工程 石方工程				
5	区域稳定程度及地震烈度				
6	工程地质条件				
7	水源及供水条件 自来水 地表水 地下水				

续表 29.3

序号	比较的内容名称	厂址方案			
		方案一	方案二	…	方案三
8	交通运输条件 铁路 公路 航空				
9	动力供应条件 电力 热力 其他				
10	通信条件				
11	污染物的处理				
12	拆迁工作量				
13	施工条件				
14	生活条件				

29.2 总平面布置

29.2.1 污水处理厂的平面布置

厂址确定后,即可进行总平面布置,它直接影响到处理或生产装置的建设费用和运转费用。它是由工艺设计人员和土建设计人员共同完成的。总平面布置应该具有布置紧凑、用地节省、工艺流程合理、功能明确、运输畅通、动力区接近负荷中心、工程管线短线、管理方便等特点。总平面布置必须适合工艺、土建、防火安全、卫生绿化及生产与处理规模发展等方向的要求,要特别注意以下几个方面:

(1)生产车间的布置

厂房的配置、设备的排列——车间工艺设计阶段。

(2)环保车间的布置

厂区一侧或靠近污染源。

(3)辅助车间的布置

锅炉房、配电房、水泵站、机修车间、中心实验室、仪表修理间及仓库等。具体要求如下:

①锅炉房附近不能配置有起火或爆炸危险的车间或易燃品仓库,应将它们放置于厂区的下风位置。

②配电室一般应布置在用电大户附近,并位于产生空气污染的上风位置。

③机修车间应放在与生产车间联系方便而安全的位置。

④中心实验室和仪表修理间一般应置于清洁卫生、振动和噪声少、灰尘少的上风位置。

⑤仓库应设在与生产车间联系方便并靠近运输干线的位置。

⑥消防站应设在一旦发生火灾、车辆能顺利到达现场的有利地点,并能通向厂外的交

通要道。

以上各项设施均应符合防火安全所要求的距离。

(4)行政管理部门及住宅区的位置

会议室、礼堂及管理机构一般应在厂区边缘或厂外的上风位置。

(5)建筑物之间的距离

工业建筑物之间的距离不仅要符合消防安全的要求，而且要满足工业卫生、采光、通风等方面的要求。具体要求如下：

①防火。我国建筑物的耐火等级分为 4 级，见表 29.4、29.5，其等级是以楼板为基准而划分的。

表 29.4　建筑物的耐火等级

耐火等级	建筑物结构、材质
1	钢筋混凝土结构或砖墙与钢筋混凝土混合结构
2	钢结构架，钢筋混凝土柱或砖墙组成混合结构
3	木屋顶和砖墙组成的砖木结构
4	木屋顶、难燃烧体墙组成的可燃结构

表 29.5　厂房的耐火等级、层数和面积

生产类别	耐火等级	最高允许层数	防火墙间最大允许占地面积/m^2	
			单层厂房	多层厂房
甲	1 级	不限	4 000	3 000
	2 级	不限	3 000	2 000
乙	1 级	不限	5 000	4 000
	2 级	不限	4 000	3 000
丙	1 级	不限	不限	6 000
	2 级	不限	7 000	4 000
	3 级	2	3 000	2 000
丁	1、2 级	不限	不限	不限
	3 级	3	4 000	2 000
	4 级	1	1 000	—
戊	1、2 级	不限	不限	不限
	3 级	3	5 000	3 000
	4 级	1	1 500	—

②自然采光和通风。为保证充分的自然采光和通风，建筑物间距不应小于 15 m，如有 15 m 以上高建筑物，则间距不应小于两相邻建筑构高度之和的一半。

(6)场内道路

厂内人行道的宽度根据上下班通过人数而定，一般为 1.8 ~ 2.0 m。厂区平面布置如图 29.3 所示。

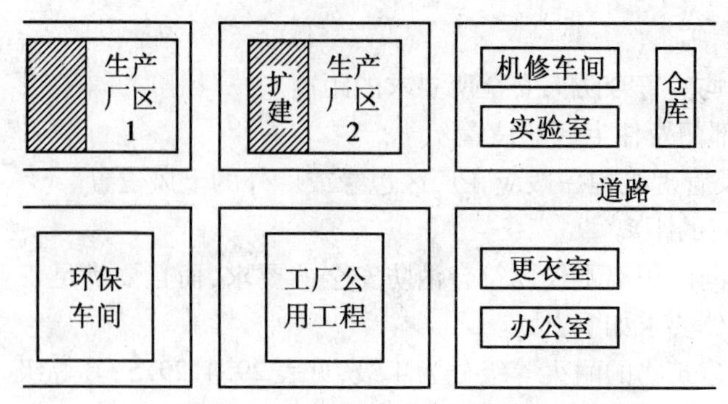

图 29.3　典型厂区平面布置图

主要厂房均应有出口的露天场地，以利消防车通过以及在其他特殊情况的使用。公路宽度不应小于 5 m，能允许两辆大卡车面对面通过，也要考虑输送线路的循环性，避免交通堵塞。总图布置中还要考虑绿化、美化环境、改善劳动条件等。

总之，总图布置设计时，必须遵守国家最新颁布的有关法令，并及时征得城市规划部门和消防监督机构的同意。总图布置方法是根据生产需要，考虑到上述各种因素，选择几个方案进行技术论证和经济比较。图 29.4 为给水处理厂平面布置图。

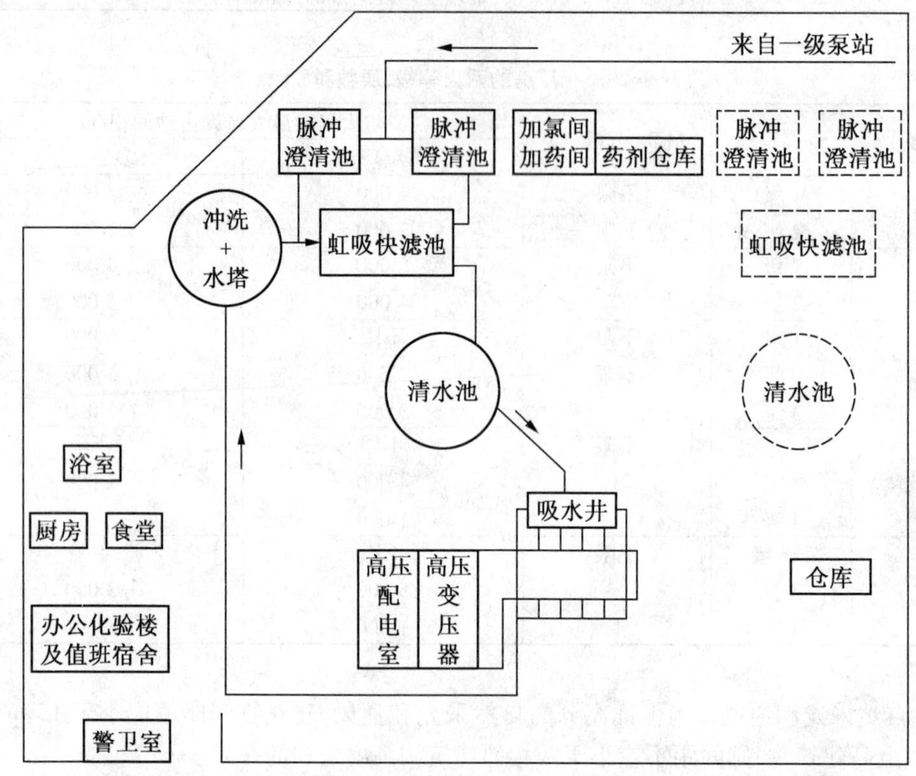

图 29.4　给水处理厂平面布置图

该厂平面布置的特点是布置整齐、紧凑。两期工程各自成系统，对设计与运行相互干扰较少。办公室等建筑物均位于常年主风向的上风向，且与处理构筑物有一定距离，卫生、工作条件较好。在污水流入初次沉淀池、曝气池与二次沉淀池时，先后经 3 次计量，为分析构筑物的运行情况创造了条件。利用构筑物本身的管渠设立超越管线，既节省了管道，运行又较灵活。

第二期工程预留地设在一期工程与厂前区之间，若二期工程改用其他工艺流程或另选池型时，在平面布置上将受到一定限制。泵站与湿污泥池均设于厂外，管理不甚方便。此外，三次计量增加了水头损失。

29.2.2　污水处理厂的高程布置

污水处理厂高程布置的任务是：确定各处理构筑物和泵房等的标高，选定各连接管渠的尺寸并决定其标高。计算决定各部分的水面标高，以使污水能按处理流程在处理构筑物之间通畅地流动，保证污水处理厂的正常运行。

污水处理厂的水流常依靠重力流动，以减少运行费用。为此，必须精确计算其水头损失（初步设计或扩建设计时，精度要求可较低）。水头损失包括以下几个方面。

①水流流过各处理构筑物的水头损失，包括从进池到出池的所有水头损失在内；在作初步设计时可按表29.6估算。

表29.6　处理构筑物的水头水损失

构筑物名称	水头损失/cm	构筑物名称	水头损失/cm
格栅	10～25	生物滤池（工作高度为2 m时）	
沉沙池	10～25		
沉淀池：平流	20～40	装有旋转式布水器	270～280
竖流	40～50	装有固定喷洒布水器	450～475
辐流	50～60	混合池或接触池	10～30
双层沉淀池	10～20	污泥干化场	200～350
曝气池：污水潜流入池	25～50		
污水跌水入池	50～150		

②水流流过连接前后两构筑物的管道（包括配水设备）的水头损失，包括沿程与局部水头损失。

③水流流过量水设备的水头损失。

水力计算时，应选择一条距离最长、水头损失最大的流程进行计算，并应适当留有余地，以使实际运行时能有一定的灵活性。

计算水头损失时，一般应以近期最大流量（或泵的最大出水量）作为构筑物和管渠的设计流量，计算涉及远期流量的管渠和设备时，应以远期最大流量为设计流量，并酌加扩建时的备用水头。

设置终点泵站的污水处理厂，水力计算常以接受处理后污水水体的最高水位作为起点，逆污水处理流程向上倒推计算，以使处理后污水在洪水季节也能自流排出，而水泵需要的扬程则较小，运行费用也较低。但同时应考虑到构筑物的挖土深度不宜过大，以免土建投资过大和增加施工上的困难。还应考虑到因维修等原因需将池水放空而在高程上提出的要求。

在作高程布置时还应注意污水流程与污泥流程的配合，尽量减少需提升的污泥量。污泥干化场、污泥浓缩池（湿污泥池）、消化池等构筑物高程的决定，应注意它们的污泥水能自动排入污水入流干管或其他构筑物的可能性。

在绘制总平面图的同时,应绘制污水与污泥的纵断面图或工艺流程图。绘制纵断面图时采用的比例尺:横向与总平面图同,纵向为1:50～1:100。

各构筑物间连接管、渠的水力计算见表29.7。

表29.7　连接管、渠的水力计算表

设计点编号	管渠名称	设计流量/(L·s⁻¹)	管渠设计参数					
			尺寸 D/mm 或 DXH/m	$\frac{h}{D}$	水渠 h/m	i	流速 v/(m·s⁻¹)	长度 l/m
⑧～⑦	出厂管入灌溉渠	600	1 000	0.8	0.8			
⑦～⑥	出厂管	600	1 000	0.8	0.8	0.001	1.01	390
⑥～⑤	出厂管	300	600	0.75	0.45	0.0035	1.37	100
⑤～④	沉淀池出水总渠	150	0.6×1.0		0.35～0.25④			28
④～E	沉淀池集水槽	75/2	0.30×0.53③		0.38③			28
$E\sim F_3'$	计量堰	150						
$F_2'\sim D$	曝气池出水总渠	600	0.84×1.0		0.64～0.42			48
	曝气池集水槽	150	0.6×0.55		0.26⑤			
$D\sim F_3$	计量堰	300						
$F_3\sim$③	曝气池配水渠	300②	0.84×0.85		0.62～0.54			
③～②	往曝气池配水渠	300	600			0.0024	1.07	27
②～C	沉淀池出水总渠	150	0.6×1.0		0.35～0.25			5
	沉淀池集水槽	150/2	0.35×0.53		0.44			28
$C\sim F_1'$	沉淀池入流管	150	450			0.0028	0.94	11
$F_1'\sim F_1$	计量堰	150						
$F_1\sim$①	沉淀池配水渠	150	0.8×1.5		0.48～0.46			3

注:①包括回流污泥量在内。

②按最不利条件,即推流式运行时,污水集中从一端入池计算。

③按式 $B=0.9Q^{0.4}$,$h_0=1.25B$。

式中,Q 为集水槽设计流量,为确保安全,常对设计流量再乘以1.2～1.5的安全系数,m^3/s;B 为集水槽宽,m;h_0 为集水槽起端系数,m。

计算:$B=0.9\left(1.2\times\frac{0.075}{2}\right)^{0.4}\approx0.27$ m,取0.3;$h_0=1.25\times0.3=0.38$ m。

④出口处水深:$h_k=\sqrt[3]{(0.15\times1.5)^2/9.8\times0.6^2}\approx0.25$ m(1.5为安全系数),起端水深可按巴克梅切夫的水力指数公式用试算法决定,得 $h_0=0.35$ m。

⑤曝气池集水槽采用潜孔出流,此处 h 为孔口至槽底高度(也为损失了的水头)。

⑥出厂管水流流动阻力损失。

⑦出厂管管径扩大造成的水力损失。

⑧出厂管出水进入灌溉区时维持水流速度所需要的水头。

处理后的污水排入农田灌溉渠道以供农田灌溉,农田不需水时排入某江。由于某江水位远低于渠道水位,故构筑物高程受灌溉渠水位控制,计算时,以灌溉渠水位作为起点,逆流程向上推算各水面标高。考虑到二次沉淀池挖土太深时不利于施工,故排水总管的管底标高与灌溉渠中的设计水位平接(跌水0.8 m)。

污水处理厂的设计地面高程为50.00 m。

在高程计算中，沟管的沿程水头损失按表 29.7 所定的坡度计算，局部水头损失按流速水头的倍数计算。堰上水头按有关堰流公式计算，沉淀池、曝气池集水槽系底，且为均匀集水，自由跌水出流，故按以上所列公式计算。

第30章　工艺流程设置

30.1　工艺路线选择

1. 工艺路线的选择原则

在选择处理的工艺路线时，应注意考虑如下基本因素。

①污水的处理程度。污水的处理程度应根据《污水综合排放标准排放》和当地环保部门要求的污水排放水质标准确定。

②工程造价、运行费用以及占地面积。

③当地的自然条件与工程条件，地形、气候等自然条件以及原料与电力供应等具体问题。

④原污水水量与污水量日变化的技术要求。

⑤工程施工的难易程度和运行管理需要的技术条件。

污水处理工艺流程的选定是一项复杂的系统工程，需要进行多方案比较，才可能选定技术先进、经济合理、安全可靠的污水处理工艺流程。同时在选择处理工艺时，还应注意考虑如下基本原则。

(1)合法性

环境保护设计必须遵循国家有关环境保护法律、法规，合理开发和利用各种自然资源，严格控制环境污染，保护和改善生态环境。

(2)先进性

应选择处理耗能小、效率高、管理方便和处理后得到的产物能直接利用的处理工艺路线。随着经济的发展和环境意识的提高，对于各种污染物的排放标准要求会越来越高，于是还应考虑处理工艺路线的前瞻性。

(3)可靠性

可靠性是指所选择的处理工艺路线是要成熟可靠的。对于尚在试验阶段的新处理技术、新处理工艺和新处理设备，应该慎重对待，防止只考虑和追求新的一面，而忽略可靠性和不稳妥的一面。在实际中，要处理的污染物种类很多，有的是新的从来没有处理过的污染物，这就需要慎重考虑处理的工艺路线。设计中考虑可靠性设计是提高工程项目质量的重要途径。

(4)安全性

选择对有毒污染物的处理工艺路线时要特别注意，要防止污染物作为毒物散发，要有较合理的补救措施。同时还要考虑劳动保护和消防的要求。

(5)结合实际情况

我国在选择处理工艺路线时，就要考虑企业的承受能力、管理水平和操作简单等各个具体问题，也就是说具体问题要具体分析。

(6)简洁和简单性

选择处理工艺路线时,要选择简洁和简单的处理工艺路线,同时还要考虑系统中某一个设备出问题时,不至于对整个系统有较大的影响。

在比较时要仔细领会设计任务书提出的各项原则和要求,要对所收集到的资料进行加工整理,提炼处能够反映本质的、突出主要优缺点的数据材料作为比较的依据。要经过全面分析、反复比较选择出优点多、符合国情、切实可行的处理工艺路线。

2. 污水处理工艺流程的比较和选择方法

在选定污水处理工艺流程时可以采用下面介绍的一种或几种比较方法。

(1)技术比较

在方案初选时可以采用定性的技术比较, 城市污水处理工艺应根据处理规模、水质特性、排放方式和水质要求、受纳水体的环境功能以及当地的用地、气候、经济等实际情况和要求, 经全面地技术比较和初步经济比较后优先确定。方案选择比较时需要考虑的主要技术经济指标包括: 处理单位水量投资、削减单位污染物投资、处理单位水量电耗和成本、削减单位污染物电耗和成本、占地面积、运行性能可靠性、管理维护难易程度、总体环境效益等。定性比较时可以采用有定论的结论和经验值等, 而不必进行详细计算。几种常用生物处理方法的比较见表 30.1。

表 30.1　常用生物处理方法的比较

序号	处理方法	BOD_5 去除率	N、P 去除率	占地	投资	能耗
1	常规活性污泥法	90% ~95%	低	大	大	高
2	SBR 法	85% ~95%	一般	较小	小	较低
3	CASS	90% ~95%	较高	较小	一般	一般
4	UNITANK	85% ~95%	一般	小	大	一般
5	氧化沟	92% ~98%	较高	较大	较小	低
6	AB	90% ~96%	较高	一般	一般	一般
7	A^2/O	90% ~95%	高	大	一般	一般
8	高负荷生物滤池	75% ~85%	较低	较小	大	低
9	生物接触氧化	90% ~95%	一般	较小	一般	较高
10	水解好氧法	90% ~95%	一般或较小	较小	较低	较低

(2)经济比较

在选定最终采用的工艺流程时, 应选择 2 ~3 种工艺流程进行全面的定量化的经济比较。可以采用年成本法或净现值法进行比较。

①年成本法。将各方案的基建投资和年经营费用按标准投资收益率, 考虑复利因素后, 换算成使用年限内每年年末等额偿付的成本减去年成本, 比较年成本最低者为经济可取的方案。

②净现值法。将工程使用整个年限内的收益和成本(包括投资和经营费用)按照适当的贴现率折算为基准年的现值, 收益与成本现行总值的差额即净现值, 净现值大的方案较优。

③多目标决策法。多目标决策是根据模糊决策的概念, 采用定性和定量相结合的系统

评价法。按工程特点确定评价指标，一般可以采用5分制评分，效益最好的为5分，最差的为1分。同时，按评价指标的重要性进行级差量化处理(加权)，分为极重要、很重要、重要、应考虑、意义不大5级。取意义不大权重为1级，依次按 $2n-1$ 进级，再按加权数算出评价总分，总分最高的为多目标系统的最佳方案。评价指标项目及权重应根据项目具体情况合理确定。例如,确定某城市污水处理厂工艺流程时采用了表30.2所示的评价指标项目及权重。

表30.2　评价指标项目及权重

序号	评价指标项目	权重
1	基建投资	16
2	年经营费指标	16
3	占地面积	8
4	受纳水体的性质及环境功能	4
5	水质特点和回用要求	8
6	气候等自然条件	4
7	工艺流程的成熟程度	8
8	能源消耗和节能效果	4
9	工程施工量、难易程度、建设周期	2
10	运行管理方便	2

进行工艺流程选择时，可以先根据污水处理厂的建设规模、进水水质特点和排放所要求的处理程度，排除不适用的处理工艺，初选2~3种流程，然后再针对初选的处理工艺进行全面的技术经济对比后确定最终的工艺流程。

3. 中小规模城市污水处理厂处理工艺流程选择的探讨

(1)根据进水有机物负荷选择处理工艺

进水 BOD_5 负荷较高(如大于250 mg/L)或生化性能较差时，可以采用AB法或水解-生物接触氧化法、水解-SBR法等；进水 BOD_5 负荷较低时,可以采用SBR法或常规活性污泥法等。

(2)根据处理级别选择处理工艺

二级处理工艺可选用氧化沟法、SBR法、水解好氧法、AB法和生物滤池法等成熟工艺技术，也可选用常规活性污泥法；二级强化处理要求除磷脱氮，工艺流程除可以选用AO法、A^2/O 法外，也可选用具有除磷脱氮效果的氧化沟法、CASS法和水解-接触氧化法等；在投资有限的非重点流域县城，可以先建设一级强化处理厂，采用水解工艺、生物絮凝吸附(即AB法的A段)和混凝沉淀等物化强化一级处理，待资金等条件成熟后再续建后续生物处理工艺，形成水解好氧法、AB法等完整工艺。

(3)根据回用要求选择处理工艺

严重缺水地区要求污水回用率较高，应选择 BOD_5 和SS去除率高的污水处理工艺，例如,采用氧化沟或SBR工艺，使 BOD_5 和SS均达到20 mg/L以下甚至更低，则回用处理只需要直接过滤就可以达到生活杂用水标准，整个污水处理及回用厂流程非常简捷、经济。如果出水将在相当长的时期内用于农灌，解决缺水问题，则处理目标可以以去除有机物为主，适当保留肥效。

(4) 根据气候条件选择处理工艺

冰冻期长的寒冷地区应选用水下曝气装置，而不宜采用表面曝气；生物处理设施需建在室内时，应采用占地面积小的工艺，如 UNITANK 法等；水解池对水温变化有较好的适应性，在低水温条件下运行稳定，北方寒冷地区可选择水解池作为预处理；较温暖的地区可选择各种氧化沟和 SBR 法。

(5) 根据占地面积选择处理工艺

地价贵、用地紧张的地区可采用 SBR 工艺(尤其是 UNTANK 法)；在有条件的地区可利用荒地、闲地等可利用的条件，采用各种类型的土地处理和稳定塘(稳定塘旧称氧化塘或生物塘,是一种利用天然净化能力对污水进行处理的构筑物的总称。其净化过程与自然水体的自净过程过程相似。通常是将土地进行适当的人工修整,建成池塘,并设置围堤和防渗层,依靠塘内生长的微生物来处理污水。主要利用菌藻的共同作用处理废水中的有机污染物。稳定塘污水处理系统具有基建投资和运转费用低、维护和维修简单、便于操作、能有效去除污水中的有机物和病原体、无需污泥处理等优点)等自然净化技术，但在北方寒冷地区不宜采用。用水解池作为稳定塘的预处理，可以改善污水的生化性能，减小稳定塘的面积。

(6) 根据基建投资选择处理工艺

为了节省投资，应尽量采用国内成熟的、设备国产化率较高的工艺。基建投资较小的处理工艺有水解 - SBR 法、SBR 法及其变型、水解 - 活性污泥法等。用水解池作预处理可以提高对有机物的去除率，并改善后续二级处理构筑物污水的生化性能，可使总的停留时间比常规法少 30%。采用水解 - 好氧处理工艺高效节能，其出水水质优于常规活性污泥法。氧化沟法在用于以去除碳源污染物为目的二级处理时，与各种活性污泥法相比，优势不明显，但用于还须去除氮磷的二级强化处理时，则投资和运行费用明显降低。

(7) 根据运行费用选择处理工艺

节省运行费用的途径有降低电耗、减少污泥量、减少操作管理人员等。电耗较低的流程有自然净化、氧化沟、生物滤池、水解好氧法等，污泥量较少的有氧化沟法和 SBR 法等，自动化程度高、管理简单的流程有 SBR 法等。综合比较，在基建费用相当的条件下，运行费用较低的处理方法有氧化沟法、SBR 法、水解好氧法等。

(8) 污泥处理中小规模城市污水处理厂产生的污泥

污泥处理中小规模城市污水处理厂产生的污泥可进行堆肥处理和综合利用，采用延时曝气的氧化沟法、SBR 法等技术的污水处理设施，污泥需达到稳定化。

(9) 可以推广应用的新工艺在尽量采用成熟可靠工艺流程的同时，也要研究开发适用于北方地区中小污水处理厂的新工艺，或审慎采用国内外新开发的高效经济的先进工艺技术

城市污水处理新工艺应向简单、高效、经济的方向发展，各类构筑物从工艺和结构上都应向合建一体化发展。目前可以重点考虑应用和推广使用的流程有一体化氧化沟技术、CASS、UNITANK 法和膜法等。

城市污水处理工艺应根据污水水质特性、排放水质要求，以及当地的用地、气候、经济等实际情况，经全面的技术经济比较后优选确定。处理水量在 10 万 m^3 以下的城市污水处

理厂可以优先考虑的处理工艺有水解－SBR 法、SBR 法、氧化沟法、AB 法、水解－接触氧化法、A^2/O 法等，如果条件适宜，也可采用稳定塘等自然净化工艺。

4. 张家界杨家溪污水处理厂工艺选择实例

某市污水处理工程包括汇集输送全市的污水、经集中处理后排入澧水城市下游段，即澧水北岸的污水经管网收集后，汇入北岸沿河的合流制截污干管；澧水南岸的污水经管网收集后汇入南岸沿河分流制截污干管，北岸截污干管在潭头湾处穿过澧水，接入南岸截污干管，一并汇入澧水下游南岸的杨家溪污水处理厂。

污水处理厂处理规模：近期（至 2005 年）为 $8\times10^4\ m^3/d$；远期（至 2020 年）为 $17\times10^4\ m^3/d$。

杨家溪污水处理厂设计水质见表 30.3。

表 30.3　杨家溪污水处理厂设计水质

项目	$BOD_5/(mg\cdot L^{-1})$	$COD_{cr}/(mg\cdot L^{-1})$	$SS/(mg\cdot L^{-1})$	$TN/(mg\cdot L^{-1})$	$TP/(mg\cdot L^{-1})$	pH 值
进水水质	≤140	≤260	≤150	≤35	≤3	7～8
出水水质	20	60	20	15	1～0.5	6～9
去除率/%	85.7	76.9	86.7			

（1）工艺方案的选择

一般而言，在采用活性污泥法的污水处理厂中，不同的污染物是以不同方式去除的。例如，污水中的 SS 主要靠沉淀去除，可以选用适当的污泥负荷（F/M）值、较小的二次沉淀池的表面负荷和较低的出水堰负荷等措施；污水中 BOD 的去除是靠微生物的吸附和代谢作用，并对污泥与水进行分离完成的，根据污水处理厂运行经验，在污泥负荷小于等于 0.3 kg/(kg · d)时，即可使出水 $BOD_5<20$ mg/L；污水中 COD 的去除取决于原水的可生化性，它与城市污水的组分有关，张家界市污水的 $BOD_5/COD_{cr}=0.54$，可生化性良好；污水中 NH_3-N 的去除，完成消化是先决条件，必须使系统维持在较低的污泥负荷条件下运行，使系统的泥龄大于维持消化所需的最小泥龄；生物除磷工艺的前提条件是聚磷菌必须在厌氧条件下生长，而后进入好氧阶段才能增大磷的吸收量，因此污水中磷的去除工艺是必须在曝气池前设置厌氧段。

所以，要达到要求的出水指标，必须根据进、出水水质，选择适当的工艺参数，在满足生物除磷脱氮的前提下，完成对 BOD_5、COD_{cr} 和 SS 的去除，故生物脱氮除磷是污水处理工艺的关键。

张家界市老城区的污水是采用合流制排水体系，而新城区的分流制排水管网需逐步完善，所以对污水处理厂而言，进水水量、水质波动较大。氧化沟工艺系列中的奥贝尔氧化沟是专门针对合流制的污水处理厂设计的，它可承受较大的水质、水量冲击负荷，可作为预选方案之一。SBR 工艺系列中的 UNITANK 法因生物除磷效果差，又无污泥回流设施，使得整体系统的利用效率很低；MSBR 法流程繁琐，对自控及监测仪表要求较高，当水量变化大时需通过调整进水和曝气过程的时序使系统正常运行。因此，考虑将 CAST 法作为预选方案之一。

（2）预选方案的比较

在选择了 SBR 法的改良工艺——CAST 方案和奥贝尔氧化沟方案作为本工程的预选方案后，以近期污水量为 $8\times10^4\ m^3/d$ 的杨家溪污水处理厂为例，从以下几个方面对两种方案进行了详细比较。

①两种工艺方案的工艺特性比较见表 30.4。

表 30.4　两种工艺特性比较

方案一(CAST 工艺)	方案二(奥贝尔氧化沟工艺)
反应池间歇运行,4 座反应池交替保持进、出水的连续性	连续进水、连续出水
有机物降解和沉淀在一个池子里进行,无需设独立的沉淀池及其刮泥系统	在氧化沟内完成污泥降解,在沉淀池中进行泥水分离,需设独立的沉淀池和刮泥系统
通过每个周期的循环,造成有氧和无氧的环境,对氮和磷有较好的去除效果	氧化沟系统内的 3 个沟道内的 DO 值成 0、1、2 梯度变化,脱氮效果好,除磷效果一般
固体停留时间较长,可抵抗较强的冲击负荷	较长的固体停留时间,可抵抗冲击负荷
污泥有一定的稳定性	污泥有一定的稳定性
采用鼓风曝气,曝气器均布池底,动力效率高,能耗较低;间歇运转须采用高质量的膜式曝气器,设备的闲置率较低,曝气器寿命较短,维修及维护量大	采用表面曝气,设有转碟曝气设备,转碟分点布置;设备少,管理简单,维护量小,但耗能较高
自动化水平高,对电动阀等设备的可靠性需求较高,控制管理较复杂	设备少且经久耐用,控制管理简单
耗电量较小,运行费用低	耗电量较大,运行费用较高
自控系统编程工作量较大,PCL 硬件费用高,自动化水平较高,劳动强度较低,对操作人员的素质要求较高,总设备费用较高	自控系统编程小,PCL 硬件费用低,自动化水平较低,劳动强度较高,对操作人员的素质要求较低,总设备费用较低

②两种方案的工程投资和技术经济比较分别见表 30.5、30.6。

表 30.5　两种方案的工程投资比较　　万元

项目	方案一(CAST 工艺)	方案二(奥贝尔氧化沟工艺)
土建工程	3 853.57	4 490.87
设备及安装工程	3 880.27	3 376.09
其他费用	4 663.95	5 115.12
总投资	12 397.79	12 982.08

表 30.6　两种方案的技术经济比较

项目	方案一(CAST 工艺)	方案二(奥贝尔氧化沟工艺)
总投资/万元	12 397.79	12 982.08
污水处理厂占地/hm^2	6.8	8.0
总装机容量/kW	1 600	1 840
用电量/($kW \cdot h \cdot m^{-3}$)	0.27	0.31
年药费用/万元	49.05	49.05
人员编制/人	50	60
单位运行成本/(元 · m^{-3})	0.60	0.64
单位经营成本/(元 · m^{-3})	0.32	0.36

③污水处理工艺流程一般包括机械处理系统、生化处理系统、消毒系统和污泥处理系统4部分,CAST方案与奥贝尔方案在机械处理和消毒系统上构筑物及其设备配套相同,主要差别在于生化系统上,污泥处理系统也略有不同。

(3)工艺方案的确定

综合上述方案的技术及经济比较情况,可以看出方案一和方案二各有不同的优势与不足,均能达到处理要求。从表30.4得知,方案一在污泥沉降性能和对磷的去除效率以及管理灵活性等方面的工艺特性优于方案二,但也存在设备复杂、维修量大、管理运行水平要求高等缺点。从表30.5可以看出,方案一的总投资比方案二少584.29万元,土建投资比方案二少637.3万元,但机械、自控电器设备投资比方案二高504.18万元。从表30.6可以看出,方案一的能耗、总成本费用低于方案二,年运行成本相差约131.37万元。从流程简洁、占地面积小、易于实现自动化控制等方面来考虑,CAST工艺均优于奥贝尔氧化沟工艺,因此推荐CAST方案作为污水处理厂的工艺方案。

(4)结论和建议

①必须结合当地的实际,并经过全面的技术经济比较后才能优选出最佳的工艺方案。

②为了保证污水系统和污水处理厂运行的良性循环,必须制订完善的污水排放收费制度,确定合理的收费标准。

③污水处理厂建成后应制定严格的操作和维修管理措施,并完善各种规章制度。

30.2 工艺流程设计

1.污水处理工艺设计程序

当处理工艺路线选定后,就可以进行具体的流程设计。它和车间布置设计确定整个车间的基本状况,对工艺流程中采用设备的设计及选型、构筑物的设计和管理设计等也起着决定性的作用。

处理工艺流程设计的基本程序包括:设计前期工作、初步设计和施工图设计。

(1)设计前期工作

设计人员明确任务,收集所需的资料、数据,并通过对这些数据进行归纳分析,得出切合实际的结论。根据这些结论设计人员得出可行性研究报告或工程设计方案,该方案包括总论、工程方案、工程投资估算及资金筹措、工程进度安排、经济评价、总论和研究结论、存在的问题及建议。

(2)初步设计

该阶段的主要内容有:进一步论证工程方案的技术先进性、可靠性和经济合理;提供工程概算表;技术设计;提供施工准备工作;提供主要材料供货要求(如工艺要求、性能、技术规格、数量等)。

(3)施工图设计

该阶段以初步设计的说明书和图作为依据,根据土建施工、构件加工及管线安装所需要的程度将初步设计精确具体化;施工图的设计,应满足土建施工、设备与管道安装、构件加工、施工预算编制的要求。施工图设计包括设计说明书、设计图纸、主要设备材料表。设计说明书主要包括以下内容:设计依据、设计方案、图纸目录、引用标准图目录、主要设备材料清单、施工安装注意事项及质量、验收要求和主要工程施工方法设计。污水处理厂设计图例如图30.1所示。

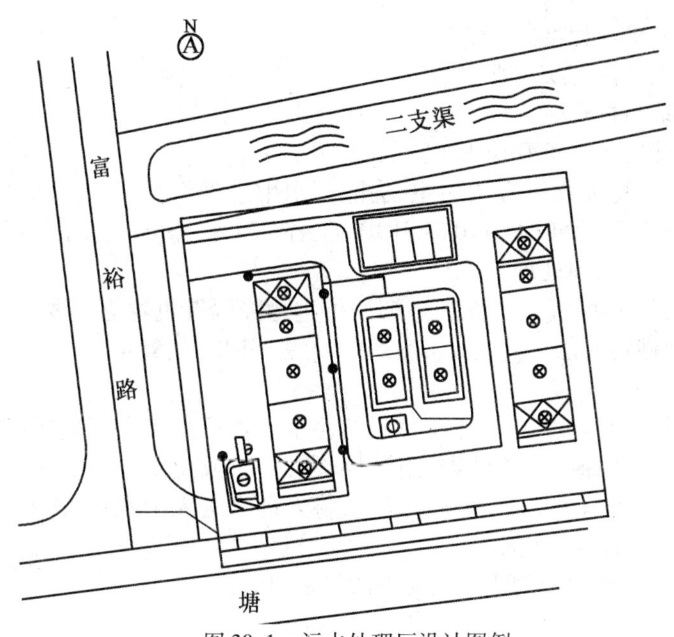

图 30.1　污水处理厂设计图例

污水处理工程设计依据包括：

①国家有关水污染防治法规政策与标准。

②地方政府对于水污染治理的目标、任务、区域规划、总量控制等措施和要求。

③建设范围、建设规模及建设地址。

④设计服务范围的污水产生、排放及水质水量特征。

⑤排放标准。

⑥综合利用目标。

⑦自然环境条件。

2. 工艺设计步骤

(1)确定污水处理厂规模

污水处理厂规模是指进入污水处理厂的水量数值，平均流量与最大流量必须准确。

(2)确定进出水水质

①准确预测进水水质。污水 BOD_5/COD_{cr} 值是判定污水可生化性的最简便易行和最常用的方法。一般认为 $BOD_5/COD_{cr}>0.45$ 可生化性较好，$BOD_5/COD_{cr}>0.3$ 可生化，$BOD_5/COD_{cr}<0.3$ 较难生化，$BOD_5/COD_{cr}<0.25$ 不易生化。

C/N 值是判别能否有效脱氮的重要指标。从理论上讲，$C/N\geqslant 2.86$ 就能进行脱氮，但一般认为，$C/N\geqslant 3.5$ 才能进行有效脱氮；《城市污水生物脱氮除磷处理设计规程》则规定，C/N 宜大于 4。

BOD_5/TP 值是鉴别能否生物除磷的主要指标。进水中的 BOD_5 是作为营养物供除磷菌活动的基质，故 BOD_5/TP 是衡量能否达到除磷的重要指标，一般认为该值要大于 20，比值越大，生物除磷效果越明显。

②确定出水水质标准。污水处理厂出水水质是按照排水水域类别，依照国家污水综合排放标准或行业污水排放标准，由当地环保部门制定的。

(3)选择处理工艺

污水处理的总体工艺路线和主要处理单元形式的选择应考虑：

①污水处理的要求与程度。

②处理工艺的先进性与实用性。

③降低工程占地与投资。

④较低的运行费用与维护管理水平。

一级处理:主要以物理化学方法为主,去除污水中悬浮物状态固体污染物质。经过一级处理后的污水,SS 可去除 40% ~70%,BOD 可去除 25% ~35%,达不到排放标准。一级处理一般作为二级处理的预处理。

二级处理:以去除不可沉悬浮物和溶解性可生物降解有机物为主要目的,其工艺构成多种多样,可分成活性污泥法、AB 法、AO 法、A^2/O 法、SBR 法、氧化沟法、稳定塘法、土地处理法等多种处理方法。

三级处理:是对水的深度处理,现在我国的污水处理厂投入实际应用的并不多。它将经过二级处理的水进行脱氮、脱磷处理,用活性炭吸附法或反渗透法等去除水中的剩余污染物,并用臭氧或氯消毒杀灭细菌和病毒,然后将处理水送入中水道,作为冲洗厕所、喷洒街道、浇灌绿化带、工业用水、防火等水源。

污水分级处理的主要污染物质和主要方法见表 30.7。

表 30.7　分级处理的主要物质和方法

处理级别	去除的主要污染物	主要方法
一级处理	悬浮固体或胶态物质	格栅、沉沙、沉淀
二级处理	胶态有机物、溶解性可降解的有机物	生物处理
三级处理	不可降解有机物	活性炭吸附
	溶解性有机物	离子交换、电渗析、超滤、反渗透、臭氧、化学法

例 30.1　印染废水处理工艺方案及流程。

厌氧 - 好氧 - 生物炭接触为主的处理工艺,如图 30.2 所示。

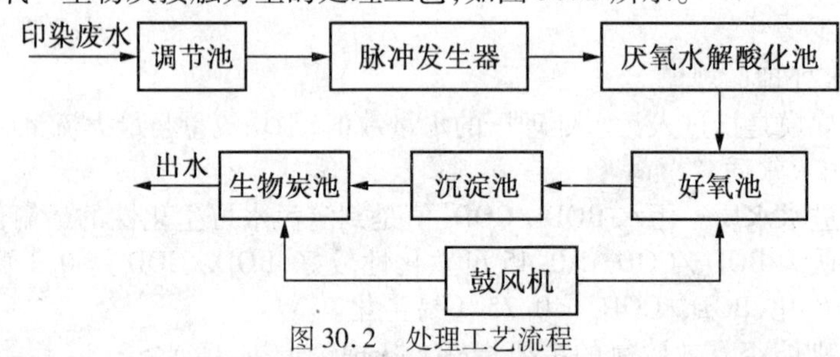

图 30.2　处理工艺流程

该处理工艺是原纺织部设计院"七五"科研攻关成果,是近几年来在印染废水处理中采用较多、较成熟的工艺流程。这里的厌氧处理不是传统的厌氧消化,而是进行水解和酸化作用。其目的是对印染废水中可生化性很差的某些高分子物质和不溶性物质通过水解酸化,降解为小分子物质和可溶性物质,提高可生化性和 BOD_5/COD_{cr} 值,为后续好氧生化处理创造条件。同时好氧生化处理产生的剩余污泥经沉淀池全部回流到厌氧生化段,因污泥在厌氧生化段有足够的停留时间(8 ~10 h),能进行彻底的厌氧消化,使整个系统没有剩余污泥排放,即达到自身的污泥平衡(注:仅有少量的无机泥渣会在厌氧段积累,但不必设专门的污泥处理装置)。

厌氧池和好氧池中均安装填料,属生物膜法处理;生物炭池装活性炭并供氧,兼有悬浮生长和固着生长法特点；脉冲进水的作用是对厌氧池进行搅拌。

各部分的水力停留时间如下。

调节池：8～12 h；厌氧生化池：8～10 h；好氧生化池：6～8 h；生物炭池：1～2 h；脉冲发生器间隔时间：5～10 min。

该处理工艺系统，对于 COD_{cr}≤1 000 mg/L 的印染废水，处理后的出水可达到国家排放标准，如进一步深度处理则可回用。对运转 5 年以上的工程观察，运行正常，处理效果稳定，也没有外排污泥，未发现厌氧生化池内污泥过度增长。

例 30.2　制药废水处理。

制药废水生化处理流程示意图如图 30.3 所示。

①工艺废水调节池和低浓度废水调节池：分别接受工艺废水和稀废水、生活污水，调节流量、均匀水质，保证后续处理单元稳定、连续运行。

②反应池Ⅰ投加催化氧化剂、混凝剂，反应池Ⅱ投加复配剂。

③一沉池和终沉池：污水分离。

④二沉池：泥水分离，部分污泥回流。

⑤水解酸化处理：进行兼氧水解处理，在此将大分子物质水解破坏，提高废水的可生化性，并去除一部分有机物。由于兼氧微生物的代谢较缓慢，设计 COD_{cr} 去除效率按 25% 考虑。

⑥好氧处理：好氧处理是去除废水中有机物的主要环节，经好氧处理法处理后，废水中有机物含量将大幅降低。设计 COD_{cr} 去除效率按 70% 考虑。

⑦污泥浓缩池：污泥浓缩，降低污泥的含水率。

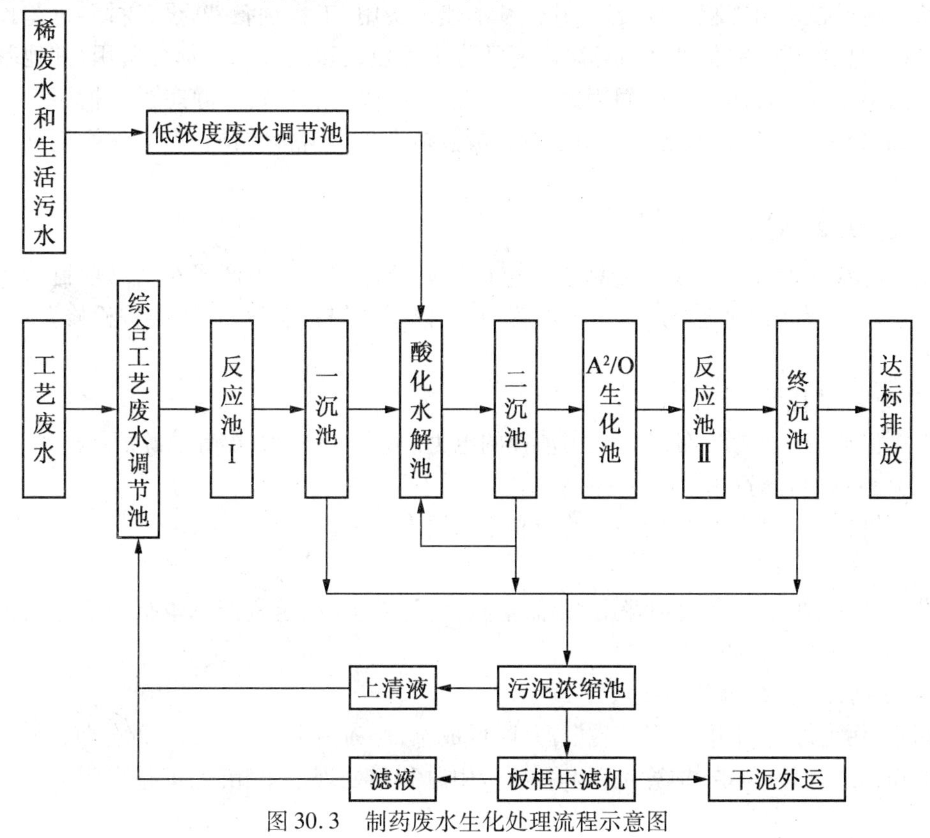

图 30.3　制药废水生化处理流程示意图

第31章　污水处理厂的运营维护及管理

31.1　污水处理厂技术经济评价和运行管理

污水处理厂技术经济评价能够反映基本建设工程的投资费用构成，是对设计方案进行评价的基础和标准。城市污水处理厂技术经济评价是污水处理厂建设的重要内容。

1.技术经济指标

对城市污水处理厂运行的好坏，常用一系列的技术经济指标来衡量，其中主要包括处理污水量、排放水质、污染物质去除效率、电耗及能耗等指标。另外，处理厂还应做好一系列的运行报表工作。

2.基本建设投资

基本建设投资是指一个建设项目从筹建、设计、施工、试生产到正式投入运行所需的全部资金，它包括可以转入固定资产价值的各项支出以及“预算投资支出”。

基本建设投资由工程建设费用、其他基本建设费用、工程预备费、设备材料价差预备费和建设期利息组成。在估算和概算阶段通常称工程建设费用为第一部分费用，其他基本建设费用为第二部分费用。按时间因素分为静态投资和动态投资。静态投资指第一部分费用、第二部分费用和工程预备费。动态投资指包括设备材料价差预备费和建设期利息的全部费用。

3.生产成本估算

城市污水处理厂生产成本估算通常包括污泥处理部分。生产成本估算项目包括能源消耗费用、药剂费用、固定资产基本折旧费用、大修基金提存费用、日常维护检修费用、工资福利费用等。

(1)能源消耗费用

能源消耗费用包括在处理过程中消耗的电力、蒸汽、自来水、煤等能源消耗。

(2)常维护检修费用

日常维护检修费用应按照污水性质和维修要求分别提取。

(3)其他费用

药剂费用、职工工资福利费用、劳保基金、统筹基金、固定资产基本折旧费等其他费用一般按日平均处理水量计算。

(4)污水、污泥综合利用收入

污水、污泥综合利用，可以节省资源、降低成本，作为污水处理厂的一部分收入。

城市污水处理厂成本估算是以上各项费用总和和处理水量相除，即得出年成本和单位成本。

4. 经济评价方法

建设项目经济评价是可行性研究的有机组成部分和重要内容,是项目和方案决策科学化的重要手段。

经济评价的目的是根据国民经济发展规划的要求,在做好需求预测及厂址选择、工艺技术选择等工程技术研究的基础上,计算项目的投入费用和产出效益,通过多方案比较,对拟建项目的经济可行性和合理性进行论证分析,作出全面的经济评价,经比较后推荐最佳方案,为项目决策提供科学依据。

5. 运行记录与报表

一个城市污水处理厂,每日或全厂处理了多少污水,处理效果如何,处理过程节能降耗结果如何,处理过程有什么异常解决方式与结果如何,全凭污水处理厂的运行记录及报表来反映。城市污水处理厂的原始记录与报表是一项重要的方案记录与档案材料,可为管理人员提供直接的运转数据、设备数据、财务数据、分析化验数据,可依靠这些数据对工艺进行计算与调整,对设施设备状况进行分析、判断,对经营情况进行调整,并据此提出设施设备维修计划,或据此进行下一步的生产调度。

原始记录主要有值班记录、工作日志和设备维修记录,包括各种测试、分析或仪表显示数据的记录。统计报表则是在原始记录基础上汇编而成,可分为年统计、季统计、月统计等。一般由工段每月向笠或处室抄送月统计报表备善进或片室每季度或每年向厂抄送季度或年统计报表;各操作每日或旬或周向工段抄送日或旬统计报表。

原始记录或统计报表,又可以按专业划分为运行、化验、设备、财务等几类报表。

运行值班人员在填写原始记录时,一定要及时、清晰、完整、真实准确统计报表的编制在定时、系统、简练地反映污水处理过程不同时期、不同专业的运行管理状况的主要信息。

31.2 污水处理系统的运行管理

1. 预处理的运行管理

(1)格栅间

①格栅工作台数的确定。通过污水处理厂前部设置的流量计、水位计可得知进入污水处理厂的污水流量及渠内水深,再按设计推荐或运行操作规程设计的入流污水量与格栅工作的关系,确定投入运行的格栅数量。也可通过最佳过栅流速的计算来确定格栅投入运行的台数。

②栅渣的清除。格栅除污机每日清污的时间,主要利用栅前液位差来控制,必要时结合时开时停方式来控制。不管采用什么方式,值班人员都应经常巡视,以手动开停方式积累的栅渣发生量决定于很多因素,一天、一月或一年中什么时候栅渣量大,管理人员应注意摸索总结,以利于提高操作效率。此外,要加强巡查及时发现格栅除污机的故障,及时压榨、清运栅渣,做好格栅间的通气换气。

③定期检查渠道的沉沙情况。由于污水流速的减慢或渠道内粗糙度的加大,格栅前后渠道内可能会积沙,应定期检查清理积沙或修复渠道。

④做好运行测量与记录。应测定每日栅渣量的质量或容量,并通过栅渣量的变化判断

格栅是否正常运行。

2. 污水提升泵房

(1)泵组的运行调度

①污水处理厂的污水进入泵房前一般不设调节池,为保证抽升量与来水量一致,泵组的运行调度应注意以下几条:

a. 尽量利用大小泵的组合来满足水量,而不是靠阀门来调节,以减少管路水头损失,节能降耗。

b. 保持集水池的高水位,可降低提升扬程。

c. 水泵的开停次数不可过于频繁。

d. 各台泵的投运次数及时间应基本均匀。

②注意各种仪表指针的变化。例如,真空表、压力表、电流表、轴承温度表、油位表的变化。若指针发生偏位或跳动,应查明原因,及时解决。

a. 集水池的维护。因为污水流速减慢,泥沙可能沉到集水池池底。定期清洗时,应注意人身安全。清池前,应首先强制排风,达到安全部门规定的要求后,人方可下池工作。下池后仍应保持一定的通风量。每个操作人员在池下工作时间不可超过 30 min。

b. 做好运行记录。每班应记录的内容有:主要仪表的显示值,各时段水泵投运的台号,异常情况及其处理结果。

3. 初次沉淀池的运行管理

①运行操作人员应观察并记录反应池矾花生长情况,并将之与以往记录资料比较。如发现异常应及时分析原因,并采取相应对策。例如,反应池末端矾花颗粒细小,水体浑浊且不易沉淀,则说明混凝剂投药是不够。若反应池末端矾花颗粒较大但很松散,沉淀池出水异常清澈,但是出水中还夹带大量矾花,这说明混凝剂投药量过大,使矾花颗粒异常长大,但不密实,不易沉淀。

②运行管理人员应加强对入流污水水质的检验,并定期进行烧杯搅拌试验。通过改变混凝剂或助凝剂种类,改变混凝剂投药量,改变混合过程的搅拌强度等,来确定最佳混凝条件。

③采用机械混合方式时,应定期测试计算混合区的搅拌梯度,核算其有问题时,应用时调整搅拌设备转速或调节入流水量。采用管道混合或采用静态混合器混合时,由于流量减少,流速降低,会导致混合强度不足。对于其他类型的非机械混合方式,也有类似情况,此时应加强运行的合理调度,尽量保证混合区内有充足的流速。对于水力式絮凝反应池也一样,应通过流量调整来保证其水流速度。

④应定期清除絮凝反应池内的积泥,避免反应区容积减少,池内流速增加使反应时间缩短,导致混凝效果下降。

⑤反应池末端和沉淀池进水配水墙之间大量积泥,会堵塞部分配水孔口,使孔口流速过大,打碎矾花,沉淀困难。此时应停止运行清除积泥。

⑥沉淀池应合理确定排泥次数和排泥时间,操作人员应及时准确排泥。否则沉淀池内积存大量污泥,会降低有效池容,使沉淀池内流速过大。

⑦应加强巡查,确保沉淀池出水堰的平整。否则沉淀池出水不均匀造成池内短流,将

破坏矾花的沉淀效果。

⑧应经常观察混合、反应排泥或投药设备的运行状况，及时进行维护，发生故障则及时更换报修。

⑨定期清洗加药设备，保持清洁卫生；定期清扫池壁，防止藻类滋生。

⑩定期标定加药计量设施，必要时应予以更换，以保证计量准确。

⑪加强对库存药剂的检查，防止药变质失效，对硫酸亚铁尤其应注意。用药应贯彻“先存后用”的原则。

⑫配药时要严格执行卫生安全制度，必须带胶皮手套以及其他劳动保护措施。

⑬做好分析测量与记录。

4. 生化曝气池及二沉池的运行与管理

传统活性污泥处理系统的运行管理包括以下几个方面。

①经常检查与调整曝气池配水系统和回流污泥的分配系统，确保进行各系列或各池之间的污水和污泥均匀。

②经常观测曝气池混合液的静沉速度、SV 及 SVI，若活性污泥发生污泥膨胀，判断是否存在下列原因：入流污水有机质太少，曝气池内 F/M 负荷太低，入流污水氮磷营养不足，pH 值偏低不利于菌胶团细菌生长；混合液溶解氧 DO 偏低；污水水温偏高等。并及时采取针对性措施控制污泥膨胀。

③经常观测曝气池的泡沫发生状况，判断泡沫异常增多的原因，并及时采取处理措施。

④及时清除曝气池边角外飘浮的部分浮渣。

⑤定期检查空气扩散器的充氧效率，判断空气扩散器是否堵塞，并及时清洗。

⑥注意观察曝气池液面翻腾状况，检查是否有空气扩散器堵塞或脱落情况，并及时更换。

⑦每班测定曝气池混合液的 DO，并及时调节曝气系统的充氧量，或设置空气供应量自动调节系统。

⑧注意曝气池护栏的损坏情况并及时更换或修复。

⑨当地下水位较高，或曝气池或二沉池放空，应注意先降水再放空，以免漂池。

⑩经常检查并调整二沉池的配水设施，使进入各池的混合液均匀。

每日应测定项目：进出污水流量，曝气量或曝气机运行台数与状况，回流污泥量，排放污泥量；进出水水质指标：COD_{cr}、DOD_5、SS、pH 值；污水水温；活性污泥生物相。每日或每周应计算确定的指标：污泥负荷 F/M，污泥回流比，二沉池的表面水力负荷和固体负荷，水力停留时间和污泥停留时间。

5. 消毒系统的运行与管理

①紫外线消毒系统可由若干个独立的自外灯模块组成，且水流靠重力流动，不需要泵、管道以及阀门。

②灯管布置要求灯管排列方向与水流方向一致呈水平排列，且保证所有灯管互相平行和间距一致，灯管轴向与水流方向垂直的布局不予采用。

③所有灯管和灯管电极应保证完全浸没在污水中，正负两极应由污水自然冷却，以保证在同温下工作。

④处理过程中绝对保证使操作人员与紫外线辐射保持有效隔离。

⑤紫外线消毒技术的灯管设备、外罩密封石英套管等核心技术得到了不断的完善,紫外线消毒设备运行维护简单。紫外线消毒灯管能连续工作几个月(5个月)还不会发生生物淤积、结垢和固体沉积等现象,减轻了设备维护的负担。

⑥只有波长在253~260 nm范围内的紫外线才具有强的消毒作用,而其他波段的紫外线不具有有效的消毒作用,因此,对制造灯管设备的技术要求很高。

⑦紫外线消毒效果与UV-C的剂量成正比关系,剂量太低对微生物的消毒效果较差,且还有修复现象(光修复和暗修复),但是如果紫外线的剂量太大就会造成浪费。因此,合理控制紫外线的剂量十分重要。当遇到水质污染临时加重时,可以降低流量、延长紫外线照射时间的方法提高消毒效果,反之亦然。

⑧水体中的生物群、矿物质、悬浮物等容易积聚在灯套管表面,影响紫外光的透出而影响UV-C的消毒效果。因此,需要设计特殊的附加机械设备来定期清洗灯套管。

⑨水的色度、浊度和有机物、铁等杂质都会吸收紫外线而降低紫外线的透过强度,从而影响紫外线的消毒效果。因此,在污水进入紫外消毒器以前需要有其他预处理设备,以此提高紫外线消毒器的消毒效果。

6. 流量计量装置的运行管理

现在污水处理厂常用的污水水量计量装置分为两类:一类是明渠式的计量设备,如巴氏计量槽、薄壁堰等;另一类是管道式计量设备,如超声波流量计、电磁流量计等。

31.3 活性污泥系统的运行管理

1. 运行调度

(1)活性污泥系统的运行调度

在运行管理中,经常要进行调度,对一定水质水量的污水,确定投运几条曝气池、几座二沉池、几台鼓风机以及多大的回流能力,每天要排放多少污泥。运行调度方案可按以下程序编制:

①确定水量和水质。

②确定有机负荷F/M。

③确定混合液污泥浓度MLVSS。

④确定曝气池的投运数量。

⑤核算曝气时间。

⑥确定鼓风机投运台数。

⑦确定二沉池的水力表面负荷。

⑧确定回流比。

(2)活性污泥系统的控制周期问题

处理厂对活性污泥系统很难做到时时刻刻进行调控。曝气系统应实时控制;回流比、排泥量可在较长的时间段内维持恒定,但应每天检查核算。当进入污水量发生变化或水质突变时,应随时采取控制对策,或重新进行运行调度。

2. 异常问题对策

由于工艺控制不当、进水水质变化以及环境因素变化等原因会导致污泥膨胀、生物相异常、污泥上浮、生物泡沫等生物异常现象，各水厂运行操作人员要严格按操作规程操作，遇到以上问题应及时处理并上报公司。

(1)污泥膨胀问题

①发生污泥膨胀后，要进行分析研究确定污泥膨胀的种类及形成原因，分析膨胀的存在条件及成因。着重分析进水氮、磷营养物质是否足够，生化池内 F/M、pH 值、溶解氧是否正常，进水水质、水量是否波动太大等因素。根据分析出的种类、因素作相应调整。

②由于临时原因造成的污泥膨胀问题，采取污泥助沉法或灭菌法解决。

③由于工艺运行控制不当原因造成的污泥膨胀问题，根据不同因素采取相应工艺调整措施解决。

(2)泡沫问题

①发生泡沫后，要进行分析研究确定泡沫的种类及形成原因，根据分析出的种类、因素作相应调整。

②化学泡沫，采取水冲或加消泡剂解决。

③生物泡沫，增大排泥，降低污泥龄，预防为主。

(3)污泥上浮问题

①污泥上浮广义上指污泥在二沉池内上浮，在运行管理中，专指由于污泥在二沉池内发生酸化或反消化导致的污泥上浮。

②酸化污泥上浮，采取及时排泥的控制措施。

③消化污泥上浮，采取增大剩余污泥的排放，降低污泥龄，控制消化的控制措施。

3. 污泥脱水机的运行管理

①经常检测脱水机的脱水效果，若发现分离液(或滤液)浑浊，固体回收率下降，应及时分析原因，采取针对措施予以解决。

②经常观测污泥脱水效果，若泥饼含固量下降，应分析情况采用针对措施解决。

③经常观察污泥脱水装置的运行状况，针对不正常现象，采取纠偏措施，保证正常运行。

④每天应保证脱水机的足够冲洗时间，当脱水机停机时，机器内部及周身冲洗干净彻底，保证清洁，降低恶臭。否则积泥干后冲洗非常困难。

⑤按照脱水机的要求，经常做好观察和机器的检查维护。

⑥经常注意检查脱水机磨损情况，必要时予以更换。

⑦及时发现脱水机进泥中而泥中沙粒对滤带的破坏情况，损坏严重时应及时更换。

⑧做好分析测量记录。

31.4　污水处理机械设备的运行管理

1. 污水处理厂设备管理概述

(1)设备管理内容

污水处理厂的所有设备都有它的运行、操作、保养、维修规律，只有按照规定的工况和运转规律，正确地操作和维修保养，才能使设备处于良好的技术状态。同时，机械设备在长时期运行过程中，因摩擦、高温、潮湿和各种化学效应的作用，不可避免地造成零部件的磨损、配合失调、技术状态逐渐恶化、作业效果逐渐下降，因此还必须准确、及时、快速、高质量地拆修，以使设备恢复性能，处于良好的工作状态。总之，对污水处理厂来说，设备管理应注意以下几个方面。

①使用好设备。各种设备都要有操作规程，规定操作步骤。设备操作规程主要根据设备制造厂的说明书和现场情况相结合而制定。工人必须严格按照操作规程进行操作。设备使用过程中要做工况记录。

②保养好设备。各种设备都应制订保养条例，保养条例根据设备制造厂的说明书和现场情况结合而制定，也可把保养条例与操作规程放一起。保养条例中包括进行清洁、调整、紧固、润滑和防腐等内容。

保养工作同样应做记录。保养工作可分为：例行保养、定期保养、停放保养、换季保养。

③检修好设备。对主要设备应制订设备检修标准，通过检修，恢复技术性能。有些设备，要明确大、中、小修界限，分工落实。对主要设备必须明确检修周期，实行定期检修。对常规修理，应制订检修工料定额，以降低检修成本。每次检修都应做详细记录。

④管好设备。管好设备是指从设备购置、安装、调试、验收、使用、保养、检修直到报废以及更新全过程的管理工作。其中包括设备的资金管理对每一环节都应有制度规定。

2. 设备的完好标准和修理周期

设备完好率的计算公式为

$$设备完好率=(完好设备台数/设备总台数)\times100\%$$

什么设备才算完好，各地单位要求不同，可以下列标准作为完好标准。

①设备性能良好，各主要技术性能达到原设计或最低限度应满足污水处理生产工艺要求。

②操作控制的安全系统装置齐全，动作灵敏、可靠。

③运行稳定，无异常振动和噪声。

④电器设备的绝缘程度和安全防护装置应符合电器安全规程。

⑤设备的通风、散热和冷却、隔声系统齐全完整，效果良好，温升在额定范围内。

⑥设备内外整洁，润滑良好，无泄露。

⑦运转记录，技术资料齐全。

设备使用了一段时间以后，必须进行小修、中修或大修。有些设备，制造厂明确规定了它的小修、大修期限；有的设备没有明确规定，那就必须根据设备的复杂性、易损零部件的耐用度以及本厂的保养条件确定修理周期。修理周期是指设备的两次修理之间的工作时间，污水处理厂设备的大修周期应根据具体设备使用手册决定。

3. 建立完善的设备档案

设备档案包括技术资料、运行记录、维修记录3个部分。

第一部分是设备的说明书、图纸资料、出厂合格证明、安装记录、安装及试运行阶段的修改洽谈记录、验收记录等。这些资料是运行及维护人员了解设备的基础。

第二部分档案是对设备每日运行状况的记录，由运行操作人员填写。如每台设备的每日运行时间、运行状况、累计运行时间，每次加油的时间，加油部位、品种、数量，故障发生的时间及详细情况，易损件的更换情况等。

第三部分是设备维修档案，包括大、中修的时间，维修中发现的问题、处理方法等。这将由维修人员及设备管理技术人员填写。设备使用了一段时间以后,必须进行小修、中修或大修。

根据以上3部分档案,设备管理技术人员可对设备运行状况和事故进行综合分析,据此对下一步维修保养提出要求。可以此为依据制订出设备维修计划或设备更新计划。如果与生产厂家或安装单位发生技术争执或法律纠纷,完整的技术档案与运行记录将使处理厂处于有利的地位。

4.污水处理厂设备的运行管理与维护

(1)熟悉所管理的设备

要使用好设备,首先要熟悉设备。仔细地阅读产品的出厂说明书,一般来说,说明书上都注明设备的品种、型号、规格及工作特点;操作要领、注意事项、安全规程及加油的部位、所加油脂的品种、每次换油的间隔等。有的说明书上还注明故障的原因及排除方法、维修时间、应注意事项等。要对照设备逐项将说明书上的内容搞懂。有的设备说明书比较简单,操作人员可向设备管理技术人员及生产厂家的现场服务技术人员学习、咨询。应注意的一点是,设备生产厂家的产品说明书上很少介绍自己产品的缺点。然而每种产品都或多或少有其不足之处。操作人员可通过长期的操作、观察,积累一部分经验,逐步了解设备的缺点,并摸索出相应的解决措施。

(2)确定设备运行最佳方案

任何一种机械设备及其零部件都有一定的运行寿命。要使设备在良好的工作状态下运行,保证其正常使用寿命的同时,在保证完成水处理任务的前提下,尽量减少设备的无效运转及低效运转,保证大部分设备的满足负荷运行,也能起到延长设备实际寿命的作用。

(3)做好设备的巡回检查

污水处理厂的大型工艺设备分布分散,且大部分处于露天或者半露天位置,因此建立并严格地执行巡回检查制度就显得格外重要。

大中型污水处理厂里一般都有中心控制室,它可以对这些设备实现远距离监控。这些监控必须在24 h内不间断地进行,这样一旦发生故障可以及时远控停机并马上到现场处理。除此以外,针对设备运行状况到现场巡回检查仍是必不可少的。一般来说,对24 h不间断运行的设备,每天应每2~3 h检查一次,夜间也至少安排2~3次检查。对于无远距离监控的污水处理厂,对设备巡回检查的密度还应适当加大。在巡查中如发现设备有异常情况,如卡死、异常声响、堵塞、异常发热等,应及时停机采取措施。

操作人员应了解每天的天气预报,这除了对水处理工艺有用以外,对工艺设备的安全运行也有不可忽视的意义。我们应对可能出现的灾害性天气及时采取预防措施。如雨雪即将来临时,应着重检查设备的防雨措施,特别是电器、油箱、齿轮箱是否可能进水;寒潮即将来临时,应检查防冻措施。雨后应及时清除设备上及行走路线上的积水,配电箱、集电环条、变速箱、控制箱、液压油箱内如不慎进水应及时采取措施,雪后应及时清除设备及设备行走路线的积雪。

(4)保持设备良好的润滑状态

要使设备保持长期、稳定、正常的运行,就要时刻保持各运转部位良好的润滑状态。润滑油脂除了使设备在运转中减少摩擦、磨损之外,还有防腐、防漏及降温等功能。一般设备在出厂之前就规定了其加油的部位、加油量、每次加换油脂间隔的时间以及在什么样的温度条件下加什么油脂。但各个污水处理厂的设备工作条件不同,因此还应由本单位的专业技术人员根据本单位的条件定出各个设备的加油规章。对购买来的油脂应贴上标签,分类保管,严防错用、污染、混合或进水。

一般情况下,设备运转的初期称为“磨合期”。在此期间,会有较多的金属碎屑从齿轮、轴承及其他部位被磨下而进入润滑油中,特别是减速箱、变速箱这类情况就十分明显。所以,应在设备运转的200~500 h将油箱中的脏油排出,并用柴油清洗后加入干净的油。设备进入正常的磨损后,可按有关的规章加油、加换油脂。在北方地区,室外气温随季节不同会有很大的变化,一些油脂遇严寒会变得黏稠,甚至凝固,而夏季又会因油脂黏度过低降低润滑效果,有时造成漏油。因此在室外运行的设备应根据季节不同更换合适的油脂。

对一些开放式传动的部位,如齿轮轴、螺杆、蜗轮蜗杆及链条等,表面的润滑油脂会粘上风吹来的尘沙及水中的污物,影响润滑效果和加速磨损,应根据运转条件的不同定期清洗,更换油脂。

(5)做好设备的日常维护与保养

设备在运行中会出现一些这样或那样的小毛病,或许当时并不影响运行,但如不及时处理,则会引发大的故障而造成停机,严重时会酿成事故。

例如,螺栓松动脱落是在运行和振动较大的部位常见的现象,应随时发现紧固。如不及时发现和处理,轻者会造成设备较大损失,重者还可能造成人员伤亡。在重要的连接部位,如联轴器、法兰、电机的基座、桥式设备的钢轨、各种行走轮支架等,应定期用扳手检查其螺栓,如有松动应及时上紧。如果有些部位螺栓经常松动,为保证安全,应增加防松措施,如用防松垫圈或加防胶等。如果一颗小小的螺栓、螺母等落入池水中,它可能随水或泥进入破碎机或螺杆泵等设备,造成连锁故障。

这里应提醒操作人员及现场维修人员,工艺设备很多是在水面上运行,在维修设备及操作机器时,零件都可能落入水中。有些零件一旦丢失极难购买。因此,在拆修设备时一定要采取措施严防落水。在使用工具时,最好准备一块强力磁铁,并用绳子拴好;如不慎将钢铁工具及零件落水,可用磁铁从水底找回来。可以想象,一把钳子、扳手随泥进入破碎机可能会发生什么情况!

在设备上有很多零部件是对设备和人身起保护作用的。如漏电保护器、空气开关、熔断器、限位开关、过扭矩传感器、紧急停止开关、电磁鼓保护开关、液压系统的溢流阀门、滤清器报警装置,一些连接机构的剪断销、安全销、摩擦片、摩擦块等都有这一功能。保持这些设施的正常工作状态就可以避免很多重大事故的发生。如果这些部位发生故障,应及时维修及更换,如当时无法解决应果断停机,切不可侥幸,违章操作,搞一些临时措施,比如用铜丝代替保险丝、短接空气开关或以大电流空气开关换小电流空气开关、随意甩开某个行程开关或保护开关等。摩擦联轴器上的弹簧压力不可随意调紧,超过其许用预紧力;尼龙销不可换成钢铁的,等等,如果违章都会造成保护功能的丧失。安装剪断销的部位要经常加油,以防锈死失去功能。

漏油、漏水与漏气也是常见的故障,发现后应及时采取措施,比如紧螺栓,更换油封、水封、O形圈及盘根等。

这里应强调,一些电器设施如电机的接线盒、集电环箱、行程开关、控制箱及配电箱等的防雨、防水是格外重要的。特别是在雨季,电器进水可能造成短路、烧毁电机、烧毁接触器、烧毁控制室的模板，严重时还可能造成触电等人身事故。

污水处理厂的大型工艺设备中广泛使用了钢丝绳及拉链作为承重件。这些承重件经过一段时间的使用，会发生磨损、断线及锈蚀等，如不及时采取措施，会造成突然断裂等事故，造成重大损失，甚至人身事故。因此，操作人员及维修人员应定期检查设备上的钢丝绳、拉链，并针对所发生的情况采取相应措施。

由于特殊的环境，污水处理行业的钢丝绳的锈蚀现象是非常严重的，特别是经常浸没在污水、污泥中的钢丝绳及链条更是如此。钢丝绳一旦发生外部或内部锈蚀，弯曲时更易发生疲劳断裂，因此一方面要加强钢丝绳日常的防腐保养，如及时清除表面污泥和定期涂油，另一方面应定期用专用工具撬开钢丝绳，检查内部的腐蚀情况，必要时请专业人员用磁力探伤等方法测定内部情况。发生较严重锈蚀的钢丝绳应及时更换。

设备各部件的防腐，在污水处理行业中是设备管理中的一项重要工作。污水里的有害物质会造成钢铁的严重锈蚀，因此污水处理设备的钢铁结构件表面都有防锈涂料。经过一段时间使用，这些涂料会逐渐磨损、老化、脱落，污水侵入，加速腐蚀。为此，污水处理厂应经常检查这些涂层的情况，并随时修补。每次大修时应将失效的涂料及生锈的钢铁表面全部清理干净，涂以新的涂料。浸水部分常用的涂料有环氧沥青，其余部分有各种防锈漆。近年来各种新型涂料层出不穷，我们可根据自己的需要及经济条件选用适当的防腐方法。

第32章 环境工程设计实际应用

32.1 泰安市污水处理厂工程设计

泰安市位于泰山山坡南麓,以其历史、文化、风景优美而成为旅游名胜,泰山1998年被列为世界自然遗产。泰安市主要工业为轻工业,其中以食品、造纸、制药、酿酒等轻工业为主。

泰安市地形自北向南,北高南低,地形高差达100 m以上,境内泰山为海拔1 533.7 m(黄海高程)。市内河流自西北流向东南,主要有滂河、涝洼河、奈河及梳流河。

泰安市污水处理厂位于泰城南郊,南关路南部,灌庄村南,滂河北岸,占地面积为5.33 hm^2(合80亩)。污水处理厂建设规模为50 000 m^3/d,占排水量的70%,采用改良AB法工艺,在B段采用了对除磷脱氮效果较好的A^2/O法处理工艺,其中2万t经进一步处理流程(过滤、加氯消毒)后作为工业和景观用水。污水处理厂工程投资概算为4 500万元,其中向奥地利政府贷款480万美元,用来购买污水处理设备。该工程由中国华北设计院设计,自1989年7月份起建设,建设周期为41个月,到1992年年底建成。

1. 工艺特点

泰安市污水处理厂采用的AB法处理工艺为德国亚琛大学本克教授研究发明的生物吸附与生物降解相结合处理污水方法的简称。其A段为高负荷胸生物吸附段,污泥负荷达到2.6 kg BOD/(kg MISS·d),停留时间短,为0.5 h左右,污泥沉降性能好,A段的运行能减少能耗(产沼气量高,可作为能源利用),减少B段处理构筑物的容积,抗冲击负荷,保证B段稳定运行,但常规的AB法在去除磷脱氮效果方面不及A^2/O法工艺。因此,在本污水处理厂的B段,采用了A^2/O系统,从而将两者结合起来形成$A+A^2/O$法工艺,保证了污水处理厂的出水和回用水的水质要求。用AB法工艺(且B段为A^2/O法)处理城市污水,在全国尚属首例。

污水处理厂的主要设备包括监测仪表、化验分析仪器、计算机控制系统和部分电气设备,全部从奥地利等西欧国家引进,使污水处理厂的监测、化验分析手段和自动化程度等方面均达到了国际20世纪80年代中期的水平。

2. 工艺流程

(1)污水处理部分工艺流程

城市污水进入处理厂后,先通过粗格栅,去除污水中悬浮和漂浮的大块物质,经提水泵房提升后通过细格栅,去除较小的漂浮物,进入曝气沉沙池,去除污水中的沙粒等无机物。再进入A段曝气池和中间沉淀池,通过生物吸附作用去除污水中的有机物和悬浮物。中间沉淀池下来的污泥用泵打到污泥处理工段。经中间沉淀池沉淀后的污水进入B段生物池。依次通过调节池、厌氧段、缺氧段和好氧段,然后通过最终沉淀池。经最终沉淀池沉淀下来的污泥，一部分回流到 B 段生物池中，另一部分送到污泥处理工段。沉淀后的出水，一部分（3 万 t/d）排入滂河，另一部分（2 万 t/d）再经过过滤和加氯消毒作进一步的处理后回到市区作为工业和景观用水（图 32.1）。

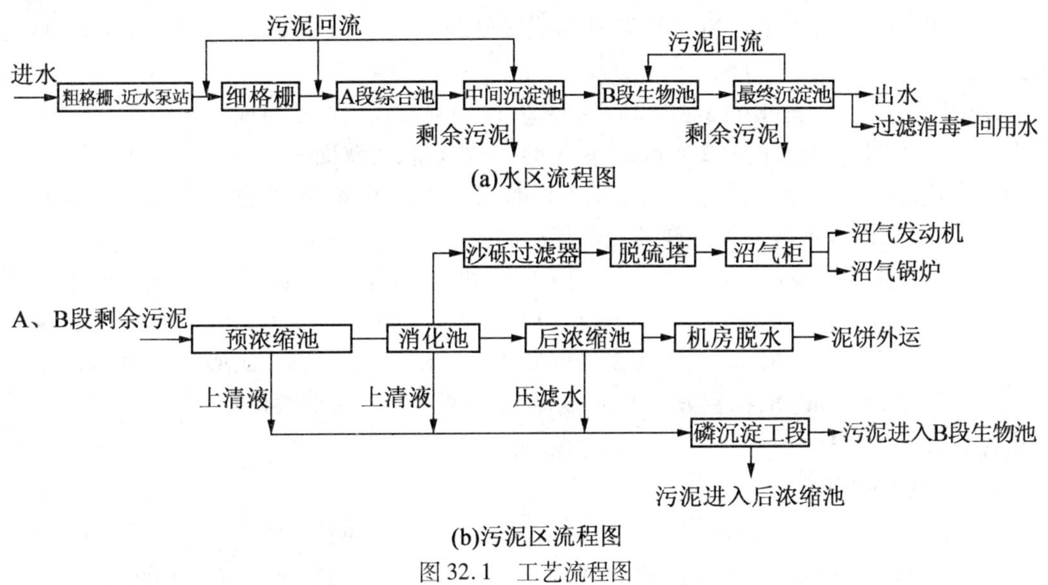

图 32.1　工艺流程图

（2）污泥处理部分工艺流程

经过中间沉淀池和最终沉淀池沉淀下来的剩余污泥，首先分别送入污泥预浓缩池，降低污泥的含水率，其含水率由 99% 降为 97% 左右，然后进入污泥消化池进行中温消化，产生的沼气作为能源利用，消化后的污泥再进入污泥后浓缩池，进一步降低污泥的含水率，由 97% 降为 95% 左右，最后进入污泥脱水机房经机械脱水压成泥饼外用。在污泥处理过程中产生的污水，含有大量的磷，集中后进入除磷工段进行脱磷，脱磷后的水再送入污水处理流程中进行处理。

3. 主要构筑物和设计参数

（1）进水及机械处理工段

①粗格栅。共 1 台，为引进设备，栅宽 0.96 m，栅距 60 m。格栅本体为不锈钢材，清污机耙由计算机根据栅前后水位差自动控制动作，同时有机旁急停、启动按钮。

②污水泵房。内设引进的带预旋系统不堵塞型潜水泵 12HK－MD 3 台，2 用 1 备。每台水泵的流量为 1 450 m^3/h，扬程 12 m，电机功率为 75 kW，效率为 80%。

③细格栅。细格栅设在曝气沉沙池前端。细格栅共 2 台，1 用 1 备，栅条净距 15 mm，系统引进设备，每台栅宽 1.34 m。

（2）生物处理 A 段

A 段由曝气沉沙池、厌氧池、好氧池、中沉池、A 段回流污泥泵房 5 部分组成。

①曝气沉沙池。曝气沉沙池设有两条廊道，每条长 52.8 m，宽 2 m，停留时间 14 min，每池池底一侧设有管式微孔曝气器 144 个，供气量为 1 700 m^3/h，池上设 1 台刮沙机，兼管两条廊道刮沙，至沙水分离器分离，排出无机沙。

②厌氧调节池。设在曝气沉沙池旁边。平面尺寸为 52.8 m×8 m，深 6.5 m，停留时间

1.89 h。主要接纳来自中间沉淀池的回流污泥及曝气沉沙池的浮渣，池内设立式搅拌器POPL－5共5个，叶片直径为2.3 m，转速为32 r/min，防止污泥沉淀。

③好氧池。好氧池设在曝气沉沙池后部，平面尺寸为41.2 m×2 m，深6 m，共2池，停留时间为25 min。池中安装NOPOL微孔盘式曝气头，共704个，供气量1 478 m^3/h。曝气头为芬兰产品。

④中间沉淀池。中间沉淀池由2座直径28 m的辐流式沉淀池组成。有效水深2.45 m，沉淀时间为1.04 h，表面负荷2.6 $m^3/(m^2 \cdot h)$，出水堰板为双面三角堰板，刮泥装置为周边驱动半桥式，为引进设备。中间沉淀池的停留时间短，表面负荷高，目的是使水中的BOD更多地留在B段，以满足B段的除磷脱氮对碳源的要求。

⑤A段回流污泥泵站。将中间沉淀池的污泥回流到细格栅前，内设立式离心潜水泵(F10K－SS)3台(2用1备)，其中1台可以变频调速，调节范围为40%。单台泵流量为1 000 m^3/h，扬程$H=3.61$ m，功率为27 kW。泵站中有剩余污泥泵(DDQ－S4)2台(1用1备)，单台流量为65 m^3/h，扬程$H=10$ m，功率为4 kW。以上污泥泵由频率/时间自动操作，可由计算机进行调整。

(3)生物处理B段

B段由生物池、鼓风机房、回流污泥泵站、最终沉淀池4部分组成。

①生物池。分设2组，每组宽40 m，长53.6 m，深5.0 m，每组池区分为4部分。第1部分为调节池，10%的中间沉淀池来水和除磷工段来水进入A段处理池。另外90%的废水中间沉淀池来水进入第2部分厌氧段，再进入第3部分缺氧段，最后进入第4部分好氧段。这4部分的停留时间分别为调节段0.5 h；厌氧段0.76 h、缺氧段2.37 h、好氧段3.02 h，总计6.65 h。

混合液从好氧段回流到缺氧段，回流比为300%，回流污泥从B段回流污泥站回流至调节段(厌氧/缺氧段)，回流比最大为100%。每个调节池中设有1个水泵推动搅拌器，2组共设2台，转速为24 r/min，每组厌氧池分2格，设1个搅拌器，2组共2个，转速为24 r/min。每组缺氧池分4格，设4个水泵推动搅拌器，2组共设8个。搅拌器的直径为2 300 mm，叶片材料为高强不锈钢，转速为34 r/min。在缺氧池中，设置NOPOL KLI－215盘式微孔曝气头，2组共560个。作为好氧池与缺氧池之间的调节池，好氧池中设置NOPOL KLl－215微孔曝气头，2组共3 720个，最大空气供应量为11 160 m^3/h，最大氧转移率为812 kg O_2/h，曝气头浸没水深为4.75 m。生物池出水渠道上安装混合液回流泵共2台，1组1台，单台流量为4 300～2 875 m^3/h，扬程为0.8～1.0 m，加酸冲洗，防止堵塞。

②B段回流污泥泵站。B段回流污泥泵站与B段最终沉淀池配水并合建，泵站内设3台回流污泥泵，为立式潜水泵，型号Hl2K－SS(2用1备)，流量为1 450 m^3/h，扬程为3.67 m，功率为30 kW，其中有1台带调频转换器，调节范围为泵流量的40%，这样便于调节污泥回流比，污泥回流比最大为100%。回流量为65 m^3/h，扬程为10 m，1用1备，剩余污泥直接排入污泥浓缩池。

③鼓风机房。鼓风机房内设有4台高速离心电动鼓风机，带导叶片可调节风量，首先根据水中溶解氧的高低调节阀的开启度，使空气管中压力变化，压力变化使导叶片的角度变化，以此调节气量，这个过程将由计算机完成自动控制。鼓风机风量为4 000 m^3/h，风压160.64 kPa(丹麦产Hv型)，功率为90 kW，鼓风机房中另外设1台是用沼气直接拖动的沼

气发动机，标准为133 kW，正常情况4台工作，1台备用，当有沼气时，尽量用沼气发动机带动鼓风机，沼气发动机一套均为引进设备。每台鼓风机都可向计算机输出温度过高故障、喘振故障和误差检测信号，随时掌握风机运行工况。

④最终沉淀池。共设3座辐流式沉淀池，直径为42 m，有效水深为3.5 m，超高1.0 m。由中央进水周边出水，沉淀时间为5.03 h，表面负荷为0.74 $m^3/(m^2 \cdot h)$。最终沉淀池是保证污水处理厂二级出水水质的关键构筑物，因此停留时间及表面负荷选用偏安全，以保证出水质量。

池内安装半桥式吸泥机，吸泥后由虹吸管排放到中心环形渠道中，虹吸管由真空泵启动。以上3座最终沉淀池出水汇入出水渠道后排入水体，其中20 000 m^3/d二级处理出水经回用水泵房提升，经过三级处理（过滤、消毒）回用工业、景观、污水处理厂内部绿化、冲洗脱水机和冲洗厕所等。

（4）污泥处理工段

①污泥浓缩池。中间沉淀池及最终沉淀池产生的污泥进入浓缩池浓缩，采用上部进泥，装有中心传动刮泥机，共设2池，轮流排泥，每池直径18 m，池高6.86 m。接纳A段剩余污泥的浓缩池前装有静态混合器，用作淘洗污泥中的低级脂肪酸，从上清液中溢出后，经过磷沉淀，排到B段生物池再处理，表面负荷21 kg $DS/(m^3 \cdot d)$，浓缩前剩余污泥量（含水率99.3%）1 540 m^3/d，浓缩后剩余污泥量（含水率96%）263 m^3/d，浓缩池中每池1台刮泥搅拌机，转速10 cm/s，污泥在池内停留时间为22 h。

②污泥控制室。污泥控制室包括以下几部分。

a. 沼气压缩机。用于污泥消化池的沼气搅拌，共3台（2用1备），流量为210 m^3/d，功率为24 kW，压差为1.5×10^5 Pa（1.5 bar），运行时需要低于10德国度软化的工艺用水2.6 m^3/d。

b. 泥/水热交换器。泥/水热交换器为属套管式泥/水间接加热方式，用来加热污泥，其热水来源首先是沼气发动机的冷却水及沼气发动机的废热气余热利用，其余部分再用燃气锅炉（沼气及油液化气）补充加热至90 ℃，然后与污泥进行热交换，直至将污泥加热到35 ℃，以保证消化池中污泥得到充分的消化，多产生沼气，热交换器总能力为640 kW，分2套，串联安装，每套热交换能力为320 kW，各装有长6 m的热管，起始运行沼气尚未产生时，污泥加热由厂内锅炉房产生蒸汽交换成90 ℃热水来进行交换。

c. 消化池进泥泵。该泵将浓缩池中的污泥均匀送到消化池，共设2台卧式离心泵D03K－S（1用1备），流量为18 m^3/h，扬程为10 m，功率为2.2 kW。

d. 污泥搅拌泵。如沼气压缩机产生故障，气搅拌不能正常运行时，可开动应急污泥搅拌泵进行补充搅拌，共设2台泵（均为备用）。流量为203 m^3/h，扬程为12 m，功率为11 kW，设于污泥控制室底层。

e. 污泥循环泵。流量为90 m^3/h，扬程为7 m，功率为4 kW。

f. 消化池排泥泵。消化池排泥一般借重力排泥。遇消化池检修时，开启排泥泵排泥。流量为90 m^3/h，扬程为20 m，功率为15 kW。

g. 污泥控制室。内设计算机分站PLC3于二层楼，分管污泥的自控部分，包括浓缩池、消化池、除磷工段、污泥脱水机房等。

h. 消化池共设2座，直径为18 m，高为14.93 m，采用中温消化，有效容积为2 665 m^3，污泥投配率为5%，总停留时间为20 d，产气量按9.5 m^3沼气/m^3污泥计，每日产气量约

2 500 m^3。池内污泥采用沼气搅拌，泵备用。池内沼气搅拌管设一环形管四面分设8根橡胶管，此为进口设备。消化池内设溢流管。

i. 沼气储气柜。消化污泥产生沼气经过沙砾过滤器粗滤，再进行脱硫塔脱硫及细过滤器过滤后才进入沼气柜。沼气柜为干式活塞式气柜，压差为600 mmH_2O（此压差是由于使用沼气发动机直接带动鼓风机较高压差），容积为1 600 m^3，储气率为日产沼气量的65%，沼气用于直接带动鼓风机及燃气锅炉。气柜本体为钢结构。

j. 污泥脱水机房。内设1.5 m宽带式压滤机1台，为奥地利进口设备。另设1台国产2 m宽带式压滤机，还配备投药设备，冲洗水泵，投配污泥泵及皮带运输机等附属设备。消化后的污泥经污泥泵提升后与高分子混凝剂充分混合。絮凝后进入压滤机，脱水后污泥通过皮带运输机送至室外堆泥场，再用汽车运至厂外，用作农肥或填坑，脱水后的分离水及滤带冲洗水排到磷沉淀工段除磷后再用泵提升到B段厌氧池重复处理。压缩机生产能力为12 m^3/h，干固体产率为480 kg干固体/h，絮凝剂用量为3.49/kg干固体，絮凝剂为阳离子型，滤带冲洗用水量为13 m^3/h，压力为7×10^5 Pa(7 bar)，每日产干污泥量为53 m^3/d。

(5)磷沉淀工段

磷沉淀工段接纳来自预浓缩池、后浓缩池、消化池的上清液，还有污泥脱水机房产生的污水。这些水中含磷量均十分高，因此需要用石灰进行处理，先配制石灰乳，然后根据pH值的高低投加，经过搅拌絮凝后通过斜板沉淀池沉淀，磷去除率可达90%。其中斜板沉淀池处理能力为0.5 $m^3/(m^2\cdot h)$，共188块，沉淀停留时间为35 min。石灰储槽为储存消石灰而设。下部为锥形斗，有空气压缩机送气疏松，上部有进石灰时防止石灰外扬的过滤装置。处理后出水储存于储水池（容积100 m^3）。出水用泵送至B段厌氧池重复利用。单台泵流量为100 m^3/h，扬程为6.5 m，共2台（1用1备）。以上提及的斜板沉淀池，石灰储槽锥形斗、空气机、过滤器及2台泵均为进口设备，其他设备为国内配套。

(6)回用水工段

回用水量为20 000 m^3/d，用于工业回用及景观。

①回用水泵房。设于最终池出水渠末端的右侧，内设2台泵把最终池出水提升后送到回用水沙滤池，流量为1 100 m^3/d，扬程为6.5 m(1用1备)，为不堵塞型潜水泵，为引进设备。

②沙滤池。单个滤池面积为7.5 m×3.6 m，设计滤速为10 m^3/h，共设4座。滤料厚度为1.4 m。滤料分2层，上层为无烟煤，下层为石英沙。第一层粒径为1.4～2.5 mm，厚度为0.8 m，第二层粒径为0.8～1.2 m，厚度为0.6 m，承托层为0.2 m，粒径为4～8 mm；滤池采用气水反冲洗。

③清水池。容积为1 300 m^3，作回用水调节池，同时也作为加氯接触池，池子尺寸为19 m×17 m×4.5 m，接触池旁设一500 m^3冲洗水池。

④回用水送水泵房。内设10Sh型水泵3台(2用1备)，流量为360～612 m^3/h，扬程为42.5～32.5 m，功率为135 kW，泵房内还设有滤池反冲洗水泵2台，型号为12Sh－28A，流量为522～792 m^3/h，扬程为11.8～8.7 m，功率为75 kW，冲洗强度由弱到强，由调节阀控制强度，控制由计算机操纵。泵房内还设HV－TURBO型空压机2台(1用1备)，空压机排气量为2 500 m^3/h，高度为5.5 m。空压机为引进设备，水泵为国产设备。

⑤加氯机间。回用水消毒采用加液氯的方法，加氯间中设置3台V－2020全真空加氯机，量程为1～20 kg Cl_2/h，加氯量为10～20 mg/L。另外配备氯瓶的重设备，氯瓶提升托架

支架,氯气缸支轴,自动切换气体系统,均为引进设备。

4. 运行状况

从 1993 年 5 月至今,泰安市污水处理厂运行状况良好,大部分设备性能的优越性、运转的灵活性和可靠性等得到了体现,如带预旋系统的进水可提升式潜水泵,其叶轮为特殊结构设计,泵的流量可根据进水量的变化自动调节,减少了泵的开停次数和动力及电力消耗,延长了电机的使用寿命;A、B 段污泥回流的变频调速使工艺调整更灵活;沼气鼓风机利用沼气发动机拖动(能源是污泥处理过程中产生的沼气),节能效果十分明显。

工艺运行充分利用了工艺设计的灵活性,根据不同进水水质及出水回用的目的,工艺可以经 A、B 段全流程运行或 A^2/O 法超越 A 段运行。运行中最终出水水质能达到:COD < 50 mg/L, BOD_5 < 10 mg/L, SS < 10 mg/L, NH_3-N < 5 mg/L, TP < 2 mg/L。

在污水回用和污泥利用方面,泰安市污水处理厂也作出一些尝试,积极开拓市场搞污水回用,现每天向泰安市造纸厂供水 8 000 m^3,同时厂内回用每年 9.8 万 m^3,为山东省的污水回用起到了示范作用;并与山东农业大学合作开发了农大牌复合肥,将精泥作为有机肥加入到复合肥中,为污泥的最终处置找到了出路。

泰安市污水处理厂在 1994 年度被建设部评为“全国城市污水处理厂运行管理十佳单位”,在 1999 年度被中国市政协会评为“全国城市污水处理厂运行管理先进单位”。

32.2　上海宝钢一、二期生活污水处理及回用工程

1. 工程概况

上海宝钢一、二期工程完成后,生活污水排放量约为 10 500 m^3/d。为减少排污量,节省宝钢的工业及生活用水新鲜水资源,宝钢(集团)公司决定对宝钢一、二期厂区生活污水进行处理,用作厂区约 470 万 m^2 绿地的浇洒用水。

宝钢一、二期工程厂区污水主要来自食堂、卫生间、浴室等,经十多座泵站提升后汇入。厂区总排水干管外排。根据污水水量分布及绿地分布情况,采用就地处理就地回用的方法,在提升泵站附近分散建设 14 座处理站,其中建设处理规模为 800 m^3/d 的处理站 12 座,处理规模为 500 m^3/d 的 2 座。设计进出水水质见表 32.1。

表 32.1　设计进出水水质

项目	进水	出水	项目	进水	出水
pH 值	6 ~ 8.5	6.5 ~ 9.0	阴离子合成洗涤剂/($mg \cdot L^{-1}$)	10	1
SS/($mg \cdot L^{-1}$)	150	10	余氯/($mg \cdot L^{-1}$)		0.2
BOD_5/($mg \cdot L^{-1}$)	200	10	总大肠杆菌群数/(个 $\cdot L^{-1}$)		3
COD_{cr}/($mg \cdot L^{-1}$)	400	40			

2. 处理工艺

(1)工艺流程

针对宝钢一、二期工程厂区生活污水有机物含量高,处理出水水质指标要求较严格,并且出

水作为杂用水,因此采用 SBR－过滤－生物炭消毒处理工艺。处理工艺流程图如图 32.2 所示。

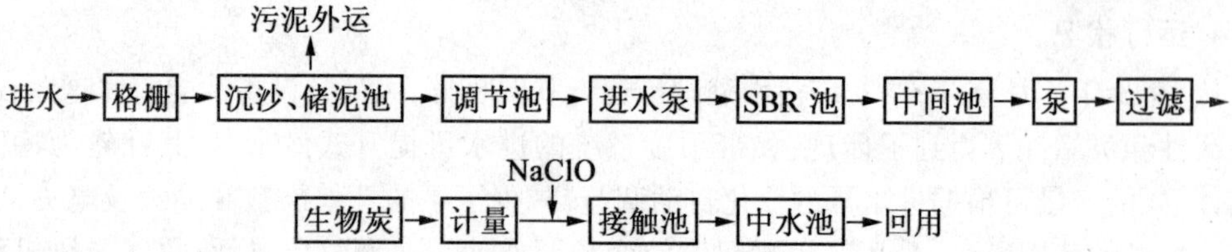

污泥外运

进水→格栅→沉沙、储泥池→调节池→进水泵→SBR 池→中间池→泵→过滤→

NaClO

生物炭→计量→接触池→中水池→回用

图 32.2　污水工艺流程图

每座污水站全自动运行,14 座的污水站的运行由设置在集中监控室的监控系统集中监控。

(2)主要工艺参数

设计日处理量 800 m^3/d;平均小时流量 34 m^3/h;设计最大小时流量 72 m^3/h。

①格栅选用固定式格栅过滤机 1 台,型号 GL－90,最大处理水量 72m^3/h。

②沉沙、储泥池。$V=22\ m^3$(清理周期 3 个月)。

③调节池。$V=160\ m^3$,HRT＝4.7 h(考虑到 SBR 池有一定的调节能力,容积取处理量的 20%)。

④进水泵。选用 80GW40－7 污水泵 3 台,性能为 $Q=40\ m^3/h$,$H=7$ m,$N=2.2$ kW(根据 SBR 的运行周期进水量选定)。

⑤SBR 池。处理能力 200 kg BOD/d。设计出水水质 COD＝60 mg/L;BOD＝20 mg/L;MLSS＝3 g/L;负荷 0.1kg BOD/(kg MLSS·d)。有效容积 660 m^3。分 3 组,每组 220 m^3,尺寸为 7 000 mm×7 000 mm×4 500 mm(有效水深)。

运行时间:进水、排水、排泥 110 min;曝气 120 min;沉淀 40 min;每周期 4.5 h。

曝气时间:选用散流曝气器,氧利用率 10%,每周期处理水量 60 m^3,去除 BOD 按 12 kg 计算,空气量为 5.2 m^3/min;每组选用 SSR125 风机 1 台,性能 $Q=5.55\ m^3/min$,$H=5$ m,$N=7.5$ kW,共 3 台。

⑥中间池。$y=34\ m^3$。

⑦过滤加压泵。选用 ISG80－100 泵 2 台,1 用 1 备。性能 $Q=50\ m^3/h$,$H=12.5$ m,$N=3.0$ kW。

⑧过滤罐。采用升流常压轻质滤料过滤,直径 42 400,1 台。滤速 7.5m/h。

⑨生物炭。ϕ3000,1 台,滤速为 4.8 m/h,活性炭碘值大于 900,净水炭 ϕ1.5 mm,$h=$ 3 mm,柱状炭;气水比为 1∶4。

⑩反洗。反洗强度 10 $L/m^2\cdot s$,选用 ISl50－125－160 泵 2 台。1 用 1 备;$Q=$ 250 m^3/h,$H=7.2$ m,$N=7.5$ kW。

⑪投药。采用市售 NaClO 作消毒剂,有效氯 10%,按系统最大出水量计算,有效氯投量取 8 mg/L,则投加量为 6 L/h。选用计量泵投加。

⑫接触池接触时间为 1 h。

⑬中水池。取处理量的 20%,$V=165\ m^3/h$。

(3)主要设备

主要设备见表 32.2。

表 32.2　主要设备一览表

序　号	设备名称	单　位	数　量	序　号	设备名称	单　位	数　量
1	污水提升泵	台	3	8	电磁阀	个	1
2	中间加压泵	台	3	9	对夹式电动蝶阀	个	5
3	反冲洗泵	台	2	10	对夹式电动蝶阀	个	2
4	投药装置	套	1	11	玻璃转子流量计	个	1
5	三叶罗茨风机	台	3	12	滤料	台	4.5
6	空压机	台	3	13	活性炭	t	5
7	管道混合器	个	1				

3. 运行情况

(1)建设与投产时间

上海宝钢一、二期生活污水处理及回用工程于 1998 年 6 ~ 10 月进行设计;1999 年 1 月位于 9#泵站的第一座处理规模为 800 m^3/d 的污水站开始施工;1999 年 5 月工程完工;1999 年 6 月开始进行工程调试,1999 年 8 月进行出水监测验收。

(2)处理出水监测结果

处理出水监测结果见表 32.3。

表 32.3　废水处理监测数据统计结果

类别	pH 值	$COD_{cr}/(mg \cdot L^{-1})$	$BOD_5/(mg \cdot L^{-1})$	油类/$(mg \cdot L^{-1})$	$SS/(mg \cdot L^{-1})$	$LAS/(mg \cdot L^{-1})$
进水	7.4	184.0	97.0	12.3	103.0	2.6
出水	7.9	24.3	5.0	3.0	6.0	0.12

(3)主要技术经济指标

上海宝钢一、二期生活污水处理及回用工程总投资 2 100 万元。单位处理成本 0.75 元/m^3(包括设备折旧),单位直接处理成本 0.36 元/m^3(不包括设备折旧)。

32.3　北京昌平机车车辆机械厂锅炉除尘脱硫改造工程

1. 改造背景

我国中小型燃煤锅炉点多面广,造成我国的大气污染呈煤烟型污染特征,主要污染物为二氧化硫(SO_2)和颗粒状污染物。因此,烟尘和 SO_2 污染控制已成为我国大气污染控制的关键任务之一。随着工业的发展,我国 SO_2 的排放已导致许多地区出现了严重的酸雨现象。为解决日益严重的大气污染问题,我国已制定了严格的 SO_2 污染控制法规,对"两控区"内的城市要求烟气脱硫达标排放,并且国家逐步提高了 SO_2 排污费的征收价格。

北京是中华人民共和国的首都,也是中国历代古都之一,北京的大气环境质量严格受法律保护。北京昌平机车车辆机械厂位于北京市昌平区昌平火车站西边。该厂有两台采暖锅炉,1 号锅炉型号为 SHL6.5 - 13 - AⅡ,2 号锅炉型号为 SHL7 - 1.0 - 95/70 - AⅢ。两台锅炉的配套除尘设备已运行 10 余年,排放的烟气含尘浓度已严重超标。因为没有安装脱硫装置，所以 SO_2 浓度也严重超标。为了提高锅炉的蒸发量，现在使用的两台锅炉都是经过改造后的锅炉。因此，该厂除尘设备改造更新已势在必行。为了提高烟气的净化效率，保护环境，该厂将原干式旋风除尘器改造为集除尘、脱硫为一体的湿式除尘脱硫设备。

2. 除尘脱硫设计参数

(1)锅炉及其排放烟气的相关参数

两台锅炉都是由芜湖锅炉厂制造生产，所使用的鼓风机和引风机属同一种类型。两台锅炉及其排放烟气的相关参数见表 32.4。鼓风机和引风机相关参数见表 32.5。

表 32.4　锅炉及其排放烟气相关参数

项　目		1 号锅炉	2 号锅炉
	锅炉型号	SHL6.5 - 13 - AII	SHL7 - 1.0 - 95/70 - AIII
	投运时间	1987 年 4 月	1986 年 11 月
	燃煤消耗量/($kg \cdot h^{-1}$)	815	1 386
	锅炉实测负荷/MW	4.08	6.86
	占设计负荷百分数/%	89.6	99
燃煤分析	应用基灰分/%	9 ~ 11	9 ~ 11
	应用基硫分/%	0.3 ~ 0.5	0.3 ~ 0.5
锅炉排放烟气	烟气温度/℃	168	142
	锅炉工况烟气量/($m^3 \cdot h^{-1}$)	24 019	26 984
	锅炉标态烟气量/($m^3 \cdot h^{-1}$)	13 849	16 426
	实测 SO_2 排放浓度/($m^3 \cdot h^{-1}$)	282	442
	折算 SO_2 排放浓度/($m^3 \cdot h^{-1}$)	367	572
	实测烟尘排放浓度/($m^3 \cdot h^{-1}$)	1 903	1 490
	折算烟尘排放浓度/($m^3 \cdot h^{-1}$)	2 084	1 928
	实测 NO_x 排放浓度/($m^3 \cdot h^{-1}$)	101	264
	折算 NO_x 排放浓度/($m^3 \cdot h^{-1}$)	124	330

表 32.5　鼓风机和引风机相关参数

项　目	风量/($m^3 \cdot h^{-1}$)	全压/Pa	转速/($r \cdot min^{-1}$)
鼓风机	8 520 ~ 15 800	1 800 ~ 1 240	1 800
引风机	19 620 ~ 24 520	2 120 ~ 2 220	960

(2)处理后烟气排放标准

北京昌平机车车辆机械厂位于北京市区内。按规定，处理后的烟气应满足国家标准《锅炉大气污染物排放标准》(GWPB3—1999)和北京市地方标准《锅炉大气污染物排放标准》(DB11/109—1998)的要求。

①排放烟气含尘浓度不大于 220 mg/m^3(标准状况)。

②排放烟气含 SO_2 浓度不大于 650 mg/m^3(标准状况)。

③排烟林格曼黑度不大于 1 级。

3. 处理工艺流程

针对上述烟气排放标准及该厂的实际情况，通过分析研究，决定采用湖南大学开发的SCX－V型湿式除尘脱硫技术与装置。该装置技术先进、国内首创，适用于中小型燃煤工业锅炉、窑炉烟气的除尘和脱硫。根据该锅炉的实测数据，1 号锅炉相当于 8 t/h 锅炉的风量，2 号锅炉相当于 10 t/h 锅炉的风量。为保证其运行效果，设计分别配装 SCX－V－8 型和SCX－V－10型湿式旋风除尘脱硫装置。系统工艺流程如图 32.3 所示。锅炉烟气在除尘脱硫装置内与水充分接触，实现除尘脱硫的目的。净化后的烟气在装置内脱水后经引风机、烟囱排入大气。除尘脱硫污水经水封池流经锅炉刮板湿式出渣机，流入中间池，再流入沉淀循环池。在沉淀循环池清水端用水泵把水打入除尘脱硫装置循环利用。除尘脱硫装置的供液装置用三通与自来水连通，以便水泵出故障时备用。为了充分利用碱性物质脱硫，把锅炉碱性废水（渣水或排污水）引入循环沉淀池。当池中废水呈酸性时，向池中补石灰等碱性物质来中和酸性物质。

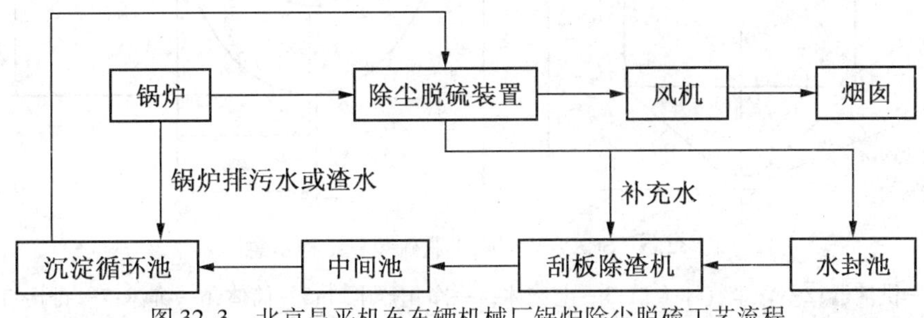

图 32.3 北京昌平机车车辆机械厂锅炉除尘脱硫工艺流程

4. 工程平面布置

北京昌平机车车辆机械厂采暖锅炉的原有除尘设备为干式旋风除尘器，运行已有 10 余年。除尘器及其相应的配套设施大多都已老化，且原有设备没有安装脱硫装置，所以该厂的除尘设备必须加以改造更新。由于原有构筑物有的设计不科学，为了提高净化效率，同时考虑到尽量降低投资成本，此次改建，保持原有风机房、锅炉房和烟囱不动，按 SCX－V 型除尘脱硫装置重新对原场地进行布置。除尘脱硫装置平面布置如图 32.4 所示。整个装置场地包括：锅炉、刮板湿式除渣机、SCX－V 型装置、中间池、水泵房、沉淀循环池、风机房和烟囱。考虑到冬季室外温度太低，把锅炉、刮板湿式除渣机、SCX－V 型装置和中间池建在一个大房子里。

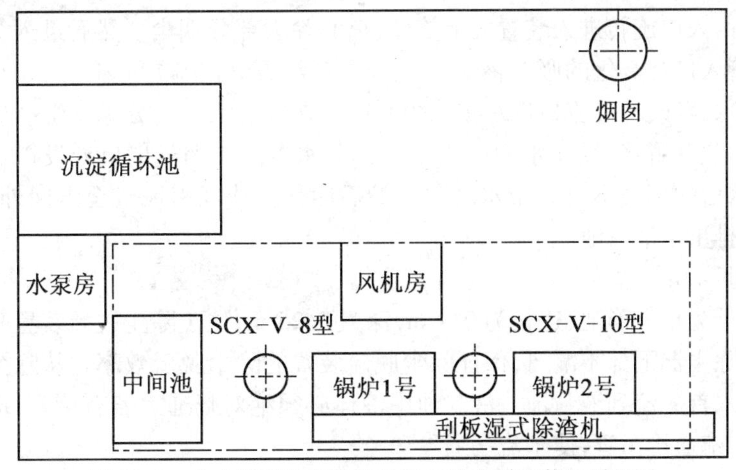

图 32.4 北京昌平机车车辆机械厂除尘脱硫装置平面图

5. 主要构筑物、设备及其参数

(1)SCX－V 型湿式旋风除尘脱硫装置

SCX－V 型除尘脱硫装置主要外形结构如图 32.5 所示。

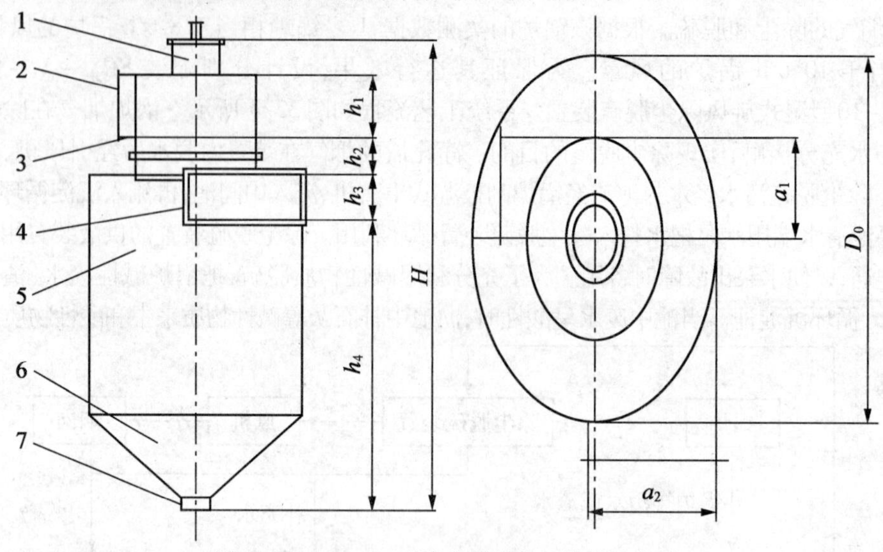

图 32.5　SCX－V 型除尘脱硫装置结构示意图

1—供液器;2—含尘气体入口;3—上旋体;4—净化器出口;5—筒体;6—锥体;7—排污口

SCX－V 型除尘脱硫装置主要结构尺寸见表 32.6。装置壳体采用钢板结构,内部构件根据所处的环境,由多层防护组合材料构成。该装置外形类似旋风分离器,内置改性芯管,下部有一改性旋流板,文丘里喉管入口处装有旋流雾化喷嘴。

表 32.6　SCX－V 型除尘脱硫装置主要结构尺寸　mm

型号	D_0	H	h_1	h_2	h_3	h_4	a_1	a_2
SCX－V－8S	1 725	5 260	1 095	210	685	3 165	460	905
SCX－V－10	1 800	5 530	1 230	210	770	3 250	520	950

锅炉烟气由入口旋转进入装置的上旋体,离心除去部分烟尘。然后进入筒体内改性芯管,在芯管喉管入口与雾化的吸收液充分混合,完成大部分尘粒和 SO_2 的净化。烟气再旋转进入装置下部,经改性旋流板进一步除尘脱硫。在装置锥斗部分烟气继续旋转到底部反转向上,再次净化并脱水,经脱水圈脱去绝大部分水雾。在烟气出口处设挡板挡去沿壁带水,经多次脱水后的烟气不再有带水现象。最后净化气体经引风机至烟囱外排,除尘脱硫污水经排污口排出至液封池。

(2)液封池

液封池设计为正方形池,边长为 0.4 m,深为 0.25 m,位于除尘脱硫装置正下方。它的主要作用是使除尘器下部不漏风,保证除尘脱硫装置的除尘脱硫效率。从除尘脱硫装置排污口排出的污水首先流到液封池。液封池中液体必须绝对畅通。若有堵塞,应立即清理液封池中的积泥,疏通排污管,使水流畅通。

(3)刮板湿式除渣机渣池

刮板湿式除渣机渣池设计为矩形,两台锅炉的炉渣都经同一刮板除渣机刮出。由液封池出来的除尘脱硫污水流入刮板湿式除渣机。从锅炉出来的炉渣中有一定量的 CaO、MgO、Al_2O_3 等碱性氧化物,这些碱性氧化物质可以在刮板湿式除渣机渣坑中部分溶出,并经沉淀循环水池用于烟气脱硫。炉渣具有多孔性,可以用于过滤吸附除尘废水中的悬浮物,便于废水循环使用。炽热的炉渣落入除渣机水中时,造成爆裂,使炉渣粒度减小。有利于碱性物质的溶出。渣机的缓慢运动,加快了炉渣内碱性物质溶出的传质速度,水的搅动也促进了飞灰中碱性物质的溶出。这样,使尽可能多的溶出的碱性物质与除尘脱硫装置下来的酸性废水充分发生中和反应,从而使除尘脱硫废水的 pH 值大大提高。

炉渣净化废水的机理主要是过滤作用和吸附作用。由除尘脱硫装置下来的含尘污水从除渣机后下部进入刮板湿式除渣机,污水通过渣坑中的炉渣由后部溢流出来。炉渣的过滤和拦截作用就使一部分悬浮物阻留在炉渣表面或孔隙中,从而使浊度在一定程度上变清。烟尘(飞灰)和炉渣的物化性质相似,多孔性吸附剂炉渣吸附半粒可以减小炉渣的表面能,所以炉渣的表面可以吸附废水中的尘粒。因此,除尘脱硫污水流过渣池后,其中的尘粒大部分被炉渣吸附,并随炉渣一起由除渣机排出。

(4)中间池

中间池设计为矩形池,因为矩形池具有节约用地,排泥方便,利于污水沉淀等优点。设计中间池长 5 m、宽 3.5 m、深 3 m。中间池主要起着缓冲的作用,使酸碱中和更充分,同时增加了泥渣沉淀时间。从而使沉淀循环池面积大大减少,使流入循环池中的液体更清澈。

(5)沉淀循环池

设计采用矩形池,设计沉淀循环池长 8 m、宽 6 m、深 3 m。循环水从中间池流入沉淀循环池的一端,再缓缓流到另一端,清水从溢流口流出。相对清澈的除尘脱硫废水由水泵打入除尘脱硫装置中循环使用。泥渣在池中沉淀下来,池中污泥定期用抓斗挖出。

(6)水泵房

水泵房占地长 3.5 m、宽 3.5 m。由于循环水具有一定的腐蚀性,采用耐腐蚀泵把循环水打入除尘脱硫装置。为保证系统的正常运行,水泵两用一备。

(7)风机房

风机房占地长 4 m、宽 3 m。为了防止风机带水被腐蚀、叶轮粘灰,定期对其进行维护和检查,以保证其使用寿命。

6. 除尘脱硫装置运行情况

除尘脱硫装置安装后,经过一段时间的运行,北京环科除尘设备检测中心对其进行了检测。测试结果:在使用低硫优质煤的情况下,用锅炉排污水及冲渣水作脱硫剂,pH 值为 10 时,1 号锅炉烟气净化后烟尘排放浓度为 120 mg/m^3,去除率达到 91.0%;SO_2 排放浓度为58 mg/m^3,去除率为 75.4%。2 号锅炉烟气净化后烟尘排放浓度为 70 mg/m^3,去除率达到 95.1%;SO_2 排放浓度为 132 mg/m^3,去除率为 69.0%。各项技术指标均达到了国家标准《锅炉大气污染物排放标准》(GWPB3—1999)和北京市地方标准《锅炉大气污染物排放标准》(DB11/109—1998)等相关标准。经运转表明,除尘脱硫装置无堵塞和结垢现象,且脱水效果很好,无风机带水现象。采用废水循环运用,运行费用低、易操作。整个系统运行稳定，管理方便，可靠性好，基本上免维护。SCX－V型湿式除尘脱硫系统测试结果见表32.7。

表32.7　SCX－V型湿式除尘脱硫系统测试结果

锅炉断面		烟气流量 /($m^3 \cdot h^{-1}$)	烟尘浓度 /($mg \cdot m^{-3}$)	SO_2 浓度 /($mg \cdot m^{-3}$)	SO_2 排放量 /($kg \cdot h^{-1}$)	除尘效率 /%	脱硫效率 /%	烟气黑度 (林格曼)	除尘装置阻力/Pa
1号	进口	24 019	1 903	282	3.91	91	75.4	<1	1 141
	出口	22 085	120	58	0.96				
2号	进口	26 984	1 490	442	7.26	95.1	69.0	<1	1 150
	出口	22 877	70	132	2.25				

同时对除尘脱硫废水水质情况做了检测，水质分析结果见表32.8。从表32.8可以看出，废水由水封池经过除渣机中炉渣的处理到中间池，pH值由3.22升到7.94，固体悬浮物(SS)由1 712 mg/L减少到101 mg/L，去除率为94.1%，说明在除渣机中酸碱中和反应充分，炉渣过滤吸附废水中悬浮物的效果很好。COD也有所降低，说明炉渣同时可吸附过滤有机物。中间池中Ca^{2+}浓度稍有增加，是由于锅炉排污水进入中间池所致，这也增加了废水的碱性。从循环池溢流口的水质监测结果来看，完全可以循环使用。

表32.8　水质分析结果

项　目	水封池	中间池	循环池溢流池	分析方法
pH值	3.22	7.94	9.0	pH电极法
COD/($mg \cdot L^{-1}$)	830	100～400	100～400	重铬酸钾法
SS/($mg \cdot L^{-1}$)	1 712	未检测	未检测	重量法
硫化合物/($mg \cdot L^{-1}$)	2.84	1.78	1.78	碘量法
SO_3/($mg \cdot L^{-1}$)	未检测	0.45	0.45	盐酸苯胺比色法
Ca^{2+}/($mg \cdot L^{-1}$)	31.8	8.4～11.4	8.4～11.4	EDTA法
Mg^{2+}/($mg \cdot L^{-1}$)	13.4	未测	未测	EDTA法
表观浊度	乌黑	清澈	清澈	观察法

7. 除尘脱硫装置运行注意事项

①系统运行前，要检查整个系统是否正常。打开自来水，观察除尘脱硫装置排污口液封的液体是否流畅。若有堵塞现象，要立即清理液封池中的淤泥，疏通排污管，使其畅通，然后关闭自来水。

②运行前，先开水泵，待正常后，再启动风机。停止运行时，先停风机，然后再停水泵。

③运行过程中，要经常检查供液和排污管路是否畅通，观察除尘脱硫装置下部液封池是否堵塞，一旦发生异常情况，必须及时采取措施疏通。禁止无供液运行。

④循环池中补水不得中断，用浮球阀控制池中水位与溢流口相平，不得补水不足，造成循环水泵底露出水面而供液不足或空转；也不得补水过量而流失液量太多引起浪费。

⑤循环池中污泥较多时，要及时清理。为保证循环水泵吸入口液体pH值保持在9～10，应及时向池中投放适量碱性物质。

8. 工程评价

(1)经济效益分析

工程的经济效益主要体现在大大减少了排污费的缴纳,同时又没有造成二次污染。以冲渣水及锅炉排污水作吸收液,既提高了脱硫效率,又降低了脱硫成本,真正实现了以废治废。设备可免日常管理,无需增加管理人员。因该系统阻力小于1 200 Pa,原配引风机继续使用,循环用水量为20 t/h,补水量每小时140 kg,循环水泵电机功率为6 kW,每天按工作24 h计,日耗电量为144 kW·h。为保证循环水pH值保持在9~10,适当加些生石灰。每天加生石灰约为0.349t,生石灰价格为85元/t。所以,除尘脱硫日运行费用主要包括:

电费:0.5元/kW·h×144 kW·h/d=72元/d

水费用:140 kg/h×24 h/d×3.1元/t÷1 000=10.416元/d

生石灰费用:85元/t×0.349 t/d=29.665元/d

故日运行费用总共为:72元+10.416元+29.665元=112.081元。而每天减排的SO_2约为190.981 kg,每吨SO_2按840元计算,则每天少交SO_2排污费约为160.42元。如果一年按300 d计算,则每年运行费用为112.081×300=33 624.3(元),每年少交SO_2排污费160.42×300=48 126(元)。所以一年大约可节省14 501.7元。

(2)环境效益分析

北京昌平机车车辆机械厂锅炉除尘脱硫装置投产运行后,通过几年来的监测发现,烟气含尘浓度和SO_2浓度大大降低,净化后的烟气都达到或优于相关环保标准。一年按300 d计算,每年减少烟尘排放量约313 t,减少SO_2排放量约57.29 t。厂区周边地区的环境污染状况有了极大改善,从而产生了良好的环境效益。另一方面,污染物排放量的减少,提高了工人及周边地区人们的生活环境质量,从而受到了工人及周边地区人们的好评。总之,这项改造工程使北京昌平机车车辆机械厂周边的空气质量有了很大提高,是一项控制污染、保护环境、有利民生的极为有效的治污工程。该工程于2000年1月20日通过中国铁路机车车辆工业总公司验收。

从北京昌平机车车辆机械厂除尘脱硫工程的成功改造和良好的运行情况可以看到,湖南大学开发的SCX-V型湿式除尘脱硫技术与装置集除尘脱硫脱水于一体,具有效率高、结构紧凑、占地少、质量轻、耐腐、耐磨、操作方便和运行费用低等独特优点,是一项值得大力推广使用的新技术。SCX-V型湿式除尘脱硫技术与装置于1995年列入国家环境保护最佳实用技术推广计划,1996年被评为国家教委科技进步二等奖。该技术与装置主要适用于中小型燃煤工业锅炉、窑炉烟气的除尘和脱硫,也可用于其他工业生产过程中有害粉尘与气体的净化。现在,我国约有燃煤锅炉50万台,其中70%以上是中小型锅炉,中小型锅炉排放的SO_2约占SO_2总量的40%。所以,该技术产品的推广使用,对改善我国大气环境具有重大的现实意义。因此,SXI-V型湿式除尘脱硫技术与装置的推广应用将有着十分广阔的前景。

32.4 广州市祈福新村生活污水处理厂设计与运行

1. 概述

广州市番禺区祈福新村为港商投资建设的高级生活小区,占地面积约100 hm^2,已建成的住宅建筑(多为别墅和公寓)和附属服务等建筑的总面积约100万m^2,现仍在扩建中,周围环境优美,有清澈溪流和与之连接的养鱼塘等,该生活小区的生活污水最后要排入附近的小溪，因而溪流用于养鱼、稻田灌溉并在饮用水源的上游，因此该小区的生活污水必须经公司承担祈福新村生活污水处理厂的设计、指导施工和建成后的运行，其设计人口为4万人，污水排放定额为2 000 L/(人·d)，其设计处理污水量为8 000 m^3/d，经调查分析，该小区人口流动变化很大，相应的污水流量和水质逐日逐时的变化也很大。此外，该小区生活污水的浓度偏低，BOD_5 为30～70 mg/L，COD为70～150 mg/L，这可能与居民的生活(饮食)方式不同(大都在外面饭店、食堂吃饭)以及设置化粪池等有关。如此低浓度的污水，用普通活性污泥法或氧化沟法处理，在好氧过程中由代谢同化新生的生物体(细菌新细胞)小于由代谢降解衰减的生物体，致使活性污泥量不断减少难以维持正常运行。小试、中试研究证明，以淹没式生物膜法为主的复合式生物处理法(生物膜/活性污泥法)能有效的处理低浓度有机污水。因此在本设计中采用了固定式淹没生物膜处理法。其特点是能有效地处理低浓度有机废水，处理流程短。出水COD、BOD_5、SS和 NH_3-N 等都远远低于国家和当地的污水排放标准，而且运行近两年来，未曾产生和排出任何剩余污泥，实现了污泥的零排放，彻底消除了剩余污泥对环境的二次污染问题。

2.祈福新村污水处理厂的设计

从复合式生物处理法处理城市污水、垃圾渗滤液和工业废水的研究中得出结论：与传统活性污泥法相比，以淹没式生物膜法为主的复合式生物处理法表现出很多优点和卓越的性能，例如，复合式生物曝气池和二次沉淀池的水力停留时间(HRT)较短，SS、BOD_5、COD和氨氮的去除率更高，运行性能更佳，产生、处理和处置的剩余污泥(生物体)大大减少，仅为活性污泥法的$\frac{1}{5}$～$\frac{1}{3}$，因而降低了基建投资和运行/维护费用。基于以上研究成果，一些工业废水，主要是印染、食品加工、制药和垃圾渗滤液的设计和施工采用了这项新技术，投入运行获得了很好的效果。祈福新村物业公司认识到了采用复合式生物处理法的现有工程的优越性能，委托哈尔滨工业大学环境工程技术开发公司负责该居民小区的生活污水处理厂的设计、指导施工和运行。

祈福新村位于广州市番禺区，是一处风景优美的居民区，有4万人口，10 000住户。1994年设计了这座污水处理厂，1995年完成设计并投入生产，1998年运行，处理能力8 000 m^3/d。本节主要介绍淹没式生物膜污水处理厂的设计与运行情况。

(1)设计因素

①当地气候条件。广州市番禺区地处广东省东南部，珠江三角洲中心区内，位于东经113°14′～113°42′，北纬22°26′～23°25′，年平均气温23.5 ℃，最高气温36.5 ℃，最低气温5.2 ℃。祈福新村污水处理厂污水温度冬季12～15 ℃，夏季23～26 ℃，其他季节6～20 ℃，利于微生物新陈代谢和旺盛生长。

②废水特性。祈福污水处理厂主要是生活污水，对其进行了24 h监测，由在线自动取样器4 h综合取样。设计采用的原水水质和实际分析数据见表32.9。

表32.9　祈福新村原水水质　$mg\cdot L^{-1}$

参　数	设计浓度	实际浓度	参　数	设计浓度	实际浓度
COD	200	57～195(89)	NH_3-N	20	11.0～15.0(13)
BOD	1 000	29～80(40)	TSS	120	140～537(318)
TP	5	1.3～2.5(2.2)			

除 TSS 浓度明显高于设计数据之外,运行获得的数据一般低于设计采用的数据。由于祈福新村污水处理厂位于广东番禺,设计采用了广东省的地方出水水质标准(DB 4437—907),见表 32.10。

表 32.10　广东省地方出水水质标准　$mg \cdot L^{-1}$

参　数	出水浓度	参　数	出水浓度
COD	<120	SS	<30
BOD	<30	pH 值	6~9

③该污水处理厂采用复合式生物处理法的依据。送往该污水处理厂的污水与我国许多污水处理厂的污水相似,其特点是有机物浓度低,BOD 通常低于 100 mg/L,尤其是广东省的污水处理厂,进水 BOD_5 通常为 50~70 mg/L,污泥负荷很低,活性污泥负生长和污泥膨胀导致 MLSS 逐渐减少,使得活性污泥处理厂几乎不能正常运转。相反,以淹没式生物膜为主的复合式生物处理法能很有效地处理有机负荷低的污水而不发生任何困难,例如污泥膨胀和固/液分离问题。由于祈福新村收集及送往污水处理厂的污水与广东省很多其他污水处理厂的水质相似,即 BOD_5 小于 100 mg/L,因此在祈福新村污水处理厂采用了复合式生物处理法而不是活性污泥法。

(2)污水处理流程、系统和单元

设计的污水处理流程方案如图 32.6 所示。

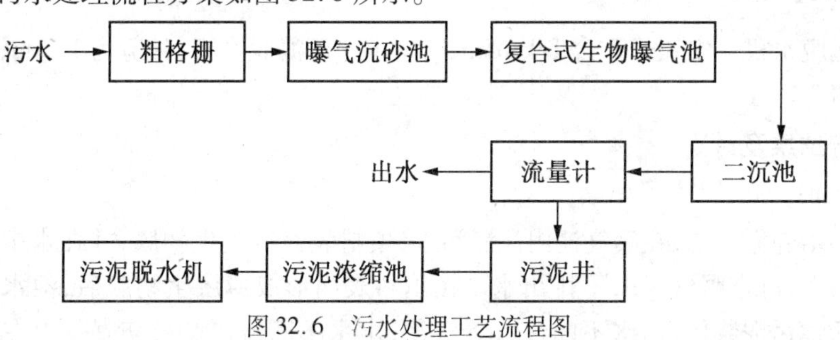

图 32.6　污水处理工艺流程图

污水处理厂处理系统由粗格栅、曝气沉沙池、淹没式生物膜曝气池和二次沉淀池这些污水处理单元,以及污泥浓缩池和污泥带式压滤脱水机这些污泥处理单元组成,广州市祈福新村污水处理厂平面图如图 32.7 所示,具体叙述如下。

①粗格栅。两台 Pheonixpure 型自动清污格栅,间距 20 mm。

②曝气沉沙池。两座池并联,每座池尺寸为 12.0 m×1.4 m×1.5 m($L \times B \times H$),配置了可移动吸沙及分离装置。

③复合式生物曝气池。两组并联,每组有 3 条廊道,尺寸为 40.0 m×12.0 m×4.7 m($L \times B \times H$),有效容积为 2 000 m^3。设计水力停留时间(HRT)6 h,池内在底部安装了多孔不锈钢管路系统,对压缩空气进行曝气,由丝盘合成丝状填料(PWT-50 型)制成的生物膜载体,除起生物载体作用外,还在水流分布和通过剪切力将分散成微气泡中起重要作用。其出水系统采用了国际最先进的辐流式穿孔溢流管加可调水位溢流筒。

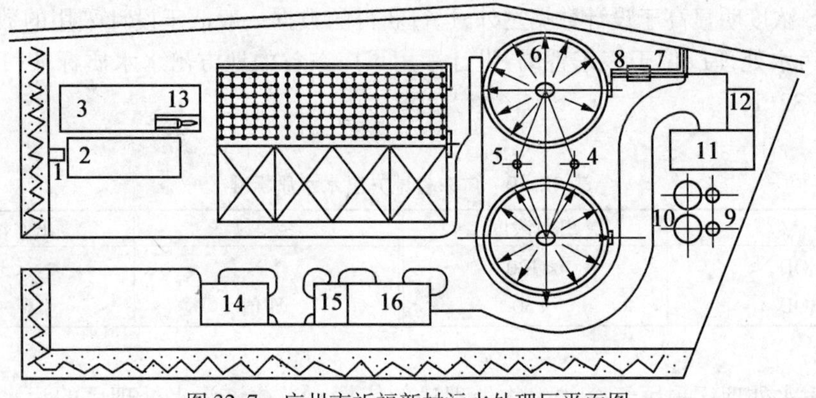

图 32.7　广州市祈福新村污水处理厂平面图

1—进水池;2—预处理间;3—调节池;4—淹没式生物膜曝气池;5—配水井;6—新型浮流式沉淀池;
7—带盖出水槽;8—流量计量室;9—污泥井;10—浓缩池;11—污泥脱水房;12—脱水污泥储存间;
13—沙水分离器;14—鼓风机房;15—备用发电机房;16—管理监测楼

④二沉池。两座辐流式二沉池,直径为 18 m,沉淀区水深 3 m,设计 HRT 2.3 h。

⑤流量计。配置了 Miltronics 型超声波开放频道流量计的 Baschet 流量槽。

⑥鼓风机。两台 SSR150 型鼓风机,空气流速为 16 m^3/min,压力为 49 kPa,功率为 30 kW。

⑦污泥浓缩池。两台直径为 6.0 m 的圆形浓缩池,有效高度为 4.0 m,设计污泥停留时间为 24 h。

⑧污泥脱水机。安装了 1 台 Tekonfanghi 型带式压滤脱水机,带宽为 1.2 m,脱水污泥生产能力为 380 kg/d。

3. 运行结果及讨论

(1)启动运行

首先要培养微生物,在曝气池内注满污水,填料表面产生生物膜,并在水中出现悬浮的絮状活性污泥,静态曝气 3 d,不排出水。在填料表面形成薄层生物膜后,池水中也出现较多的悬游活性污泥浆体,污水不断注入曝气池,出水不断流出。最初曝气池在设计的标准条件下运行,可是发现设计的气:水 =6:1 过高(气:水 =6:1),导致曝气池和二沉池壁上藻类过度生长,因此将比率调至2:1。

另外,进水流量低于设计的 8 000 m^3/d。两组并联处理,每组仅处理了设计流量的一半或更少,每组处理能力为 4 000 m^3/d,高于每天进水流量。一年中污水流量的变化情况:进水流量高于 3 500 m^3/d 的概率是 20%,2 500 ~3 500 m^3/d 的概率是 65%,2 500 m^3/d 或者低于 2 500 m^3/d 的概率是 15%,因此,曝气池和其他处理单元中的 HRT 高于设计标准的 6 h。

(2)出水水质和去除率

运行期间水质参数 COD、BOD_5、TSS、NH_3 - N 和 TP 的变化分别如图 32.8 ~32.12 所示。从图中可看出,BOD_5、NH_3 - N 去除率很高,分别为 95.8% ~98.6%(平均 97.2%),97.2% ~98.8%(平均98.1%),出水 BOD_5 为0.7 ~1.5 mg/L(平均 1.1 mg/L),NH_3 - N 为 0.17 ~0.25 mg/L(平均 0.2 mg/L);COD 去除率为 74.6% ~90.5%(平均 84.6%),出水

COD 为 8 ~ 20 mg/L(平均 13.6 mg/L);TSS 平均去除率为 91.8%,变化范围是 86.2% ~ 96.8%,出水 TSS 为 19 ~ 30 mg/L(平均 25.2 mg/L);总磷生物部分去除率为 31.8% ~ 58.0%(平均 36%),这主要归因于微生物的新陈代谢,出水 TP 为 0.7 ~ 1.4 mg/L(平均1.1 mg/L)。

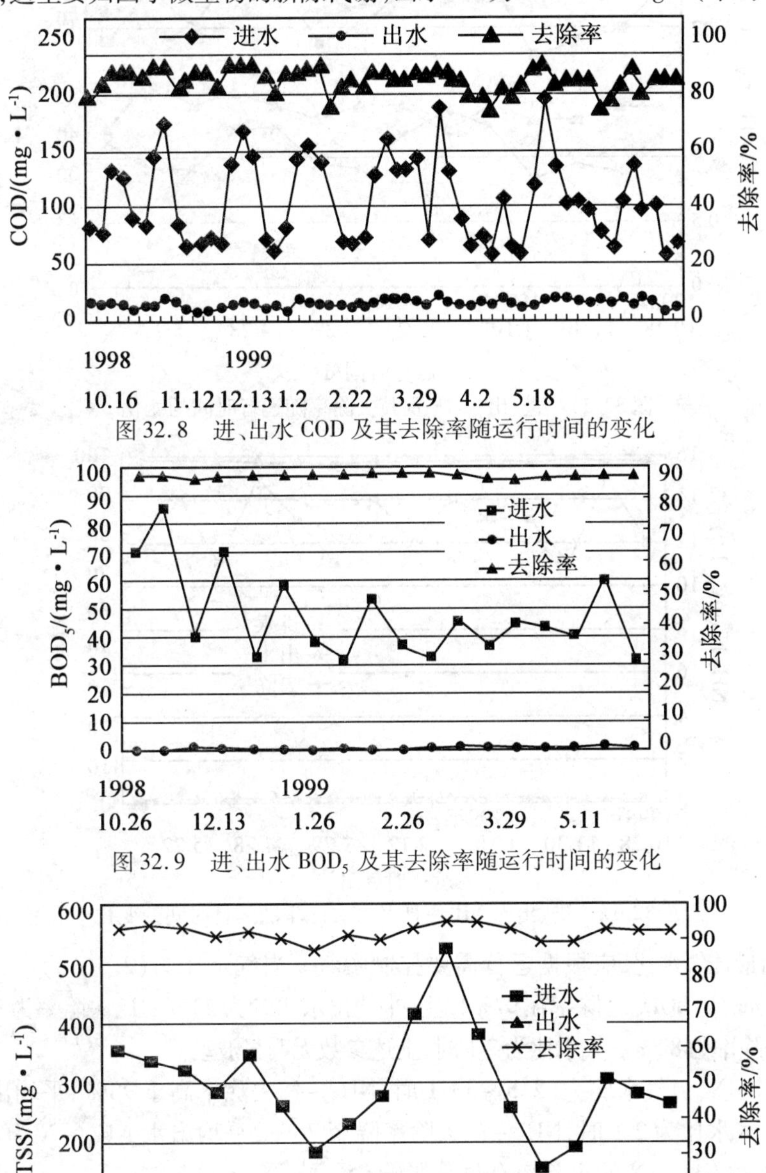

图 32.8　进、出水 COD 及其去除率随运行时间的变化

图 32.9　进、出水 BOD_5 及其去除率随运行时间的变化

图 32.10　进、出水 TSS 及其去除率随运行时间的变化

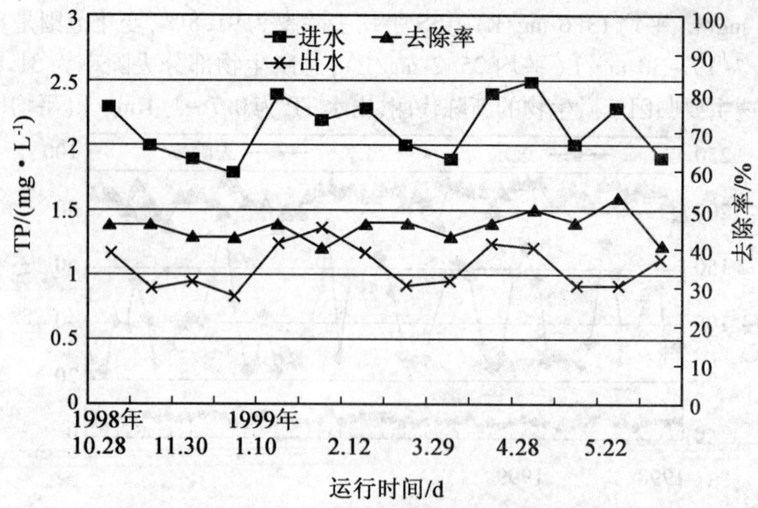

图 32.11　进、出水 TP 及其去除率随运行时间的变化

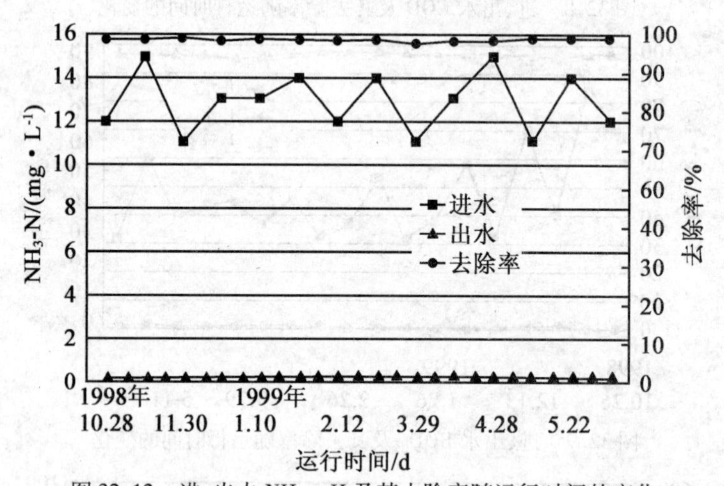

图 32.12　进、出水 NH_3-H 及其去除率随运行时间的变化

为了找出最佳气水比,应根据运行需要控制曝气。当气水比为(2.5～3):1 时,平均出水 BOD_5 为 1.33 mg/L,BOD_5 去除率在 97% 以上;平均出水 TSS 为 23 mg/L,去除率为 92%;COD 为 16.5 mg/L,去除率为 82%。气水比为 2:1 时,上述参数无明显波动。

关于 NH_3-N,当气水比为(2.5～3):1 时,NH_3-N 去除率高于 98%,平均出水 NH_3-N 为 0.2 mg/L;气水比为 2:1 时,NH_3-N 去除率降至 76%,平均出水 NH_3-N 为 3.10 mg/L,这表明气水比对 NH_3-N 的去除率有显著影响。

(3)HRT 对去除率的影响

调查结果发现,在 2～6 h 时曝气池运行性能最佳,通过确定不同廊道有机物去除率,表 32.11 给出了 HRT 对有机物去除率的影响。

表 32.11 HRT 对有机物去除率的影响

	参 数	HRT/h		
		2	4	6
去除率/%	COD	81	83	85
	BOD	94	97	97.3
	NH_3-H	96	97.6	98.5

由表 32.11 可以看出,有机物和氨、氮主要在第一廊道去除,这说明提高 HRT 对有机物和氨、氮的去除没有显著影响。

发现根据设计推荐采用的气水比(6:1)过高,导致藻类在曝气池和二沉池壁上过度生长,然而将气水比调整到(2:1)或更低时,在曝气池前端产生了令人不愉快的臭味,因此应将合理的气水比保持在 2.5:1。在气水比为 6:1 和 2:1 时,曝气池中的溶解氧(DO)分布见表32.12。

表 32.12 反应池不同部分溶解氧随气水比变化情况

气水比	溶解氧浓度/($mg \cdot L^{-1}$)				
	出 水	第一廊道出水	第二廊道出水	曝气池出水	二沉池
6:1	0.6	8.64	8.83	8.85	8.9
2:1	0.4	1.7	3.1	3.7	3.8

从 32.12 可以看出,6:1 的气水比导致 DO 过高,出水水质较好;然而,当气水比降至2:1时,即使控制了藻类的增殖,在第一廊道的前端仍产生了令人不愉快的臭味,因此,应将最佳气水比维持在 2:1 或略高。

(4)无剩余污泥

在以前进行的小、中试研究中发现,复合式生物处理系统剩余活性污泥或生物体的产生和排放远远小于活性污泥系统,仅为后者的$\frac{1}{5} \sim \frac{1}{3}$,或者 0.1 ~0.2 kg 生物量/kg · BOD_5 减少量而后者为 0.5 ~0.6 kg 生物量/kg · BOD_5 的去除量。然而,出乎意料,采用复合式生物处理法的处理厂运行的第一年不产生和排放剩余污泥,这主要是由于填料上的生物膜的附着生长,形成了较长的食物链,食物链包括细菌、藻类、原生动物和后生动物,如轮虫和线虫。它们能消耗掉多余的细菌和藻类,维持生物膜的动态平衡。而且除第一廊道有较多的悬浮的活性污泥絮体外,在第二、三廊道中的悬浮状的活性污泥絮体越来越少,以附着生长的生物膜形式占优势。这表明,曝气池中微生物新陈代谢产生的生物附着固定在填料上,主要以生物膜形式存在,这明显降低了流出曝气池的出水污泥,出水 TSS 为 30 mg/L 或更低,因此在二沉池中不产生剩余污泥。所以运行中始终未使用污泥浓缩池、污泥脱水机(带式压滤机)和污泥回流系统。

(5)能耗低

由于脱水机和回流污泥未运转,能耗仅来自鼓风机、沉沙池、自动清污格栅等。鼓风机的安装能力是 30 kW,每天运行 6 h,格栅是 1.5 kW,每天运行 3 h,除沙机的安装能力是 2.15 kW,每天运行 2 h,废水处理厂总耗能是 0.05 kW · h,远远低于传统的活性污泥系统。

其运行费用为0.15元/m^3 污水。

(6)系统简单、易于操作运行及维护

从废水处理厂第一年的运行中可认识到,复合式生物处理系统可以进一步改造成更为简单的系统,没有污泥浓缩池和脱水机这些污泥处理单元。此外,二沉池可简化成曝气池末端较小的带有斜板的沉淀区。

与传统的活性污泥法相比,由于能耗低得多以及废水处理厂使用的操作人员少(每班1人),简单的复合式生物处理系统使得祈福新村污水处理厂在很低的运行和维护费用下运转。

4.结论

祈福新村污水处理厂采用的复合式生物处理新工艺在第一年运行运行性能良好,在正常运行条件下,气水比(2.0~2.5):1,曝气池DO为3~5 mg/L,平均BOD_5去除率为97%,COD为84.6%,NH_3-N为98%,TP为36%,平均出水BOD_5为1.1 mg/L,COD为13.6 mg/L,TSS为25 mg/L,NH_3-N为0.2 mg/L,TP为1.1 mg/L。

由于曝气池出水TSS为30 mg/L或更低,二沉池不产生和排放剩余污泥,因此工厂自运行以来,浓缩池和带式压滤脱水机始终未用,使得污水处理厂运行容易、简易,耗能和投入产出O/M成本更低。

第一年运行实践表明,在适宜条件下,复合式生物处理系统处理BOD_5小于100 mg/L的低浓度污水(生活污水)运行良好,COD、BOD_5、TSS和NH_3-N去除效率高,不产生和排放剩余污泥和生物体。这使得能够通过取消浓缩池和脱水设备这些污泥处理单元,并采用有倾斜板的沉降区以及缩短曝气池末端的HRT来取代二沉池,进一步简化采用复合式生物处理法的污水处理厂,进而大大节省资金和O/M成本。

32.5 德国Bielefeld-Herford城市垃圾集中焚烧处理厂新建医疗垃圾焚烧生产线

1.项目基本情况简介

Bielefeld-Herford(比勒费尔德-黑尔福德)股份有限公司下属的城市垃圾集中焚烧处理厂是一家私营企业,位于Ostwestfalen-Lippe。其主要是对各种废物进行安全的、有益于生态的处理,包括生活垃圾、工业垃圾、大件垃圾、剩余污泥和150万居民和数千家企业产生的医疗垃圾等。每年约有总量为30万t的垃圾在这里进行处理。

Bielefeld-Herford城市垃圾从焚烧厂周围80 km的区域内收集,而医院垃圾则来自距处理厂150 km的范围内。另外,一些私营公司还收集约200km以外的医疗垃圾。

焚烧处理厂全年365 d运营,包括周末和假期,工人实行三班制作业,现有员工127人。焚烧处理厂的任务是以一种与环境友好的方式通过热处理来处理废物,从中获得能量,并对焚烧产生的炉渣加以利用。

图32.13所示是Bielefeld-Herford城市垃圾集中焚烧处理厂俯视图,在垃圾焚烧厂中,有3套独立的焚烧生产线。每条生产线包括一个城市垃圾焚烧炉、一个锅炉、一个医疗垃圾焚烧炉、一组烟气净化装置以及一个烟囱。为了在热处理过程中产生能量,还连接有两个

涡轮和两个热交换器,涡轮产生的电能可供约 38 000 个家庭使用,热交换机产生的热能可供约 28 000 个家庭使用。

图 32.13　Bielefeld – Herford 城市垃圾集中焚烧处理厂俯视图

2. 城市垃圾集中焚烧系统

(1)垃圾焚烧工艺概述

垃圾处理厂要焚烧的垃圾由市政或私人的垃圾处理公司运输。垃圾运输车在入口处称重后进入有垃圾废料仓的卸料平台。在将垃圾分类后,普通垃圾和大块垃圾被分别从 10 个和 2 个卸料口倒进各自的废料仓中。

垃圾直接倾倒在废料仓中(总容积 13 000 m^3)。垃圾将被混合在一起,从而使得垃圾的平均热值达到 9 210 kJ/kg。此后,通过吊车将垃圾运送到炉排上,在剪切炉排上反向燃烧。炉灰和炉渣收集在废渣仓中。

焚烧过程产生的热量一部分通过一个热交换面积为 3 800 m^2 的管式锅炉回收。焚烧炉和锅炉系统的最大处理量为 19.3 t/h,每小时产生的蒸汽约为 52.4 t。蒸汽通过涡轮转化为电能,发电量为 6 kW/h,产生的烟道气随后在烟气处理系统中得到净化。

Bielefeld – Herford 垃圾焚烧流程如图 32.14 所示。

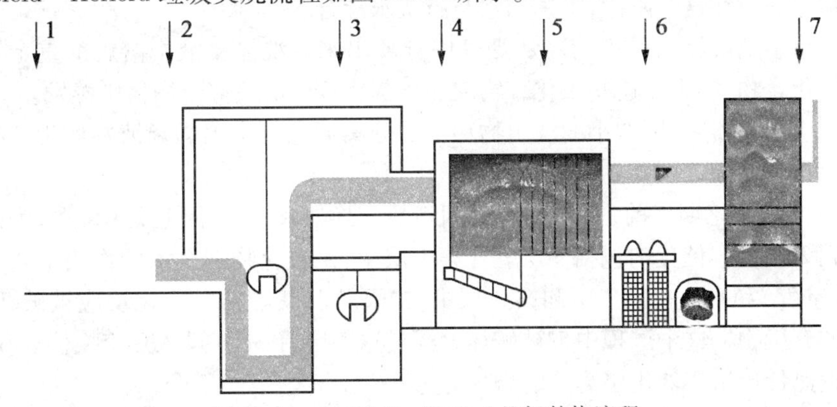

图 32.14　Bielefeld – Herford 垃圾焚烧流程

1—垃圾输送;2—垃圾储坑;3—废渣储坑;4—炉排;5—蒸汽锅炉;6—涡轮机;7—烟道气处理入口

(2)烟道气净化系统

垃圾集中焚烧厂于 1981 年开始投入使用。当时,每条生产线的烟气净化系统包括两级静电除尘器和一个烟气洗涤器。由于 1986 年的《空气技术指南 86》和 1991 年的《联邦政府排放保护法》分别颁布了新的污染物排放标准,焚烧厂必须根据新的标准和法规调整现有的设备,于是在1996年投资1.15亿欧元完成了对烟气处理设备的改进,配置了3套8级烟道气净化系统(图32.15)。

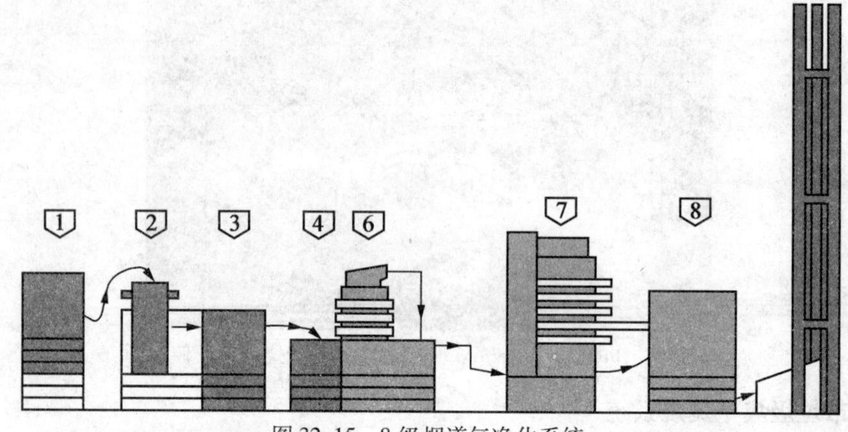

图32.15　8级烟道气净化系统

1—静电除尘器;2—喷雾干燥器;3—静电除尘器;4—预洗涤器;5—主洗涤器;
6—除雾器;7—催化剂;8—布袋除尘器

①烟气离开焚烧炉,温度约为230 ℃,经过静电除尘器。在这个阶段,粉尘从烟道气中分离出去。

②烟气进入喷雾干燥器,经过预洗涤器和主洗涤器后,污水蒸发,残余物为固态反应盐。在喷雾干燥器中,垃圾焚烧过程中的工艺用水都被蒸发了,这意味着整个系统运行过程没有任何污水产生。

③经过喷雾干燥的烟气冷却到175 ℃,进入静电除尘器,在此处粉尘与盐分分离。

④接下来烟气进入两级烟气洗涤器,包括预洗涤器和主洗涤器。来自相邻的净化装置的水用作洗涤用水在洗涤器中循环使用。在预洗涤器处理过程中,主要是氯化氢、氟化氢和汞蒸气被除去。在这个阶段,工艺用水与石灰水混合。

⑤加入重金属沉淀剂可将SO_2从烟气中分离出来。洗涤废液中溶解的重金属转化为耐酸耐温的化合物,如汞。这些汞化合物在3条焚烧线中的喷雾干燥器中蒸发。

⑥在粉尘分离器中,极微小的洗出物和水的分离通过一个聚丙烯滤料实现。这时烟气的温度为65 ℃。

⑦在催化剂净化烟气前,必须要经过烟气热交换器和一个烟气预热装置,为的是使烟气温度达到240 ℃。催化剂包括3层。在第1层中,氮氧化物在氨水的作用下转化为分子氮(部分为空气)和水。在第2层和第3层中,二噁英和呋喃通过氧化反应被破坏。同时,其他有害的有机物在这个过程中也被破坏。经过这3层后,烟气进入热交换器。在这里,流出的烟气把热量传给在催化层流动的烟气。

⑧这时烟气温度约为95 ℃。先进入充气室,在这个阶段,烟气经过一个喷雾装置与吸附剂(石灰和焦炭的混合物)混合。吸附剂吸附剩余的重金属、二噁英和呋喃。最后,烟气穿过布袋除尘器流出。

经过这8个阶段,净化后符合《联邦政府排放保护法》标准的烟气经由一个107 m高的烟囱排入大气。经过8级烟气处理系统的烟气,排放质量可达到《联邦政府排放保护法》规定的烟气质量排放标准的 90%。

(3)MVA Bielefeld - Herford 的能量和物质平衡

Bielefeld 市能源供给的一个重要组成部分。它给大约 38 000 个家庭提供电能,约 28 000个家庭提供热能,因此节省了大量的化石燃料。每年可以节约总计 77.4×10^4 kW·h 的能量(折合 7.7 亿 L 的供热燃油),这将减少 206 000 t CO_2 的排放量。

先进的焚烧烟气净化措施保证了能量产生的方式是对环境友好的。焚烧过程中温度在 1 000 ℃左右,这些高温热能被传输到介质水或蒸汽中。380 ℃的蒸汽以 4×10^6 Pa 压力输送到发电厂的涡轮机用以发电。此外,蒸汽还经过两个热交换器,热能用以给社区进行取暖。

焚烧产生的电能用于公用电力供应,而产生的大量热能提供给 Bielefeld 市的集中供热系统。130 ℃的热水经由绝热性能良好的套管给社区供热,回水循环至垃圾焚烧厂利用。

(4)焚烧产生的废渣

在垃圾焚烧过程中,有 25% ~35% 的炉渣产生。炉渣主要包括垃圾中的不可燃烧成分,如灰分、金属、石块等,这一部分可回收利用。在炉渣再加工工厂对炉渣进行压碎外部的处理后,炉渣可用于道路铺设或用于垃圾填料厂的建设。

MVA Bielefeld - Herford 自身拥有非常先进的废弃炉渣处理厂。在这个专门工厂里,将有色金属与黑色金属分离,分离后炉渣的品质得以提高。处理过程中的其他残渣还包括由静电除尘器除去的飞灰和炉渣,这些残渣由一个气体输送装置输送到一个废渣储仓。这些残渣将被用作废弃盐矿的填充材料。

此外,废液在喷雾干燥器中蒸发和随后经过的 3 个电过滤器的过程中产生的一种混合盐(氯化钙、硫酸钙),被单独存储在一个专用仓中,这种混合盐被用做建筑工业的建筑材料。在最后一级的烟气净化过程中,有薄膜滤尘和废液吸附剂产生,这部分物质包括 90% 的石灰和 10% 的焦炭,同样储存在存储飞灰的筒仓中。这些石灰和焦炭也可用作废弃盐矿的填充材料。

图 32.16 是 Bielefeld - Herford 焚烧厂垃圾能源化模式焚烧 1 t 的垃圾,大约产生 300 kg 的炉渣,这意味着垃圾质量减少约 70%,体积减小约 80%。

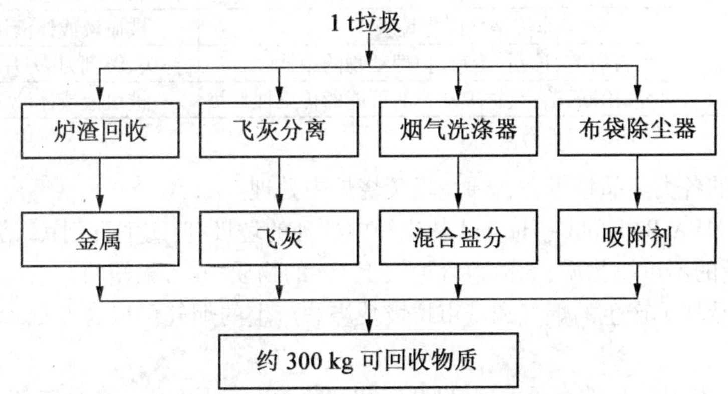

图 32.16　Bielefeld - Herford 焚烧厂垃圾能源化模式

3. 医疗垃圾焚烧生产线

Bielefeld MVA 要求 3 条焚烧线都要有医疗垃圾焚烧炉,焚烧处理的医疗垃圾来自 Ostwestfalen - Lippe地区的医疗保健设施,也有来自其他地区的医疗垃圾。总体上,3 条焚烧线总的医疗垃圾处理量为1 550 kg/h。根据医院平均每个病床每天产生0.15 kg垃圾(包括包装材料)来计算,垃圾焚烧厂两班轮换操作可处理100 000个病床产生的垃圾。基于这一点,Bielefeld – Herford焚烧厂是德国最大的医疗垃圾处理厂之一。

医院垃圾由政府批准了的垃圾处理公司从医院中收集。医疗垃圾使用合格的30 L和60 L的一次性塑料容器收集,并用专门的运送医疗垃圾的冷藏卡车送到焚烧厂。MVA Bielefeld – Herford的医院垃圾焚烧炉处理垃圾分类见表31.13(根据欧洲垃圾目录分类)。

表32.13 医疗垃圾焚烧炉处理垃圾分类

垃圾代码	垃 圾	举 例
07 05 13	制药垃圾	过期或被污染的药物
18 01 02	病理垃圾	尸体、器官、血液瓶等
18 01 03	来自病人护理的传染性垃圾	来自传染病人和实验室的所有垃圾
18 01 06	危险化学药品	用于治疗癌症的、过期或被污染的细胞毒素和抑制细胞生长的医药品,传染性动物垃圾
18 01 08	细胞毒素和抑制细胞生长的药品	
18 02 02	来自研究、诊断、治疗、护理动物的传染性垃圾	
18 02 05	来自研究、诊断、治疗、护理动物的危险化学品	
18 02 07	来自研究、诊断、治疗、护理动物的细胞毒素和抑制细胞生长的医药品	用于治疗癌症的、过期或被污染的细胞毒素和抑制细胞生长的医药品
20 01 31	细胞毒素和抑制细胞生长的医药品	过期或被污染的细胞毒素和抑制细胞生长的医药品

除上面提到的垃圾,一些垃圾和经过消毒的医疗垃圾可以按正常的城市垃圾焚烧处理,其分类见表32.14。

表32.14 城市垃圾焚烧炉处理垃圾的分类

垃圾代码	垃 圾	举 例
18 01 01	锐器	针头、解剖刀、刀片、插管、碎玻璃
18 01 04	非传染性医疗垃圾	被血液或体液污染的垃圾
18 02 01	来自研究、诊断、治疗、护理动物的锐器	针头、解剖刀、刀片、插管、碎玻璃
18 02 03	来自研究、诊断、治疗、护理动物的可能的传染性垃圾	被血液或体液污染的垃圾

除此之外的各类药品垃圾在普通垃圾焚烧炉中处理。

不允许在MVA Bielefeld – Herford焚烧炉中处理的垃圾有:①消毒剂;②溶剂;③高含水的物质;④大量的不可燃物质;⑤卤素含量大于1%的物质;⑥含氟塑料。

医疗垃圾焚烧炉产生的烟气和城市垃圾焚烧炉产生的烟气可以合并处理,不需要专门的烟气处理系统。

由于医疗垃圾焚烧炉的容量不足,2000年初经营者决定再安装一套具有500 kg/h处理能力的焚烧生产线。经过投标,公司决定采用丹麦Envikraft公司生产的新型医疗垃圾焚烧炉。

32.6　加拿大 Kenowa 堆肥厂(处理固体废物)

1. 初期状况

Kenowa 市位于加拿大萨斯喀彻温省的北部,其面积为 51.6 km^2,人口约 12 万,主要居住在市区内。当地居民主要是欧洲后裔,最近因为对亚洲放松了移民政策,人口增多。Kenowa市的气候是典型的大陆气候,夏热冬冷。通常,夏天白天温度较高平均温度约20 ℃,而夜晚温度较低约 10 ℃左右。然而,冬天温度很低,低达 -50 ℃。萨斯喀彻温省是一个较大的农业省,Kenowa 市作为萨斯喀彻温省的一部分,境内有肥沃的黑壤,主要的农作物包括小麦、硬粒小麦、燕麦、大麦、秋天裸麦等,主要的工业包括矿业、石油和天然气。

随着经济的发展,城市固体废物的处理已成为城区所面临的最严重的环境问题。Kenowa城市公司(KCC)负责 Kenowa 市的固体废物处理。

Kenowa 地区每年产生 8 万 t 城市固体废物,固体废物的不合理收集方法与失控处理使城市环境和居民健康受到严重威胁。诸如废物循环利用和堆肥等废物再资源化技术可用来减少废物量,而且,富含营养成分和有机质的堆肥成品可再施于土壤。

在许多国家有机废物的循环利用非常普遍,且是由非正式部门实施。然而,尽管可生物降解的有机物在总废物中所占的含量往往高于 50%,堆肥法却没有得到广泛应用。一些公共机构怀疑堆肥化作为有机废物循环利用的可持续方法的可行性。这是由于人们通常受到某些因占地面积过大、过于机械化和需设备集中导致堆肥失败的例子影响,实际上有许多中、小型方法都已取得成功。过去多数堆肥方案的拟订重在考虑科技和社会问题,常忽略堆肥的市场效益、经济方面的重要性,而根据堆肥的工艺流程周期可知市场是其最后一环。另一方面,对堆肥产品进行详细的市场分析和订出市场策略是建立一个堆肥厂得以成功和能否长久的基础。

因此,Kenowa 堆肥厂的研究须包含堆肥方案的评价、堆肥产品市场策略的评估以及关于市政机构与预算的成本效益分析。

2. 工程的设计参数

研究区域 1996 ~ 2002 年的固体废物总量见表 32.15。

表 32.15　研究区域 1996 ~ 2002 年的固体废物总量

项目 \ 年份/年	1996	1997	1998	1999	2000	2001	2002
总量/($\times 10^3$ t)	79.65	83.25	79.73	77.09	73.38	66.13	65.33
人口/($\times 10^3$)	112.9	113.4	115.1	118.0	119.4	120.9	122.4
生产率/(t·人$^{-1}$)	0.706	0.734	0.693	0.653	0.615	0.547	0.534

据调查,垃圾成分为 46% 左右的有机质、28% 的纸、8% 的玻璃、4% 的金属,其他 6% 是不确定的,该地区的有机成分含量高于许多北美社区。许多北美社区的垃圾一般含 12% ~ 24% 的食物残余物和 10% ~ 20% 的庭院落叶,而废纸在垃圾中含量为 28%,这基本上是加

拿大国家内城市垃圾的普遍存在情况。

总之,在 Kewona 市,固体废物的发展趋势是靠垃圾资源的减量化减少人均产废物率。于是尽管当地人口有所增加,家庭固体废物产率变化不大。

3. 工艺主要流程介绍

Kenowa 堆肥厂建立于 1999 年,其堆肥处理方案主要特点如下。

①采用厌氧堆肥技术,其通过复杂的预处理过程、风选技术和厌氧消化过程形成一个封闭系统。

②引进基础工序控制不同处理单元,调节一些操作参数以提高堆肥效率,从而工人的工作环境得以改善。

堆肥过程的流程图如图 32.17 所示。

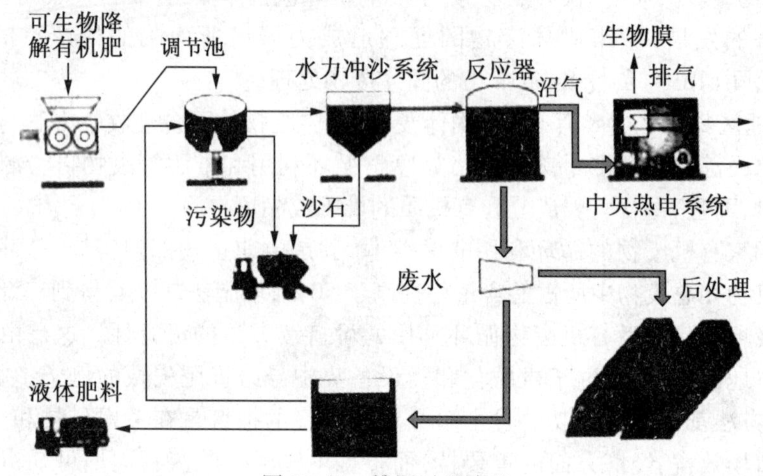

图 32.17　堆肥过程流程

(1)流程介绍

如图 32.17 所示,垃圾运到堆肥厂后,先从中手工挑选出玻璃、纸、纸板和金属,再将剩余垃圾经螺旋机打成小块后送进料浆调制系统,在该系统中能有效风选出残余污染物(塑料、玻璃或金属等)。经料浆调制系统处理后仍然与从料浆调制系统中风选出的一起运到填料厂。在堆肥反应器中厌氧微生物发生分解反应,在该过程中将生成生物气且形成堆肥成品。生物气由生物过滤器处理,堆肥将先被脱水,再进行后处理。脱得的水先经过水缓冲器,依靠水缓冲器使一部分滤液形成液体肥料,另一部分循环利用返回到料浆调制系统。

(2)具体堆肥堆制过程

这种堆肥技术可处理两类堆肥原料:一种是无毒有机物;另一种是受污染有机物(图 32.18 和图 32.19)。一般的固体废物通常包括食品垃圾(如水果、蔬菜、肉等),纤维废料(如纸产品、牛奶和果汁盒等)和农业废物(如落叶等)。

在这个过程中,堆肥过程可分为 3 个阶段:预处理、主动式堆肥和后处理。预处理是将有机污泥和物料充分混合以适应后续生物处理。混合物料经流水线运至主动式堆肥区域,在该区通过厌氧堆肥法能取得较高的降解率。最后,堆肥需经过腐熟等后处理,如果有必要可作腐熟度评审。

图 32.18　无毒有机物　　　　图 32.19　受污染有机物

预处理过程中能很好地调节有机污泥特性,使其能更易于堆肥处理。堆肥化的整个过程需要一直维持所需的各种不同营养物质,以达到微生物生长所需的最佳条件。堆料含水率达 60% 时能提供微生物一个较好的生长环境。含水率低于 20% 时,微生物会逐渐失去生物活性。堆料 C/N 比达 30:1 是微生物理想的营养条件。因为微生物需利用有机质作为其生存所需的能量,它们的生长有赖于这些营养成分按一定的比例组成。

有机污泥富含氮和水分,污泥颗粒较小、结构差,必须与其他物质混合(即添加膨化剂)才能达到最佳性质。膨化床如木片、锯木、纸和回流堆肥等,按膨化剂:有机污泥 =2 ~4(体积比)添加。膨化剂在调控湿度、结构和碳源上作用有效程度不同。如锯木屑是理想的调节堆料湿度和碳源的膨化剂,但它的加入使得有机污泥结构差。相对而言,木片是一种优良的膨化剂,但添加它作为膨化剂不经济。在这个项目中,将木片和锯木屑混合一起作为膨化剂。

预处理过程可储存和计量有机污泥、膨化剂和回流堆料。储存仓库能储存够用 3 个月的膨化剂,每天的湿污泥 1 t 约占地 300 ft^2($1\ ft^2 = 0.092\ 9\ m^2$,后同)。

主动式堆肥中的首要问题就是要通过保持充足的水分和营养物质以维持有机质的高降解率。另一个重要影响因素是温度,温度不仅仅影响病原菌的灭活量,还影响有益微生物的生长。有机污泥的最佳降解温度约 55 ℃,该工程采用 55 ℃。因为温度高于 55 ℃时,微生物的活性严重受到伤害。

在这个工程中,引入了槽式堆肥系统对堆肥过程进行密封。槽式堆肥系统与其他技术不同,它能通过收集堆肥中产生的全部废弃彻底地控制臭气。

堆料至少需堆放于槽中 28 d,置于生物反应器中 2 周,再自然风干 2 周则变干且性质稳定。料滞留时间为 10 ~17 d。固体滞留时间的增加(SRT)明显减少了外部储存装置的臭气排放量。

经稳定化后,有机污泥通过离心分离可使固体含量为 17% ~35%,再经压滤则可使固体含量为 35% ~50%。从检验看,当污泥固体含量低于 10% 时,污泥呈类似泥浆状的棕色或黑色的乳浊液。然而,当污泥固体含量高于 10% 时污泥类似于土壤。

堆肥通过过滤出不可生物降解的物质,且粗堆料可通过 4 周的自然干化沉积于全自动通风板上。堆肥成品经风干后在被销售前需要再评估一次。

(3)堆肥成品

完成的堆肥成品需经审查,再通过输送机运至一个占地面积为 15 000 ft^2 的且能收集沥滤的储存库。该储存库建立在一特定地点,该地能避免信风影响,且能防止堆肥化中产生的臭气从堆厂溢出而直接吹向邻居。当进行产品测试和实验室分析时堆肥成品至少需储存21 d,按当地销售规定和分为一类堆肥的要求,储存时间与置于现场最短时间(作为堆肥化合自然干化时间)共需50 d。大量最终堆肥成品要储存在当地一段时间以满足不会产生臭气问题所需的滞留时间。

Kenowa厂堆肥设施能将每吨输入的植物降解,并产生100 m^3 体积的生物气,大约7%的气体转化成加热蒸汽(能达到高温),剩余气体转化成能源供290 kW的间歇式发电机发电。由于该市电能充足,堆肥厂产生的生物气及转化能源无法完全利用。在产生的电能中40%的用于厂内,厂内所有运转都采用自供电,剩余的60%卖给电网站点。

待消化处理物料通过振动隔筛(10 mm)筛除占物料10%的塑料、树棍等。剩余物料在鼓风机供氧条件下风干20 d左右后不再有初始时的氨气味道,且最终成品是黑色的、干净的、无臭的泥土状物质(图32.20、图32.21)。

图32.20　格筛(用来筛除粗大无机污染物)

图32.21　运输原料至格筛的皮带输送机

两种堆肥产品(覆土和优良品)均以ORGRO® 的商标销售。一年需求量比供应量多出25 000 yd^3。一类产品以批发价每立方码2.50~5.00美元卖出,销售价格有赖于一年的季节。

只要工人们认为一切就绪或认为堆肥已满足最后成品要求就需要通过一个0.25 m的静态显示器对堆肥进行检测,堆肥的腐熟时间的长短是不固定的。尽管按固体废物管理和资源调动中心(SWMRMC),及根据国际法建立的废物管理监督机构推荐的堆肥时间为5个星期,但堆肥的实际腐熟时间还是需根据堆肥成品的要求来定。

目前,所有堆肥产品都直接卖给了来Kenowa堆肥厂购买有机肥的当地农民,农民先在市政办公室付款再到堆肥场地向管理者出示收据即可取走产品。

(4)堆肥工艺的主要设备

物料由传送带送到40 mm孔径的旋转隔筛上,旋转筛在2~3 h的滞留时段内每分钟转4圈。当输入物料流量为10%时可通过旋转筛打碎并混合物料。磁选机和料浆调制系统分别如图 32.22、图 32.23 所示。

图 32.22　磁选机(用以去除金属物质)

图 32.23　料浆调制系统

碎浆机能有效去除无机物和分离纤维垃圾,设备中的剩余物质被分成轻介质和重介质。轻介质主要由废塑料和织物等组成,重介质主要包括电池、玻璃和石块等(图 32.24 和图 32.25)。

图 32.26 为水力旋转设备。旋转加压机如图 32.27 所示,该加压机能将悬浮液分离成液相和(能除去剩余沙石、玻璃及其他杂物等)固相。液相包含有机滤液,进入厌氧消化塔(图 32.28)。固体废物则进入水力分解反应器。

图 32.24　轻介质

图 32.25　重介质

图 32.26　水力旋转设备

图 32.27　旋转加压机

图 32.28　厌氧消化塔

实际的消化发生在容积为 808 m^3 的反应器中，该反应器像一个金属筒仓，分 7 层或 21 m高。封闭容器中温度为 50 ℃和 58 ℃。每天大约能消化占容器容积 5% 的物料，这些淤泥样的物料再由离心分离机和压滤机脱水至固体含量为 55%。压滤液在由泵打到城市污水处理厂前需先在堆肥厂内的通气池内进行预处理。

4. 堆肥系统控制条件

在 Kenowa 市 42 000 户家庭 120 000 人口的垃圾处理靠堆肥厂完成，镇和 12 个村庄通过两组废物收集渠道收集。褐色箱用来收集有机垃圾庭院落叶和不可回收纸张，灰色箱用来收废物。两种箱子只有一种是每周收的，因为装有机质的是两周收一次。Kenowa 市还为居民运行“容器站点”风干可循环物料且提供后院堆肥项目。

秋天，堆肥厂收到的各户的垃圾中含 70% 的花园落枝，20% 的厨余有机质和 10% 的不可再循环利用的废纸，纸的添加能改善原料的碳氮比、湿度且能吸收臭气。冬天，由于厨余有机质所占份额增加需要添加一些膨化剂（但比好氧堆肥所需的添加量少）。

每个月能从各家庭收集约 1 700 t 有机物，大约每年能为每户家庭处理垃圾 784 kg 和转移 38% 的住宅区废物。

有机污泥由大卡车运输倾倒于建筑物外放置的存放箱中。每个箱子能装 40 t 物料，一个前斗装料机用来将堆于储存仓的大量混合调制好的锯木屑和木片装满剩余箱子。箱子由计算机控制的螺旋钻倒空，螺旋机的速度受到控制，以便产生不同物料需的适当质量比，堆料由运输皮带运到厌氧消化塔中。

约两周后堆料由传输机运出并风干 20 d 左右，木片由旋转筛风机从最终成品中筛分出且再用作堆料混合的调理剂，最后得到的产品还要做沙门菌、各种各样金属和营养物测试。

干厌氧转化方法是由有机废物系统于 20 世纪 80 年代发展起来的。获专利堆肥方法将固体和半固体有机残余物转化成生物气（作为可恢复能源）和稳定的腐殖质成品。

这个项目在 1999 年 7 月投入使用。在 1999 年上半年的评估研究中，该堆肥厂城市垃圾日处理量达 17 t，垃圾收集自 Kenowa 市的 4 790 户家庭，到 2000 年底为止已达全容量 60 t/d。堆肥厂设计处理能力为 4 万吨/年，现处理量达 2 万 t/年。厂占地面积为 7.1 hm^2，目前已雇佣了 18 人。表 32.16 为堆肥系统的控制参数。

表 32.16　堆肥系统的控制参数

参　数	单　位		单阶段	多阶段
		消化反应	水解	CH_4
停留时间	d	14 ~ 16	2 ~ 4	3
中温期	℃	37	37	37
嗜热期	℃		55	
生物产量	ft^3/t 堆料	2 800 ~ 3 200		3 900 ~ 4 600
产甲烷量	%	60% ~ 65%	30% ~ 50%	65% ~ 75%
产热	Btu/ft^3	600 ~ 650		600 ~ 650
产能	Btu/t	$(1.7 \sim 2.0) \times 10^8$		$(2.3 \sim 3.0) \times 10^6$
固体总量	%		30%	
悬浮物	%		70% ~ 75% 总固体量	
重金属	mg/kg		Pb:85/Cr:44/Cn:52/Cd:1.04/Hg:0.25/Ni:27	
营养物	% TR		N:1.71/P:0.33/K:0.40	

收到的垃圾有 30% 无法堆制或不可再循环利用而被送到填埋厂，其余 70% 可用来堆制或可循环利用。表 32.17 为堆肥质量的部分指标。

表 32.17　堆肥质量的部分指标

成　分	单　位	范　围
含水量	% 初始原料	50% ~ 70%
干物质	% 初始原料	30% ~ 50%
有机物	% 初始原料	52% ~ 86%
添加剂	% 初始原料	0 ~ 2.5%

废物来源和所占比重：住宅废物主要是由一些大型私人搬运公司运输，由一些独立的小搬运公司只占 60% ~ 80%，但不接受建筑和拆除废物。

雇员约 30 人，包括 1 个操作管理员、4 个主要操作员、10 个操作员、2 个卡车司机、1 个质量保证负责人、1 个负责生物过滤器和臭气控制的技师、1 个质量控制技师、1 个工厂管理员、1 个办公室经理、1 个接待员/行政人员、1 个维修部主任、1 个办公室工作人员和 3 个维修工程师。

5. 经济评价

堆肥厂管理者的簿记和更深入的研究使得该厂的财务状态有了一个详尽的分析。Kenowa堆肥厂作为示范工程开始运行，直到 2001 年中期才满负载运行。对两种情况在经济评估方面进行了比较：①产量水平低时的财务状况（收集废物量 17 t/d）；②满负载情况下的财务状况（收集废物量 70 t/d）。

通过访问与工时的观察报告和账目的分析对投资成本和操作成本进行研究。所需成本费用包含废物收集阶段与堆制阶段的耗资。关于投资成本，必须指出的是购地费用需要另外计算，因为堆肥厂所占地由 Kenowa 市政府所提供。满负载运行情形下的数据以观察到的实际运行承载量为基础进行估计。此外,还对堆肥厂的收入进行了估算,可分为 3 类:①来自托收费的收入;②来自堆肥成品销售后的收益;③来自如硬塑料、纸板、玻璃和金属之类可循环利用物的收益。

对非满负载运行和满负载运行这两种情况在一年中所需成本及所得收入的总结和比较见表 32.18。

表 32.18 Kenowa 市堆肥厂的年耗资和年收入 加元/年

项目	处理量		项目	处理量	
	17 t/d	60 t/d		17 t/d	60 t/d
费用			收入		
收集所需的投资	5 360	17 920	托收费	67 320	243 480
堆制所需的投资	32 940	32 940	成品收入	215 720	389 120
收集运转投资	34 500	124 760	可循环利用物收益	14 480	26 200
堆制运转投资	109 500	300 440			
总计	182 300	509 000	总计	364 840	658 800

由表 32.18 可见处理量为 17 t/d 是经济可行的,比较成本和收入种类,显然托收费能部分补贴堆制所需投资。因此,联合堆制过程与邻近地区废物收集以保证堆肥方案可行是可取的。混合收集到的废物与堆肥的另一个优势是通过这种每户消费者分散收集的方式直接影响了收集区域的废物成分(如分类收集)。堆肥厂满负载运行也是明显经济可行的,销售堆肥成品所得的收入能支付此工程计划所需操作费的 91% 和年总耗资的 76%,堆肥厂年利润达 149 800 加元。如前所述,因占地为政府所赠,占地费的投资不包括在费用预算中。由于在 Kenowa 市人口稀少,故其地价不高。然而随着经济的增长,土地费将有所提高,以 Kenowa市的现行地价计算,地价年费用每年将额外增多 170 000 加元。

此分析证实了其他的分散型城市垃圾堆肥厂研究结果,表明如果堆肥厂能收支相平,小、中型规模堆肥厂将具有经济存活能力。然而,也可由此例分析看出一家能处理废物 70 t/d的堆肥厂可先由市政当局或其他捐赠者赞助运行。市政当局给予最初支持是正确的,因为分散式废物收集和堆制能在一定程度上减轻市政当局市政预算的负担。就 Kenowa 堆肥厂而言,由估算可知由此节省了运输费和填埋费,从而每年市政当局能省出 540 720 加元(堆肥厂满负荷运行时)。然而,不管有没有市政支持,运行费用能否由收入相抵这一需长期面临的经济可行性问题都是任何一个堆肥厂需要注意的。因此,市场策略和堆肥市场发展对堆肥厂的长期成功是至关重要的。

6. 市场作用

过去堆肥工程不是侧重堆肥技术就是重在堆肥方案的社会方面,而很少对各个地区的堆肥市场进行详细的评价,且常常低估堆肥质量、价格和市场需求间的作用。因此,由于缺乏堆肥市场导致经济困难,许多堆肥项目都以失败告终。堆肥的潜在市场不仅决定着堆肥厂的规模还影响着堆肥技术和堆肥的预处理,所以为了要确保堆肥项目的长久化,在生产堆肥产品之前,应先分析市场与市场发展状况。堆肥成品的需求情况受不同因素影响,其中一部分因素如下,这些因素可通过对堆肥成品的市场研究进行预先评价。

①现有城市有机垃圾的使用情况(如肥料)。

②消费者方面(如农业、园艺、开垦荒地、散装供应或公家代理)。

③堆肥成品的潜在需要量。

④对堆肥腐熟度及堆肥质量的要求。

⑤其他有竞争能力的产品的可用性(如牛等家畜肥料、农用工业残余物、城市垃圾或人工肥料)。

正确的营销与分配策略需把所有这些因素都考虑进去,堆肥的两种主要分配策略如下:

①直接销售给最终用户。

②通过零售商或批发供应者销售。

而采用哪种销售策略则依赖于现有的交通运输,这是众多因素中的限制因素。许多分散管理与基于社区的工程没有合适的销售网或适当的运输工具。产品的交通运输费增加了,价格也就自然而然地限制了远距离销售。

Kenowa 厂属于 KCC(49%)和 Kenowa 市政府(51%)管理。KCC 控制工厂、试场和最终成品且管理残余品。就 Kenowa 堆肥厂的情况而言,Kenowa 市政府决定通过 AGC - Kenowa 市的一家肥料公司代为销售该厂的主要散装成品。AGC 公司负责碾碎细化粗堆肥并通过添加剂使成品富含营养。ATC 有限公司,一肥料贸易公司将最后精成品包装成 40 kg 一袋,通过他们遍布全国的销售网点对外销售。该产品作为植物或其他农作物(茶叶、稻谷、小麦、马铃薯、洋葱、柠檬等)所需的有机肥卖给农民。堆肥粗产品除了卖给 AGC 公司外,还有一些托儿所直接到堆肥站点购买堆肥以及一些市政公司也会因他们自己的托儿所使用一部分堆肥。由于意识到缺乏对堆肥收益的了解,Kenowa 市政公司也会通过设置一个农事示范点,对堆肥自身特点和其他有机商品肥的营养成分及价格进行比较,见表 32.19。

表 32.19　“原料”堆肥与其他有机商品肥的营养成分比较

商品名	营养元素含量/%				价格/(TK · kg^{-1})
	N	P	K	OM	
堆肥	约 2.4	约 1.2	约 1.7	—	2.5
植物肥	1.5	15	10	30	6
马铃薯肥	7	7	14	30	6

Kenowa 市的市政机关采取的这种市场战略大大减少了他们的销售与运输费用,且由于受益于肥料公司的销售网,Kenowa 市政公司只需集中精力生产堆肥。堆肥厂通过把未精制的粗堆肥卖给 AGC 公司所得的收入比他们亲自零卖那些产品所得的要低。显然 Kenowa 市政公司一定程度地依赖于他们的某个主要客户,为了减少风险,Kenowa 市政公司已经谈成了一份长期的销售合同并也正在评价更进一步的应用及客户情况(如茶叶种植园)。最近,Kenowa 市政公司与另一家名为“Nature Farming”的公司签订协议以销售其他新建堆肥厂的堆肥成品。

7. 结论

此案例是一可行的中型、分散式堆肥厂示例。采用适当的堆肥技术与健全的金融管理相结合,以及采取适当的市场战略,能保证堆肥高质量和全年的持续销售量。堆肥厂能认识到要以用户为主要考虑因素,便已开始显示出对一般堆肥和富含营养的堆肥的需求量的迅速上升。Kenowa 市政机构正与更大客户洽谈业务以减少堆肥产品对消费用户的依赖性。

照搬堆肥方案的一个主要约束是土地的缺乏和高昂的地价。然而在 Kenowa 市却有所不同,由于 Kenowa 堆肥厂示范工程的示例效果,其市政当局最近表现出对堆肥化的兴趣并以提供土地的方式给予支持。

在这个工程中,堆肥工艺的设计为城市固体废物的处置提供了一个有效、有益、环保且经济的处理方法。

第七篇　环境工程实验

实验1　混凝实验

一、实验目的

分散在水中的胶体颗粒带有电荷，同时在布朗运动及其表面水化作用下，长期处于稳定分散状态，不能用自然沉淀法去除。向这种水中投加混凝剂后，可以使分散颗粒相互结合，聚集增大，从水中分离出来。

由于各种原水差别很大，混凝效果不尽相同。混凝剂的混凝效果不仅取决于混凝剂的投加量，同时还取决于水的 pH 值、水流速度梯度等因素。

通过本实验，希望达到下述目的。

(1)学会求一般天然水体最佳混凝条件(包括投药量、pH 值、水流速度梯度)的基本方法。

(2)加深对混凝机理的理解。

二、实验原理

胶体颗粒(胶粒)带有一定电荷，它们之间的电斥力是影响胶体稳定性的主要因素。胶体表面的电荷值常用电动电位 ξ 来表示，又称 Zeta 电位。Zeta 电位的高低决定了胶体颗粒之间斥力的大小和影响范围。

Zeta 电位可通过在一定外加电压下带电颗粒的电泳迁移率来计算，即

$$\xi = \frac{K\pi\mu u}{H\varepsilon} \tag{1}$$

式中，ξ 为 Zeta 电位值，mV；K 为微粒形状系数，对于圆球形状，$K=6$；π 为系数，取 3.1416；μ 为水的黏度，Pa · s，这里取 $\mu=10^{-1}$ Pa · s；u 为颗粒电泳迁移率，μm · cm/(V · s)；H 为电场强度梯度，V/cm；ε 为介质即水的介电常数。

Zeta 电位值尚不能直接测定，一般是利用外加电压下，追踪胶体颗粒经过一个测定距离的轨迹，以确定电泳迁移率值，再经过计算得出 Zeta 电位。电脉迁移率用式(2)计算：

$$u = \frac{GL}{Ut} \tag{2}$$

式中，G 为分格长度，μm；L 为电泳槽长度，cm；U 为电压，V；t 为时间，s。

一般天然水中胶体颗粒的 Zeta 电位约在 −30 mV 以上，投加混凝剂后，只要该电位降到 −15 mV 左右即可得到较好的混凝效果。相反，Zeta 电位降到零，往往不是最佳混凝效果。

投加混凝剂的多少，直接影响混凝效果。投加量不足不可能有很好的混凝效果。同样，如果投加的混凝剂过多也未必能得到好的混凝效果。水质是千变万化的，最佳的投药量各不相同，必须通过实验方可确定。

在水中投加混凝剂如 $Al_2(SO_4)_3$、$FeCl_3$ 后，生成的 Al(Ⅲ)、Fe(Ⅲ)化合物对胶体的脱稳效果不仅受投加的剂量、水中胶体颗粒的浓度影响，还受水的 pH 值影响。如果 pH 值过

低(小于4),则混凝剂水解受到限制,其化合物中很少有高分子物质存在,絮凝作用较差。如果 pH 值过高(大于9~10),它们就会出现溶解现象,生成带负电荷的配合离子,也不能很好地发挥絮凝作用。

投加了混凝剂的水中,胶体颗粒脱稳后相互聚结,逐渐变成大的絮凝体,这时,水流速度梯度 G 的大小起着主要的作用。在混凝搅拌实验中,水流速度梯度 G 可按式(3)计算:

$$G=\sqrt{\frac{P}{\mu V}} \tag{3}$$

式中,P 为搅拌功率,J/s;μ 为水的黏度,Pa·s;V 为被搅动的水流体积,m^3。

常用的搅拌实验搅拌桨如图1所示。

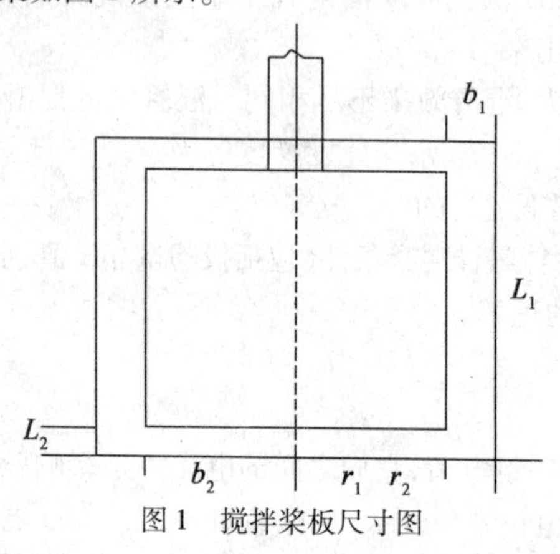

图1　搅拌桨板尺寸图

搅拌功率的计算方法如下:

(1)竖直桨板搅拌功率 P_1。

$$P_1=\frac{mC_{D1}\gamma}{8g}L_1\omega^3(r_2^4-r_1^4) \tag{4}$$

式中,m 为竖直桨板块数,这里 $m=2$;C_{D1} 为阻力系数,取决于桨板长宽比,见表1;γ 为水的重度,kN/m^3;ω 为桨板旋转角速度,rad/s,其中,$\omega=2\pi n$ rad/min $=\frac{\pi n}{30}$ rad/s,n 为转速,r/min;L_1 为桨板长度,m;r_1 为竖直桨板内边缘半径,m;r_2 为竖直桨板外边缘半径,m。

于是得

$$P_1=0.278\,1C_{D1}L_1n^3(r_2^4-r_1^4)$$

不同 b/L 的阻力系数 C_D 见表1。

表1　阻力系数 C_D

b/L	<1	1~2	2.5~4	4.5~10	10.5~18	>18
C_D	1.10	1.15	1.19	1.29	1.40	2.00

(2)水平桨搅拌功率 P_2。

$$P_2=\frac{mC_{D2}\gamma}{8g}L_2\omega^2r_1^4 \tag{5}$$

式中,m 为水平桨板块数,这里 $m=4$;L_2 为水平桨板宽度,m;其余符号意义同前。

于是得

$$P_2 = 0.574\ 2C_{D2}L_2n^3r_1^4$$

搅拌桨功率为

$$P = P_1 + P_2 = 0.278\ 1C_{D1}L_1n^3(r_2^4 - r_1^4) + 0.574\ 2C_{D2}L_2n^3r_1^4$$

只要改变搅拌转速 n,就可以出不同的功率 P,由 $\sum P$ 便求出平均速度梯度 $\overline{G}$ 而

$$\overline{G} = \sqrt{\frac{\sum P}{\mu V}} \tag{6}$$

式中,$\sum P$ 为不同转速时的搅拌功率之和,J/s;其余符号意义同前。

三、实验装置与设备

1.实验装置

混凝实验的装置主要是实验搅拌机,如图2所示。搅拌机上装有电机的调速设备,电源采用稳压电源。

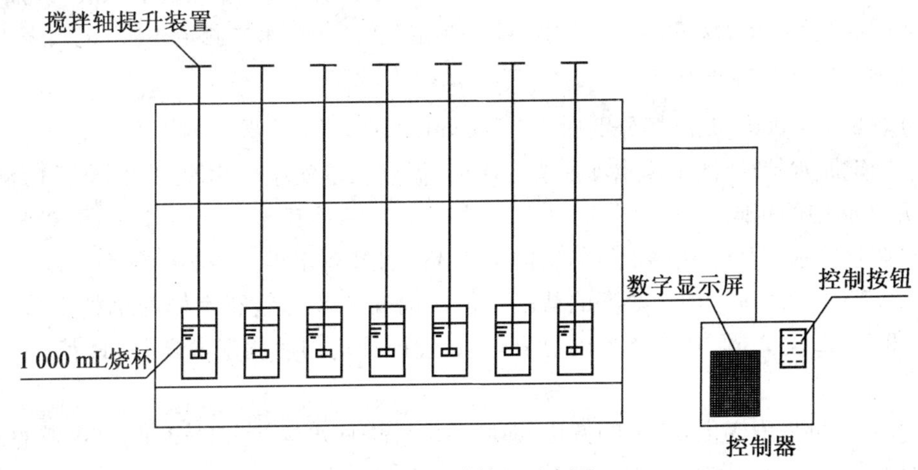

图2　实验搅拌机示意图

2.实验设备和仪表仪器

实验搅拌机,1台;酸度计,1台;浊度仪,1台;烧杯,1 000 mL、200 mL,若干个;量筒,1 000 mL,1个;移液管,1.5 mL、10 mL,各2支;注射针筒、温度计、秒表等。

混凝实验分为最佳投药量、最佳pH值、最佳水流速度梯度3部分。在进行最佳投药量实验时,先选定一种搅拌速度变化方式和pH值,求出最佳投药量;然后按照最佳投药量求出混凝最佳pH值;最后根据最佳投药量和最佳pH值求出最佳的水流速度梯度。

在混凝实验中所用的实验药剂可参考下列浓度进行配制:精制硫酸铝($Al_2(SO_4)_3 \cdot 18H_2O$),10 g/L;三氯化铁($FeCl_3 \cdot 6H_2O$),10 g/L;聚合氯化铝($[A1_2(OH)_mCl_{6-m}]_n$),10 g/L;化学纯盐酸(HCl),10%;化学纯氢氧化钠(NaOH),10%。

四、实验步骤

1.最佳投药量实验步骤

(1)取8个1 000 mL的烧杯,分别放入1 000 mL原水,置于实验搅拌机平台上。

(2)确定原水特征,测定原水水样浑浊度、pH 值、温度。如有条件,测定胶体颗粒的Zeta电位。

(3)确定形成矾花所用的最小混凝剂量。方法是通过慢速搅拌烧杯中 200 mL 原水。并每次增加 1 mL 混凝剂投加量,直至出现矾花为止。这时的混凝剂作为形成矾花的最小投加量。

(4)确定实验时的混凝剂投加量。根据步骤(3)得出的形成矾花的最小混凝剂投加量,取其 1/4 作为 1 号烧杯的混凝剂投加量,取其 2 倍作为 8 号烧杯的混凝剂投加量。用依次增加混凝剂投加量相等的方法求出 2 ~ 7 号烧杯混凝剂投加量,把混凝剂分别加入 1 ~ 8 号烧杯中。

(5)启动搅拌机,快速搅拌 0.5 min,转速约 500 r/min;中速搅拌 10 min,转速约 250 r/min;慢速搅拌 10 min,转速约 100 r/min。

如果用污水进行混凝实验,污水胶体颗粒比较脆弱,搅拌速度可适当放慢。

(6)关闭搅拌机,静止沉淀 10 min,用 50 mL 注射针筒抽出烧杯中的上清液(共抽 3 次,约 100 mL 放入 200 mL 烧杯内,立即用浊度仪测定浊度(每杯水样测定 3 次)记入表 2 中。

2. 最佳 pH 值实验步骤

(1)取 8 个 1 000 mL 烧杯分别加入 1 000 mL 原水,置于实验搅拌机平台上。

(2)确定原水特征,测定原水浑浊度、pH 值、温度。本实验所用原水和步骤(1)测定最佳投药量实验中的相同。

(3)调整原水 pH 值,用移液管依次向 1、2、3、4 号装有水样的烧杯中分别加入 2.5 mL、1.5 mL、1.2 mL、0.7 mL 10% 浓度的盐酸。依次向 6、7、8 号装有水样的烧杯中分别加入 0.2 mL、0.7 mL、1.2 mL 10% 浓度的氢氧化钠,经搅拌均匀后测定水样的 pH 值,记入表 3 中。

该步骤也可采用变化 pH 值的方法,即调整 1 号烧杯水样使 pH = 3,其他水样的 pH 值(从 1 号烧杯开始)依次增加 1 个 pH 值单位。

(4)用移液管向各烧杯中加入相同剂量的混凝剂(投加剂量按照最佳投药量实验中得出的最佳投药量确定)。

(5)启动搅拌机,快速搅拌 30 s,转速约 500 r/min,中速搅拌 10 min,转速约 250 r/min;慢速搅拌 10 min,转速约 100 r/min。

(6)关闭搅拌机,静置 10 min,用 50 mL 注射针筒抽出烧杯中的上清液(共抽 3 次,约 100 mL)放入 200 mL 烧杯中,立即用浊度仪测定浊度(每杯水样测定 3 次),记入表 3 中。

3. 混凝阶段最佳水流速度梯度实验步骤

(1)按照最佳 pH 值实验和最佳投药量实验所得出的最佳混凝 pH 值和投药量,分别向 8 个装有 1 000 mL 水样的烧杯中加入相同剂量的盐酸(或氢氧化钠)和混凝剂,置于实验搅拌机平台上。

(2)启动搅拌机快速搅拌 1 min,转速约 500 r/min。随即把其中 7 个烧杯移到别的搅拌机上,1 号烧杯继续以 50 r/min 转速搅拌 20 min。其他各烧杯分别用 100 r/min、150 r/min、200 r/min、250 r/min、300 r/min、350 r/min、400 r/min 搅拌 20 min。

(3)关闭搅拌机,静置10 min,分别用50 mL注射针筒抽出烧杯中的上清液(共抽3次,约100 mL放入200 mL烧杯中,立即用浊度仪测定浊度(每杯水样测定3次),记入表4中。

(4)测量搅拌浆尺寸(图1)。

本实验有如下注意事项。

(1)在最佳投药量、最佳pH值实验中,向各烧杯投加药剂时希望同时投加,避免因时间间隔较长各水样加药后反应时间长短相差太大,混凝效果悬殊。

(2)在最佳pH值实验中,用来测定pH值的水样,仍倒入原烧杯中。

(3)在测定水的浊度、用注射针筒抽吸上清液时,不要扰动底部沉淀物。同时,各烧杯抽吸的时间间隔尽量减小。

五、实验结果整理

1. 最佳投药量实验结果整理

(1)把原水特征、混凝剂投加情况、沉淀后的剩余浊度记入表2中。

表2　最佳投药量实验记录表

第________小组　　　　姓名________　　　　实验日期________

实验目的____

原水水温________℃　　　　浊度________NTU　　　　pH值________

原水胶体颗粒Zeta电位________mV　　使用混凝剂种类、浓度________

<table>
<tr><td colspan="2">水样编号</td><td>1</td><td>2</td><td>3</td><td>4</td><td>5</td><td>6</td><td>7</td><td>8</td></tr>
<tr><td colspan="2">混凝剂加注量/(mg·L^-1)</td><td></td><td></td><td></td><td></td><td></td><td></td><td></td><td></td></tr>
<tr><td colspan="2">矾花形成时间/min</td><td></td><td></td><td></td><td></td><td></td><td></td><td></td><td></td></tr>
<tr><td rowspan="4">沉淀水浊度
(NTU)</td><td>1</td><td></td><td></td><td></td><td></td><td></td><td></td><td></td><td></td></tr>
<tr><td>2</td><td></td><td></td><td></td><td></td><td></td><td></td><td></td><td></td></tr>
<tr><td>3</td><td></td><td></td><td></td><td></td><td></td><td></td><td></td><td></td></tr>
<tr><td>平均</td><td></td><td></td><td></td><td></td><td></td><td></td><td></td><td></td></tr>
<tr><td rowspan="5">备　注</td><td>1</td><td colspan="2">快速搅拌时间</td><td colspan="2">min</td><td colspan="2">转速</td><td colspan="2">r/min</td></tr>
<tr><td>2</td><td colspan="2">中速搅拌时间</td><td colspan="2">min</td><td colspan="2">转速</td><td colspan="2">r/min</td></tr>
<tr><td>3</td><td colspan="2">慢速搅拌时间</td><td colspan="2">min</td><td colspan="2">转速</td><td colspan="2">r/min</td></tr>
<tr><td>4</td><td colspan="2">沉淀时间</td><td colspan="2">min</td><td colspan="2"></td><td colspan="2"></td></tr>
<tr><td>5</td><td colspan="2">人工配水情况</td><td colspan="2"></td><td colspan="2"></td><td colspan="2"></td></tr>
</table>

(2)以沉淀水浊度为纵坐标、混凝剂加注量为横坐标,绘出浊度与药剂投加量关系曲线,并从图上求出最佳混凝剂投加量。

2. 最佳pH值实验结果整理

(1)把原水特征、混凝剂加注量、酸碱加注情况、沉淀水浊度记入表3中。

表3　最佳 pH 值实验记录表

第________小组　　　　姓名________　　　　实验日期________

实验目的________________________________

原水水温________℃　　　　浊度________NTU　　　　pH 值________

原水胶体颗粒 Zeta 电位________mV　　使用混凝剂种类、浓度________

水样编号		1	2	3	4	5	6	7	8
HCl 投加量/(mg·L^{-1})									
NaOH 投加量/(mg·L^{-1})									
pH 值									
混凝剂加注量/(mg·L^{-1})									
沉淀水浊度(NTU)	1								
	2								
	3								
	平均								
备　注	1	快速搅拌时间		min		转速		r/min	
	2	中速搅拌时间		min		转速		r/min	
	3	慢速搅拌时间		min		转速		r/min	
	4	沉淀时间		min					

(2)以沉淀水浊度为纵坐标、水样 pH 值为横坐标绘出浊度与 pH 值的关系曲线，从图上求出所投加混凝剂的混凝最佳 pH 值及其适用范围。

3. 混凝阶段最佳速度梯度实验结果整理。

(1)把原水特征、混凝剂加注量、pH 值、搅拌速度记入表4中。

表4　混凝阶段最佳水流速度梯度实验记录表

水样编号		1	2	3	4	5	6	7	8
HCl 投加量/(mg·L^{-1})									
NaOH 投加量/(mg·L^{-1})									
pH 值									
混凝剂加注量/(mg·L^{-1})									
沉淀水浊度(NTU)	1								
	2								
	3								
	平均								
备　注	1	快速搅拌时间		min		转速		r/min	
	2	中速搅拌时间		min		转速		r/min	
	3	慢速搅拌时间		min		转速		r/min	
	4	沉淀时间		min					

(2)以沉淀水浊度为纵坐标、速度梯度 G 为横坐标绘出浊度与 G 的关系曲线，从曲线中求出所加混凝剂混凝阶段适宜的 G 值范围。

六、问题与讨论

(1)根据最佳投药量实验曲线,分析沉淀水浊度与混凝剂加注量的关系。

(2)本实验与水处理实际情况有哪些差别?如何改进?

实验2　活性炭吸附实验

一、实验目的

活性炭处理工艺是运用吸附的方法来去除异味、色度、某些离子以及难生物降解的有机污染物。在吸附过程中，活性炭比表面积起着主要作用，同时被吸附物质在溶剂中的溶解度也直接影响吸附速率，被吸附物质浓度对吸附也有影响。此外，pH值的高低、温度的变化和被吸附物质的分散程度也对吸附速率有一定的影响。

本实验采用活性炭间歇和连续吸附的方法确定活性炭对水中某些杂质的吸附能力。通过本实验，希望达到下述目的。

(1)加深理解吸附的基本原理。

(2)掌握活性炭吸附公式中常数的确定方法。

二、实验原理

活性炭对水中所含杂质的吸附既有物理吸附作用，又有化学吸附作用。有一些物质先在活性炭表面积聚浓缩，继而进入固体晶格原子或分子之间被吸附，也有一些特殊物质则与活性炭分子结合而被吸附。

活性炭吸附水中所含杂质时，水中的溶解性杂质在活性炭表面凝聚而被吸附，也有一些被吸附物质由于分子的运动而离开活性炭表面，重新进入水中，即同时发生解吸现象。当吸附和解吸处于动态平衡时，称为吸附平衡。这时活性炭和水(即固相和液相)之间的溶质具有一定的浓度分布。如果在一定压力和温度条件下，用质量为m(g)的活性炭吸附溶液中的溶质，被吸附的溶质质量为x(mg)，则单位质量的活性炭吸附溶质的量q_e(即吸附容量)可按式(1)计算：

$$q_e = \frac{x}{m} \tag{1}$$

q_e的大小除了取决于活性炭的品种之外，还与被吸附物质的性质、浓度、水的温度及pH值有关。一般来说，当被吸附的物质能够与活性炭发生结合反应、被吸附物质不易溶于水而受到水的排斥作用、活性炭对被吸附物质的亲和力强、被吸附物质的浓度又较大时，q_e的值就比较大。

描述吸附容量q_e与吸附平衡时溶液浓度ρ的关系有Langmuir(朗格缪尔)吸附等温式和Freundlich(费兰德利希)吸附等温式。在水和污水处理中，通常用Freundlich吸附等温式来比较不同温度和不同溶液浓度时活性炭的吸附容量，即

$$q_e = K\rho^{\frac{1}{n}} \tag{2}$$

式中，q_e为吸附容量，mg/g；K为与吸附比表面积、温度有关的系数；n为与温度有关的常数，$n>1$；ρ为吸附平衡时的溶液浓度，mg/L。

这是一个经验公式。通常用图解方法求出K、n的值。为了方便易解，将式(2)变换成

线性对数关系式：

$$\lg q_e = \lg \frac{\rho_0 - \rho}{m} = \lg K + \frac{1}{n} \lg \rho \tag{3}$$

式中，ρ_0 为水中被吸附物质的原始浓度，mg/L；ρ 为被吸附物质的平衡浓度，mg/L；m 为活性炭投加量，g/L。

连续流活性炭的吸附过程与间歇性吸附有所不同，这主要是因为前者被吸附的杂质来不及达到平衡浓度 ρ，因此不能直接应用上述公式，这时应对吸附柱进行被吸附杂质泄漏和活性炭耗竭过程实验，也可简单地采用 Bhart - Adams 关系式：

$$t = \frac{N_0}{\rho_0 v}\left[D - \frac{v}{KN_0}\ln\left(\frac{\rho_0}{\rho_B} - 1\right)\right] \tag{4}$$

式中，t 为工作时间，h；v 为吸附柱中流速，m/h；D 为活性炭层厚度，m；K 为流速常数，$m^3/(g \cdot h)$；N_0 为吸附容量，g/m^3；ρ_0 为入流溶质浓度，mg/L；ρ_B 为容许出流溶质浓度，mg/L。

根据入流、出流溶质浓度，可用式（4）估算活性炭柱吸附层的临界厚度，即保持出流溶质浓度不超过 ρ_B 的炭层理论厚度。

$$D_0 = \frac{v}{KN_0}\ln\left(\frac{\rho_0}{\rho_B} - 1\right) \tag{5}$$

式中，D_0 为临界厚度，m；其余符号意义同前。

实验时，如果原水样溶质浓度为 ρ_{01}，将 3 个活性炭柱串联，则第一个活性炭柱的出流浓度 ρ_{B1} 即为第二个活性炭柱的入流浓度 ρ_{02}，第二个活性炭柱的出流浓度 ρ_{B2} 即为第三个活性炭柱的入流浓度 ρ_{03}。由各炭柱不同的入流、出流浓度 ρ_0、ρ_B 便可求出流速常数 K。

三、实验装置与设备

1. 实验装置

本实验间歇式吸附采用三角烧瓶内装入活性炭和水样进行振荡的方法，连续流吸附采用有机玻璃柱内装活性炭、水流自上而下连续进出的方法。图 1 和图 2 分别是间歇式吸附实验装置和连续流吸附实验装置示意图。

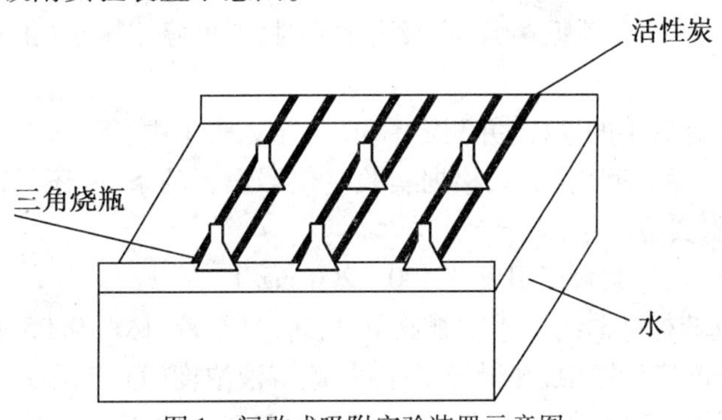

图 1　间歇式吸附实验装置示意图

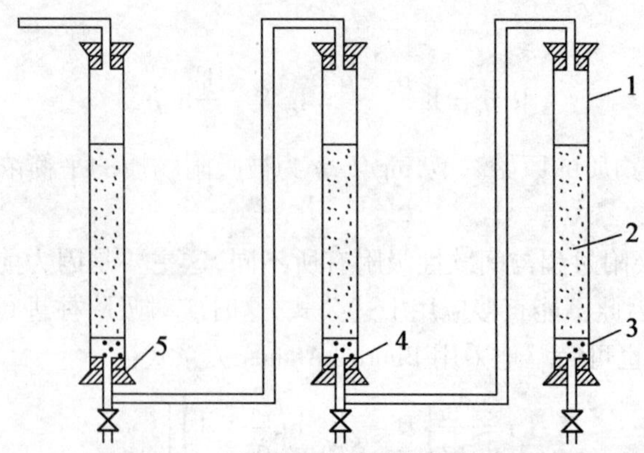

图2　连续流吸附实验装置示意图

1—有机玻璃管；2—活性炭层；3—承托层；4—隔板隔网；5—单孔橡胶塞

2. 实验设备和仪器仪表。

振荡器或摇瓶柜，1 台；pH 计，分光光度计，烘箱，各 1 台；活性炭，2 kg；活性炭柱，有机玻璃管 ϕ25 mm×1 000 mm，3 根；水样调配箱，硬塑料焊制，长×宽×高 = 0.5 m×0.5 m×0.6 m，1 个；恒位箱，硬塑料焊制，长×宽×高 = 0.3 m×0.3 m×0.4 m，1 个；水泵（c 型号 CHB_3），1 台；COD 测定装置，1 套；温度计，刻度 0～100 ℃，1 支；三角烧瓶，500 mL，若干个；量筒，250 mL，2 个；三角漏斗，5 个。

四、实验步骤

1. 间歇式吸附实验步骤

（1）取一定量的活性炭放在蒸馏水中浸 24 h，然后置于 105 ℃烘箱中烘 24 h，再将烘干的活性炭研碎，使其成为能通过 200 目以下筛孔的粉状炭。

（2）配制水样的 COD_{Mn}。浓度为 20～50 mg/L 的水样。

（3）用高锰酸盐指数法测原水的 COD_{Mn} 含量（可采用重铬酸钾快速法或其他方法，视实验条件而定），同时测水温和 pH 值。

（4）在 5 个三角烧瓶中分别放入 100 mg、200 mg、300 mg、400 mg、500 mg 粉状活性炭，加入 150 mL 水样，放人振荡器振荡，达到吸附平衡时，即可停止振荡（加粉状活性炭的振荡时间一般为30 min）。

（5）过滤各三角烧瓶中的水样，并测定 COD_{Mn}，记入表 1 中。

为使实验能在较短时间内结束，根据实验室仪器设备的条件，还可以测定有机染料的色度来做间歇式吸附实验，步骤如下。

（1）配制有色水样，使其含亚甲基蓝 100～200 mg/L。

（2）绘制亚甲基蓝标准曲线。①配制亚甲基蓝标准溶液，称取 0.05 g 亚甲基蓝，用蒸馏水溶解后移入 500 mL 容量瓶中，并稀释至标线，此溶液浓度为 0.1 mg/mL。②绘制标准曲线，用移液管分别吸取亚甲基蓝标准溶液 5 mL、10 mL、20 mL、30 mL、40 mL 于 100 mL 容量瓶中，用蒸馏水稀释至 100 mL 刻度处，摇匀，以水为参比，在波长 470 nm 处，用 1 cm 比色皿测定吸光度，给出标准曲线。

（3）用分光光度法测定原水的亚甲基蓝含量，同时测水温和 pH 值。

(4)在 5 个三角烧瓶中分别放 100 mg、200 mg、300 mg、400 mg、500 mg 上述间歇式吸附实验步骤(1)的粉状活性炭,加入 200 mL 水样,放入摇瓶柜,以 100 r/min 摇动 30 min。

(5)分别吸取已静置 5 min 的各三角烧瓶内的上清液,在分光光度计上测得相应的吸光度,并在标准曲线上查出相应的浓度。

2. 连续流吸附实验步骤

(1)配制水样,使其含 COD_{Mn}为 50 ~ 100 mg/L。

(2)用高锰酸盐指数法测定原水的 COD_{Mn}含量,同时测水温和 pH 值。

(3)在活性炭吸附柱中各装入炭层厚 500 mm 的活性炭。

(4)启动水泵,将配制好的水样连续不断地送入高位恒位水箱。

(5)打开活性炭柱进水阀门,使原水进入活性炭柱,并控制流量为 100 mL/min 左右。

(6)运行稳定 5 min 后测定并记录各活性炭柱出水的 COD_{Mn}。

(7)连续运行 2 ~ 3 h,并每隔 60 min 取样测定和记录各活性炭柱出水 COD_{Mn}一次。

(8)停泵,关闭活性炭柱进、出水阀门。

本实验有如下注意事项。

(1)间歇式吸附实验所求得的 q_e 如果出现负值,则说明活性炭明显地吸附了溶剂,此时应调换活性炭或调换水样。

(2)连续流吸附实验时,如果第一个活性炭柱出水中 COD_{Mn}很低(低于 20 mg/L),则可增大进水流量或停止第二、三个活性炭柱进水,只用一个炭柱。反之,如果第一个炭柱进、出水 COD_{Mn}相差无几,则可减小进水量。

(3)进入吸附柱的水浑浊度较高时,应进行过滤从而去除杂质。

五、实验结果整理

1. 间歇式吸附实验结果整理

(1)记录实验操作基本参数。

实验日期________年________月________日

水样 COD_{Mn}________ mg/L　　pH 值________　　温度________℃

振荡时间________ min　　水样体积________ mL

(2)各三角瓶中水样过滤后测定结果,建议按表 1 填写。

表 1　间歇式吸附实验记录表

杯　号	水样体积/mL	原水样 COD_{Mn}	吸附平衡后 COD_{Mn}	$\lg\rho$	活性炭投加量 $m/(g\cdot mL^{-1})$	$(\rho_0-\rho)/m$	$\lg(\rho_0-\rho)/m$

(3)以 $\lg[(\rho_0-\rho)/m]$ 为纵坐标、$\lg\rho$ 为横坐标,绘出 Freundlich 吸附等温线。

(4)从吸附等温线上求出 K 和 n 的值,代入式(2),求出 Freundlich 吸附等温线。

2. 连续流吸附实验结果整理

(1)实验测定结果建议按表 2 填写。

表 2　连续流吸附实验记录表

实验日期________年________月________日

水样 COD_{Mn}________mg/L　温度________℃

pH 值________　活性炭吸附容量 q_e =________mg/g

工作时间 t/h	1 号柱			2 号柱			3 号柱			出水浓度
	ρ_{01}/(mg·L^{-1})	D_1/m	V_1/(m·h^{-1})	ρ_{02}/(mg·L^{-1})	D_2/m	V_2/(m·h^{-1})	ρ_{03}/(mg·L^{-1})	D_3/m	V_3/(m·h^{-1})	ρ_B/(mg·L^{-1})

(2)将实验所测得的数据代入式(3),求出流速常数 K(其中,N_0 采用 q_e 进行换算,活性炭容量为 0.7 g/cm^3 左右)。

(3)如果流出的 COD_{Mn} 浓度为 10 mg/L,求出活性炭柱层的临界厚度 D_0。

六、问题与讨论

(1)间歇式吸附与连续流吸附相比,吸附容量是否相等?怎样通过实验求出连续流吸附的吸附容量?

(2)通过本实验,你对活性炭吸附有什么结论性意见?本实验应如何改进?

实验3　离子交换实验

一、实验目的

离子交换法是处理电子、医药、化工等工业用水和处理含有害金属离子的废水，回收废水中贵重金属的普遍方法。它可以去除或交换水中溶解的无机盐，去除水中硬度、碱度以及制取无离子水。

在应用离子交换法进行水处理时，需要根据离子交换树脂的性能设计离子交换设备，决定交换设备的运行周期和再生处理。这既涉及理论计算，又包含实验操作的问题。

通过本实验，希望达到以下目的。

(1)加深对离子交换基本理论的理解。

(2)学会离子交换树脂交换容量的测定。

(3)学习离子交换设备的操作方法。

二、实验原理

1. 离子交换树脂的交换容量

离子交换树脂的交换容量表示离子交换剂中可交换离子量的多少，是交换树脂的重要技术指标。由于各种离子交换树脂可以以不同形态存在，为了正确地比较各树脂的性能，常常在测定性能前将其转变成某种固定的形态。一般阳离子交换树脂以 H 型为标准，强碱性阴离子交换树脂以 Cl 型为标准，弱碱性阴离子交换树脂以 OH 型为标准。各种树脂在实验前应进行必要的处理，以洗去杂质。

树脂性能的测定目前尚无统一的规定，可根据需要对其物理性状和化学性状进行测定。在应用中，决定树脂交换能力大小的指标是树脂交换容量，它又分为几类：

(1)全交换容量(E)。全交换容量是指交换树脂中所有活性基团全部再生成可交换离子的总量。其计算方法见本实验中实验结果整理。

(2)平衡交换容量(m)。平衡交换容量是指交换树脂和水溶解作用达到平衡时的交换容量。例如，一种 H 型离子交换树脂和含有 Na^+ 的溶液作用，达到平衡时，交换树脂中含 Na^+ 的量为 m_{Na}(mmol/g)，则平衡交换容量为 m_{Na}，此时交换剂中残留的 H^+ 为 m_H(mmol/g)，则全交换容量 $E=m_{Na}+m_H$。当 m_{Na}很大而 $m_H\approx0$ 时，$E=m_{Na}$。

(3)工作交换容量(E_0)。工作交换容量是指在交换过程中实际起到交换作用的可交换离子的总量。

上述平衡交换容量与全交换容量有关，全交换容量是平衡交换容量的最大值。工作交换容量与实际运行条件有密切关系，原水中所含杂质的性质、浓度、交换树脂层厚度、进水温度、pH 值、再生程度等均影响交换树脂的工作交换容量。全交换容量对于同一种离子交换树脂来说是一个常数，常用酸碱滴定法确定其值。

2. 离子交换脱碱软化

含有 Ca^{2+}、Mg^{2+} 等杂质的原水流经交换树脂层时，水中的 Ca^{2+}、Mg^{2+} 首先与树脂上的可交换离子进行交换，最上层的树脂首先失效，变成了 Ca、Mg 型树脂。水流通过该层后水质没有变化，故这一层称为饱和层或失效层。在它下面的树脂层称为工作层，又与水中 Ca^{2+}、Mg^{2+} 进行交换，直至达到平衡。

实际上，天然水中不会只有单纯一种阳离子，而常含多种阴、阳离子，所以离子的交换过程比较复杂，就软化而言，当水流过交换层后，各阳离子按其被交换剂吸附能力的大小，自上而下地分布在交换层中，它们是 Fe^{3+}、Al^{3+}、Ca^{2+}、Mg^{2+}、K^{+}、Na^{+} 等。如果采用 Na 型交换树脂，出水中就不可避免地含有 $NaHCO_3$，从而使碱度增加。生产上常采用 H－Na 型交换树脂并联的形式，它们的流量分配关系是

$$Q_H(c_{SO_4^{2-}} + c_{Cl^-}) = (Q - Q_H)H_c - QA_r$$

式中，$c_{SO_4^{2-}} + c_{Cl^-}$ 为原水中的 SO_4^{2-} 和 Cl^- 的含量，mmol/L；H_c 称为原水中碳酸盐的硬度，也称碱度，mmol/L；A_r 为混合后软化水的剩余碱度，约等于 0.5 mmol/L；Q、Q_H 分别为总处理水量、进入 H 型交换器的水量，m^3/h。

为了方便起见，在对水进行分析时，假定水中只有 $K^+(Na^+)$、Ca^{2+}、Mg^{2+}、HCO^{3-}、SO_4^{2-}、Cl^- 等主要离子，这样碱度仅为碳酸盐碱度。总硬度与总碱度之差即为 SO_4^{2-} 和 Cl^- 的含量。

3. 离子交换除盐

利用阴、阳树脂共同工作是目前制取纯水的基本方法之一。水中各种无机盐类电离生成的阴、阳离子经过 H 型离子交换树脂时，水中阳离子被 H^+ 取代，经过 OH 型离子交换树脂时，水中阴离子被 OH^- 取代。进入水中的 H^+ 和 OH^- 结合成 H_2O，从而达到了去除无机盐的效果。水中所含阴、阳离子的多少，直接影响了溶液的导电性能，经过离子交换树脂处理的水中离子很少，电导率很小，电阻值很大，生产上常以水的电导率控制离子交换后的水质。

三、实验装置与设备

1. 实验装置

离子交换脱碱软化装置如图 1 所示，交换柱由有机玻璃制成，尺寸为 100 mm×2 000 mm，内装树脂厚 1 200 mm。

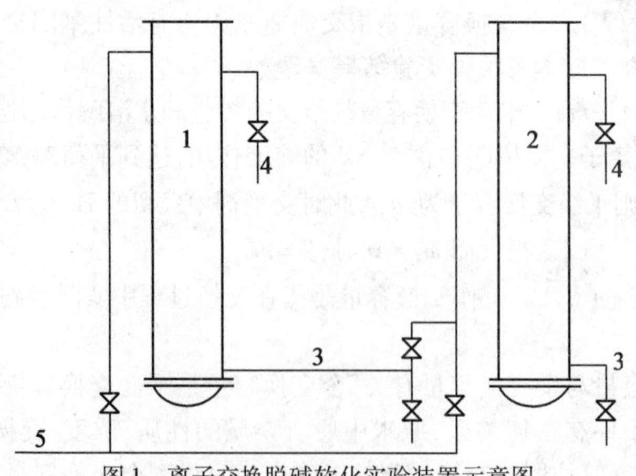

图 1　离子交换脱碱软化实验装置示意图

1—H 型交换柱；2—Na 型交换柱；3—出水管；4—再生液进水管；5—进水管

离子交换除盐实验装置如图2所示，结构尺寸同离子交换脱碱软化实验装置。内装树脂厚1 200 mm。

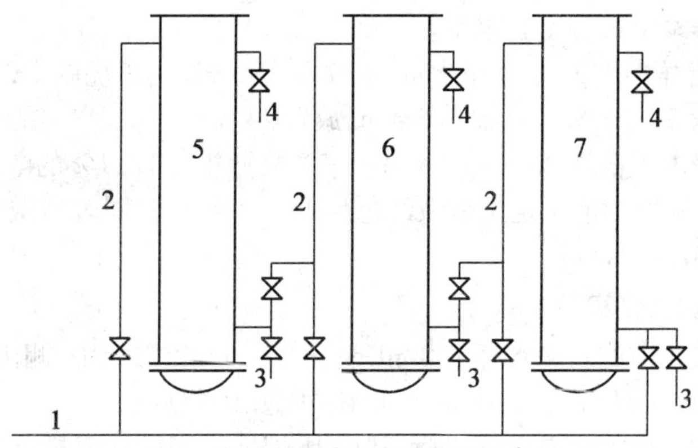

图2　离子交换除盐实验装置示意图

1—自来水管；2—进水管；3—出水管；4—再生液进水管；
5—阳离子交换柱；6—阴离子交换柱；7—阴、阳离子混合柱

2. 实验设备和仪器仪表

天平，1台；酸度计，1台；电导仪，1台；强酸性阳离子树脂，25 kg；强碱性阴离子树脂，10 kg；有机玻璃柱，100 mm×2 000 mm，5根；真空抽吸装置，1套；三角烧瓶，250 mL，10个；移液管，10 mL、25 mL、50 mL，各2支；滴定管，50 mL，1支；量筒，100 mL、1 000 mL，各1个；容量瓶，500 mL，1个；试剂瓶，250 mL，1个；烧杯，500 mL，3个，150 mL，2个。

四、实验步骤

1. 离子交换树脂全交换容量测定步骤

强酸性阳离子树脂的测定步骤如下。

（1）称取树脂样本1 g（精确至1 mg），置烘箱内在105 ℃下烘45 min，冷却后称重，求出含水率。

（2）另称取树脂样本1 g（精确至1 mg），放入250 mL三角烧杯中，加入1 mol/L的NaCl溶液50～100 mL，摇动5 min，放置2 h。

（3）在上述溶液中加入1%酚酞指示剂3滴，用0.1 mol/L的NaOH标准溶液滴定至呈微红色且15 s不褪色。记录所用NaOH标准溶液的体积。

弱酸性阳离子树脂的测定步骤如下。

（1）称取树脂样本1 g，测定含水率。

（2）另称取树脂样本1 g（精确至1 mg），放在250 mL三角烧瓶中，加入0.2 mol/L的NaOH标准溶液50 mL，盖紧玻璃塞，放置24 h（并轻微摇动数次）。

（3）吸取上清液25 mL放在另一烧杯中，以酚酞为指示剂，用0.1 mol/L的HCl标准溶液滴定至不显红色为止。记录HCl标准溶液的用量。

强碱性阴离子树脂的测定步骤如下。

（1）称取树脂样本1 g，测定含水率。

（2）另称取树脂样本1 g（精确至1 mg），放在250 mL三角烧瓶中，加入1 mol/L的Na_2SO_3溶液50～100 mL，摇动5 min，放置2 h。

（3）在上述溶液中加入10%铬酸钾指示剂5滴，用0.1 mol/L的$AgNO_3$标准溶液滴定

至红色且 15 s 不褪色，记录 $AgNO_3$ 标准溶液的用量。

弱碱性阴离子树脂的测定步骤如下。

(1)称取树脂样本 1 g，测定含水率。

(2)另称取树脂样本 1 g(精确至 1 mg)，放在 250 mL 三角烧瓶中，加入 0.1 mol/L 的 HCl 溶液 100 mL(含 3% 的 NaCl)，摇动 5 min，放置 24 h。

(3)用移液管吸取上清液 20 mL 放入另一三角烧瓶中，加入 1% 的酚酞指示剂 3 滴。以 0.1 mol/L 的 NaOH 标准溶液滴定至呈微红色且 15 s 不褪色。同时另做一个空白实验。记录两次 NaOH 标准溶液的用量。

2. 离子交换脱碱软化实验步骤

(1)取进入交换柱前的自来水样 100 mL 置于 250 mL 锥形瓶中，测出总碱度。

(2)取上述水样 50 mL 置于 250 mL 锥形瓶中，测出总硬度。

(3)根据原水中总硬度和总碱度指标，利用 H－Na 型交换柱流量分配比例关系式确定进入 H－Na 型交换柱的流量比例。

(4)取 H 型交换柱流速为 15 m/h，确定 Na 型交换柱流速。

(5)打开各柱进、出水阀门，调整进水流量。

(6)交换 10 min 后，测定 H－Na 型交换柱出水 pH 值、硬度、碱度和混合水碱度、pH 值。

(7)改变上述交换柱流速，分别取 20 m/h、25 m/h 等，重复步骤(5)和(6)。

(8)关闭各进、出水阀门。

3. 正离子交换除盐实验步骤

(1)测定原水 pH 值、电导率，记入表 1 中。

(2)排出阴、阳离子交换柱中的废液。

(3)用自来水正洗各交换柱 5 min，正洗流速为 15 m/h，测定正洗水出水 pH 值。若 pH 值不呈中性，则延长正洗时间。

(4)开启阳离子交换柱进水阀门和出水阀门，调整交换柱内流速到 12 m/h 左右。

(5)关闭阳离子出水阀门，开启阴离子交换柱进水阀门及混合离子交换柱进、出水阀门。

(6)交换 10 min 后，测定各离子交换柱出水电导率、pH 值。

(7)依次取交换速率为 15 m/h、20 m/h、25 m/h 等进行交换，测定各离子交换柱出水电导率、pH 值。

(8)交换结束后，阴、阳离子交换柱分别用 15 m/h 的自来水反洗 2 min，并分别通入 5% 的 HCl、4% 的 NaOH 至淹没交换层 10 cm。混合离子交换柱以 10 m/h 的反洗速率反洗，待分层后再洗 2 min，然后移出阴离子树脂至 4% 的 NaOH 溶液中，移出阳离子至 5% 的 HCl 溶液中，浸泡 40 min。

(9)移出再生液，用纯水浸泡树脂。

(10)关闭所有进、出阀门，切断各仪器电源。

本实验有如下注意事项。

(1)在脱碱软化实验时，如果原水中碱度偏低，可取剩余碱度 $A_0 < 0.5$ mmol/L。

(2)离子交换脱碱软化、除盐实验所用原水为一般自来水，如果碱度、硬度偏低，可自行调配水样。

(3)本实验分 3 部分，学生可以选择其中一部分进行实验，其中硬度和碱度可由实验人员事先测定或学生部分测定。

五、实验结果整理

1. 离子交换树脂全交换容量测定实验结果整理

离子交换树脂交换容量分别按下列各式进行计算。

（1）强酸性阳离子树脂全交换容量。

$$E = \frac{cV}{m(1 - \text{含水率})} \tag{1}$$

式中，c 为 NaOH 标准溶液的浓度，mmol/mL；V 为 NaOH 标准溶液的用量，mL；m 为样本树脂的质量，g。

（2）弱酸性阳离子树脂全交换容量。

$$E = \frac{cV - 2c_1V_1}{m(1 - \text{含水率})} \tag{2}$$

式中，c_1 为盐酸标准溶液的浓度，mmol/mL；V_1 为盐酸标准溶液的用量，mL；其余符号意义同前。

（3）强碱性阴离子树脂全交换容量。

$$E = \frac{2c_2V_2}{m(1 - \text{含水率})} \tag{3}$$

式中，c_2 为硝酸银标准溶液的浓度，mmol/mL；V_2 为硝酸银标准溶液的用量，mL；其余符号意义同前。

（4）弱碱性阴离子树脂全交换容量。

$$E = \frac{5(V_2 - V_1)}{m(1 - \text{含水率})} \tag{4}$$

式中，V_1 为样本测定的 NaOH 的用量，mL；V_2 为空白测定的 NaOH 用量，mL；其余符号意义同前。

2. 离子交换脱碱软化实验结果整理

（1）实验测得的各数据建议按照表 1 填写。

表 1　离子交换脱碱软化实验记录表

实验日期________年________月________日

原水样总碱度________ mmol/L　　碱度________ mmol/L　　pH 值________

编号	交换柱类型	交换速率/(m·h⁻¹)	总硬度/(mmol·L⁻¹)	碱度/(mmol·L⁻¹)	碳酸盐硬度/(mmol·L⁻¹)	非碳酸盐硬度/(mmol·L⁻¹)	pH 值	混合后水质	
								碱度/(mmol·L⁻¹)	pH 值
1	H								
	Na								
2	H								
	Na								
⋮	⋮								

（2）将表 1 中的数据代入流量分配关系式，求出剩余碱度。给出 H 型交换柱流速与 pH 值、Na 型交换柱流速与碱度的关系曲线。

3. 离子去除盐实验结果整理

(1)把实验测得的数据填入表2中。

表2　离子交换除盐实验记录表

实验日期________年________月________日

原水温度________ mmol/L　碱度________ mmol/L　pH值________　电导率________

出水 \ 交换柱水流速率/($m \cdot h^{-1}$)	阳离子交换柱			阴离子交换柱		阴、阳离子交换柱		备　注
	硬度/($mmol \cdot L^{-1}$)	pH值	电导率/($S \cdot cm^{-1}$)	pH值	电导率/($S \cdot cm^{-1}$)	pH值	电导率/($S \cdot cm^{-1}$)	

(2)给出各交换柱交换水流速率与电导率的关系曲线。

六、问题与讨论

(1)根据实验结果,对离子交换脱碱软化系统可以得出结论?还存在哪些问题?

(2)离子交换除盐实验中pH值是怎样变化的?对电导率有什么影响?

(3)做完实验后,你感到有什么不足?有何进一步设想?

实验4 活性污泥模型 ASM 参数测定实验

本实验以活性污泥工艺(如普通活性污泥法、序批式活性污泥法等)为例,通过模拟文献收集与阅读理解、实验室操作与数据整理,然后进行相应工艺参数的模拟研究与设计等实验。

一、实验目的

(1)理解国际水协会(IWA)的活性污泥模拟型系列。

(2)掌握活性污泥法工艺过程及原理。

(3)初步学会使用污水处理模拟软件(如 GPS-X),熟悉模拟建立和参数率定方法。

二、实验原理

本实验原理主要包括两部分:所选活性污泥工艺的污染物质去除机理和相应的活性污泥模型。

尽管活性污泥法发展至今,工艺的具体形式变化多样,工艺效率可能有些差异。但它们对污染物质的去除机理基本一致。一般来说,活性污泥法去除水中的污染物质主要经历如下3个阶段:

(1)吸附阶段。由于活性污泥的表面积很大(2 000~10 000 m^2/m^3 混合液),且表面具有多糖类物黏液层,污水与活性污泥接触后,在很短时间内(5~30 min)污水中的悬浮和胶体物质被吸附和絮凝迅速去除。

(2)微生物对有机物的氧化分解或代谢过程。在有氧条件下,这一过程可用图1来描述,即微生物将吸附阶段吸附的有机物一部分氧化分解,获取维持生命活动的能量;另一部分则合成新的细胞物质。维持微生物生命活动的能量来源有两条途径,即一部分有机物的氧化分解和部分微生物细胞物质的氧化分解(即内源呼吸)。当有机物充足时,内源呼吸作用不明显;但当有机物近乎耗尽时,内源呼吸就成为供应能量的主要方式。

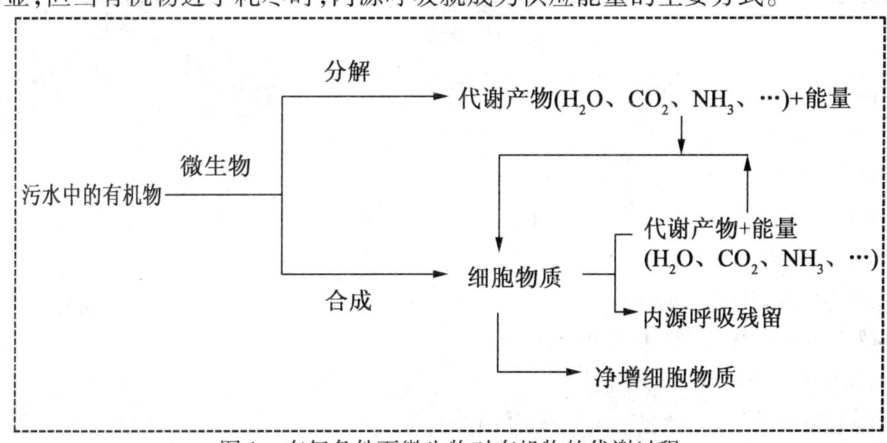

图1 有氧条件下微生物对有机物的代谢过程

(3)絮凝体形成与凝聚沉淀阶段。氧化分解或代谢阶段合成的菌体细胞絮凝形成絮凝体,通过重力沉淀从水中分离出来,使污水得到净化。

国际水协会 ASM 模型系列问世后,在实际的污水处理工程和研究中得到了充分肯定。

它们也是目前国内外活性污泥模型研究的主流。在实验研究中，可根据反应器及其工艺特征，选定可供采用的模型。模型的具体过程与形式、涉及的变量与参数等请参考 IWA 课题组发表的原始报告和相关文献。这里仅对应用较多的 ASM1、ASM2、ASM2d 和 ASM3 作一些简单比较，以便在实验研究中更快地理解和选取。

ASM 系列模型的主要特征为：均采用矩阵形式来展示污水生物处理过程中的化学计量和动力学信息，易于看懂和理解。

ASM1 描述了污水中好氧、缺氧条件下所发生的水解、微生物生长、衰减等 8 种反应。模型中包含了 13 种组分、8 种反应过程、5 个化学计量数和 14 个动力学参数。ASM1 自推出来得到了广泛应用，但 ASM1 中未包含生物除磷。

ASM2 包括了生物除磷，增加了厌氧水解、酵解以及与聚磷菌有关的 4 个反应过程。因为生物除磷机理很复杂，包含了更多的组分，所以 ASM2 比 ASM1 庞大，但是 ASM2 中的聚磷菌只能在好氧条件下生长。它包含 19 种物质、19 种反应过程、22 个化学计量参数及 42 个动力学参数。ASM2 扩展模型（ASM2d）的提出则解决了 ASM2 中有关聚磷菌的反消化问题，它比 ASM2 增加了两个生物过程，用以描述聚磷菌利用细胞内储存物质进行的反消化过程。

ASM3 则在总结和修正 ASM1 模型缺陷的基础上提出和采用了内源呼吸理论。ASM3 中同样包括有机物氧化、消化和反消化，也不包括生物除磷。它共有 13 种组分、12 种反应过程、15 个化学计量数及 21 个动力学参数。

表 1 表示出了 ASM 系统模型中的组分差异；表 2 和表 3 则以 ASM1 为例，分别列出了模型中的反应过程及其速率方程，模型中化学计量数和动力学参数及其典型值，可供具体实验和模型模拟研究时参考。

三、实验步骤

（1）查阅国际水协会（IWA）活性污泥模型系列以及拟订模拟活性污泥工艺模型，理解并整理。

（2）实验室条件（反应器、分析设备及器材等）准备，并根据具体的实验目的进行实验设计。

表 1　ASM 系列模型中组分差异及相关定义

类　别	组分定义及符号、单位	活性污泥模型 ASM			
		1	2	2d	3
溶解性组分	溶解氧（O_2）$S_0$①/（$mg \cdot L^{-1}$）	√	√	√	√
	溶解氮（N）S_{N_2}/（$mg \cdot L^{-1}$）	×	√	√	√
	污水碱度（HCO_3^-）S_{ALK}/（$mol \cdot L^{-1}$）	√	√	√	√
	溶解性惰性有机物（COD）S_I/（$mg \cdot L^{-1}$）	√	√	√	√
	溶解性易生物降解有机物（COD）S_S②/（$mg \cdot L^{-1}$）	√	√	√	√
	发酵产物（COD）S_A/（$mg \cdot L^{-1}$）	×	√	√	×
	可发酵易生物降解有机物（COD）S_F/（$mg \cdot L^{-1}$）	×	√	√	×
	加铵的氨氮（N）S_{NH_4}③/（$mg \cdot L^{-1}$）	×	√	√	√
	溶解性易生物降解有机氮（N）S_{ND}/（$mg \cdot L^{-1}$）	√	√	√	√
	硝酸盐氮加亚硝酸盐氮（N）S_{NO_2}④/（$mg \cdot L^{-1}$）	√	√	√	×
	溶解性无机磷（主要为正磷酸盐）（P）S_{PO_4}/（$mg \cdot L^{-1}$）	×	√	√	×

续表1

类　别	组分定义及符号、单位	活性污泥模型 ASM			
		1	2	2d	3
颗粒性组分	颗粒性惰性有机物(COD)X_I/(mg·L^{-1})	√	√	√	√
	颗粒性可生物降解有机物(COD)X_S/(mg·L^{-1})	√	√	√	√
	颗粒性可生物降解有机氮(N)X_{ND}/(mg·L^{-1})	√	×	×	×
	异养微生物(COD)X_H⑤/(mg·L^{-1})	√	√	√	√
	自养微生物(COD)$X_{B.A}$⑥/(mg·L^{-1})	√	√	√	√
	聚磷菌(COD)X_{PAO}/(mg·L^{-1})	×	√	√	×
	细胞内储能物质(COD)X_{STO}/(mg·L^{-1})	×	×	×	√
	聚磷菌细胞内储能物质(COD)X_{PHA}/(mg·L^{-1})	√	√	√	×
	聚磷菌细胞内无机聚磷酸盐(P)X_{PP}/(mg·L^{-1})	√	√	√	×
	微生物衰亡产物(COD)X_P/(mg·L^{-1})	√	×	×	×
	总悬浮固体(TSS)X_{TSS}⑦/(mg·L^{-1})	×	√	√	√
	金属氢氧化物(P)X_{MeOH}/(mg·L^{-1})	×	√	√	√
	金属磷酸盐(TSS)X_{MeP}/(mg·L^{-1})	×	√	√	√

注：①在 ASM2、ASM2d 中以 SO_2 表示；②在 ASM2、ASM2d 中以 S_A+S_F 表示；③在 ASM2、ASM2d 中以 S_{NH_4} 表示；④在 ASM2、ASM2d 中以 X_{NO_3} 表示；⑤在 ASM1 中以 $X_{B.H}$ 表示；⑥在 ASM2、ASM2d 中以 X_{AUT} 表示，在 ASM3 中以 X_A 表示；⑦在 ASM3 中以 X_{TS} 表示。

表2　ASM1 中的反应过程及速率方程

序　号	反应工程	反应速率方程(ρ_j)
1	异养菌好氧生长	$\hat{\mu}_H\left(\frac{S}{K_S+S_S}\right)\left(\frac{S_O}{K_{O.H}+S_O}\right)X_{B.H}$
2	异养菌缺氧生长	$\hat{\mu}_H\left(\frac{S}{K_S+S_S}\right)\left(\frac{S_O}{K_{O.H}+S_O}\right)\left(\frac{S_{NO}}{K_{NO}+S_{NO}}\right)\eta_G X_{B.H}$
3	自养菌好氧生长	$\hat{\mu}_H\left(\frac{S_{NH}}{K_{NH}+S_{NH}}\right)\left(\frac{S_O}{K_{O.A}+S_O}\right)X_{B.A}$
4	异养菌衰减	$b_H X_{B.H}$
5	自养菌衰减	$b_A X_{B.A}$
6	溶解性有机氮的氨化	$k_a S_{ND} X_{B.H}$
7	颗粒性有机物的水解	$k_H\frac{\frac{X_S}{X_{B.H}}}{K_X+\left(\frac{X_S}{X_{B.H}}\right)}\left[\left(\frac{S_O}{K_{O.H}+S_O}\right)+\eta_h\left(\frac{K_{O.H}}{K_{O.H}+S_O}\right)\left(\frac{S_{NO}}{K_{NO}+S_{NO}}\right)\right]X_{B.H}$
8	颗粒性有机氮的水解	$\rho_\eta\left(\frac{X_{ND}}{X_S}\right)$

(3)按拟订工况，在实验室内运行并维持选定活性污泥反应器。根据模型需要，测定和记录每个工况稳定后的工艺参数和运行条件等。模型组分或参数等的测定和数据的收集

视实验室条件而定；在没有条件的情况下，可根据模拟软件提供的默认值进行恰当选取。

（4）待实验数据收集完毕、整理后，运用模拟软件对选定工艺进行符合设计要求的工艺模拟和参数率实验（软件 GPS－X 的具体使用方法见加拿大 Hydromantis 公司提供的《GPS－X 技术参考手册》和《GPS－X 用户指南》；或访问该公司网站 www. Hydromantis. com 来获取）。

表3 ASM1 中的化学计量数、动力学参数及其典型值

序号	参数符号及定义	单位	中性、20 ℃生活污水典型值
1	Y_H 异养菌产率系数	g(COD)/g(COD)	0.46～0.69
2	Y_A 自养菌产率系数	g(COD)/g(N)	0.07～0.28
3	f_P 生物量中颗粒性组分比例	无量纲	0.08
4	i_{XB}生物量中 N 与 COD 比例	g(N)/g(COD)	0.086
5	i_{XP}生物产量中 N 与 COD 比例	g(N)/g(COD)	0.06
1	μ_H 异养菌最大比增长速率	d^{-1}	3～13.2
2	K_S 异养菌半饱和常数	mg(COD)/L	10～180
3	$K_{O\cdot H}$异养菌的氧半饱和常数	mg(O_2)/L	0.01～0.15
4	K_{NO}异养菌反消化过程中硝酸盐半饱和常数	mg(NO_3－N)/L	0.1～0.2
5	b_H 异养菌衰减系数	d^{-1}	0.09～4.38
6	η_g 异养菌缺氧生长的修正因子	无量纲	0.6～1.0
7	μ_A 自养菌最大比增长速率	d^{-1}	0.34～0.65
8	K_{NH}自养菌的氨半饱和系数	g(NH_3－N)/L	0.6～3.6
9	$K_{O\cdot A}$自养菌的氧半饱和常数	g(O_2)/L	0.5～2.0
10	b_A 自养菌衰减系数	d^{-1}	0.05～0.15
11	k_A 氨化速率	L/(mg(COD)·d)	0.016
12	k_A K_X 最大比水解速率	mg(COD)/(mg(COD)·d)	2.2
13	K_X 颗粒性可生物降解有机物水解半饱和常数	mg(COD)/mg(COD)	0.15
14	η_h 缺氧条件下水解修正因子	无量纲	0.4

①构建工艺流程图，并确定进水模型和所涉及活性污泥工艺的各单元模型。

②参数的确定与输入，如进水组分与化学计量数、反应器物理尺寸、工艺特征以及采用的模型参数（如化学计量数、动力学参数、污泥沉淀参数）等。

③确定模拟控制和输出变量，如出水中悬浮固体浓度、COD、BOD_5、氨氮、硝态氨、碱度或反应器内有机氮、一些复合变量或微生物量及种群变化等。

④设定控制与输出窗口，运用选定模型进行模拟，并观察各输出变量的变化情况。

⑤根据模拟值和实验室实测结果，参照模拟过程中各参数的取值范围和对活性污泥工艺的理解，对工艺主要参数进行模拟和优化；对影响输出变量较大的 3～4 个参数进行参数的敏感性分析。

⑥根据自己感兴趣的实验内容，进行补充实验设计，并在模拟软件中进行相应的验证

实验。

(5)整理全部实验内容,并对所得结果进行合理地解释和分析,完成实验报告。

四、问题与讨论

根据实验和模拟研究的具体内容,可针对以下几方面分别进行讨论和分析。

(1)对选定活性污泥模型(ASM1、ASM2、ASM2d 或 ASM3 等)的理解和掌握情况,主要讨论包括组分与过程划分及相关的反应速率方程、化学计量数和动力学参数的选定和影响因素等。

(2)对选定活性污泥工艺过程的理解和掌握,主要讨论包括工艺组成、反应器运行方式及主要设计参数、运行条件选择、工艺原理和效果表征等。

(3)运用所学知识,对模拟结果以及出现的异常现象进行合理分析。

(4)根据敏感性分析,对所选定活性污泥工艺的优化设计和管理提出合理化建议。

(5)试分析所用模型对模拟该工艺过程的适用性。

附:污水处理厂模拟软件 GPS－X 简要说明

GPS－X 是由加拿大 Hydromantis 公司开发、可用于城市和工业(废)污水处理厂的一种模块化、多用途的模拟工具,也是目前国内外主要的(废)污水处理厂模拟器之一。GPS－X 采用先进的图形用户界面、方便用户进行动态模拟和建立模型,可以让使用者交互式地、动态地检验所设计的污水处理厂中不同单元处理工艺间复杂的相互作用;GPS－X 也采用了工艺模型、模拟技术、图形学和许多提高模拟速度方法的最新成果,以简化模型创建、模拟和对结果的解释,从而对污水处理厂的优化设计、有效运行和管理起到积极的指导作用。

1. GPS－X 对使用者的基本要求

为了更好地应用 GPS－X,使用者需要具备污水处理的基础知识,包括典型污水处理设施的单元工艺以及这些工艺的运作。如果能具备一些模型和模拟的基础知识,则能更好地发挥 GPS－X 的作用,并更好地解释和理解模拟结果。

2. GPS－X 的主要功能和应用

运用 GPS－X,可以对污水处理厂进行动态模拟。它主要应用在以下几个方面。

(1)确定已有污水处理设施能够达到的最大处理能力。

(2)通过评价老厂的改造和升级方案使投资预算最小化。

(3)通过对不同运行控制实施方案(工艺调整、低成本翻新等)的评价,对已有污水处理厂的运行进行优化管理。

(4)辅助设计新的污水处理厂。

(5)在满足出水质量达标的前提下减少运行费用。

(6)预测维修期间某些单元工艺不运作时对整体工艺的影响。

(7)对污水处理厂的运行、操作和管理人员进行高级培训。

(8)获得可靠的设计等。

3. GPS－X 软件包括的数学模型

(1)活性污泥工艺模型。如完全混合式活性污泥法、推流式活性污泥法等。

(2)污泥处理工艺模型。如污泥浓缩池、污泥脱水工艺、污泥溶解气浮分离工艺、好氧消化、厌氧消化等。

(3)生物模型。如 ASM1、ASM2、ASM2d、ASM3 等。

(4)污水特征模型。包括建立在 BOD/TSS/TKN 和 COD/TSS/TKN 以及 COD 组分基础之上的各种模型;还有投加各种基质的模型,如投加污泥、醋酸或甲醇的污水特征模型。

(5)其他模型。如沙滤池、膜过滤、沉沙池、氧化塘、脱水等模型。

4. GPS－X 软件使用的基本步骤和操作内容

在计算机上安装 GPS－X、注册后即可进行后续操作内容。

(1)按照 GPS－X 的安装要求与提示进行安装。对计算机系统的要求为 Windows 98/ME/NT4.0/2000/XP。其最低配置为 400 MHz 奔腾兼容 PC、128 MBRAM、500 MB 硬盘空间和 CD－ROM 光驱,而 800 MHz 奔腾兼容 PC 和 256 MBRAM 为推荐配置。

(2)建立污水处理厂模型。包括构建污水处理的工艺流程的基本信息、单元工艺与目标分布的定位、模型建立、产生交互式控制器和图示化结果输出等。

(3)编辑工艺流程图和拟订模拟方案。包括采用 GPS－X 工艺流程图编辑以及按步骤建立模拟方案等。

(4)设定进水数据。即检验进水数据的输入方法,并利用进水顾问软件来减少进水数据中的可能问题。

(5)设置数据的输入和输出方式。即检查运行模拟程序时、存储模拟数据和输入文件中数据的读取方法,并了解输出报告的特征。

(6)采用自动控制器。运用自动控制的标准算法(P、PI、PID)有针对性地选取控制变量、操纵变量、参数设定点和调试参数等。

(7)定义变量或参数。根据工厂模型中各单元工艺的布局或配置和变量特征,定义多个主要变量,如固体停留时间和负荷率等。

(8)灵敏度分析。即分析模型输入(独立变量或自变量)对模型输出(非独立变量或因变量)的影响;同时对稳态和动态灵敏度分析的建立进行指导。

(9)参数优化。定义优化的模型参数及优化过程的目标函数形式,采用优化程序自动建立的模型与实际数据进行拟合。

(10)模型用户化。即在 GPS－X 工艺流程中加入使用者自己编写的模型方程和新变量。

(11)动态参数评估。GPS－X 中可采用动态参数评估器,运用动态参数评估器的指令、通过在线数据或历史数据,对随时间变化的参数进行合理评价。

5. 模块与库

GPS－X 是由一些分散的程序模块和模型库组成。GPS－X 提供的模块包括模拟器、优化器、程序链接器、高级工具、分析器、多终端的许可证。

所有版本的 GPS－X 程序包中都附带有模拟器模块,程序链接器模块一般也需要,其他模块的选择则取决于 GPS－X 的版本。这些模块随时都可以购买。

实验5　粉尘比电阻的测定

一、实验目的

粉尘的比电阻是一项有实用意义的参数，如考虑将电除尘器和电强化布袋除尘器作为某一烟气控制工程的待选除尘装置时，必须取得烟气中粉尘的比电阻值。粉尘比电阻的测试方法可分成两类。第一类方法是将比电阻测试仪放进烟道，用电力使气体中的粉尘沉淀在测试仪的两个电极之间，再通过电气仪表测出流过粉尘沉积层的电流和电压，换算后可得到比电阻值。这类方法的特点是利用一种装置在烟道中采集粉尘试样，而这个装置又可在采样位置完成对采得尘样的比电阻测量。第二类方法是在实验室控制的条件下测量尘样的比电阻。本实验采用第二类方法。

通过此实验要求掌握粉尘比电阻的测量方法。

二、实验原理

两块平行的导体板之间堆积某种粉尘，两导体施加一定电压 U 时，将有电流通过堆积的粉尘层。电流的大小正比于电流通过粉尘层的面积，反比于粉尘层的厚度。此外，J 还与粉尘的介电性质、粉尘的堆积密实程度有关。但是，通过堆积尘层的电流 I 和施加电压 U 的关系不符合欧姆定律，即 U/I 的值不等于定值，它随 U 的大小而改变。粉尘比电阻的定义式为

$$\rho = \frac{UA}{Id} \tag{1}$$

式中，ρ 为比电阻，$\Omega \cdot \mathrm{cm}$；U 为加在粉尘层两端面间的电压，V；I 为尘层中通过的电流，A；A 为粉尘层端面面积，cm^2；d 为粉尘层厚度，cm。

三、实验装置

1. 比电阻测试皿

比电阻测试皿由两个不锈钢电极组成。安装时处于下方的固定电极做成平底敞口浅碟形，底面直径 7.6 cm，深 0.5 cm，它也是盛待测粉尘的器皿。固定电极的上方设一个可升降的活动电极，它是一块圆板，直径为 2.5 cm。活动电极底面的面积也就是粉尘层通电流的端面面积。为了消除电极边缘通电流的边缘效应，活动电极周围装有保护环，保护环与活动电极之间有一狭窄的空隙。比电阻的测量值与加在粉尘层的压力有关。一般规定该压力为 1 kPa，达到这一要求的活动电极的设计如图 1 所示。

2. 高压直流电源

这一电源是供测量时施加电压用的，它应能连续地调节输出电压。调压范围为 0 ~ 10 kV。高电压表是测量粉尘层两端面间的电压的。粉尘层的介电性可能出现很高的值，因此与它并联的电压表必须具有很高的内阻，如采用 Q5 – V 型静电电压表。测量通过粉尘层电流的电流表可用 C46 – μA 型。供电和仪表的连接如图 2 所示。

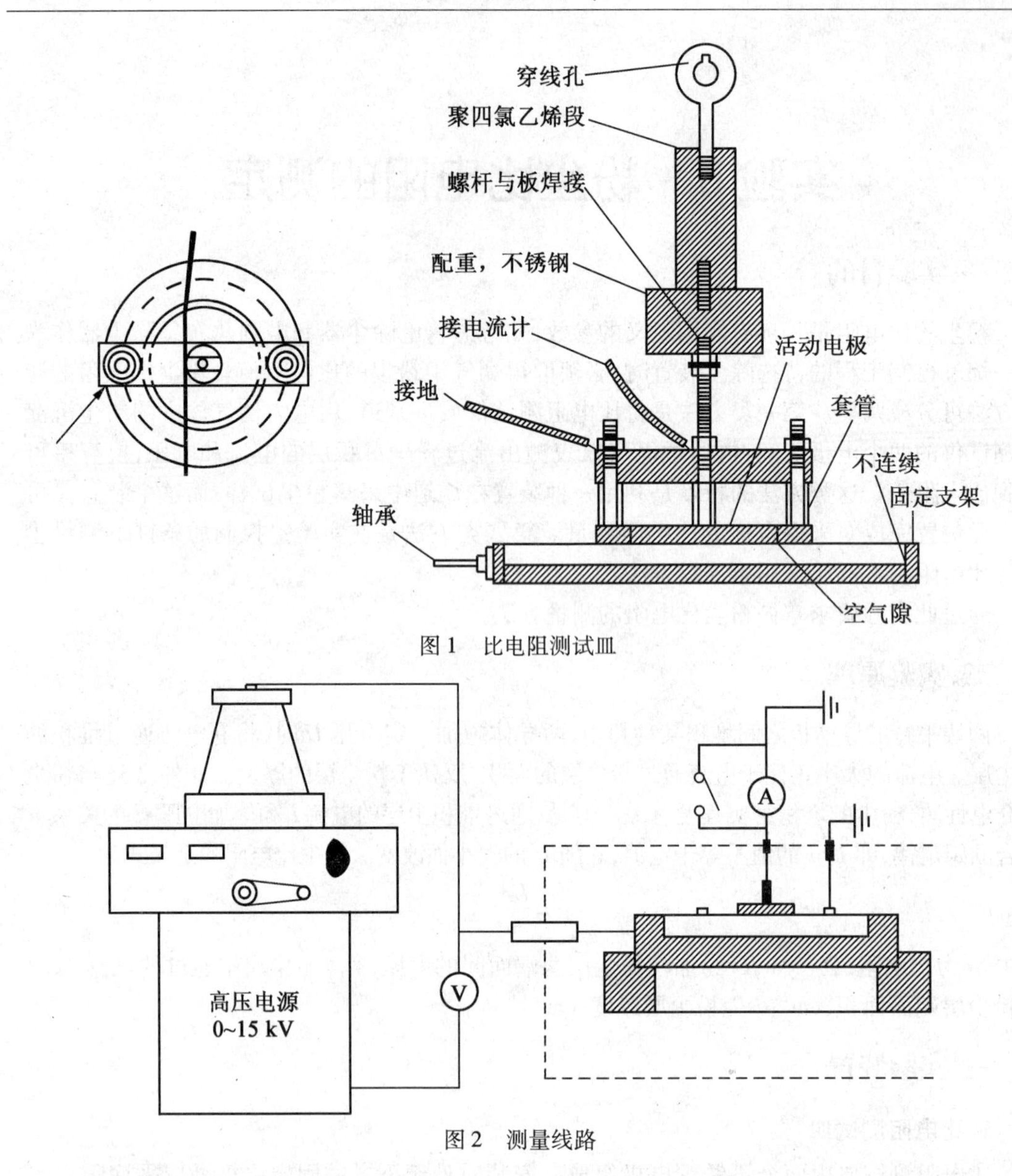

图 1　比电阻测试皿

图 2　测量线路

3. 恒温箱

粉尘比电阻随温度变化而变化。在没有提出指定测试温度的情况下，一般报告中给出的是 150 ℃时测得的比电阻值。而测量环境中水汽体积分数规定为 0.05。为此，应装备可调温调湿的恒温箱。将比电阻测试皿装在恒温箱中，活动电极的升降通过伸出箱外的轴进行操作。

四、实验步骤

(1)取待测层样 300 g 左右，置于一耐高温浅盘内，并将其放入恒温箱内烘 2 h，恒温箱的温度调到 150 ℃。

(2)用小勺取待测粉尘装满比电阻测试皿的下盘，取一直边刮板从盘的顶端刮过，使层面平整。小心地将盘放到绝缘底座上。注意，勿过猛振动灰盘，避免烫伤。通过活动电极调节轴的手轮将活动电极缓慢下降，使它以自身质量压在灰盘中的粉尘的表面上。

(3)接通高压电源,调节电压输出旋钮,逐步升高电压,每步升 50 V 左右,记录通过尘层的电流和施加的电压。如出现电流值突然大幅度上升,高压电压表读数下降或摇摆时,表明粉尘层内发生了电击穿,应立即停止升压,并记录击穿电压。然后将输出电压调回到零,关断高压电源。

(4)将活动电极升高,取出灰盘,小心地搅拌盘中粉尘使击穿时粉尘层出现的通道得到弥合,再刮平(或重新换粉尘)。重复步骤(2)和(3),测量击穿电压 3 次。取 3 次测量值 U_{B1}、U_{B2}、U_{B3}的平均值 U_B。

(5)关断高压。按照步骤(2),在盘中重装 1 份粉尘。按照步骤(3)调节电压输出旋钮,使电压升高到击穿电压 U_B 的 0.85 ~ 0.95 倍。记录高压电压表和微电流表的读数。根据式(1)计算比电阻 ρ。

(6)另装两份粉尘,按以上步骤重复测量 ρ 值。

五、实验数据整理

(1)粉尘来源________,恒温箱烘尘温度________℃,恒温箱水汽体积分数________。

(2)将击穿电压测量记录填入表 1 中,并计算平均击穿电压 U_B。

表 1　击穿电压测量记录表

<table>
<tr><td colspan="2">测量项目</td><td>1</td><td>2</td><td>3</td><td>4</td><td>5</td><td>6</td><td>击穿电压
/V</td><td>平均击穿
电压 U_B/V</td></tr>
<tr><td rowspan="2">第一次</td><td>U/kV</td><td></td><td></td><td></td><td></td><td></td><td></td><td rowspan="2">U_{B1} =</td><td rowspan="6"></td></tr>
<tr><td>I/μA</td><td></td><td></td><td></td><td></td><td></td><td></td></tr>
<tr><td rowspan="2">第二次</td><td>U/kV</td><td></td><td></td><td></td><td></td><td></td><td></td><td rowspan="2">U_{B1} =</td></tr>
<tr><td>I/μA</td><td></td><td></td><td></td><td></td><td></td><td></td></tr>
<tr><td rowspan="2">第三次</td><td>U/kV</td><td></td><td></td><td></td><td></td><td></td><td></td><td rowspan="2">U_{B1} =</td></tr>
<tr><td>I/μA</td><td></td><td></td><td></td><td></td><td></td><td></td></tr>
</table>

(3)将比电阻测定记录填入表 2 中,并计算平均比电阻 $\bar{\rho}$。

表 2　比电阻测定记录表

项目	尘样 1	尘样 2	尘样 3
U/V			
I/A			
ρ/(Ω · cm)			

平均比电阻 $\bar{\rho}$ = ________。

六、问题与讨论

(1)本实验采用的方法仅适合比电阻超过 1×10^{7} Ω · cm 的粉尘。假若仍用这种方法测量 1×10^{7} Ω · cm 以下的粉尘比电阻,可能遇到什么困难?

(2)假若先将待测粉尘放在较高温度下烘烤,再让它冷却到规定温度时测量比电阻,是否得到按本实验指定程序测得的同样结果?

实验 6　碱液吸收法净化气体中的 SO_2

一、实验目的

本实验采用填料吸收塔，用 5% NaOH 或 Na_2CO_3 溶液吸收 SO_2。通过实验可进一步了解填料塔吸收净化有害气体的方法，同时还有助于加深理解在填料塔内气液接触状况及吸收过程的基本原理。通过实验希望达到以下目的。

(1)了解用吸收法净化废气中 SO_2 的原理和效果。

(2)改变空塔速度，观察填料塔内气液接触状况和液泛现象。

(3)掌握测定填料吸收塔的吸收效率及压降的方法。

(4)测定化学吸收体系(碱液吸收 SO_2)的体积吸收系数。

二、实验原理

含 SO_2 的气体可采用吸收法净化。由于 SO_2 在水中溶解度不高，常采用化学吸收法。吸收 SO_2 的吸收剂种类较多，本实验采用 NaOH 或 Na_2CO_3 溶液作吸收剂，吸收过程中发生的主要化学反应为

$$2NaOH + SO_2 \longrightarrow Na_2SO_3 + H_2O$$

$$Na_2CO_3 + SO_2 \longrightarrow Na_2SO_3 + CO_2$$

$$Na_2SO_3 + SO_2 + H_2O \longrightarrow 2NaHSO_3$$

实验过程中通过测定填料吸收塔进、出口气体中 SO_2 的含量，即可近似计算出吸收塔的平均净化效率，进而了解吸收效果。气体中 SO_2 含量的测定可采用碘量法或 SO_2 测定仪。

实验中通过测出填料塔进、出口气体的全压，即可计算出填料塔的压降。若填料塔的进、出口管道直径相等，用 U 形管压差计测出其静压即可求出压降。对于碱液吸收 SO_2 的化学吸收体系，还可通过实验测出体积吸收系数。

三、实验装置、流程、仪器设备和试剂

1. 实验装置和流程

吸收实验装置流程图如图 1 所示。

吸收液从高位液槽通过转子流量计，由填料塔上部经喷淋装置喷入塔内，流经填料表面由塔下部排出，进入受液槽。空气由空气压缩机经缓冲罐后，通过转子流量计进入混合缓冲器，并与 SO_2 气体混合，配制成一定浓度的混合气。SO_2 来自钢瓶，并经毛细管流量计计量后进入混合缓冲器。含 SO_2 的空气从塔底进气口进入填料塔内，通过填料层后，气体经除雾器后由塔顶排出。

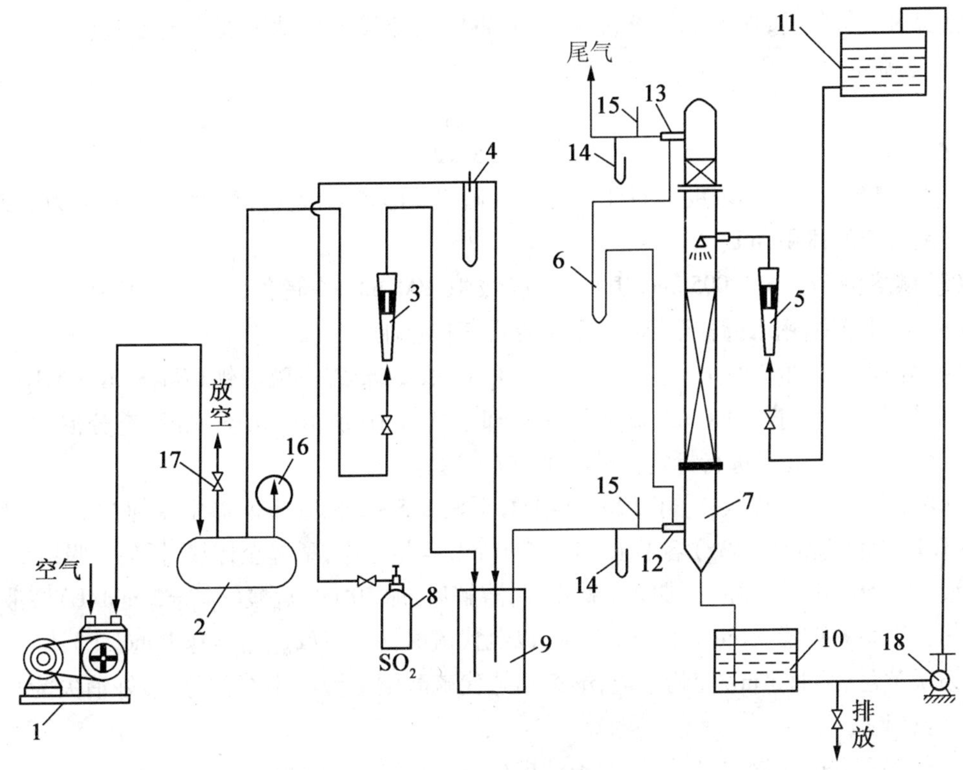

图1　吸收实验装置流程图

1—空气压缩机;2—缓冲管;3—转子流量计(气);4—毛细管流量计;5—转子流量计(水);6—U形管压差计;7—填料塔;8—SO_2钢瓶;9—混合缓冲器;10—受液槽1;11—高位液槽;12、13—取样口;14—空盒式大气压力计;15—温度计;16—压力表;17—放空阀;18—水泵

2. 实验仪器与设备

空气压缩机,压力为3 kg/cm^2(294 kPa),气量为3.6 m^3/h,1台;液体SO_2钢瓶,1瓶;填料塔,D=70 mm,H=650 mm,1台;填料,ϕ5～8 mm瓷环,若干;泵,扬程为3 m,流量为400 L/h,1台;缓冲罐,容积1 m^3,1个;高位槽,500 mm×400 mm×600 mm,1个;混合缓冲槽,0.5 m^3,1个;受液槽,500 mm×400 mm×600 mm,1个;转子流量计(水),10～100 L/h LZB－10,1个;转子流量计,4～40 m^3/h LZB－40,1个;毛细管流量计,0.1～0.3 mm,1个;U形管压差计,200 mm,3只;压力表,0～3 kg/cm^2,1只;温度计,0～100 ℃,2支;空盒式大气压力计,1只;玻璃筛板吸收瓶,125 mL,20个;锥形瓶,250 mL,20个;烟气测试仪(采样用),YQ－1型,2台;或综合烟气分析仪,英国KM9106,2台。

3. 试剂

(1)采样吸收液。取11 g氨基磺酸铵,7 g硫酸铵,加入少量水,搅拌使其溶解,继续加水至1 000 mL,以硫酸($c_{H_2SO_4}$=0.05 mol/L)和氨水($c_{NH_3\cdot H_2O}$=0.1 mol/L)调节pH值至5.4。

(2)碘储备液(c_{I_2}=0.05 mol/L)。称取12.7 g碘放入烧杯中,加入40 g碘化钾,加25 mL水,搅拌至全部溶解后,用水稀释至1 L,储于棕色试剂瓶中。

标定:准确吸取25 mL碘储备液,以硫代硫酸钠溶液($c_{Na_2S_2O_3}$=0.1 mol/L)滴定溶液由

红棕色变为淡黄色后，加 5 mL 5% 淀粉溶液，继续用硫代硫酸钠溶液滴定至蓝色恰好消失为止，记下滴定用量，则

$$c_{I_2} = \frac{c_{Na_2S_2O_3}V}{25 \times 2} \tag{1}$$

式中，c_{I_2}为碘溶液的实际浓度，mol/L；$c_{Na_2S_2O_3}$为硫代硫酸钠溶液实际浓度，mol/L；V为消耗硫代硫酸钠溶液的体积，mL。

（3）碘溶液（$c_{I_2}=0.005$ mol/L）。准确吸取 100 mL 碘储备液（$c_{I_2}=0.05$ mol/L）于 1 000 mL容量瓶中，用水稀释至标线，摇匀，储存于棕色瓶内。保存于暗处。

（4）硫代硫酸钠溶液（$c_{Na_2S_2O_3}=0.1$ mol/L）。取 26 g 硫代硫酸钠（$Na_2S_2O_3 \cdot 5H_2O$）和 0.2 g无水碳酸钠溶于 1 000 mL 新煮沸并冷却了的水中，加 10 mL 异戊醇，充分混匀，储于棕色瓶中。放置 3 d 后进行标定。若浑浊，应过滤。

标定：将碘酸钾（优级纯）于 120～140 ℃干燥 1.5～2 h，在干燥器中冷却至室温。称取 0.9～1.1 g（准确至 0.1 mg）溶于水，移入 250 mL 容量瓶中，稀释至标线，摇匀。吸取 25 mL 此溶液，于 250 mL 碘量瓶中，加 2 g 碘化钾，溶解后，加 10 mL 盐酸（$c_{HCl}=2$ mol/L）溶液，轻轻摇匀。于暗处放置 5 min，加 75 mL 水，以硫代硫酸钠溶液（$c_{Na_2S_2O_3}=0.1$ mol/L）滴定。至溶液为淡黄色后，加 5 mL 淀粉溶液，继续用硫代硫酸钠溶液滴定至蓝色，恰好消失为止，记下消耗量（V）。

另外取 25 mL 蒸馏水，以同样的条件进行空白滴定，记下消耗量（V_0）。

硫代硫酸钠溶液浓度可用式（2）计算：

$$c_{Na_2S_2O_3} = \frac{m \times \dfrac{25.00}{250}}{(V-V_0) \times \dfrac{214}{1000 \times 6}} = \frac{m \times 100}{(V-V_0) \times 35.67} \tag{2}$$

式中，$c_{Na_2S_2O_3}$为硫代硫酸钠溶液实际物质的量浓度，mol/L；m 为碘酸钾的质量，g；V 为滴定消耗的硫代硫酸钠溶液体积，mL；V_0 为滴定空白溶液消耗的硫代硫酸钠溶液的体积，mL；214 为碘酸钾相对分子质量。

（5）0.5% 淀粉溶液为取 0.5 g 可溶性淀粉，用少量水调成糊状，倒入 100 mL 煮沸的饱和氯化钠溶液中，继续煮沸直至溶液澄清（放置时间不能超过 1 个月）。

（6）烧碱或纯碱溶液为称取工业用烧碱或纯碱 5 kg，溶于 100 L 水中，作为吸收系统的吸收液。

四、实验步骤

（1）按图 1 正确连接实验装置，并检查系统是否漏气。关严吸收塔的进气阀，打开缓冲罐上的放空阀，并在高位液槽中注入配置好的 5% 的碱溶液。

（2）在玻璃筛板吸收瓶内装入采样用的吸收液 50 mL。

（3）打开吸收塔的进液阀，并调节液体流量，使液体均匀喷淋，并沿填料表面缓慢流下，以充分润湿填料表面，当液体由塔底流出后，将液体流量调节至 35 L/h 左右。

（4）开启空气压缩机，逐渐关小放空阀，并逐渐打开吸收塔的进气阀。调节气体流量，

使塔内出现液泛。仔细观察此时的气液接触状况,并记录下液泛时的气速(由气体流量计算)。

(5)逐渐减小气体流量,在液泛现象消失后。即在接近液泛现象,吸收塔能正常工作时,开启SO_2气瓶,并调节其流量,使气体中SO_2的含量为0.1~0.5(体积分数)。

(6)经数分钟,待塔内操作完全稳定后,按表1的要求开始测量并记录有关数据。

(7)在吸收塔的上、下取样口用烟气测试仪(或综合烟气分析仪)同时采样。采样时,先将装入吸收液的吸收瓶放在烟气测试仪的金属架上。吸收瓶上和玻璃筛板相连的接口与取样口相连;吸收瓶上另一接口与烟气测试仪的进气口相连(注意:不能接反)。然后,开启烟气测试仪,以0.5 L/min的采样流量采样5~10 min(视气体中SO_2浓度大小而定),取样两次。

(8)在液体流量不变,并保持气体中SO_2浓度大致相同的情况下,改变气体的流量,按上述方法,测取4~5组数据。

(9)实验完毕后,先关掉SO_2气瓶,待1~2 min后再停止供液,最后停止鼓入空气。

(10)样品分析。将采过样的吸收瓶内的吸收液倒入锥形瓶中,并用15 mL吸收液洗涤吸收瓶两次,洗涤液并入锥形瓶中,加5 mL淀粉溶液,以碘溶液($c_{I_2}=0.005$ mol/L)滴定至蓝色,记下消耗量(V)。另取相同体积的吸收液,进行空白滴定,记下消耗量(V_0),并将结果填入表1中。

(11)按表2.3要求的项目进行有关计算。

五、实验数据的记录和处理

(1)实验数据的处理。

①由样品分析数据计算标准状态下气体中SO_2的浓度。

$$\rho_{SO_2}=\frac{(V-V_0)c_{I_2}\times 64}{V_{Nd}}\times 1\,000 \tag{3}$$

式中,ρ_{SO_2}为标准状态下二氧化硫浓度,mg/m^3;c_{I_2}为碘溶液物质的量浓度,mol/L;V为滴定样品消耗碘溶液的体积,mL;V_0为滴定空白消耗碘溶液的体积,mL;64为SO_2的相对分子质量;V_{Nd}为标准状态下的采样体积,L。

V_{Nd}可用式(4)计算:

$$V_{Nd}=1.58q'_m\tau\sqrt{\frac{p_m+p_a}{T_m}} \tag{4}$$

式中,q'_m为采样流量,L/min;τ为采样时间,min;T_m为流量计前气体的绝对温度,K;P_m为流量计前气体的压力,kPa;p_a为当地大气压力,kPa。

②吸收塔的平均净化效率(η)可由式(5)近似求出:

$$\eta=\left(1-\frac{\rho_2}{\rho_1}\right)\times 100\% \tag{5}$$

式中,ρ_1为标准状态下吸收塔入口处气体中SO_2的质量浓度,mg/m^3;ρ_2为标准状态下吸收塔出口处气体中SO_2的质量浓度,mg/m^3。

③吸收塔压降（Δp）的计算。

$$\Delta p = p_1 - p_2 \tag{6}$$

式中，p_1 为吸收塔入口处气体的全压或静压，Pa；p_2 为吸收塔出口处气体的全压或静压，Pa。

④气体中 SO_2 的分压（P_{SO_2}）的计算。

$$p_{SO_2} = \frac{\rho \times 10^{-3}/32}{1\ 000/22.4} \times p \tag{7}$$

式中，ρ 为标准状态下气体中 SO_2 的质量浓度，mg/m³；32 为 1/2 SO_2 的相对分子质量；p 为气体的总压，Pa。

⑤体积吸收系数的计算。

以浓度差为推动力的体积吸收系数（$K_G a$）可通过式（8）计算：

$$K_G a = \frac{Q(y_1 - y_2)}{hA\Delta y_m} \tag{8}$$

式中，Q 为通过填料塔的气体量，kmol/h；h 为填料层高度，m；A 为填料塔的截面积，m²；y_1、y_2 分别为进、出填料塔气体中 SO_2 的摩尔分数；Δy_m 为对数平均推动力。

$$\Delta y_m = \frac{(y_1 - y_1^*) - (y_2 - y_2^*)}{\ln \dfrac{y_1 - y_1^*}{y_2 - y_2^*}} \tag{9}$$

对于碱液吸收 SO_2 系统，其吸收反应为极快不可逆反应，吸收液面上 SO_2 平衡浓度 y^* 可看作零。则对数平均推动力（Δy_m）可表示为

$$\Delta y_m = \frac{y_1 - y_2}{\ln \dfrac{y_1}{y_2}} \tag{10}$$

由于实验气体中 SO_2 浓度较低，则摩尔分数 y_1、y_2 可用式（11）表示。

$$y_1 = \frac{p_{A1}}{p},\ y_2 = \frac{p_{A2}}{p} \tag{11}$$

式中，p_{A1}、p_{A2} 分别为进、出塔气体中 SO_2 的分压力，Pa；p 为吸收塔气体的平均压力，Pa。

将式（10）和式（11）代入式（8）中，可得到以分压差为推动力的体积吸收系数（K_Ga）的计算式。

$$K_G a = \frac{Q}{pAh} \ln \frac{p_{A1}}{p_{A2}} \tag{12}$$

（2）将实验测得的数据和计算的结果等填入表 1 ~ 3 中。

实验时间________年________月________日

实验小组人员________

大气压力________ kPa

室温________℃

液泛气速________ m/s

表1　气体浓度测定记录表

测定次数	空塔气速 $v/(m \cdot s^{-1})$	I_2液浓度 $/(mg \cdot L^{-1})$	塔前				塔后				净化效率 $\eta/\%$
			标准状态下采样体积 V_{Nd}/L	样品耗I_2液 V/L	空白耗I_2液 V_0/L	标准状态下SO_2浓度 $/(mg \cdot m^{-3})$	标准状态下采样体积 V_{Nd}/L	样品耗I_2液 V/L	空白耗I_2液 V_0/L	标准状态下SO_2浓度 $/(mg \cdot m^{-3})$	

表2　实验系统测定结果记录表

测定次数	液体流量 $/(L \cdot min^{-1})$	空气流量		SO_2流量		气体状态				标准状态下气体中SO_2浓度				填料层高度 h/m	塔截面积 $/m^2$	压降 $\Delta p/Pa$
						塔前		塔后		塔前		塔后				
		体积流量 $/(L \cdot min^{-1})$	摩尔流量 $Q/(kmol \cdot h^{-1})$	体积流量 $/(L \cdot min^{-1})$	摩尔流量 $Q/(kmol \cdot h^{-1})$	温度 $t_1/℃$	压力 p_1/Pa	温度 $t_2/℃$	压力 p_2/Pa	质量浓度 $/(mg \cdot m^{-3})$	分压力 p_{A1}/Pa	质量浓度 $/(mg \cdot m^{-3})$	分压力 p_{A2}/Pa			

表3　实验结果汇总表

测定次数	液体流量 $/(L \cdot min^{-1})$	气体流量 $Q/(kmol \cdot h^{-1})$	液气比 L	空塔气速 $v/(m \cdot s^{-1})$	塔内气体平均压力 p/Pa	体积吸收系数 $K_G a/[kmol \cdot (m^3 \cdot h \cdot Pa)^{-1}]$	吸收效率 $\eta/\%$	压降 $\Delta p/Pa$

(3)根据实验结果,以塔内气速为横坐标,分别以吸收效率和压降为纵坐标,绘出曲线。

六、问题与讨论

(1)从实验结果绘出的曲线,你可以得出哪些结论?

(2)通过该实验,你认为实验中还存在什么问题?应做哪些改进?

(3)还有哪些比本实验中的脱硫方法更好的脱硫方法?

实验7　固体废物的重介质风选实验

一、实验目的

在重介质中使固体废物中的颗粒群按密度分开的方法称为重介质风选。通过本实验，希望达到以下目的。

(1)了解重介质风选方法的原理。

(2)了解重介质风选中重介质的正确制备方法。

(3)了解重介质密度的准确测定方法。

(4)掌握重介质风选实验的操作过程和实验数据的整理。

二、实验原理

为使风选过程有效地进行，需选择重介质密度(ρ_c)介于固体废物中轻物料密度(ρ_L)和重物料密度(ρ_w)之间，即

$$\rho_L < \rho_c < \rho_w$$

在重介质中，颗粒密度大于重介质密度的重物料将下沉，并集中于风选设备底部成为重产物；颗粒密度小于重介质密度的轻物料将上浮，并集中于风选设备的上部成为轻产物，从而重产物和轻产物可以分别排出，实现风选的目的。

三、实验设备及原料

1. 实验设备

浓度壶，1个；玻璃杯，250 mL以上，10个；量筒，高和直径均大于200 mm，10个；玻璃棒，10根；漏勺，4把；重介质加重剂(硅铁或磁铁矿)，1 kg；托盘天平，2 kg，1台；烘箱，1台；筛子，标准筛，8 mm、5 mm、3 mm、1 mm、0.074 mm，各1个；铁铲，2把。

2. 实验物料

根据各地的具体情况确定实验物料，物料中的成分有一定的密度差异，能满足按密度分离即可，如可以选用煤矸石、含磷灰石的矿山尾矿、含铜铅锌的矿山尾矿等作为实验的物料。

四、实验步骤

1. 实验物料的制备

将物料进行破碎，并按筛孔尺寸8 mm、5 mm、3 mm、1 mm、0.074 mm进行分级，然后将其分成不同的级别并分别称量。

2. 重介质的制备

按照风选要求制备不同密度(重度计)的重介质，所需加重剂的质量为

$$m = \frac{\rho_p - \rho_1}{\rho_s - \rho_1} V \tag{1}$$

式中，m 为加重剂的质量；V 为重介质的体积；ρ_s 为加重剂的密度；ρ_p 为重介质的密度；ρ_1 为

水的密度。

3. 重介质悬浮液密度的测定

重介质悬浮液密度的测定采用浓度壶测定，测定的原理和方法为：设空比重瓶的质量为 m_1，注满水后比重瓶与水的总质量为 m_2，注满待测液后比重瓶与待测重介质悬浮液的总质量为 m_3，则待测重介质悬浮液的密度为 ρ，水的密度（密度）为 ρ_1。

$$\rho=\frac{m_3-m_1}{m_2-m_1}\times\rho_1 \tag{2}$$

同时，也可采用浓度壶测定待测重介质的密度。

4. 实验过程

（1）按照实验的要求破碎物料、进行分级并称量。

（2）按照风选要求配制重介质悬浮液。

（3）用配置好的悬浮液浸润物料。

（4）将配制好的悬浮液注入分离容器，不断搅拌，保证悬浮液的密度不变。在缓慢搅拌的同时，加入用同样悬浮液浸润过的试样。

（5）停止搅拌，5～10 s 后用漏勺从悬浮液表面（插入深度约相当于最大块物料的尺寸）捞出浮物，然后取出沉物。如果有大量密度与悬浮物相近的物料，则单独取出收集。

（6）取出的产品分别置于筛子上用水冲洗，必要时再利用带筛网的盛器置清水桶中淘洗。待完全洗净黏附于物料上的重介质后，分别烘干、称量、磨细、取样、化验。

（7）记录整理实验数据，并进行计算。

五、实验数据的记录和处理

（1）实验数据的处理。

①计算固体废物风选后各产品的质量分数。

$$产品的质量分数=\frac{某产品的质量}{给人作业的总质量}\times100\% \tag{3}$$

②计算风选效率（回收率）。

$$回收率=\frac{某密度组分中某种成分的质量}{某种成分的质量}\times100\% \tag{4}$$

（2）将实验数据和计算结果记录在表1中。

表1　实验结果汇总表

密度组分	各单元组分			沉物累计			浮物累计		
	质量/g	产率/%	品位/%	分布率/%	产率/%	品位/%	产率/%	品位/%	分布率/%
总计									

注：品位指某种物法的含量

(3)以实验结果讨论为依据分别绘制沉物和浮物的“产率－品位”“产率－回收率”曲线。

六、问题与讨论

(1)探讨物料密度分离的可能性和难易程度并分析重介质风选方法的原理。

(2)掌握重介质风选实验中重介质的正确制备方法。

(3)根据实验结果分析重介质风选法进行分级的重要性。

实验 8 城市交通道路噪声测量

一、实验目的

随着城市道路交通的飞速发展,交通噪声污染的问题也日益突出。在影响人居住环境的各种噪声中,无论从噪声污染面还是从噪声强度来看,道路交通噪声都是最主要的噪声源。道路交通噪声对人居住环境的影响特点是干扰时间长、污染面广、噪声级别较高。道路交通噪声测量不仅可以掌握城市道路交通噪声的污染情况,还可以指导城市道路规划。道路交通噪声的测量可参照声环境质量标准(GB 3096—2008)中的相关要求进行。测量方法有普查监测法和定点监测法两种,本实验采用定点监测法测量某一路段的交通噪声。

通过本实验,希望达到以下目的。

(1)通过城市道路交通噪声的测量,加强对道路交通噪声特征的理解。

(2)掌握道路交通噪声的评价指标与评价方法。

二、实验原理

道路交通噪声除了可采用“城市区域环境噪声测量”中介绍的等效连续 A 声级来评价外,还可采用累计百分声级来评价噪声的变化。早规定的测量时间内,有 $N\%$ 时间的 A 计权声级超过某一噪声级,该噪声级就称为累计百分声级,用 L_N 表示,单位为 dB。

累计百分声级用来表示随时间起伏的无规则噪声的声级分布特征,最常用的是 L_{10}、L_{50} 和 L_{90}。L_{10} 表示在测量时间内,有 10% 时间的噪声级超过此值,相当于峰值噪声级;L_{50} 表示在测量时间内,有 50% 时间的噪声级超过此值,相当于中值噪声级;L_{90} 表示在测量时间内,有 90% 时间的噪声级超过此值,相当于本底噪声级。

如果数据采集是按等时间间隔进行的,则 L_N 也表示有 $N\%$ 的数据超过的噪声级。一般 L_N 和 L_{Aeq} 之间有如下近似关系:

$$L_{\text{Aeq}} \approx L_{50} + \frac{(L_{10} - L_{90})^2}{60} \tag{1}$$

道路交通噪声测量的测点应选在两路口之间道路边的人行道上,离车行道的路沿 20 cm处,此处与路口的距离应大于 50 m,这样该测点的噪声可以代表两路口间的该段道路交通噪声。

本实验要在规定的测量时间段内,在各测量点取样测量 20 min 的等效连续 A 声级 L_{Aeq} 以及累计百分声级 L_{10}、L_{50}、L_{90},同时记录车流量(辆/h)。

三、实验装置与设备

测量仪器为精度为 2 型以上的积分式声级计或环境噪声自动监测仪,其性能符合 GB 3785的要求。测量前后使用声级校准器测量仪器的示值,偏差应不大于0.5 dB,否则测量无效。

测量应选在无雨、无雪的天气条件下进行,风速达到 5 m/s 以上时停止测量。测量时传声器加风罩。

四、实验步骤

(1)选定某一交通干线作为测量路段,测点选在两路口之间道路边的人行道上,离车行道的路沿 20 cm 处,此处与路口的距离应大于 50 m。在测量路段上布置 5 个测点,画出测点布置图。

(2)采用声级校准器对测量仪器进行校准,并记录校准值。

(3)连续进行 20 min 的道路交通噪声测量,并采用两只计数器分别记录大型车和小型车的数量。

(4)分别在同一路段的 5 个不同测点重复以上测量。

(5)测量完后对测量设备进行再次校准,记下校准值。

六、实验结果整理

1. 记录实验基本参数

实验日期________年________月________日

测量时段________

气象状态:温度________　　相对湿度________

测量设备型号________

测量前校准值________测量后校准值________

绘出测点示意图,按表 1 记录实验数据。

表 1　实验数据记录表

测量点	L_{Aeq}	L_{10}	L_{50}	L_{90}	车流量/(辆·h^{-1})	
					大车型	小车型

2. 计算噪声平均值

根据在 5 个不同测点测量的噪声值,按路线段长度进行加权算术平均,得出某交通干线区域的环境噪声平均值,计算如下:

$$L = \frac{1}{l}\sum_{i=1}^{n} l_i L_i \tag{2}$$

式中,L 为某交通干线两侧区域的环境噪声平均值,dB;l 为典型路段的加和长度,$l = \sum_{i=1}^{n} l_i$, km；l_i 为第 i 段典型路段的长度，km；L_i 为第 i 段典型路段测得的等效声 L_{Aeq}或累计百分声级 L_{10}、L_{50}、L_{90}，dB。

六、问题与讨论

（1）根据评价量及车流量随时间段的变化关系，分析评价量与车流量的变化趋势。

（2）分析等效声级与累计百分声级之间的关系，说明 L_{10}、L_{50}、L_{90}分别代表的声级意义。验证实验结果与式（1）的符合程度。

参考文献

[1] 王建龙.环境工程导论[M].北京:清华大学出版社,2002.

[2] 朱蓓丽.环境工程概论[M].北京:科学出版社,2001.

[3] 丁忠浩.环境规划与管理[M].北京:高等教育出版社,2009.

[4] 张承中.环境管理的原理和方法[M].北京:中国环境科学出版社,2007.

[5] 蒋展鹏. 环境工程学[M]. 北京: 高等教育出版社, 2005.

[6] 郝吉明. 大气污染控制工程[M]. 2版. 北京: 高等教育出版社, 2002.

[7] 朱联锡. 空气污染控制原理[M]. 成都: 成都科技大学出版社, 1990.

[8] 盛义平.环境工程技术基础[M].北京:中国环境科学出版社,2002.

[9] 曹国民,赵庆祥.单级生物脱氮技术进展[J].中国给水排水,2002,16(2):20-24.

[10] 高廷耀,顾国维.水污染控制工程[M].北京:高等教育出版社,1999.

[11] 刘雨,赵庆良.生物膜法污水处理技术[M].北京:中国建筑工业出版社,2005.

[12] 缪应祺.水污染控制工程[M].南京:东南大学出版社,2002.

[13] 顾夏声.水处理工程[M].北京:清华大学出版社,1985.

[14] 蒋展鹏.环境工程监测[M].北京:清华大学出版社,1990.

[15] 耿艳楼,顾夏声.简捷消化-反消化过程处理焦化废水的研究[J].环境科学,1993,14(3):2-6.

[16] 胡勇有.水处理工程[M].广州:华南理工大学出版社,2003.

[17] 华东建筑设计研究院.给水排水设计手册(第4册)[M].2版.北京:中国建筑工业出版社,2002.

[18] 李圭白.水质工程学[M].北京:中国建筑工业出版社,1992.

[19] 李探微,彭永臻.一种新的污水处理技术-MSBR法[J].给水排水,1995,25(6):10-13.

[20] 刘永淞.SBR法工艺特性研究[J].中国给水排水,1990,6(6):5-11.

[21] 等荣森.一体化氧化沟技术的发展[J].中国给水排水,1998,6:20-21.

[22] 陈季华.废水处理工艺设计及实例分析[M].北京:高等教育出版社,1990.

[23] 王宝贞.水污染控制工程[M].北京:高等教育出版社,1990.

[24] 王建龙.生物脱氮新工艺及其技术原理[J].中国给水排水,2000,16(2):25-28.

[25] 武晋生.污水回用系统规划研究概论[J].环境保护,1999,12:40-42.

[26] 上海环境保护局.废水生化处理[M].上海:同济大学出版社,2000.

[27] 杨国清.固体废物处理工程[M].北京:科学出版社,2000.

[28] 赵庆良.废水处理与资源化新工艺[M].北京:中国建筑工业出版社,2006.

[29] 张楠.城市污水回用健康风险评价[J].城市环境与城市生态,2003,16(6):262-263.

[30] 张统.污水处理工艺及工程方案设计[M].北京:中国建筑工业出版社,2000.

[31] 张自杰.排水工程(下册)[M].4版.北京:建筑工业出版社,2004.

[32] 赵庆良,任南琪. 水污染控制工程[M]. 北京:化学工业出版社,2005.
[33] 张忠祥. 废水生物处理新技术[M]. 北京:清华大学出版社,2004.
[34] 张光明. 城市污泥资源化技术进展[M]. 北京:化学工业出版社,2006.
[35] 周群英. 环境工程微生物学[M]. 北京:高等教育出版社,2000.
[36] 赵由才. 生活垃圾资源化原理与技术[M]. 北京:化学工业出版社,2002.
[37] 汪群慧. 固体废物处理及资源化[M]. 北京:化学工业出版社,2004.
[38] 李顺兴,邓南圣. 城市垃圾管理综合体系改革探讨[J]. 城市环境与城市生态, 2002, 15(4): 19-24.
[39] 彭述刚. 国外城市垃圾收集与处理的经验及启示[J]. 城市发展与研究,2007(4):26-27.
[40] 赵松龄. 噪声的降低与隔离[M]. 上海:同济大学出版社,1989.
[41] 郑长聚. 环境噪声控制工程[M]. 北京:高等教育出版社,1988.
[42] 刘惠玲. 环境噪声控制[M]. 哈尔滨:哈尔滨工业大学出版社,2002.
[43] 张邦俊. 环境噪声学[M]. 杭州:浙江大学出版社,2001.
[44] 严煦世,范瑾初. 给水工程[M]. 北京:中国建筑工业出版社,1993.
[45] 许保玖,安鼎年. 给水处理理论与设计[M]. 北京:中国建筑工业出版社,1992.
[46] 张勤. 水工程经济[M]. 北京:中国建筑工业出版社,2002.
[47] 张自杰. 排水工程(下册)[M]. 北京:中国建筑工业出版社,2000.
[48] 王增长. 建筑给水排水设计手册[M]. 北京:中国计划出版社,1999.
[49] 中国计划委员会,建设部. 建设项目经济评价方法与参数[M]. 北京:中国计划出版社,1993.
[50] 给水排水设计手册编委会. 给水排水设计手册[M]. 北京:中国建筑工业出版社,2000.
[51] 曾光明,袁兴中. 环境工程设计与运行案例[M]. 北京:化学工业出版社,2004.
[52] 章非娟,徐静成. 环境工程实验[M]. 北京:高等教育出版社,2006.
[53] 李燕城,吴俊奇. 水处理实验技术[M]. 北京:中国建筑工业出版社,2004.
[54] 雷中方,刘翔. 环境工程学实验[M]. 北京:化学工业出版社,2007.
[55] 陈泽堂. 水污染控制工程实验[M]. 北京:化学工业出版社,2003.
[56] 郝瑞霞,吕鉴. 水质工程学实验与技术[M]. 北京:北京工业大学出版社,2006.
[57] 彭党聪. 水污染控制工程实验教程[M]. 北京:化学工业出版社,2004.

市政与环境工程系列丛书(本科)

建筑水暖与市政工程 AutoCAD 设计	孙　勇	38.00
建筑给水排水	孙　勇	38.00
污水处理技术	柏景方	39.00
环境工程土建概论(第3版)	闫　波	20.00
环境化学(第2版)	汪群慧	26.00
水泵与水泵站(第3版)	张景成	28.00
特种废水处理技术(第2版)	赵庆良	28.00
污染控制微生物学(第4版)	任南琪	39.00
污染控制微生物学实验	马　放	22.00
城市生态与环境保护(第2版)	张宝杰	29.00
环境管理(修订版)	于秀娟	18.00
水处理工程应用试验(第3版)	孙丽欣	22.00
城市污水处理构筑物设计计算与运行管理	韩洪军	38.00
环境噪声控制	刘惠玲	19.80
市政工程专业英语	陈志强	18.00
环境专业英语教程	宋志伟	20.00
环境污染微生物学实验指导	吕春梅	16.00
给水排水与采暖工程预算	边喜龙	18.00
水质分析方法与技术	马春香	26.00
污水处理系统数学模型	陈光波	38.00
环境生物技术原理与应用	姜　颖	42.00
固体废弃物处理处置与资源化技术	任芝军	38.00
基础水污染控制工程	林永波	45.00
环境分子生物学实验教程	焦安英	28.00
环境工程微生物学研究技术与方法	刘晓烨	58.00
基础生物化学简明教程	李永峰	48.00
小城镇污水处理新技术及应用研究	王　伟	25.00
环境规划与管理	樊庆锌	38.00
环境工程微生物学	韩　伟	38.00
环境工程概论——专业英语教程	官　涤	33.00
环境伦理学	李永峰	30.00
分子生态学概论	刘雪梅	40.00
能源微生物学	郑国香	58.00
基础环境毒理学	李永峰	58.00
可持续发展概论	李永峰	48.00
城市水环境规划治理理论与技术	赫俊国	45.00
环境分子生物学研究技术与方法	徐功娣	32.00